Python 数学建模算法与应用

司守奎　孙玺菁　主编

司宛灵　张　原　萨和雅　赵文飞　刘孝磊　高　永　参编

国防工業出版社

·北京·

内容简介

本书以Python软件为基础，详细介绍了数学建模领域各种经典算法及其软件实现。内容涉及线性代数、运筹学、插值拟合、微分差分方程、数据处理、多元统计分析、评价预测等领域的经典算法，既有对数学原理的详述，又有与例题和案例配套的Python程序。适合于没有Python语言基础的读者快速上手Python语言。

本书可以作为“数学建模”课程的主讲教材，也可以作为“数学实验”课程的参考教材，以及“运筹学”课程的扩充阅读教材和教学参考书。

图书在版编目(CIP)数据

Python数学建模算法与应用／司守奎，孙玺菁主编
．—北京：国防工业出版社，2023.2重印
ISBN 978-7-118-12417-0

Ⅰ.①P… Ⅱ.①司… ②孙… Ⅲ.①软件工具-程序设计-应用-数学模型-算法 Ⅳ.①O141.4-39

中国版本图书馆CIP数据核字(2021)第255451号

※

国防工业出版社出版发行
（北京市海淀区紫竹院南路23号　邮政编码100048）
三河市腾飞印务有限公司印刷
新华书店经售

*

开本 787×1092　1/16　**印张** 30¾　**字数** 712千字
2023年2月第1版第3次印刷　**印数** 10001—25000册　**定价** 75.00元

（本书如有印装错误，我社负责调换）

国防书店：(010)88540777　书店传真：(010)88540776
发行业务：(010)88540717　发行传真：(010)88540762

前言

数学来源于生活又运用于生活,时时刻刻浸润在我们的身边,人们始终在对世界万物进行思考,试图用数学的语言加以描述和解释,以期发现其中蕴含的规律。随着计算机技术突飞猛进的发展,人类社会已经步入信息化时代,科学计算与数学联系得更加紧密,起到的作用越来越重要,已经与科学理论和科学实验并列,成为人们探索自然、研究人类社会的三大基本方法。对于理工类高校来说,培养学生创新实践、科学计算的能力,已经成为人才培养的基本目标。

简单来说,数学建模就是为了特定的目的,对现实世界的特定对象,根据其内在的规律,进行必要的抽象、归纳、假设和简化,运用数学的语言以及方法构建出某种数学结构,并以计算机为工具应用现代科学计算技术加以求解,并对结果加以验证的过程。数学建模本身就是一个富有创造性和实践性的工作过程。学生参加数学建模活动,首先需要了解数学各门学科涉及的各种数学方法,并能将其创造性地应用于具体的实际问题,构建其数学模型;其次需要熟悉常用的科学计算软件,能够针对建立的数学模型设计求解算法并撰写程序;最后,还要把自己创造和实践的过程及结果验证撰写为科技论文。通过数学建模全过程的各个环节,学生们进行着创造性的思维活动,模拟了现代科学研究过程。"数学建模"(或"数学实验")课程的教学和数学建模活动极大地开发了学生的创造性思维的能力,培养学生在面对错综复杂的实际问题时,具有敏锐的观察力和洞察力,以及丰富的想象力。因此,高校开设"数学建模"课程,在培养学生创新能力、实践能力、科学计算能力方面所起到的作用不可小觑,是其他数学类基础课程无法比拟的。

Python 作为一门高级的开源编程语言,以"优雅""明确""简单"著称,便于初学者学习,其开发效率非常高,具有强大的第三方库,可移植性、可扩展性、可嵌入性很强,在数据挖掘、人工智能等领域的应用日益广泛。Python 最大的优势是免费,而且发展迅速。

多年的数学建模教学实践告诉我们,进行数学建模教学,为学生提供一本内容丰富,既理论完整又实用的数学建模教材,使学生少走弯路尤为重要。这也是我们编写这本教材的初衷。本书可以说既是我们多年教学经验的总结,也是我们心血的结晶。本书的特点是尽量为学生提供常用的数学方法,并将相应的 Python 程序提供给学生,使学生在案例学习中,在自己动手构建数学模型的同时上机实验,从而为学生提供数学建模全过程的训练,达到举一反三、事半功倍的教学效果。本书各章有一定的独立性,这样便于教师和学生按需要进行选择。

本书共 17 章,第 1 章数学建模概述,第 2 章 Python 使用入门,第 3 章线性代数模型，第4章线性规划和整数规划模型，第5章非线性规划和多目标规化模型，第6章图论模型，第7章差值与拟合，第8章常微分方程与差分方程，第9章数据的描述性统计方法，第10章回归分析，第11章聚类分析与判别分析，第12章主成分分析与因子分析，第13章偏最小二乘回归分析，第14章综合评价方法，第15章预测方法，第16章博弈论，第17章偏微分方程。这些章节涵盖了线性代数、运筹学、插值拟合、微分差分方程、数据处理、多元统计分析和评价预测等领域的一些经典算法。每一章都配有典型例题和经典案例，所有例题和案例都配有 Python 程序。数学建模教学时，程序部分可以由学生自学完成，学生可以借助 Python 程序自主编写和修改，在这个过程中领会程序设计的思想和技巧。

本书可以作为"数学建模"课程的教材或者辅助教材使用。同时，本书适合 Python 初学者系统自学 Python 在数学建模中的程序设计，也适合具有一定 Python 基础的读者，在数学和 Python 应用领域扩展学习的参考。

我们深知，一本好的教材需要经过多年的教学实践，反复锤炼。由于我们的经验和时间所限，书中的错误和纰漏在所难免，敬请同行不吝指正。

本书的 Python 程序在 Python3.8.9 下全部调试通过，使用过程如有问题可加入 QQ 群 547196612 与作者交流。需要本书源程序电子文档的读者，可到国防工业出版社网站"资源下载"栏目下载(www.ndip.cn)，或用手机浏览器扫描书后二维码下载，或通过电子邮件联系索取，Email：896369667@qq.com，sishoukui@163.com。

编者

2021年12月

目 录

第1章 数学建模概论

随着计算机的出现和科学技术的迅猛发展,数学的应用已不再局限于传统的物理领域,而正以空前的广度和深度逐步渗透到人类活动的各个领域。生物、医学、军事、社会、经济、管理等各学科、各行业都涌现出大量的实际课题,亟待人们去研究、去解决。

利用数学知识研究和解决实际问题,遇到的第一项工作就是要建立恰当的数学模型,简称数学建模,数学建模越来越广泛地受到人们的重视。从这一意义上讲,数学建模被看成是科学研究和技术开发的基础。没有一个较好的数学模型就不可能得到较好的研究结果,所以,建立一个较好的数学模型乃是解决实际问题的关键步骤之一。

1.1 数学模型与数学建模

1.1.1 模型的概念

在日常生活和工作中,人们经常会遇到或用到各种模型,如飞机模型、水坝模型、火箭模型、人造卫星模型、大型水电站模型等实物模型;也有文字、符号、图表、公式、框图等描述客观事物的某些特征和内在联系的模型,如模拟模型、数学模型等抽象模型。

模型是客观事物的一种简化的表示和体现,它应具有如下的特点:

(1) 它是客观事物的一种模仿或抽象,它的一个重要作用就是加深人们对客观事物如何运行的理解。为了使模型成为帮助人们合理思考的一种工具,因此要用一种简化的方式来表现一个复杂的系统或现象。

(2) 为了能协助人们解决问题,模型必须具备所研究系统的基本特征和要素。此外,还应包括决定其原因和效果的各个要素之间的相互关系。有了这样的一个模型,人们就可以在模型内实际处理一个系统的所有要素,并观察它们的效果。

模型可以分为实物(形象)模型和抽象模型,抽象模型又可以分为模拟模型和数学模型。对我们来说,最感兴趣的是数学模型。

与上述的各种各样的模型相对应的是它们在现实世界中的原型(原始参照物)。原型,是指人们研究或从事生产、管理的实际对象,也就是系统科学中所说的实际系统,如电力系统、生态系统、社会经济系统等。而模型则是指为了某个特定目的,将原型进行适当的简化、提炼而构造的一种原型替代物。它不是原型原封不动的复制品。原型有各个方面和各种层次的特征,模型只反映了与某种目的有关的那些方面和层次的特征。因此,对同一个原型,为了不同的目的,可以建立多种不同的模型。例如,作为玩具的飞机模型,在外形上与飞机相似,但不会飞;而参加航模竞赛的模型飞机就必须能够飞行,对外观则不必苛求;对于供飞机设计、研制用的飞机数学模型,则主要是在数量规律上要反映飞机的飞行动态特征,而不涉及飞机的实体。

1.1.2 数学模型的概念

在现实世界中,会遇到大量的数学问题,但是,它们往往并不是自然地以现成数学问题的形式出现的。首先,我们需要对要解决的实际问题进行分析研究,经过简化提炼,归结为一个能够求解的数学问题,即建立该问题的数学模型。这是运用数学的理论与方法解决实际问题关键的一步,然后,才能应用数学理论、方法进行分析和求解,进而为解决现实问题提供数量支持与指导。由此可见数学建模的重要性。

现实世界的问题往往比较复杂,在从实际问题抽象出数学问题的过程中,必须抓住主要因素,忽略一些次要因素,做出必要的简化,使抽象所得的数学问题能用适当的方法进行求解。

以解决某个现实问题为目的,经过分析简化,从中抽象、归纳出来的数学问题就是该问题的数学模型,这个过程称为数学建模。本书所讨论的数学模型主要是指用字母、数字和其他数学符号组成的关系式、图表、框图等描述现实对象的数量特征及其内在联系的一种模型。

一般地说,数学模型可以这样来描述:对于现实世界的一个特定的对象,为了一个特定的目的,根据特有的内在规律,作出一些必要的简化假设,运用适当的数学工具,得到的一个数学结构。这里的特定对象,是指我们所要研究解决的某个具体问题,这里的特定的目的是指当研究一个特定对象时所要达到的特定目的,如分析、预测、控制、决策等。这里的数学工具指数学各分支的理论和方法及数学的某些软件系统。这里的数学结构包括各种数学方程、表格、图形等。

1.1.3 数学模型的分类

数学模型的分类方法有多种,下面介绍常用的几种分类。

(1) 按照建模所用的数学方法的不同,可分为初等模型、运筹学模型、微分方程模型、概论统计模型、控制论模型等。

(2) 按照数学模型应用领域的不同,可分为人口模型、交通模型、经济预测模型、金融模型、环境模型、生态模型、企业管理模型、城镇规划模型等。

(3) 按照人们对建模机理的了解程度的不同可分类如下:

① 白箱模型。主要指物理、力学等一些机理比较清楚的学科描述的现象以及相应的工程技术问题,这些方面的数学模型大多已经建立起来,还需深入研究的主要是针对具体问题的特定目的进行修正与完善,或者是进行优化设计与控制等。

② 灰箱模型。主要指生态、经济等领域中遇到的模型,人们对其机理虽有所了解,但还不很清楚,故称为灰箱模型。在建立和改进模型方面还有不少工作要做。

③ 黑箱模型。主要指生命科学、社会科学等领域中遇到的模型。人们对其机理知之甚少,甚至完全不清楚,故称为黑箱模型。

在工程技术和现代管理中,有时会遇到这样一类问题:由于因素众多、关系复杂以及观测困难等原因,人们也常常将它作为灰箱或黑箱模型问题来处理。

应该指出的是,这三者之间并没有严格的界限,而且随着科学技术的发展,情况也是不断变化的。

(4) 按照模型的表现特性可分类如下：

① 确定性模型与随机性模型。前者不考虑随机因素的影响，后者考虑了随机因素的影响。

② 静态模型与动态模型。两者的区分在于是否考虑时间因素引起的变化。

③ 离散模型与连续模型。两者的区分在于描述系统状态的变量是离散的还是连续的。

1.1.4 数学建模的重要意义

数学建模越来越受到人们的重视，从以下两个方面可以看出数学建模的重要意义。

1. 数学建模是众多领域发展的重要工具

当前，在国民经济和社会活动的诸多领域，数学建模都有非常深入、具体的应用。例如，分析药物的疗效；用数值模拟设计新的飞机翼型；生产过程中产品质量预报；经济增长预报；最大经济效益价格策略；费用最小的设备维修方案；生产过程中的最优控制；零件设计中的参数优化；资源配置；运输网络规划；排队策略等。数学建模在众多领域的发展中扮演着重要工具的角色。即便在一般的工程技术领域，数学建模仍然大有可为。在声、光、电机、土木、水利等工程技术领域中，虽然基本模型是已有的，但由于新技术、新工艺的不断涌现，产生了许多需要数学方法解决的新问题，而由于计算机的快速发展，使得过去某些即使有了数学模型也无法求解的问题(如海量数据的处理)也有了求解的可能，随着数学向诸如经济、人口、生态、地质等众多领域的渗透，用数学方法研究这些领域中的内在特征成为关键的步骤和这些学科发展与应用的基础。在这些领域里建立不同类型、不同方法、不同深浅程度的模型的余地相当大，数学建模的重要工具和桥梁作用得到进一步体现。

2. 数学建模促进对数学科学重要性的再认识

从某种意义上讲，说明数学科学的重要性是件容易的事情，从日常生活到尖端技术可以举出许多例子说明数学为什么是必不可少的，但常常会发现许多人虽然不反对所列举的例子，可还是认为数学没有多大用处或者说数学与其生活和工作没有多大关系。这不仅仅是由于数学的语言比较抽象不容易掌握，还有传统数学教育重知识传授轻实际应用以及其他原因。传统的数学教学比较形式、抽象，只见定义、定理、推导、证明、计算，很少讲与我们周围的世界以及与日常生活的密切联系，使得数学的重要性变得很空泛。随着计算机革命引起的深刻变化，数学与实际问题的结合变得更为密切和广泛，数学建模进入研究生、大学生甚至中学生的学习内容，其思想逐渐融入数学主干课程的教学内容中，数学学科的重要性也显得更实在、更具体。数学建模在众多学科领域乃至日常生活中的广泛应用促使更多人认识到数学科学的重要性。

1.2 数学建模的基本方法和步骤

建立实际问题的数学模型，尤其是建立抽象程度较高的模型是一种创造性的劳动。因此有人把数学建模看成是一种艺术，而不是一种技术。我们不能期望找到一种一成不变的方法来建立各种实际问题的数学模型。现实世界中的实际问题是多种多样的，而且大多比较复杂,所以数学建模的方法也是多种多样的。但是,数学建模方法和过程也有一些共性的东西,掌握这些共性的规律,将有助于数学建模任务的完成。

对数学模型一般有如下要求:

(1) 要有足够的精确度,就是要把本质的性质和关系反映进去,把非本质的东西去掉,而又不影响反映现实的本质的真实程度。

(2) 模型既要精确,又要尽可能简单。因为太复杂的模型难以求解,而且如果一个简单的模型已经可以使某些实际问题得到满意的解决,那我们就没有必要再来建立一个复杂的模型。因为构造一个复杂的模型并求解它,往往要付出较高的代价。

(3) 要尽量借鉴已有的标准形式的模型。

(4) 构造模型的依据要充分,就是说要依据科学规律、经济规律来建立有关的公式和图表,并要注意使用这些规律的条件。

数学建模的方法按大类来分,大体上可分为3类:

(1) 机理分析法。机理分析法就是根据人们对现实对象的了解和已有的知识、经验等,分析研究对象中各变量(因素)之间的因果关系,找出反映其内部机理的规律的一类方法。使用这种方法的前提是我们对研究对象的机理应有一定的了解。

(2) 测试分析法。当我们对研究对象的机理不清楚的时候,可以把研究对象视为一个"黑箱"系统,对系统的输入输出进行预测,并以这些实测数据为基础进行统计分析来建立模型,这样的一类方法称为测试分析法。

(3) 综合分析法。对于某些实际问题,人们常将上述两种建模方法结合起来使用,例如用机理分析法确定模型结构,再用测试分析法确定其中的参数,这类方法称为综合分析法。

1.2.1 建模示例

不少人认为需要用数学方法解决的基本上是高新技术、科学研究或者生产建设、经济管理中的重大问题,带着一些神秘色彩的数学离人们的日常生活很远。其实,通过数学建模可以分析我们身边的许多现象和问题。为了让数学走进生活,使大家更容易地了解什么是数学建模,本节给出日常生活中两个实例的建模过程,并简单介绍数学建模的方法和步骤。

1. 包饺子中的数学

在最平凡不过的包饺子当中还有什么数学问题吗?让我们从一个具体例子说起。

假设用1kg面和1kg馅包100个饺子。某次,馅做多了而面没有变,为了把馅全包完,问应该让每个饺子小一些,多包几个,还是每个饺子大一些,少包几个?如果回答是包大饺子,那么如果100个饺子能包1kg馅,问50个大饺子可以包多少馅呢?

1) 问题分析

很多人都会根据"大饺子包的馅多"的直观认识,觉得应该包大饺子。但是这个理由不足以令人信服,因为大饺子虽然包的馅多,但用的面皮也多,这就需要比较馅多和面多二者之间的数量关系。利用数学方法不仅可以确有道理地回答应该包大饺子,而且能够给出数量结果,回答比如"50个饺子可以包多少馅"的问题。

把包饺子用的馅和面皮与数学概念联系起来,那就是物体的体积和表面积。用V和

S 分别表示大饺子馅的体积和面皮面积,v 和 s 分别表示小饺子馅的体积和面皮面积,如果一个大饺子的面皮可以做成 n 个小饺子的面皮,那么我们需要比较的是,V 和 nv 哪个大? 大多少?

2) 模型假设

容易想到,进行比较的前提是所有饺子的面皮一样厚,虽然这不能严格成立,但的确是一个合理的假设。在这个条件下,大饺子和小饺子面皮面积满足

$$S=ns. \tag{1.1}$$

为了能比较不同大小饺子馅的体积,所需要的另一个假设是所有饺子的形状一样,这是又一个既近似又合理的假设。

3) 模型建立

能够把体积和表面积联系起来的是半径。虽然球体的体积和表面积与半径才存在我们熟悉的数量关系,但是对于一般形状的饺子,仍然可以引入"特征半径"R 和 r,使如下关系成立:

$$V=k_1R^3,\quad S=k_2R^2, \tag{1.2}$$

$$v=k_1r^3,\quad s=k_2r^2. \tag{1.3}$$

注意:在所有饺子形状一样的条件下,式(1.2)和式(1.3)中的比例系数 k_1 相同,k_2 也相同。

在式(1.2)和式(1.3)中消去 R 和 r,得

$$\begin{cases} V=kS^{\frac{3}{2}}, \\ v=ks^{\frac{3}{2}}, \end{cases} \tag{1.4}$$

其中 k 由 k_1 和 k_2 决定,并且两个 k 相同。现在只需在式(1.1)和式(1.4)中消去 S 和 s,就得到

$$V=n^{\frac{3}{2}}v=\sqrt{n}\,(nv). \tag{1.5}$$

式(1.5)就是包饺子问题的数学模型。

4) 结果解释

模型式(1.5)不仅定性地说明 V 比 nv 大(对于 $n>1$),大饺子比小饺子包的馅多,而且给出了定量结果,即 V 是 nv 的 $\sqrt{n}$ 倍。由此能够回答前面提出的"100 个饺子能包 1kg 馅,50 个大饺子可以包多少馅"的问题,因为饺子数量由 100 变成 50,所以 50 个大饺子能包 $\sqrt{100/50}=\sqrt{2}\,(\approx 1.4)$ kg 馅。

2. 方桌能否在不平的地面上放稳

这个问题来源于日常生活中一个普通的事实:把 4 条腿的方桌放置在不平的地面上,通常只有 3 只脚着地,放不稳,然而只需稍挪动几次,就可以使 4 只脚同时着地,放稳了。这个看来似乎与数学无关的现象能用数学语言给以描述,并用数学工具来证实吗?

1) 问题分析

如果上述问题不附加任何条件,答案应当是否定的,例如方桌放在某台阶上,而台阶的宽度又比方桌的边长小,自然无法放平;又如地面是平的,而方桌的 4 条腿却不一样长,自然也无法放平。可见,要想给出肯定的答案,必须附加一定的条件。基于这些无法放平

情况的分析，我们提出以下条件（假设），并在这些条件成立的前提下，证明通过旋转适当的角度必可使方桌的 4 只脚同时着地。

2）模型假设

对方桌和地面应该做一些必要的假设：

（1）方桌 4 条腿一样长，桌脚与地面接触处可视为一个点，4 只脚的连线呈正方形。

（2）地面高度是连续变化的，沿任何方向都不会出现间断（没有像台阶那样的情况），即地面可视为数学上的连续曲面。

（3）对于桌脚的间距和桌腿的长度而言，地面是相对平坦，使桌子在任何位置至少有 3 只脚同时着地。

假设(1)是对方桌本身合理的简化；假设(2)相当于给出了方桌能放稳的条件，因为如果地面高度不连续，比如在有台阶的地方是无法使 4 只脚同时着地的；假设(3)是要排除这样的情况：地面上与桌脚间距和桌腿长度的尺寸大小相当的范围内，出现深沟或凸峰（即使是连续变化的），致使 3 只脚无法同时着地。

3）模型建立

中心问题是用数学语言把方桌 4 只脚同时着地的条件和结论表示出来。

由假设(1)，方桌的 4 只脚的连线呈正方形，以方桌 4 只脚的对称中心为坐标原点建立直角坐标系，如图 1.1 所示，方桌的 4 只脚分别在 A,B,C,D 处，A,C 的初始位置在 x 轴上，而 B,D 则在 y 轴上。当方桌绕中心 O 旋转 θ 角度后，正方形 $ABCD$ 转至 $A'B'C'D'$ 的位置，对角线 $A'C'$ 与 x 轴的夹角 θ 决定方桌的位置。

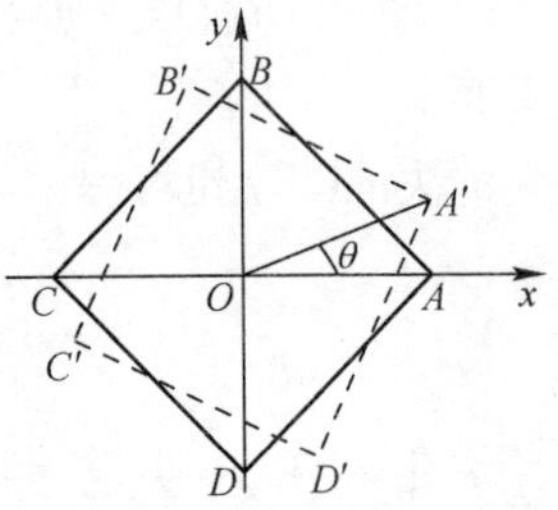

图 1.1　方桌旋转示意图

显然，方桌在不同位置时，4 只脚到地面的距离不同，所以，桌脚到地面的距离是 θ 的函数。另外，当 4 只脚尚未全部着地时，桌脚到地面的距离是不确定的，例如，若只有 A 未着地，按下 A，在 A 到地面距离缩小的同时，C 到地面的距离则在增大。为消除这一不确定性，令 $f(\theta)$ 为 A,C 离地距离之和，$g(\theta)$ 为 B,D 离地距离之和，它们的值由 θ 唯一确定，且两者均为非负函数。由假设(2)，$f(\theta)$，$g(\theta)$ 均为 θ 的连续函数。又由假设(3)，3 只脚总能同时着地，所以对于任意的 θ，$f(\theta)$ 和 $g(\theta)$ 中至少有一个为零，故 $\forall\theta, f(\theta)g(\theta)=0$ 恒成立。不妨设 $f(0)=0$，$g(0)>0$（若 $g(0)=0$ 也成立，则初始时刻 4 只脚都已着地，不必再做旋转），将方桌旋转 $\frac{\pi}{2}$，对角线 AC 与 BD 互换位置，由 $f(0)=0$ 和 $g(0)>0$ 可知 $f\left(\frac{\pi}{2}\right)>0$ 和 $g\left(\frac{\pi}{2}\right)=0$。于是问题归结为证明如下的数学命题：

已知 $f(\theta)$，$g(\theta)$ 均为 θ 的连续函数，$\forall\theta$ 有 $f(\theta)g(\theta)=0$；且 $f(0)=g\left(\frac{\pi}{2}\right)=0$，$g(0)>0$，$f\left(\frac{\pi}{2}\right)>0$。证明存在某一 θ_0，使 $f(\theta_0)=g(\theta_0)=0$。

4）模型求解

下面利用连续函数的介值定理证明上面命题。构造函数 $h(\theta)=f(\theta)-g(\theta)$，显然，由于 $f(\theta)$，$g(\theta)$ 均为连续函数，$h(\theta)$ 也是 θ 的连续函数，且有 $h(0)=f(0)-g(0)<0$，和

$h\left(\frac{\pi}{2}\right)=f\left(\frac{\pi}{2}\right)-g\left(\frac{\pi}{2}\right)>0$，由闭区间上连续函数的性质可知，必存在角度 θ_0，$0<\theta_0<\frac{\pi}{2}$，使得$h(\theta_0)=0$，即$f(\theta_0)=g(\theta_0)$。又由于$f(\theta_0)g(\theta_0)=0$，故必有$f(\theta_0)=g(\theta_0)=0$，证明完毕。

如果桌子表面的形状是长方形的，是否有类似的结果呢？有兴趣的同学可以试一试。

1.2.2 数学建模的一般步骤

数学建模的步骤并没有固定的模式，常因问题性质、建模目的等而异。下面介绍的是用机理分析建模的一般步骤，如图1.2所示。

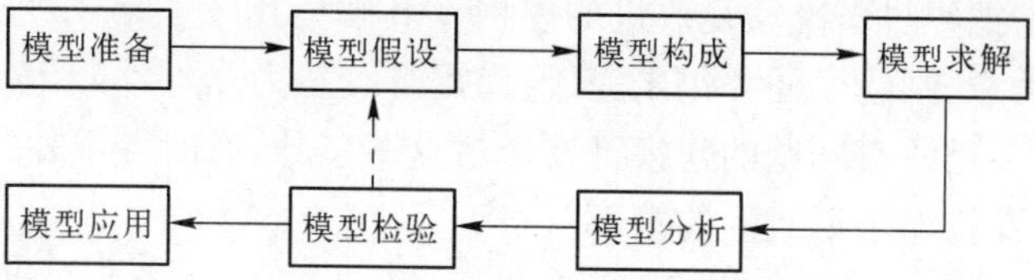

图1.2 数学建模步骤示意图

1. 模型准备

要建立现实问题的数学模型，首先要对需要解决的问题有一个清晰的提法，即要明确研究解决的问题是什么？建模所要达到的主要目的是什么？通常，当我们遇到某个实际问题时，在开始阶段，对问题的理解往往不是很清楚，所以，需要深入实际进行调查研究，收集与研究问题有关的信息、资料，与熟悉情况的有关人员进行讨论，查阅有关的文献资料，明确问题的背景和特征，由此初步确定它可能属于哪一类模型等。总之，要做好建模前的准备工作，明确所要研究解决的问题和建模要达到的主要目的。

2. 模型假设

对所研究的问题和收集的信息资料进行分析，弄清楚哪一些因素是主要的、起主导作用，哪一些因素是次要的，并根据建模的目的抓住主要的因素，忽略次要的因素，即对实际问题做一些必要的简化，用精确的语言做出必要的简化假设。应该说这是一个十分困难的问题，也是建模过程中十分关键的一步，往往不可能一次完成，需要经过多次反复才能完成。

3. 模型构成

在前述工作的基础上，根据所作的假设，分析研究对象的因果关系，用数学语言加以刻画，就可得到所研究问题的数学描述，即构成所研究问题的数学模型，通常它是描述问题的主要因素的变量之间的一个关系式，在初步构成数学模型之后，一般还要进行必要的分析和化简，使它达到便于求解的形式，并根据研究的目的，对它进行检查，主要是看它能否代表所研究的实际问题。

4. 模型求解

选择合适的数学方法求解经上述步骤得到的模型。在多数情况下，我们很难获得数学模型的解析解，而只能得到它的数值解，这就需要应用各种数值方法、软件和计算机。包括各种数值优化方法，线性和非线性方程组的数值方法，微分方程(或方程组)的数值解法，各种预测、决策和概率统计方法等，以及各种应用软件系统。当现有的数学方法还不能很好解决所归纳的数学问题时,就需要针对数学模型的特点,对现有的方法进行改进或提出新的方法以适应需要。

5. 模型分析

对求解结果进行数学上的分析,如结果的误差分析、统计分析、模型对数据的灵敏度分析、对假设的强健性分析等。

6. 模型检验

把求解的分析结果翻译回到实际问题,与实际的现象、数据比较,检验模型的合理性和适用性,如果结果与实际不符,应该修改、补充假设,重新建模,如图 1.2 中的虚线所示。

7. 模型应用

模型应用就是把经过多次反复改进的模型及其解应用于实际系统,看能否达到预期的目的。若不够满意,则建模任务仍未完成,尚需继续努力。

应当指出,并不是所有问题的建模都要经过这些步骤,有时各步骤之间的界限也不那么分明,建模时不要拘泥于形式上的按部就班。

1.2.3 数学建模需要注意的几个问题

对于给定的实际问题(原型),为了建立合理的模型,需要注意以下几个问题:

(1) 根据需要对原型做一些合理的假设。一个原型,常有众多的特性,这些特性所具有的数量特征,常与众多的因素有关。在一定的条件下,有的因素是主要的和本质的;有的因素是次要的和非本质的;有的因素与我们所考虑的特征之间遵循某种理论规律(如物理学中的定律);有些因素却没有理论规律可以遵循(如地面上运动物体的速度与空气阻力之间的关系)。为了获得可靠的并且通过计算机可以得到必要解答的数学模型,必须对原型作出适当的假设。例如,为了突出主体,可以略去那些次要的非本质的因素,达到简化的目的;又如,对那些没有理论规律可以遵循的关系,作出明确的假设,达到确定化目的。但所有假设都必须是合理的,即符合或近似地符合自然规律。

(2) 恰当地使用数学方法。很多数学方法可以用来建立实际问题的数学模型。然而,对于一个给定的原型,并非一切数学方法都是适用的。一般,对于不确定性问题常适宜用概率统计等数学方法;对于确定性问题常适宜用微分方程或代数方程等数学方法。例如,我国 1992 年大学生数学建模竞赛中的 A 题——施肥效果分析,因为所给实验数据具有随机性,只宜建立不确定性模型,如使用回归分析方法等。因此,在建立数学模型之前,对原型做确定性与非确定性判断,再确定数学方法是非常重要的。此外,变量取连续值的模型,称为连续型模型;变量取离散值的模型称为离散型模型。因为计算机的发展,直接以原型建立起离散型模型(如差分方程模型)或对已建立的连续型模型寻找合理的离散方法,达到能使用计算机进行计算的目的,已成为当今科学计算方面的一个热门课题。

(3) 对建立起来的模型进行必要的分析和检验。怎么判断在建模过程中所作的假设是合理的,使用的数学方法也是恰当的呢?一种有效的方法就是对建立起来的模型进行分析检验。当使用不确定性数学方法建模时,方法本身的适用性要进行检验。例如,在进行回归分析时,要做回归效果的显著性检验;在作判别分析时要做判别效果的检验等。在使用确定性方法建模时,通常并没有完整的适用性检验方法,但仍需对所得结果进行分析,看是否与实际情况相符。例如,在使用微分方程或差分方程建立数学模型时,常希望某些平衡解能具有稳定性,这需要对平衡解做稳定性分析。总之,任何一个数学模型,都应进行分析和检验,以确定它是否能反映现实原型的有关特征。

1.3 建模竞赛论文写作

撰写科研论文是科学研究的重要组成部分,是科研成果总结的重要表现形式。学习撰写科研论文也是大学生科研创新训练的重要内容之一。

数学建模本质上是一个完整的科研过程,而建模论文则是研究结果最重要的表现形式。全国大学生数学建模竞赛(CUMCM)和美国大学生数学建模竞赛(MCM/ICM),其评价参赛成果水平的唯一依据就是参赛学生提交的竞赛论文。因此,撰写好一篇合格的、规范的、高水平的竞赛论文对各参赛队而言十分重要。

参赛前应针对性地了解竞赛论文的写作规范或要求,并进行适当的模拟训练,以免因写作问题导致参赛不成功。下面以全国大学生数学建模竞赛为例,介绍参赛论文的一般结构和论文写作注意事项。

1.3.1 建模竞赛论文的一般结构

题目 论文的题目和摘要、关键词单独占一页,切记不要超过一页。论文的题目可以用参赛题目命名,也可以自行命名。一般而言,论文题目的命名应涵盖论文主要的研究内容和所使用的研究方法,文字不宜过长,尽量简短、精炼,一目了然。

摘要 摘要写作是整篇参赛论文的关键部分,它应该保证阅读者仅仅通过阅读摘要就能大致判断或了解论文的成果水平,即从摘要中能够大致判断出问题分析是否透彻,做了哪些关键假设,其合理程度如何,建模方法与模型结构是否可信,模型求解算法设计或软件使用是否可信,结果是否可靠,等等。摘要中应简要叙述论文研究的内容或背景,研究的目的,从题目或其他渠道获得了哪些信息或数据,针对所研究的问题做了哪些机理分析与数据观察,得到了什么样的启示或模型结构猜想,据此做出了哪些假设,建立了什么样的模型,求解模型的方法、算法或数学软件,求解结果,对结果做了哪些分析与验证,验证结果评价,结果应用于所研究问题的解答,研究的特色等。文字叙述应清晰、简明。

关键词 摘要下一行为关键词,一般为3~5个关键词。关键词应选择与主要研究内容和研究方法有关的词汇,如人口、增长率、微分方程等。

问题提出或重述 这是论文正文的第一个组成部分,主要介绍论文所研究的问题、研究背景、研究目的、已知信息或条件等,尽量用自己的语言择其要点叙述,避免直接复制或照抄原题。

问题分析 通过仔细阅读题目和查阅文献资料,了解问题的研究背景以及目前国内外关于该问题的研究现状、进展和主要研究结果,观察、分析问题给出的信息,找出与建模目的关联的所有可能因素,分析各因素之间可能存在的关系或应满足的规律。通过分析和合理性论证,确定哪些因素是关键的,哪些是次要的或者是可以忽略的。根据分析结果,初步确定模型的基本结构或建模方法。

基本假设 依据分析结果,做出假设。关键假设应给出合理性分析或论证。

模型建立 根据假设和模型结构,依据某种规律或建模方法,用数学语言给出所研究问题的数学描述。撰写这一部分时应注意:数学模型不同于数学,模型中每个符号、记号都有具体的、明确的含义和计量单位(量纲),应详细说明。符号说明可以单独列出,也可以在公式后加以注释说明;同时特定的变量或符号应通篇保持一致,不要前后各异,以免造成前后混淆和阅读困难;最后,模型的表达形式也应尽量具有一般性或可推广性。

参数识别与模型求解 根据所建立的模型形式和结构,查阅相关数学分支理论,确定求解模型的数学方法、算法或数学软件中求解此类问题的函数调用方法,包括解析解的公式推导过程、数值计算解的算法步骤和计算机编程计算结果(数据表、图形)等。如模型中包含未知参数或条件,应根据问题已知的信息和模型结构,给出模型参数的识别方法和识别结果,在此基础上给出模型的最终求解结果。注意论文正文中不要出现用于模型求解的计算机程序。

结果分析和检验 在求解结果应用之前,应根据问题的需要,对计算结果进行一些数学上的分析验证,如误差分析、统计假设检验、模型中参数的稳定性或灵敏度分析等,以验证模型的正确性和结果的可靠性。如经过检验发现模型和结果不可靠,应返回到模型假设上,进一步修改、补充假设,重新建模求解。最后把求解结果应用到所研究的问题上,回答或解释所研究的问题及研究的结论。根据应用结果,分析模型的优缺点,以及可能的进一步改进的方向。值得注意的是,建模问题大多为工程或管理类实际问题,模型的解不仅仅要满足可靠性,同时还应具有可操作性,即能够在实际问题中组织实施。

参考文献 文献引用是考察参赛学生科研素养与学风端正程度的重要依据之一。所有在问题研究中参考过的文献资料,尤其是在论文中提及或直接引用的资料或原始数据(包括图书、期刊、网址等),都应在文中相应位置注明出处,并在参考文献中按引用次序逐一列出。参考文献一般应列举参考序号、作者姓名、论文题目或出版物名称、出版日期、出版单位、参考页码。参赛时,一般会给出具体的参考文献引用规范,应仔细阅读并严格按规范执行。

附录 附录是正文的补充,一些比较重要,但又不便放在正文中的内容都可以在附录中一一列出,如主要源程序、更多的计算结果(图形、表格)等。值得注意的是,近年竞赛加强了论文的学风审核和程序验证,其中程序的验证是一个重要组成部分。一般而言,过长的源程序不宜放在论文中,可以作为论文的一个附件,随论文电子版用压缩包的形式一起提交。2020 年修订的全国大学生数学建模竞赛论文格式规范规定:论文附录内容应包括支撑材料的文件列表,建模所用到的全部完整、可运行的源程序代码(含 Excel、SPSS 等软件的交互命令)等。如果缺少必要的源程序、程序不能运行或运行结果与论文不符,都可能会被取消评奖资格。如果确实没有用到程序,应在论文附录中明确说明“本论文没有用到程序”。

备注 每个竞赛题目一般有多个建模问题,撰写论文时应根据实际问题做适度结构调整,可以依建模问题次序按上述结构形式逐个解答,即每个问题的模型与求解放在一起;也可以先建立所有问题的数学模型,再依次求解各个模型,也就是说每个问题的模型和求解是分离的。建议论文中把每个问题的模型与求解放在一起,便于评委评阅。

1.3.2 撰写建模竞赛论文应注意的事项

(1) 论文写作应与建模进度同步,即应视为竞赛的一个同步过程,尽早开始,以免因时间限制,最后无法完成,或草草而就,影响论文质量。撰写论文不应等所有内容确定后再开始,而是随时记录每一个研究过程,如假设、符号、模型、分析和计算图表等,这样一旦所有研究过程完成,论文写作也基本完成了,只需最后再加以适度修改、完善即可。

(2) 编辑软件的选用:撰写论文可以选用 Word、WPS 等编辑软件,也可以使用数学论文专业编辑软件 CTeX 或 LaTeX。提交的论文文件扩展名可以是 *.docx 或 *.pdf 格式。

(3) 数学符号、公式的输入:利用 Word 编辑论文时,所有数学符号和公式应通过 Word 自带的公式编辑器或 MathType 输入。

(4) 论文写作规范是论文评审中的一个环节,包括文字、论文格式、公式符号、图形表格、参考文献引用规范等。文字规范是指论文用语应尽量使用科技语言,避免口语化;论文格式规范包括字形、字号、行间距、字间距、图形、表格排版规范等;公式符号规范是指变量、常量、符号等规定及输入应尽量符合数学习惯,避免随意;图形、表格应该有编号、标题等,避免出现"上图""下图"或"上表""下表"等表达方式。此外运算结果应避免屏幕截图或软件截图形式,直接叙述有关的结果即可;参考文献规范包括文献引用及文献格式规范等。

1.4 数学建模与能力培养

数学建模活动要求大学师生对范围并不固定的各种实际问题予以阐明,分析并提出解法,鼓励师生积极参与并强调实现完整的模型构造的过程。这种贴近实际的教学活动形式对传统的教学模式形成了巨大的冲击,对现时期的数学教学改革产生了深远的影响。教学中应更加重视学生在教学活动中的学习主体地位,充分发挥学生的主观能动性,通过学生的积极参与来完成学生的能力培养和更高的教学目标的实现。在启发式教学的基础上,进一步强调教学过程中的交互活动,通过提升学生在教学活动中的主动性实现教学活动的有效性。自学加串讲、"研讨式"教学、学生专题报告等多种教学形式都可以引入教学过程中,各种教学方法的综合使用能提升教学的针对性,多媒体等现代化手段的使用以及教学软件的结合确保数学建模教学活动的有效性和完整性。

在数学建模教学中,要注意对以下能力的培养:

(1) 翻译能力,即把经过一定抽象、简化的实际问题用数学的语言表达出来形成数学模型(数学建模的过程),对应用数学的方法进行推演或计算得到结果,能用"常人"能懂的语言"翻译"(表达)出来。在美国大学生数学建模竞赛的问题中曾经有这样的要求,MCM93 问题 A 中就明确提出,"除了按竞赛规则说明中规定的格式写的技术报告外,请为餐厅经理提供一页长的用非技术术语表示的实施建议"。

(2) 综合应用与分析能力。应用已学到的数学方法进行综合应用和分析,并能理解合理的抽象和简化,特别是进行数学分析的重要性。因为在数学建模中数学是我们的工具,要在数学建模中灵活应用,发展使用这个工具的能力。有了数学知识,并不意味着你就自动会使用它，更谈不上能灵活地、创造性地使用它，只有多加练习，多方思考才能逐步提高运算能力。

(3) 联想能力。因为对于许多完全不同的实际问题，在一定的简化层次下，它们的数学模型是相同的或相似的，这正是数学的应用广泛性的表现。这就要培养学生有广泛的兴趣，多思考，勤奋踏实工作，通过熟能生巧而逐步达到触类旁通的境界。

(4) 洞察能力。通俗地讲就是一眼就能抓住(或部分抓住)要点的能力。为什么要发展这种能力？因为真正实际问题的数学建模过程的参与者(特别是在一开始)往往不是很懂数学的人，他们提出的问题(及其表达方式)更不是数学化的，往往是在和你交谈过程中由你“提问”“换一种方式表达”或“启示”等方式(这里往往表现出你的洞察力)使问题逐渐明确的。搞实际工作的人一般很愿意与洞察力较强的数学工作者打交道。

(5) 熟练使用技术手段的能力。目前主要是使用计算机及相应的数学软件，这有助于节省时间，并有利于进一步开展深入的研究。

(6) 科技论文的写作能力。科技论文的写作能力是数学建模的基本技能之一，也是科技人才的基本能力之一，是反映科研活动所做工作的重要方式。通过论文可以让人了解用什么方法解决了什么问题，结果如何，效果怎么样等。

数学建模还可以促进其他一些能力的培养，如获取情报信息的能力，自我更新知识的能力，团结协作的公关能力等。开展好数学建模教学，有一些问题是必须解决好的，如教师要提高计算机及软件应用能力，注意与实际工作者的合作等。

习　题　1

1.1　举出两三个实例说明建立数学模型的必要性，包括实际问题的背景、建模目的、需要大体上什么样的模型以及怎样应用这种模型等。

1.2　从下面不太明确的叙述中确定要研究的问题，要考虑哪些有重要影响的变量。

(1) 一家商场要建一个新的停车场，如何规划照明设施。

(2) 一农民要在一块土地上做出农作物的种植规划。

(3) 一制造商要确定某种产品的产量及定价。

(4) 卫生部门要确定一种新药对某种疾病的疗效。

(5) 一滑雪场要进行山坡滑道和上山缆车的规划。

1.3　怎样解决下面的实际问题，包括需要哪些数据资料，要做哪些观察、试验以及建立什么样的数学模型等。

(1) 估计一个人体内血液的总量。

(2) 为保险公司制定人寿保险金计划(不同年龄的人应缴纳的金额和公司赔偿的金额)。

(3) 估计一批日光灯管的寿命。

(4) 确定火箭发射至最高点所需要的时间。

(5) 决定十字路口黄灯亮的时间长度。

(6) 为汽车租赁公司制定车辆维修、更新和出租计划。

（7）一高层办公楼有 4 部电梯，上班时间非常拥挤，试制定合理的运行计划。

1.4 为了培养想象力、洞察力和判断力，考察对象时除了从正面分析外，还常常需要从侧面或反面思考。试尽可能迅速地回答下面的问题：

（1）甲于早上 8:00 从山下旅店出发，沿一条路径上山，下午 5:00 到达山顶并留宿。次日早上 8:00 沿同一路径下山，下午 5:00 回到旅店，乙说，甲必在两天中的同一时刻经过路径中的同一地点，为什么？

（2）37 支球队进行冠军争夺赛，每轮比赛中出场的两支球队中的胜者及轮空者进入下一轮，直至比赛结束，问共需进行多少场比赛？共需进行多少轮比赛？如果是 n 支球队比赛呢。

第 2 章　Python 使用入门

Python 是一种面向对象的解释型计算机编程语言。Python 语言具有通用性、高效性、跨平台移植性和安全性,广泛应用于科学计算、自然语言处理、图形图像处理、游戏开发、Web 应用等方面,在全球范围内拥有众多开发者专业社群。

2.1　Python 概述

2.1.1　Python 开发环境安装与配置

除了 Python 官方安装包自带的 IDLE,还有 Anaconda、PyCharm、Eclipse 等大量开发环境。

1. Python 安装

Python 可用于微软 Windows、苹果 MacOS 和开源 Linux 所有三大操作系统。建议到网站 http://winpython.github.io/下载 WinPython3.8 版本,例如下载文件 Winpython64-3.8.9.0.exe,双击该文件,把文件解压到某个目录后,就可以直接运行 Python 了。并且包括 cvxpy(优化库)等常用的数学建模库基本上都安装好了,不需要在命令行下运行 pip 单独进行每个库的安装。

例如把 Winpython64-3.8.9.0.exe 解压到 D:\Program Files\python38\WPy64-3890 目录,该目录下文件夹和文件名如图 2.1 所示。双击该目录下文件 IDLEX.exe 就可以打

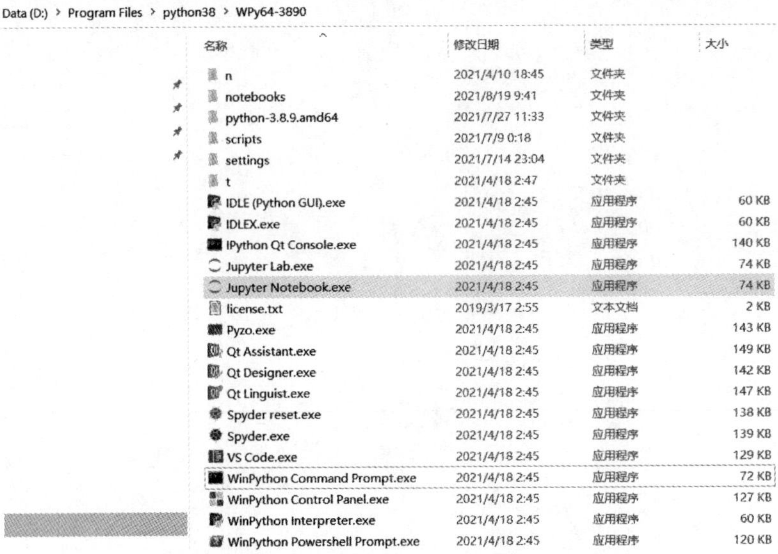

图 2.1　WinPython3.8.9 安装目录的文件夹和文件名

开通常的 Python 开发环境；双击 Jupyter Notebook. exe 就可以打开 Jupyter Notebook 开发环境；双击 Spyder. exe 就可以打开 Spyder 开发环境。双击 WinPython Command Prompt. exe 就可以进入命令行，在命令行中使用 pip 安装一些新的 Python 第三方库，或者卸载一些不需要的 Python 第三方库。

使用文件 Winpython64-3. 8. 9. 0. exe 解压后包含的常用库如表 2. 1 所列。

表 2. 1　WinPython3. 8. 9 包含的常用库

库　名	库 说 明	版 本 号
numpy+mkl	科学计算和数据分析的基础库	1. 20. 2
SciPy	NumPy 基础上的科学计算库	1. 6. 2
SymPy	符号计算库	1. 8
Pandas	NumPy 基础上的数据分析库	1. 2. 4
Matplotlib	数据可视化库	3. 4. 1
Scikit-learn	机器学习库	0. 24. 1
Statsmodels	SciPy 统计函数的补充库	0. 12. 2
NetworkX	图论和复杂网络库	2. 5. 1
cvxpy	凸优化库	1. 1. 12
NLTK	自然语言库	3. 6. 1
PIL	数字图像处理库	(Pillow) 8. 2. 0

2. 使用 pip 安装其他第三方库

Python 自带的 pip 工具是管理扩展库的主要方式，支持 Python 扩展库的安装、升级和卸载等操作。常用 pip 命令的使用方法如表 2. 2 所列。

表 2. 2　常用 pip 命令的使用方法

pip 命令示例	说　明
pip list	列出已安装模块及其版本号
pip install SomePackage[==version]	在线安装 SomePackage 模块的指定版本
pip install SomePackage. whl	通过 whl 文件离线安装扩展库
pip install package1 package2 …	依次(在线)安装 package1、package2 等扩展模块
pip install -U SomePackage	升级 SomePackage 模块
pip uninstall SomePackage[==version]	卸载 SomePackage 模块

例如联网安装 TensorFlow 库，在命令行下输入：

```
pip install tensorflow
```

使用 pip 联网安装第三方库时，实际上使用的是国外网站的源文件，安装速度慢，甚至经常由于 timeout 等原因中断。为了提高在线安装的速度，可以将下载库的源头切换至国内镜像源。

国内的一些主要镜像源如下：

清华：https://pypi. tuna. tsinghua. edu. cn/simple/

阿里云:http://mirrors.aliyun.com/pypi/simple/

中国科技大学: https://pypi.mirrors.ustc.edu.cn/simple/

当我们要临时使用这些镜像源的时候,只要在平时的 pip 安装中加入-i 和源的网址,例如使用阿里云的镜像安装 TensorFlow 库,在命令行中输入:

```
pip install -i http://mirrors.aliyun.com/pypi/simple/tensorflow
```

或者

```
pip install -i http://mirrors.aliyun.com/pypi/simple/ --trust mirrors.aliyun.com tensorflow
pip install --user -i http://mirrors.aliyun.com/pypi/simple/ --trust mirrors.aliyun.com tensorflow
```

其中参数--user 表示以管理员身份安装。

如果要升级 TensorFlow 库,在命令行中输入:

```
pip install --user -i http://mirrors.aliyun.com/pypi/simple/ --trust mirrors.aliyun.com -U tensorflow
```

有些扩展库安装时要求本机已安装相应版本的 C/C++,或者有些扩展库暂时还没有与本机 Python 版本对应的官方版本,这时可以从 http://www.lfd.uci.edu/~gohlke/pythonlibs/下载对应的.whl 文件,然后离线同样在命令行中使用 pip 命令进行安装。例如,cvxpy 优化库,需要 numpy+mkl 库作为基础库,先把对应的文件(如 numpy-1.21.0+mkl-cp38-cp38-win_amd64.whl)下载下来,然后在命令行中运行

```
pip install numpy-1.21.0+mkl-cp38-cp38-win_amd64.whl
```

3. Anaconda

Anaconda 集成了大量常用的扩展库,并提供 Jupyter Notebook 和 Spyder 两个开发环境,得到了广大初学者和教学、科研人员的喜爱,是目前比较流行的 Python 开发环境之一。从官方网站 https://www.anaconda.com/download/下载合适版本并安装,然后启动 Jupyter Notebook 或 Spyder 即可。

(1) Jupyter Notebook。启动 Jupyter Notebook 会打开一个网页,在该网页右上角单击菜单“New”,然后选择“Python 3”打开一个新窗口,即可编写和运行 Python 代码,如图 2.2 所示。另外,还可以选择“File”→“Download as”命令将当前代码以及运行结果保存为不同形式的文件,方便日后学习和演示。

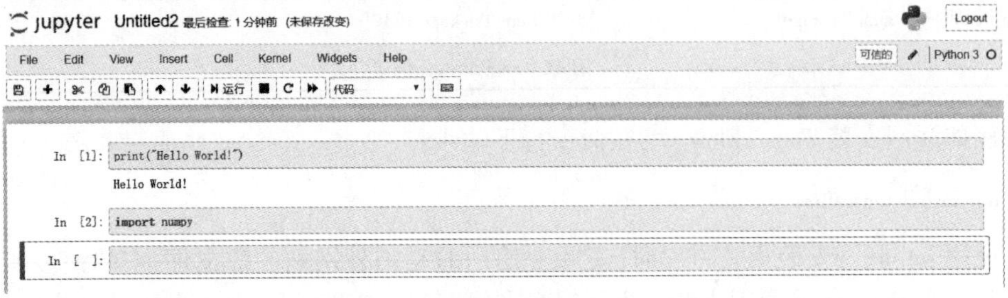

图 2.2 Jupyter Notebook 运行界面

(2) Spyder。Anaconda 自带的集成开发环境 Spyder 同时提供了交互式开发界面和程序编写与运行界面,以及程序调试和项目管理功能,使用非常方便。

2.1.2 Python 核心工具库

Python 有十几万个第三方库，下载这些库文件推荐下面两个网址：

➢ https://pypi.org/

➢ https://www.lfd.uci.edu/~gohlke/pythonlibs/

下面介绍网站 https://www.scipy.org/上的 6 个核心工具库，该网站上也有这些核心工具库的使用说明。

1. NumPy

NumPy 是 Python 用于科学计算的基础工具库。它主要包含四大功能：

（1）强大的多维数组对象；

（2）复杂的函数功能；

（3）集成 C/C++和 FORTRAN 代码的工具；

（4）有用的线性代数、傅里叶变换和随机数功能等。

Python 社区采用的一般惯例是导入 NumPy 工具库时，建议改变其名称为 np：

```
import numpy as np
```

这样的库或模块引用方法将贯穿本书。

2. SciPy

SciPy 完善了 NumPy 的功能，提供了文件输入、输出功能，为多种应用提供了大量工具和算法，如基本函数、特殊函数、积分、优化、插值、傅里叶变换、信号处理、线性代数、稀疏特征值、稀疏图、数据结构、数理统计和多维图像处理等。

3. Matplotlib

Matplotlib 是一个包含各种绘图模块的库，能根据数组创建高质量的图形，并交互式地显示它们。

Matplotlib 提供了 pylab 接口，pylab 包含许多像 MATLAB 一样的绘图组件。

使用如下命令，可以轻松导入可视化所需要的模块：

```
import matplotlib.pyplot as plt 或者 import pylab as plt
```

4. IPython

IPython 满足了 Python 交互式 shell 命令的需要，它是基于 shell、Web 浏览器和应用程序接口的 Python 版本，具有图形化集成、自定义指令、丰富的历史记录和并行计算等增强功能。它通过脚本、数据和相应结果清晰又有效地说明了各种操作。

5. SymPy

SymPy 是一个 Python 的科学计算库，用一套强大的符号计算体系完成诸如多项式求值、求极限、解方程、求积分、解微分方程、级数展开、矩阵运算等计算问题。虽然 MATLAB 的类似科学计算能力也很强大，但是 Python 因其语法简单、易上手、异常丰富的第三方库生态，可以更优雅地解决日常遇到的各种计算问题。

6. Pandas

Pandas 工具库能处理 NumPy 和 SciPy 所不能处理的问题。由于其特有的数据结构，Pandas 可以处理包含不同类型数据的复杂表格（这是 NumPy 数组无法做到的）和时间序列。Pandas 可以轻松又顺利地加载各种形式的数据。然后,可随意对数据进行切片、切块、处理缺失元素、添加、重命名、聚合、整形和可视化等操作。

通常,Pandas 库的导入名称为 pd:

```
import pandas as pd
```

2.1.3 Python 编程规范

Python 非常重视代码的可读性,对代码布局和排版有更加严格的要求。这里重点介绍 Python 对代码编写的一些共同的要求、规范和一些常用的代码优化建议,最好在开始编写第一段代码的时候就要遵循这些规范和建议,养成一个好的习惯。

(1) 严格使用缩进来体现代码的逻辑从属关系。Python 对代码缩进是硬性要求的,这一点必须时刻注意。在函数定义、类定义、选择结构、循环结构、with 语句等结构中,对应的函数体或语句块都必须有相应的缩进,并且一般以 4 个空格为一个缩进单位。

(2) 每个 import 语句只导入一个模块,按标准库、扩展库、自定义库的顺序依次导入。为了避免导入整个库,最好只导入确实需要使用的对象。

(3) 最好在每个类、函数定义和一段完整的功能代码之后增加一个空行,在运算符两侧各增加一个空格,逗号后面增加一个空格。

(4) 避免书写过长的语句。如果语句过长,可以考虑拆分成多个短一些的语句,以保证代码具有较好的可读性。如果语句确实太长而超过屏幕宽度,最好使用续行符“\”,或者使用圆括号把多行代码括起来表示是一条语句。

(5) 在书写复杂的表达式时,建议在适当的位置加上括号,这样可以使得各种运算的隶属关系和顺序更加明确。

(6) 对关键代码和重要的业务逻辑代码进行必要的注释。在 Python 中有两种常用的注释形式:#和三引号。#用于单行注释,三引号常用于大段说明性文本的注释。

(7) 冒号是 Python 的一种语句规则,具有特殊的含义。在 Python 中,冒号和缩进通常配合使用,用来区分语句之间的层次关系。例如,if 和 while 等控制语句以及函数定义、类定义等语句后面要紧跟冒号“:”,然后在新的一行中缩进 4 个空格,输入语句主体。

(8) 在 Python 中,程序中的第一行可执行语句或 Python 解释器提示符后的第一列开始,前面不能有任何空格,否则会产生错误。每个语句以回车符结束。可以在同一行中使用多条语句,语句之间使用分号“;”分隔。

2.2 Python 基本数据类型

Python 中有 6 种标准的数据类型:number(数字)、string(字符串)、list(列表)、tuple(元组)、set(集合)和 dictionary(字典)。本节将简要介绍这 6 种数据类型。

2.2.1 数字

Python 数字数据类型用于存储数值。Python 支持以下 4 种不同的数值类型。

(1) 整型(int):也称为整数,包含正整数或负整数,不带小数点。Python 整型是没有大小限制的。

(2) 浮点型(float):浮点型由整数部分与小数部分组成,浮点型也可以使用科学计数法表示。

(3) 复数型(complex):复数由实数部分和虚数部分构成,可以用 a+bj,或者 complex(a, b)表示,复数的实部 a 和虚部 b 都是浮点型。

(4) 布尔型(bool):Python 中,把 True 和 False 定义成关键字,但它们的值还是 1 和 0。

有时需要对数据类型进行转换,数据类型的转换只需要将数据类型作为函数名即可。数据类型转换函数如下。

(1) int(x)将 x 转换为一个整数。

(2) float(x)将 x 转换为一个浮点数。

(3) complex(x, y)将 x 和 y 转换为一个复数,实数部分为 x,虚数部分为 y。x 和 y 是数字表达式。

2.2.2 字符串

Python 中的字符串用单引号(')或双引号(")括起来。创建字符串只要为变量分配一个值即可,例如:

```
str1 ="Hello World!"
```

Python 访问字符串,可以使用方括号([])来截取其中一部分,基本语法如下:

```
变量[头下标:尾下标]
```

其中下标最小的索引值以 0 为开始值,-1 为从末尾的开始位置。Python 中的字符串有两种索引方式,从左往右以 0 开始,从右往左以-1 开始。

例 2.1 字符串操作示例。

```
#程序文件 ex2_1.py
str1 = "Hello World!"
print(str1)                    #输出字符串
print(str1[0:-1])              #输出第一个到倒数第二个的所有字符
print(str1[-1])                #输出字符串的最后一个字符
print(str1[2:5])               #输出从第三个开始到第五个的字符
print(str1[2:])                #输出从第三个开始的所有字符
print(str1 * 2)                #输出字符串两次
```

除了可以使用内置函数和运算符对字符串进行操作,Python 字符串对象自身还提供了大量方法用于字符串的检测、替换和排版等操作。需要注意的是,字符串对象是不可变的,所以字符串对象提供的涉及字符串“修改”的方法都是返回修改后的新字符串,并不对原始字符串做任何修改。

(1) find()、rfind()、index()、rindex()、count()。

find()和 rfind()方法分别用来查找一个字符串在另一个字符串指定的范围中首次和最后一次出现的位置,如果不存在则返回-1;index()和 rindex()方法用来返回一个字符串在另一个字符串指定范围中首次和最后一次出现的位置,如果不存在则抛出异常;count()方法用来返回一个字符串在另一个字符串中出现的次数,如果不存在则返回 0。

(2) split()、rsplit()。

字符串对象的 split()和 rsplit()方法分别用来以指定字符为分隔符,从字符串左端和右端开始将其分割成多个字符串,并返回包含分隔结果的列表。

对于 split()和 rsplit()方法,如果不指定分隔符,则字符串中的任何空白字符(包括空格、换行符、制表符等)的连续出现都将被认为是分隔符,并且自动删除字符串两侧的空白字符,返回包含最终分隔结果的列表。

(3) join()。

字符串的 join()方法用来将列表中多个字符串进行连接,并在相邻两个字符串之间插入指定字符,返回新字符串。

(4) strip()、rstrip()、lstrip()。

这几个方法分别用来删除两端、右端或左端连续的空白字符或指定字符。

(5) startswith()、endswith()。

这两个方法用来判断字符串是否以指定字符串开始或结束,可以接收两个整数参数来限定字符串的检测范围。

另外,这两个方法还可以接收一个字符串元组作为参数来表示前缀或后缀。

例 2.2 统计下列 5 行字符串中字符 a、c、g、t 出现的频数。

1. aggcacggaaaaacgggaataacggaggaggacttggcacggcattacacggagg
2. cggaggacaaacgggatggcggtattggaggtggcggactgttcgggga
3. gggacggatacggattctggccacggacggaaaggaggacacggcggacataca
4. atggataacggaaacaaaccagacaaacttcggtagaaatacagaagctta
5. cggctggcggacaacggactggcggattccaaaaacggaggaggcggacggaggc

解 把上述 5 行数据复制到纯文本文件 data2_2. txt 中,编写如下程序:

```
#程序文件 ex2_2. py
import numpy as np
a=[]
with open('data2_2. txt') as f:
    for (i, s) in enumerate(f):
        a. append([s. count('a'), s. count('c'),
                  s. count('g'),s. count('t')])
b=np. array(a); print(b)
```

2.2.3 列表

列表(list)是 Python 中使用最频繁的数据类型。列表可以完成大多数集合类的数据结构的实现。列表中元素的类型可以不相同,它支持数字、字符串,甚至可以包含其他列表(嵌套)。

列表是写在方括号([])里、用逗号分隔开的元素列表。和字符串一样,列表同样可以被索引和截取,列表被截取后返回一个包含所需元素的新列表。

列表截取的语法格式如下：

变量[头下标:尾下标]

索引值的取值和字符串类似，其中下标最小的索引值以 0 为开始值，以-1 为从末尾的开始位置。

与 Python 字符串不同的是，列表中的元素是可以改变的。

例 2.3 列表操作示例。

```
#程序文件 ex2_3. py
L = ['abc', 12, 3.45, 'Python', 2.789]
print(L)                      #输出完整列表
print(L[0])                   #输出列表的第一个元素
L[0] = 'a'                    #修改列表的第一个元素
L[1:3] = ['b', 'Hello']       #修改列表的第二、三元素
print(L)
L[2:4] = []                   #删除列表的第三、四元素
print(L)
```

列表推导式可以使用非常简洁的方式对列表或其他可迭代对象的元素进行遍历、过滤或再次计算，快速生成满足特定需求的新列表。列表推导式的语法形式为

```
[expression for expr1 in sequence1 if condition1
            for expr2 in sequence2 if condition2
            …
            for exprN in sequenceN if conditionN]
```

列表推导式在逻辑上等价于一个循环语句，只是形式上更加简洁。

例 2.4 使用列表推导式实现嵌套列表的平铺。

基本思路 先遍历列表中嵌套的子列表，然后再遍历子列表中的元素并提取出来作为最终列表中的元素。

```
#程序文件 ex2_4. py
a=[[1,2,3],[4,5,6],[7,8,9]]
d=[c for b in a for c in b]
print(d)
```

例 2.5 在列表推导式中使用 if 过滤不符合条件的元素。

基本思路 在列表推导式中可以使用 if 子句对列表中的元素进行筛选，只在结果列表中保留符合条件的元素。

(1) 下面的代码可以列出 D:\Programs\Python\Python37 文件夹下所有的 exe 文件和 py 文件，其中 os. listdir()用来列出指定文件夹中所有文件和子文件夹清单，字符串方法 endswith()用来测试字符串是否以指定的字符串结束。

```
#程序文件 ex2_5_1. py
import os
```

```
fn=[filename for filename in
      os.listdir('D:\Programs\Python\Python37')
      if filename.endswith(('.exe','.py'))]
print(fn)
```

(2) 使用列表推导式查找数组中最大元素的所有位置。

```
#程序文件 ex2_5_2.py
from numpy.random import randint
import numpy as np
a=randint(10,20,16)              #生成 16 个[10,20)上的随机整数
ma=max(a)
ind1=[index for index,value in enumerate(a) if value==ma]
ind2=np.where(a==ma)             #第二种方法求最大值的地址
print(ind1); print(ind2[0])
```

2.2.4 元组

元组是一个不可改变的列表。不可改变意味着它不能被修改。元组只是逗号分隔的对象序列(不带括号的列表)。为了增加代码的可读性,通常将元组放在一对圆括号中:

```
my_tuple=1,2,3          #第一个元组
my_tuple=(1,2,3)        #与上面相同
singleton=1,            #逗号表明该对象是一个元组
```

元组与列表类似,关于元组同样需要做 3 点说明:

(1) 元组通过英文状态下的圆括号构成,即()。a=()表示 a 为空元组,b1=(9,)表示 b1 为只有一个元素 9 的元组;b2=(9)表示 b2 为整数 9。

(2) 元组仍然是一种序列,所以几种获取列表元素的索引方法同样可以使用到元组对象中。

(3) 与列表最大的区别是,元组不再是一种可变类型的数据结构。

由于元组只是存储数据的不可变容器,因此其只有两种可用的"方法",分别是 count 和 index,它们的功能与列表中的 count 和 index 方法完全一样。

例 2.6 元组操作示例。

```
#程序文件 ex2_6.py
T = ('abc', 12, 3.45, 'Python', 2.789)
print(T)            #输出完整元组
print(T[-1])        #输出元组的最后一个元素
print(T[1:3])       #输出元组的第二、三元素
```

2.2.5 集合

集合(set)是一个无序不重复元素的序列。基本功能是进行成员关系测试和删除重

复元素。

在 Python 中,创建集合有两种方式:一种是用一对大括号将多个用逗号分隔的数据括起来;另一类是使用 set()函数,该函数可以将字符串、列表、元组等类型的数据转换成集合类型的数据。

创建一个空集合必须用 set()而不是{},因为{}用来创建一个空字典。

集合中不能有相同元素,如果在创建集合时有重复元素,Python 会自动删除重复的元素。集合的这个特性非常有用,例如,要删除列表中大量重复的元素,可以先用 set()函数将列表转换成集合,再用 list()函数将集合转换成列表,操作效率非常高。

例 2.7 集合操作示例。

```
#程序文件 ex2_7.py
student = {'Tom', 'Jim', 'Mary', 'Tom', 'Jack', 'Rose'}
print(student)
a = set('abcdabc')
print(a)   #每次输出是不一样的,如输出:{'d', 'b', 'a', 'c'}
```

2.2.6 字典

字典(dictionary)是 Python 中另一个非常有用的内置数据类型。前面介绍的列表是有序的对象集合,字典是无序的对象集合。两者的区别在于:字典中的元素是通过键来存取的,而不是通过索引值存取的。

字典是一种映射类型,字典用"{}"标识,它是一个无序的"键(key):值(value)"对集合。在同一个字典中,键(key)必须是唯一的,但值则不必唯一,值可以取任何数据类型,但键必须是不可变的,如字符串、数字或元组。

例 2.8 字典操作示例。

```
#程序文件 ex2_8.py
dict1 = {'Alice': '123', 'Beth': '456', 'Cecil': 'abc'}
print(dict1['Alice'])                     #输出 123
dict1['new'] = 'Hello'                    #增加新的键值对
dict1['Alice'] = '1234'                   #修改已有键值对
dict2 = {'abc': 123, 456: 78.9}
print(dict2[456])                         #输出 78.9
```

字典对象提供了一个 get()方法用来返回指定"键"对应的"值",并且允许指定该键不存在时返回特定的"值"。

例 2.9 字典的 get()方法使用示例。

```
#程序文件 ex2_9.py
Dict={'age':18,'score':[98,97],'name':'Zhang','sex':'male'}
print(Dict['age'])                              #输出 18
print(Dict.get('age'))                          #输出 18
print(Dict.get('address','Not Exists.'))        #输出 No Exists.
print(Dict['address'])                          #出错
```

可以对字典对象进行迭代或者遍历，默认是遍历字典的“键”，如果需要遍历字典的元素必须使用字典对象的 items( ) 方法明确说明，如果需要遍历字典的“值”则必须使用字典对象的 values( ) 方法明确说明。

例 2.10 字典元素的访问示例。

```
#程序文件 ex2_10.py
Dict={'age':18,'score':[98,97],'name':'Zhang','sex':'male'}
for item in Dict:                              #遍历输出字典的“键”
    print(item)
print("----------" )
for item in Dict.items():                      #遍历输出字典的元素
    print(item)
print("----------")
for value in Dict.values():                    #遍历输出字典的值
    print(value)
```

例 2.11 首先生成包含 1000 个随机字符的字符串，然后统计每个字符的出现次数，注意 get( ) 方法的应用。

基本思路 在 Python 标准库 string 中，ascii_letters 表示英文大小写字符，digits 表示 10 个数字字符。本例中使用字典存储每个字符的出现次数，其中键表示字符，对应的值表示出现次数。在生成随机字符串时使用了生成器表达式，''.join(…) 的作用是使用空字符把参数中的字符串连接起来成为一个长字符串。最后使用 for 循环遍历该长字符串中的每个字符，把每个已出现字符的次数加 1，如果是第一次出现，则已出现次数为 0。

```
#程序文件 ex2_11_1.py
import string
import random
x=string.ascii_letters+string.digits
y=''.join([random.choice(x) for i in range(1000)])
#choice()用于从多个元素中随机选择一个
d=dict()  #构造空字典
for ch in y:
    d[ch]=d.get(ch,0)+1;
for k,v in sorted(d.items()):
    print(k,':',v)
```

也可以利用 collections 模块的 Counter( ) 函数直接作出统计，程序如下：

```
#程序文件 ex2_11_2.py
import string, random, collections      #依次加载 3 个模块
x=string.ascii_letters+string.digits
y=''.join([random.choice(x) for i in range(1000)])
count=collections.Counter(y)
for k,v in sorted(count.items()):
```

```
        print(k,':',v)
```

2.3 函　　数

在 Python 语言中,函数是一组相关联的、能够完成特定任务的语句模块,分内置函数、第三方模块函数和自定义函数。内置函数是 Python 系统自带的函数,模块函数是 NumPy 等库中的函数。下面先介绍自定义函数。

2.3.1 自定义函数

1. 函数定义及调用

Python 中定义函数的语法如下:

```
def functionName(formalParameters):
    functionBody
```

(1) functionName 是函数名,可以是任何有效的 Python 标识符。

(2) formalParameters 是形式参数(简称形参)列表,在调用该函数时通过给形参赋值来传递调用值,形参可以由多个、一个或零个参数组成,当有多个参数时各个参数由逗号分隔;圆括号是必不可少的,即使没有参数也不能没有它。括号外面的冒号也不能少。

(3) functionBody 是函数体,是函数每次被调用时执行的一组语句,可以由一个语句或多个语句组成。函数体一定要注意缩进。

函数通常使用 3 个单引号'''...'''来注释说明;函数体内容不可为空,可用 pass 来表示空语句。在函数调用时,函数名后面括号中的变量名称为实际参数(简称实参)。定义函数时需要注意以下两点:

(1) 函数定义必须放在函数调用前,否则编译器会由于找不到该函数而报错。

(2) 返回值不是必需的,如果没有 return 语句,则 Python 默认返回值 None。

例 2.12 分别编写求 $n!$ 和输出斐波那契数列的函数,并调用两个函数进行测试。

编写的两个函数及调用程序如下:

```
#程序文件 ex2_12_1.py
def factorial(n):          #定义阶乘函数
    r = 1
    while n > 1:
        r *= n
        n -= 1
    return r
def fib(n):                #定义输出斐波那契数列函数
    a, b = 1, 1
    while a < n:
        print(a, end='  ')
        a, b = b, a+b
```

```
print('%d! =%d'%(5,factorial(5)))
fib(200)
```

也可以先编写求阶乘和输出斐波那契数列的两个函数,并保存在文件 ex2_1_2. py 中,供其他程序调用。

```
#程序文件 ex2_12_2. py
def factorial(n):            #定义阶乘函数
    r = 1
    while n > 1:
        r *= n
        n -= 1
    return r
def fib(n):                  #定义输出斐波那契数列函数
    a, b = 1, 1
    while a < n:
        print(a, end=' ')
        a, b = b, a+b
```

编写调用上面两个函数的程序如下:

```
#程序文件 ex2_12_3. py
from ex2_12_2 import factorial, fib
print('%d! =%d'%(5,factorial(5)))
fib(200)
```

例 2.13 数据分组。

```
#程序文件 ex2_13. py
def bifurcate_by(L, fn):
    return [[x for x in L if fn(x)],
            [x for x in L if not fn(x)]]
s=bifurcate_by(['beep', 'boop', 'foo', 'bar'], lambda x: x[0] == 'b')
print(s)
```

2. 匿名函数

匿名函数,是指不以 def 语句定义的没有名称的函数,它在使用时临时声明、立刻执行,其特点是执行效率高。

Python 使用 lambda 来创建匿名函数,它是一个可以接收任意多个参数并且返回单个表达式值的函数,其语法格式为

```
lambda arg1[,arg2,…,argn]:expression
```

例 2.14 用匿名函数,求 3 个数的乘积及列表元素的值。

```
#程序文件 ex2_14. py
f=lambda x, y, z: x*y*z
L=lambda x: [x**2, x**3, x**4]
```

```
print(f(3,4,5)); print(L(2))
```

2.3.2 模块的导入与使用

随着程序的变大及代码的增多,为了更好地维护程序,一般会把代码进行分类,分别放在不同的文件中。公共类、函数都可以放在独立的文件中,这样其他多个程序都可以使用,而不必把这些公共的类、函数等在每个程序中复制一份,这样独立的文件就称为模块。

标准库中有与时间相关的 time、datetime 模块,随机数的 random 模块,与操作系统交互的 os 模块,对 Python 解释器相关操作的 sys 模块,数学计算的 math 模块等几十个模块。

1. 标准库与扩展库中对象的导入与使用

Python 标准库和扩展库中的对象必须先导入才能使用,导入方式如下:

(1) import 模块名 [as 别名]

(2) from 模块名 import 对象名 [as 别名]

(3) from 模块名 import *

1) import 模块名[as 别名]

使用此方式将模块导入以后,使用时需要在对象之前加上模块名作为前缀,必须以"模块名.对象名"的形式进行访问。如果模块名字很长,可以为导入的模块设置一个别名,然后使用"别名.对象名"的方式来使用其中的对象。

例 2.15 加载模块示例。

```
#程序文件 ex2_15.py
import math                          #导入 math 模块
import random                        #导入 random 模块
import numpy.random as nr            #导入 numpy 库中的 random 模块
a=math.gcd(12,21)                    #计算最大公约数,a=3
b=random.randint(0,2)                #获得[0,2]区间上的随机整数
c=nr.randint(0,2,(4,3))              #获得[0,2)区间上的 4×3 随机整数矩阵
print(a); print(b); print(c)         #输出 a,b,c 的值
```

2) from 模块名 import 对象名 [as 别名]

使用此方式仅导入明确指定的对象,并且可以为导入的对象起一个别名。这种导入方式可以减少查询次数,提高访问速度,同时也可以减少程序员需要输入的代码量,不需要使用模块名作为前缀。

例 2.16 导入模块示例。

```
#程序文件 ex2_16.py
from random import sample
from numpy.random import randint
a=sample(range(10),5)                #在[0,9]区间上选择不重复的 5 个整数
b=randint(0,10,5)                    #在[0,9]区间上生成 5 个随机整数
print(a); print(b)
```

3) from 模块名 import *

使用此方式可以一次导入模块中的所有对象，简单粗暴，写起来也比较省事，可以直接使用模块中的所有对象而不需要再使用模块名作为前缀，但一般并不推荐这样使用。

例 2.17 导入模块示例。

```
#程序文件 ex2_17.py
from math import *
a=sin(3)                                #求正弦值
b=pi                                    #常数 π
c=e                                     #常数 e
d=radians(180)                          #把角度转换为弧度
print(a); print(b); print(c); print(d)
```

2. 自定义函数的导入

在 Python 中，每个包含函数的 Python 文件都可以作为一个模块使用，其模块名就是文件名。下面给出例 2.12 中两个函数的另外调用方式。

例 2.18(续例 2.12) 调入自定义函数 factorial()和 fib()，计算 6!，输出 300 以内的斐波那契数列。

```
#程序文件 ex2_18.py
from ex2_12_2 import *
print(factorial(6))
fib(300)
```

2.3.3 Python 常用内置函数用法

内置函数不需要额外导入任何模块即可直接使用，具有非常快的运行速度，推荐优先使用。使用下面的语句可以查看所有内置函数和内置对象。

```
dir(__builtins__)
```

使用 help(函数名)可以查看某个函数的用法。常用的内置函数及其功能简要说明如表 2.3 所列。

表 2.3 Python 常用内置函数

abs(x)	返回实数 x 的绝对值或复数 x 的模
chr(x)	返回 Unicode 编码为 x 的字符
enumerate(iterable[,start])	返回包含元素形式为(0,iterable[0]),(1,iterable[1]),(2,iterable[2])等的迭代器对象,start 表示索引的起始值
eval(s)	计算并返回字符串 s 中表达式的值
filter(func,iterable)	用于过滤序列。以一个返回 True 或者 False 的函数 func 为条件,以可迭代对象的每个元素作为参数进行判断,过滤掉函数 func 返回 False 的元素
hash(obj)	返回对象 obj 的哈希值

（续）

help(obj)	返回对象 obj 的帮助信息
len(obj)	返回对象 obj 包含的元素个数
map(func, * iterables)	返回包含若干函数值的 map 对象，函数 func 的参数分别来自 iterables 指定的一个或多个迭代对象
max(iterable) max(arg1,arg2,…,argn)	返回可迭代对象或多个参数中的最大值
min(iterable) min(arg1,arg2,…,argn)	返回可迭代对象或多个参数中的最小值
ord(x)	返回一个字符 x 的 Unicode 编码
pow(x,y[,z])	计算 x 的 y 次幂；如果给定参数 z，则再对结果取模，最终结果等于 pow(x,y)%z
range(stop) range(start,stop[,step])	返回 range 对象，其中包括[0,stop)上的整数或[start,stop)上以 step 为步长的整数
reversed(seq)	返回参数 seq 序列的逆向序列的迭代器对象
round(x[,小数位数])	对 x 进行四舍五入，若不指定小数位数，则返回整数
sorted(iterable,key=None, reverse=False)	返回排序后的列表，其中 iterable 表示要排序的序列或迭代对象，key 用来指定排序规则，reverse 用来指定升序或降序
str(obj)	把对象 obj 直接转换为字符串
sum(x,start=0)	返回序列 x 中所有元素之和，要求序列 x 中所有元素支持加法运算
zip(seq1[,seq2[,…]])	返回 zip 对象，其中元素为(seq1[i],seq2[i],…)形式的元组，最终结果中包含的元素个数取决于所有参数序列或可迭代对象中最短的那个

下面给出几个内置函数的应用举例。

1. 排序

sorted()可以对列表、元组、字典、集合或其他可迭代对象进行排序并返回新列表，支持使用 key 参数指定排序规则。

例 2.19 sorted()使用示例。

```
#程序文件 ex2_19.py
import numpy.random as nr
x1=list(range(9,21))
nr.shuffle(x1)                               #shuffle()用来随机打乱顺序
x2=sorted(x1)                                #按照从小到大排序
x3=sorted(x1,reverse=True)                   #按照从大到小排序
x4=sorted(x1,key=lambda item:len(str(item)))  #以指定的规则排序
print(x1); print(x2); print(x3); print(x4)
```

2. 枚举

enumerate()函数用来枚举可迭代对象中的元素，返回可迭代的 enumerate 对象，利用该函数可同时获得索引和值。在使用时，既可以把 enumerate 对象转换为列表、元组、集合，也可以使用 for 循环直接遍历其中的元素。

例 2.20　enumerate( )函数使用示例。

```
#程序文件 ex2_20. py
x1 = "abcde"
x2=list(enumerate(x1))
for ind,ch in enumerate(x1): print(ch)
```

3. map( )函数

函数 map(func, *iterables)把一个函数 func 依次映射到一个可迭代对象 iterables 的每个元素上,并返回一个可迭代的 map 对象作为结果,map 对象中每个元素是 iterables 中元素经过函数 func 处理后的结果。

例 2.21　map( )函数使用示例。

```
#程序文件 ex2_21. py
import random
x=random. randint(1e5,1e8)                    #生成一个随机整数
y=list(map(int,str(x)))                       #提出每位上的数字
z=list(map(lambda x,y: x%2==1 and y%2==0, [1,3,2,4,1],[3,2,1,2]))
print(x); print(y); print(z)
```

4. filter( )函数

内置函数 filter( )将一个单参数函数作用到一个序列上,返回该序列中使得该函数取值为 True 的那些元素组成的 filter 对象,可以把 filter 对象转换为列表、元组、集合,也可以直接使用 for 循环遍历其中的元素。

例 2.22　filter( )函数使用示例。

```
#程序文件 ex2_22. py
a = filter(lambda x: x>10,[1,11,2,45,7,6,13])
b= filter(lambda x: x. isalnum(),['abc', 'xy12', '***'])
#isalnum()是测试是否为字母或数字的方法
print(list(a)); print(list(b))
```

例 2.23　过滤重复值。

```
#程序文件 ex2_23. py
def filter_non_unique(L):
    return [item for item in L if L. count(item) == 1]
a=filter_non_unique([1, 2, 2, 3, 4, 4, 5])
print(a)
```

5. zip( )函数

zip( )函数用来把多个可迭代对象中对应位置上的元素压缩在一起,返回一个可迭代的 zip 对象,其中每个元素都是包含原来多个可迭代对象对应位置上元素的元组,最终结果中包含的元素个数取决于所有参数序列或可迭代对象中最短的那个。

例 2.24　zip( )函数使用示例。

```
#程序文件 ex2_24.py
s1=[str(x)+str(y) for x,y in zip(['v']*4,range(1,5))]
s2=list(zip('abcd',range(4)))
print(s1); print(s2)
```

2.4 NumPy 库

2.4.1 NumPy 的基本使用

标准安装的 Python 中用列表(list)保存的一组值,可以用来当作数组使用,但是由于列表的元素可以是任意对象,因此列表中所保存的是对象的指针。这样为了保存一个简单的[1, 2, 3],需要有 3 个指针和 3 个整数对象。对于数值运算来说,这种结构显然比较浪费内存和 CPU 的计算时间。

此外,Python 还提供了一个 array 模块。array 对象和列表不同,它直接保存数值,和 C 语言的一维数组比较类似。但是由于它不支持多维,也没有各种运算函数,因此也不适合做数值运算。

NumPy 的诞生弥补了这些不足,NumPy 提供了两种基本的对象:ndarray(N-dimensional array object)存储单一数据类型的多维数组;ufunc(universal function object)是能够对数组进行处理的函数。

1. 函数的导入

在使用 NumPy 之前,必须先导入该函数库,导入方式如下:

```
import numpy as np
```

2. 数组的创建

(1) 使用 array 将列表或元组转换为 ndarray 数组。

(2) 使用 arange 在给定区间内创建等差数组,其调用格式为

```
arange(start=None, stop=None, step=None, dtpye=None)
```

生成区间[start, stop)上步长间隔为 step 的等差数组。

(3) 使用 linspace 在给定区间内创建间隔相等的数组。其调用格式为

```
linspace(start, stop, num=50, endpoint=True)
```

生成区间[start, stop]上间隔相等的 num 个数据的等差数组,num 的默认值为 50。

(4) 使用 logspace 在给定区间上生成等比数组。其调用格式为

```
logspace(start, stop, num=50,endpoint=True, base=10.0)
```

默认生成区间[10^{start},10^{stop}]上的 num 个数据的等比数组。

例 2.25 数组生成示例 1。

```
#程序文件 ex2_25.py
import numpy as np
```

```
a1 = np.array([1, 2, 3, 4])                   #生成整型数组
a2 = a1.astype(float)
a3 = np.array([1, 2, 3, 4], dtype=float)      #浮点数
print(a1.dtype); print(a2.dtype); print(a3.dtype)
b = np.array([[1, 2, 3], [4, 5, 6]])
c = np.arange(1,5)                            #生成数组[1, 2, 3, 4]
d = np.linspace(1, 4, 4)                      #生成数组[1, 2, 3, 4]
e = np.logspace(1, 3, 3, base=2)              #生成数组[2, 4, 8]
```

注 2.1 为了节省篇幅,上述程序中只有部分输出语句,读者想看全部输出结果,可以在命令窗口直接输入变量名,看相应变量输出结果。

(5) 使用 ones、zeros、empty 和 ones_like 等系列函数。

例 2.26 数组生成示例 2。

```
#程序文件 ex2_26.py
import numpy as np
a = np.ones(4, dtype=int)            #输出[1, 1, 1, 1]
b = np.ones((4,), dtype=int)         #同 a
c= np.ones((4,1))                    #输出 4 行 1 列的数组
d = np.zeros(4)                      #输出[0, 0, 0, 0]
e = np.empty(3)                      #生成 3 个元素的空数组行向量
f = np.eye(3)                        #生成 3 阶单位阵
g = np.eye(3, k=1)                   #生成第 k 对角线的元素为 1,其他元素为 0 的 3 阶方阵
h = np.zeros_like(a)                 #生成与 a 同维数的全 0 数组
```

3. 数组元素的索引

NumPy 中的 array 数组与 Python 基础数据结构列表(list)的区别是:列表中的元素可以是不同的数据类型,而 array 数组只允许存储相同的数据类型。

(1) 对于一维数组来说,Python 原生的列表和 NumPy 的数组的切片操作都是相同的,都是记住一个规则:列表名(或数组名)[start: end: step],但不包括索引 end 对应的值。

(2) 二维数据列表元素的引用方式为 a[i][j];array 数组元素的引用方式还可以为 a[i,j]。

(3) NumPy 比一般的 Python 序列提供更多的索引方式。除了用整数和切片的一般索引外,数组还可以布尔索引及花式索引。

例 2.27 数组元素的索引示例。

```
#程序文件 ex2_27.py
import numpy as np
a = np.arange(16).reshape(4,4)       #生成 4 行 4 列的数组
b = a[1][2]                          #输出 6
c = a[1, 2]                          #同 b
d = a[1:2, 2:3]                      #输出[[6]]
x = np.array([0, 1, 2, 1])
print(a[x==1])                       #输出 a 的第 2、4 行元素
```

2.4.2 矩阵合并与分割

1. 矩阵的合并

在实际应用中,经常需要合并矩阵,可以用 vstack([A, B])和 hstack([A, B])实现不同轴上的合并。vstack()是一个将矩阵上下合并的函数,而 hstack()则是左右合并的函数。

例 2.28 矩阵合并示例。

```
#程序文件 ex2_28.py
import numpy as np
a = np.arange(16).reshape(4,4)              #生成4行4列的数组
b = np.floor(5 * np.random.random((2, 4)))
c = np.ceil(6 * np.random.random((4, 2)))
d = np.vstack([a, b])                       #上下合并矩阵
e = np.hstack([a, c])                       #左右合并矩阵
```

2. 矩阵的分割

vsplit(a, m)把 a 平均分成 m 个行数组,hsplit(a, n)把 a 平均分成 n 个列数组。

例 2.29 矩阵分割示例。

```
#程序文件 ex2_29.py
import numpy as np
a = np.arange(16).reshape(4,4)              #生成4行4列的数组
b = np.vsplit(a, 2)                         #行分割
print('行分割:\n', b[0], '\n', b[1])
c = np.hsplit(a, 4)                         #列分割
print('列分割:\n', c[0], '\n', c[1], '\n', c[2], '\n', c[3])
```

2.4.3 矩阵的简单运算

1. 求和

例 2.30 矩阵元素求和示例。

```
#程序文件 ex2_30.py
import numpy as np
a = np.array([[0, 3, 4],[1, 6, 4]])
b = a.sum()                                 #使用方法,求矩阵所有元素的和
c1 = sum(a)                                 #使用内置函数,求矩阵逐列元素的和
c2 = np.sum(a, axis=0)                      #使用函数,求矩阵逐列元素的和
c3 = np.sum(a, axis=0, keepdims=True)       #逐列求和
print(c2.shape, c3.shape)                   #c2是(3,)数组,c3是(1,3)数组
```

2. 矩阵的逐个元素运算

对于 ndarray 数组,+、-、*、/都是对应的逐个元素运算。乘幂运算 ** 也是对应逐个元素运算。

例 2. 31 逐个元素运算示例。

```
#程序文件 ex2_31. py
import numpy as np
a = np. array([[0, 3, 4],[1, 6, 4]])
b = np. array([[1, 2, 3],[2, 1, 4]])
c = a / b                             #两个矩阵对应元素相除
d = np. array([2, 3, 2])
e = a * d                             #d 先广播成与 a 同维数的矩阵,再逐个元素相乘
f = np. array([[3],[2]])
g = a * f                             #f 先广播成与 a 同维数的矩阵,再逐个元素相乘
h = a ** (1/2)                        #a 矩阵逐个元素的 1/2 次幂。
```

3. 矩阵乘法

例 2. 32 矩阵乘法示例。

```
#程序文件 ex2_32. py
import numpy as np
a = np. ones(4)
b = np. arange(2, 10, 2)
c = a @ b              #a 作为行向量,b 作为列向量
d = np. arange(16). reshape(4,4)
f = a @ d              #a 作为行向量
g = d @ a              #a 作为列向量
```

2. 4. 4 矩阵运算与线性代数

Python 中的线性代数运算主要使用 numpy. linalg 模块,其常用函数如表 2. 4 所列。

表 2. 4 numpy. linalg 常用函数

函　数	说　明
norm	求向量或矩阵的范数
inv	求矩阵的逆阵
pinv	求矩阵的广义逆阵
solve	求解线性方程组
det	求矩阵的行列式
lstsq	最小二乘法求解超定线性方程组
eig	求矩阵的特征值和特征向量
eigvals	求矩阵的特征值
svd	矩阵的奇异值分解
qr	矩阵的 QR 分解

下面给出部分函数的应用示例。

1. 范数计算

计算范数的函数 norm 的调用格式如下：

```
norm(x, ord=None, axis=None, keepdims=False)
```

其中

x：表示要度量的向量或矩阵；

ord：表示范数的种类，例如 1 范数，2 范数，∞ 范数。

axis：axis=1 表示按行向量处理，求多个行向量的范数；axis=0 表示按列向量处理，求多个列向量的范数；axis=None 表示矩阵范数。

keepdims：是否保持矩阵的二维特性。True 表示保持矩阵的二维特性，False 则相反。

例 2.33 求下列矩阵的各个行向量的 2 范数，各个列向量的 2 范数和矩阵 2 范数。

$$\begin{bmatrix}0 & 3 & 4\\1 & 6 & 4\end{bmatrix}.$$

```
#程序文件 ex2_33.py
import numpy as np
a = np.array([[0, 3, 4],[1, 6, 4]])
b = np.linalg.norm(a, axis=1)          #求行向量 2 范数
c = np.linalg.norm(a, axis=0)          #求列向量 2 范数
d = np.linalg.norm(a)                  #求矩阵 2 范数
print('行向量 2 范数为:', np.round(b, 4))
print('列向量 2 范数为:', np.round(c, 4))
print('矩阵 2 范数为:', round(d, 4))
```

2. 求解线性方程组的唯一解

例 2.34 求解线性方程组

$$\begin{cases}3x+y=9,\\x+2y=8.\end{cases}$$

```
#程序文件 ex2_34.py
import numpy as np
a = np.array([[3, 1], [1, 2]])
b = np.array([9, 8])
x1 = np.linalg.inv(a) @ b  #第一种解法
#上面语句中@表示矩阵乘法
x2 = np.linalg.solve(a, b)  #第二种解法
print(x1); print(x2)
```

求得 $x=2, y=3$。

3. 求超定线性方程组的最小二乘解

例 2.35 求线性方程组

$$\begin{cases}3x+y=9,\\x+2y=8,\\x+y=6.\end{cases}$$

```
#程序文件 ex2_35. py
import numpy as np
a = np. array([[3, 1], [1, 2], [1, 1]])
b = np. array([9, 8, 6])
x = np. linalg. pinv(a) @ b
print(np. round(x, 4))
```

求得的最小二乘解为 $x=2, y=3.1667$。

例 2.36 求下列矩阵的特征值和特征向量：

$$\begin{bmatrix}0&0&0&1\\0&0&1&0\\0&1&0&0\\1&0&0&0\end{bmatrix}.$$

```
#程序文件 ex2_36. py
import numpy as np
a = np. eye(4)
b = np. rot90(a)
c, d = np. linalg. eig(b)
print('特征值为:', c)
print('特征向量为:\n', d)
```

求得特征值为 $\lambda_1=\lambda_2=1, \lambda_3=\lambda_4=-1$，对应的特征向量分别为

$$\boldsymbol{\xi}_1=\begin{bmatrix}0.7071\\0\\0\\0.7071\end{bmatrix}, \boldsymbol{\xi}_2=\begin{bmatrix}0\\0.7071\\0.7071\\0\end{bmatrix}, \boldsymbol{\xi}_3=\begin{bmatrix}0.7071\\0\\0\\-0.7071\end{bmatrix}, \boldsymbol{\xi}_4=\begin{bmatrix}0\\-0.7071\\0.7071\\0\end{bmatrix}.$$

2.5 Pandas 库介绍

Pandas 库是在 NumPy 库基础上开发的一种数据分析工具。

2.5.1 Pandas 基本操作

Pandas 主要提供了 3 种数据结构：

（1）Series：带标签的一维数组。

（2）DataFrame：带标签且大小可变的二维表格结构。

（3）Panel：带标签且大小可变的三维数组。

这里主要介绍 Pandas 的 DataFrame 数据结构。

1. 生成二维数组

例 2.37 生成服从标准正态分布的 24×4 随机数矩阵,并保存为 DataFrame 数据结构。

```
#程序文件 ex2_37.py
import pandas as pd
import numpy as np
dates=pd.date_range(start='20191101',end='20191124',freq='D')
a1=pd.DataFrame(np.random.randn(24,4), index=dates, columns=list('ABCD'))
a2=pd.DataFrame(np.random.rand(24,4))
```

2. 读写文件

在处理实际数据时,经常需要从不同类型的文件中读取数据,这里简单介绍使用 Pandas 直接从 Excel 和 CSV 文件中读取数据以及把 DataFrame 对象中的数据保存至 Excel 和 CSV 文件中的方法

例 2.38 数据写入文件示例。

```
#程序文件 ex2_38_1.py
import pandas as pd
import numpy as np
dates=pd.date_range(start='20191101',end='20191124',freq='D')
a1=pd.DataFrame(np.random.randn(24,4),index=dates,columns=list('ABCD'))
a2=pd.DataFrame(np.random.randn(24,4))
a1.to_excel('data2_38_1.xlsx')
a2.to_csv('data2_38_2.csv')
f=pd.ExcelWriter('data2_38_3.xlsx')            #创建文件对象
a1.to_excel(f,"Sheet1")                        #把 a1 写入 Excel 文件
a2.to_excel(f,"Sheet2")                        #把 a2 写入另一个表单中
f.save()
```

如果写入数据时,不包含行索引,Python 程序如下:

```
#程序文件 ex2_38_2.py
import pandas as pd
import numpy as np
dates=pd.date_range(start='20191101',end='20191124',freq='D')
a1=pd.DataFrame(np.random.randn(24,4),index=dates,columns=list('ABCD'))
a2=pd.DataFrame(np.random.randn(24,4))
a1.to_excel('data2_38_4.xlsx',index=False)     #不包括行索引
a2.to_csv('data2_38_5.csv',index=False)        #不包括行索引
f=pd.ExcelWriter('data2_38_6.xlsx')            #创建文件对象
a1.to_excel(f,"Sheet1",index=False)            #把 a1 写入 Excel 文件
a2.to_excel(f,"Sheet2",index=False)            #把 a2 写入另一个表单中
f.save()
```

例 2.39 从文件中读入数据示例。

```
#程序文件 ex_39. py
import pandas as pd
a=pd. read_csv("data2_38_2. csv",usecols=range(1,5))
b=pd. read_excel("data2_38_3. xlsx","Sheet2",usecols=range(1,5))
```

2.5.2 数据的一些预处理

1. 拆分、合并和分组计算

通过切片操作可以实现数据拆分,用来计算特定范围内数据的分布情况,连接则是相反的操作,可以把多个 DataFrame 对象合并为一个 DataFrame 对象。

在进行数据处理和分析时,经常需要按照某一列对原始数据进行分组,而该列数值相同的行中其他列进行求和、求平均等操作,这可以通过 groupby( )方法、sum( )方法和 mean( )方法等来实现。

例 2.40 DataFrame 数据的拆分、合并和分组计算示例。

```
#程序文件 ex2_40. py
import pandas as pd
import numpy as np
d=pd. DataFrame(np. random. randint(1,6,(10,4)), columns=list("ABCD"))
d1=d[:4]                          #获取前 4 行数据
d2=d[4:]                          #获取第 5 行以后的数据
dd=pd. concat([d1,d2])            #数据行合并
s1=d. groupby('A'). mean()        #数据分组求均值
s2=d. groupby('A'). apply(sum)    #数据分组求和
```

2. 数据的选取与清洗

对 DataFrame 进行选取,要从 3 个层次考虑:行列、区域、单元格。

(1) 选用中括号[ ]选取行列。

(2) 使用行和列的名称进行标签定位的 df. loc[ ]。

(3) 使用整型索引(绝对位置索引)的 df. iloc[ ]。

在数据预处理中,需要对缺失值等进行一些特殊处理。

例 2.41 DataFrame 数据操作示例。

```
#程序文件 ex2_41. py
import pandas as pd
import numpy as np
a = pd. DataFrame(np. random. randint(1,6,(5,3)),
                  index=['a', 'b', 'c', 'd', 'e'],
                  columns=['one', 'two', 'three'])
a. loc['a', 'one'] = np. nan         #修改第 1 行第 1 列的数据
b = a. iloc[1:3, 0:2]. values        #提取第 2、3 行,第 1、2 列数据
a['four'] = 'bar'                    #增加第 4 列数据
```

```
a2 = a.reindex(['a', 'b', 'c', 'd', 'e', 'f'])
a3 = a2.dropna()                      #删除有不确定值的行
```

2.6 文件操作

2.6.1 文件操作基本知识

无论是文本文件还是二进制文件,其操作流程基本都是一致的,首先打开文件并创建文件对象,然后通过该文件对象对文件进行读取、写入、删除和修改等操作,最后关闭并保存文件内容。

1. 内置函数 open()

Python 内置函数 open()可以指定模式打开指定文件并创建文件对象,该函数的完整用法如下:

```
open(file, mode='r', buffering=-1, encoding=None, errors=None,
    newline=None, closefd=True, opener=None)
```

内置函数 open()的主要参数如下:

(1) 参数 file 指定要打开或创建的文件名称,如果该文件不在当前目录中,可以使用相对路径或绝对路径。

(2) 参数 mode 指定打开文件的处理方式,其取值范围如表 2.5 所列。

(3) 参数 encoding 指定对文本进行编码和解码的方式,只适用于文本模式,可以使用 Python 支持的任何格式,如 GBK、UTF-8、CP936 等。

表 2.5 文件打开模式

模　式	说　明
r	读模式(默认模式,可省略),如果文件不存在则抛出异常
w	写模式,如果文件已存在,先清空原有内容
x	写模式,创建新文件,如果文件已存在则抛出异常
a	追加模式,不覆盖文件中原有内容
b	二进制模式(可与其他模式组合使用),使用二进制模式打开文件时不允许指定 encoding 参数
t	文本模式(默认模式,可省略)
+	读、写模式(可与其他模式组合使用)

2. 文件对象常用方法

如果执行正常,open()函数返回 1 个可迭代的文件对象,通过该文件对象可以对文件进行读写操作,文件对象常用方法如表 2.6 所列。

表 2.6 文件对象常用方法

方　法	功能说明
close( )	把缓冲区的内容写入文件,同时关闭文件,并释放文件对象
read([size])	从文本文件中读取 size 个字符作为结果返回,或从二进制文件中读取指定数量的字节并返回,如果省略 size 则表示读取所有内容
readline( )	从文本文件中读取一行内容作为结果返回
readlines( )	把文本文件中的每行文本作为一个字符串存入列表中,返回该列表,对于大文件会占用较多内存,不建议使用
seek(offset[,whence])	把文件指针移动到指定位置,offset 表示相对于 whence 的偏移量。whence 为 0 表示从文件头开始计算,1 表示从当前位置开始计算,2 表示从文件尾开始计算,默认为 0
tell( )	返回文件指针的当前位置
write(s)	把字符串 s 的内容写入文件
writelines(s)	把字符串列表写入文本文件,不添加换行符

3. 上下文管理语句 with

在实际应用中,读写文件应优先考虑使用上下文管理语句 with,关键字 with 可以自动管理资源,确保不管使用过程中是否发生异常都会执行必要的“清理”操作,释放资源,比如文件使用后自动关闭。with 语句的用法如下:

```
with open(filename, mode, encoding) as fp: #通过文件对象 fp 读写文件内容
```

2.6.2 文本文件操作

例 2.42 遍历文件 data2_2. txt 中的所有行,统计每一行中字符的个数。

```
#程序文件 ex2_42. py
with open('data2_2. txt') as fp:
    L1=[ ]; L2=[ ];
    for line in fp:
        L1. append(len(line))
        L2. append(len(line. strip()))          #去掉换行符
data = [str(num)+'\t' for num in L2]            #转换为字符串
print(L1); print(L2)
with open('data2_42. txt', 'w') as fp2:
    fp2. writelines(data)
```

例 2.43 随机产生一个数据矩阵,把它存入具有不同分隔符格式的文本文件中,再把数据从文本文件中提取出来。

```
#程序文件 ex2_43. py
import numpy as np
a=np. random. rand(6,8)                          #生成 6×8 的[0,1)上均匀分布的随机数矩阵
np. savetxt("data2_43_1. txt",a)                #存成以制表符分隔的文本文件
np. savetxt("data2_43_2. csv",a,delimiter=',')  #存成以逗号分隔的 CSV 文件
```

```
b=np.loadtxt("data2_43_1.txt")                    #加载空格分隔的文本文件
c=np.loadtxt("data2_43_2.csv",delimiter=',')   #加载 CSV 文件
```

2.7 SciPy 库

2.7.1 SciPy 简介

SciPy 是在 NumPy 库的基础上增加了数学、科学以及工程计算中众多常用函数的库。SciPy 库依赖于 NumPy，提供了便捷且快速的 n 维数组操作。SciPy 库与 NumPy 数组一起工作，提供了许多友好和高效的处理方法，它包括了统计、优化、线性代数、傅里叶变换、信号处理、图像处理和常微分方程的求解等，功能十分强大。

SciPy 被组织成覆盖不同科学计算领域的模块，具体如表 2.7 所列。

表 2.7　SciPy 模块功能表

模　块	功　能
scipy.cluster	聚类分析等
scipy.constants	物理和数学常数
scipy.fftpack	傅里叶变换
scipy.integrate	积分
scipy.interpolate	插值
scipy.io	数据输入和输出
scipy.linalg	线性代数
scipy.ndimage	n 维图像
scipy.odr	正交距离回归
scipy.optimize	优化
scipy.signal	信号处理
scipy.sparse	稀疏矩阵
scipy.spatial	空间数据结构和算法
scipy.special	特殊函数
scipy.stats	统计

2.7.2 SciPy 基本操作

SciPy 功能强大，下面列举一些 SciPy 的基础功能。

1. 求解非线性方程(组)

scipy.optimize 模块的 fsolve 和 root 不仅可以求非线性方程的解，而且也可以求非线性方程组的解。它们的调用格式为：

```
from scipy.optimize import fsolve
from scipy.optimize import root
```

例 2.44 求方程

$$x^{980}-5.01x^{979}+7.398x^{978}-3.388x^{977}-x^3+5.01x^2-7.398x+3.388=0$$

在给定初值 1.5 附近的一个实根。

```
#程序文件 ex2_44.py
from scipy.optimize import fsolve, root
fx = lambda x:     x**980-5.01*x**979+7.398*x**978\
    -3.388*x**977-x**3+5.01*x**2-7.398*x+3.388
x1=fsolve(fx,1.5,maxfev=4000)  #函数调用 4000 次
x2 = root(fx, 1.5)
print(x1,'\n','--------------'); print(x2)
```

fsolve 或 root 求解非线性方程组时,首先把非线性方程组写成如下形式:

$$\boldsymbol{F}(\boldsymbol{x})=\boldsymbol{0}$$

其中 $\boldsymbol{x}$ 为向量,$\boldsymbol{F}(\boldsymbol{x})$ 为向量函数。

例 2.45 求下列方程组的一组数值解。

$$\begin{cases} x_1^2+x_2^2=1, \\ x_1=x_2. \end{cases}$$

```
#程序文件 ex2_45.py
from scipy.optimize import fsolve,root
fx=lambda x:[x[0]**2+x[1]**2-1,x[0]-x[1]]
s1=fsolve(fx,[1,1])
s2=root(fx,[1,1])
print(s1,'\n','--------------'); print(s2)
```

2. 积分

scipy.integrate 模块提供了多种积分模式。积分主要分为以下两类:一种是对给定函数的数值积分,如表 2.8 所列。另一种是对给定离散点的数值积分,函数有 trapz。

表 2.8 scipy.integrate 模块的数值积分函数

函 数	说 明
quad(func,a,b,args)	计算一重数值积分
dblquad(func,a,b,gfun,hfun,args)	计算二重数值积分
tplquad(func,a,b,gfun,hfun,qfun,rfun)	计算三重数值积分
nquad(func,ranges,args)	计算多变量积分

例 2.46 分别计算 $a=2,b=1$;$a=2,b=10$ 时,$I(a,b)=\int_0^1(ax^2+bx)\mathrm{d}x$ 的值。

解 $a=2,b=1$ 时,积分值为 1.1667,积分值的绝对误差为 1.2953×10^{-14}。

$a=2,b=10$ 时,积分值为 5.6667,积分值的绝对误差为 6.2913×10^{-14}。

计算的 Python 程序如下:

```
#程序文件 ex2_46.py
from scipy.integrate import quad
def fun46(x, a, b):
    return a*x**2+b*x
I1 = quad(fun46, 0, 1, args=(2, 1))
I2 = quad(fun46, 0, 1, args=(2, 10))
print(I1); print(I2)
```

3. 最小二乘解

对于非线性方程组

$$\begin{cases} f_1(\boldsymbol{x})=0, \\ f_2(\boldsymbol{x})=0, \\ \vdots \\ f_n(\boldsymbol{x})=0. \end{cases} \tag{2.1}$$

其中 $\boldsymbol{x}$ 为 m 维向量,一般地,$n>m$,且方程组(2.1)是矛盾方程组,有时需要求方程组(2.1)的最小二乘解,即求下面多元函数的最小值:

$$\delta(\boldsymbol{x})=\sum_{i=1}^{n} f_i^2(\boldsymbol{x}). \tag{2.2}$$

scipy.optimize 模块求非线性方程组最小二乘解的函数调用格式为

```
from scipy.optimize import least_squares
least_squares(fun,x0)
```

其中 fun 是定义向量函数

$$[f_1(\boldsymbol{x}) \quad f_2(\boldsymbol{x}) \quad \cdots \quad f_n(\boldsymbol{x})]^{\mathrm{T}}$$

的匿名函数的返回值,x0 为 $\boldsymbol{x}$ 的初始值。

例 2.47 已知 4 个观测站的位置坐标$(x_i,y_i)(i=1,2,3,4)$,每个观测站都探测到距未知信号的距离 $d_i(i=1,2,3,4)$,已知数据见表 2.9,试定位未知信号的位置坐标(x,y)。

表 2.9 观测站的位置坐标及探测到的距离

站号	1	2	3	4
x_i	245	164	192	232
y_i	442	480	281	300
d_i	126.2204	120.7509	90.1854	101.4021

解 未知信号的位置坐标(x,y)满足非线性方程组:

$$\begin{cases} \sqrt{(x_1-x)^2+(y_1-y)^2}-d_1=0, \\ \sqrt{(x_2-x)^2+(y_2-y)^2}-d_2=0, \\ \sqrt{(x_3-x)^2+(y_3-y)^2}-d_3=0, \\ \sqrt{(x_4-x)^2+(y_4-y)^2}-d_4=0. \end{cases} \tag{2.3}$$

显然方程组(2.3)是一个矛盾方程组,必须求方程组(2.3)的最小二乘解。可以把问题转化为求如下多元函数:

$$\delta(x,y)=\sum_{i=1}^{4}\left(\sqrt{(x_i-x)^2+(y_i-y)^2}-d_i\right)^2$$

的最小点问题。

利用 Python 的 scicy.optimize.least_squares 函数求得 $x=149.5089, y=359.9848$。

计算的 Python 程序如下:

```
#程序文件 ex2_47.py
from scipy.optimize import least_squares
import numpy as np
a=np.loadtxt('data2_47.txt')
x0=a[0]; y0=a[1]; d=a[2]
fx=lambda x: np.sqrt((x0-x[0])**2+(y0-x[1])**2)-d
s=least_squares(fx, np.random.rand(2))
print(s, '\n', '------------', '\n', s.x)
```

4. 最大模特征值及对应的特征向量

例 2.48 求下列矩阵的最大模特征值及对应的特征向量:

$$\boldsymbol{A}=\begin{bmatrix}1 & 2 & 3\\ 2 & 1 & 3\\ 3 & 3 & 6\end{bmatrix}.$$

```
#程序文件 ex2_48.py
from scipy.sparse.linalg import eigs
import numpy as np

a = np.array([[1, 2, 3], [2, 1, 3],[3, 3, 6]], dtype=float)   #必须加 float,否则出错
b, c = np.linalg.eig(a)
d, e = eigs(a, 1)
print('最大模特征值为:', d)
print('对应的特征向量为:\n', e)
```

求得的最大模特征值为 9,对应的特征向量为 $\boldsymbol{\xi}=[0.4082, 0.4082, 0.8165]^{\mathrm{T}}$。

2.8 SymPy 库

符号运算又称计算机代数,通俗地讲就是用计算机推导数学公式,如对表达式进行因式分解、化简、微分、积分、解代数方程、求解常微分方程等。与数值运算相比,符号计算存在以下的特点:①运算以推理方式进行,因此不受截断误差和累积误差问题的影响;②符号计算的速度比较慢。

在 SymPy 库中,定义符号变量或符号函数的命令如下:

```
import sympy as sp
x,y,z=sp.symbols('x,y,z')        #或 x,y,z=sp.symbols('x y z')定义符号变量 x, y, z
f,g=sp.symbols('f,g',cls=sp.Function)        #定义多个符号函数
y = sp.Function('y')                         #定义符号函数
```

也可以使用 var 函数定义符号变量或符号函数,具体格式如下:

```
import sympy as sp
sp.var('x, y, z')
sp.var('a b c')                              #中间分隔符更换为空格
sp.var('f, g', cls=sp.Function)              #定义符号函数
```

SymPy 符号运算库能够解简单的线性方程、非线性方程及简单的代数方程组。在 SymPy 中,提供了 solve 函数求解符号代数方程或方程组,其调用格式如下:

```
S=solve(f, *symbols)  #f 为符号方程(组),symbols 为符号变量。
```

例 2.49 利用 solve 求下列符号代数方程的解。

$ax^2+bx+c=0$,其中 x 为未知数。

```
#程序文件 ex2_49.py
import sympy as sp
a,b,c,x=sp.symbols('a,b,c,x')
x0=sp.solve(a*x**2+b*x+c,x)
print(x0)
```

例 2.50 求方程组的符号解。

$$\begin{cases} x_1^2+x_2^2=1, \\ x_1=x_2. \end{cases}$$

```
#程序文件 ex2_50_1.py
import sympy as sp
sp.var('x1,x2')
s=sp.solve([x1**2+x2**2-1,x1-x2],[x1,x2])
print(s)
```

或者使用符号数组,编写如下 Python 程序:

```
#程序文件 ex2_50_2.py
import sympy as sp
x =sp.var('x:2')               #定义符号数组
s=sp.solve([x[0]**2+x[1]**2-1,x[0]-x[1]], x)
print(s)
```

例 2.51 求下列矩阵的特征值和特征向量的符号解:

$$\begin{bmatrix} 0 & 0 & 0 & 1 \\ 0 & 0 & 1 & 0 \\ 0 & 1 & 0 & 0 \\ 1 & 0 & 0 & 0 \end{bmatrix}.$$

```
#程序文件 ex2_51.py
import sympy as sp
a = sp.Matrix([[0,0,0,1],[0,0,1,0],
               [0,1,0,0],[1,0,0,0]])
print('特征值为:', a.eigenvals())
print('特征向量为:\n', a.eigenvects())
```

求得的特征值为 $\lambda_1=\lambda_2=1,\lambda_3=\lambda_4=-1$,对应的特征向量同例 2.36 的结果,为数值解。

SymPy 库的其他功能在此就不介绍了。

2.9 Matplotlib 库介绍

Python 扩展库 Matplotlib 依赖于扩展库 NumPy 和标准库 Tkinter,可以绘制多种形式的图形,包括折线图、散点图、饼图、柱状图、雷达图等。

Python 扩展库 Matplotlib 包括 pylab、pyplot 等绘图模块以及大量用于字体、颜色、图例等图形元素的管理与控制的模块。其中 pylab 和 pyplot 模块提供了类似于 MATLAB 的绘图接口,支持线条样式、字体属性、轴属性以及其他属性的管理和控制,可以使用非常简洁的代码绘制出各种优美的图案。

使用 pylab 或 pyplot 绘图的一般过程为:首先读入数据,然后根据实际需要绘制折线图、散点图、柱状图、雷达图或三维曲线和曲面,接下来设置轴和图形属性,最后显示或保存绘图结果。

2.9.1 二维绘图

1. 折线图

matplotlib.pyplot 模块画折线图的 plot 函数的常用语法和参数含义如下:

```
plot(x, y, s)
```

其中,x 为数据点的 x 坐标,y 为数据点的 y 坐标,s 为指定线条颜色、线条样式和数据点形状的字符串,详见表 2.10。

plot 函数也可以使用如下调用格式:

```
plot(x, y, linestyle, linewidth, color, marker, markersize, markeredgecolor, markerfacecolor, markeredgewidth, label, alpha)
```

其中:

linestyle:指定折线的类型,可以是实线、虚线和点画线等,默认为实线。

linewidth:指定折线的宽度。

marker:可以为折线图添加点,该参数设置点的形状。

markersize:设置点的大小。

markeredgecolor:设置点的边框色。

markerfacecolor:设置点的填充色。

markeredgewidth:设置点的边框宽度。

label:添加折线图的标签,类似于图例的作用。

alpha:设置图形的透明度。

表 2.10　绘图常见的样式和颜色类型

符号参数	类　型	含　义
b	线条颜色	Blue,蓝色
c		Cyan,青色
g		Green,绿色
k		Black,黑色
m		Magenta,品红
r		Red,红色
w		White,白色
y		Yellow,黄色
-	线条样式	线条为实线(Solid Line)
--		线条为虚线(Dashed Line)
-.		线条为点划线(Dash-dot Line)
:		线条为点线(Dotted Line)
.	数据点形状	点(Point)
o		圆圈(Circle)
*		星形(Star)
x		十字架(Cross)
s		正方形(Square)
p		五角星(Pentagon)
D/d		钻石(Diamond)/小钻石
h		六角形(Hexagon)
+		加号
|		竖直线
V^<>		分别是下三角、上三角、左三角、右三角
1234		分别是 Tripod 向下、向上、向左、向右

例 2.52　已知某店铺商品的销售量如表 2.11 所列。画出商品销售趋势图。

表 2.11　钻石和铂金销售数据

月　　份	1 月	2 月	3 月	4 月	5 月	6 月
钻石销量/个	13	10	27	33	30	45
铂金销量/只	1	10	7	26	20	25

```
#程序文件 ex2_52. py
import pandas as pd
import pylab as plt
plt. rc('font',family='SimHei')                    #用来正常显示中文标签
plt. rc('font',size=16)                            #设置显示字体大小
a=pd. read_excel("data2_52. xlsx", header=None)
b=a. values                                        #提取其中的数据
x=b[0]; y=b[1:]
plt. plot(x,y[0],'-*b',label='钻石')
plt. plot(x,y[1],'--dr',label='铂金')
plt. xlabel('月份'); plt. ylabel('每月销量')
plt. legend(loc='upper left'); plt. grid(); plt. show()
```

所画的图形如图 2.3 所示。

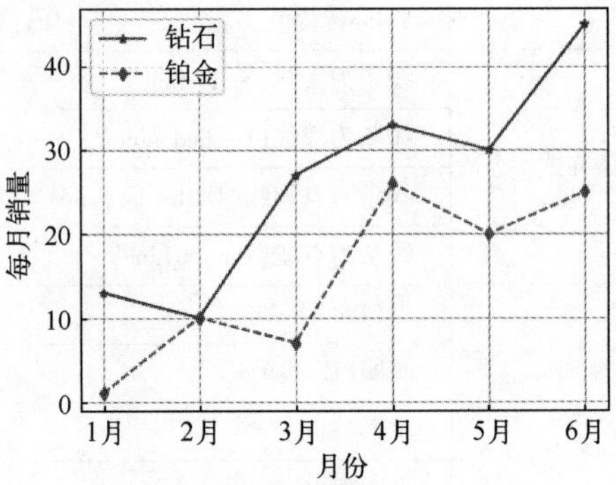

图 2.3 商品销售趋势图

注 2.2 Matplotlib 画图显示中文时通常为乱码,如果想在图形中显示中文字符、负号等,则需要使用如下代码进行设置。

```
rcParams['font. sans-serif']=['SimHei']            #用来正常显示中文标签
rcParams['axes. unicode_minus']=False              #用来正常显示负号
```

或者等价地写为:

```
rc('font',family='SimHei')                         #用来正常显示中文标签
rc('axes',unicode_minus=False)                     #用来正常显示负号
```

2. Pandas 结合 Matplotlib 进行数据可视化

在 Pandas 中,可以通过 DataFrame 对象的 plot()方法自动调用 Matplotlib 的绘图功能,实现数据可视化。

例 2.53(续例 2.52) 画出表 2.11 销售数据的柱状图。

```
#程序文件 ex2_53. py
import pandas as pd
import pylab as plt
plt. rc('font',family='SimHei')                    #用来正常显示中文标签
```

```
plt.rc('font',size=16)                                     #设置显示字体大小
a=pd.read_excel("data2_52.xlsx",header=None)
b=a.T; b.plot(kind='bar'); plt.legend(['钻石', '铂金'])
plt.xticks(range(6), b[0], rotation=0)
plt.ylabel('数量'); plt.show()
```

所画的柱状图如图 2.4 所示。

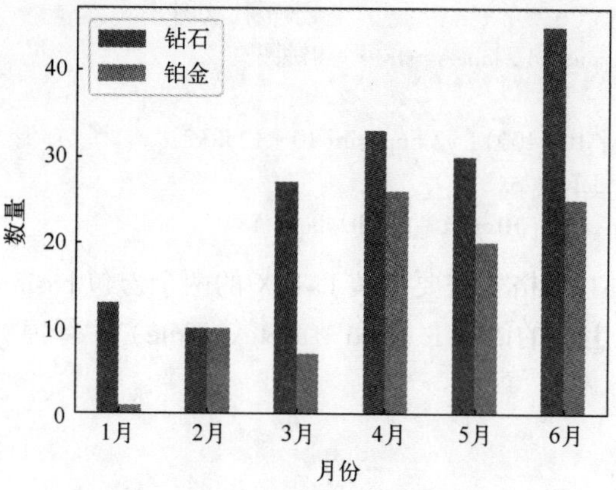

图 2.4　销售数据的柱状图

3. 子图

在进行数据可视化或科学计算可视化时，经常需要把多个结果绘制到一个窗口中方便比较。

例 2.54　把一个窗口分成 3 个子窗口，分别绘制如下 3 个子图：

(1) 一个柱状图；

(2) 一个饼图；

(3) 曲线 $y=\sin(10x)/x$。

所绘制的图形如图 2.5 所示。

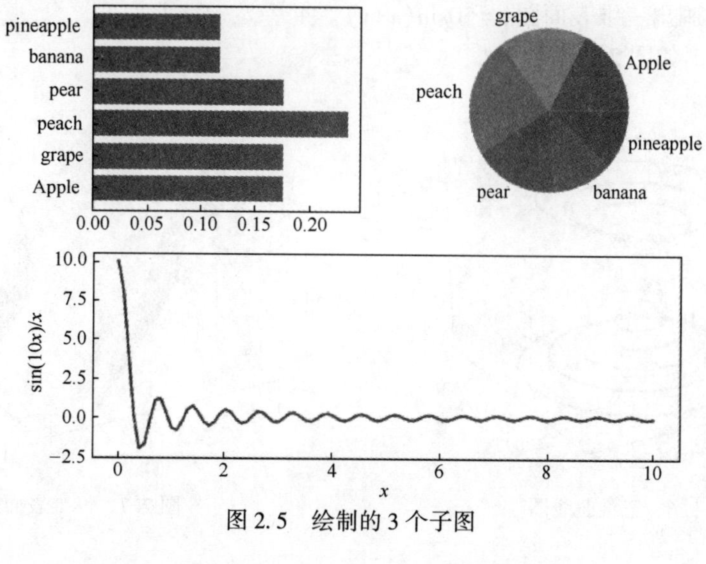

图 2.5　绘制的 3 个子图

```
#程序文件 ex2_54. py
import pylab as plt
import numpy as np
plt. rc('text', usetex=True)                    #调用 tex 字库
y1=np. random. randint(2, 5, 6);
y1=y1/sum(y1); plt. subplot(221);
str=['Apple', 'grape', 'peach', 'pear', 'banana', 'pineapple']
plt. barh(str,y1)                               #水平柱状图
plt. subplot(222); plt. pie(y1, labels=str)     #饼图
plt. subplot(212)
x2=np. linspace(0. 01, 10, 100); y2=np. sin(10 * x2)/x2
plt. plot(x2,y2); plt. xlabel('$x$')
plt. ylabel('$\\mathrm{sin}(10x)/x$'); plt. show()
```

注 2.3 要使用 LaTeX 格式需要安装 LaTeX 的两个宏包 basic-miktex-2. 9. 7021-x64 和 gs926aw64。否则把上面的语句 rc('text', usetex=True) 注释掉。

2.9.2 三维绘图

1. 三维曲线

例 2.55 画出三维曲线 $x=s^2\sin s, y=s^2\cos s, z=s(s\in[-50,50])$ 的图形。

所画图形如图 2.6 所示。

```
#程序文件 ex2_55. py
import pylab as plt
import numpy as np
ax=plt. axes(projection='3d')          #设置三维图形模式
z=np. linspace(-50, 50, 1000)
x=z**2*np. sin(z); y=z**2*np. cos(z)
ax. plot(x, y, z, 'k'); plt. show()
```

2. 三维表面图

例 2.56 画出三维表面图 $z=50\sin(x+y)$。

所画的图形如图 2.7 所示。

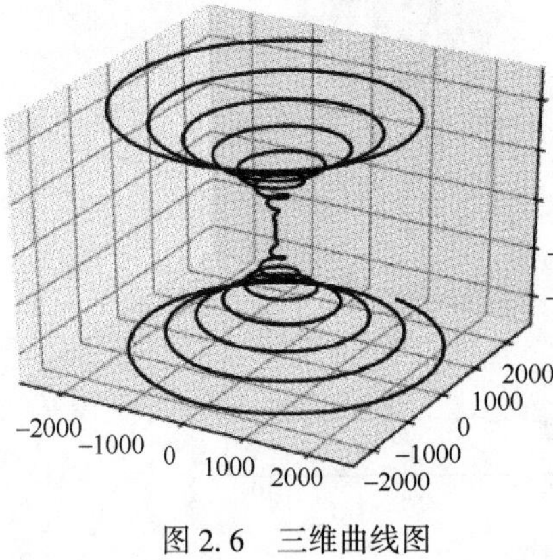

图 2.6 三维曲线图

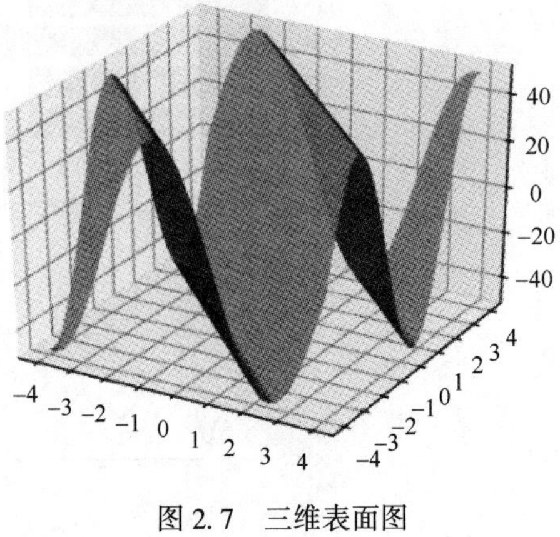

图 2.7 三维表面图

```
#程序文件 ex2_56. py
import pylab as plt
import numpy as np
x=np. linspace(-4,4,100);
x,y=np. meshgrid(x,x)
z=50 * np. sin(x+y);
ax=plt. axes(projection='3d')
ax. plot_surface(x, y, z, color='y')
plt. show()
```

例 2.57 画出三维表面图 $z=\sin\left(\sqrt{x^2+y^2}\right)$。

所画的图形如图 2.8 所示。

```
#程序文件 ex2_57. py
import pylab as plt
import numpy as np
ax=plt. axes(projection='3d')
X = np. arange(-6, 6, 0.25)
Y = np. arange(-6, 6, 0.25)
X, Y = np. meshgrid(X, Y)
Z = np. sin(np. sqrt(X ** 2 + Y ** 2))
surf = ax. plot_surface(X, Y, Z, cmap='coolwarm')
plt. colorbar(surf); plt. show()
```

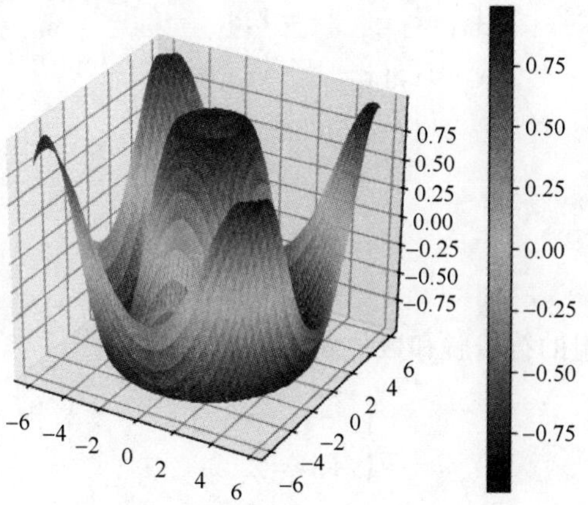

图 2.8　三维表面图

习　题　2

2.1　在同一个图形界面上画出如下 3 个函数的图形并进行标注。

$$y=\mathrm{ch}x, y=\mathrm{sh}x, y=\frac{1}{2}\mathrm{e}^x.$$

2.2 画出 Γ 函数 $\Gamma(x)=\int_0^{+\infty} e^{-t}t^{x-1}dt$ 的图形。

2.3 在同一个图形界面中分别画出 6 条曲线

$$y=kx^2+2k,\quad k=1,2,\cdots,6.$$

2.4 把屏幕开成 2 行 3 列 6 个子窗口，每个子窗口画一条曲线，画出曲线

$$y=kx^2+2k,\quad k=1,2,\cdots,6.$$

2.5 分别画出下列二次曲面。

(1) 单叶双曲面 $\frac{x^2}{4}+\frac{y^2}{10}-\frac{z^2}{8}=1$；

(2) 椭圆抛物面 $\frac{x^2}{4}+\frac{y^2}{6}=z$。

2.6 附件 1：区域高程数据 .xlsx 给出了某区域 43.65km×58.2km 的高程数据，画出该区域的三维表面图和等高线图，在 $A(30,0)$ 和 $B(43,30)$（单位：km）点处建立了两个基地，在等高线图上标注出这两个点。并求该区域地表面积的近似值。

2.7 先判断下列线性方程组解的情况，然后求对应的唯一解、最小二乘解或最小范数解。

(1) $\begin{cases}4x_1+2x_2-x_3=2,\\3x_1-x_2+2x_3=10,\\11x_1+3x_2=8;\end{cases}$ (2) $\begin{cases}2x+3y+z=4,\\x-2y+4z=-5,\\3x+8y-2z=13,\\4x-y+9z=-6.\end{cases}$

2.8 求解下列线性方程组

$$\begin{cases}4x_1+x_2=1,\\x_1+4x_2+x_3=2,\\x_2+4x_3+x_4=3,\\\quad\ddots\\x_{998}+4x_{999}+x_{1000}=999,\\x_{999}+4x_{1000}=1000.\end{cases}$$

2.9 求下列方程组的符号解和数值解

$$\begin{cases}x^2-y-x=3,\\x+3y=2.\end{cases}$$

2.10 某容器内侧是由曲线 $x^2+y^2=4y(1\leqslant y\leqslant 3)$ 与 $x^2+y^2=4(y\leqslant 1)$ 绕 y 轴旋转一周而形成的曲面。

(1) 求容器的体积。

(2) 若将容器内盛满的水从容器顶部全部抽出，至少需要做多少功？（长度单位为 m，重力加速度 $g=9.8\text{m/s}^2$，水的密度 $\rho=10^3\text{kg/m}^3$）。

要求用 Visio 软件画出容器内侧曲线的示意图，写出建模过程并手工求解，最后给出求符号解的 Python 程序。

2.11 已知 $f(x)=(|x+1|-|x-1|)/2+\sin x$，$g(x)=(|x+3|-|x-3|)/2+\cos x$，求下列

方程组的数值解。

$$\begin{cases}2x_1=3f(y_1)+4g(y_2)-1,\\3x_2=2f(y_1)+6g(y_2)-2,\\y_1=f(x_1)+3g(x_2)-3,\\5y_2=4f(x_1)+6g(x_2)-1.\end{cases}$$

2.12　求下列矩阵的特征值和特征向量的数值解和符号解：

$$\begin{bmatrix}-1 & 1 & 0\\-4 & 3 & 0\\1 & 0 & 2\end{bmatrix}.$$

2.13　已知 $f(x)=(|x+1|-|x-1|)/2+\sin x$，$g(x)=(|x+3|-|x-3|)/2+\cos x$，求下列超定(矛盾)方程组的最小二乘解。

$$\begin{cases}2x_1=3f(y_1)+4g(y_2)-1,\\3x_2=2f(y_1)+6g(y_2)-2,\\y_1=f(x_1)+3g(x_2)-3,\\5y_2=4f(x_1)+6g(x_2)-1,\\x_1+y_1=f(y_2)+g(x_2)-2,\\x_2-3y_2=2f(x_1)-10g(y_1)-5.\end{cases}$$

第3章 线性代数模型

线性代数是处理矩阵和向量空间的数学分支，在很多实际领域都有应用。本章主要结合斐波那契数列、莱斯利模型和 PageRank 算法，介绍特征值和特征向量的应用。最后给出奇异值分解在推荐算法和图像压缩中的应用。

3.1 特征值与特征向量

3.1.1 差分方程

例 3.1 斐波那契(Fibonacci)数列的通项。

斐波那契在13世纪初提出，一对兔子出生一个月后开始繁殖，每个月出生一对新生兔子，假定兔子只繁殖，没有死亡，问第 k 个月月初会有多少对兔子？

解 以对为单位，每个月繁殖兔子对数构成一个数列，这便是著名的斐波那契数列：1,1,2,3,5,8,…，此数列 F_k 满足条件

$$F_0=1,\quad F_1=1,\quad F_{k+2}=F_{k+1}+F_k,\quad k=0,1,2,\cdots. \tag{3.1}$$

解法一 运用特征值和特征向量求 F_k 的通项。

首先将二阶差分方程式(3.1)化成一阶差分方程组。式(3.1)等价于

$$\begin{cases}F_{k+1}=F_{k+1},\\ F_{k+2}=F_{k+1}+F_k,\end{cases}\quad k=0,1,2,\cdots.$$

写成矩阵形式

$$\boldsymbol{\alpha}_{k+1}=\boldsymbol{A}\boldsymbol{\alpha}_k,\quad k=0,1,2,\cdots, \tag{3.2}$$

其中

$$\boldsymbol{A}=\begin{bmatrix}0&1\\1&1\end{bmatrix},\quad \boldsymbol{\alpha}_k=\begin{bmatrix}F_k\\F_{k+1}\end{bmatrix},\quad \boldsymbol{\alpha}_0=\begin{bmatrix}1\\1\end{bmatrix}.$$

由式(3.2)递推，得

$$\boldsymbol{\alpha}_k=\boldsymbol{A}^k\boldsymbol{\alpha}_0,\quad k=1,2,3,\cdots. \tag{3.3}$$

于是，求 F_k 的问题归结为求 $\boldsymbol{\alpha}_k$，即 $\boldsymbol{A}^k$ 的问题。由

$$|\lambda\boldsymbol{E}-\boldsymbol{A}|=\begin{vmatrix}\lambda&-1\\-1&\lambda-1\end{vmatrix}=\lambda^2-\lambda-1,$$

得 $\boldsymbol{A}$ 的特征值为 $\lambda_1=\dfrac{1-\sqrt{5}}{2}$，$\lambda_2=\dfrac{1+\sqrt{5}}{2}$。

对应 λ_1,λ_2 的特征向量分别为

$$\boldsymbol{\xi}_1=\begin{bmatrix}-\frac{\sqrt{5}+1}{2}\\1\end{bmatrix},\quad \boldsymbol{\xi}_2=\begin{bmatrix}\frac{\sqrt{5}-1}{2}\\1\end{bmatrix}.$$

令 $\boldsymbol{P}=\begin{bmatrix}-\frac{\sqrt{5}+1}{2} & \frac{\sqrt{5}-1}{2}\\1 & 1\end{bmatrix}$,于是有 $\boldsymbol{A}=\boldsymbol{P}\begin{bmatrix}\lambda_1 & 0\\0 & \lambda_2\end{bmatrix}\boldsymbol{P}^{-1}$,$\boldsymbol{A}^k=\boldsymbol{P}\begin{bmatrix}\lambda_1^k & 0\\0 & \lambda_2^k\end{bmatrix}\boldsymbol{P}^{-1}$.

所以

$$\boldsymbol{\alpha}_k=\boldsymbol{A}^k\boldsymbol{\alpha}_0=\boldsymbol{A}^k\begin{bmatrix}1\\1\end{bmatrix}=\begin{bmatrix}\left(\frac{1}{2}-\frac{\sqrt{5}}{10}\right)\left(\frac{1-\sqrt{5}}{2}\right)^k+\left(\frac{1}{2}+\frac{\sqrt{5}}{10}\right)\left(\frac{\sqrt{5}+1}{2}\right)^k\\ \left(\frac{1}{2}-\frac{3\sqrt{5}}{10}\right)\left(\frac{1-\sqrt{5}}{2}\right)^k+\left(\frac{1}{2}+\frac{3\sqrt{5}}{10}\right)\left(\frac{\sqrt{5}+1}{2}\right)^k\end{bmatrix}.$$

得

$$F_k=\left(\frac{1}{2}-\frac{\sqrt{5}}{10}\right)\left(\frac{1-\sqrt{5}}{2}\right)^k+\left(\frac{1}{2}+\frac{\sqrt{5}}{10}\right)\left(\frac{\sqrt{5}+1}{2}\right)^k, \tag{3.4}$$

这就是斐波那契数列的通项公式。

对于任何正整数 k,由式(3.4)求得 F_k 都是正整数,当 $k=19$ 时,$F_{19}=6765$,即 19 个月后有 6765 对兔子。

```
#程序文件 ex3_1_1. py
import sympy as sp
sp. var('k',positive=True, integer=True)
a = sp. Matrix([[0, 1], [1, 1]])
val = a. eigenvals()              #求特征值
vec = a. eigenvects()             #求特征向量
P, D = a. diagonalize()           #把 a 相似对角化
ak = P @ (D ** k) @ (P. inv())
F = ak @ sp. Matrix([1, 1])
s = sp. simplify(F[0])
print(s); sm = []
for i in range(20):
    sm. append(s. subs(k, i). n())
print(sm)
```

解法二 差分方程的特征根解法。

差分方程的特征方程为

$$\lambda^2-\lambda-1=0,$$

特征根 $\lambda_1=\frac{1-\sqrt{5}}{2}$,$\lambda_2=\frac{1+\sqrt{5}}{2}$是互异的。所以,通解为

$$F_k=c_1\left(\frac{1-\sqrt{5}}{2}\right)^k+c_2\left(\frac{1+\sqrt{5}}{2}\right)^k.$$

利用初值条件 $F_0=F_1=1$,得到方程组

$$
\begin{cases}
c_1+c_2=1, \\
c_1\left(\dfrac{1-\sqrt{5}}{2}\right)+c_2\left(\dfrac{1+\sqrt{5}}{2}\right)=1.
\end{cases}
$$

由此方程组解得 $c_1=\frac{1}{2}-\frac{\sqrt{5}}{10}, c_2=\frac{1}{2}+\frac{\sqrt{5}}{10}$。最后，将这些常数值代入方程通解的表达式，得初值问题的解是

$$
F_k=\left(\frac{1}{2}-\frac{\sqrt{5}}{10}\right)\left(\frac{1-\sqrt{5}}{2}\right)^k+\left(\frac{1}{2}+\frac{\sqrt{5}}{10}\right)\left(\frac{1+\sqrt{5}}{2}\right)^k.
$$

```
#程序文件 ex3_1_2. py
import sympy as sp
sp. var('t, c1, c2')
t0 = sp. solve(t ** 2-t-1)          #求解特征方程
eq1 = c1 + c2 - 1
eq2 = c1 * t0[0] + c2 * t0[1] - 1
s = sp. solve([eq1, eq2])
print('c1=', s[c1]); print('c2=', s[c2])
```

解法三 直接利用 Python 软件求解。

```
#程序文件 ex3_1_3. py
import sympy as sp
sp. var('k'); y = sp. Function('y')
f = y(k+2)-y(k+1)-y(k)
s = sp. rsolve(f, y(k),{y(0):1,y(1):1})
print(s)
```

求得

$$
F_k=\left(\frac{1}{2}-\frac{\sqrt{5}}{10}\right)\left(\frac{1-\sqrt{5}}{2}\right)^k+\left(\frac{1}{2}+\frac{\sqrt{5}}{10}\right)\left(\frac{1+\sqrt{5}}{2}\right)^k.
$$

3.1.2 莱斯利(Leslie)种群模型

莱斯利模型是研究动物种群数量增长的重要模型，这一模型研究了种群中雌性动物的年龄分布和数量增长的规律。

在某动物种群中，仅考查雌性动物的年龄和数量。设雌性动物的最大生存年龄为 L（单位：年或其他时间单位），把$[0,L]$等分为 n 个年龄组，每一年龄组的长度为 L/n，n 个年龄组分别为

$$
\left[0,\frac{L}{n}\right),\quad \left[\frac{L}{n},\frac{2L}{n}\right),\quad \cdots,\quad \left[\frac{(n-1)}{n}L,L\right].
$$

设第 $i(i=1,2,\cdots,n)$ 个年龄组的生育率为 a_i，存活率为 b_i，a_i，b_i 均为常数，且 $a_i\geqslant 0$ $(i=1,2,\cdots,n)$，$0<b_i\leqslant 1(i=1,2,\cdots,n-1)$。同时，设至少有一个 $a_i>0(1\leqslant i\leqslant n)$，即至少有一个年龄组的雌性动物具有生育能力。

利用统计资料可获得基年($t=0$)该种群在各年龄组的雌性动物数量,记 $x_i^{(0)}$($i=1,2,\cdots,n$)为 $t=0$ 时第 i 年龄组雌性动物的数量,就得到初始时刻种群数量分布向量为

$$\boldsymbol{x}^{(0)}=[x_1^{(0)},x_2^{(0)},\cdots,x_n^{(0)}]^{\mathrm{T}}.$$

如果以年龄组的间隔 $\frac{L}{n}$ 作为时间单位,记 $t_1=\frac{L}{n},t_2=\frac{2L}{n},\cdots,t_k=\frac{kL}{n},\cdots$,在 t_k 时第 i 年龄组雌性动物的数量为 $x_i^{(k)}$($i=1,2,\cdots,n$),t_k 时各年龄组种群数量分布向量为

$$\boldsymbol{x}^{(k)}=[x_1^{(k)},x_2^{(k)},\cdots,x_n^{(k)}]^{\mathrm{T}},\quad k=0,1,2,\cdots. \tag{3.5}$$

随着时间的变化,由于出生、死亡以及年龄的增长,该种群中每一个年龄组的雌性动物数量都将发生变化。实际上,在 t_k 时刻,种群中第 1 个年龄组的雌性动物数量应等于在 t_{k-1} 和 t_k 之间出生的所有雌性幼体的总和,即

$$x_1^{(k)}=a_1x_1^{(k-1)}+a_2x_2^{(k-1)}+\cdots+a_nx_n^{(k-1)}. \tag{3.6}$$

同时,在 t_k 时刻,第 $i+1$ 个年龄组($i=1,2,\cdots,n-1$)中雌性动物的数量应等于在 t_{k-1} 时刻第 i 个年龄组中雌性动物数量 $x_i^{(k-1)}$ 乘存活率 b_i,即

$$x_{i+1}^{(k)}=b_ix_i^{(k-1)},\quad i=1,2,\cdots,n-1. \tag{3.7}$$

综合上述分析,由式(3.6)和式(3.7)可得到在 t_k 和 t_{k-1} 时各年龄组中雌性动物数量间的关系:

$$\begin{cases}x_1^{(k)}=a_1x_1^{(k-1)}+a_2x_2^{(k-1)}+\cdots+a_nx_n^{(k-1)},\\x_2^{(k)}=b_1x_1^{(k-1)},\\x_3^{(k)}=b_2x_2^{(k-1)},\\\vdots\\x_n^{(k)}=b_{n-1}x_{n-1}^{(k-1)}.\end{cases} \tag{3.8}$$

记矩阵

$$\boldsymbol{L}=\begin{bmatrix}a_1&a_2&\cdots&a_{n-1}&a_n\\b_1&0&\cdots&0&0\\0&b_2&\cdots&0&0\\\vdots&\vdots&&\vdots&\vdots\\0&0&\cdots&b_{n-1}&0\end{bmatrix},$$

则式(3.8)可写成

$$\boldsymbol{x}^{(k)}=\boldsymbol{L}\boldsymbol{x}^{(k-1)},\quad k=1,2,\cdots, \tag{3.9}$$

式中:$\boldsymbol{L}$ 为莱斯利矩阵。

由式(3.9),可得 $\boldsymbol{x}^{(1)}=\boldsymbol{L}\boldsymbol{x}^{(0)},\boldsymbol{x}^{(2)}=\boldsymbol{L}\boldsymbol{x}^{(1)}=\boldsymbol{L}^2\boldsymbol{x}^{(0)},\cdots$,一般有

$$\boldsymbol{x}^{(k)}=\boldsymbol{L}\boldsymbol{x}^{(k-1)}=\boldsymbol{L}^k\boldsymbol{x}^{(0)},\quad k=1,2,\cdots.$$

若已知初始时种群数量分布向量 $\boldsymbol{x}^{(0)}$,则可以推算任一时刻 t_k 该种群数量分布向量,并以此对该种群的总量进行科学的分析。

例 3.2 某种动物雌性的最大生存年龄为 15 年,以 5 年为一间隔,把这一动物种群分为 3 个年龄组[0,5),[5,10),[10,15],利用统计资料,已知 $a_1=0,a_2=4,a_3=3;b_1=0.5,b_2=0.25$。在初始时刻 $t=0$ 时,3 个年龄组的雌性动物数量分别为 500,1000,500,则初始种群数量分布向量和莱斯利矩阵为

$$x^{(0)}=[500,1000,500]^{T},\quad L=\begin{bmatrix}0&4&3\\0.5&0&0\\0&0.25&0\end{bmatrix}.$$

于是

$$x^{(1)}=Lx^{(0)}=\begin{bmatrix}0&4&3\\0.5&0&0\\0&0.25&0\end{bmatrix}\begin{bmatrix}500\\1000\\500\end{bmatrix}=\begin{bmatrix}5500\\250\\250\end{bmatrix},$$

$$x^{(2)}=Lx^{(1)}=\begin{bmatrix}0&4&3\\0.5&0&0\\0&0.25&0\end{bmatrix}\begin{bmatrix}5500\\250\\250\end{bmatrix}=\begin{bmatrix}1750\\2750\\62.5\end{bmatrix},$$

$$x^{(3)}=Lx^{(2)}=\begin{bmatrix}0&4&3\\0.5&0&0\\0&0.25&0\end{bmatrix}\begin{bmatrix}1750\\2750\\62.5\end{bmatrix}=\begin{bmatrix}11187.5\\875\\687.5\end{bmatrix}.$$

为了分析当 $k\to\infty$ 时,该动物种群数量分布向量的特点,我们先求出矩阵 L 的特征值与特征向量,为此计算 L 的特征多项式

$$|\lambda E-L|=\begin{vmatrix}\lambda&-4&-3\\-0.5&\lambda&0\\0&-0.25&\lambda\end{vmatrix}=\left(\lambda-\frac{3}{2}\right)\left(\lambda^2+\frac{3}{2}\lambda+\frac{1}{4}\right),$$

由此可得 L 的特征值 $\lambda_1=\frac{3}{2},\lambda_2=\frac{-3+\sqrt{5}}{4},\lambda_3=\frac{-3-\sqrt{5}}{4}$,不难看出 λ_1 是矩阵 L 的唯一正特征值,且$\lambda_1>|\lambda_2|,\lambda_1>|\lambda_3|$。$L$ 有 3 个互异特征值,因此矩阵 L 可相似对角化。

设矩阵 L 属于特征值 $\lambda_i(i=1,2,3)$ 的特征向量为 α_i。不难计算 L 属于特征值 $\lambda_1=\frac{3}{2}$的特征向量为 $\alpha_1=[18,\ 6,\ 1]^{T}$,记矩阵 $P=[\alpha_1,\ \alpha_2,\ \alpha_3]$,$\Lambda=\mathrm{diag}(\lambda_1,\lambda_2,\lambda_3)$,则

$$P^{-1}LP=\Lambda\quad\text{或}\quad L=P\Lambda P^{-1}.$$

$L^k=P\Lambda^kP^{-1}$,于是,有

$$x^{(k)}=L^kx^{(0)}=P\Lambda^kP^{-1}x^{(0)}=\lambda_1^kP\begin{bmatrix}1&0&0\\0&(\lambda_2/\lambda_1)^k&0\\0&0&(\lambda_3/\lambda_1)^k\end{bmatrix}P^{-1}x^{(0)}.$$

即

$$\frac{1}{\lambda_1^k}x^{(k)}=P\begin{bmatrix}1&0&0\\0&(\lambda_2/\lambda_1)^k&0\\0&0&(\lambda_3/\lambda_1)^k\end{bmatrix}P^{-1}x^{(0)}.$$

因为 $\left|\frac{\lambda_2}{\lambda_1}\right|<1,\left|\frac{\lambda_3}{\lambda_1}\right|<1$,所以

$$\lim_{k\to\infty}\frac{1}{\lambda_1^k}x^{(k)}=P\mathrm{diag}(1,0,0)P^{-1}x^{(0)}.\tag{3.10}$$

记列向量 $\boldsymbol{P}^{-1}\boldsymbol{x}^{(0)}$ 的第一个元素为 c(常数),则式(3.10)可化为

$$\lim_{k\to\infty}\frac{1}{\boldsymbol{\lambda}_1^k}\boldsymbol{x}^{(k)}=[\boldsymbol{\alpha}_1,\quad \boldsymbol{\alpha}_2,\quad \boldsymbol{\alpha}_3]\begin{bmatrix}c\\0\\0\end{bmatrix}=c\boldsymbol{\alpha}_1,$$

于是,当 k 充分大时,近似地成立

$$\boldsymbol{x}^{(k)}=c\boldsymbol{\lambda}_1^k\boldsymbol{\alpha}_1=c\left(\frac{3}{2}\right)^k\begin{bmatrix}18\\6\\1\end{bmatrix},$$

式中:$c=\dfrac{2250}{19}$。

这一结果说明,当时间充分长,这种动物中雌性的年龄分布将趋于稳定,即 3 个年龄组的数量比为 18:6:1。并由此可近似得到在 t_k 时刻种群中雌性动物的总量,从而对整个种群的总量进行估计。

莱斯利模型在分析动物种群的年龄分布和总量增长方面有广泛应用,这一模型也可应用于人口增长的年龄分布问题。

计算的 Python 程序如下:

```
#程序文件 ex3_2.py
import numpy as np
import sympy as sp

X0 = np.array([500, 1000, 500])
L = np.array([[0, 4, 3], [0.5, 0, 0], [0, 0.25, 0]])
X1 = L @ X0; X2 = L @ X1                    #@表示矩阵乘法
X3 = L @ X2

Ls = sp.Matrix([[0, 4, 3], [sp.Rational(1,2), 0, 0],
               [0, sp.Rational(1,4), 0]])   #符号矩阵
sp.var('lamda')                             #定义符号变量
p = Ls.charpoly(lamda)                      #计算特征多项式
w1 = sp.roots(p)                            #计算特征值
w2 = Ls.eigenvals()                         #直接计算特征值
v = Ls.eigenvects()                         #直接计算特征向量
print("特征值为:",w2)
print("特征向量为:\n",v)
P,D = Ls.diagonalize()                      #相似对角化
Pinv = P.inv()                              #求逆阵
Pinv = sp.simplify(Pinv)
cc = Pinv @ X0
print('P=\n', P)
print('c=', cc[0])
```

3.1.3 PageRank 算法

Google 拥有多项专利技术，其中 PageRank 算法是关键技术之一，它奠定了 Google 强大的检索功能及提供各种特色功能的基础．虽然 Google 每天有很多工程师负责全面改进 Google 系统，但是仍把 PageRank 算法作为所有网络搜索工具的基础结构。

1. PageRank 原理

PageRank 算法是 Google 搜索引擎对检索结果的一种排序算法。它的基本思想主要是来自传统文献计量学中的文献引文分析,即一篇文献的质量和重要性可以通过其他文献对其引用的数量和引文质量来衡量，也就是说,一篇文献被其他文献引用越多,并且引用的文献的质量越高,则该文献本身就越重要。Google 在给出页面排序时也有两条标准：一是看有多少超级链接指向它;二是要看超级链接指向它的那个页面重要不重要。这两条直观的想法就是 PageRank 算法的数学基础,也是 Google 搜索引擎最基本的工作原理。

PageRank 算法利用了互联网独特的超链接结构。在庞大的超链接资源中,Google 提取出上亿个超链接页面进行分析,制作出一个巨大的网络地图。具体地讲,就是把所有的网页看作图里面相应的顶点,如果网页 A 有一个指向网页 B 的链接,则认为存在一条从顶点 A 到顶点 B 的弧,这样就可以利用图论来研究网络的拓扑结构。

PageRank 算法正是利用网络的拓扑结构来判断网页的重要性。具体来说,假如网页 A 有一个指向网页 B 的超链接,Google 就认为网页 A 投了网页 B 一票,说明网页 A 认为网页 B 有链接价值,因而 B 可能是一个重要的网页。Google 根据指向网页 B 的超链接数及其重要性来判断页面 B 的重要性,并赋予相应的页面等级值(PageRank)。网页 A 的页面等级值被平均分配给网页 A 所链接指向的网页,从而当网页 A 的页面等级值比较高时,则网页 B 可从网页 A 到它的超链接分得一定的重要性。根据这样的分析,得到了高评价的重要页面会被赋予较高的网页等级,在检索结果内的排名也会较高。页面等级值(PageRank)是 Google 表示网页重要性的综合性指标,当然,重要性高的页面如果和检索关键词无关,同样也没有任何意义。为此,Google 使用了完善的超文本匹配分析技术,使得能够检索出重要而且正确的网页。

2. 基础的 PageRank 算法

PageRank 算法的具体实现可以利用网页所对应图的邻接矩阵来表达超链接关系。为此,首先写出所对应图的邻接矩阵 $\boldsymbol{W}$。为了能将网页的页面等级值平均分配给该网页所链接指向的网页,对 $\boldsymbol{W}$ 各个行向量进行归一化处理,得到矩阵 $\boldsymbol{P}$。矩阵 $\boldsymbol{P}$ 称为状态转移概率矩阵,它的各个行向量元素之和为 1,$\boldsymbol{P}^{\mathrm{T}}$ 的最大特征值(一定为 1)所对应的归一化特征向量即为各顶点的 PageRank 值。

PageRank 值的计算步骤如下：

(1) 构造有向图 $D=(V,\widetilde{A},\boldsymbol{W})$,其中 $V=\{v_1,v_2,\cdots,v_N\}$ 为顶点集合,每一个网页是图的一个顶点,$\widetilde{A}$为弧的集合,网页间的每一个超链接是图的一条弧,邻接矩阵 $\boldsymbol{W}=(w_{ij})_{N\times N}$,如果从网页 i 到网页 j 有超链接,则 $w_{ij}=1$,否则为 0。

(2) 记矩阵 $\boldsymbol{W}$ 的行和为 $r_i=\sum\limits_{j=1}^{N} w_{ij}$,它给出了页面 i 的链出链接数目。定义矩阵 $\boldsymbol{P}=(p_{ij})_{N\times N}$如下：

$$p_{ij}=\frac{w_{ij}}{r_i},\quad i,j=1,2,\cdots,N,$$

$\boldsymbol{P}$ 为马尔可夫链的状态转移概率矩阵;p_{ij} 为从页面 i 转移到页面 j 的概率。

(3) 求马尔可夫链的平稳分布 $\boldsymbol{x}=[x_1,x_2,\cdots,x_N]^{\mathrm{T}}$,它满足

$$\boldsymbol{P}^{\mathrm{T}}\boldsymbol{x}=\boldsymbol{x},\quad \sum_{i=1}^{N}x_i=1.$$

$\boldsymbol{x}$ 表示在极限状态(转移次数趋于无限)下各网页被访问的概率分布,Google 将它定义为各网页的 PageRank 值。假设 $\boldsymbol{x}$ 已经得到,则它按分量满足方程

$$x_k=\sum_{i=1}^{N}p_{ik}x_i=\sum_{i=1}^{N}\frac{w_{ik}}{r_i}x_i.$$

网页 i 的 PageRank 值是 x_i,它链出的页面有 r_i 个,于是页面 i 将它的 PageRank 值分成 r_i 份,分别“投票”给它链出的网页。x_k 为网页 k 的 PageRank 值,即网络上所有页面“投票”给网页 k 的最终值。

根据马尔可夫链的基本性质还可以得到,平稳分布(PageRank 值)是状态转移概率矩阵 $\boldsymbol{P}$ 的转置矩阵 $\boldsymbol{P}^{\mathrm{T}}$ 的最大特征值(=1)所对应的归一化特征向量。

例 3.3 已知一个 $N=6$ 的网络如图 3.1 所示,求它的 PageRank 取值。

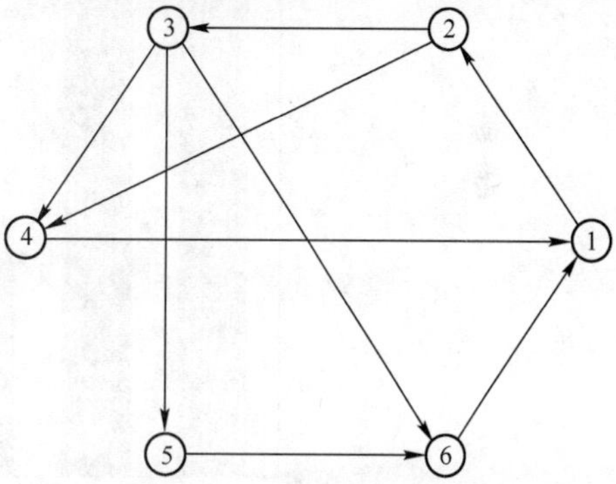

图 3.1 网络结构示意图

解 相应的邻接矩阵 $\boldsymbol{W}$ 和马尔可夫链转移概率矩阵 $\boldsymbol{P}$ 分别为

$$\boldsymbol{W}=\begin{bmatrix}0&1&0&0&0&0\\0&0&1&1&0&0\\0&0&0&1&1&1\\1&0&0&0&0&0\\0&0&0&0&0&1\\1&0&0&0&0&0\end{bmatrix},$$

$$\boldsymbol{P}=\begin{bmatrix}0&1&0&0&0&0\\0&0&1/2&1/2&0&0\\0&0&0&1/3&1/3&1/3\\1&0&0&0&0&0\\0&0&0&0&0&1\\1&0&0&0&0&0\end{bmatrix}.$$

计算得到该马尔可夫链的平稳分布为

$$\boldsymbol{x}=[0.2727,\quad 0.2727,\quad 0.1364,\quad 0.1818,\quad 0.0455,\quad 0.0909]^{\mathrm{T}}$$

这就是 6 个网页的 PageRank 值,其柱状图如图 3.2 所示。

编号 1 和编号 2 网页的 PageRank 值最高,编号 5 网页的 PageRank 值最低,网页的 PageRank 值从大到小的排序依次为 1,2,4,3,6,5。

计算的 Python 程序如下:

```
#程序文件 ex3_3. py
import numpy as np
```

```
from scipy. sparse. linalg import eigs
import pylab as plt

L = [(1,2),(2,3),(2,4),(3,4),(3,5),
     (3,6),(4,1),(5,6),(6,1)]
w = np. zeros((6,6))                    #邻接矩阵初始化
for i in range(len(L)):
     w[L[i][0]-1,L[i][1]-1] = 1
r = np. sum(w,axis=1,keepdims=True)
P = w / r                               #这里利用矩阵广播
val, vec= eigs(P. T,1); V=vec. real
V=V. flatten(); #展开成(n,)形式的数组
V=V/V. sum(); print("V=",np. round(V,4))
plt. bar(range(1,len(w)+1),V, width=0. 6, color='b')
plt. show()
```

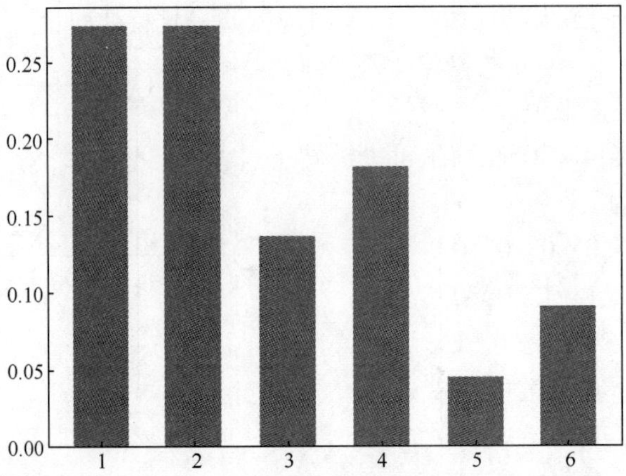

图 3.2　PageRank 值的柱状图

3. 随机冲浪模型的 PageRank 值

PageRank 算法原理中有一个重要的假设,即所有的网页形成一个闭合的链接图,除了这些文档以外没有其他任何链接的出入,并且每个网页能从其他网页通过超链接达到。但是在现实的网络中,并不完全是这样的情况。当一个页面没有链出链接的时候,它的 PageRank 值就不能被分配给其他的页面。同样道理,只有出链接而没有入链接的页面也是存在的。同时,有时候也有链接只在一个集合内部旋转而不向外界链接的现象。在现实中的页面,PageRank 技术为了解决这样的问题,提出用户的随机冲浪模型,用户虽然在大多数场合都顺着当前页面中的链接前进,但有时会突然重新打开浏览器随机进入到完全无关的页面。Google 认为用户在 85%的情况下沿着链接前进,但在 15%的情况下会跳跃到无关的页面中。用公式表示相应的转移概率矩阵为

$$\widetilde{\boldsymbol{P}}=\frac{(1-d)}{N}\boldsymbol{e}\boldsymbol{e}^{\mathrm{T}}+d\boldsymbol{P},$$

式中:$\boldsymbol{e}$ 为分量全为 1 的 N 维列向量;$\boldsymbol{e}\boldsymbol{e}^{\mathrm{T}}$ 为全 1 矩阵;$d\in(0,1)$ 为阻尼因子(damping factor)，在实际中 Google 取 $d=0.85$。也就是说，在随机冲浪模型中，求各个页面等级的 PageRank 值问题归结为求矩阵$\widetilde{\boldsymbol{P}}$的转置矩阵$\widetilde{\boldsymbol{P}}^{\mathrm{T}}$ 的最大特征值 1 对应的归一化特征向量问题。

PageRank 值的计算步骤如下：

（1）构造有向图 $D=(V,\widetilde{A},\boldsymbol{W})$，其中 $V=\{v_1,v_2,\cdots,v_N\}$为顶点集合，每一个网页是图的一个顶点，$\widetilde{A}$为弧的集合，网页间的每一个超链接是图的一条弧，邻接矩阵 $\boldsymbol{W}=(w_{ij})_{N\times N}$，如果从网页 i 到网页 j 有超链接，则 $w_{ij}=1$，否则为 0。

（2）记矩阵 $\boldsymbol{W}$ 的行和为 $r_i=\sum\limits_{j=1}^{N}w_{ij}$，它给出了页面 i 的链出链接数目。定义矩阵$\widetilde{\boldsymbol{P}}=(\widetilde{p}_{ij})_{N\times N}$如下：

$$\widetilde{p}_{ij}=\frac{1-d}{N}+d\frac{w_{ij}}{r_i},\quad i,j=1,2,\cdots,N,$$

式中：d 为阻尼因子，一般取 $d=0.85$；$\widetilde{\boldsymbol{P}}$为马尔可夫链的状态转移概率矩阵；$\widetilde{p}_{ij}$为从页面 i 转移到页面 j 的概率。

（3）求马尔可夫链的平稳分布 $\boldsymbol{x}=[x_1,x_2,\cdots,x_N]^{\mathrm{T}}$，它满足

$$\widetilde{\boldsymbol{P}}^{\mathrm{T}}\boldsymbol{x}=\boldsymbol{x},\quad \sum_{i=1}^{N}x_i=1,$$

式中：$\boldsymbol{x}$ 为在极限状态（转移次数趋于无限）下各网页被访问的概率分布，Google 将它定义为各网页的 PageRank 值。

例 3.4（续例 3.3） 用随机冲浪模型计算图 3.1 所示有向图中各顶点的 PageRank 值。

解 取 $d=0.85$，计算得状态转移概率矩阵

$$\widetilde{\boldsymbol{P}}=\frac{(1-0.85)}{6}\boldsymbol{e}\boldsymbol{e}^{\mathrm{T}}+0.85\boldsymbol{P}=\begin{bmatrix}0.025 & 0.875 & 0.025 & 0.025 & 0.025 & 0.025\\ 0.025 & 0.025 & 0.45 & 0.45 & 0.025 & 0.025\\ 0.025 & 0.025 & 0.025 & 0.3083 & 0.3083 & 0.3083\\ 0.875 & 0.025 & 0.025 & 0.025 & 0.025 & 0.025\\ 0.025 & 0.025 & 0.025 & 0.025 & 0.025 & 0.875\\ 0.875 & 0.025 & 0.025 & 0.025 & 0.025 & 0.025\end{bmatrix}.$$

状态转移概率矩阵$\widetilde{\boldsymbol{P}}$的转置矩阵$\widetilde{\boldsymbol{P}}^{\mathrm{T}}$ 的最大特征值为 1，对应的归一化特征向量为

$$\boldsymbol{x}=[0.2675,\ 0.2524,\ 0.1323,\ 0.1697,\ 0.0625,\ 0.1156]^{\mathrm{T}},$$

这就是 6 个网页的 PageRank 值，其柱状图如图 3.3 所示。

编号 1 的 PageRank 值最高，编号 5 的 PageRank 值最低，网页的 PageRank 值从大到小的排序依次为 1，2，4，3，6，5。与例 3.3 的结果差异不大。

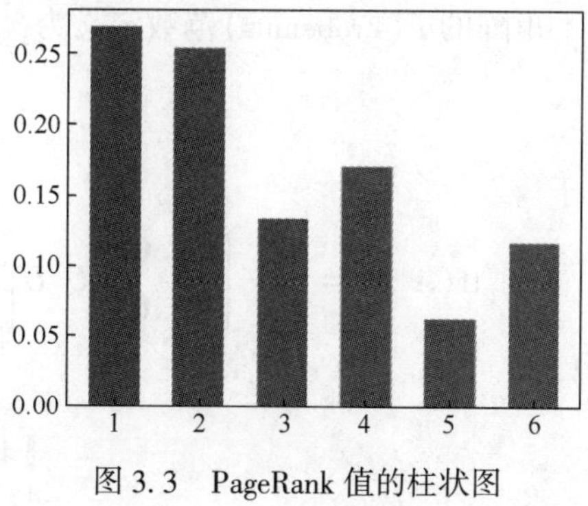

图 3.3 PageRank 值的柱状图

计算的 Python 程序如下：

```
#程序文件 ex3_4.py
import numpy as np
```

```
from scipy.sparse.linalg import eigs
import pylab as plt

L=[(1,2),(2,3),(2,4),(3,4),(3,5),
    (3,6),(4,1),(5,6),(6,1)]
w = np.zeros((6,6))
for i in range(len(L)):
        w[L[i][0]-1,L[i][1]-1]=1
r=np.sum(w,axis=1,keepdims=True)
P = (1-0.85)/w.shape[0]+0.85 * w/r   #这里利用矩阵广播
val, vec = eigs(P.T, 1); V = vec.real
V=V.flatten();   #展开成(n,)形式的数组
V=V/V.sum(); print("V=", np.round(V,4))
plt.bar(range(1,len(w)+1),V, width=0.6, color='b')
plt.show()
```

3.2 矩阵的奇异值分解及其应用

3.2.1 矩阵的奇异值分解

矩阵的奇异值分解变换是一种正交变换,它可以将矩阵对角化。任何一个矩阵都有它的奇异值分解,对于奇异值分解可用下面的定理来描述。

定理 3.1 设 $\boldsymbol{A}=(a_{ij})_{m\times n}$ 是一个秩为 r 的 $m\times n$ 矩阵,则存在正交矩阵 $\boldsymbol{U}$ 和 $\boldsymbol{V}$,使得

$$\boldsymbol{U}^{\mathrm{T}}\boldsymbol{A}\boldsymbol{V}=\begin{bmatrix}\boldsymbol{\Sigma} & \boldsymbol{0}\\ \boldsymbol{0} & \boldsymbol{0}\end{bmatrix}, \tag{3.11}$$

式中:$\boldsymbol{\Sigma}=\mathrm{diag}\{\sigma_1,\sigma_2,\cdots,\sigma_r\}$,这里 $\sigma_1\geqslant\sigma_2\cdots\geqslant\sigma_r>0$,$\sigma_1^2,\sigma_2^2,\cdots,\sigma_r^2$ 为矩阵 $\boldsymbol{A}^{\mathrm{T}}\boldsymbol{A}$ 对应的正特征值。称

$$\boldsymbol{A}=\boldsymbol{U}\begin{bmatrix}\boldsymbol{\Sigma} & \boldsymbol{0}\\ \boldsymbol{0} & \boldsymbol{0}\end{bmatrix}\boldsymbol{V}^{\mathrm{T}} \tag{3.12}$$

为 $\boldsymbol{A}$ 的奇异值分解,$\sigma_i(i=1,2,\cdots,r)$ 称为 $\boldsymbol{A}$ 的奇异值。

矩阵的 F(Frobenius)范数定义为

$$\|\boldsymbol{A}\|_F^2=\mathrm{tr}(\boldsymbol{A}^{\mathrm{T}}\boldsymbol{A})=\sum_{i=1}^{m}\sum_{j=1}^{n}a_{ij}^2. \tag{3.13}$$

由于

$$\mathrm{tr}(\boldsymbol{A}^{\mathrm{T}}\boldsymbol{A})=\mathrm{tr}\left(\boldsymbol{V}\begin{bmatrix}\boldsymbol{\Sigma} & \boldsymbol{0}\\ \boldsymbol{0} & \boldsymbol{0}\end{bmatrix}^{\mathrm{T}}\boldsymbol{U}^{\mathrm{T}}\boldsymbol{U}\begin{bmatrix}\boldsymbol{\Sigma} & \boldsymbol{0}\\ \boldsymbol{0} & \boldsymbol{0}\end{bmatrix}\boldsymbol{V}^{\mathrm{T}}\right)=\mathrm{tr}\left(\boldsymbol{V}\begin{bmatrix}\boldsymbol{\Sigma}^2 & \boldsymbol{0}\\ \boldsymbol{0} & \boldsymbol{0}\end{bmatrix}\boldsymbol{V}^{\mathrm{T}}\right)=\sum_{i=1}^{r}\sigma_i^2,$$

所以

$$\|\boldsymbol{A}\|_F^2=\sum_{i=1}^{r}\sigma_i^2. \tag{3.14}$$

式(3.14)表明矩阵的 F 范数的平方等于矩阵的所有奇异值的平方和。对于一幅图像,通常用图像矩阵的 F 范数来衡量图像的能量,所以图像的主要能量集中在矩阵那些数值较大的奇异值上。

例 3.5 试求矩阵 $\boldsymbol{A}=\begin{bmatrix}1&0&1\\0&1&1\\0&0&0\end{bmatrix}$ 的奇异值分解。

解 $\boldsymbol{A}^{\mathrm{T}}\boldsymbol{A}=\begin{bmatrix}1&0&1\\0&1&1\\1&1&2\end{bmatrix}$ 的特征值为 3,1,0,对应的特征向量分别为

$$\begin{bmatrix}1\\1\\2\end{bmatrix},\begin{bmatrix}1\\-1\\0\end{bmatrix},\begin{bmatrix}1\\1\\-1\end{bmatrix}.$$

故 $\operatorname{rank}(\boldsymbol{A})=2$,

$$\boldsymbol{\Sigma}=\begin{bmatrix}\sqrt{3}&\\&1\end{bmatrix}.$$

而

$$\boldsymbol{V}=\begin{bmatrix}\frac{1}{\sqrt{6}}&\frac{1}{\sqrt{2}}&\frac{1}{\sqrt{3}}\\\frac{1}{\sqrt{6}}&-\frac{1}{\sqrt{2}}&\frac{1}{\sqrt{3}}\\\frac{2}{\sqrt{6}}&0&-\frac{1}{\sqrt{3}}\end{bmatrix},$$

其中,$\boldsymbol{V}$ 的列为 $\boldsymbol{A}^{\mathrm{T}}\boldsymbol{A}$ 的对应于特征值 3,1,0 的标准化特征向量。

计算得到

$$\boldsymbol{U}_1=\boldsymbol{A}\boldsymbol{V}_1\boldsymbol{\Sigma}^{-1}=\begin{bmatrix}1&0&1\\0&1&1\\0&0&0\end{bmatrix}\begin{bmatrix}\frac{1}{\sqrt{6}}&\frac{1}{\sqrt{2}}\\\frac{1}{\sqrt{6}}&-\frac{1}{\sqrt{2}}\\\frac{2}{\sqrt{6}}&0\end{bmatrix}\begin{bmatrix}\sqrt{3}&\\&1\end{bmatrix}^{-1}=\begin{bmatrix}\frac{1}{\sqrt{2}}&\frac{1}{\sqrt{2}}\\\frac{1}{\sqrt{2}}&-\frac{1}{\sqrt{2}}\\0&0\end{bmatrix}.$$

构造

$$\boldsymbol{U}_2=\begin{bmatrix}0\\0\\1\end{bmatrix},\quad \boldsymbol{U}=\begin{bmatrix}\frac{1}{\sqrt{2}}&\frac{1}{\sqrt{2}}&0\\\frac{1}{\sqrt{2}}&-\frac{1}{\sqrt{2}}&0\\0&0&1\end{bmatrix}.$$

则矩阵 $\boldsymbol{A}$ 的奇异值分解为

$$\boldsymbol{A}=\boldsymbol{U}\begin{bmatrix}\sqrt{3} & & \\ & 1 & \\ & & 0\end{bmatrix}\boldsymbol{V}^{\mathrm{T}}.$$

数值计算的 Python 程序如下：

```
#程序文件 ex3_5. py
import numpy as np
from numpy. linalg import svd

a = np. array([[1, 0, 1], [0, 1, 1], [0, 0, 0]])
u,s,vt = svd(a)    #a=u@ np. diag(s)@ vt
print(u); print(s); print(vt)
```

3.2.2 奇异值分解应用

本节介绍如何把奇异值分解的处理方法应用到推荐系统中，并在一个实例中进行探讨。

例 3.6 推荐系统的评分。

有一个风味美食平台，经营着多种不同风味的地方特色美食，在系统中维护着一个原始的打分表，其中，行表示各个用户，列表示各种菜品，每一个用户在对一个菜品消费之后都会对其进行打分，分数为 1~5 分，分数越高表示评价越高。如果该用户没有消费某道菜品，则分数值默认为 0 分。一共有 18 名用户对 11 个不同的菜品进行了打分评价，原始的打分数据如表 3.1 所列。给出未评分项的评分估计。

表 3.1 原始的打分数据 （单位：分）

	叉烧粉肠	新疆手抓饭	四川火锅	粤式烧鹅饭	大盘鸡拌面	东北饺子	重庆辣子鸡	广东虾饺	剁椒鱼头	兰州拉面	烤羊排
丁一	5	2	1	4	0	0	2	4	0	0	0
刘二	0	0	0	0	0	0	0	0	0	3	0
张三	1	0	5	2	0	0	3	0	3	0	1
李四	0	5	0	0	4	0	1	0	0	0	0
王五	0	0	0	0	0	4	0	0	0	4	0
马六	0	0	1	0	0	0	1	0	0	5	0
陈七	5	0	2	4	2	1	0	3	0	1	0
胡八	0	4	0	0	5	4	0	0	0	0	5
赵九	0	0	0	0	0	0	4	0	4	5	0
钱十	0	0	0	4	0	0	1	5	0	0	0
孙甲	0	0	0	0	4	5	0	0	0	0	3
周乙	4	2	1	4	0	0	2	4	0	0	0
吴丙	0	1	4	1	2	1	5	0	5	0	0

（续）

	叉烧粉肠	新疆手抓饭	四川火锅	粤式烧鹅饭	大盘鸡拌面	东北饺子	重庆辣子鸡	广东虾饺	剁椒鱼头	兰州拉面	烤羊排
郑丁	0	0	0	0	0	4	0	0	0	4	0
冯戊	2	5	0	0	4	0	0	0	0	0	0
储己	5	0	0	0	0	0	0	4	2	0	0
魏庚	0	2	4	0	4	3	4	0	0	0	0
高辛	0	3	5	1	0	0	4	1	0	0	0

1. 问题分析

我们首先要想一下，推荐系统到底应该推荐什么？答案很简单：就是聚焦用户没有消费过的菜品（也就是没有打过分的那些菜品），通过模型评估，分析出某个具体用户可能会喜欢的菜品，然后推荐给他，达到最大可能引导消费的目的。

但是，我们怎么知道这个用户会有多喜欢某个特定的未买过的菜品呢？我们又不能去实际问他。这里，我们采用经典的协同过滤的思路，先通过其他所有用户的评价记录，来衡量出这个菜品和该用户评价过的其他菜品的相似程度，利用该用户对于其他菜品的已评分数和菜品间的相似程度，估计出该用户会对这个未评分菜品打出多少分。

这样就可以得到该用户所有未消费过的菜品的估计得分，拿出估分最高的菜品推荐给用户就可以了，这就是大致的总体思路。

总结出关键的技术点有以下两条：

（1）衡量菜品之间的相似性。

（2）评分估计。

2. 非压缩数据的模型一

1）相似系数的计算

指标变量 $x_1,x_2,\cdots,x_{11}$ 分别表示叉烧粉肠，新疆手抓饭，…，烤羊排，用 $i=1,2,\cdots,18$ 分别表示用户丁一、刘二、…、高辛。记用户 $i(i=1,2,\cdots,18)$ 关于指标变量 $x_j(j=1,2,\cdots,11)$ 的评分值为 a_{ij}，构造数据矩阵 $\boldsymbol{A}=(a_{ij})_{18\times 11}$。

计算 x_i,x_j 间的相关系数

$$r_{ij}=\frac{\sum_{k=1}^{18}(a_{ki}-\mu_i)(a_{kj}-\mu_j)}{\sqrt{\sum_{k=1}^{18}(a_{ki}-\mu_i)^2}\sqrt{\sum_{k=1}^{18}(a_{kj}-\mu_j)^2}},\tag{3.15}$$

式中：$\mu_j=\frac{1}{18}\sum_{k=1}^{18}a_{kj}$。

相关系数的取值范围为 $-1\sim1$，可以对其进行归一化处理，通过 $0.5+0.5r_{ij}$ 将相关系数归一化到 $0\sim1$ 的范围内。此时，值越接近 1 代表两个变量的相似度越高。

记 $\tilde{r}_{ij}=0.5+0.5r_{ij}$，归一化相关系数 $\tilde{r}_{ij}$ 的计算结果如表 3.2 所列。

表 3.2 相关系数矩阵数据

1.0000	0.4893	0.4680	0.7920	0.4043	0.3258	0.4004	0.8565	0.4623	0.3368	0.3911
0.4893	1.0000	0.5029	0.4356	0.8104	0.4440	0.5184	0.4214	0.3609	0.2571	0.5968
0.4680	0.5029	1.0000	0.5885	0.4676	0.4134	0.8709	0.4337	0.6688	0.3306	0.4238
0.7920	0.4356	0.5885	1.0000	0.3370	0.3139	0.5499	0.8941	0.4498	0.3167	0.3952
0.4043	0.8104	0.4676	0.3370	1.0000	0.7133	0.4344	0.3081	0.4089	0.2758	0.7811
0.3258	0.4440	0.4134	0.3139	0.7133	1.0000	0.3539	0.3039	0.3780	0.5501	0.7875
0.4004	0.5184	0.8709	0.5499	0.4344	0.3539	1.0000	0.4414	0.8048	0.4316	0.3688
0.8565	0.4214	0.4337	0.8941	0.3081	0.3039	0.4414	1.0000	0.4170	0.3164	0.3757
0.4623	0.3609	0.6688	0.4498	0.4089	0.3780	0.8048	0.4170	1.0000	0.5273	0.4448
0.3368	0.2571	0.3306	0.3167	0.2758	0.5501	0.4316	0.3164	0.5273	1.0000	0.3766
0.3911	0.5968	0.4238	0.3952	0.7811	0.7875	0.3688	0.3757	0.4448	0.3766	1.0000

2) 评分估计

当得到两两菜品之间相似度的值时,就可以基于此进行某顾客未购菜品的评分估计了。

基本思想就是:利用该顾客已经评过分的菜品分值,来评估某个未评分菜品的分值,令要估计的菜品为 x_k,该顾客已经评过分的菜品为 $x_j(j=j_1,j_2,\cdots,j_{n_k})$,评过的分数分别为 $s_j(j=j_1,j_2,\cdots,j_{n_k})$,$x_k$ 与 $x_j(j=j_1,j_2,\cdots,j_{n_k})$ 的相似度为$\tilde{r}_{kj}(j=j_1,j_2,\cdots,j_{n_k})$,由此,利用相似度加权的方式,来估计 x_k 的评分

$$\hat{s}_k=\frac{\sum_{i=1}^{n_k}\tilde{r}_{kj_i}s_{j_i}}{\sum_{i=1}^{n_k}\tilde{r}_{kj_i}}. \tag{3.16}$$

通过这种方法,可以估计出该顾客所有未买过的菜品的评分,然后取估计值最高的某个菜品(或某 n 个),作为推荐的菜品推送给客户,这是我们猜测的该客户没有吃过的菜品中可能最喜欢的一道。

3) 菜品推荐结果

以高辛为例,在高辛没有评分过的那些菜品,利用式(3.16),得到的估计评分如表 3.3 所列。

表 3.3 高辛没有评分菜品的估计评分

菜品	叉烧肠粉	大盘鸡拌面	东北饺子	剁椒鱼头	兰州拉面	烤羊排
估计评分	2.3478	3.0337	2.9699	3.1513	2.895	2.8493

从表 3.3 的数据可以看出,剁椒鱼头得分最高,可以将剁椒鱼头推荐给高辛。我们看到,在高辛的已打分菜品中,四川火锅和重庆辣子鸡得分很高,看来他喜欢吃口味偏辣的菜品,因此从逻辑上来说,这个推荐是合理有效的。

我们再多观察一下,在这些未打分的菜品中,叉烧肠粉的得分最低,这个和高辛对其他两道粤菜打分偏低的情况也是一致的,因而可以推知高辛可能最不愿意吃的菜是叉烧

粉肠。

计算的 Python 程序如下:

```
#程序文件 ex3_6_1.py
import numpy as np
import pandas as pd

a = np.loadtxt('data3_6_1.txt')
b = 0.5 * np.corrcoef(a.T) + 0.5                    #求归一化的相似度
c= pd.DataFrame(b)
c.to_excel('data3_6_2.xlsx', index=False)

print('请输入人员编号 1-18')
user = int(input())
n = a.shape[1]                                      #变量的个数
no = np.where(a[user-1, :]==0)[0]                   #未评分编号
yb = set(range(n)) - set(no)                        #已评分编号
yb = list(yb)
ys = a[user-1, yb]                                  #已评分分数
sc = np.zeros(len(no))                              #初始化
for i in range(len(no)):
    sim = b[no[i], yb]
    sc[i] = ys @ sim / sum(sim)
print('未评分项的编号为:', no+1)
print('未评分项的分数为:', np.round(sc, 4))
```

3. 基于奇异值分解压缩数据的模型二

1) 稀疏矩阵的降维处理

在原始数据矩阵中,记录了 18 位顾客对 11 道菜品的全部打分情况,因为每个人不大可能吃遍美食平台上的每一道菜品(确切地说,一般人都只吃过平台上的少部分菜品),因此这个矩阵一定是稀疏矩阵,拥有大量的 0 元素项。这样,虽然一方面从表面现象看矩阵的维数很高;但是从另一方面来看,某个顾客同时对两道菜品打过分的情况却并不一定很普遍。

我们可以基于奇异值分解对原始数据进行行压缩。对 $\boldsymbol{A}$ 进行奇异值分解,得

$$\boldsymbol{A}=\boldsymbol{U}_{18\times18}\begin{bmatrix}\boldsymbol{\Sigma}_{11}\\ \boldsymbol{0}\end{bmatrix}\boldsymbol{V}_{11\times11}^{\mathrm{T}},$$

式中:$\boldsymbol{\Sigma}_{11}=\mathrm{diag}(\sigma_1,\sigma_2,\cdots,\sigma_{11})$,这里 $\sigma_1,\sigma_2,\cdots,\sigma_{11}$ 为矩阵 $\boldsymbol{A}$ 的奇异值。

可以验证

$$\frac{\sum_{i=1}^{6}\sigma_i^2}{\sum_{i=1}^{11}\sigma_i^2}\geqslant 0.9,$$

因而我们只需要6个奇异值，就可以使其达到主成分贡献率的90%。于是，我们就可以通过行压缩的方式，将原始分数矩阵的行由18行压缩到6行，避免稀疏矩阵的情况。压缩以后的数据矩阵

$$\boldsymbol{B}_{6\times 11}=\mathrm{diag}(\sigma_1,\sigma_2,\cdots,\sigma_6)\boldsymbol{U}^{\mathrm{T}}[\,:6,:\,]\boldsymbol{A},$$

式中：$\boldsymbol{U}^{\mathrm{T}}[\,:6,:\,]$为由$\boldsymbol{U}^{\mathrm{T}}$的前6行所组成的6行18列矩阵。

下面利用压缩矩阵计算菜品之间的相似性。

2）衡量菜品之间的相似性

两个菜品，我们通过不同用户进行打分，将其量化成一个分数向量，然后通过对两个菜品的分数向量进行分析比较，定量地进行两个菜品的相似度计算。计算相似度的方法有很多，如欧几里得距离、皮尔逊相关系数、余弦相似度等。

这里采用余弦相似度的方法，来定量分析两个菜品的相似程度，当然也可以换用其他的方法。

对于两个指定向量$\boldsymbol{v}_1$和$\boldsymbol{v}_2$，二者的余弦相似度就是用二者夹角θ的余弦值$\cos\theta$来表示，即$\cos\theta=\dfrac{\boldsymbol{v}_1\cdot\boldsymbol{v}_2}{|\boldsymbol{v}_1||\boldsymbol{v}_2|}$，余弦值的取值范围为$-1\sim1$，我们可以对其进行归一化处理，通过$0.5+0.5\dfrac{\boldsymbol{v}_1\cdot\boldsymbol{v}_2}{|\boldsymbol{v}_1||\boldsymbol{v}_2|}$将余弦相似度化到$0\sim1$的范围内。此时，值越接近1代表两个向量的相似度越高。

记得到的菜品之间的相似性矩阵为$\widetilde{\boldsymbol{R}}=(\tilde{r}_{ij})_{11\times 11}$。

3）评分估计

当我们得到两两菜品之间相似度的值时，就可以基于此进行某顾客未购菜品的评分估计。

基本思想就是：利用该顾客已经评过分的菜品分值，来评估某个未评分菜品的分值，令要估计的菜品为x_k，该顾客已经评过分的菜品为$x_j(j=j_1,j_2,\cdots,j_{n_k})$，评过的分数分别为$s_j(j=j_1,j_2,\cdots,j_{n_k})$，$x_k$与$x_j(j=j_1,j_2,\cdots,j_{n_k})$的相似度为$\tilde{r}_{kj}(j=j_1,j_2,\cdots,j_{n_k})$，由此，利用相似度加权的方式，来估计$x_k$的评分

$$\hat{s}_k=\frac{\sum\limits_{i=1}^{n_k}\tilde{r}_{kj_i}s_{j_i}}{\sum\limits_{i=1}^{n_k}\tilde{r}_{kj_i}}. \tag{3.17}$$

通过这种方法，可以估计出该顾客所有未买过的菜品的评分，然后取估计值最高的某个菜品（或某n个），作为推荐的菜品推送给客户，这是我们猜测的该客户没有吃过的菜品中可能最喜欢的一道。

4）菜品推荐结果

以高辛为例，在高辛没有评分过的那些菜品，利用式（3.17），得到的估计评分如表3.4所列。

表 3.4 高辛没有评分菜品的估计评分

菜　品	叉烧肠粉	大盘鸡拌面	东北饺子	剁椒鱼头	兰州拉面	烤羊排
估计评分	2.6347	2.9260	2.9337	2.9657	2.9057	2.9263

计算的 Python 程序如下：

```
#程序文件 ex3_6_2.py
import numpy as np
import pandas as pd

a = np.loadtxt('data3_6_1.txt')
u, sigma, vt = np.linalg.svd(a)
print(sigma)
cs = np.cumsum(sigma**2)
rate = cs / cs[-1]                              #计算信息累积贡献率
ind = np.where(rate>=0.9)[0][0]+1
#ind 为奇异值的个数,满足信息提出率达到 90%
b = np.diag(sigma[:ind]) @ u.T[:ind, :] @ a     #得到降维数据

c = np.linalg.norm(b, axis=0, keepdims=True)    #逐列求范数
d = 0.5 * b.T @ b / (c.T @ c) + 0.5            #求相似度
#d = 0.5 * np.corrcoef(b.T) + 0.5
dd = pd.DataFrame(d)
dd.to_excel('data3_6_3.xlsx', index=False)

print('请输入人员编号 1-18')
user = int(input())
n = a.shape[1]                                  #变量的个数
no = np.where(a[user-1, :]==0)[0]               #未评分编号
yb = set(range(n)) - set(no)                    #已评分编号
yb = list(yb)
ys = a[user-1, yb]                              #已评分分数
sc = np.zeros(len(no))                          #初始化
for i in range(len(no)):
    sim = d[no[i], yb]
    sc[i] = ys @ sim / sum(sim)
print('未评分项的编号为:', no+1)
print('未评分项的分数为:', np.round(sc,4))
```

例 3.7 利用 SVD 进行图像压缩。

奇异值分解在图像处理中有着重要应用。假设一幅图像有 $m\times n$ 个像素,如果将这 mn 个数据一起传送,往往会显得数据量太大。因此,我们希望能够改为传送另外一些比较少的数据,并且能够在接收端利用这些传送的数据重构原图像。

用矩阵 $\boldsymbol{A}$ 表示要传送的原 mn 个像素。假设对矩阵 $\boldsymbol{A}$ 进行奇异值分解,得到 $\boldsymbol{A}=\boldsymbol{USV}^{\mathrm{T}}$,其中奇异值按照从大到小的顺序。如果从中选择 k 个大奇异值以及与这些奇异值对应的左和右奇异向量逼近原图像,便可以使用 $m\times k+k+k\times n=k(m+n+1)$ 个数值代替原来的 $m\times n$ 个图像数据。这 $k(m+n+1)$ 个被选择的新数据是矩阵 $\boldsymbol{A}$ 的前 k 个奇异值、$m\times m$ 左奇异向量矩阵 $\boldsymbol{U}$ 的前 k 列和 $n\times n$ 右奇异向量矩阵 $\boldsymbol{V}$ 的前 k 列的元素。则压缩比率为

$$\rho=\left(1-\frac{k(m+n+1)}{mn}\right)\times 100\%.$$

因此,我们在传送图像的过程中,就无须传送 mn 个原始数据,而只需要 $k(m+n+1)$ 个有关奇异值和奇异向量的数据即可。在接收端,在接收到奇异值 $\sigma_1,\sigma_2,\cdots,\sigma_k$ 以及左奇异向量 $\boldsymbol{u}_1,\boldsymbol{u}_2,\cdots,\boldsymbol{u}_k$ 和右奇异向量 $\boldsymbol{v}_1,\boldsymbol{v}_2,\cdots,\boldsymbol{v}_k$ 后,即可通过以下截尾的奇异值分解公式重构出原图像:

$$\hat{\boldsymbol{A}}=\sum_{i=1}^{k}\boldsymbol{\sigma}_i\boldsymbol{u}_i\boldsymbol{v}_i^{\mathrm{T}}. \tag{3.18}$$

一个容易理解的事实是:若 k 值偏小,即压缩比率 ρ 偏大,则重构的图像的质量有可能不能令人满意。反之,过大的 k 值又会导致压缩比率过小,从而降低图像压缩和传送的效率。因此,需要根据不同种类的图像,选择合适的压缩比,以兼顾图像传送效率和重构质量。

为了说明一幅图像矩阵的奇异值与图像能量的对应关系,我们以图集 Lena 为例(图 3.4(a)),对图像矩阵进行奇异值分解,得到其奇异值的分布如图 3.5 所示。

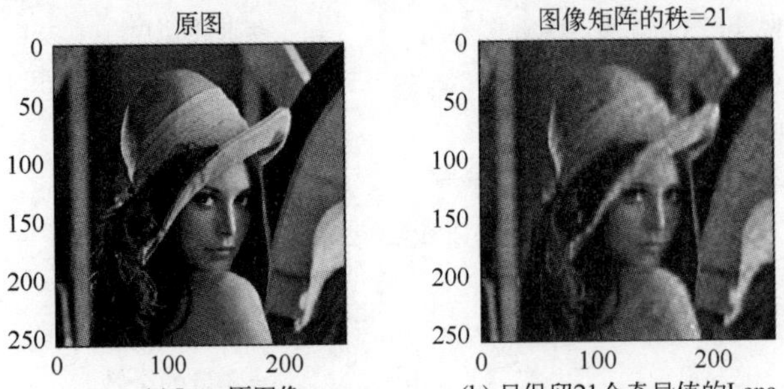

(a) Lena原图像　(b) 只保留21个奇异值的Lena

图 3.4　奇异值压缩图像对比图

可以看出,矩阵的最大奇异值和最小奇异值相差很大。最大的奇异值为 30908,而最小的为 0.0028,接近于零。在所有的 256 个奇异值中,如果只保留其中最大的 21 个,得到的压缩图集如图 3.4(b)所示,在质量上它虽然与原图集有一定差异,但是基本上能反映其真实面貌和特性,损失掉的这部分能量或信息都集中在那些被忽略的较小的奇异值当中。

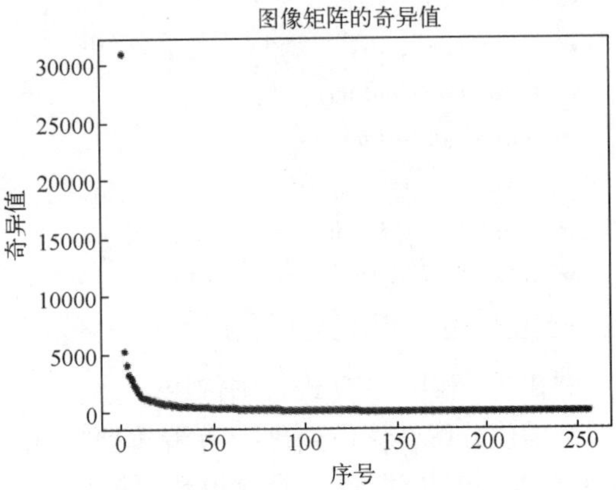

图 3.5　Lena 的奇异值分布情况

计算的 Python 程序如下:

```
#程序文件 ex3_7.py
import numpy as np
from numpy import linalg as LA
from PIL import Image
import pylab as plt                          #加载 Matplotlib 的 Pylab 接口
plt.rc('font', size=13)
plt.rc('font', family='SimHei')
a = Image.open("Lena.bmp")                   #返回一个 PIL 图像对象
if a.mode != 'L':
    a = a.convert("L")                       #转换为灰度图像
b = np.array(a).astype(float)                #把图像对象转换为数组
[p, d, q] = LA.svd(b)
m,n=b.shape
R = LA.matrix_rank(b)                        #图像矩阵的秩
plt.figure(0)
plt.plot(np.arange(1,len(d)+1),d,'k.')
plt.ylabel('奇异值'); plt.xlabel('序号')
plt.title('图像矩阵的奇异值')
CR=[]
for K in range(1,int(R/4),10):
    plt.figure(K)
    plt.subplot(121)
    plt.title('原图')
    plt.imshow(b, cmap='gray')
    I = p[:,:K+1]@(np.diag(d[:K+1]))@(q[:K+1,:])
    plt.subplot(122)
    plt.title('图像矩阵的秩='+str(K))
    plt.imshow(I, cmap='gray')
    src=m*n; compress=K*(m+n+1)
    ratio=(1-compress/src)*100           #计算压缩比率
    CR.append(ratio)
    print("Rank=%d:K=%d个:ratio=%5.2f"%(R,K,ratio))
plt.figure(); plt.plot(range(1,int(R/4),10),CR,'ob-');
plt.title("奇异值个数与压缩比率的关系"); plt.xlabel("奇异值个数")
plt.ylabel("压缩比率"); plt.show()
```

注 3.1 数字图像处理库 PIL 的安装方法为:pip install pillow。

习 题 3

3.1 在某国家,每年有比例为 p 的农村居民移居城镇,有比例为 q 的城镇居民移居农村。假设该国总人数不变,且上述人口迁移的规律也不变。把 n 年后农村人口和城镇人口占总人口的比例依次记为 x_n 和 y_n($x_n+y_n=1$)。

(1) 求关系式$\begin{bmatrix} x_{n+1} \\ y_{n+1} \end{bmatrix} = \boldsymbol{A} \begin{bmatrix} x_n \\ y_n \end{bmatrix}$中的矩阵$\boldsymbol{A}$；

(2) 设目前农村人口与城镇人口相等，即$\begin{bmatrix} x_0 \\ y_0 \end{bmatrix} = \begin{bmatrix} 0.5 \\ 0.5 \end{bmatrix}$，求$\begin{bmatrix} x_n \\ y_n \end{bmatrix}$。

3.2 求下列差分方程的解

$$x_{n+2} - x_{n+1} - 2x_n = 0, \quad x_0 = x_1 = -2.$$

3.3 文章影响力评价问题

图3.6给出了6篇文章之间的引用关系，即文章1分别引用了文章2、4、5、6；文章2分别引用了文章4、5、6；等等，试给出6篇文章影响力大小的排序。

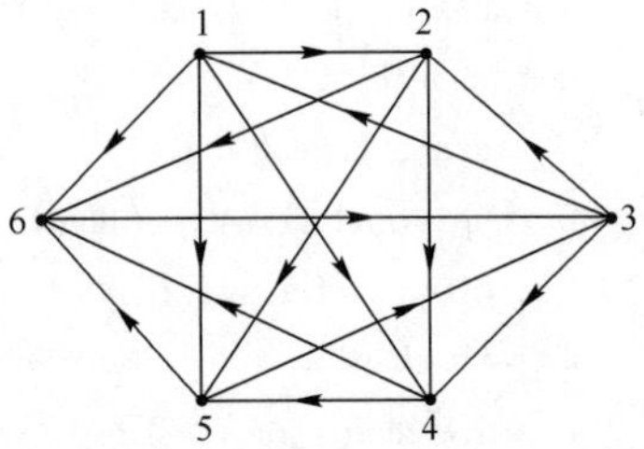

图3.6 文章之间的引用关系

3.4 有一块一定面积的草场放牧羊群，管理者要估计草场能放牧多少羊，每年保留多少母羊羔，夏季要储藏多少草供冬季之用。

为解决这些问题调查了如下的背景资料：

(1) 本地环境下这一品种草的日生长率如表3.5所列。

表3.5 各季节草的生长率

季节	冬	春	夏	秋
日生长率/(g/m^2)	0	3	7	4

(2) 羊的繁殖率。通常母羊每年产1~3只羊羔，5岁后被卖掉。为保持羊群的规模可以买进羊羔，或者保留一定数量的母羊。每只母羊的平均繁殖率如表3.6所列。

表3.6 母羊的平均繁殖率

年龄	0~1	1~2	2~3	3~4	4~5
产羊羔数/只	0	1.8	2.4	2.0	1.8

(3) 羊的存活率。不同年龄的母羊的自然存活率(指存活一年)如表3.7所列。

表3.7 母羊的平均自然存活率

年龄	1~2	2~3	3~4
存活率	0.98	0.95	0.80

(4) 草的需求量。母羊和羊羔在各个季节每天需要草的数量(kg)如表3.8所列。

表3.8 母羊和羊羔每天草的平均需求量

季节	冬	春	夏	秋
母羊	2.10	2.40	1.15	1.35
羊羔	0	1.00	1.65	0

注：只关心羊的数量，而不管它们的重量。一般在春季产羊羔，秋季将全部公羊和一部分母羊卖掉，保持羊群数量不变。

第 4 章　线性规划和整数规划模型

在工程技术、经济管理、科学研究、军事作战训练及日常生产生活等众多领域中，人们常常会遇到各种优化问题。例如，在生产经营中，我们总是希望制定最优的生产计划，充分利用已有的人力、物力资源，获得最大的经济效益；在运输问题中，我们总是希望设计最优的运输方案，在完成运输任务的前提下，力求运输成本最小等。针对优化问题的数学建模问题也是数学建模竞赛中一类比较常见的问题，这样的问题常常可以使用数学规划模型进行研究。

数学规划是运筹学的一个重要分支，而线性规划又是数学规划中的一部分主要内容。很多实际问题都可以归结为“线性规划”问题。线性规划(Linear Programming, LP)有比较完善的理论基础和有效的求解方法，在实际问题中有极其广泛的应用。特别是随着计算机技术的飞速发展，线性规划的应用在深度和广度上有了极大的提高。

4.1　线性规划模型

4.1.1　线性规划模型及相关概念

1. 引例

例 4.1　某企业利用两种原材料 A 和 B 生产 3 种产品 P_1、P_2 和 P_3。已知每生产 1 kg 的产品所消耗的原材料 A、B 的数量(单位:kg)和花费的加工时间 C(单位:h)，每 kg 产品销售后所带来的利润(单位:元)以及每天可用的资源的数量如表 4.1 所列，则该企业应该如何制定每天的生产计划，才能使所获利润达到最大？

表 4.1　企业生产数据表

资　源	产　品			可用数量
	P_1	P_2	P_3	
原材料 A	2	4	3	150
原材料 B	3	1	5	160
加工时间 C	7	3	5	200
产品利润	70	50	60	

问题分析：该问题是在企业的生产经营中经常面临的一个问题：如何制定一个最优的生产计划？因为原材料和加工时间的可用数量是有限的，这也就构成了该问题的约束条件，而解决该问题也就是在满足上述约束条件的前提下，确定 3 种产品的产量，使得产品

销售后所获得的利润达到最大值。

模型假设:假设该企业的产品不存在积压,即产量等于销量。

符号说明:设 x_i 表示产品 P_i 每天的产量,$i=1,2,3$。通常称 x_i 为决策变量。

模型建立:该问题的目标是使得总利润 $z=70x_1+50x_2+60x_3$ 达到最大值。通常称该利润函数为目标函数。

产品的产量应受到某些条件的限制。首先,两种原材料每天的实际消耗量不能超过可用数量,因此有

$$2x_1+4x_2+3x_3\leqslant 150,$$
$$3x_1+x_2+5x_3\leqslant 160.$$

其次,生产 3 种产品时所花费的加工时间也不能超过该企业每天的最大可用加工时间,即 $7x_1+3x_2+5x_3\leqslant 200$。最后,3 种产品的产量还应该满足非负约束,即 $x_i\geqslant 0,i=1,2,3$。由限制条件所确定的上述不等式,通常称为约束条件。

综上所述,可以建立该问题的数学模型为

$$\max z=70x_1+50x_2+60x_3,$$
$$\text{s. t.}\begin{cases}2x_1+4x_2+3x_3\leqslant 150,\\3x_1+x_2+5x_3\leqslant 160,\\7x_1+3x_2+5x_3\leqslant 200,\\x_i\geqslant 0,i=1,2,3.\end{cases}\tag{4.1}$$

这里的 s. t. (subject to 的缩写)是"受约束于"的意思。

求解该数学模型,便可得到该企业最优的生产计划制定方案。

2. 建立线性规划模型的一般步骤

由前面的引例可知,规划问题的数学模型由 3 个要素组成:①决策变量,是问题中要确定的未知量,用于表明规划问题中的用数量表示的方案、措施等,可由决策者决定和控制。②目标函数,是决策变量的函数,优化目标通常是求该函数的最大值或最小值。③约束条件,是决策变量的取值所受到的约束和限制条件,通常用含有决策变量的等式或不等式表示。

建立线性规划模型通常需要以下 3 个步骤:

第一步　分析问题,找出决策变量。

第二步　根据问题所给条件,找出决策变量必须满足的一组线性等式或者不等式约束,即为约束条件。

第三步　根据问题的目标,构造关于决策变量的一个线性函数,即为目标函数。

有了决策变量、约束条件和目标函数这 3 个要素之后,一个线性规划模型就建立起来了。

3. 线性规划模型的形式

线性规划模型的一般形式为

$$\max(\text{或 }\min)z=c_1x_1+c_2x_2+\cdots+c_nx_n,$$

$$
\text{s.t.}\begin{cases}a_{11}x_1+a_{12}x_2+\cdots+a_{1n}x_n\leqslant(\text{或}=,\geqslant)b_1,\\a_{21}x_1+a_{22}x_2+\cdots+a_{2n}x_n\leqslant(\text{或}=,\geqslant)b_2,\\\qquad\vdots\\a_{m1}x_1+a_{m2}x_2+\cdots+a_{mn}x_n\leqslant(\text{或}=,\geqslant)b_m,\\x_1,x_2,\cdots,x_n\geqslant 0.\end{cases}\tag{4.2}
$$

或简写为

$$
\max(\text{或}\min)z=\sum_{j=1}^{n}c_jx_j,
$$

$$
\text{s.t.}\begin{cases}\displaystyle\sum_{j=1}^{n}a_{ij}x_j\leqslant(\text{或}=,\geqslant)b_i,\quad i=1,2,\cdots,m,\\x_j\geqslant 0,\quad j=1,2,\cdots,n.\end{cases}
$$

其向量表示形式为

$$
\max(\text{或}\min)\boldsymbol{z}=\boldsymbol{c}^{\mathrm{T}}\boldsymbol{x},
$$

$$
\text{s.t.}\begin{cases}\displaystyle\sum_{j=1}^{n}\boldsymbol{P}_jx_j\leqslant(\text{或}=,\geqslant)\boldsymbol{b},\\\boldsymbol{x}\geqslant 0.\end{cases}
$$

其矩阵表示形式为

$$
\max(\text{或}\min)\boldsymbol{z}=\boldsymbol{c}^{\mathrm{T}}\boldsymbol{x},
$$

$$
\text{s.t.}\begin{cases}\boldsymbol{A}\boldsymbol{x}\leqslant(\text{或}=,\geqslant)\boldsymbol{b},\\\boldsymbol{x}\geqslant 0.\end{cases}
$$

其中:$\boldsymbol{c}=[c_1,c_2,\cdots,c_n]^{\mathrm{T}}$ 为目标函数的系数向量,又称为价值向量;$\boldsymbol{x}=[x_1,x_2,\cdots,x_n]^{\mathrm{T}}$ 为决策向量;$\boldsymbol{A}=(a_{ij})_{m\times n}$ 为约束方程组的系数矩阵;而 $\boldsymbol{P}_j=[a_{1j},a_{2j},\cdots,a_{mj}]^{\mathrm{T}},j=1,2,\cdots,n$ 为 $\boldsymbol{A}$ 的列向量,又称为约束方程组的系数向量;$\boldsymbol{b}=[b_1,b_2,\cdots,b_m]^{\mathrm{T}}$ 为约束方程组的常数向量。

4. 线性规划问题的解的概念

一般线性规划问题的(数学)标准型为

$$
\max z=\sum_{j=1}^{n}c_jx_j,\tag{4.3}
$$

$$
\text{s.t.}\begin{cases}\displaystyle\sum_{j=1}^{n}a_{ij}x_j=b_i,\quad i=1,2,\cdots,m,\\x_j\geqslant 0,\quad j=1,2,\cdots,n.\end{cases}\tag{4.4}
$$

其中:$b_i\geqslant 0,i=1,2,\cdots,m$。

可行解:满足约束条件式(4.4)的解 $\boldsymbol{x}=[x_1,\cdots,x_n]^{\mathrm{T}}$,称为线性规划问题的可行解,而使目标函数式(4.3)达到最大值的可行解称为最优解。

可行域:所有可行解构成的集合称为问题的可行域,记为 Ω。

5. 灵敏度分析

灵敏度分析是指对系统因周围条件变化显示出来的敏感程度的分析。

在线性规划问题中假设 a_{ij}, b_i, c_j 为常数，但在许多实际问题中，这些系数往往是估计值或预测值，经常有少许的变动。

例如在模型式(4.2)中，如果市场条件发生变化，c_j 值就会随之变化；生产工艺条件发生改变，会引起 b_i 变化；a_{ij} 也会由于种种原因产生改变。

因此提出这样两个问题：

(1) 如果参数 a_{ij}, b_i, c_j 中的一个或者几个发生了变化，现行最优方案会有什么变化？

(2) 将这些参数的变化限制在什么范围内，原最优解仍是最优的？

当然，有一套关于“优化后分析”的理论方法，可以进行灵敏度分析。具体参见有关的运筹学教科书。

但在实际应用中，给定参变量一个步长使其重复求解线性规划问题，以观察最优解的变化情况，这不失为一种可用的数值方法，特别是使用计算机求解时。

对于数学规划模型，一定要做灵敏度分析。

4.1.2 模型求解及应用

求解线性规划模型已经有比较成熟的算法。对一般的线性规划模型，常用的求解方法有图解法、单纯形法等；虽然针对线性规划的理论算法已经比较完善，但是当需要求解的模型的决策变量和约束条件数量比较多时，手工求解模型是十分繁杂甚至不可能的，通常需要借助计算机软件来实现。

目前，求解数学规划模型的常用软件有 Python、LINGO、MATLAB 等多种软件，本书中的数学规划模型使用 Python 软件求解。

求解线性规划模型可以使用 Python 的 cvxpy 库。

cvxpy 库与 MATLAB 中 cvx 工具库类似，用于求解凸优化问题。cvx 与 cvxpy 都是由加州理工学院的 Stephen Boyd 教授课题组开发。cvx 是用于 MATLAB 的库，cvxpy 是用于 Python 的库。下载、安装及学习地址如下：

cvx：http://cvxr.com/cvx/；cvxpy：http://www.cvxpy.org/。

相关的函数这里就不一一介绍了。

例 4.2(续例 4.1) 求解在例 4.1 中建立的线性规划模型

$$\max z = 70x_1 + 50x_2 + 60x_3,$$

$$\text{s.t.} \begin{cases} 2x_1 + 4x_2 + 3x_3 \leqslant 150, \\ 3x_1 + x_2 + 5x_3 \leqslant 160, \\ 7x_1 + 3x_2 + 5x_3 \leqslant 200, \\ x_i \geqslant 0, i = 1, 2, 3. \end{cases}$$

解 利用 Python 程序，求得最优解为

$$x_1 = 15.9091, x_2 = 29.5455, x_3 = 0,$$

目标函数的最优值为 $z = 2590.9091$。

计算的 Python 程序如下：

```
#程序文件 ex4_2.py
import cvxpy as cp
```

```
from numpy import array
c = array([70, 50, 60])                              #定义目标向量
a = array([[2, 4, 3], [3, 1, 5],[7, 3, 5]])          #定义约束矩阵
b = array([150, 160, 200])                           #定义约束条件的右边向量
x = cp.Variable(3, pos=True)                         #定义3个决策变量
obj = cp.Maximize(c@ x)                              #构造目标函数
cons = [a@ x <=b]                                    #构造约束条件
prob = cp.Problem(obj, cons)
prob.solve(solver='GLPK_MI')                         #求解问题
print('最优解为:', x.value)
print('最优值为:', prob.value)
```

例 4.3 某部门在今后5年内考虑给下列项目投资,已知:

项目 A,从第一年到第四年每年年初需要投资,并于次年末回收本利115%。

项目 B,从第三年初需要投资,到第五年末能回收本利125%,但规定最大投资额不超过4万元。

项目 C,第二年初需要投资,到第五年末能回收本利140%,但规定最大投资额不超过3万元。

项目 D,五年内每年初可购买公债,于当年末归还,并加利息6%。

该部门现有资金10万元,试问应如何确定给这些项目每年的投资额,使到第五年末拥有的资金的本利总额为最大?

解 用 $j=1,2,3,4$ 分别表示项目 A,B,C,D,用 $x_{ij}(i=1,2,3,4,5)$ 分别表示第 i 年年初给项目 A,B,C,D 的投资额。根据给定的条件,对于项目 A 存在变量:$x_{11},x_{21},x_{31},x_{41}$;对于项目 B 存在变量:x_{32};对于项目 C 存在变量:x_{23};对于项目 D 存在变量:$x_{14},x_{24},x_{34},x_{44},x_{54}$。

该部门每年应把资金全部投出去,手中不应当有剩余的呆滞资金。

第一年:$x_{11}+x_{14}=100000$。

第二年初部门拥有的资金是项目 D 在第一年末回收的本利,于是第二年的投资分配为

$$x_{21}+x_{23}+x_{24}=1.06x_{14}.$$

第三年初部门拥有的资金是项目 A 第一年投资及项目 D 第二年投资中回收的本利总和。于是第三年的资金分配为

$$x_{31}+x_{32}+x_{34}=1.15x_{11}+1.06x_{24}.$$

类似地可得

第四年:$x_{41}+x_{44}=1.15x_{21}+1.06x_{34}$。

第五年:$x_{54}=1.15x_{31}+1.06x_{44}$。

此外,项目 B,C 的投资额限制,即

$$x_{32}\leqslant 40000,x_{23}\leqslant 30000.$$

问题是要求在第五年末该部门手中拥有的资金额达到最大,目标函数可表示为

$$\max z=1.15x_{41}+1.40x_{23}+1.25x_{32}+1.06x_{54}.$$

综上所述,建立如下的线性规划模型:

$$\max z=1.15x_{41}+1.40x_{23}+1.25x_{32}+1.06x_{54},$$

$$\text{s. t.}\begin{cases}x_{11}+x_{14}=100000,\\x_{21}+x_{23}+x_{24}=1.06x_{14},\\x_{31}+x_{32}+x_{34}=1.15x_{11}+1.06x_{24},\\x_{41}+x_{44}=1.15x_{21}+1.06x_{34},\\x_{54}=1.15x_{31}+1.06x_{44},\\x_{32}\leqslant 40000,\quad x_{23}\leqslant 30000,\\x_{ij}\geqslant 0,\quad i=1,2,3,4,5;j=1,2,3,4.\end{cases}$$

利用 Python 求得

$x_{11}=34782.61$，$x_{14}=65217.39$；$x_{21}=39130.43$，$x_{23}=30000$；$x_{32}=40000$；$x_{41}=45000$；

其他 $x_{ij}=0$；

目标函数的最大值为 143750 元。

计算的 Python 程序如下：

```
#程序文件 ex4_3. py
import cvxpy as cp
x=cp. Variable((5,4),pos=True)
obj=cp. Maximize(1.15*x[3,0]+1.40*x[1,2]+1.25*x[2,1]+1.06*x[4,3])
cons=[x[0,0]+x[0,3]==100000,
      x[1,0]+x[1,2]+x[1,3]==1.06*x[0,3],
      x[2,0]+x[2,1]+x[2,3]==1.15*x[0,0]+1.06*x[1,3],
      x[3,0]+x[3,3]==1.15*x[1,0]+1.06*x[2,3],
      x[4,3]==1.15*x[2,0]+1.06*x[3,3],
      x[2,1]<=40000,x[1,2]<=30000]
prob=cp. Problem(obj,cons)
prob. solve(solver='GLPK_MI')
print("最优值为:",prob. value)
print("最优解为:",x. value)
```

例 4.4 捷运公司在下一年度的 1~4 月的 4 个月内拟租用仓库堆放物资。已知各月份所需仓库面积如表 4.2 所列。仓库租借费用随合同期而定，期限越长，折扣越大，具体数字见表 4.2。租借仓库的合同每月初都可办理，每份合同具体规定租用面积和期限。因此该公司可根据需要，在任何一个月初办理租借合同。每次办理时可签一份合同，也可签若干份租用面积和租借期限不同的合同，试确定该公司签订租借合同的最优决策，目的是使所付租借费用最小。

表 4.2 所需仓库面积和租借仓库费用数据

月　份	1	2	3	4
所需仓库面积/100m^2	15	10	20	12
合同租借期限/月	1	2	3	4
合同期内的租费/元	2800	4500	6000	7300

解　设变量 x_{ij} 表示捷运公司在第 $i(i=1,2,3,4)$ 个月初签订的租借期为 $j(j=1,2,3,4)$ 个月的仓库面积(单位为 100m^2)。因 5 月份起该公司不需要租借仓库,故 $x_{24},x_{33},x_{34},x_{42},x_{43},x_{44}$ 均为零。该公司希望总的租借费用为最小,故有如下数学模型:

$$\min z=2800(x_{11}+x_{21}+x_{31}+x_{41})+4500(x_{12}+x_{22}+x_{32})+6000(x_{13}+x_{23})+7300x_{14},$$

$$\text{s.t.}\begin{cases}x_{11}+x_{12}+x_{13}+x_{14}\geqslant 15,\\ x_{12}+x_{13}+x_{14}+x_{21}+x_{22}+x_{23}\geqslant 10,\\ x_{13}+x_{14}+x_{22}+x_{23}+x_{31}+x_{32}\geqslant 20,\\ x_{14}+x_{23}+x_{32}+x_{41}\geqslant 12,\\ x_{ij}\geqslant 0,i=1,2,\cdots,4;j=1,2,\cdots,4.\end{cases}$$

这个模型中的约束条件分别表示当月初签订的租借合同的面积加上该月前签订的未到期的合同的租借面积总和,应不少于该月所需的仓库面积。

求得的最优解为 $x_{11}=3,x_{31}=8,x_{14}=12$,其他变量取值均为零,最优值 $z^*=118400$。

计算的 Python 程序如下:

```
#程序文件 ex4_4.py
import cvxpy as cp
x=cp.Variable((4,4),pos=True)
obj=cp.Minimize(2800 * sum(x[:,0])+4500 * sum(x[:3,1])+
    6000 * sum(x[:2,2])+7300 * x[0,3])
cons=[sum(x[0,:])>=15,
      sum(x[0,1:])+sum(x[2,:3])>=10,
      sum(x[0,2:])+sum(x[1,1:3])+sum(x[2,:2])>=20,
      x[0,3]+x[1,2]+x[2,1]+[3,0]>=12]
prob=cp.Problem(obj,cons)
prob.solve(solver='GLPK_MI')
print("最优值为:",prob.value)
print("最优解为:\n",x.value)
```

例 4.5　使用 Python 软件计算 6 个产地 8 个销地的最小费用运输问题。单位商品运价如表 4.3 所列。

表 4.3　单位商品运价表

单位运价 \ 销地 / 产地	B_1	B_2	B_3	B_4	B_5	B_6	B_7	B_8	产量
A_1	6	2	6	7	4	2	5	9	60
A_2	4	9	5	3	8	5	8	2	55
A_3	5	2	1	9	7	4	3	3	51
A_4	7	6	7	3	9	2	7	1	43
A_5	2	3	9	5	7	2	6	5	41
A_6	5	5	2	2	8	1	4	3	52
销量	35	37	22	32	41	32	43	38	

解 这是一个运输问题,总的产量大于总的销量,是满足供应的运输问题。

设 $x_{ij}(i=1,2,\cdots,6;j=1,2,\cdots,8)$ 表示产地 A_i 运到销地 B_j 的量,c_{ij} 表示产地 A_i 到销地 B_j 的单位运价,d_j 表示销地 B_j 的销量,e_i 表示产地 A_i 的产量。

目标函数是使总的运费最小化,即

$$\min \sum_{i=1}^{6}\sum_{j=1}^{8} c_{ij}x_{ij}.$$

约束条件分为两类。

(1) 销量约束,销地 B_j 的销量等于所有产地运到该销地的运量和,即

$$\sum_{i=1}^{6} x_{ij} = d_j, \quad j=1,2,\cdots,8.$$

(2) 产量约束,产地 A_i 运到所有销地的运量和少于等于该产地的产量,即

$$\sum_{j=1}^{8} x_{ij} \leqslant e_i, \quad i=1,2,\cdots,6.$$

综上所述,建立如下线性规划模型

$$\min \sum_{i=1}^{6}\sum_{j=1}^{8} c_{ij}x_{ij},$$

$$\text{s. t.}\begin{cases}\sum_{i=1}^{6} x_{ij} = d_j, & j=1,2,\cdots,8,\\ \sum_{j=1}^{8} x_{ij} \leqslant e_i, & i=1,2,\cdots,6,\\ x_{ij} \geqslant 0, & i=1,2,\cdots,6;j=1,2,\cdots,8.\end{cases}$$

利用 Python 软件求得的 6 个产地到 8 个销地的最优运量如表 4.4 所列,对应的最小运费为 664。

表 4.4 6 个产地到 8 个销地的最优运量数据

	B_1	B_2	B_3	B_4	B_5	B_6	B_7	B_8
A_1	0	19	0	0	41	0	0	0
A_2	0	0	0	32	0	0	0	1
A_3	0	12	22	0	0	0	17	0
A_4	0	0	0	0	0	6	0	37
A_5	35	6	0	0	0	0	0	0
A_6	0	0	0	0	0	26	26	0

使用 Python 软件,通过文本文件传递数据的程序如下:

```
#程序文件 ex4_5_1. py
import numpy as np
```

```
import cvxpy as cp
import pandas as pd
c=np.genfromtxt("data4_5_1.txt",dtype=float,max_rows=6, usecols=range(8))
                                                        #读前6行前8列数据
e=np.genfromtxt("data4_5_1.txt",dtype=float,max_rows=6,usecols=8)     #读最后一列数据
d=np.genfromtxt("data4_5_1.txt",dtype=float,skip_header=6)             #读最后一行数据
x=cp.Variable((6,8),pos=True)
obj=cp.Minimize(cp.sum(cp.multiply(c,x)))
con= [cp.sum(x, axis=0)==d,
      cp.sum(x, axis=1)<=e]
prob = cp.Problem(obj, con)
prob.solve(solver='GLPK_MI')
print("最优值为:",prob.value)
print("最优解为:\n",x.value)
xd=pd.DataFrame(x.value)
xd.to_excel("data4_5_2.xlsx")                        #数据写到Excel文件,便于做表使用
```

通过 Excel 文件传递数据的 Python 程序如下:

```
#程序文件 data4_5_2.py
import cvxpy as cp
import pandas as pd
data=pd.read_excel("data4_5_3.xlsx", header=None)
data=data.values; c=data[:-1,:-1]
d=data[-1,:-1]; e=data[:-1,-1]
x=cp.Variable((6,8), pos=True)
obj=cp.Minimize(cp.sum(cp.multiply(c,x)))
con= [cp.sum(x, axis=0)==d,
      cp.sum(x, axis=1)<=e]
prob = cp.Problem(obj, con)
prob.solve(solver='GLPK_MI')
print("最优值为:",prob.value)
print("最优解为:\n",x.value)
xd=pd.DataFrame(x.value)
xd.to_excel("data4_5_4.xlsx")                        #数据写到Excel文件,便于做表使用
```

4.2 整数规划

在人们的生产实践中,经常会遇到以下类似的问题:汽车企业在制订生产计划时,要求所生产的不同类型的汽车数量必须为整数;用人单位在招聘员工时,要求所招聘的不同技术水平的员工数量必须为整数等。我们把要求一部分或全部决策变量必须取整数值的规划问题称为整数规划(Integer Programming,IP)。

4.2.1 整数线性规划模型

从决策变量的取值范围来看,整数规划通常可以分为以下几种类型:

(1) 纯整数规划:全部决策变量都必须取整数值的整数规划模型。

(2) 混合整数规划:决策变量中有一部分必须取整数值,另一部分可以不取整数值的整数规划模型。

(3) 0-1 整数规划:决策变量只能取 0 或 1 的整数规划。

特别地,如果一个线性规划模型中的部分或全部决策变量取整数值,则称该线性规划模型为整数线性规划模型。

整数线性规划模型的一般形式为

$$\max(\text{或}\ \min) z = \sum_{j=1}^{n} c_j x_j,$$

$$\text{s.t.}\begin{cases}\sum_{j=1}^{n} a_{ij}x_j \leqslant (\text{或} =, \geqslant) b_i, & i = 1,2,\cdots,m,\\ x_j \geqslant 0, & j = 1,2,\cdots,n,\\ x_1, x_2, \cdots, x_n\ \text{中部分或全部取整数}.\end{cases} \tag{4.5}$$

下面看几个关于整数线性规划的例题。

例 4.6 背包问题。

一个旅行者外出旅行,携带一背包,装一些最有用的东西,共有 n 件物品供选择。已知每件物品的"使用价值" c_i 和质量 $a_i(i=1,2,\cdots,n)$,要求

(1) 最多携带物品的质量为 $b$kg。

(2) 每件物品要么不带,要么只能整件携带。

问携带哪些物品使总使用价值最大?

问题分析 这是决策问题中比较经典的 0-1 规划问题。可选方案很多,决策方案是带什么?选择的方式是要么带,要么不带,是一个二值逻辑问题。

模型建立

引进 0-1 变量

$$x_i = \begin{cases}1, \text{携带第}\ i\ \text{种物品},\\ 0, \text{不携带第}\ i\ \text{种物品},\end{cases} \quad i=1,2,\cdots,n.$$

目标函数 使用价值最大,即

$$\max z = \sum_{i=1}^{n} c_i x_i.$$

约束条件

(1) 质量限制:最多只能携带 $b$kg,即 $\sum_{i=1}^{n} a_i x_i \leqslant b$。

(2) 携带方式限制:要么不带,要么整件携带,即 $x_i=0$ 或 1, $i=1,2,\cdots,n$。

则数学模型可以描述为

$$\max z = \sum_{i=1}^{n} c_i x_i, \tag{4.6}$$

$$
\text{s. t.}\begin{cases}\sum_{i=1}^{n} a_i x_i \leqslant b, \\ x_i = 0 \text{ 或 } 1, \quad i = 1,2,\cdots,n.\end{cases} \tag{4.7}
$$

例 4.7 指派问题。

某单位有 n 项任务,正好需 n 个人去完成,由于每项任务的性质和每个人的能力和专长的不同,假设分配每个人只能完成一项任务。设 c_{ij} 表示分配第 i 个人去完成第 j 项任务的费用(时间等),问应如何指派,完成任务的总费用最小?

引进 0-1 变量

$$
x_{ij}=\begin{cases}1,\text{指派第 } i \text{ 个人完成第 } j \text{ 项任务}, \\ 0,\text{不指派第 } i \text{ 个人完成第 } j \text{ 项任务},\end{cases} \quad i,j=1,2,\cdots,n.
$$

目标函数 总费用最小

$$
\min z = \sum_{i=1}^{n} \sum_{j=1}^{n} c_{ij}x_{ij}.
$$

约束条件

(1) 每个人只能安排 1 项任务:$\sum_{j=1}^{n} x_{ij} = 1$, $i = 1,2,\cdots,n$;

(2) 每项任务只能指派 1 个人完成:$\sum_{i=1}^{n} x_{ij} = 1, j = 1,2,\cdots,n$;

(3) 0-1 条件:$x_{ij}=0$ 或 $1, i,j=1,2,\cdots,n$。

综上所述,建立如下 0-1 整数规划模型:

$$
\min z = \sum_{i=1}^{n} \sum_{j=1}^{n} c_{ij}x_{ij}, \tag{4.8}
$$

$$
\text{s. t.}\begin{cases}\sum_{j=1}^{n} x_{ij} = 1, \quad i = 1,2,\cdots,n, \\ \sum_{i=1}^{n} x_{ij} = 1, \quad j = 1,2,\cdots,n, \\ x_{ij} = 0 \text{ 或 } 1, \quad i,j = 1,2,\cdots,n.\end{cases} \tag{4.9}
$$

例 4.8 旅行商问题(又称货郎担问题)。

有一推销员,从城市 v_1 出发,要遍访城市 $v_2,v_3,\cdots,v_n$ 各一次,最后返回 v_1。已知从 v_i 到 v_j 的旅费为 c_{ij},试问应按怎样的次序访问这些城市,使得总旅费最少?

问题分析

旅行商问题是一个经典的图论问题,可以归结为一个成本最低的行走路线安排问题。这一问题的应用非常广泛,如城市交通网络建设等,其困难在于模型与算法的准确性和高效性,至今仍是图论研究领域的热点问题之一。

首先,推销员要访问到每一个城市,而且访问次数只能有一次,不能重复访问;任意一对城市之间可以连通,其费用已知,费用可以理解为距离、时间或乘坐交通工具的费用等;其次每访问一个城市,则这个城市既是本次访问的终点,又是下一次访问的起点;访问完所有城市后,最后应回到出发点。这一问题可用图论中的赋权有向图的结构形式来描述。

这里我们用纯粹的 0-1 整数规划来构建其模型。

模型建立

决策变量：对每一对城市 v_i, v_j，定义一个变量 x_{ij} 来表示是否要从 v_i 出发访问 v_j，令

$$x_{ij}=\begin{cases}1,\text{推销员决定从 } v_i \text{ 直接进入 } v_j,\\0,\text{推销员不从 } v_i \text{ 直接进入 } v_j,\end{cases}$$

式中：$i,j=1,2,\cdots,n$。

目标函数：若推销员决定从 v_i 直接进入 v_j，则由已知，其旅行费用为 $c_{ij}x_{ij}$，于是总旅费可以表达为

$$z=\sum_{i=1}^{n}\sum_{j=1}^{n}c_{ij}x_{ij},$$

其中，若 $i=j$，则规定 $c_{ii}=M$，M 为事先选定的充分大正实数，$i,j=1,2,\cdots,n$。

约束：

(1) 每个城市恰好进入一次：

$$\sum_{i=1}^{n}x_{ij}=1,\quad j=1,2,\cdots,n. \tag{4.10}$$

(2) 每个城市离开一次：

$$\sum_{j=1}^{n}x_{ij}=1,\quad i=1,2,\cdots,n. \tag{4.11}$$

(3) 为防止在遍历过程中，出现子回路，附加一个强制性约束：

$$u_i-u_j+nx_{ij}\leqslant n-1,\quad i=1,\cdots,n,j=2,\cdots,n, \tag{4.12}$$

式中：$u_1=0,1\leqslant u_i\leqslant n-1,i=2,3,\cdots,n$。

综上所述，建立旅行商问题的如下 0-1 整数规划模型：

$$\min z=\sum_{i=1}^{n}\sum_{j=1}^{n}c_{ij}x_{ij}, \tag{4.13}$$

$$\text{s.t.}\begin{cases}\sum\limits_{i=1}^{n}x_{ij}=1,\quad j=1,2,\cdots,n,\\ \sum\limits_{j=1}^{n}x_{ij}=1,\quad i=1,2,\cdots,n,\\ u_i-u_j+nx_{ij}\leqslant n-1,\quad i=1,\cdots,n,j=2,\cdots,n,\\ u_1=0,1\leqslant u_i\leqslant n-1,\quad i=2,3,\cdots,n,\\ x_{ij}=0\text{ 或 }1,\quad i,j=1,2,\cdots,n.\end{cases} \tag{4.14}$$

若仅考虑前两个约束条件式(4.10)和式(4.11)，则是类似于指派问题的模型，对于旅行商问题模型只是必要条件，并不充分。例如图 4.1 的情形，6 个城市的旅行路线若为 $v_1\to v_2\to v_3\to v_1$ 和 $v_4\to v_5\to v_6\to v_4$，则该路线虽然满足前两个约束，但不构成整体巡回路线，它含有两个子回路，为此需要增加“不含子回路”的约束条件，这就要求增加变量 $u_i(i=1,2,\cdots,n)$，以及对应的约束条件式(4.12)。

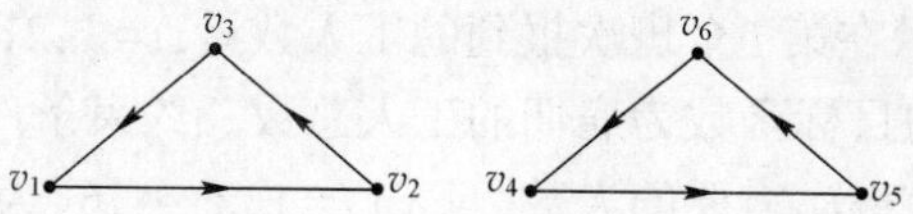

图 4.1　子回路情形

下面证明：

(1) 任何含子回路的路线都必然不满足约束条件式(4.12)(不管 u_i 如何取值)。

(2) 全部不含子回路的整体巡回路线都可以满足约束条件式(4.12)(只要 u_i 取适当值)。

证明　用反证法证明(1),假设存在子回路,则至少有两个子回路。那么至少有一个子回路中不含起点 v_1,例如子回路 $v_4 \to v_5 \to v_6 \to v_4$,式(4.12)用于该子回路,必有

$$u_4-u_5+n \leqslant n-1, u_5-u_6+n \leqslant n-1, u_6-u_4+n \leqslant n-1,$$

把这 3 个不等式加起来得到 $0 \leqslant -3$,这不可能,故假设不能成立。而对整体巡回,因为约束式(4.12)中 $j \geqslant 2$,不包含起点 v_1,故不会发生矛盾。

(2) 对于整体巡回路线,只要 u_i 取适当值,都可以满足该约束条件:①对于总巡回上的边,$x_{ij}=1$,u_i 取整数:起点编号 $u_1=0$,第 1 个到达顶点的编号 $u_2=1$,每到达一个顶点,编号加 1,则必有 $u_i-u_j=-1$,约束式(4.12)变成 $-1+n \leqslant n-1$,必然成立。②对于非总巡回上的边,因为 $x_{ij}=0$,约束条件式(4.12)变成:$u_i-u_j \leqslant n-1$,肯定成立。

综上所述,约束条件式(4.12)只限制子回路,不影响其他约束条件,于是旅行商问题模型转化为一个整数线性规划模型。

4.2.2　整数线性规划模型的求解

整数线性规划的各种求解方法这里就不介绍了,下面使用 Python 软件求解。

例 4.9　为了生产的需要,某工厂的一条生产线需要每天 24h 不间断运转,但是每天不同时间段所需要的工人最低数量不同,具体数据如表 4.5 所列。已知每名工人的连续工作时间为 8h。则该工厂应该为该生产线配备多少名工人,才能保证生产线的正常运转?

表 4.5　工人数量需求表

班　次	1	2	3	4	5	6
时间段	0:00–4:00	4:00–8:00	8:00–12:00	12:00–16:00	16:00–20:00	20:00–24:00
工人数量	35	40	50	45	55	30

问题分析　从降低经营成本的角度来看,为该生产线配备的工人数量越少,工厂所付出的工人薪资之和也就越低。因此,该问题需要确定在每个时间段工作的工人的数量,使其既能满足生产线的生产需求,又能使得雇佣的工人总数最低。

模型假设

(1) 每名工人每 24h 只能工作 8h。

(2) 每名工人只能在某个班次的初始时刻报到。

符号说明 设 x_i 表示在第 i 个班次报到的工人数量,$i=1,2,\cdots,6$。

模型建立 该问题的目标函数为雇佣的工人总数。约束条件为安排在不同班次上班的工人数量应该不低于该班次需要的人数,且 $x_i(i=1,2,\cdots,6)$ 为非负整数。

该问题的数学模型为

$$\min z = \sum_{i=1}^{6} x_i,$$

$$\text{s. t.} \begin{cases} x_1+x_6 \geqslant 35, \\ x_1+x_2 \geqslant 40, \\ x_2+x_3 \geqslant 50, \\ x_3+x_4 \geqslant 45, \\ x_4+x_5 \geqslant 55, \\ x_5+x_6 \geqslant 30, \\ x_i \geqslant 0 \text{ 且为整数}, i=1,2,\cdots,6. \end{cases}$$

利用 Python 求得最优解为

$$x_1=35, x_2=5, x_3=45, x_4=25, x_5=30, x_6=0,$$

目标函数的最优值为 140,即最小需要 140 人,才能保证生产线正常运转。

计算的 Python 程序如下:

```
#程序文件 ex4_9_1. py
import cvxpy as cp
x=cp. Variable(6, integer=True)
obj=cp. Minimize(sum(x))
cons=[x[0]+x[5]>=35, x[0]+x[1]>=40,
        x[1]+x[2]>=50, x[2]+x[3]>=45,
        x[3]+x[4]>=55, x[4]+x[5]>=30,
        x>=0]
prob=cp. Problem(obj,cons)
prob. solve(solver='GLPK_MI')
print("最优值为:",prob. value)
print("最优解为:",x. value)
```

也可以利用 Python 求余数运算编写如下程序:

```
#程序文件 ex4_9_2. py
import cvxpy as cp
import numpy as np
a=np. array([35,40,50,45,55,30])
x=cp. Variable(6, integer=True)
obj=cp. Minimize(sum(x)); cons=[x>=0]
for i in range(6):
    cons. append(x[(i-1)%6]+x[i]>=a[i])
prob=cp. Problem(obj,cons)
```

```
prob.solve(solver='GLPK_MI')
print("最优值为:",prob.value)
print("最优解为:",x.value)
```

例 4.10 某连锁超市经营企业为了扩大规模,新租用 5 个门店,经过装修后再营业。现有 4 家装饰公司分别对这 5 个门店的装修费用进行报价,具体数据如表 4.6 所列。为保证装修质量,规定每个装修公司最多承担两个门店的装修任务。为节省装修费用,该企业该如何分配装修任务?

表 4.6 装修费用表 (单位:万元)

装修公司 \ 门店	1	2	3	4	5
A	15	13.8	12.5	11	14.3
B	14.5	14	13.2	10.5	15
C	13.8	13	12.8	11.3	14.6
D	14.7	13.6	13	11.6	14

问题分析 这是一个非标准(人数和工作不相等)的"指派问题",在现实生活中有很多类似的问题。例如,有若干项任务需要分配给若干人来完成,不同的人承担不同的任务所消耗的资源或所带来的效益不同。解决此类问题就是在满足指派要求的条件下,确定最优的指派方案,使得按该方案实施后的"效益"最佳。可以引入 0-1 变量来表示某一个装修公司是否承担某一个门店的装修任务。

模型假设 每个门店的装修工作只能由一个装修公司单独完成。

符号说明 设 $i=1,2,3,4$ 分别表示 A、B、C、D 四家装修公司,c_{ij} 表示第 $i(i=1,2,3,4)$ 家装修公司对第 $j(j=1,2,3,4,5)$ 个门店的装修费用报价。引入 0-1 变量

$$x_{ij}=\begin{cases}1, & \text{第 } i \text{ 家装修公司承担第 } j \text{ 个门店的装修,}\\ 0, & \text{第 } i \text{ 家装修公司不承担第 } j \text{ 个门店的装修,}\end{cases} \quad i=1,2,3,4;j=1,2,\cdots,5.$$

模型建立

该问题的目标函数为总的装修费用最小,即

$$\min z = \sum_{i=1}^{4}\sum_{j=1}^{5} c_{ij}x_{ij}.$$

决策变量 x_{ij} 还应满足以下两类约束条件:

首先,每一个门店的装修任务必须由一个而且只能由一个装修公司承担,即 $\sum_{i=1}^{4} x_{ij} = 1,\ j=1,2,\cdots,5$。

其次,每个装修公司最多承担两个门店的装修任务,即 $\sum_{j=1}^{5} x_{ij} \leqslant 2,\ i=1,2,\cdots,4$。

则该问题的 0-1 整数规划模型为

$$\min z = \sum_{i=1}^{4}\sum_{j=1}^{5} c_{ij}x_{ij},$$

$$\text{s.t.}\begin{cases}\sum_{i=1}^{4} x_{ij} = 1, \quad j = 1,2,\cdots,5,\\ \sum_{j=1}^{5} x_{ij} \leqslant 2, \quad i = 1,2,3,4,\\ x_{ij} = 0 \text{ 或 } 1, \quad i = 1,2,3,4, j = 1,2,\cdots,5.\end{cases}$$

利用 Python 软件,求得最优解为

$$x_{13}=x_{24}=x_{31}=x_{32}=x_{45}=1, \text{其他 } x_{ij}=0,$$

目标函数的最优值为 63.8。即装修公司 A 负责门店 3,B 负责门店 4,C 负责门店 1、2,D 负责门店 5,总的装修费用最小,最小装修费用为 63.8 万元。

计算的 Python 程序如下:

```
#程序文件 ex4_10.py
import cvxpy as cp
import numpy as np
c = np.loadtxt('data4_10.txt')
x = cp.Variable((4,5), integer=True)                 #定义决策变量
obj = cp.Minimize(cp.sum(cp.multiply(c,x)))          #构造目标函数
cons = [0<=x, x<=1, cp.sum(x, axis=0)==1,
        cp.sum(x, axis=1)<=2]                        #构造约束条件
prob = cp.Problem(obj, cons)
prob.solve(solver='GLPK_MI')                         #求解问题
print('最优解为:\n', x.value)
print('最优值为:', prob.value)
```

例 4.11 已知 10 个商业网点的坐标如表 4.7 所列,现要在 10 个网点中选择适当位置设置供应站,要求供应站只能覆盖 10km 之内的网点,且每个供应站最多供应 5 个网点,如何设置才能使供应站的数目最小,并求最小供应站的个数。

表 4.7 商业网点的 x 坐标和 y 坐标数据

x	9.4888	8.7928	11.5960	11.5643	5.6756	9.8497	9.1756	13.1385	15.4663	15.5464
y	5.6817	10.3868	3.9294	4.4325	9.9658	17.6632	6.1517	11.8569	8.8721	15.5868

解 记 $d_{ij}(i=1,2,\cdots,10)$ 表示第 i 个营业网点与第 j 个营业网点之间的距离,引进 0-1 变量

$$x_i=\begin{cases}1, & \text{第 } i \text{ 个网点建立供应站},\\ 0, & \text{第 } i \text{ 个网点不建立供应站}.\end{cases}$$

$$y_{ij}=\begin{cases}1, & \text{第 } j \text{ 个网点被第 } i \text{ 个网点的供应站覆盖},\\ 0, & \text{第 } j \text{ 个网点不被第 } i \text{ 个网点的供应站覆盖}.\end{cases}$$

目标函数是使供应站的个数最小,即

$$\min \sum_{i=1}^{10} x_i.$$

约束条件分为下列 4 类:

(1) 每个网点至少由一个供应站覆盖,则有

$$\sum_{i=1}^{10} y_{ij} \geqslant 1, \quad j=1,2,\cdots,10.$$

(2) 要求供应站只能覆盖 10km 之内的网点,则有

$$d_{ij}y_{ij} \leqslant 10x_i, \quad i,j=1,2,\cdots,10.$$

(3) 每个供应站最多供应 5 个网点,则有

$$\sum_{j=1}^{10} y_{ij} \leqslant 5, \quad i=1,2,\cdots,10.$$

(4) 两组决策变量之间的关联关系,有

$$x_i \geqslant y_{ij}, \quad i,j=1,2,\cdots,10,$$

$$x_i = y_{ii}, \quad i=1,2,\cdots,10.$$

综上所述,建立如下的 0-1 整数规划模型:

$$\min \sum_{i=1}^{10} x_i,$$

$$\text{s. t.} \begin{cases} \sum_{i=1}^{10} y_{ij} \geqslant 1, \quad j=1,2,\cdots,10, \\ d_{ij} y_{ij} \leqslant 10 x_i, \quad i,j=1,2,\cdots,10, \\ \sum_{j=1}^{10} y_{ij} \leqslant 5, \quad i=1,2,\cdots,10, \\ x_i \geqslant y_{ij}, \quad i,j=1,2,\cdots,10, \\ x_i = y_{ii}, \quad i=1,2,\cdots,10, \\ x_i, y_{ij} = 0 \text{ 或 } 1, \quad i,j=1,2,\cdots,10. \end{cases}$$

利用 Python 软件,求得的最优解为

$x_2 = x_8 = 1$,其他 $x_i = 0$;

$y_{21} = y_{22} = y_{23} = y_{25} = y_{26} = 1, y_{84} = y_{87} = y_{88} = y_{89} = y_{8,10} = 1$,其他 $y_{ij} = 0$;

即只要在网点 2 和网点 8 设立两个供应站,网点 2 的供应站供应网点 1、2、3、5、6,网点 8 的供应站供应网点 4、7、8、9、10。

注 4.1 该题的答案不唯一。

计算的 Python 程序如下:

```
#程序文件 ex4_11. py
import cvxpy as cp
import numpy as np
a=np. loadtxt("data4_11. txt")
d=np. zeros((10,10))
for i in range(10):
    for j in range(10):
        d[i,j]=np. linalg. norm(a[:,i]-a[:,j])
x=cp. Variable(10, integer=True)
y=cp. Variable((10, 10),integer=True)
obj=cp. Minimize(sum(x))
con=[sum(y)>=1, cp. sum(y,axis=1)<=5,
    x>=0, x<=1, y>=0, y<=1]
for i in range(10):
    con. append(x[i]==y[i,i])
    for j in range(10):
```

```
        con.append(d[i,j] * y[i,j]<=10 * x[i])
        con.append(x[i]>=y[i,j])
prob = cp.Problem(obj, con)
prob.solve(solver='GLPK_MI')
print("最优值为:", prob.value)
print("最优解为:\n", x.value)
print('----------\n', y.value)
```

4.3 投资的收益与风险

例 4.12(本题选自 1998 年全国大学生数学建模竞赛 A 题) 市场上有 n 种资产(如股票、债券、……)$s_i(i=1,2,\cdots,n)$供投资者选择,某公司有数额为 M 的一笔相当大的资金可用作一个时期的投资。公司财务分析人员对这 n 种资产进行了评估,估算出在这一时期内购买资产 s_i 的平均收益率为 r_i,并预测出购买 s_i 的风险损失率为 q_i。考虑到投资越分散,总的风险越小,公司确定,当用这笔资金购买若干种资产时,总体风险可用所投资的 s_i 中最大的一个风险来度量。

购买 s_i 要付交易费,费率为 p_i,并且当购买额不超过给定值 u_i 时,交易费按购买 u_i 计算(不买当然无须付费)。另外,假设同期银行存款利率是 $r_0(r_0=5\%)$,且既无交易费又无风险。

已知 $n=4$ 时的相关数据如表 4.8 所列。

表 4.8 4 种资产的相关数据

s_i	$r_i/\%$	$q_i/\%$	$p_i/\%$	u_i/元
s_1	28	2.5	1	103
s_2	21	1.5	2	198
s_3	23	5.5	4.5	52
s_4	25	2.6	6.5	40

试给该公司设计一种投资组合方案,即用给定的资金 M,有选择地购买若干种资产或存银行生息,使净收益尽可能大,而总体风险尽可能小。

1. 问题分析

这是一个组合投资问题:已知市场上可供投资的 $n+1$ 种资产的平均收益率、风险损失率以及购买资产时产生的交易费费率,设计一种投资组合方案,也就是要将可供投资的资金分成 $n+1$ 份分别购买 $n+1$ 种资产。不同类型的资产的平均收益率和风险损失率也各不相同,因此在进行投资时,要同时兼顾两个目标:投资的净收益和风险。

2. 符号说明

s_i:可供投资的第 i 种资产,$i=0,1,2,\cdots,n$,其中 s_0 表示存入银行;

x_i:投资到资产 s_i 的资金数量,$i=0,1,2,\cdots,n$,其中 x_0 表示存到银行的资金数量;

r_i:资产 s_i 的平均收益率,$i=0,1,2,\cdots,n$;

q_i:资产 s_i 的风险损失率,$i=0,1,2,\cdots,n$,其中 $q_0=0$;

p_i:资产 s_i 的交易费费率,$i=0,1,2,\cdots,n$,其中 $p_0=0$;

u_i:资产 s_i 的投资阈值,$i=1,2,\cdots,n$。

3. 模型假设

(1) 可供投资的资金数额 M 相当大。

(2) 投资越分散,总的风险越小,总体风险可用所投资的 s_i 中最大的一个风险来度量。

(3) 可供选择的 $n+1$ 种资产(含银行存款)之间是相互独立的。

(4) 每种资产可购买的数量为任意值。

(5) 在当前投资周期内,$r_i,q_i,p_i,u_i(i=0,1,\cdots,n)$ 固定不变。

(6) 不考虑在资产交易过程中产生的其他费用,如股票交易印花税等。

4. 模型建立

(1) 总体风险用所投资的 s_i 中最大的一个风险来衡量,即

$$\max\{q_ix_i \mid i=1,2,\cdots,n\}.$$

(2) 购买 $s_i(i=1,2,\cdots,n)$ 所付交易费是一个分段函数,即

$$交易费=\begin{cases}p_ix_i, & x_i>u_i,\\ p_iu_i, & 0<x_i\leqslant u_i,\\ 0, & x_i=0.\end{cases}$$

而题目所给的定值 u_i(单位:元)相对总投资 M 很少,p_iu_i 更小,这样购买 s_i 的净收益可以简化为 $(r_i-p_i)x_i$。

要使净收益尽可能大,总体风险尽可能小,这是一个多目标规划模型。

目标函数为

$$\begin{cases}\max \sum\limits_{i=0}^{n}(r_i-p_i)x_i,\\ \min\left\{\max\limits_{1\leqslant i\leqslant n}\{q_ix_i\}\right\}.\end{cases}$$

约束条件为

$$\begin{cases}\sum\limits_{i=0}^{n}(1+p_i)x_i=M,\\ x_i\geqslant 0, \quad i=0,1,\cdots,n.\end{cases}$$

模型简化

① 在实际投资中,投资者承受风险的程度不一样,若给定风险一个界限 a,使最大的一个风险 $\dfrac{q_ix_i}{M}\leqslant a$,可找到相应的投资方案。这样把多目标规划变成一个目标的线性规划。

模型一:固定风险水平,优化收益。

$$\max \sum_{i=0}^{n}(r_i-p_i)x_i,$$

$$\text{s. t.}\begin{cases}\dfrac{q_ix_i}{M}\leqslant a, \quad i=1,2,\cdots,n,\\ \sum\limits_{i=0}^{n}(1+p_i)x_i=M,\\ x_i\geqslant 0, \quad i=0,1,\cdots,n.\end{cases}$$

② 若投资者希望总盈利至少达到水平 k 以上，在风险最小的情况下寻求相应的投资组合。

模型二：固定盈利水平，极小化风险。

$$\min\left\{\max_{1\leqslant i\leqslant n}\{q_i x_i\}\right\},$$

$$\text{s.t.}\begin{cases}\sum_{i=0}^{n}(r_i-p_i)x_i\geqslant kM,\\ \sum_{i=0}^{n}(1+p_i)x_i=M,\\ x_i\geqslant 0,\quad i=0,1,\cdots,n.\end{cases}$$

③ 投资者在权衡资产风险和预期收益两方面时，希望选择一个令自己满意的投资组合。因此对风险、收益分别赋予权重 $w(0\leqslant w\leqslant 1)$ 和 $(1-w)$，w 称为投资偏好系数。

模型三：两个目标函数加权求和。

$$\min w\left\{\max_{1\leqslant i\leqslant n}\{q_i x_i\}\right\}-(1-w)\sum_{i=0}^{n}(r_i-p_i)x_i,$$

$$\text{s.t.}\begin{cases}\sum_{i=0}^{n}(1+p_i)x_i=M,\\ x_i\geqslant 0,\quad i=0,1,2,\cdots,n.\end{cases}$$

下面求解模型一和模型三，模型二作为习题，求解时不妨取 $M=10000$ 元。

5. 模型一的求解与分析

(1) 求解。

模型一：

$$\max f=[0.05,0.27,0.19,0.185,0.185]\cdot[x_0,x_1,x_2,x_3,x_4]^{\mathrm{T}},$$

$$\text{s.t.}\begin{cases}x_0+1.01x_1+1.02x_2+1.045x_3+1.065x_4=M,\\ 0.025x_1\leqslant aM,\\ 0.015x_2\leqslant aM,\\ 0.055x_3\leqslant aM,\\ 0.026x_4\leqslant aM,\\ x_i\geqslant 0,\quad i=0,1,\cdots,4.\end{cases}$$

由于 a 是任意给定的风险度，到底怎样没有一个准则，不同的投资者有不同的风险度。我们从 $a=0$ 开始，以步长 $\Delta a=0.001$ 进行循环搜索，编制程序如下：

```
#程序文件 ex4_12_1.py
import cvxpy as cp
import pylab as plt

b = plt.array([0.025, 0.015, 0.055, 0.026])
c = plt.array([0.05, 0.27, 0.19, 0.185, 0.185])
x = cp.Variable(5, pos=True)
```

```
aeq = plt.array([1, 1.01, 1.02, 1.045, 1.065])
obj = cp.Maximize( c @ x)
a = 0; aa = []; Q = []; X = []; M = 10000;
while a < 0.05:
    con = [aeq @ x == M, cp.multiply(b,x[1:])<=a * M]
    prob = cp.Problem(obj, con)
    prob.solve(solver='GLPK_MI')
    aa.append(a); Q.append(prob.value)
    X.append(x.value)
    a = a + 0.001
plt.rc('text', usetex=True); plt.rc('font', size=15)
plt.plot(aa, Q, 'r*'); plt.xlabel('$a$')
plt.ylabel('$Q$', rotation=0); plt.show()
```

(2) 结果分析。

风险 a 与收益 Q 之间的关系如图 4.2 所示,从图中可以看出:

① 风险大,收益也大。

② 当投资越分散时,投资者承担的风险越小,这与题意一致。冒险的投资者会出现集中投资的情况,保守的投资者则尽量分散投资。

③ 在 $a=0.006$ 附近有一个转折点,在这一点左边,风险增加很少时,利润增长很快。在这一点右边,风险增加很大时,利润增长很缓慢,所以对于风险和收益没有特殊偏好的投资者来说,应该选择曲线的转折点作为最优投资组合,大约是 $a=0.6\%$, $Q=2000$,所对应投资方案为

风险度 $a=0.006$,收益 $Q=2019.08$ 元,$x_0=0$ 元,$x_1=2400$ 元,$x_2=4000$ 元,$x_3=1090.91$ 元,$x_4=2212.21$ 元。

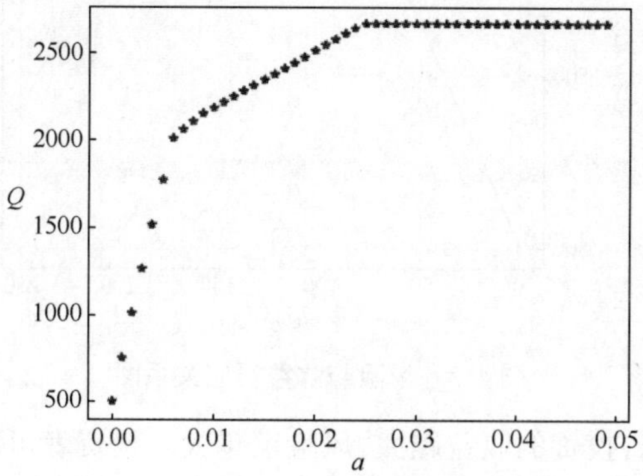

图 4.2 风险与收益的关系图

6. 模型三的求解及分析

(1) 线性化。具体求解时,需要把目标函数线性化,引进变量 $x_{n+1}=\max\limits_{1\leqslant i\leqslant n}\{q_i x_i\}$,则模型可线性化为

$$\min w x_{n+1}-(1-w)\sum_{i=0}^{n}(r_i-p_i)x_i,$$

$$
\text{s.t.}\begin{cases}q_i x_i \leqslant x_{n+1}, \quad i=1,2,\cdots,n,\\ \sum_{i=0}^{n}(1+p_i)x_i = 10000,\\ x_i \geqslant 0, \quad i=0,1,2,\cdots,n.\end{cases}
$$

(2) 求解及分析。可以得到当 w 取不同值时风险和收益的计算结果,如表 4.9 所列。

表 4.9 风险与收益数据表 (单位:元)

w	0.0	0.1	0.2	0.3	0.4	0.5	0.6	0.7	0.8	0.9	1.0
风险	247.52	247.52	247.52	247.52	247.52	247.52	247.52	247.52	92.25	59.4	0
收益	2673.27	2673.27	2673.27	2673.27	2673.27	2673.27	2673.27	2673.27	2164.82	2016.24	500

从以上数据可以看出,当投资偏好系数 $w \leqslant 0.7$ 时,所对应的收益和风险均达到最大值。此时,收益为 2673.27 元,风险为 247.52 元,全部资金均用来购买资产 s_1;当 w 由 0.7 增加到 1.0 时,收益和风险均呈下降趋势,特别,当 $w=1.0$ 时,收益和风险均达到最小值,收益为 500 元,风险为 0 元,此时应将所有资金全部存入银行。

为更好地描述收益和风险的对应关系,可将 w 的取值进一步细化,重新计算的部分数据如表 4.10 所列,绘制收益和风险的函数关系图像如图 4.3 所示。

表 4.10 风险与收益数据表 (单位:元)

w	0.766	0.767	0.810	0.811	0.824	0.825	0.962	0.963	1.0
风险	247.52	92.25	95.25	78.49	78.49	59.4	59.4	0	0
收益	2673.27	2164.82	2164.82	2105.99	2105.99	2016.24	2016.24	500	500

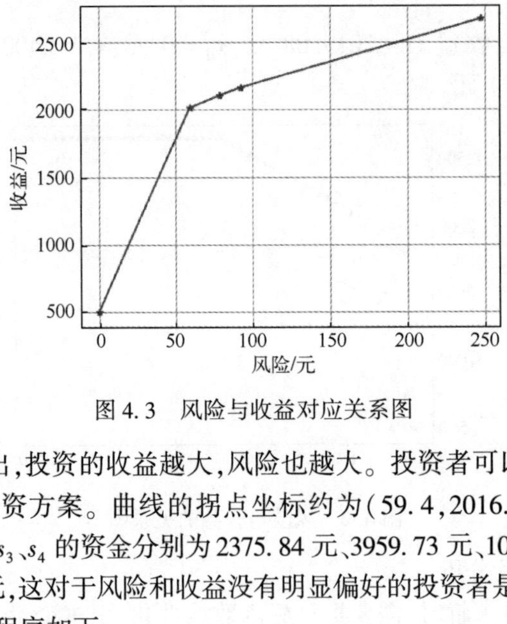

图 4.3 风险与收益对应关系图

从图 4.3 可以看出,投资的收益越大,风险也越大。投资者可以根据自己对风险喜好的不同,选择合适的投资方案。曲线的拐点坐标约为(59.4,2016.24),此时对应的投资方案是购买资产 s_1、s_2、s_3、s_4 的资金分别为 2375.84 元、3959.73 元、1079.93 元和 2284.46 元,存入银行的资金为 0 元,这对于风险和收益没有明显偏好的投资者是一个比较合适的选择。

计算的 Python 的程序如下:

```
#程序文件 ex4_12_2.py
import numpy as np
import cvxpy as cp
```

```
import pylab as plt

plt.rc('font', family='SimHei')
plt.rc('font', size=15)
x = cp.Variable(6, pos = True)
r = np.array([0.05, 0.28, 0.21, 0.23, 0.25])
p = np.array([0, 0.01, 0.02, 0.045, 0.065])
q = np.array([0, 0.025, 0.015, 0.055, 0.026])

def LP(w):
    V = []                          #风险初始化
    Q = []                          #收益初始化
    X = []                          #最优解的初始化
    con = [(1+p) @ x[:-1] == 10000, cp.multiply(q[1:],x[1:5])<=x[5]]
    for i in range(len(w)):
        obj = cp.Minimize(w[i] * x[5] - (1-w[i]) *((r-p) @ x[:-1]))
        prob = cp.Problem(obj, con)
        prob.solve(solver='GLPK_MI')
        xx = x.value                #提出所有决策变量的取值
        V.append(max(q * xx[:-1]))
        Q.append((r-p)@xx[:-1]); X.append(xx)
    print('w=', w);     print('V=', np.round(V,2))
    print('Q=', np.round(Q,2))
    plt.figure(); plt.plot(V, Q, '*-'); plt.grid('on')
    plt.xlabel('风险(元)'); plt.ylabel('收益(元)')
    return X

w1 = np.arange(0, 1.1, 0.1)
LP(w1); print('---------------')
w2 = np.array([0.766, 0.767, 0.810, 0.811, 0.824, 0.825, 0.962, 0.963, 1.0])
X=LP(w2); print(X[-3]); plt.show()
```

4.4 比赛项目排序问题

例 4.13(本题选自 2005 年电工杯数学建模竞赛 B 题)

在各种运动比赛中,为了使比赛公平、公正、合理地举行,一个基本要求是:在比赛项目排序过程中,尽可能使每个运动员不连续参加两项比赛,以便运动员恢复体力,发挥正常水平。

表 4.11 所列为某个小型运动会的比赛报名表。有 14 个比赛项目,40 名运动员参加比赛。表中第 1 行表示 14 个比赛项目,第 1 列表示 40 名运动员,表中“#”号位置表示运动员参加此项比赛。建立此问题的数学模型,要求合理安排比赛项目顺序,使连续参加两项比赛的运动员人次尽可能地少。

表 4.11　某小型运动会的比赛报名表

运动员 \ 项目	1	2	3	4	5	6	7	8	9	10	11	12	13	14
1		#	#						#				#	
2								#			#	#		
3		#		#						#				
4			#					#				#		
5											#		#	#
6					#	#								
7												#	#	
8										#				#
9		#		#						#	#			
10	#	#		#			#							
11		#		#									#	#
12								#		#				
13					#					#				#
14			#	#				#						
15			#					#				#		
16									#		#	#		
17						#								#
18							#					#		
19			#							#				
20	#		#											
21									#					#
22		#			#									
23							#					#		
24							#	#					#	#
25	#	#								#				
26					#									#
27						#					#			
28		#						#						
29	#										#	#		
30				#	#									
31						#		#				#		
32							#			#				
33				#		#								
34	#		#										#	#
35				#	#							#		
36				#			#							
37	#								#	#				
38						#		#		#				#
39					#			#	#				#	
40						#	#		#				#	

解 用 $m=1,2,\cdots,40$ 表示 40 个运动员，$n=1,2,\cdots,14$ 表示 14 个比赛项目，把报名表用矩阵 $\boldsymbol{A}=(a_{mn})_{40\times14}$ 表示，其中

$$a_{mn}=\begin{cases}1, & \text{第 } m \text{ 个运动员参加项目 } n,\\ 0, & \text{第 } m \text{ 个运动员不参加项目 } n.\end{cases}$$

构造赋权图 $G=(V,E,\boldsymbol{W})$，其中顶点集 $V=\{1,2,\cdots,14\}$ 是比赛项目的集合，E 为边集，邻接矩阵 $\boldsymbol{W}=(w_{ij})_{14\times14}$，这里

$$w_{ij}=\begin{cases}\text{同时参加项目 } i \text{ 和项目 } j \text{ 的人数}, & i\neq j,\\ \infty, & i=j,\end{cases}\quad i,j=1,2,\cdots,14,$$

即

$$w_{ij}=\sum_{m=1}^{40}a_{mi}a_{mj},\quad i\neq j,i,j=1,2,\cdots,14,$$
$$w_{ii}=\infty,\quad i=1,2,\cdots,14.$$

则问题转化为求项目 1 到项目 14 的一个排列，使相邻项目之间的权重之和最小。我们采用 TSP（旅行商）问题求解，但由于开始项目和结束项目没有连接，可考虑引入虚拟项目 15，该虚拟项目与各个项目的连接权重都为 0。对应地，需要把赋权图 G 扩充为赋权图 $\widetilde{G}=(\widetilde{V},\widetilde{E},\widetilde{\boldsymbol{W}})$，$\widetilde{V}=\{1,2,\cdots,15\}$，$\widetilde{E}$ 为边集，邻接矩阵 $\widetilde{\boldsymbol{W}}=(\widetilde{w}_{ij})_{15\times15}$，其中

$$\widetilde{w}_{ij}=w_{ij},\quad i,j=1,2,\cdots,14,$$
$$\widetilde{w}_{15,i}=\widetilde{w}_{i,15}=0,\quad i=1,2,\cdots,14;w_{15,15}=\infty.$$

由于 TSP 问题是一个圈，可以将这 15 个项目按 TSP 问题求解，在找到的最短回路中，去掉虚拟项目 15 关联的两条权重为 0 的边即可。

下面对于图 $\widetilde{G}$ 建立 TSP 问题的 0-1 整数规划模型。

引进 0-1 变量

$$x_{ij}=\begin{cases}1, & \text{当最短路径经过 } i \text{ 到 } j \text{ 的边时},\\ 0, & \text{当最短路径不经过 } i \text{ 到 } j \text{ 的边时},\end{cases}\quad i,j=1,2,\cdots,15.$$

则 TSP 模型可表示为

$$\min z=\sum_{i=1}^{15}\sum_{j=1}^{15}w_{ij}x_{ij},$$

$$\text{s.t.}\begin{cases}\sum\limits_{j=1}^{15}x_{ij}=1, & i=1,2,\cdots,15,\\ \sum\limits_{i=1}^{15}x_{ij}=1, & j=1,2,\cdots,15,\\ u_i-u_j+15x_{ij}\leqslant 14, & i=1,2,\cdots,15,j=2,3,\cdots,15,\\ u_1=0, \quad 1\leqslant u_i\leqslant 14, & i=2,3,\cdots,15,\\ x_{ij}=0 \text{ 或 } 1, & i,j=1,2,\cdots,15.\end{cases}$$

利用 Python 软件，求得 TSP 的回路为

$$15\to4\to9\to8\to1\to5\to11\to7\to3\to6\to2\to14\to12\to10\to13\to15,$$

回路总的路长为 2，即有两名运动员连续参加比赛，去掉虚拟项目 15 及关联的边，则比赛项目的安排为

$$4\to9\to8\to1\to5\to11\to7\to3\to6\to2\to14\to12\to10\to13.$$

先把表 4.11 中数据贴到 Excel 文件 data4_13_1.xlsx 中,把“#”号替换为 1。计算的 Python 程序如下:

```
#程序文件 ex4_13.py
import numpy as np
import pandas as pd
import cvxpy as cp

a=pd.read_excel('data4_13_1.xlsx',header=None)
a=a.values; a[np.isnan(a)]=0                    #把空格对应的不确定值替换为 0
m,n=a.shape
w=np.ones((n+1,n+1))*10000000                   #邻接矩阵初始化
for i in range(n):
    for j in range(n):
        if i!=j: w[i,j]=sum(a[:,i]*a[:,j])
for i in range(n):
    w[i, n] = 0; w[n, i] =0
wd = pd.DataFrame(w)
wd.to_excel('data4_13_2.xlsx')                  #把邻接矩阵保存到 Excel 文件
x=cp.Variable((n+1,n+1),integer=True)
u=cp.Variable(n+1,integer=True)
obj=cp.Minimize(cp.sum(cp.multiply(w,x)))
con=[cp.sum(x,axis=0)==1, cp.sum(x,axis=1)==1,
    x>=0, x<=1, u[0]==0, u[1:]>=1, u[1:]<=n]
for i in range(n+1):
    for j in range(1,n+1):
        con.append(u[i]-u[j]+(n+1)*x[i,j]<=n)
prob = cp.Problem(obj, con)
prob.solve(solver='GLPK_MI')
print("最优值为:",prob.value)
print("最优解为:\n",x.value)
i,j=np.nonzero(x.value)
print("xij=1 对应的行列位置如下:")
print(i+1); print(j+1)
```

习　题　4

4.1　求解线性规划问题

$$\max z=72x_1+64x_2,$$

$$\text{s.t.}\begin{cases}x_1+x_2\leqslant 50,\\ 12x_1+8x_2\leqslant 480,\\ 3x_1\leqslant 100,\\ x_1,x_2\geqslant 0.\end{cases}$$

4.2　求解线性规划问题

$$\min Z_1=20x_1+90x_2+80x_3+70x_4+30x_5,$$

$$\text{s. t.}\begin{cases}x_1+x_2+x_5\geqslant 30,\\ x_3+x_4\geqslant 30,\\ 3x_1+2x_3\leqslant 120,\\ 3x_2+2x_4+x_5\leqslant 48,\\ x_j\geqslant 0\text{ 且为整数}, \quad j=1,\cdots,5.\end{cases}$$

4.3　求 4.3 节模型二的解。

4.4　美佳公司计划制造Ⅰ、Ⅱ两种家电产品。已知各制造一件时分别占用的设备 A、设备 B 的台时、调试工序时间及每天设备和调试工序可用能力、各销售一件时的获利情况，如表 4.12 所列。问该公司应制造两种家电各多少件，使获取的利润为最大。

表 4.12　产品生产数据

项　目	Ⅰ	Ⅱ	每天可用能力
设备 A/h	0	5	15
设备 B/h	6	2	24
调试工序/h	1	1	5
利润/元	2	1	

4.5　求解标准的指派问题，其中指派矩阵

$$\boldsymbol{C}=\begin{bmatrix}6&7&5&8&9&10\\6&3&7&9&3&8\\8&11&12&6&7&9\\9&7&5&4&7&6\\5&8&9&6&10&7\\9&8&7&6&5&9\end{bmatrix}.$$

4.6　已知某物资有 8 个配送中心可以供货，有 15 个部队用户需要该物资，配送中心和部队用户之间单位物资的运费，15 个部队用户的物资需求量和 8 个配送中心的物资储备量数据如表 4.13 所列。

表 4.13　配送中心和部队用户之间单位物资的运费和物资需求量、储备量数据

部队用户	单位物资的运费								需求量
	1	2	3	4	5	6	7	8	
1	390.6	618.5	553	442	113.1	5.2	1217.7	1011	3000
2	370.8	636	440	401.8	25.6	113.1	1172.4	894.5	3100
3	876.3	1098.6	497.6	779.8	903	1003.3	907.2	40.1	2900
4	745.4	1037	305.9	725.7	445.7	531.4	1376.4	768.1	3100
5	144.5	354.6	624.7	238	290.7	269.4	993.2	974	3100
6	200.2	242	691.5	173.4	560	589.7	661.8	855.7	3400

（续）

部队用户	单位物资的运费								需求量
	1	2	3	4	5	6	7	8	
7	235	205.5	801.5	326.6	477	433.6	966.4	1112	3500
8	517	541.5	338.4	219	249.5	335	937.3	701.8	3200
9	542	321	1104	576	896.8	878.4	728.3	1243	3000
10	665	827	427	523.2	725.2	813.8	692.2	284	3100
11	799	855.1	916.5	709.3	1057	1115.5	300	617	3300
12	852.2	798	1083	714.6	1177.4	1216.8	40.8	898.2	3200
13	602	614	820	517.7	899.6	952.7	272.4	727	3300
14	903	1092.5	612.5	790	932.4	1034.9	777	152.3	2900
15	600.7	710	522	448	726.6	811.8	563	426.8	3100
储备量	18600	19600	17100	18900	17000	19100	20500	17200	

（1）根据题目给定的数据，求最小运费调运计划。

（2）若每个配送中心，可以对用户配送物资，也可以不对用户配送物资；若配送物资，配送量要大于等于1000且小于等于2000，求此时的费用最小调运计划。

4.7　有4名同学到一家公司参加3个阶段的面试：公司要求每个同学都必须首先找公司秘书初试，然后到部门主管处复试，最后到经理处参加面试，并且不允许插队（在任何一个阶段4名同学的顺序是一样的）。由于4名同学的专业背景不同，所以每人在3个阶段的面试时间也不同，如表4.14所列。这4名同学约定他们全部面试完以后一起离开公司。假设现在时间是早晨8:00，请问他们最早何时能离开公司？

表4.14　面试时间要求

同　学	秘书初试	主管复试	经理面试
同学甲	13	15	20
同学乙	10	20	18
同学丙	20	16	10
同学丁	8	10	15

4.8　一架货机有3个货舱：前舱、中舱和后舱。3个货舱所能装载的货物的最大重量和体积限制如表4.15所列。并且为了飞机的平衡，3个货舱装载的货物重量必须与其最大的容许量成比例。

表4.15　货舱数据

货　舱	前　舱	中　舱	后　舱
重量限制/t	10	16	8
体积限制/m^3	6800	8700	5300

现有4类货物用该货机进行装运，货物的规格以及装运后获得的利润如表4.16所列。

表 4.16　货物规格及利润表

货　物	重量/t	空间/(m^3/t)	利润/(元/t)
货物 1	18	480	3100
货物 2	15	650	3800
货物 3	23	580	3500
货物 4	12	390	2850

假设:

(1) 每种货物可以无限细分。

(2) 每种货物可以分布在一个或者多个货舱内。

(3) 不同的货物可以放在同一个货舱内,并且可以保证不留空隙。

试问应如何装运,使货机飞行利润最大?

4.9　某单位需要加工制作 100 套钢架,每套用长为 2.9m、2.1m 和 1m 的圆钢各一根。已知原料长 6.9m。

(1) 如何下料,使用的原材料最省。

(2) 若下料方式不超过 3 种,应如何下料,使用的原材料最省。

第 5 章　非线性规划和多目标规划模型

在实际应用中,除了线性规划和整数线性规划之外,还大量地存在着另一类优化问题:描述目标函数或约束条件的数学表达式中,至少有一个是非线性函数,这样的优化问题通常称为非线性规划。一般说来,解决非线性规划问题要比线性规划问题困难得多,不像线性规划有适用于一般情况的单纯形法,对于非线性规划问题到目前为止还没有一种适用于一般情况的求解方法,现有各种方法都有各自特定的适用范围。

多目标决策问题是管理与日常生活中经常遇到的问题,而这些目标之间常常是相互作用和矛盾的,如何平衡这些目标,其决策过程十分复杂,决策者通常很难做出最终决策。解决这类问题的建模方法就是多目标决策方法。事实上,早在 1772 年,富兰克林(Franklin)就提出了多目标矛盾问题如何协调的问题。1838 年,古诺(Cournot)从经济学角度提出了多目标问题的模型。1869 年,帕累托(Pareto)首次从数学角度提出了多目标最优决策问题。

5.1　非线性规划概念和理论

5.1.1　非线性规划问题的数学模型

记 $\boldsymbol{x}=[x_1,x_2,\cdots,x_n]^{\mathrm{T}}$ 是 n 维欧几里得空间 $\mathbf{R}^n$ 中的一个点(n 维向量)。$f(\boldsymbol{x})$, $g_i(\boldsymbol{x}),i=1,2,\cdots,p$ 和 $h_j(\boldsymbol{x}),j=1,2,\cdots,q$ 是定义在 $\mathbf{R}^n$ 上的实值函数。

若 $f(\boldsymbol{x}),g_i(\boldsymbol{x}),i=1,2,\cdots,p$ 和 $h_j(\boldsymbol{x}),j=1,2,\cdots,q$ 中至少有一个是 $\boldsymbol{x}$ 的非线性函数,称如下形式的数学模型:

$$\min f(\boldsymbol{x}),\\ \text{s.t.}\begin{cases}g_i(\boldsymbol{x})\leqslant 0, & i=1,2,\cdots,p,\\ h_j(\boldsymbol{x})=0, & j=1,2,\cdots,q.\end{cases}\tag{5.1}$$

为非线性规划模型的一般形式。

如果采用向量表示法,则非线性规划的一般形式还可以写为

$$\min f(\boldsymbol{x}),\\ \text{s.t.}\begin{cases}\boldsymbol{G}(\boldsymbol{x})\leqslant 0,\\ \boldsymbol{H}(\boldsymbol{x})=0,\end{cases}\tag{5.2}$$

式中:$\boldsymbol{G}(\boldsymbol{x})=[g_1(\boldsymbol{x}),g_2(\boldsymbol{x}),\cdots,g_p(\boldsymbol{x})]^{\mathrm{T}}$,$\boldsymbol{H}(\boldsymbol{x})=[h_1(\boldsymbol{x}),h_2(\boldsymbol{x}),\cdots,h_q(\boldsymbol{x})]^{\mathrm{T}}$。

至于求目标函数的最大值或约束条件为大于等于零的情况,都可通过取其相反数转化为上述一般形式。

称满足所有约束条件的点 $\boldsymbol{x}$ 的集合

$$K=\{\boldsymbol{x}\in\mathbf{R}^n \mid g_i(\boldsymbol{x})\leqslant 0, i=1,\cdots,p; h_j(\boldsymbol{x})=0, j=1,\cdots,q\}$$

为非线性规划问题的约束集或可行域。对任意的 $\boldsymbol{x}\in K$,称 $\boldsymbol{x}$ 为非线性规划问题的可行解或可行点。

定义 5.1 记非线性规划问题式(5.1)或式(5.2)的可行域为 K。

(1) 若 $\boldsymbol{x}^*\in K$,且 $\forall \boldsymbol{x}\in K$,都有 $f(\boldsymbol{x}^*)\leqslant f(\boldsymbol{x})$,则称 $\boldsymbol{x}^*$ 为式(5.1)或式(5.2)的全局最优解,称 $f(\boldsymbol{x}^*)$ 为其全局最优值。如果 $\forall \boldsymbol{x}\in K, \boldsymbol{x}\neq\boldsymbol{x}^*$,都有 $f(\boldsymbol{x}^*)<f(\boldsymbol{x})$,则称 $\boldsymbol{x}^*$ 为式(5.1)或式(5.2)的严格全局最优解,称 $f(\boldsymbol{x}^*)$ 为其严格全局最优值。

(2) 若 $\boldsymbol{x}^*\in K$,且存在 $\boldsymbol{x}^*$ 的邻域 $N_\delta(\boldsymbol{x}^*)$,$\forall \boldsymbol{x}\in N_\delta(\boldsymbol{x}^*)\cap K$,都有 $f(\boldsymbol{x}^*)\leqslant f(\boldsymbol{x})$,则称 $\boldsymbol{x}^*$ 为式(5.1)或式(5.2)的局部最优解,称 $f(\boldsymbol{x}^*)$ 为其局部最优值。如果 $\forall \boldsymbol{x}\in N_\delta(\boldsymbol{x}^*)\cap K$, $\boldsymbol{x}\neq\boldsymbol{x}^*$,都有 $f(\boldsymbol{x}^*)<f(\boldsymbol{x})$,则称 $\boldsymbol{x}^*$ 为式(5.1)或式(5.2)的严格局部最优解,称 $f(\boldsymbol{x}^*)$ 为其严格局部最优值。

如果线性规划的最优解存在,最优解只能在可行域的边界上达到(特别是在可行域的顶点上达到),且求出的是全局最优解。但是非线性规划却没有这样好的性质,其最优解(如果存在)可能在可行域的任意一点达到,而一般非线性规划算法给出的也只能是局部最优解,不能保证是全局最优解。

5.1.2 无约束非线性规划的求解

根据一般形式式(5.1)或式(5.2),无约束非线性规划问题可具体表示为

$$\min f(\boldsymbol{x}), \boldsymbol{x}\in\mathbf{R}^n. \tag{5.3}$$

在高等数学中,我们讨论了求二元函数极值的方法,该方法可以平行地推广到无约束优化问题中。首先引入下面的定理。

定理 5.1 设 $f(\boldsymbol{x})$ 具有连续的一阶偏导数,且 $\boldsymbol{x}^*$ 是无约束问题的局部极小点,则 $\nabla f(\boldsymbol{x}^*)=\mathbf{0}$。这里 $\nabla f(\boldsymbol{x})$ 表示函数 $f(\boldsymbol{x})$ 的梯度。

定义 5.2 设函数 $f(\boldsymbol{x})$ 具有对各个变量的二阶偏导数,称矩阵

$$\begin{bmatrix} \dfrac{\partial^2 f}{\partial x_1^2} & \dfrac{\partial^2 f}{\partial x_1 \partial x_2} & \cdots & \dfrac{\partial^2 f}{\partial x_1 \partial x_n} \\ \dfrac{\partial^2 f}{\partial x_2 \partial x_1} & \dfrac{\partial^2 f}{\partial x_2^2} & \cdots & \dfrac{\partial^2 f}{\partial x_2 \partial x_n} \\ \vdots & \vdots & & \vdots \\ \dfrac{\partial^2 f}{\partial x_n \partial x_1} & \dfrac{\partial^2 f}{\partial x_n \partial x_2} & \cdots & \dfrac{\partial^2 f}{\partial x_n^2} \end{bmatrix}$$

为函数 $f(\boldsymbol{x})$ 的 Hesse 矩阵,记为 $\nabla^2 f(\boldsymbol{x})$。

定理 5.2(无约束优化问题有局部最优解的充分条件) 设 $f(\boldsymbol{x})$ 具有连续的二阶偏导数,点 $\boldsymbol{x}^*$ 满足 $\nabla f(\boldsymbol{x}^*)=\mathbf{0}$;并且 $\nabla^2 f(\boldsymbol{x}^*)$ 为正定阵,则 $\boldsymbol{x}^*$ 为无约束优化问题的局部最优解。

定理 5.1 和定理 5.2 给出了求解无约束优化问题的理论方法,但困难的是求解方程 $\nabla f(\boldsymbol{x}^*)=\mathbf{0}$,对于比较复杂的函数,常用的方法是数值解法,如最速降线法、牛顿法和拟牛顿法等,这里就不介绍了。

5.1.3 有约束非线性规划的求解

实际应用中,绝大多数优化问题都是有约束的。线性规划已有单纯形法这一通用解法,但非线性规划目前还没有适合于各种问题的一般算法,各个算法都有其特定的适用范围,且带有一定的局限性。

一般来讲,对于式(5.1)或式(5.2)给出的有约束非线性规划问题,求数值解时除了要使目标函数在每次迭代时有所下降,还要时刻注意解的可行性,这就给寻优工作带来很大困难。因此,比较常见的处理思路是:可能的话将非线性问题转化为线性问题,将约束问题转化为无约束问题。

1. 求解有等式约束非线性规划的拉格朗日乘数法

对于特殊的只有等式约束的非线性规划问题的情形:

$$\min f(\boldsymbol{x}),\quad \text{s.t.}\begin{cases} h_j(\boldsymbol{x})=0, & j=1,2,\cdots,q, \\ \boldsymbol{x}\in\mathbf{R}^n. \end{cases} \tag{5.4}$$

有如下的拉格朗日定理。

定理 5.3(拉格朗日定理) 设函数 $f, h_j(j=1,2,\cdots,q)$ 在可行点 $\boldsymbol{x}^*$ 的某个邻域 $N(\boldsymbol{x}^*,\varepsilon)$ 内可微,向量组 $\nabla h_j(\boldsymbol{x}^*)$ 线性无关,令

$$L(\boldsymbol{x},\boldsymbol{\lambda})=f(\boldsymbol{x})+\boldsymbol{\lambda}^{\mathrm{T}}H(\boldsymbol{x}),$$

其中 $\boldsymbol{\lambda}=[\lambda_1,\lambda_2,\cdots,\lambda_q]^{\mathrm{T}}\in\mathbf{R}^q$, $H(\boldsymbol{x})=[h_1(\boldsymbol{x}),h_2(\boldsymbol{x}),\cdots,h_q(\boldsymbol{x})]^{\mathrm{T}}$。若 $\boldsymbol{x}^*$ 是式(5.4)的局部最优解,则存在实向量 $\boldsymbol{\lambda}^*=[\lambda_1^*,\lambda_2^*,\cdots,\lambda_q^*]^{\mathrm{T}}\in\mathbf{R}^q$,使得 $\nabla L(\boldsymbol{x}^*,\boldsymbol{\lambda}^*)=0$,即

$$\nabla f(\boldsymbol{x}^*)+\sum_{j=1}^{q}\lambda_j^*\nabla h_j(\boldsymbol{x}^*)=0.$$

显然,拉格朗日定理的意义在于能将问题式(5.4)的求解转化为无约束问题的求解。

2. 求解有约束非线性规划的罚函数法

对于一般形式的有约束非线性规划问题式(5.1),由于存在不等式约束,无法直接应用拉格朗日定理将其转化为无约束问题。为此,引入求解一般非线性规划问题的罚函数法。

罚函数法的基本思想是:利用问题式(5.1)的目标函数和约束函数构造出带参数的增广目标函数,从而把有约束非线性规划问题转化为一系列无约束非线性规划问题来求解。而增广目标函数通常由两个部分构成,一部分是原问题的目标函数,另一部分是由约束函数构造出的“惩罚”项,“惩罚”项的作用是对“违规”的点进行“惩罚”。

比较有代表性的一种罚函数法是外部罚函数法,或称外点法,这种方法的迭代点一般在可行域的外部移动,随着迭代次数的增加,“惩罚”的力度也越来越大,从而迫使迭代点向可行域靠近。具体操作方式为:根据不等式约束 $g_i(\boldsymbol{x})\leqslant 0$ 与等式约束 $\max\{0,g_i(\boldsymbol{x})\}=0$ 的等价性,构造增广目标函数(也称为罚函数)

$$T(\boldsymbol{x},M)=f(\boldsymbol{x})+M\sum_{i=1}^{p}[\max\{0,g_i(\boldsymbol{x})\}]+M\sum_{j=1}^{q}[h_j(\boldsymbol{x})]^2,$$

从而将问题式(5.1)转化为无约束问题:

$$\min T(\boldsymbol{x},M),\ \boldsymbol{x}\in\mathbf{R}^n,$$

其中,M 是一个较大的正数。

注 5.1 罚函数法的计算精度可能较差,除非算法要求达到实时,一般都是直接使用软件工具库求解非线性规划问题。

5.1.4 凸规划

Python 的 cvxpy 库只能求解凸规划,这里介绍凸规划的一些基本概念。

1. 凸集与凸函数的定义

设 Ω 是 n 维欧几里得空间的一点集,若任意两点 $\boldsymbol{x}_1 \in \Omega, \boldsymbol{x}_2 \in \Omega$,其连线上的所有点 $\alpha \boldsymbol{x}_1+(1-\alpha)\boldsymbol{x}_2 \in \Omega, (0 \leqslant \alpha \leqslant 1)$,则称 Ω 为凸集。

实心圆、实心球体、实心立方体等都是凸集,圆环不是凸集。直观上看,凸集没有凹入部分,其内部没有空洞。任何两个凸集的交集是凸集。

定义 5.3(凸函数) 给定函数 $f(\boldsymbol{x})(\boldsymbol{x} \in D \subset \mathbf{R}^n)$,若 $\forall \boldsymbol{x}_1, \boldsymbol{x}_2 \in D, \lambda \in [0,1]$,有

$$f(\lambda \boldsymbol{x}_1+(1-\lambda)\boldsymbol{x}_2) \leqslant \lambda f(\boldsymbol{x}_1)+(1-\lambda)f(\boldsymbol{x}_2),$$

则称 $f(\boldsymbol{x})$ 为 D 上的凸函数;特别地,若 $f(\lambda \boldsymbol{x}_1+(1-\lambda)\boldsymbol{x}_2) < \lambda f(\boldsymbol{x}_1)+(1-\lambda)f(\boldsymbol{x}_2)$,则称 $f(\boldsymbol{x})$ 为 D 上的严格凸函数。将上述两式中的不等号反向,即可得到凹函数和严格凹函数的定义。显然,若函数 $f(\boldsymbol{x})$ 是凸函数(严格凸函数),则 $-f(\boldsymbol{x})$ 一定是凹函数(严格凹函数)。

凸函数和凹函数的几何意义十分明显,若函数图形上任两点的连线处处都不在这个函数图形的下方,它当然是凸的。线性函数既可看作凸函数,也可看作凹函数。

2. 凸函数的性质

条件 5.1 定义在凸集上的有限个凸函数的非负线性组合仍为凸函数。

条件 5.2 设 $f(\boldsymbol{x})$ 为定义在凸集 Ω 上的凸函数,则对任一实数 α,集合

$$S_\alpha = \{\boldsymbol{x} \mid \boldsymbol{x} \in \Omega, f(\boldsymbol{x}) \leqslant \alpha\}$$

为凸集。

3. 函数凸性的判定

首先可以直接依据定义去判别。对于可微函数,也可利用下述两个判别定理。

定理 5.4(一阶条件) 设 Ω 为 n 维欧几里得空间 $\mathbf{R}^n$ 上的开凸集,$f(\boldsymbol{x})$ 在 Ω 上具有一阶连续偏导数,则 $f(\boldsymbol{x})$ 为 Ω 上的凸函数的充要条件是:对任意两个不同点 $\boldsymbol{x}_1 \in \Omega$ 和 $\boldsymbol{x}_2 \in \Omega$,恒有

$$f(\boldsymbol{x}_2) \geqslant f(\boldsymbol{x}_1)+\nabla f(\boldsymbol{x}_1)^{\mathrm{T}}(\boldsymbol{x}_2-\boldsymbol{x}_1). \tag{5.5}$$

若式(5.5)为严格不等式,它就是严格凸函数的充要条件。

凸函数的定义本质上是说凸函数上任意两点间的线性连线不低于这个函数的值;而定理 5.4 则表明,基于某点导数的线性近似不高于这个函数的值,或曲线上各点的切线在曲线之下。

定理 5.5(二阶条件) 设 Ω 为 n 维欧几里得空间 $\mathbf{R}^n$ 上的开凸集,$f(\boldsymbol{x})$ 在 Ω 上具有二阶连续偏导数,则 $f(\boldsymbol{x})$ 为 Ω 上的凸函数的充要条件是:$f(\boldsymbol{x})$ 的 Hesse 矩阵 $\nabla^2 f(\boldsymbol{x})$ 在 Ω 上处处半正定。

若对一切 $\boldsymbol{x} \in \Omega$,$f(\boldsymbol{x})$ 的 Hesse 矩阵都是正定的,则 $f(\boldsymbol{x})$ 是 Ω 上的严格凸函数。对于凹函数可以得到和上述类似的结果。

定义 5.4 对非线性规划问题式(5.1),若 $f(\boldsymbol{x})$ 为 Ω 上的凸函数,$g_i(\boldsymbol{x})$ 为 $\mathbf{R}^n$ 上的凸函数,$h_j(\boldsymbol{x})$ 为 $\mathbf{R}^n$ 上的线性函数,则称该非线性规划问题为凸规划。

可以证明,上述凸规划的可行域为凸集,其局部最优解即为全局最优解,而且其最优解的集合形成一个凸集。当凸规划的目标函数 $f(\boldsymbol{x})$ 为严格凸函数时,其最优解必定唯一(假设最优解存在)。由此可见,凸规划是一类比较简单而又具有重要理论意义的非线性规划。由于线性函数既可视为凸函数,又可视为凹函数,故线性规划也属于凸规划。

例 5.1 试分析并求解非线性规划

$$\min f(\boldsymbol{x})=x_1^2+x_2^2-4x_1+4,$$
$$\text{s.t.}\begin{cases}g_1(\boldsymbol{x})=-x_1+x_2-2\leqslant 0,\\ g_2(\boldsymbol{x})=x_1^2-x_2+1\leqslant 0,\\ x_1,x_2\geqslant 0.\end{cases}$$

解 $f(\boldsymbol{x})$ 和 $g_2(\boldsymbol{x})$ 的 Hesse 矩阵的行列式分别为

$$|\boldsymbol{H}_1|=\begin{vmatrix}\dfrac{\partial^2 f(\boldsymbol{x})}{\partial x_1^2} & \dfrac{\partial^2 f(\boldsymbol{x})}{\partial x_1\partial x_2}\\ \dfrac{\partial^2 f(\boldsymbol{x})}{\partial x_2\partial x_1} & \dfrac{\partial^2 f(\boldsymbol{x})}{\partial x_2^2}\end{vmatrix}=\begin{vmatrix}2&0\\0&2\end{vmatrix}=4>0,$$

$$|\boldsymbol{H}_2|=\begin{vmatrix}\dfrac{\partial^2 g_2(\boldsymbol{x})}{\partial x_1^2} & \dfrac{\partial^2 g_2(\boldsymbol{x})}{\partial x_1\partial x_2}\\ \dfrac{\partial^2 g_2(\boldsymbol{x})}{\partial x_2\partial x_1} & \dfrac{\partial^2 g_2(\boldsymbol{x})}{\partial x_2^2}\end{vmatrix}=\begin{vmatrix}2&0\\0&0\end{vmatrix}=0,$$

知 $f(\boldsymbol{x})$ 为严格凸函数,$g_2(\boldsymbol{x})$ 为凸函数。由于其他约束条件均为线性函数,所以这是一个凸规划问题。其最优点为:$\boldsymbol{x}^*=[0.5536,1.3064]^{\mathrm{T}}$,目标函数的最优值为 $f(\boldsymbol{x}^*)=3.7989$。

计算的 Python 程序如下:

```python
#程序文件 ex5_1. py
import numpy as np
import cvxpy as cp

x=cp. Variable(2,pos=True)
obj=cp. Minimize(sum(x**2)-4*x[0]+4)
con=[-x[0]+x[1]-2<=0,
     x[0]**2-x[1]+1<=0]
prob = cp. Problem(obj, con)
prob. solve(solver='CVXOPT')
print("最优值为:",round(prob. value,4))
print("最优解为:\n", np. round(x. value,4))
```

4. 库恩-塔克条件(简称 K-T 条件)

库恩-塔克条件是非线性规划领域中最重要的理论成果之一,是确定某点为最优点的必要条件。只要是最优点,就必须满足这个条件。但一般说它并不是充分条件,因而满足这个条件的点不一定就是最优点(对于凸规划,它既是最优点存在的必要条件,同时也是充分条件)。

对带一般约束的非线性规划问题式(5.1),引进拉格朗日函数如下:

$$L(\boldsymbol{x},\boldsymbol{\lambda},\boldsymbol{\mu})=f(\boldsymbol{x})+\sum_{i=1}^{p}\lambda_i g_i(\boldsymbol{x})+\sum_{j=1}^{q}\mu_j h_j(\boldsymbol{x}), \tag{5.6}$$

式中:$\boldsymbol{\lambda}=[\lambda_1,\lambda_2,\cdots,\lambda_p]^{\mathrm{T}}$,$\boldsymbol{\mu}=[\mu_1,\mu_2,\cdots,\mu_q]^{\mathrm{T}}$ 称为拉格朗日乘子。

定理 5.6(必要条件) 设 $\boldsymbol{x}^*$ 是非线性规划问题式(5.1)的局部最优解,而且 $\boldsymbol{x}^*$ 点的所有起作用约束的梯度 $\nabla g_i(\boldsymbol{x}^*)(i=1,2,\cdots,p)$ 和 $\nabla h_j(\boldsymbol{x}^*)(j=1,2,\cdots,q)$ 线性无关,则存在向量

$$\boldsymbol{\lambda}^*=[\lambda_1^*,\lambda_2^*,\cdots,\lambda_p^*]^{\mathrm{T}} \text{ 和 } \boldsymbol{\mu}^*=[\mu_1^*,\mu_2^*,\cdots,\mu_q^*]^{\mathrm{T}},$$

使下述条件成立:

$$\begin{cases}\nabla f(\boldsymbol{x}^*)+\sum\limits_{i=1}^{p}\lambda_i^*\nabla g_i(\boldsymbol{x}^*)+\sum\limits_{j=1}^{q}\mu_j^*\nabla h_j(\boldsymbol{x}^*)=0,\\ \lambda_i^* g_i(\boldsymbol{x}^*)=0,\quad i=1,2,\cdots,p,\\ \lambda_i^*\geqslant 0,\quad i=1,2,\cdots,p.\end{cases} \tag{5.7}$$

满足条件式(5.7)的点称为库恩-塔克点。

定理 5.7(充分条件) 若 $\boldsymbol{x}$ 满足库恩-塔克条件,则 $\boldsymbol{x}$ 必为凸规划的局部最优解,进而为整体最优解。

5.2 一个简单非线性规划模型

下面通过一个简单的非线性规划模型来说明数学建模的五步方法。

数学建模解决问题的一般过程分为五个步骤,称为五步方法,即数学建模包括如下五个步骤:

(1) 提出问题;

(2) 选择建模方法;

(3) 推导模型的数学表达式;

(4) 求解模型;

(5) 回答问题。

例 5.2 一家彩电制造商计划推出两种产品:一种为 19 英寸[①]液晶平板电视机,零售价为 339 美元;另一种为 21 英寸液晶平板电视机,零售价为 399 美元。公司付出的成本为 19 英寸彩电每台 195 美元,21 英寸彩电每台 225 美元,还要加上 400000 美元的固定成本。在竞争的销售市场中,每年售出的彩电数量会影响彩电的平均售价。据统计,对每种类型的彩电,每多售出一台,平均销售价格会下降 1 美分。而且 19 英寸彩电的销售会影响 21 英寸彩电的销售,反之亦然。据估计,每售出一台 21 英寸彩电,19 英寸彩电的平均

① 1 英寸 = 2.54cm。

售价会下降 0.3 美分，而每售出一台 19 英寸彩电，21 英寸彩电的平均售价会下降 0.4 美分。问题是：每种彩电应该各生产多少台？

我们采用处理数学建模问题的五步方法来解决这个问题。第一步是提出问题。我们首先列出一张变量表，然后写出这些变量间的关系和所做的其他假设，如要求取值非负。最后，采用我们引入的符号，将问题用数学公式表达。第一步的结果归纳在表 5.1 中。

表 5.1　彩电问题第一步的结果

变量	x_1 = 19 英寸彩电的售出数量（每年） x_2 = 21 英寸彩电的售出数量（每年） p_1 = 19 英寸彩电的销售价格（美元） p_2 = 21 英寸彩电的销售价格（美元） c = 生产彩电的成本（美元/年） r = 彩电销售的收入（美元/年） f = 彩电销售的利润（美元/年）
假设	$p_1=339-0.01x_1-0.003x_2$ $p_2=399-0.004x_1-0.01x_2$ $c=400000+195x_1+225x_2$ $r=p_1x_1+p_2x_2$ $f=r-c$ $x_1,x_2\geqslant 0$
目标	求 f 的最大值

第二步是选择一个建模方法。这个问题我们视为无约束的多变量最优化问题。

第三步是根据第二步中选择的建模方法推导模型的公式。

$$\begin{aligned} f&=r-c=p_1x_1+p_2x_2-(400000+195x_1+225x_2)\\ &=(339-0.01x_1-0.003x_2)x_1+(399-0.004x_1-0.01x_2)x_2-(400000+195x_1+225x_2)\\ &=-0.01x_1^2-0.007x_1x_2-0.01x_2^2+144x_1+174x_2-400000. \end{aligned}$$

令 $y=f$ 作为求最大值的目标函数，x_1,x_2 作为决策变量。我们的问题现在化为在区域

$$S=\{(x_1,x_2):x_1\geqslant 0,x_2\geqslant 0\} \tag{5.8}$$

上对

$$y=f(x_1,x_2)=-0.01x_1^2-0.007x_1x_2-0.01x_2^2+144x_1+174x_2-400000 \tag{5.9}$$

求最大值。

第四步是求解模型。问题是对式（5.9）中定义的函数 $f(x_1,x_2)$ 在式（5.8）定义的区域 S 上求最大值。图 5.1 给出了函数 f 的三维图形。图形显示 $f(x_1,x_2)$ 在 S 的内部达到最大值。图 5.2 给出了 $f(x_1,x_2)$ 的水平图集。从中可以估计出 $f(x_1,x_2)$ 的最大值出现在 $x_1=5000,x_2=7000$ 附近。函数 f 是一个抛物面，为求其最大值点，令 $\nabla f=0$ 得到方程组

$$\begin{cases} \dfrac{\partial f}{\partial x_1}=144-0.02x_1-0.007x_2=0,\\ \dfrac{\partial f}{\partial x_2}=174-0.007x_1-0.02x_2=0. \end{cases} \tag{5.10}$$

解上面方程组,求得最优解 $x_1=4735$, $x_2=7043$;目标函数的最大值 $f=553641.025$。

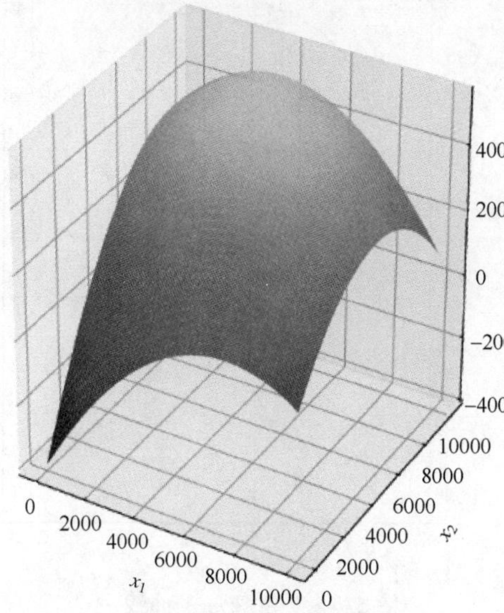

图 5.1　三维图形

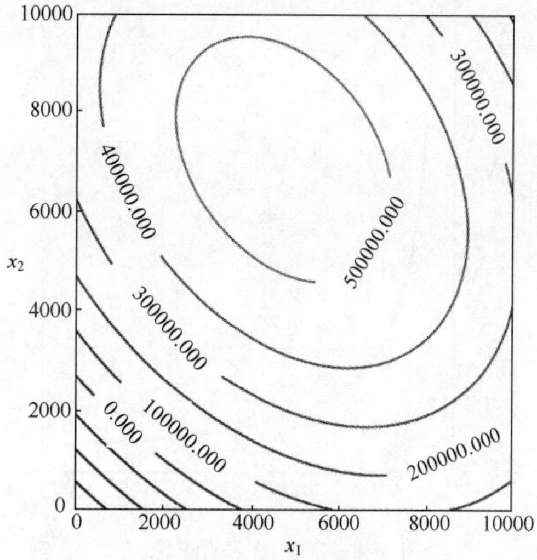

图 5.2　水平集图

最后的步骤是用通俗易懂的语言回答问题。简单地说,这家公司可以通过生产 4735 台 19 英寸彩电和 7043 台 21 英寸彩电来获得最大利润,每年获得的净利润为 553641.025 美元。每台 19 英寸彩电的平均售价为 270.52 元,每台 21 英寸彩电的平均售价为 309.63 元。生产的总支出为 2908000 元,相应的利润率为 19%。这些结果显示了这是有利可图的,因此建议这家公司应该实行推出新产品的计划。

上面所得出的结论是以表 5.1 中所做的假设为基础的。应该对我们关于彩电市场和生产过程所做的假设进行灵敏度分析,以保证结果具有稳健性。我们主要关心的是决策变量 x_1 和 x_2 的值,因为公司要据此来确定生产量。

我们对 19 英寸彩电的价格弹性系数 a 的灵敏度进行分析。在模型中假设 $a=0.01$ 美元/台。将其代入前面的公式中,得

$$y=f(x_1,x_2)=-ax_1^2-0.007x_1x_2-0.01x_2^2+144x_1+174x_2-400000. \tag{5.11}$$

求偏导数并令它们为零,得

$$\begin{cases}\dfrac{\partial f}{\partial x_1}=144-2ax_1-0.007x_2=0,\\[2mm] \dfrac{\partial f}{\partial x_2}=174-0.007x_1-0.02x_2=0.\end{cases} \tag{5.12}$$

解之,得最优解

$$x_1=\frac{1662000}{40000a-49},\ x_2=\frac{48000(7250a-21)}{40000a-49}. \tag{5.13}$$

图 5.3 和图 5.4 所示为 x_1 和 x_2 关于 a 的曲线图。

图 5.3 和图 5.4 表明,19 英寸彩电的价格弹性系数 a 的提高,会导致 19 英寸彩电的最优生产量 x_1 的下降,以及 21 英寸彩电的最优生产量 x_2 的提高。而且,还显示 x_1 比 x_2 对于 a 更敏感。这些看起来都是合理的。

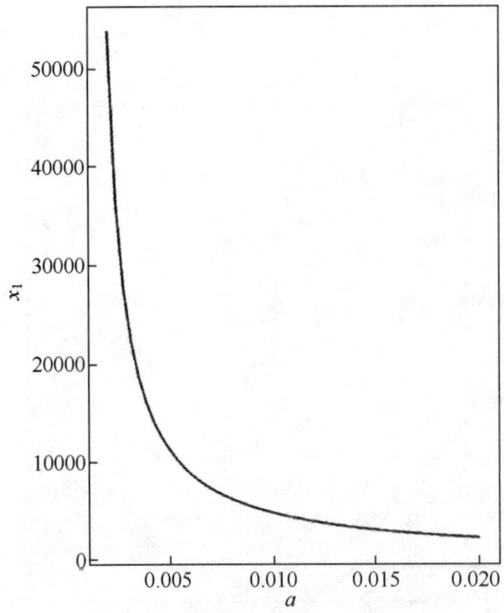

图 5.3　x_1 关于 a 的曲线

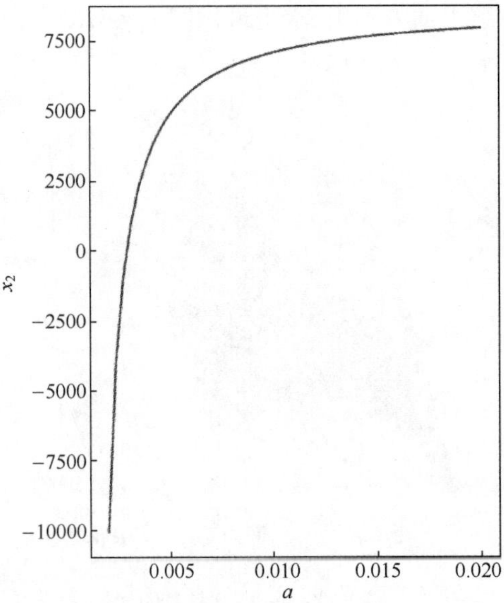

图 5.4　x_2 关于 a 的曲线

将灵敏性数据表示成相对该变量或百分比改变的形式,要比表示成绝对改变量的形式更自然也更实用。如果 a 改变了 Δa,导致 x_1 有 Δx_1 的改变量,则相对该变量的比值为 $\Delta x_1/x_1$ 与 $\Delta a/a$ 的比值。令 $\Delta a\to 0$,按照导数的定义,有

$$\frac{\Delta x_1/x_1}{\Delta a/a}\to\frac{\mathrm{d}x_1}{\mathrm{d}a}\cdot\frac{a}{x_1},$$

我们称这个极限值为 x_1 对 a 的灵敏性,记为 $S(x_1,a)$。为得到这些灵敏性的具体数值,我们计算在 $a=0.01$ 时,有

$$\left.\frac{\mathrm{d}x_1}{\mathrm{d}a}\right|_{a=0.01}=-539606,$$

因此

$$S(x_1,a)=\frac{\mathrm{d}x_1}{\mathrm{d}a}\cdot\frac{a}{x_1}=-539606\times\frac{0.01}{4735}\approx-1.1,$$

类似地,可以计算出

$$S(x_2,a)=\frac{\mathrm{d}x_2}{\mathrm{d}a}\cdot\frac{a}{x_2}\approx 0.27.$$

如果 19 英寸彩电的价格弹性系数提高 10%,则我们应该将 19 英寸彩电的生产量缩小 11%,21 英寸彩电的生产量扩大 2.7%。

下面讨论 y 对于 a 的灵敏性。19 英寸彩电的价格弹性系数的变化会对利润造成什么影响?为得到 y 关于 a 的表达式,将式(5.13)代入式(5.11),得

$$y=\tilde{f}(a)=\frac{356900a^3+414.795a^2-2.6229669375a+0.00193460575}{(a-0.001225)^3}.\tag{5.14}$$

图 5.5 所示为 y 关于 a 的曲线图。由图可知,19 英寸彩电的价格弹性系数 a 的提高,会导致利润的下降。

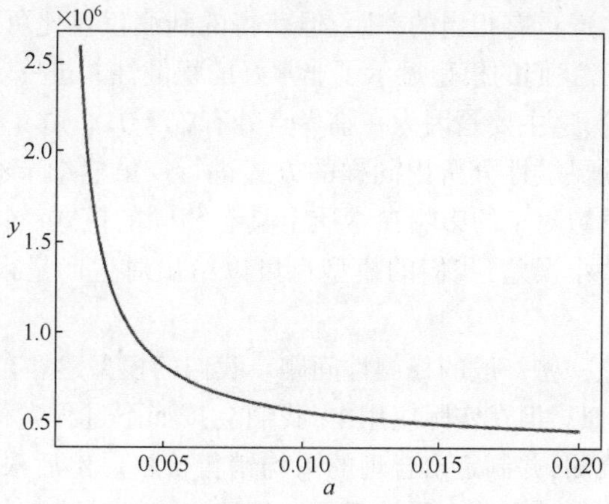

图 5.5　利润 y 关于价格弹性系数 a 的曲线图

为计算利润 y 关于 a 的灵敏性 $S(y,a)$，我们要求出 $\frac{\mathrm{d}y}{\mathrm{d}a}$，可以利用多变量函数的链式法则：

$$\frac{\mathrm{d}y}{\mathrm{d}a}=\frac{\partial y}{\partial x_1}\cdot\frac{\mathrm{d}x_1}{\mathrm{d}a}+\frac{\partial y}{\partial x_2}\cdot\frac{\mathrm{d}x_2}{\mathrm{d}a}+\frac{\partial y}{\partial a}. \tag{5.15}$$

由于在极值点 $\frac{\partial y}{\partial x_1}$ 与 $\frac{\partial y}{\partial x_2}$ 都为零，因此，有

$$\frac{\mathrm{d}y}{\mathrm{d}a}=\frac{\partial y}{\partial a}=-x_1^2.$$

由式(5.11)可直接得到

$$S(y,a)=\frac{\mathrm{d}y}{\mathrm{d}a}\cdot\frac{a}{y}=-x_1^2\frac{a}{y}=-4735^2\times\frac{0.01}{553641}\approx-0.40,$$

因此，19 英寸彩电的价格弹性系数提高 10%，会使利润下降 4%。

式(5.15)中

$$\frac{\partial y}{\partial x_1}\cdot\frac{\mathrm{d}x_1}{\mathrm{d}a}+\frac{\partial y}{\partial x_2}\cdot\frac{\mathrm{d}x_2}{\mathrm{d}a}=0$$

有其实际意义。导数 $\frac{\mathrm{d}y}{\mathrm{d}a}$ 中的这一部分代表了最优生产量 x_1 和 x_2 的变化对利润的影响。其和为零说明了生产量的微小变化(至少在线性近似时)对利润没有影响。从几何角度看，由于 $y=f(x_1,x_2)$ 在极值点是平的，所以 x_1 和 x_2 的微小变化对 y 几乎没有什么影响。由于 19 英寸彩电的价格弹性系数提高 10%而导致的最优利润的下降几乎全部是由售价的改变引起的，因此我们给出的生产量几乎是最优的。例如，设 $a=0.01$，但实际的价格弹性系数比它高出了 10%。用式(5.13)来确定最优生产量，这意味着 $a=0.011$ 时给出的最优解与原最优解相比，我们会多生产 10%的 19 英寸彩电，而少生产约 3%的 21 英寸彩电。而且，利润也会比最优值低 4%。但如果仍采用原模型的结果，实际会损失多少呢？$a=0.011$ 时仍按 $x_1=4735$，$x_2=7043$ 确定生产量，会得到利润值为 531221 美元。而最优利润为 533514 美元(在式(5.14)中代入 $a=0.011$)。因此，采用我们模型的结果，虽然现

在的生产量与最优的生产量有相当的差距，但获得的利润仅仅比可能的最优利润损失了0.43%。在这一意义下，我们的模型显示了非常好的稳健性。进一步地，许多类似的问题都可以得出类似的结论，这主要是因为在临界点处有$\nabla f=0$。

对其他弹性系数的灵敏性分析用同样的方式进行。虽然细节有所不同，但函数f的形式使得每一个弹性系数对y的影响在本质上具有相同的模式。特别地，即使对价格弹性系数的估计存在一些小误差，我们的模型也可以给出对生产量很好的决策（几乎是最优的）。

这里只简单地讨论一些一般的稳健性问题。我们的模型建立在线性价格结构的基础上，这显然只是一种近似。但在实际应用中，我们会按如下过程进行：首先对新产品的市场情况做出有根据的推测，并制定出合理的平均销售价格。然后根据过去类似情况下的经验或有限的市场调查估计出各个弹性系数。我们应该能对销售水平在某一范围内变化时估计出合理的弹性系数值，这个范围应该包括最优值。于是我们实际上只是对一个非线性函数在一个相当小的区间上进行线性近似。这类近似通常都会有良好的稳健性。

计算及画图的 Python 程序如下：

```
#程序文件 ex5_2.py
import sympy as sp
import pylab as plt

plt.rc('text', usetex=True)                          #使用 LaTeX 字体
plt.rc('font',size=14)
sp.var('x1, x2')                                     #定义符号变量
y = (339-0.01*x1-0.003*x2)*x1+(399-0.004*x1-0.01*x2)*x2-(400000+195*x1+225*x2)
y = sp.simplify(y)                                   #化简
dy1 = y.diff(x1)                                     #求关于 x1 的偏导
dy2 = y.diff(x2)                                     #求关于 x2 的偏导
s = sp.solve([dy1, dy2], [x1, x2])
x10 = round(float(s[x1]))                            #取整
x20 = round(float(s[x2]))
y0 = y.subs({x1: x10, x2: x20})                      #符号函数代入数值
f = sp.lambdify('x1, x2', y, 'numpy')                #符号函数转换为匿名函数
x = plt.linspace(0, 10000, 100)
X, Y = plt.meshgrid(x, x)                            #转换为网格数据
Z = f(X, Y)
ax=plt.subplot(121, projection='3d')                 #第一个子窗口三维画图
ax.plot_surface(X, Y, Z,cmap='viridis')
ax.set_xlabel('$x_1$'); ax.set_ylabel('$x_2$')
plt.subplot(122)                                     #激活第二个子窗口
contr=plt.contour(X,Y,Z,10)                          #10 条等高线
plt.clabel(contr)                                    #等高线标注
plt.ylabel('$x_2$',rotation=0)
plt.xlabel('$x_1$')
```

```
sp.var('a', pos=True)                                      #定义灵敏度分析的符号参数
y = (339-a*x1-0.003*x2)*x1+(399-0.004*x1-0.01*x2)*x2-(400000+195*x1+225*x2)
y = sp.simplify(y)                                         #化简
dy1 = y.diff(x1)                                           #求关于 x1 的偏导
dy2 = y.diff(x2)                                           #求关于 x2 的偏导
s = sp.solve([dy1, dy2], [x1, x2])
sx1 = s[x1]; sx2 = s[x2]                                   #提取解分量
s1 = sp.lambdify('a', sx1, 'numpy')                        #符号函数转换为匿名函数
s2 = sp.lambdify('a', sx2, 'numpy')
a0 = plt.linspace(0.002, 0.02, 50)
plt.figure()
plt.subplots_adjust(wspace = 0.65)
plt.subplot(121); plt.plot(a0, s1(a0))
plt.xlabel('$a$'); plt.ylabel('$x_1$')
plt.subplot(122); plt.plot(a0, s2(a0))
plt.xlabel('$a$'); plt.ylabel('$x_2$')
dx1 = sx1.diff(a); dx10 = dx1.subs(a, 0.01)
sx1a = dx10 * 0.01 / 4735
dx2 = sx2.diff(a); dx20 = dx2.subs(a, 0.01)
sx2a = dx20 * 0.01 / 7043
Y = y.subs({x1: s[x1], x2: s[x2]})                         #求关于 a 的目标函数
Y = sp.factor(Y); Y = sp.simplify(Y)
Ya = sp.lambdify('a', Y, 'numpy')                          #转换为匿名函数
a0 = plt.linspace(0.002, 0.02, 1000)
plt.figure(); plt.plot(a0, Ya(a0))
plt.xlabel('$a$'); plt.ylabel('$y$', rotation=0)
Sya = - 4735 ** 2 * 0.01 / 553641.025
y2 = y.subs({x1: 4735, x2: 7043, a: 0.011})                #计算近似最优利润
y3 = Y.subs(a, 0.011)                                      #计算最优利润
delta = (y3 - y2) / y2                                     #计算利润的相对误差
plt.show()
```

5.3 二次规划模型

如果规划模型的目标函数是决策向量 $\boldsymbol{X}=[x_1,x_2,\cdots,x_n]^{\mathrm{T}}$ 的二次函数,约束条件都是线性的,那么这个模型称为二次规划(QP)模型。二次规划模型的一般形式为

$$\max\ (\min)\ \sum_{i=1}^{n}\sum_{j=1}^{n} c_{ij}x_ix_j + \sum_{i=1}^{n} d_ix_i,$$

$$\text{s.t.}\begin{cases}\displaystyle\sum_{j=1}^{n} a_{ij}x_j \leqslant (\geqslant, =) b_i, \quad i=1,2,\cdots,m,\\ x_i \geqslant 0, \quad i=1,2,\cdots,n,\end{cases}$$

式中：$c_{ij}=c_{ji},i,j=1,2,\cdots,n$。

二次规划模型是一种特殊的非线性规划模型。其中

$$\boldsymbol{H}=\begin{bmatrix} c_{11} & c_{12} & \cdots & c_{1n} \\ c_{21} & c_{22} & \cdots & c_{2n} \\ \vdots & \vdots & & \vdots \\ c_{n1} & c_{n2} & \cdots & c_{nn} \end{bmatrix}\in \mathbf{R}^{n\times n}$$

为对称矩阵，特别地，当 $\boldsymbol{H}$ 正定时，目标函数最小化时，模型为凸二次规划，凸二次规划局部最优解就是全局最优解。

例 5.3 求解如下二次规划模型

$$\max\ -x_1^2-0.3x_1x_2-2x_2^2+98x_1+277x_2,$$

$$\text{s. t.}\begin{cases} x_1+x_2\leqslant 100, \\ x_1-2x_2\leqslant 0, \\ x_1,x_2\geqslant 0. \end{cases}$$

解 上面二次规划模型的矩阵描述如下：

$$\max\ [x_1,x_2]\begin{bmatrix} -1 & -0.15 \\ -0.15 & -2 \end{bmatrix}\begin{bmatrix} x_1 \\ x_2 \end{bmatrix}+[98,277]\begin{bmatrix} x_1 \\ x_2 \end{bmatrix},$$

$$\text{s. t.}\begin{cases} \begin{bmatrix} 1 & 1 \\ 1 & -2 \end{bmatrix}\begin{bmatrix} x_1 \\ x_2 \end{bmatrix}\leqslant\begin{bmatrix} 100 \\ 0 \end{bmatrix}, \\ x_1,x_2\geqslant 0. \end{cases}$$

利用 Python 软件求得的最优解为 $x_1=35.365$，$x_2=64.635$，目标函数的最大值为 11077.8703。

```
#程序文件 ex5_3.py
import cvxpy as cp
import numpy as np
c2 = np.array([[-1, -0.15],[-0.15, -2]])
c1 = np.array([98, 277])
a = np.array([[1, 1], [1, -2]])
b = np.array([100, 0])
x = cp.Variable(2, pos=True)
obj =cp.Maximize(cp.quad_form(x, c2) + c1 @ x)
con = [ a @ x <= b]
prob = cp.Problem(obj, con)
prob.solve(solver='CVXOPT')
print('最优解为：', np.round(x.value,4))
print('最优值为：', round(prob.value,4))
```

例 5.4（投资组合问题） 已知有 A,B,C 三种股票在过去 12 年的每年收益率如表 5.2 所列。

表 5.2　3 种股票的年收益率数据

年　份	A 的收益率	B 的收益率	C 的收益率
1	0.3	0.225	0.149
2	0.103	0.29	0.26
3	0.216	0.216	0.419
4	−0.056	−0.272	−0.078
5	−0.071	0.144	0.169
6	0.056	0.107	−0.035
7	0.038	0.321	0.133
8	0.089	0.305	0.732
9	0.09	0.195	0.021
10	0.083	0.39	0.131
11	0.035	−0.072	0.006
12	0.176	0.715	0.908

试从两个方面分别给出 3 支股票的投资比例：

（1）希望将投资组合中的股票收益的方差降到最小，以降低投资风险，并期望年收益率至少达到 15%，那么应当如何投资？

（2）希望在方差最大不超过 0.09 的情况下，获得最大的收益。

1. 问题的分析

上面提出的问题称为投资组合（portfolio），早在 1952 年，现代投资组合理论的开创者 Markowitz 就给出了这个模型的基本框架，并于 1990 年获得了诺贝尔经济学奖。

一般来说，人们投资股票的收益是不确定的，可视为一个随机变量，其大小很自然地可以用年收益率的期望来度量。收益的不确定性当然会带来风险，Markowitz 建议，风险可以用收益的方差（或标准差）来衡量：方差越大，风险越大；方差越小，风险越小。在一定的假设下，用收益的方差来衡量风险确实是合适的。为此，我们可用表 5.2 给出的 12 年数据，计算出 3 种股票收益的均值和协方差。

于是，一种股票收益的均值衡量的是这种股票的平均收益状况，而收益的方差衡量的是这种股票收益的波动幅度，方差越大则波动越大，收益越不稳定。两种股票收益的协方差表示的则是它们之间的相关程度：

（1）协方差为 0 时两者不相关。

（2）协方差为正表示两者正相关，协方差越大则正相关性越强（越有可能一赚都赚，一赔俱赔）。

（3）协方差为负表示两者负相关，绝对值越大则负相关性越强（越有可能一个赚，另一个赔）。

2. 模型的建立与求解

设 x_1, x_2, x_3 分别表示 A, B, C 三只股票的投资比例，其收益率分别记为 R_1, R_2, R_3，它们是随机变量，则投资组合的总收益率为

$$R = x_1 R_1 + x_2 R_2 + x_3 R_3.$$

R 的数学期望为

$$E(R)=x_1E(R_1)+x_2E(R_2)+x_3E(R_3).$$

由概率统计的知识可得投资组合的方差为

$$\begin{aligned}\operatorname{Var}(R)=&x_1^2\operatorname{Var}(R_1)+x_2^2\operatorname{Var}(R_2)+x_3^2\operatorname{Var}(R_3)\\&+2x_1x_2\operatorname{Cov}(R_1,R_2)+2x_1x_3\operatorname{Cov}(R_1,R_3)+2x_2x_3\operatorname{Cov}(R_2,R_3).\end{aligned}$$

由表 5.2 的数据，计算得到 3 种股票的年平均收益率和年收益率的协方差数据如表 5.3 所列。

表 5.3　股票年收益的相关数据

	年平均收益率	年收益率的协方差		
		A	*B*	*C*
A	0.0882	0.0111	0.0128	0.0134
B	0.2137	0.0128	0.0584	0.0554
C	0.2346	0.0134	0.0554	0.0942

记 $\boldsymbol{x}=[x_1,x_2,x_3]^{\mathrm{T}}$，表 5.3 中的协方差矩阵记作 $\boldsymbol{F}$，即

$$\boldsymbol{F}=\begin{bmatrix}0.0111&0.0128&0.0134\\0.0128&0.0584&0.0554\\0.0134&0.0554&0.0942\end{bmatrix},$$

则投资组合的方差为

$$\operatorname{Var}(R)=\boldsymbol{x}^{\mathrm{T}}\boldsymbol{F}\boldsymbol{x}.$$

下面计算时，取

$$E(R_1)=0.0882,\ E(R_2)=0.2137,\ E(R_3)=0.2346,$$

记 $\boldsymbol{\mu}=[E(R_1),E(R_2),E(R_3)]^{\mathrm{T}}=[0.0882,0.2137,0.2346]^{\mathrm{T}}$.

1）问题(1)的模型及求解

投资者希望将投资组合中的股票收益的方差降到最小，以降低投资风险，并希望年收益率不少于 15%。于是，以投资组合的方差为目标函数，取最小化，而以 3 只股票的投资比例总和为 1 与组合投资的总收益率不小于 0.15 为约束条件，来建立问题的优化模型，则问题的二次规划模型为

$$\min\ \boldsymbol{x}^{\mathrm{T}}\boldsymbol{F}\boldsymbol{x},$$

$$\text{s.t.}\begin{cases}x_1+x_2+x_3=1,\\\boldsymbol{\mu}^{\mathrm{T}}\boldsymbol{x}\geqslant0.15,\\x_1,x_2,x_3\geqslant0.\end{cases}$$

利用 Python 软件求得最优解

$$x_1=0.5269,\ x_2=0.3578,\ x_3=0.1153,$$

其目标函数的最优值为 0.0228。

在问题(1)要求条件下，由模型的求解结果知，A,B,C 这 3 只股票最优的组合投资比例分别为 52.69%，35.78%，11.53%，其最小风险(方差)为 0.0228。

2）问题(2)的模型及求解

根据问题(2)的要求，即在方差(投资风险)最大不超过 0.09 的情况下，期望获得最

大的收益。为此以投资总收益为目标函数,取最大化。以投资比例总和为 1 与方差不超过 0.09 为约束条件,来建立问题的优化模型,则问题的非线性规划模型为

$$\max z=\boldsymbol{\mu}^{\mathrm{T}}\boldsymbol{x},$$
$$\text{s. t.}\begin{cases}x_1+x_2+x_3=1,\\ \boldsymbol{x}^{\mathrm{T}}\boldsymbol{F}\boldsymbol{x}\leqslant 0.09,\\ x_1,x_2,x_3\geqslant 0.\end{cases}$$

利用 Python 软件求得最优解

$$x_1=0,\ x_2=0.0562,\ x_3=0.9438,$$

其目标函数的最优值为 $z=0.2334$。

在问题(2)要求条件下,即方差最大不超过 0.09,期望获得最大的收益。根据模型的求解结果说明,最大收益率对应的 A,B,C 这 3 只股票的组合投资最优比例分别为 0,5.62%,94.38%,其最高收益率可达到 23.34%。

计算的 Python 程序如下:

```
#程序文件 ex5_4. py
import cvxpy as cp
import numpy as np

a = np. loadtxt('data5_4. txt')
mu = a. mean(axis=0)                #计算年平均收益
F = np. cov(a. T)                   #计算协方差矩阵
x = cp. Variable(3, pos=True)
ob1 = cp. Minimize(cp. quad_form(x,F))
con1 = [ mu @ x >= 0. 15,
         sum(x) == 1 ]
prob1 = cp. Problem(ob1, con1)
prob1. solve(solver='CVXOPT')
print('最优值为:', round(prob1. value,4))
print('最优解为:', np. round(x. value,4))

ob2 = cp. Maximize(mu @ x)
con2 = [sum(x) == 1,
        cp. quad_form(x, F) <= 0. 09]
prob2 = cp. Problem(ob2, con2)
prob2. solve(solver='CVXOPT')
print('最优值为:', round(prob2. value,4))
print('最优解为:', np. round(x. value,4))
```

5.4 非线性规划的求解及应用

对于一般的非线性规划问题,由于不是凸规划,就不能使用 cvxpy 库求解。求解一般的非线性规划问题使用 scipy. optimize 模块的 minimize 函数求解,下面通过一些具体例子

来说明 minimize 的使用方法。

minimize 函数求解非线性规划的标准型为

$$
\min f(\boldsymbol{x}),\quad \text{s. t.}\begin{cases} g_i(\boldsymbol{x})\geqslant 0, & i=1,2,\cdots,p,\\ h_j(\boldsymbol{x})=0, & j=1,2,\cdots,q. \end{cases} \tag{5.16}
$$

例 5.5(续例 5.3) 求解如下二次规划模型

$$
\min -x_1^2-0.3x_1x_2-2x_2^2+98x_1+277x_2
$$

$$
\text{s. t.}\begin{cases} x_1+x_2\leqslant 100,\\ x_1-2x_2\leqslant 0,\\ x_1,x_2\geqslant 0. \end{cases}
$$

由于上述二次规划的目标函数不是凸函数,不能使用 cvxpy 库进行求解。

使用 Python 软件求得的最优解为

$$
x_1=0,\ x_2=0,
$$

目标函数的最优值为 0。

计算的 Python 程序如下:

```
#程序文件 ex5_5. py
import numpy as np
from scipy. optimize import minimize

c2 = np. array([[-1, -0. 15],[-0. 15, -2]])
c1 = np. array([98, 277])
a = np. array([[1, 1], [1, -2]])
b = np. array([100, 0])
obj = lambda x: x @ c2 @ x + c1 @ x
con = {'type': 'ineq', 'fun': lambda x: b-a@ x}
bd = [(0, np. inf) for i in range(a. shape[1])]
res = minimize(obj, np. random. randn(2), constraints=con, bounds=bd)
print(res)  #输出解的信息
```

例 5.6 求下列非线性规划

$$
\min f(\boldsymbol{x})=x_1^2+x_2^2+x_3^2+8,
$$

$$
\text{s. t.}\begin{cases} x_1^2-x_2+x_3^2\geqslant 0,\\ x_1+x_2^2+x_3^3\leqslant 20,\\ -x_1-x_2^2+2=0,\\ x_2+2x_3^2=3,\\ x_1,x_2,x_3\geqslant 0. \end{cases}
$$

解 求得当 $x_1=0.5522, x_2=1.2033, x_3=0.9478$ 时,最小值 $y=10.6511$。

```
#程序文件 ex5_6. py
import numpy as np
```

```
from scipy.optimize import minimize

obj=lambda x: sum(x**2)+8
def constr1(x):
    x1, x2, x3 = x
    return [x1**2-x2+x3**2,
            20-x1-x2**2-x3**2]
def constr2(x):
    x1, x2, x3 = x
    return [-x1-x2**2+2, x2+2*x3**2-3]
con1={'type': 'ineq', 'fun': constr1}
con2={'type': 'eq', 'fun': constr2}
con=[con1, con2]  #构造全部约束条件
bd = [(0, np.inf) for i in range(3)]
res = minimize(obj, np.random.randn(3), constraints=con, bounds=bd)
print(res)  #输出解的信息
```

建模时尽量建立线性规划模型,或者把非线性规划模型线性化。

例 5.7 求解下列规划问题

$$\min z=|x_1|+2|x_2|+3|x_3|+4|x_4|,$$

$$\text{s.t.}\begin{cases}x_1-x_2-x_3+x_4=0,\\ x_1-x_2+x_3-3x_4=1,\\ x_1-x_2-2x_3+3x_4=-\dfrac{1}{2}.\end{cases}$$

解一 上述非线性规划问题是一个凸规划,可以使用 cvxpy 库求解,求得的最优解为

$$x_1=0.25,\ x_2=x_3=0,\ x_4=-0.25,$$

目标函数的最优值为 1.25。

计算的 Python 程序如下:

```
#程序文件ex5_7_1.py
import cvxpy as cp
import numpy as np

c = np.arange(1, 5)
a = np.array([[1,-1,-1,1], [1,-1,1,-3], [1,-1,-2,3]])
b = np.array([0, 1, -1/2])
x = cp.Variable(4)
obj = cp.Minimize(c @ cp.abs(x))
con = [a @ x==b]
prob = cp.Problem(obj, con)
prob.solve(solver='GLPK_MI')
print("最优值为:", prob.value)
print("最优解为:\n", x.value)
```

解二 先线性化，做变量变换 $u_i=\dfrac{x_i+|x_i|}{2}\geqslant 0, v_i=\dfrac{|x_i|-x_i}{2}\geqslant 0, i=1,2,3,4$，记 $\boldsymbol{x}=[x_1,x_2,x_3,x_4]^{\mathrm{T}}, \boldsymbol{u}=[u_1,u_2,u_3,u_4]^{\mathrm{T}}, \boldsymbol{v}=[v_1,v_2,v_3,v_4]^{\mathrm{T}}, |\boldsymbol{x}|=[|x_1|,|x_2|,|x_3|,|x_4|]^{\mathrm{T}}$，则 $\boldsymbol{x}=\boldsymbol{u}-\boldsymbol{v}, |\boldsymbol{x}|=\boldsymbol{u}+\boldsymbol{v}$，则可把模型变换为线性规划模型

$$\min \boldsymbol{c}^{\mathrm{T}}(\boldsymbol{u}+\boldsymbol{v}),$$

$$\text{s.t.}\begin{cases}\boldsymbol{A}(\boldsymbol{u}-\boldsymbol{v})=\boldsymbol{b},\\ \boldsymbol{u},\boldsymbol{v}\geqslant 0,\end{cases}$$

式中：$\boldsymbol{c}=[1,2,3,4]^{\mathrm{T}}$；$\boldsymbol{b}=\left[0,1,-\dfrac{1}{2}\right]^{\mathrm{T}}$；$\boldsymbol{A}=\begin{bmatrix}1&-1&-1&1\\1&-1&1&-3\\1&-1&-2&3\end{bmatrix}$。

求解的 Python 程序如下：

```
#程序文件 ex5_7_2. py
import cvxpy as cp
import numpy as np

c = np. arange(1,5)
a = np. array([[1,-1,-1,1],[1,-1,1,-3],[1,-1,-2,3]])
b = np. array([0,1,-1/2])
u = cp. Variable(4, pos=True)
v = cp. Variable(4, pos=True)
obj = cp. Minimize(c@ (u+v))
con = [a@ (u-v)= =b]
prob = cp. Problem(obj, con)
prob. solve(solver='GLPK_MI')
print("最优值为:", prob. value)
print("最优解为:\n", u. value, '\n', v. value)
print("原问题的最优解为:", u. value-v. value)
```

例 5.8(供应与选址) 建筑工地的位置(用平面坐标 a,b 表示，距离单位：km)及水泥日用量 c(单位：t)由表 5.4 给出。拟建两个料场向 6 个工地运送水泥，两个料场日储量各为 20t，问料场建在何处，使总的吨公里数最小。

表 5.4 建筑工地的位置及水泥日用量表

参数	工地					
	1	2	3	4	5	6
a/km	1.25	8.75	0.5	3.75	3	7.25
b/km	1.25	0.75	4.75	5	6.5	7.75
c/t	3	5	4	7	6	11

解 记第 i 个工地的位置为 $(a_i,b_i)(i=1,2,\cdots,6)$，水泥日用量为 c_i；拟建料场位置为 $(x_j,y_j)(j=1,2)$，日储量为 e_j，从料场 j 向工地 i 的运送量为 z_{ij}。

建立如下的非线性规划模型：

$$\min \sum_{i=1}^{6} \sum_{j=1}^{2} z_{ij} \sqrt{(x_j - a_i)^2 + (y_j - b_i)^2},$$

$$\text{s. t.} \begin{cases} \sum_{j=1}^{2} z_{ij} = c_i, & i = 1,2,\cdots,6, \\ \sum_{i=1}^{6} z_{ij} \leqslant e_j, & j = 1,2, \\ z_{ij} \geqslant 0, & i = 1,2,\cdots,6; j = 1,2. \end{cases}$$

利用 Python 软件,求得拟建料场的坐标为(3.2654,5.1919),(7.25,7.75)。由两个料场向 6 个工地运料方案如表 5.5 所列,总的吨公里数为 71.9352。

注 5.2 程序每次运行结果略微有些差异。

表 5.5 两个料场向 6 个工地运料方案

料 场	工 地					
	1	2	3	4	5	6
料场 1	0	5	0	0	0	11
料场 2	3	0	4	7	6	0

```
#程序文件 ex5_8.py
import numpy as np
from scipy.optimize import minimize

d = np.loadtxt('data5_8.txt')
a = d[0]; b = d[1]; c = d[2]
e = np.array([20, 20])

def obj(xyz):
    x = xyz[:2]; y = xyz[2:4]
    z = xyz [4:].reshape(6,2)
    obj =0
    for i in range(6):
        for j in range(2):
            obj = obj + z[i,j] * np.sqrt((x[j]-a[i])**2+(y[j]-b[i])**2)
    return obj

con = []
con.append({'type': 'eq', 'fun': lambda z:z[4:].reshape(6,2).sum(axis=1)-c})
con.append({'type': 'ineq', 'fun': lambda z:e-z[4:].reshape(6,2).sum(axis=0)})
bd = [(0, np.inf) for i in range(16)]          #决策向量的界限
res = minimize(obj, np.random.rand(16), constraints=con, bounds=bd)
print(res)                                      #输出解的信息
s=np.round(res.x, 4)                            #提出最优解的取值
print('目标函数的最优值:', round(res.fun,4))
```

```
print('x 的坐标为:', s[:2])
print('y 的坐标为:', s[2:4])
print('料场到工地的运输量为:\n', s[4:].reshape(6,2).T)
```

5.5 多目标规划

5.5.1 多目标规划问题的基本理论

多目标规划是多目标决策的重要内容之一,在进行多目标决策时,当希望每个目标都尽可能大(或尽可能小)时,就形成了一个多目标规划问题,其一般形式为

$$\min \boldsymbol{f}(\boldsymbol{x})=[f_1(\boldsymbol{x}),f_2(\boldsymbol{x}),\cdots,f_m(\boldsymbol{x})]^{\mathrm{T}}, \tag{5.17}$$

$$\text{s.t.}\begin{cases} g_i(\boldsymbol{x})\leqslant 0, & i=1,2,\cdots,p, \\ h_j(\boldsymbol{x})=0, & j=1,2,\cdots,q, \end{cases} \tag{5.18}$$

其中,$\boldsymbol{x}$ 为决策向量;$f_1(\boldsymbol{x}),f_2(\boldsymbol{x}),\cdots,f_m(\boldsymbol{x})$ 为目标函数,式(5.18)为约束条件。记 Ω 为多目标规划的可行域(决策空间):

$$\Omega=\{\boldsymbol{x}\,|\,g_i(\boldsymbol{x})\leqslant 0,i=1,2,\cdots,p;h_j(\boldsymbol{x})=0,j=1,2,\cdots,q\},$$

$\boldsymbol{f}(\Omega)=\{\boldsymbol{f}(\boldsymbol{x})\,|\,\boldsymbol{x}\in\Omega\}$ 为多目标规划问题的像集(目标空间)。式(5.17)和式(5.18)确定多目标规划问题(MP)。

定义 5.5 设 $\bar{\boldsymbol{x}}\in\Omega$,若对于任意 $i=1,2,\cdots,m$ 及任意 $\boldsymbol{x}\in\Omega$,均有

$$f_i(\bar{\boldsymbol{x}})\leqslant f_i(\boldsymbol{x}), \tag{5.19}$$

则称 $\bar{\boldsymbol{x}}$ 为问题(MP)的绝对最优解,记问题(MP)的绝对最优解集为 Ω_{ab}^*。

一般来说,多目标规划问题(MP)的绝对最优解是不常见的,当绝对最优解不存在时,需要引入新的“解”的概念。多目标规划中最常用的解为非劣解或有效解,也称为 Pareto 最优解。

Pareto 最优是一个经济学上的概念。意大利经济学家 Pareto 提出:当一个国家的资源和产品是以这样一种方式配置时,即没有一种重新配置,能够在不使其他人的生活恶化的情况下改善任何人的生活,则可以说处于 Pareto 最优。从数学上来看,Pareto 最优解定义如下。

定义 5.6 考虑多目标规划问题(MP),设 $\bar{\boldsymbol{x}}\in\Omega$,若不存在 $\boldsymbol{x}\in\Omega$,使得

$$f_i(\boldsymbol{x})\leqslant f_i(\bar{\boldsymbol{x}}),\quad i=1,2,\cdots,m,$$

且至少有一个

$$f_j(\boldsymbol{x})<f_j(\bar{\boldsymbol{x}}),$$

则称 $\bar{\boldsymbol{x}}$ 为问题(MP)的有效解(或 Pareto 有效解),$f(\bar{\boldsymbol{x}})$ 为有效点。

满意解的概念主要是从决策过程角度,根据决策者的偏好与要求而提出的。

设可行域为 Ω,要求 m 个目标函数 $f_i(i=1,2,\cdots,m)$ 越小越好。有时决策者的期望较低,给出了 m 个阈值 α_i,当 $\bar{\boldsymbol{x}}\in\Omega$ 满足 $f_i(\bar{\boldsymbol{x}})\leqslant\alpha_i(i=1,2,\cdots,m)$ 时,就认为 $\bar{\boldsymbol{x}}$ 是可以接受的、是满意的。这样的 $\bar{\boldsymbol{x}}$ 就称为一个满意解。

注 5.3 在多目标规划问题中,一般不提最优解的概念,只提满意解或有效解。

5.5.2 求有效解的几种常用方法

由于对绝大多数多目标决策实际问题,决策者最偏好的方案都是有效解,下面介绍几种常用的求解问题(MP)的有效解的常用方法。

值得注意的是,在多目标规划中,除去目标函数一般是彼此冲突外,还有另一个特点,即目标函数的不可公度性。所以通常在求解前,先对目标函数进行预处理。预处理的内容包括:

(1) 无量纲化处理。每个目标函数的量纲通常是不一样的,在进行加权求解时由于量纲的不可公度性,需要先进行无量纲化处理。

(2) 数量级的归一化处理。当各个目标函数的数量级差异较大时,容易出现大数吃小数现象,即数量级较大的目标在决策分析过程中容易占优,从而影响决策结果。

规范化处理方法在后面会有所阐述,在此不再详述。

1. 线性加权法

该方法的基本思想是根据目标的重要性确定一个权重,以目标函数的加权平均值为评价函数,使其达到最优。该方法的基本步骤如下。

第一步:确定每个目标的权系数。

$$0 \leqslant w_j \leqslant 1,\ j=1,2,\cdots,m;\ \sum_{j=1}^{m} w_j = 1.$$

第二步:写出评价函数 $\sum_{j=1}^{m} w_j f_j$。

第三步:求评价函数最优值

$$\min \sum_{i=1}^{m} w_i f_i(\boldsymbol{x}),$$
$$\text{s. t. } \boldsymbol{x} \in \Omega.$$

该方法应用的关键是要确定每个目标的权重,它反映不同目标在决策者心中的重要程度,重要程度高的权重就大,重要程度低的权重就小。权重的确定一般由决策者给出,因而具有较大的主观性,不同的决策者给的权重可能不同,从而会使计算的结果不同。

2. ε 约束法

根据决策者的偏好,选择一个主要关注的参考目标,例如 $f_k(\boldsymbol{x})$,而将其他 $m-1$ 个目标函数放到约束条件中。具体地,

$$\begin{aligned} &\min f_k(\boldsymbol{x}), \\ &\text{s. t.} \begin{cases} f_i(\boldsymbol{x}) \leqslant \varepsilon_i, & i=1,2,\cdots,k-1,k+1,\cdots,m, \\ \boldsymbol{x} \in \Omega. \end{cases} \end{aligned} \tag{5.20}$$

式中:参数 $\varepsilon_i, i=1,2,\cdots,k-1,k+1,\cdots,m$ 为决策者事先给定的。

ε 约束法也称为主要目标法或参考目标法,参数 ε_i 是决策者对第 i 个目标而言的容许接受阈值。

ε 约束法有 3 个优点:

(1) 在有效解 $\bar{\boldsymbol{x}}$ 点处的库恩-塔克乘子可用来确定置换域,帮助决策者寻找更合意

的方案。

(2) 保证了第 k 个重要目标的利益,同时又适当照顾了其他目标,这在许多实际决策问题的求解中颇受决策者的偏爱。

(3) 多目标规划问题(MP)的每一个 Pareto 有效解都可以通过适当地选择参数 $\varepsilon_i(i=1,2,\cdots,k-1,k+1,\cdots,m)$,用 ε 约束法求得。

在实际计算中,应注意参数 ε_i 的确定问题。如果每个 ε_i 的值都很小,则问题式(5.20)很有可能无可行解;如果 ε_i 的值较大,则目标 $f_k(\boldsymbol{x})$ 的损失可能就更大。处理这个问题有些方法,例如,给决策者提供 $f_i^* = \min\{f_i(\boldsymbol{x}) | \boldsymbol{x} \in \Omega\}$ $(i=1,2,\cdots,m)$ 和某个可行解 $\tilde{\boldsymbol{x}}$ 处的目标值 $[f_1(\tilde{\boldsymbol{x}}),f_2(\tilde{\boldsymbol{x}}),\cdots,f_m(\tilde{\boldsymbol{x}})]^{\mathrm{T}}$,然后决策者根据经验或要求确定 ε_i 的值。

3. 理想点法

该方法的基本思想是:以每个单目标最优值为该目标的理想值,使每个目标函数值与理想值的差的加权平方和最小。该方法的基本步骤如下。

第一步:求出每个目标函数的理想值。以单个目标函数为目标构造单目标规划,求该规划的最优值

$$f_i^* = \min_{\boldsymbol{x} \in \Omega} f_i(\boldsymbol{x}), \quad i=1,2,\cdots,m.$$

第二步:构造每个目标与理想值的差的加权平方和,作出评价函数

$$\sum_{i=1}^{m} w_i (f_i - f_i^*)^2,$$

其中,权重通常进行归一化处理,即满足 $w_i \geqslant 0$, $\sum_{i=1}^{m} w_i = 1$。

第三步:求评价函数的最优值

$$\min_{\boldsymbol{x} \in \Omega} \sum_{i=1}^{m} w_i (f_i - f_i^*)^2. \tag{5.21}$$

该方法需要求解 $m+1$ 个单目标规划。

为了简化计算过程,式(5.21)可以改写为

$$\min_{\boldsymbol{x} \in \Omega} \sum_{i=1}^{m} (f_i - f_i^*)^2. \tag{5.22}$$

4. 优先级法

该方法的基本思想是根据目标重要性分成不同优先级,先求优先级高的目标函数的最优值,在确保优先级高的目标获得不低于最优值的条件下,再求优先级低的目标函数,具体步骤如下。

第一步:确定优先级。

第二步:求第一级单目标最优值 $f_1^* = \min_{\boldsymbol{x} \in \Omega} f_1(\boldsymbol{x})$。

第三步:以第一级单目标等于最优值为约束,求第二级目标最优。即求解如下问题:

$$\min f_2(\boldsymbol{x}),$$
$$\text{s.t.} \begin{cases} f_1(\boldsymbol{x}) = f_1^*, \\ \boldsymbol{x} \in \Omega. \end{cases}$$

记求得的最优解为 $\boldsymbol{x}^{(2)}$,目标函数对应的最优值为 f_2^*。

第四步：以第一、第二级单目标等于其最优值为约束，求第三级目标最优。依次递推求解。

优先级解法也称为序贯解法。该方法适用于目标有明显轻重之分的问题，也就是说，各目标的重要性差距比较大，首先确保最重要的目标，然后再考虑其他目标。在同一等级的目标可能会有多个，这些目标的重要性没有明显的差距，可以用加权方法求解。

例 5.9 某公司考虑生产两种光电太阳能电池：产品甲和产品乙。这种生产会引起空气放射性污染。因此，公司经理有两个目标：极大化利润与极小化总的放射性污染。已知在一个生产周期内，每单位产品的收益、放射性污染排放量、机器能力(h)、装配能力(h)和可用的原材料(单位)的限制如表 5.6 所列。假设市场需求无限制，两种产品的产量和至少为 10，则公司该如何安排一个生产周期内的生产。

表 5.6 资源条件、利润及污染排放量

参 数	单位甲产品	单位乙产品	资 源 限 量
设备工时	0.5	0.25	8
工人工时	0.2	0.2	4
原材料	1	5	72
利润	2	3	—
污染排放	1	2	—

设 x_1, x_2 分别表示甲乙两种产品在一个生产周期内的产量，记 $\boldsymbol{x}=[x_1, x_2]^{\mathrm{T}}$，则该问题的目标函数为

$$\text{利润极大化}:\max f_1(\boldsymbol{x})=2x_1+3x_2$$

及

$$\text{污染极小化}:\min f_2(\boldsymbol{x})=x_1+2x_2.$$

约束条件分如下 4 类：

(1) 设备工时约束

$$0.5x_1+0.25x_2\leqslant 8.$$

(2) 工人工时约束

$$0.2x_1+0.2x_2\leqslant 4.$$

(3) 原材料约束

$$x_1+5x_2\leqslant 72.$$

(4) 产量约束

$$x_1+x_2\geqslant 10.$$

综上所述，该问题的模型可描述为

$$\min\ \{-f_1(\boldsymbol{x}), f_2(\boldsymbol{x})\}$$

$$\text{s.t.}\begin{cases}0.5x_1+0.25x_2\leqslant 8,\\0.2x_1+0.2x_2\leqslant 4,\\x_1+5x_2\leqslant 72,\\x_1+x_2\geqslant 10,\\x_1, x_2\geqslant 0.\end{cases}$$

下面使用3种方法对模型求解。

(1) 线性加权法。两个目标函数的权重都取为0.5,把上述多目标规划问题归结为如下的线性规划问题:

$$\min 0.5(-2x_1-3x_2)+0.5(x_1+2x_2),$$
$$\text{s.t.}\begin{cases}0.5x_1+0.25x_2\leqslant 8,\\0.2x_1+0.2x_2\leqslant 4,\\x_1+5x_2\leqslant 72,\\x_1+x_2\geqslant 10,\\x_1,x_2\geqslant 0.\end{cases}$$

利用Python软件,求得上面线性规划问题的最优解为

$$x_1=12,\ x_2=8,$$

利润为48,污染物排放量为28。此时生产甲产品12件,乙产品8件,作为多目标规划的满意解。

(2) 理想点法。分别求解线性规划问题

$$\min -2x_1-3x_2,$$
$$\text{s.t.}\begin{cases}0.5x_1+0.25x_2\leqslant 8,\\0.2x_1+0.2x_2\leqslant 4,\\x_1+5x_2\leqslant 72,\\x_1+x_2\geqslant 10,\\x_1,x_2\geqslant 0.\end{cases}$$

得目标函数的最优值$f_1^*=-53$。

$$\min x_1+2x_2,$$
$$\text{s.t.}\begin{cases}0.5x_1+0.25x_2\leqslant 8,\\0.2x_1+0.2x_2\leqslant 4,\\x_1+5x_2\leqslant 72,\\x_1+x_2\geqslant 10,\\x_1,x_2\geqslant 0.\end{cases}$$

得目标函数的最优值$f_2^*=10$。

构造每个目标与最优值的差的平方和,作为新的目标函数

$$\min f=(-2x_1-3x_2+53)^2+(x_1+2x_2-10)^2.$$

求解如下二次规划问题

$$\min f=(-2x_1-3x_2+53)^2+(x_1+2x_2-10)^2,$$
$$\text{s.t.}\begin{cases}0.5x_1+0.25x_2\leqslant 8,\\0.2x_1+0.2x_2\leqslant 4,\\x_1+5x_2\leqslant 72,\\x_1+x_2\geqslant 10,\\x_1,x_2\geqslant 0.\end{cases}$$

得多目标规划的满意解为

$$x_1=13.36,\ x_2=5.28.$$

(3) 序贯解法。

由理想点法解知,第一个目标函数的最优值为-53。

以第二个目标函数作为目标函数,问题的原始约束条件再加第一个目标函数等于其最优值的约束条件,构造如下的线性规划模型

$$\min\ x_1+2x_2,$$
$$\text{s. t.}\begin{cases}0.5x_1+0.25x_2\leqslant 8,\\0.2x_1+0.2x_2\leqslant 4,\\x_1+5x_2\leqslant 72,\\x_1+x_2\geqslant 10,\\-2x_1-3x_1=-53,\\x_1,x_2\geqslant 0.\end{cases}$$

求解得多目标规划的满意解为

$$x_1=7,\ x_2=13,$$

此时的利润为53,排放污染物为33。

```
#程序文件 ex5_9. py
import numpy as np
import cvxpy as cp

c1 = np. array([-2, -3])
c2 = np. array([1, 2])
a = np. array([[0. 5, 0. 25], [0. 2, 0. 2], [1, 5], [-1, -1]])
b = np. array([8, 4, 72, -10])
x = cp. Variable(2, pos=True)
obj = cp. Minimize(0. 5 * (c1 + c2) @ x)
con = [a @ x <= b]
prob = cp. Problem(obj, con)
prob. solve(solver='GLPK_MI')
print('最优解为:', x. value)
print('最优值为:', prob. value)

obj1 = cp. Minimize(c1 @ x)
prob1 = cp. Problem(obj1, con)
prob1. solve(solver='GLPK_MI')
v1 = prob1. value          #第一个目标函数的最优值
obj2 = cp. Minimize(c2 @ x)
prob2 = cp. Problem(obj2, con)
prob2. solve(solver='GLPK_MI')
v2 = prob2. value          #第二个目标函数的最优值
```

```
print('两个目标函数的最优值分别为:', v1, v2)
obj3 = cp.Minimize((c1@x-v1)**2+(c2@x-v2)**2)
prob3 = cp.Problem(obj3, con)
prob3.solve(solver='CVXOPT')
print('解法二的最优解:', x.value)

con.append( c1 @ x == v1)
prob4 = cp.Problem(obj2, con)
prob4.solve(solver='GLPK_MI')
x3 = x.value                #提出最优解的值
print('解法三的最优解:', x3)
print('利润:', -c1@x3); print('排放污染物:', c2@x3)
```

5.6 飞行管理问题

例 5.10(本题选自 1995 年全国大学生数学建模竞赛 A 题)

在约 10000m 高空的某边长 160km 的正方形区域内,经常有若干架飞机做水平飞行。区域内每架飞机的位置和速度向量均由计算机记录其数据,以便进行飞行管理。当一架欲进入该区域的飞机到达区域边缘时,记录其数据后,要立即计算并判断是否会与区域内的飞机发生碰撞。如果会碰撞,则应计算如何调整各架(包括新进入的)飞机飞行的方向角,以避免碰撞。现假设条件如下:

(1) 不碰撞的标准为任意两架飞机的距离大于 8km。

(2) 飞机飞行方向角调整的幅度不应超过 30°。

(3) 所有飞机飞行速度均为 800km/h。

(4) 进入该区域的飞机在到达区域边缘时,与区域内飞机的距离应在 60km 以上。

(5) 最多需考虑 6 架飞机。

(6) 不必考虑飞机离开此区域后的状况。

试对这个避免碰撞的飞行管理问题建立数学模型,列出计算步骤,对以下数据进行计算(方向角误差不超过 0.01°),要求飞机飞行方向角调整的幅度尽量小。

设该区域 4 个顶点的座标为(0,0),(160,0),(160,160),(0,160)。记录数据如表 5.7 所列。

表 5.7 飞行记录数据

飞机编号	横坐标 x	纵坐标 y	方向角/(°)
1	150	140	243
2	85	85	236
3	150	155	220.5
4	145	50	159
5	130	150	230
新进入	0	0	52

注:方向角指飞行方向与 x 轴正向的夹角。

1. 符号说明

a 为飞机飞行速度,$a=800\text{km/h}$;

(x_i^0,y_i^0)为第 i 架飞机的初始位置,$i=1,\cdots,6$,$i=6$ 对应新进入的飞机;

$(x_i(t),y_i(t))$为第 i 架飞机在 t 时刻的位置;

θ_i^0 为第 i 架飞机的原飞行方向角,即飞行方向与 x 轴正向夹角,$0\leqslant\theta_i^0<2\pi$;

$\Delta\theta_i$ 为第 i 架飞机的方向角调整量,$-\dfrac{\pi}{6}\leqslant\Delta\theta_i\leqslant\dfrac{\pi}{6}$;

$\theta_i=\theta_i^0+\Delta\theta_i$ 为第 i 架飞机调整后的飞行方向角。

2. 模型建立与求解

根据相对运动的观点,在考查两架飞机 i 和 j 的飞行时,可以将飞机 i 视为不动而飞机 j 以相对速度

$$\boldsymbol{v}=\boldsymbol{v}_j-\boldsymbol{v}_i=(a\cos\theta_j-a\cos\theta_i,a\sin\theta_j-a\sin\theta_i) \tag{5.23}$$

相对于飞机 i 运动,对式(5.23)进行适当的计算可得

$$\begin{aligned}\boldsymbol{v}&=2a\sin\frac{\theta_j-\theta_i}{2}\left(-\sin\frac{\theta_j+\theta_i}{2},\cos\frac{\theta_j+\theta_i}{2}\right)\\&=2a\sin\frac{\theta_j-\theta_i}{2}\left(\cos\left(\frac{\pi}{2}+\frac{\theta_j+\theta_i}{2}\right),\sin\left(\frac{\pi}{2}+\frac{\theta_j+\theta_i}{2}\right)\right),\end{aligned} \tag{5.24}$$

不妨设 $\theta_j\geqslant\theta_i$,此时相对飞行方向角为 $\beta_{ij}=\dfrac{\pi}{2}+\dfrac{\theta_i+\theta_j}{2}$,见图 5.6。

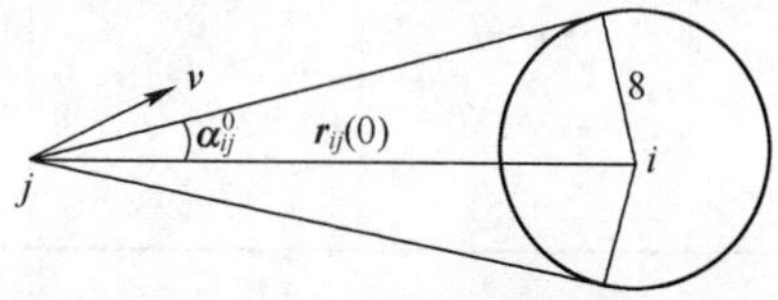

图 5.6　相对飞行方向角

由于两架飞机的初始距离为

$$r_{ij}(0)=\sqrt{(x_i^0-x_j^0)^2+(y_i^0-y_j^0)^2}, \tag{5.25}$$

$$\alpha_{ij}^0=\arcsin\frac{8}{r_{ij}(0)}, \tag{5.26}$$

于是,只要当相对飞行方向角 β_{ij}满足

$$\alpha_{ij}^0\leqslant\beta_{ij}\leqslant2\pi-\alpha_{ij}^0 \tag{5.27}$$

时,两架飞机不可能碰撞(图 5.6)。

记β_{ij}^0为调整前第 j 架飞机相对于第 i 架飞机的相对速度(矢量)与这两架飞机连线(从 j 指向 i 的矢量)的夹角(以连线矢量为基准,逆时针方向为正,顺时针方向为负)。则由式(5.27)知,两架飞机不碰撞的条件为

$$\left|\beta_{ij}^0+\frac{1}{2}(\Delta\theta_i+\Delta\theta_j)\right|\geqslant\alpha_{ij}^0, \tag{5.28}$$

其中

β_{mn}^0 = 相对速度 $\boldsymbol{v}_{mn}$ 的幅角 − 从 n 指向 m 的连线矢量的幅角 $=\arg\dfrac{\mathrm{e}^{\mathrm{i}\theta_n^0}-\mathrm{e}^{\mathrm{i}\theta_m^0}}{(x_m+\mathrm{i}y_m)-(x_n+\mathrm{i}y_n)}$.

注意 β_{mn}^0 表达式中的 i 表示虚数单位,这里为了区别虚数单位 i 或 j,下标改写成 m,n,这里我们利用复数的幅角,可以很方便地计算角度 $\beta_{mn}^0(m,n=1,2,\cdots,6)$。

本问题中的优化目标函数可以有不同的形式:如使所有飞机的最大调整量最小;所有飞机的调整量绝对值之和最小等。这里以所有飞机的调整量绝对值之和最小为目标函数,可以得到如下的数学规划模型:

$$\min \sum_{i=1}^{6}|\Delta\theta_i|,$$
$$\text{s.t.}\begin{cases}\left|\beta_{ij}^0+\dfrac{1}{2}(\Delta\theta_i+\Delta\theta_j)\right|\geqslant\alpha_{ij}^0, & i=1,\cdots,5,j=i+1,\cdots,6,\\ |\Delta\theta_i|\leqslant 30^\circ, & i=1,2,\cdots,6.\end{cases}\tag{5.29}$$

利用 Python 程序,求得 α_{ij}^0 的值如表 5.8 所列,求得 β_{ij}^0 的值如表 5.9 所列。

表 5.8　α_{ij}^0 的值

	1	2	3	4	5	6
1	0	5.3912	32.2310	5.0918	20.9634	2.2345
2	5.3912	0	4.8040	6.6135	5.8079	3.8159
3	32.2310	4.8040	0	4.3647	22.8337	2.1255
4	5.0918	6.6135	4.3647	0	4.5377	2.9898
5	20.9634	5.8079	22.8337	4.5377	0	2.3098
6	2.2345	3.8159	2.1255	2.9898	2.3098	0

表 5.9　β_{ij}^0 的值

	1	2	3	4	5	6
1	0	109.2636	−128.2500	24.1798	173.0651	14.4749
2	109.2636	0	−88.8711	−42.2436	−92.3048	9.0000
3	−128.2500	−88.8711	0	12.4763	−58.7862	0.3108
4	24.1798	−42.2436	12.4763	0	5.9692	−3.5256
5	173.0651	−92.3048	−58.7862	5.9692	0	1.9144
6	14.4749	9.0000	0.3108	−3.5256	1.9144	0

利用 Python 程序,求得式(5.29)的一次运行结果的最优解为 $\Delta\theta_5=0.2056^\circ$,$\Delta\theta_6=0.5853^\circ$,其他调整角度为 0°,总的调整角度为 0.7909°。

```
#程序文件 ex5_10.py
import numpy as np
import pandas as pd
```

```
from scipy.optimize import minimize

x0=np.array([150, 85, 150, 145, 130, 0])
y0=np.array([140, 85, 155, 50, 150, 0])
q=np.array([243, 236, 220.5, 159, 230, 52])
d=np.zeros((6,6)); a0=np.zeros((6,6)); b0=np.zeros((6,6))
xy0=np.vstack([x0,y0]).T
for i in range(6):
    for j in range(6): d[i,j]=np.linalg.norm(xy0[i]-xy0[j])
d[d==0]=np.inf
a0=np.arcsin(8.0/d) * 180/np.pi
xy1=x0+1j * y0; xy2=np.exp(1j * q * np.pi/180)
for m in range(6):
    for n in range(6):
        if n!=m: b0[m,n]=np.angle((xy2[n]-xy2[m])/(xy1[m]-xy1[n]))
b0=b0 * 180/np.pi
f=pd.ExcelWriter('data5_10.xlsx')                           #创建文件对象
pd.DataFrame(a0).to_excel(f,"sheet1",index=None)  #把 a0 写入 Excel 文件
pd.DataFrame(b0).to_excel(f,"sheet2",index=None)  #把 b0 写入表单 2
f.save()
obj=lambda x: sum(np.abs(x))
bd=[(-30,30) for i in range(6)]                              #决策向量的界限
x0= 30 * np.random.rand(6)                                   #决策变量的初值
cons=[]
for i in range(5):
    for j in range(i+1,6):
        cons.append({'type': 'ineq', 'fun': lambda x:
                    np.abs(b0[i,j]+(x[i]+x[j])/2)-a0[i,j]})
res = minimize(obj,x0, constraints=cons, bounds=bd)
print(res); print('----------------')
print('目标函数的最优值:', round(res.fun,4))
print('最优解为:', np.round(res.x,4))
```

注 5.4 对于不同版本的 Python 软件,最优解的计算结果可能会有差异。

习 题 5

5.1 已知矩阵 $\boldsymbol{A}=\begin{bmatrix}1&4&5\\4&2&6\\5&6&3\end{bmatrix}$,$\boldsymbol{x}=\begin{bmatrix}x_1\\x_2\\x_3\end{bmatrix}$,求二次型 $f(x_1,x_2,x_3)=\boldsymbol{x}^{\mathrm{T}}\boldsymbol{A}\boldsymbol{x}$ 在单位球面 $x_1^2+x_2^2+x_3^2=1$ 上的最小值。

5.2　一个塑料筐里装满了鸡蛋,两个两个地数,余 1 个鸡蛋;三个三个地数,正好数完;四个四个地数,余 1 个鸡蛋;五个五个地数,余 4 个鸡蛋;六个六个地数,余 3 个鸡蛋;七个七个地数,余 4 个鸡蛋;八个八个地数,余 1 个鸡蛋;九个九个地数,正好数完。建立数学规划模型求筐中鸡蛋个数的最小值是多少。

5.3　求解下列非线性整数规划问题

$$\min z=x_1^2+x_2^2+3x_3^2+4x_4^2+2x_5^2-8x_1-2x_2-3x_3-x_4-2x_5,$$

$$\text{s.t.}\begin{cases}0\leqslant x_i\leqslant 99,\text{且 } x_i \text{ 为整数}, & i=1,\cdots,5,\\ x_1+x_2+x_3+x_4+x_5\leqslant 400,\\ x_1+2x_2+2x_3+x_4+6x_5\leqslant 800,\\ 2x_1+x_2+6x_3\leqslant 200,\\ x_3+x_4+5x_5\leqslant 200.\end{cases}$$

5.4　求解下列非线性规划:

$$\max z=\sum_{i=1}^{100}\sqrt{x_i},$$

$$\text{s.t.}\begin{cases}x_1\leqslant 10,\\ x_1+2x_2\leqslant 20,\\ x_1+2x_2+3x_3\leqslant 30,\\ x_1+2x_2+3x_3+4x_4\leqslant 40,\\ \sum_{i=1}^{100}(101-i)x_i\leqslant 1000,\\ x_i\geqslant 0, i=1,2,\cdots,100.\end{cases}$$

5.5　求下列问题的解

$$\max f(\boldsymbol{x})=2x_1+3x_1^2+3x_2+x_2^2+x_3,$$

$$\text{s.t.}\begin{cases}x_1+2x_1^2+x_2+2x_2^2+x_3\leqslant 10,\\ x_1+x_1^2+x_2+x_2^2-x_3\leqslant 50,\\ 2x_1+x_1^2+2x_2+x_3\leqslant 40,\\ x_1^2+x_3=2,\\ x_1+2x_2\geqslant 1,\\ x_1\geqslant 0, \quad x_2,x_3\text{ 不约束}.\end{cases}$$

5.6　组合投资问题

现有 50 万元基金用于投资 3 种股票 A、B、C。A 每股年期望收益为 5 元(标准差 2 元),目前市价 20 元;B 每股年期望收益 8 元(标准差 6 元),目前市价 25 元;C 每股年期望收益为 10 元(标准差 10 元),目前市价 30 元;股票 A、B 收益的相关系数为 5/24,股票 A、C 收益的相关系数为-0.5,股票 B、C 收益的相关系数为-0.25。假设基金不一定要用完(不计利息或贬值),风险通常用收益的方差或标准差衡量。

(1) 期望今年得到至少 20%的投资回报,应如何投资?

(2) 投资回报率与风险的关系如何?

5.7 生产计划问题

某厂向用户提供发动机，合同规定，第一、二、三季度末分别交货 40 台、60 台、80 台，每季度的生产费用为 $f(x)=ax+bx^2$（元），其中 x 是该季度生产的发动机台数。若交货后有剩余，可用于下季度交货，但需支付存储费，每台每季度 c 元。

已知工厂每季度最大生产能力为 100 台，第一季度开始时无存货，设 $a=50$，$b=0.2$，$c=4$。

（1）工厂应如何安排生产计划，才能既满足合同要求，又使总费用最低？

（2）讨论 a，b，c 的变化对计划的影响，并做出合理的解释。

第6章 图论模型

图论是近30年来发展非常活跃的一个数学分支。大量的最优化问题都可以抽象成网络模型结构来加以解释、描述和求解。它在建模时,具有直观、易理解、适应性强等特点,已广泛应用于管理科学、物理学、化学、计算机科学、信息论、控制论、社会科学(心理学、教育学等)以及军事科学等领域。一些实际网络,如运输网、电话网、电力网、计算机局域网等,都可以用图的理论加以描述和分析,并借助于计算机算法直接求解。这一理论与线性规划、整数规划等优化理论和方法相互渗透,促进了图论方法在实际问题建模中的应用。

本章主要介绍图论的基本概念,以及利用图论思想构建一些常用的模型和模型求解的方法。

6.1 图与网络的基础理论

6.1.1 图与网络的基本概念

图,概括地讲就是由一些点和这些点之间的连线组成的结构。

1. 无向图和有向图

定义6.1 一个无向图 G 是由非空顶点集 V 和边集 E 按一定的对应关系构成的连接结构,记为 $G=(V,E)$。其中非空集合 $V=\{v_1,v_2,\cdots,v_n\}$ 为 G 的顶点集,V 中的元素称为 G 的顶点,其元素的个数为顶点数;集合 $E=\{e_1,e_2,\cdots,e_m\}$ 为 G 的边集,E 中的元素称为 G 的边,其元素的个数为图 G 的边数。

以下用 $|V|$ 表示图 $G=(V,E)$ 中顶点的个数,$|E|$ 表示边的条数。

图 G 的每一条边是由连接 G 中两个顶点而得到的一条线(可以是直线或曲线),因此与 G 的顶点对相对应,通常记作 $e_k=(v_i,v_j)$,其中,顶点 v_i,v_j 称为边 e_k 的两个端点,有时也说边 e_k 与顶点 v_i,v_j 关联。

对无向图来说,对应一条边的顶点对表示是无序的,即 (v_i,v_j) 和 (v_j,v_i) 表示同一条边 e_k。

有公共端点的两条边,称为邻边。同样,同一条边 e_k 的两个端点(v_i 和 v_j)称为是相邻的顶点。

带有方向的边称为有向边,又称为弧。如果给无向图的每条边规定一个方向,就得到有向图。

定义6.2 有向图通常记为 $D=(V,A)$,其中非空集合 $V=\{v_1,v_2,\cdots,v_n\}$ 为 D 的顶点集,$A=\{a_1,a_2,\cdots,a_m\}$ 为 D 的弧集合,每一条弧与一个有序的顶点对相对应,弧 $a_k=(v_i,v_j)$ 表示弧的方向自顶点 v_i 指向 v_j,v_i 称为弧 a_k 的始端,v_j 称为弧 a_k 的末端或终端,其中 a_k 称为 v_i 的出弧,称为 v_j 的入弧。

与无向图不同,在有向图情形下,(v_i,v_j)与(v_j,v_i)表示不同的弧。

把有向图 $D=(V,A)$ 中所有弧的方向都去掉,得到的边集用 E 表示,就得到与有向图 D 对应的无向图 $G=(V,E)$,称 G 为有向图 D 的基本图,称 D 为 G 的定向图。

例 6.1 设 $V=\{v_1,v_2,v_3,v_4,v_5\}$,$E=\{e_1,e_2,e_3,e_4,e_5\}$,其中

$$e_1=(v_1,v_2),\ e_2=(v_2,v_3),\ e_3=(v_2,v_3),\ e_4=(v_3,v_4),\ e_5=(v_4,v_4)$$

则 $G=(V,E)$是一个图,其图形如图 6.1 所示。

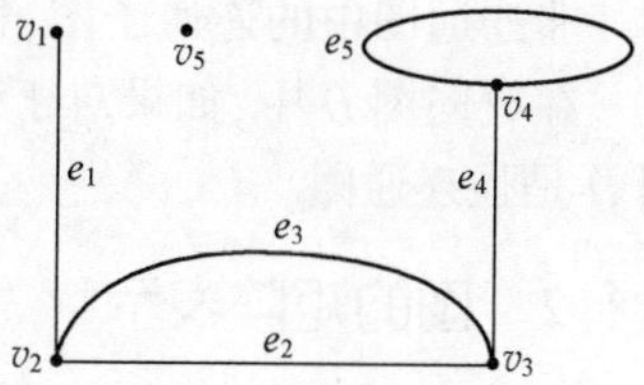

图 6.1　非简单图示例

2. 简单图、完全图、赋权图

定义 6.3 如果一条边的两个端点是同一个顶点,则称这条边为环。如果有两条边或多条边的端点是同一对顶点,则称这些边为重边或平行边。称不与任何边相关联的顶点为孤立点。

图 6.1 中,边 e_2 和 e_3 为重边,e_5 为环,顶点 v_5 为孤立点。

定义 6.4 无环且无重边的图称为简单图。

如果不特别声明,一般的图均指简单图。

图 6.1 不是简单图,因为图中既含有重边(e_2 和 e_3)又含环(e_5)。

定义 6.5 任意两顶点均相邻的简单图称为完全图。含 n 个顶点的完全图记为 K_n。

定义 6.6 如果图 G 的每条边 e 都附有一个实数 $w(e)$,则称图 G 为赋权图,实数 $w(e)$ 称为边 e 的权。

赋权图也称为网络。赋权图中的权可以是距离、费用、时间、效益、成本等。赋权图 G 一般记作 $G=(V,E,\boldsymbol{W})$,其中 $\boldsymbol{W}$ 为权重的邻接矩阵。赋权图也可以记作 $N=(V,E,\boldsymbol{W})$。

如果有向图 D 的每条弧都被赋予了权,则称 D 为有向赋权图。以后对于无向图、有向图或网络都可以用 G 表示,从文中能够区分出无向的还是有向的,赋权的还是非赋权的。

3. 顶点的度

定义 6.7 (1) 在无向图中,与顶点 v 关联的边的数目(环算两次)称为 v 的度,记为 $d(v)$。

(2) 在有向图中,从顶点 v 引出的弧的数目称为 v 的出度,记为 $d^+(v)$,从顶点 v 引入的弧的数目称为 v 的入度,记为 $d^-(v)$,$d(v)=d^+(v)+d^-(v)$称为 v 的度。

度为奇数的顶点称为奇顶点,度为偶数的顶点称为偶顶点。

定理 6.1 给定图 $G=(V,E)$,所有顶点的度数之和是边数的 2 倍,即

$$\sum_{v\in V} d(v)=2|E|.$$

推论 6.1 任何图中奇顶点的总数必为偶数。

4. 子图与图的连通性

定义 6.8 设 $G_1=(V_1,E_1)$与 $G_2=(V_2,E_2)$是两个图,并且满足 $V_1\subset V_2$,$E_1\subset E_2$,则称 G_1 是 G_2 的子图,G_2 称为 G_1 的母图。如 G_1 是 G_2 的子图,且 $V_1=V_2$,则称 G_1 是 G_2 的生成子图(支撑子图)。

定义 6.9 设 $W=v_0e_1v_1e_2\cdots e_kv_k$,其中 $e_i\in E(i=1,2,\cdots,k)$,$v_j\in V(j=0,1,\cdots,k)$,e_i 与 v_{i-1}和 v_i 关联,称 W 是图 G 的一条道路(walk),简称路,k 为路长,v_0 为起点,v_k 为终点;各边相异的道路称为迹(trail);各顶点相异的道路称为轨道(path),记为 $P(v_0,v_k)$;起点和

终点重合的道路称为回路;起点和终点重合的轨道称为圈,即对轨道 $P(v_0,v_k)$,当 $v_0=v_k$ 时成为一个圈。

称以两顶点 u,v 分别为起点和终点的最短轨道之长为顶点 u,v 的距离。

定义 6.10 在无向图 G 中,如果从顶点 u 到顶点 v 存在道路,则称顶点 u 和 v 是连通的。如果图 G 中的任意两个顶点 u 和 v 都是连通的,则称图 G 是连通图,否则称为非连通图。非连通图中的连通子图,称为连通分支。

在有向图 D 中,如果对于任意两个顶点 u 和 v,从 u 到 v 和从 v 到 u 都存在道路,则称图 D 是强连通图。

6.1.2 图的矩阵表示

设图的顶点个数为 n,边(或弧)的条数为 m。

对于无向图 $G=(V,E)$,其中 $V=\{v_1,v_2,\cdots,v_n\}$,$E=\{e_1,e_2,\cdots,e_m\}$。

对于有向图 $D=(V,A)$,其中 $V=\{v_1,v_2,\cdots,v_n\}$,$A=\{a_1,a_2,\cdots,a_m\}$。

1. 关联矩阵

对于无向图 G,其关联矩阵 $\boldsymbol{M}=(m_{ij})_{n\times m}$,其中

$$m_{ij}=\begin{cases}1, & \text{顶点 } v_i \text{ 与边 } e_j \text{ 关联},\\ 0, & \text{顶点 } v_i \text{ 与边 } e_j \text{ 不关联},\end{cases} \quad i=1,2,\cdots,n,j=1,2,\cdots,m.$$

对有向图 G,其关联矩阵 $\boldsymbol{M}=(m_{ij})_{n\times m}$,其中

$$m_{ij}=\begin{cases}1, & \text{顶点 } v_i \text{ 是弧 } a_j \text{ 的始端},\\ -1, & \text{顶点 } v_i \text{ 是弧 } a_j \text{ 的末端},\\ 0, & \text{顶点 } v_i \text{ 与弧 } a_j \text{ 不关联},\end{cases} \quad i=1,2,\cdots,n,j=1,2,\cdots,m.$$

2. 邻接矩阵

对无向非赋权图 G,其邻接矩阵 $\boldsymbol{W}=(w_{ij})_{n\times n}$,其中

$$w_{ij}=\begin{cases}1, & \text{顶点 } v_i \text{ 与 } v_j \text{ 相邻},\\ 0, & i=j \text{ 或顶点 } v_i \text{ 与 } v_j \text{ 不相邻},\end{cases} \quad i,j=1,2,\cdots,n.$$

对有向非赋权图 D,其邻接矩阵 $\boldsymbol{W}=(w_{ij})_{n\times n}$,其中

$$w_{ij}=\begin{cases}1, & \text{弧}(v_i,v_j)\in A,\\ 0, & i=j \text{ 或顶点 } v_i \text{ 到 } v_j \text{ 无弧},\end{cases} \quad i,j=1,2,\cdots,n.$$

对无向赋权图 G,其邻接矩阵 $\boldsymbol{W}=(w_{ij})_{n\times n}$,其中

$$w_{ij}=\begin{cases}\text{顶点 } v_i \text{ 与 } v_j \text{ 之间边的权}, & (v_i,v_j)\in E,\\ 0(\text{或}\infty), & v_i \text{ 与 } v_j \text{ 之间无边},\end{cases} \quad i,j=1,2,\cdots,n.$$

注 6.1 当两个顶点之间不存在边时,根据实际问题的含义或算法需要,对应的权可以取为 0 或∞,这里的邻接矩阵是数学上的邻接矩阵。

有向赋权图的邻接矩阵可类似定义。

例 6.2 图 6.2 所示的无向图,其邻接矩阵为

$$\boldsymbol{W}=\begin{bmatrix}0 & 0 & 10 & 60\\ 0 & 0 & 5 & 20\\ 10 & 5 & 0 & 1\\ 60 & 20 & 1 & 0\end{bmatrix}.$$

图 6.3 所示的有向图的邻接矩阵为

$$
\boldsymbol{W}=\begin{bmatrix} 0 & 1 & 1 & 0 & 0 & 0 \\ 0 & 0 & 1 & 0 & 0 & 0 \\ 0 & 1 & 0 & 0 & 1 & 0 \\ 0 & 1 & 0 & 0 & 0 & 1 \\ 0 & 1 & 0 & 1 & 0 & 0 \\ 0 & 0 & 0 & 0 & 1 & 0 \end{bmatrix}.
$$

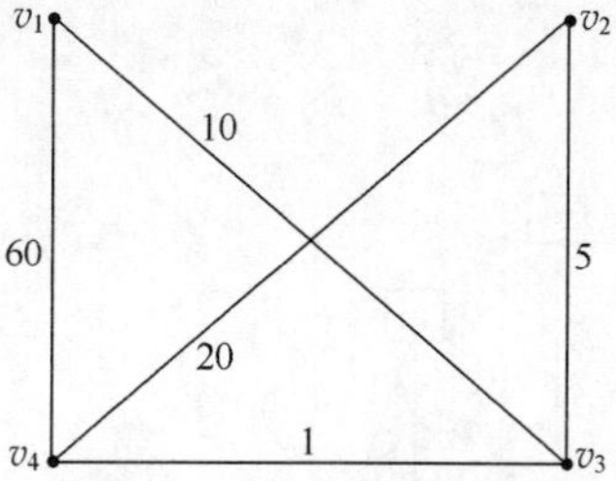

图 6.2　赋权无向图

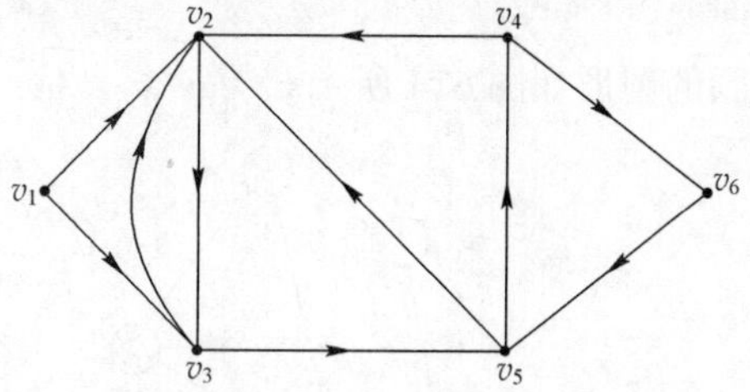

图 6.3　非赋权有向图

6.2　NetworkX 简介

NetworkX 作为 Python 的一个开源库,便于用户对复杂网络进行创建、操作和学习。利用 NetworkX 可以以标准化和非标准化的数据格式存储网络、生成多种随机网络和经典网络、分析网络结构、建立网络模型、设计新的网络算法、进行网络绘制等。

在 Python 中,用下列语句导入 NetworkX 模块:

```
import networkx as nx
```

1. 图的生成

在 NetworkX 中,有以下 4 种基本的图类型:

Graph:无向图(undirected Graph);

DiGraph:有向图(directed Graph);

MultiGraph:多重无向图,即两个顶点之间的边数多于一条,也允许存在环;

MultiDiGraph:多重有向图。

可以通过以下代码创建上述 4 种图类型的空对象(默认已导入模块)。

```
G=nx.Graph()                  #创建无向图
G=nx.DiGraph()                #创建有向图
G=nx.MultiGraph()             #创建多重无向图
G = nx.MultiDigraph()         #创建多重有向图
```

例 6.3　画出一个 8 个顶点的 3 正则图(每个顶点的度都为 3)。

```
#程序文件 ex6_3.py
import networkx as nx
import pylab as plt
```

```
G = nx.cubical_graph()        #生成一个 3 正则图
plt.subplot(121)              #激活 1 号子窗口
nx.draw(G, with_labels=True)
plt.subplot(122)
s = ['v'+str(i) for i in range(1,9)]
s = dict(zip(range(8), s)) #构造顶点标注的字符字典
nx.draw(G,pos=nx.circular_layout(G), labels=s,
        node_color='y', node_shape='s', edge_color='b')
plt.show()
```

所画的图形如图 6.4 所示。

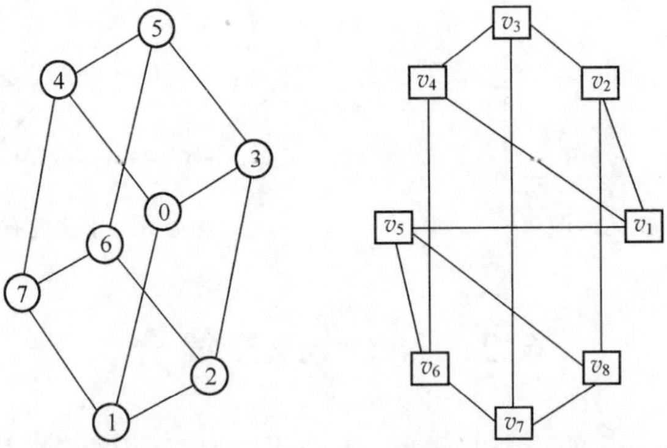

图 6.4　3 正则图

下面解释 NetworkX 库画图函数 draw 中的主要参数,draw 函数的调用格式如下:

```
draw(G, pos=None, ax=None, ** kwds)
```

其中,G 表示要绘制的网络图,pos 是表示位置坐标的字典数据,默认为 None,其用于建立布局,图形的布局有 5 种设置:

circular_layout:顶点在一个圆环上均匀分布;

random_layout:顶点在一个单位正方形内随机分布;

shell_layout:顶点在多个同心圆上分布;

spring_layout: 用 Fruchterman-Reingold 算法排列顶点;

spectral_layout:根据图的拉普拉斯特征向量排列顶点。

也可以由邻接矩阵直积创建无向图和有向图,命令如下:

```
G = nx.Graph(W)      #由邻接矩阵 W 创建无向图 G
G=nx.DiGraph(W)      #由邻接矩阵 W 创建有向图 G
```

2. 数据存储结构

NetworkX 存储网络的相关数据时,使用了 Python 的 3 层字典结构,这有利于在存储大规模稀疏网络时提高存取速度。下面举例说明其存储方式。

例 6.4　添加图的顶点和边示例。

```
#程序文件 ex6_4.py
import networkx as nx
```

```
import pylab as plt

G = nx.Graph()
G.add_node(1)                        #添加编号为 1 的一个顶点
G.add_nodes_from(['A', 'B'])         #从列表中添加多个顶点
G.add_edge('A', 'B')                 #添加顶点 A 和 B 之间的一条边
G.add_edge(1, 2, weight=0.5)         #添加顶点 1 和 2 之间权重为 0.5 的一条边
e = [('A','B',0.3),('B','C',0.9),('A','C',0.5),('C','D',1.2)]
G.add_weighted_edges_from(e)         #从列表中添加多条赋权边
print(G.adj)                         #显示图的邻接表的字典数据
print(list(G.adjacency()))           #显示图的邻接表的列表数据
```

例 6.5(续例 6.2) 画出图 6.3 的非赋权有向图。

```
#程序文件 ex6_5.py
import networkx as nx
import pylab as plt

G=nx.DiGraph()
List=[(1,2),(1,3),(2,3),(3,2),(3,5),(4,2),(4,6),
      (5,2),(5,4),(6,5)]
G.add_nodes_from(range(1,7))         #必须显式地对顶点编号
G.add_edges_from(List)
plt.rc('font',size=16)
pos=nx.shell_layout(G)
nx.draw(G,pos,with_labels=True, font_weight='bold', node_color='y')
W = nx.to_numpy_matrix(G)            #从图 G 导出邻接矩阵
print(W); plt.show()
```

所画的图如图 6.5 所示。

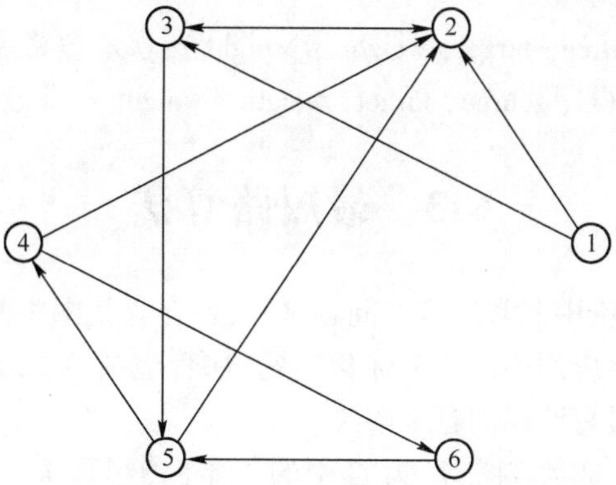

图 6.5 Python 画的有向图

3. 图数据的导出

描述图的方法有很多,还可以使用邻接表(adjacency list),它列出了每个顶点的邻居

顶点。

构造好图之后,还可以导出图的邻接矩阵和邻接表等数据。

例 6.6(续例 6.2) 导出图 6.2 所示赋权图的邻接矩阵和邻接表等数据,并重新画图。

```
#程序文件 ex6_6.py
import networkx as nx
import pylab as plt
import numpy as np

G=nx.Graph()
List=[(1, 3, 10), (1, 4, 60), (2, 3, 5),
      (2, 4, 20), (3, 4, 1)]
G.add_nodes_from(range(1,5))
G.add_weighted_edges_from(List)
W1 = nx.to_numpy_matrix(G)                   #从图 G 导出权重邻接矩阵
W2 = nx.get_edge_attributes(G, 'weight')     #导出赋权边的字典数据
pos=nx.spring_layout(G)
nx.draw(G,pos,with_labels=True, font_weight='bold')
nx.draw_networkx_edge_labels(G,pos, font_size=13, edge_labels=W2)
print('邻接矩阵为:\n', W1); print('邻接表字典为:\n', G.adj)
print('邻接表列表为:\n', list(G.adjacency()))
print('列表字典为:\n', nx.to_dict_of_lists(G))
np.savetxt('data6_6.txt', W1, fmt='%d')      #邻接矩阵保存到文本文件
plt.show()
```

4. 算法

NetworkX 中为使用者提供了许多图论算法,包括最短路算法、广度优先搜索算法、聚类算法和同构算法等。例如:

dijkstra_path(G, source, target, weight ='weight'):求最短路径;

dijkstra_path_length(G, source, target, weight='weight'):求最短距离。

6.3 最短路算法

最短路径问题是图论中非常经典的问题之一,旨在寻找图中两顶点之间的最短路径。作为一个基本工具,实际应用中的许多优化问题,如管道铺设、线路安排、厂区布局、设备更新等,都可被归结为最短路径问题来解决。

定义 6.11 设图 G 是赋权图,Γ 为 G 中的一条路,则称 Γ 的各边权之和为路 Γ 的长度。

对于连通的赋权图 G 的两个顶点 u_0 和 v_0,从 u_0 到 v_0 的路一般不止一条,其中最短的(长度最小的)一条称为从 u_0 到 v_0 的最短路;最短路的长称为从 u_0 到 v_0 的距离,记为 $d(u_0,v_0)$。

求最短路的算法有 Dijkstra(迪克斯特拉)算法和 Floyd(弗洛伊德)算法等方法,但 Dijkstra 算法只适用于边权是非负的情形。最短路问题也可以归结为一个 0-1 整数规划模型。

6.3.1 固定起点的最短路

寻求从一固定起点 u_0 到其余各点的最短路,最有效的算法之一是 E. W. Dijkstra 于 1959 年提出的 Dijkstra 算法。这个算法是一种迭代算法,它依据的是一个重要而明显的性质,即最短路上的任一子段也是最短路。

对于给定的赋权无向图或有向图 $G=(V,E,\boldsymbol{W})$,其中 $V=\{v_1,\cdots,v_n\}$ 为顶点集合,E 为边(或弧)的集合,邻接矩阵 $\boldsymbol{W}=(w_{ij})_{n\times n}$,这里

$$w_{ij}=\begin{cases}v_i\text{ 与 }v_j\text{ 之间边的权值,} & \text{当 }v_i\text{ 与 }v_j\text{ 之间有边时,}\\ \infty, & \text{当 }v_i\text{ 与 }v_j\text{ 之间无边时,}\end{cases}\quad i\neq j,$$

$$w_{ii}=0,\quad i=1,2,\cdots,n.$$

u_0 为 V 中的某个固定起点,求顶点 u_0 到 V 中另一顶点 v_0 的最短距离 $d(u_0,v_0)$,即为求 u_0 到 v_0 的最短路长度。

Dijkstra 算法的基本思想是:按距固定起点 u_0 从近到远为顺序,依次求得 u_0 到图 G 各顶点的最短路和距离,直至某个顶点 v_0(或直至图 G 的所有顶点)。

为避免重复并保留每一步的计算信息,对于任意顶点 $v\in V$,定义两个标号:

$l(v)$:顶点 v 的标号,表示从起点 u_0 到 v 的当前路的长度;

$z(v)$:顶点 v 的父顶点标号,用以确定最短路的路线。

另外用 S_i 表示具有永久标号的顶点集。Dijkstra 算法的计算步骤如下:

(1) 令 $l(u_0)=0$,对 $v\neq u_0$,令 $l(v)=\infty$,$z(v)=u_0$,$S_0=\{u_0\}$,$i=0$。

(2) 对每个 $v\in\bar{S}_i(\bar{S}_i=V-S_i)$,令

$$l(v)=\min_{u\in S_i}\{l(v),l(u)+w(uv)\},$$

这里 $w(uv)$ 表示顶点 u 和 v 之间边的权值,如果此次迭代利用顶点 $\tilde{u}$ 修改了顶点 v 的标号值 $l(v)$,则 $z(v)=\tilde{u}$,否则 $z(v)$ 不变。计算 $\min\limits_{v\in\bar{S}_i}\{l(v)\}$,把达到这个最小值的一个顶点记为 u_{i+1},令 $S_{i+1}=S_i\cup\{u_{i+1}\}$。

(3) 若 $i=|V|-1$ 或 v_0 进入 S_i,算法终止;否则,用 $i+1$ 代替 i,转第(2)步。

算法结束时,从 u_0 到各顶点 v 的距离由 v 的最后一次标号 $l(v)$ 给出。在 v 进入 S_i 之前的标号 $l(v)$ 称为 T 标号,v 进入 S_i 时的标号 $l(v)$ 称为 P 标号。算法就是不断修改各顶点的 T 标号,直至获得 P 标号。若在算法运行过程中,将每一顶点获得 P 标号所由来的边在图上标明,则在算法结束时,u_0 至各顶点的最短路也在图上标示出来了。

例 6.7 已知某人要从 v_1 出发去旅行,目的地及交通路线如图 6.6 所示,线侧数字为所需费用。求该旅行者到目的地 v_8 的费用最小的旅行路线。

解 构造图 6.6 对应的赋权有向图 $D=(V,A,\boldsymbol{W})$,其中顶点集 $V=\{v_1,v_2,\cdots,v_9\}$,A 为弧的集合,$\boldsymbol{W}=(w_{ij})_{9\times 9}$ 为邻接矩阵,这里

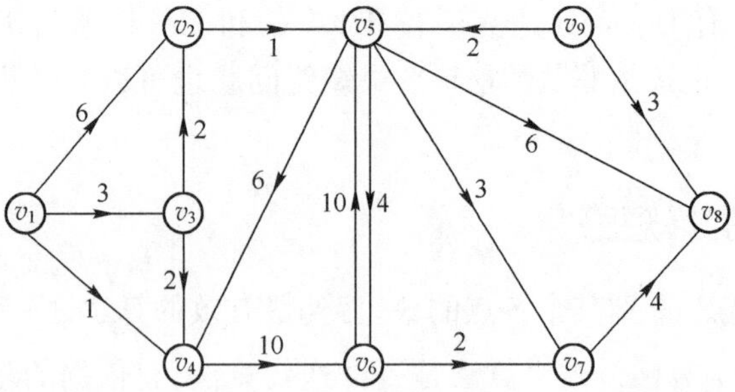

图 6.6　旅行路线

$$
\boldsymbol{W}=\begin{bmatrix}
0 & 6 & 3 & 1 & \infty & \infty & \infty & \infty & \infty \\
\infty & 0 & \infty & \infty & 1 & \infty & \infty & \infty & \infty \\
\infty & 2 & 0 & 2 & \infty & \infty & \infty & \infty & \infty \\
\infty & \infty & \infty & 0 & \infty & 10 & \infty & \infty & \infty \\
\infty & \infty & \infty & 6 & 0 & 4 & 3 & 6 & \infty \\
\infty & \infty & \infty & \infty & 10 & 0 & 2 & \infty & \infty \\
\infty & \infty & \infty & \infty & \infty & \infty & 0 & 4 & \infty \\
\infty & \infty & \infty & \infty & \infty & \infty & \infty & 0 & \infty \\
\infty & \infty & \infty & \infty & 2 & \infty & \infty & 3 & 0
\end{bmatrix}.
$$

我们使用 Dijkstra 算法求从 v_1 到 v_8 的费用最小路径。对于任意顶点 $v \in V$,定义两个标号:

$l(v)$:顶点 v 的标号,表示从起点 v_1 到 v 的当前路径的长度;

$z(v)$:顶点 v 的父顶点标号,用以确定最短路的路线。

另外用 S_i 表示具有永久标号的顶点集。Dijkstra 算法的计算步骤如下:

(1) 令 $l(v_1)=0$,对 $v\neq v_1$,令 $l(v)=\infty$,$z(v)=v_1$,$S_0=\{v_1\}$,$i=0$。

(2) 对每个 $v\in \overline{S}_i(\overline{S}_i=V-S_i)$,令

$$l(v)=\min_{u\in S_i}\{l(v),l(u)+w(uv)\},$$

这里,$w(uv)$表示顶点 u 和 v 之间边的权值,如果此次迭代利用顶点 $\tilde{u}$ 修改了顶点 v 的标号值 $l(v)$,则 $z(v)=\tilde{u}$,否则 $z(v)$ 不变。计算 $\min\limits_{v\in \overline{S}_i}\{l(v)\}$,设达到最小值的一个顶点为 $v_{n_i}(v_{n_i}\in \overline{S}_i)$,令 $S_{i+1}=S_i\cup\{v_{n_i}\}$。

(3) 若 $i=8$ 或 v_8 进入 S_i,算法终止;否则,用 $i+1$ 代替 i,转第(2)步。

算法结束时,从 v_1 到各顶点 v 的距离由 v 的最后一次标号 $l(v)$ 给出。在 v 进入 S_i 之前的标号 $l(v)$ 称为 T 标号,v 进入 S_i 时的标号 $l(v)$ 称为 P 标号。算法就是不断修改各顶点的 T 标号,直至获得 P 标号。若在算法运行过程中,将每一顶点获得 P 标号所由来的边在图上标明,则算法结束时,v_1 至各顶点的费用最小路径也在图上标示出来了。

利用 Python 程序求得 v_1 到 v_8 的费用最小路径为

$$v_1\rightarrow v_3\rightarrow v_2\rightarrow v_5\rightarrow v_8,$$

对应的最小费用为 12。

```
#程序文件 ex6_7. py
import networkx as nx
```

```
G = nx.DiGraph()
List = [(1,2,6), (1,3,3), (1,4,1), (2,5,1), (3,2,2), (3,4,2), (4,6,10), (5,4,6),
        (5,6,4), (5,7,3), (5,8,6), (6,5,10),(6,7,2), (7,8,4), (9,5,2), (9,8,3)]
G.add_nodes_from(range(1,10))
G.add_weighted_edges_from(List)
path = nx.dijkstra_path(G, 1, 8, weight='weight')   #求最短路径
d = nx.dijkstra_path_length(G, 1, 8, weight='weight')
print('最短路径为:', path)
print('最小费用为:', d)
```

注 6.2 在利用 NetworkX 库函数计算时,如果两个顶点之间没有边,对应的邻接矩阵元素为 0,而不是像数学理论上对应的邻接矩阵元素为+∞。下面同样约定算法上的数学邻接矩阵和 NetworkX 库函数调用时的邻接矩阵是不同的。

6.3.2 所有顶点对之间最短路的 Floyd 算法

利用 Dijkstra 算法,当然还可以寻求赋权图中所有顶点对之间最短路。具体方法是:每次以不同的顶点作为起点,用 Dijkstra 算法求出从该起点到其余顶点的最短路径,反复执行 $n-1$(n 为顶点个数)次这样的操作,就可得到每对顶点之间的最短路。但这样做需要大量的重复计算,效率不高。为此,R. W. Floyd 另辟蹊径,于 1962 年提出了一个直接寻求任意两顶点之间最短路的算法。

Floyd 算法允许赋权图中包含负权的边或弧,但是,对于赋权图中的每个圈 C,要求圈 C 上所有弧的权总和为非负。而 Dijkstra 算法要求所有边或弧的权都是非负的。Floyd 算法包含 3 个关键算法:求距离矩阵、求路径矩阵、最短路查找算法。

设所考虑的赋权图 $G=(V,E,\boldsymbol{A}_0)$,其中顶点集 $V=\{v_1,\cdots,v_n\}$,邻接矩阵

$$\boldsymbol{A}_0=\begin{bmatrix} a_{11} & a_{12} & \cdots & a_{1n} \\ a_{21} & a_{22} & \cdots & a_{2n} \\ \vdots & \vdots & & \vdots \\ a_{n1} & a_{n2} & \cdots & a_{nn} \end{bmatrix},$$

这里

$$a_{ij}=\begin{cases} v_i \text{ 与 } v_j \text{ 间边的权值}, & \text{当 } v_i \text{ 与 } v_j \text{ 之间有边时}, \\ \infty, & \text{当 } v_i \text{ 与 } v_j \text{ 之间无边时}, \end{cases} \quad i\neq j,$$

$$a_{ii}=0,\ i=1,2,\cdots,n.$$

对于无向图,$\boldsymbol{A}_0$ 是对称矩阵,$a_{ij}=a_{ji}$,$i,j=1,2,\cdots,n$。

1. 求距离矩阵的算法

通常所说的 Floyd 算法,一般是指求距离矩阵的算法,实际是一个经典的动态规划算法,其基本思想是递推产生一个矩阵序列 $\boldsymbol{A}_1,\boldsymbol{A}_2,\cdots,\boldsymbol{A}_k,\cdots,\boldsymbol{A}_n$,其中矩阵 $\boldsymbol{A}_k=(a_k(i,j))_{n\times n}$,其第 i 行第 j 列元素 $a_k(i,j)$ 表示从顶点 v_i 到顶点 v_j 的路径上所经过的顶点序号不大于 k 的最短路径长度。

计算时用迭代公式

$$a_k(i,j)=\min\left(a_{k-1}(i,j),a_{k-1}(i,k)+a_{k-1}(k,j)\right),$$

k 是迭代次数，$i,j,k=1,2,\cdots,n$。

最后，当 $k=n$ 时，$\boldsymbol{A}_n$ 即是各顶点之间的最短距离值。

2. 建立路径矩阵的算法

如果在求得两点间的最短距离时，还需要求得两点间的最短路径，需要在上面距离矩阵 $\boldsymbol{A}_k$ 的迭代过程中，引入一个路由矩阵 $\boldsymbol{R}_k=(r_k(i,j))_{n\times n}$ 来记录两点间路径的前驱后继关系，其中 $r_k(i,j)$ 表示从顶点 v_i 到顶点 v_j 的路径经过编号为 $r_k(i,j)$ 的顶点。

路径矩阵的迭代过程如下：

(1) 初始时

$$\boldsymbol{R}_0=\boldsymbol{0}_{n\times n}.$$

(2) 迭代公式为

$$\boldsymbol{R}_k=(r_k(i,j))_{n\times n},$$

其中

$$r_k(i,j)=\begin{cases}k, & 若\ a_{k-1}(i,j)>a_{k-1}(i,k)+a_{k-1}(k,j),\\ r_{k-1}(i,j), & 否则.\end{cases}$$

直到迭代到 $k=n$，算法终止。

3. 最短路径查找算法

查找 v_i 到 v_j 最短路径的方法如下：

若 $r_n(i,j)=p_1$，则点 v_{p_1} 是顶点 v_i 到顶点 v_j 的最短路的中间点，然后用同样的方法再分头查找。若

(1) 向顶点 v_i 反向追踪得：$r_n(i,p_1)=p_2, r_n(i,p_2)=p_3,\cdots,r_n(i,p_s)=0$；

(2) 向顶点 v_j 正向追踪得：$r_n(p_1,j)=q_1, r_n(q_1,j)=q_2,\cdots,r_n(q_t,j)=0$；

则由点 v_i 到 v_j 的最短路径为：$v_i,v_{p_s},\cdots,v_{p_2},v_{p_1},v_{q_1},v_{q_2},\cdots,v_{q_t},v_j$。

综上所述，求距离矩阵 $\boldsymbol{D}=(d_{ij})_{n\times n}$ 和路径矩阵 $\boldsymbol{R}=(r_{ij})_{n\times n}$ 的 Floyd 算法如下：

第一步：初始化，$k=0$，对 $i,j=1,2,\cdots,n$，令 $d_{ij}=a_{ij}, r_{ij}=0$。

第二步：迭代，$k=k+1$，对 $i,j=1,2,\cdots,n$，若 $d_{ij}>d_{ik}+d_{kj}$，则令 $d_{ij}=d_{ik}+d_{kj}, r_{ij}=k$；否则 d_{ij} 和 r_{ij} 不更新。

第三步：算法终止条件，如果 $k=n$，算法终止；否则，转第二步。

Floyd 算法的时间复杂度为 $O(n^3)$，空间复杂度为 $O(n^2)$。

NetworkX 求所有顶点对之间最短路径的函数为

```
shortest_path(G, source=None, target=None, weight=None, method='dijkstra')
```

返回值是可迭代类型，其中 method 可以取值'dijkstra','bellman-ford'。

NetworkX 求所有顶点对之间最短距离的函数为

```
shortest_path_length(G, source=None, target=None, weight=None, method='dijkstra')
```

返回值是可迭代类型，其中 method 可以取值'dijkstra','bellman-ford'。

上述两个函数的默认算法都是 Dijkstra 标号算法，如果要使用 Floyd 算法，必须把 method 取值为'bellman-ford'。

如果只求所有顶点对之间的最短距离，也可以使用函数 floyd_warshall_numpy，其调用

格式为

```
floyd_warshall_numpy(G, nodelist=None, weight='weight')
```

返回值为所有顶点对之间的最短距离矩阵。

例 6.8(续例 6.2) 求图 6.2 所示赋权图所有顶点对之间的最短距离和最短路径。

解 使用 Floyd 算法,利用 Python 软件,求得所有顶点对之间的最短距离矩阵为

$$\begin{bmatrix} 0 & 15 & 10 & 11 \\ 15 & 0 & 5 & 6 \\ 10 & 5 & 0 & 1 \\ 11 & 6 & 1 & 0 \end{bmatrix}$$

求得的顶点对之间的最短路径这里就不一一列举了。

```
#程序文件 ex6_8.py
import networkx as nx
import numpy as np

G = nx.Graph()
List = [(1, 3, 10), (1, 4, 60), (2, 3, 5),(2, 4, 20), (3, 4, 1)]
G.add_nodes_from(range(1,5))
G.add_weighted_edges_from(List)
d = nx.floyd_warshall_numpy(G)
print('最短距离矩阵为:\n', d)
path = nx.shortest_path(G, weight='weight', method='bellman-ford')
for i in range(1,len(d)):
    for j in range(i+1, len(d)+1):
        print('顶点{}到顶点{}的最短路径为:'.format(i,j), path[i][j])
```

6.3.3 最短路应用范例

例 6.9 设备更新问题。某企业使用一台设备,在每年年初,企业领导部门就要决定是购置新的,还是继续使用旧的。若购置新设备,就要支付一定的购置费用;若继续使用旧设备,则需支付更多的维修费用。现在的问题是如何制定一个几年之内的设备更新计划,使得总的支付费用最少。我们用一个 5 年之内要更新某种设备的计划为例,若已知该种设备在各年年初的价格如表 6.1 所列,还已知使用不同时间(年)的设备所需要的维修费用如表 6.2 所列。如何制定总的支付费用最少的设备更新计划?

表 6.1 设备价格表

第 1 年	第 2 年	第 3 年	第 4 年	第 5 年
11	11	12	12	13

表 6.2 维修费用表

使用年限	0~1	1~2	2~3	3~4	4~5
维修费用	4	5	7	10	17

解 可以把这个问题化为图论中的最短路问题。

构造赋权有向图 $D=(V,A,\boldsymbol{W})$，其中顶点集 $V=\{v_1,v_2,\cdots,v_6\}$，这里 $v_i(i=1,\cdots,5)$ 表示第 i 年初的时刻，v_6 表示第 5 年末的时刻，A 为弧的集合，邻接矩阵 $\boldsymbol{W}=(w_{ij})_{6\times6}$，这里 w_{ij} 表示时刻 v_i 购置新设备使用到时刻 v_j，购置新设备的费用和维修费用之和。邻接矩阵

$$\boldsymbol{W}=\begin{bmatrix} 0 & 15 & 20 & 27 & 37 & 54 \\ \infty & 0 & 15 & 20 & 27 & 37 \\ \infty & \infty & 0 & 16 & 21 & 28 \\ \infty & \infty & \infty & 0 & 16 & 21 \\ \infty & \infty & \infty & \infty & 0 & 17 \\ \infty & \infty & \infty & \infty & \infty & 0 \end{bmatrix}.$$

则制定总的支付费用最小的设备更新计划，就是在有向图 D 中求从 v_1 到 v_6 的费用最小路径。

利用 Dijkstra 算法，使用 Python 软件，求得 v_1 到 v_6 的最短路径为 $v_1 \to v_3 \to v_6$，最短路径的长度为 48。设备更新最小费用路径见图 6.7 中的粗线所示，即设备更新计划为第 1 年初买进新设备，使用到第 2 年底，第 3 年初再购进新设备，使用到第 5 年底。

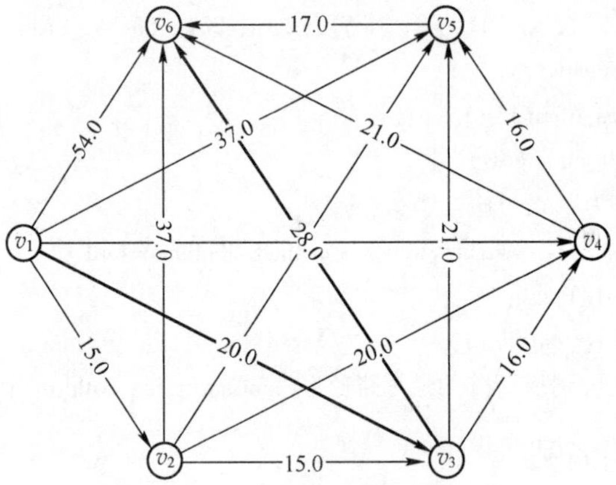

图 6.7 设备更新最小费用示意图

```
#程序文件 ex6_9.py
import numpy as np
import networkx as nx
import pylab as plt

a=np.zeros((6,6))
a[0,1:]=[15,20,27,37,54]
a[1,2:]=[15,20,27,37]; a[2,3:]=[16,21,28];
a[3,4:]=[16,21]; a[4,5]=17
G=nx.DiGraph(a)                    #构造赋权有向图,顶点编号为0,1,…,5
p=nx.shortest_path(G,0,5,weight='weight')
d=nx.shortest_path_length(G,0,5,weight='weight')
print('path=',p); print('d=',d)
```

```
plt.rc('font',size=16)
pos=nx.shell_layout(G)                         #设置布局
w=nx.get_edge_attributes(G,'weight')
key=range(6); s=['v'+str(i+1) for i in key]
s=dict(zip(key,s))                             #构造用于顶点标注的字符字典
nx.draw(G, pos, font_weight='bold', labels=s, node_color='r')
nx.draw_networkx_edge_labels(G, pos, edge_labels=w)
path_edges=list(zip(p, p[1:]))
nx.draw_networkx_edges(G, pos, edgelist=path_edges,
            edge_color='r', width=3)
plt.savefig('fig6_9.png', dpi=500); plt.show()
```

例 6.10 选址问题。某连锁企业在某地区有 6 个销售点,已知该地区的交通网络如图 6.8 所示,其中点代表销售点,边表示公路,边上的权重为销售点间公路距离,问仓库应建在哪个销售点,可使离仓库最远的销售点到仓库的路程最近?

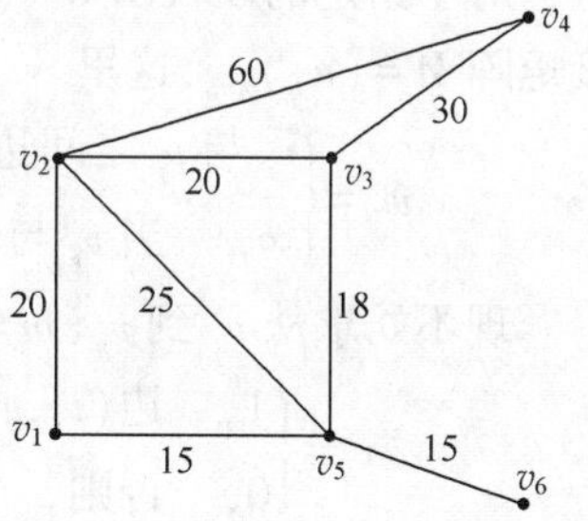

图 6.8 销售点之间距离

解 这是个选址问题,可以化为一系列求最短路问题。先求出 v_1 到所有各点的最短路长 d_{1j},令 $D(v_1)=\max(d_{11}, d_{12},\cdots,d_{16})$,表示若仓库建在 v_1,则离仓库最远的销售点距离为 $D(v_1)$。再依次计算 $v_2,v_3,\cdots,v_6$ 到所有各点的最短距离,类似求出 $D(v_2),\cdots, D(v_6)$。$D(v_i)(i=1,\cdots,6)$ 中最小者即为所求,由上面的分析知,我们需要求所有的顶点对之间的最短距离,可以使用 Floyd 算法,用 Python 软件的计算结果如表 6.3 所列。

表 6.3 所有顶点对之间的最短距离

销售点	v_1	v_2	v_3	v_4	v_5	v_6	$D(v_i)$
v_1	0	20	33	63	15	30	63
v_2	20	0	20	50	25	40	50
v_3	33	20	0	30	18	33	33
v_4	63	50	30	0	48	63	63
v_5	15	25	18	48	0	15	48
v_6	30	40	33	63	15	0	63

由于 $D(v_3)=33$ 最小,所以仓库应建在 v_3,此时离仓库最远的销售点(v_1 和 v_6)距离为 33。

```
#程序文件 ex6_10.py
import numpy as np
import networkx as nx

L=[(1,2,20), (1,5,15), (2,3,20), (2,4,60), (2,5,25), (3,4,30), (3,5,18), (5,6,15)]
G = nx.Graph(); G.add_nodes_from(np.arange(1,7))
```

```
G.add_weighted_edges_from(L)
d = nx.floyd_warshall_numpy(G)
md = np.max(d, axis=1)               #逐行求最大值
mmd = min(md)                        #求最小值
ind = np.argmin(md)+1                #求最小值的地址
print(d); print("最小值为:", mmd)
print("最小值的地址为:", ind)
```

6.3.4 最短路问题的0-1整数规划模型

下面以无向图为例说明最短路的0-1整数规划模型,对有向图来说也是一样。

对于给定的赋权图 $G=(V,E,\boldsymbol{W})$,其中 $V=\{v_1,\cdots,v_n\}$ 为顶点集合,E 为边的集合,邻接矩阵 $\boldsymbol{W}=(w_{ij})_{n\times n}$,这里

$$w_{ij}=\begin{cases}v_i \text{ 与 } v_j \text{ 之间边的权值}, & \text{当 } v_i \text{ 与 } v_j \text{ 之间有边时},\\ \infty, & \text{当 } v_i \text{ 与 } v_j \text{ 之间无边时},\end{cases} \quad i,j=1,2,\cdots,n.$$

现不妨求从 v_1 到 $v_m(m\leqslant n)$ 的最短路径。引进0-1变量

$$x_{ij}=\begin{cases}1, & \text{边}(v_i,v_j)\text{位于从 } v_1 \text{ 到 } v_m \text{ 的最短路径上},\\ 0, & \text{否则},\end{cases} \quad i,j=1,2,\cdots,n.$$

于是最短路问题的数学模型为

$$\min \sum_{i=1}^{n}\sum_{j=1}^{n} w_{ij}x_{ij}, \tag{6.1}$$

$$\text{s.t.}\begin{cases}\displaystyle\sum_{j=1}^{n} x_{ij} = \sum_{j=1}^{n} x_{ji},\ i = 2,3,\cdots,n \text{ 且 } i \neq m,\\ \displaystyle\sum_{j=1}^{n} x_{1j} = 1,\\ \displaystyle\sum_{j=1}^{n} x_{j1} = 0,\\ \displaystyle\sum_{j=1}^{n} x_{jm} = 1,\\ x_{ij} = 0 \text{ 或 } 1,\ i,j = 1,2,\cdots,n.\end{cases} \tag{6.2}$$

这是一个0-1整数规划模型,可以使用cvxpy求解。

例6.11 在图6.9中,求从 v_2 到 v_4 的最短路径和最短距离。

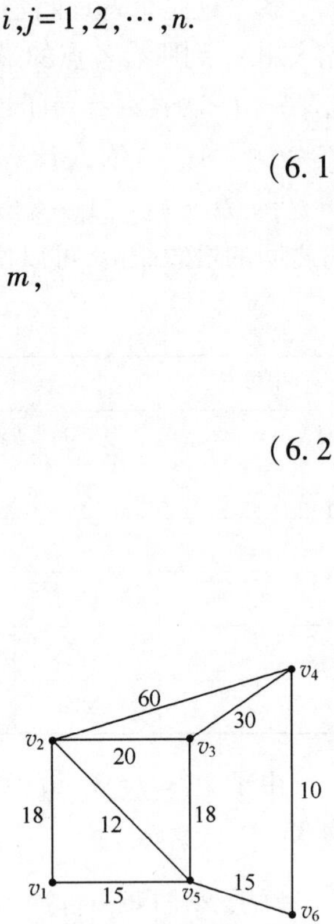

图6.9 赋权无向图

解 用 $G=(V,E,\boldsymbol{W})$ 表示图6.9所示的赋权无向图,其中 $V=\{v_1,\cdots,v_6\}$ 为顶点集合,E 为边的集合,邻接矩阵 $\boldsymbol{W}=(w_{ij})_{6\times6}$,这里

$$w_{ij}=\begin{cases}v_i \text{ 与 } v_j \text{ 之间边的权值}, & \text{当 } v_i \text{ 与 } v_j \text{ 之间有边时},\\ \infty, & \text{当 } v_i \text{ 与 } v_j \text{ 之间无边时},\end{cases} \quad i,j=1,2,\cdots,6.$$

引进0-1变量

$$x_{ij}=\begin{cases}1, & \text{边}(v_i,v_j)\text{位于从 }v_2\text{ 到 }v_4\text{ 的最短路径上}, \\ 0, & \text{否则},\end{cases} \quad i,j=1,2,\cdots,6.$$

于是最短路问题的数学模型为

$$\min \sum_{i=1}^{6}\sum_{j=1}^{6} w_{ij}x_{ij},$$

$$\text{s. t.}\begin{cases}\sum_{j=1}^{6} x_{ij} = \sum_{j=1}^{6} x_{ji}, \quad i=1,3,5,6, \\ \sum_{j=1}^{n} x_{2j} = 1, \\ \sum_{j=1}^{n} x_{j2} = 0, \\ \sum_{j=1}^{n} x_{j4} = 1, \\ x_{ij} = 0 \text{ 或 } 1, \quad i,j=1,2,\cdots,6.\end{cases}$$

其中的第 1 个约束条件表示对于非起点和终点的其他顶点,进入的边数等于出来的边数,第 2 个约束条件表示起点只能发出一条边,第 3 个约束条件表示起点不能进入边,第 4 个约束条件表示终点只能进入 1 条边。

利用 Python 软件求得的最短路径为 $v_2 \to v_5 \to v_6 \to v_4$,对应的最短距离为 37。

```
#程序文件 ex6_11. py
import numpy as np
import cvxpy as cp

L=[(1,2,18),(1,5,15),(2,3,20),(2,4,60),(2,5,12),
   (3,4,30),(3,5,18),(4,6,10),(5,6,15)]
a=np. ones((6,6)) * 100000  #邻接矩阵初始化
for i in range(len(L)):
    a[L[i][0]-1,L[i][1]-1]=L[i][2]
    a[L[i][1]-1,L[i][0]-1]=L[i][2]
x=cp. Variable((6,6),integer=True)
obj=cp. Minimize(cp. sum(cp. multiply(a,x)))
con=[sum(x[1,:])==1, sum(x[:,1])==0,
    sum(x[:,3])==1, x>=0, x<=1]
for i in set(range(6))-{1,3}:
    con. append(sum(x[i,:])==sum(x[:,i]))
prob = cp. Problem(obj, con)
prob. solve(solver='GLPK_MI')
print("最优值为:", prob. value)
print("最优解为:\n", x. value)
i,j=np. nonzero(x. value)
```

```
print("最短路径的起点:",i+1)
print("最短路径的终点:",j+1)
```

6.4 最小生成树

树(tree)是图论中非常重要的一类图,它非常类似于自然界中的树,结构简单、应用广泛,最小生成树问题则是其中的经典问题之一。在实际应用中,许多问题的图论模型都是最小生成树,如通信网络建设、有线电缆铺设、加工设备分组等。

6.4.1 基本概念和算法

1. 基本概念

定义 6.12 连通的无圈图称为树。

例如,图 6.10 给出的 G_1 是树,但 G_2 和 G_3 则不是树。

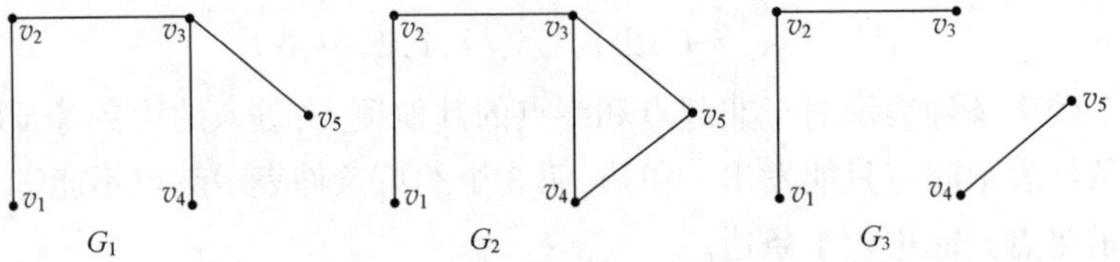

图 6.10 树与非树

定理 6.2 设 G 是具有 n 个顶点 m 条边的图,则以下命题等价:

(1) 图 G 是树;

(2) 图 G 中任意两个不同顶点之间存在唯一的路;

(3) 图 G 连通,删除任一条边均不连通;

(4) 图 G 连通,且 $n=m+1$;

(5) 图 G 无圈,添加任一条边可得唯一的圈;

(6) 图 G 无圈,且 $n=m+1$。

定义 6.13 若图 G 的生成子图 H 是树,则称 H 为 G 的生成树或支撑树。

一个图的生成树通常不唯一。

定理 6.3 连通图的生成树一定存在。

证明 给定连通图 G,若 G 无圈,则 G 本身就是自己的生成树。若 G 有圈,则任取 G 中一个圈 C,记删除 C 中一条边后所得之图为 G'。显然 G' 中圈 C 已经不存在,但 G' 仍然连通。若 G' 中还有圈,再重复以上过程,直至得到一个无圈的连通图 H。易知 H 是 G 的生成树。

定理 6.3 的证明方法也是求生成树的一种方法,称为"破圈法"。

定义 6.14 在赋权图 G 中,边权之和最小的生成树称为 G 的最小生成树。

一个简单连通图只要不是树,其生成树一般不唯一,而且非常多。一般地,n 个顶点的完全图,其不同生成树的个数为 n^{n-2}。因而,寻求一个给定赋权图的最小生成树,一般是不能用枚举法的。例如,20 个顶点的完全图有20^{18}个生成树,20^{18}有 24 位。所以,通过枚举求最小生成树是无效的算法,必须寻求有效的算法。

构造连通图最小生成树的算法有 Kruskal 算法和 Prim 算法。

对于赋权连通图 $G=(V,E,\boldsymbol{W})$,其中 V 为顶点集合,E 为边的集合,$\boldsymbol{W}$ 为邻接矩阵,这里顶点集合 V 中有 n 个顶点,下面构造它的最小生成树。

2. Kruskal 算法

Kruskal 算法思想:每次将一条权最小的边加入子图 T 中,并保证不形成圈。Kruskal 算法如下:

(1) 选 $e_1 \in E$,使得 e_1 是权值最小的边。

(2) 若 $e_1,e_2,\cdots,e_i$ 已选好,则从 $E-\{e_1,e_2,\cdots,e_i\}$ 中选取 e_{i+1},使得

① $\{e_1,e_2,\cdots,e_i,e_{i+1}\}$ 中无圈,且

② e_{i+1}是 $E-\{e_1,e_2,\cdots,e_i\}$ 中权值最小的边。

(3) 直到选得 e_{n-1}为止。

3. Prim 算法

设置两个集合 P 和 Q,其中 P 用于存放 G 的最小生成树中的顶点,集合 Q 存放 G 的最小生成树中的边。令集合 P 的初值为 $P=\{v_1\}$(假设构造最小生成树时,从顶点 v_1 出发),集合 Q 的初值为 $Q=\varnothing$(空集)。Prim 算法的思想是,从所有 $p\in P,v\in V-P$ 的边中,选取具有最小权值的边 pv,将顶点 v 加入集合 P 中,将边 pv 加入集合 Q 中,如此不断重复,直到 $P=V$ 时,最小生成树构造完毕,这时集合 Q 中包含了最小生成树的所有边。

Prim 算法如下:

(1) $P=\{v_1\},Q=\varnothing$;

(2) while $P\sim=V$

找最小边 pv,其中 $p\in P,v\in V-P$;

$P=P\cup\{v\}$;

$Q=Q\cup\{pv\}$;

end

4. 最小生成树举例

NetworkX 求最小生成树函数为 minimum_spanning_tree,其调用格式为

```
T=minimum_spanning_tree(G, weight='weight', algorithm='kruskal')
```

其中 G 为输入的图,algorithm 的取值有 3 种字符串:'kruskal','prim',或'boruvka',默认值为'kruskal';返回值 T 为所求得的最小生成树的可迭代对象。

例 6.12 一个乡有 9 个自然村,其间道路及各道路长度如图 6.11 所示,各边上的数字表示距离,问架设通信线时,如何拉线才能使用线最短。

解 这就是一个最小生成树问题,用 Kruskal 算法求解。先将边权按大小顺序由小至大排列:

$(v_0,v_2)=1,(v_2,v_3)=1,(v_3,v_4)=1,(v_1,v_8)=1,(v_0,v_1)=2,$

$(v_0,v_6)=2,(v_5,v_6)=2,(v_0,v_3)=3,(v_6,v_7)=3,(v_0,v_4)=4,$

$(v_0,v_5)=4,(v_0,v_8)=4,(v_1,v_2)=4,(v_0,v_7)=5,(v_7,v_8)=5,$

$(v_4,v_5)=5.$

然后按照边的排列顺序,取定

$e_1=(v_0,v_2),e_2=(v_2,v_3),e_3=(v_3,v_4),e_4=(v_1,v_8)$,

$e_5=(v_0,v_1),e_6=(v_0,v_6),e_7=(v_5,v_6)$,

由于下一个未选边中的最小权边(v_0,v_3)与已选边 e_1,e_2 构成圈,所以排除。选 $e_8=(v_6,v_7)$。得到图 6.12,就是图 G 的一棵最小生成树,它的权是 13。

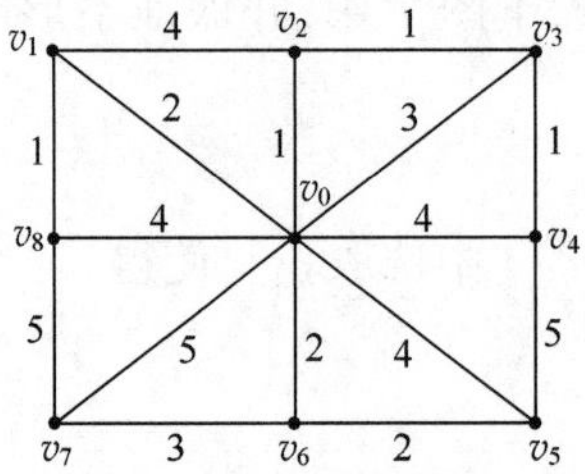

图 6.11　道路示意图

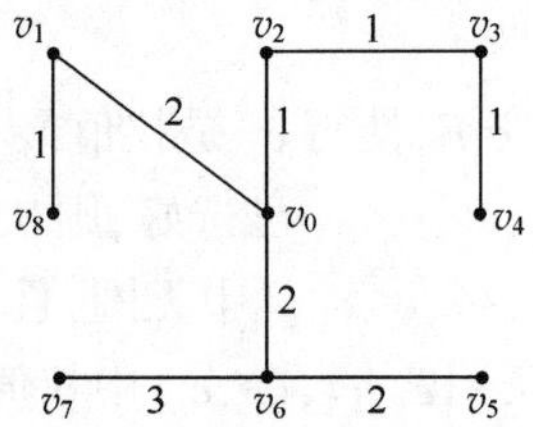

图 6.12　生成的最小生成树

```
#程序文件 ex6_12.py
import numpy as np
import networkx as nx
import pylab as plt

L=[(0,1,2),(0,2,1),(0,3,3),(0,4,4),(0,5,4),(0,6,2),(0,7,5),(0,8,4),
    (1,2,4),(1,8,1),(2,3,1),(3,4,1),(4,5,5),(5,6,2),(6,7,3),(7,8,5)]
G=nx.Graph()
G.add_weighted_edges_from(L)
T=nx.minimum_spanning_tree(G)          #返回可迭代对象
c=nx.to_numpy_matrix(T)                #返回最小生成树的邻接矩阵
print("邻接矩阵 c=\n",c)
w=c.sum()/2                            #求最小生成树的权重
print("最小生成树的权重 W=",w)
pos=nx.circular_layout(G)
plt.subplot(121)                       #下面画连通图
nx.draw(G,pos,with_labels=True,font_size=13)
w1=nx.get_edge_attributes(G,'weight')
nx.draw_networkx_edge_labels(G,pos,edge_labels=w1)
plt.subplot(122)                       #下面画最小生成树
nx.draw(T,pos,with_labels=True,font_weight='bold')
w2=nx.get_edge_attributes(T,'weight')
nx.draw_networkx_edge_labels(T,pos,edge_labels=w2)
plt.show()
```

6.4.2　最小生成树的数学规划模型

根据最小生成树问题的实际意义和实现方法,也可以用数学规划模型来描述,同时能够方便地应用 cvxpy 来求解这类问题。

顶点 v_1 表示树根，总共有 n 个顶点。从顶点 v_i 到顶点 v_j 边的权重用 w_{ij} 表示，当两个顶点之间没有边时，对应的权重用 M(充分大的正实数)表示，这里 $w_{ii}=M, i=1,2,\cdots,n$。

引入 0-1 变量

$$x_{ij}=\begin{cases}1, & \text{当从 } v_i \text{ 到 } v_j \text{ 的边在树中}, \\ 0, & \text{当从 } v_i \text{ 到 } v_j \text{ 的边不在树中},\end{cases} \quad i,j=1,2,\cdots,n.$$

目标函数是使得 $z=\sum_{i=1}^{n}\sum_{j=1}^{n} w_{ij}x_{ij}$ 最小化。

约束条件分成如下 4 类：

(1) 根 v_1 至少有一条边连接到其他的顶点，

$$\sum_{j=1}^{n} x_{1j} \geqslant 1.$$

(2) 除根外，每个顶点只能有一条边进入，

$$\sum_{i=1}^{n} x_{ij}=1, \quad j=2,\cdots,n.$$

以上两约束条件是必要的，但不是充分的，需要增加一组变量 $u_j(j=1,2,\cdots,n)$，再附加约束条件：

(3) 限制 u_j 的取值范围为

$$u_1=0,\ 1 \leqslant u_i \leqslant n-1,\ i=2,3,\cdots,n.$$

(4) 各条边不构成子圈，

$$u_i-u_j+nx_{ij} \leqslant n-1,\ i=1,\cdots,n, j=2,\cdots,n.$$

综上所述，最小生成树问题的 0-1 整数规划模型如下：

$$\min z=\sum_{i=1}^{n}\sum_{j=1}^{n} w_{ij}x_{ij}, \tag{6.3}$$

$$\text{s.t.}\begin{cases}\sum_{j=1}^{n} x_{1j} \geqslant 1, \\ \sum_{i=1}^{n} x_{ij}=1,\ j=2,\cdots,n, \\ u_1=0, \quad 1 \leqslant u_i \leqslant n-1,\ i=2,3,\cdots,n, \\ u_i-u_j+nx_{ij} \leqslant n-1,\ i=1,\cdots,n, j=2,\cdots,n, \\ x_{ij}=0 \text{ 或 } 1,\ i,j=1,2,\cdots,n.\end{cases} \tag{6.4}$$

例 6.13(续例 6.12) 利用数学规划模型式(6.3)、式(6.4)求解例 6.12。

```
#程序文件 ex6_13. py
import cvxpy as cp
import numpy as np

L=[(0,1,2),(0,2,1),(0,3,3),(0,4,4),(0,5,4),(0,6,2),(0,7,5),(0,8,4),
   (1,2,4),(1,8,1),(2,3,1),(3,4,1),(4,5,5),(5,6,2),(6,7,3),(7,8,5)]
a=np.ones((9,9))*10000
for i in range(len(L)):
```

```
        a[L[i][0], L[i][1]]=L[i][2]
        a[L[i][1], L[i][0]]=L[i][2]
x=cp.Variable((9,9), integer=True)
u=cp.Variable(9, pos=True)
obj=cp.Minimize(cp.sum(cp.multiply(a,x)))
con=[cp.sum(x[0,:])>=1, u[0]==0,
    u[1:]>=1,u[1:]<=8, x>=0, x<=1]
for i in range(1,9):
    con.append(sum(x[:,i])==1)
for i in range(9):
    for j in range(1,9):
        con.append(u[i]-u[j]+9*x[i,j]<=8)
prob = cp.Problem(obj, con)
prob.solve(solver='GLPK_MI')
i, j = np.nonzero(x.value)
print("最优值为:",prob.value)
print("最优解为:\n",x.value)
print('i=', i); print('j=', j)
```

6.5 着色问题

已知图 $G=(V,E)$,对图 G 的所有顶点进行着色时,要求相邻的两顶点的颜色不一样,问至少需要几种颜色?这就是顶点着色问题。

若对图 G 的所有边进行着色时,要求相邻的两条边的颜色不一样,问至少需要几种颜色?这就是边着色问题。

这些问题的提出是有实际背景的。值得注意的是,着色模型中的图是无向图。对于顶点着色问题,若是有限图,也可转化为有限简单图。而边着色问题可以转化为顶点着色问题。

例 6.14 物资储存问题。一家公司制造 n 种化学制品 $A_1,A_2,\cdots,A_n$,其中有些化学制品若放在一起可能产生危险,如引发爆炸或产生毒气等,称这样的化学制品是不相容的。为安全起见,在储存这些化学制品时,不相容的不能放在同一储存室内。问至少需要多少个储存室才能存放这些化学制品?

构造图 G,用顶点 $v_1,v_2,\cdots,v_n$ 分别表示 n 种化学制品,顶点 v_i 与 v_j 相邻,当且仅当化学制品 A_i 与 A_j 不相容。

于是储存问题就化为对图 G 的顶点着色问题,对图 G 的顶点最少着色数目便是最少需要的储存室数。

例 6.15 无线交换设备的波长分配。

有 5 台设备,要给每一台设备分配一个波长。如果两台设备靠得太近,则不能给它们分配相同的波长,以防干扰。已知 v_1 和 v_2,v_4,v_5 靠得近,v_2 和 v_3,v_4 靠得近,v_3 和 v_5 靠得近。问至少需要几个发射波长。

以设备为顶点构造图 $G=(V,E)$,其中 $V=\{v_1,v_2,\cdots,v_5\}$,$v_1,v_2,\cdots,v_5$ 分别代表 5 台设备。E 为边集,如果两台设备靠得太近,则用一条边连接它们。于是图 G 的着色给出一个波长分配方案:给着同一种颜色的设备同一个波长。画出着色图如图 6.13 所示,可知需要 3 个发射波长。

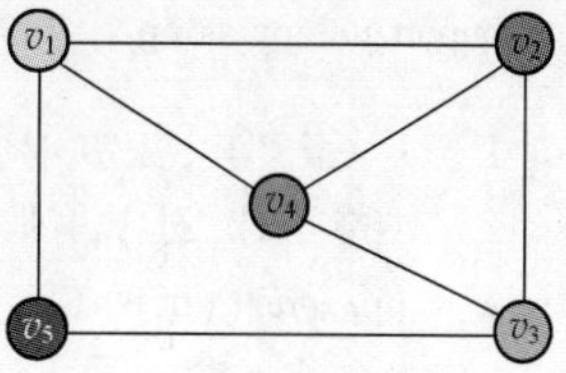

图 6.13　5 台设备的关系图

下面介绍着色的方法。

对图 $G=(V,E)$ 的顶点进行着色所需最少的颜色数目用 $\chi(G)$ 表示,称为图 G 的色数。

定理 6.4　若图 $G=(V,E)$,$\Delta=\max\{d(v)\mid v\in V\}$ 为图 G 顶点的最大度数,则 $\chi(G)\leqslant\Delta+1$。

例 6.16　会议安排

学校的学生会下设 6 个部门,部门的成员如下:部门 1={张,李,王},部门 2={李,赵,刘},部门 3={张,刘,王},部门 4={赵,刘,孙},部门 5={张,王,孙},部门 6={李,刘,王},每个月每个部门都要开一次会,为了确保每个人都能参加他所在部门的会议,这 6 个会议至少需要安排在几个不同的时段?

构造图 $G=(V,E)$,其中 $V=\{v_1,v_2,\cdots,v_6\}$,这里 $v_1,v_2,\cdots,v_6$ 分别表示部门 1,部门 2,…,部门 6;E 为边集,两个顶点之间有一条边当且仅当它们代表的委员会成员中有共同的人,如图 6.14 所示,该图可以用 4 种颜色着色,可以看出至少要用 4 种颜色,v_1,v_2,v_3 构成一个三角形,必须用 3 种颜色,v_6 和这 3 个顶点都相邻,必须再用一种颜色。着同一种颜色的顶点代表的部门会议可以安排在同一时间段,而不同颜色代表的部门会议必须安排在不同的时间,故这 6 个会议至少要安排在 4 个不同的时间,其中,部门 1 和部门 4,部门 2 和部门 5 的会议可以安排在同一时间段。

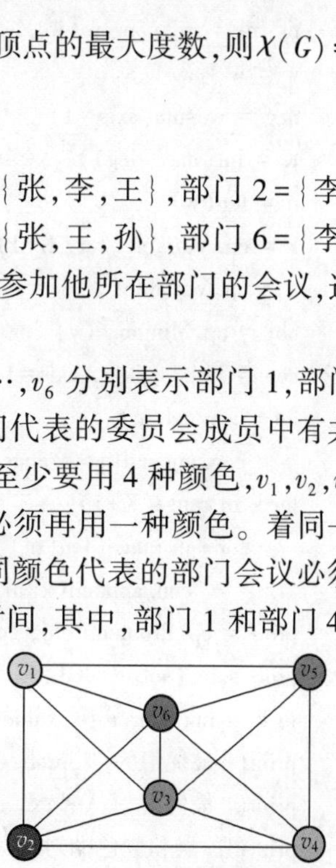

图 6.14　部门之间关系图

定理 6.4 给出了色数的上界,着色算法目前还没有找到最优算法。下面给出例 6.16 计算色数的整数线性规划模型。

本例中顶点个数 $n=6$,顶点的最大度 $\Delta=5$。引入 0-1 变量

$$x_{ik}=\begin{cases}1, & \text{当 } v_i \text{ 着第 } k \text{ 种颜色时},\\ 0, & \text{否则},\end{cases}$$

设颜色总数为 y,建立如下整数线性规划模型:

$$\min y$$

$$\text{s.t.}\begin{cases}\sum\limits_{k=1}^{\Delta+1}x_{ik}=1, & i=1,2,\cdots,n,\\ x_{ik}+x_{jk}\leqslant 1, & (v_i,v_j)\in E,k=1,2,\cdots,\Delta+1,\\ y\geqslant\sum\limits_{k=1}^{\Delta+1}kx_{ik}, & i=1,2,\cdots,n,\\ x_{ik}=0\text{ 或 }1, & i=1,2,\cdots,n,k=1,2,\cdots,\Delta+1.\end{cases}$$

```
#程序文件 ex6_16. py
import cvxpy as cp
import networkx as nx
```

```
import numpy as np

L = [{'张','李','王'},{'李','赵','刘'},{'张','刘','王'},
     {'赵','刘','孙'},{'张','王','孙'},{'李','刘','王'}]
w = np.zeros((6,6))
for i in range(5):
    for j in range(i+1,6):
        if len(L[i] & L[j])>=1:
            w[i,j] = 1                    #构造邻接矩阵的上三角元素
ni, nj = np.nonzero(w)                    #边的端点编号
w = w + w.T                               #构造完整的邻接矩阵
deg = w.sum(axis=1)                       #求各个顶点的度
K = int(max(deg))                         #顶点的最大度
n = len(w)                                #顶点的个数
x = cp.Variable((n, K+1), integer=True)
y = cp.Variable()                         #定义一个变量
obj = cp.Minimize(y)
con = [cp.sum(x, axis=1)==1, x>=0, x<=1]
for i in range(n):
    con.append(y>=range(1,K+2)@x[i,:])
for k in range(K+1):
    for i in range(len(ni)):
        con.append(x[ni[i],k]+x[nj[i],k]<=1)
prob = cp.Problem(obj, con)
prob.solve(solver='GLPK_MI')
i, k = np.nonzero(x.value)
print("最优值为:",prob.value)
print("最优解为:\n",x.value)
print('顶点和颜色的对应关系如下:')
print('i=', i+1); print('k=', k+1)
```

6.6 最大流与最小费用流问题

6.6.1 最大流问题

许多系统包含了流量问题,如公路系统中有车辆流、物资调配系统中有物资流、金融系统中有现金流等。这些流问题都可归结为网络流问题,且都存在一个如何安排使流量最大的问题,即最大流问题。下面先介绍最大流问题的相关概念。

1. 基本概念

定义 6.15 给定一个有向图 $D=(V,A)$,其中 A 为弧集,在 V 中指定了一点,称为发点或源(记为 v_s),该点只有发出的弧;同时指定一个点称为收点或汇(记为 v_t),该点只有进入的弧;其余的点称为中间点,对于每一条弧 $(v_i,v_j)\in A$,对应有一个 $c(v_i,v_j)\geqslant 0$(或简

写为 c_{ij}),称为弧的容量。通常就把这样的有向图 D 称为一个网络,记作 $D=(V,A,C)$,其中 $C=\{c_{ij}\}$。

网络上的流,是指定义在弧集合 A 上的一个函数 $f=\{f_{ij}\}=\{f(v_i,v_j)\}$,并称 f_{ij} 为弧 (v_i,v_j) 上的流量。

定义 6.16 满足下列条件的流 f 称为可行流。

(1) 容量限制条件:对每一条弧 $(v_i,v_j)\in A$,$0\leqslant f_{ij}\leqslant c_{ij}$;

(2) 平衡条件:

对于中间点,流出量=流入量,即对于每个 $i(i\neq s,t)$,有

$$\sum_{j:(v_i,v_j)\in A} f_{ij}-\sum_{k:(v_k,v_i)\in A} f_{ki}=0,$$

对于发点 v_s,有

$$\sum_{j:(v_s,v_j)\in A} f_{sj}=v,$$

对于收点 v_t,有

$$\sum_{k:(v_k,v_t)\in A} f_{kt}=v,$$

式中:v 为这个可行流的流量,即发点的净输出量。

可行流总是存在的,例如零流。

最大流问题可以写为如下的线性规划模型

$$\max v,$$
$$\text{s.t.}\begin{cases}\sum\limits_{(v_s,v_j)\in A} f_{sj}=v,\\ \sum\limits_{j:(v_i,v_j)\in A} f_{ij}-\sum\limits_{k:(v_k,v_i)\in A} f_{ki}=0, \quad i\neq s,t,\\ \sum\limits_{k:(v_k,v_t)\in A} f_{kt}=v,\\ 0\leqslant f_{ij}\leqslant c_{ij}, \quad \forall (v_i,v_j)\in A.\end{cases} \tag{6.5}$$

若给定一个可行流 $f=\{f_{ij}\}$,把网络中使 $f_{ij}=c_{ij}$ 的弧称为饱和弧,使 $f_{ij}<c_{ij}$ 的弧称为非饱和弧。把 $f_{ij}=0$ 的弧称为零流弧,$f_{ij}>0$ 的弧称为非零流弧。

若 μ 是网络中联结发点 v_s 和收点 v_t 的一条路,定义路的方向是从 v_s 到 v_t,则路上的弧被分为两类:一类是弧的方向与路的方向一致,称为前向弧。前向弧的全体记为 μ^+。另一类弧与路的方向相反,称为后向弧。后向弧的全体记为 μ^-。

定义 6.17 设 f 是一个可行流,μ 是从 v_s 到 v_t 的一条路,若 μ 满足:前向弧是非饱和弧,后向弧是非零流弧,则称 μ 为(关于可行流 f)一条增广路。

2. 寻求最大流的标号法(Ford-Fulkerson)

从 v_s 到 v_t 的一个可行流出发(若网络中没有给定 f,则可以设 f 是零流),经过标号过程与调整过程,即可求得从 v_s 到 v_t 的最大流。这两个过程的步骤分述如下:

(1) 标号过程。

在下面的算法中,每个顶点 v_x 的标号值有两个,v_x 的第一个标号值表示在可能的增广路上,v_x 的前驱顶点;v_x 的第二个标号值记为 δ_x,表示在可能的增广路上可以调整的

流量。

① 初始化,给发点 v_s 标号为$(0,\infty)$。

② 若顶点 v_x 已经标号,则对 v_x 的所有未标号的邻接顶点 v_y 按以下规则标号:

(ⅰ) 若$(v_x,v_y)\in A$,且$f_{xy}<c_{xy}$时,令$\delta_y=\min\{c_{xy}-f_{xy},\delta_x\}$,则给顶点$v_y$ 标号为(v_x,δ_y),若$f_{xy}=c_{xy}$,则不给顶点 v_y 标号。

(ⅱ) $(v_y,v_x)\in A$,且$f_{yx}>0$,令$\delta_y=\min\{f_{yx},\delta_x\}$,则给 v_y 标号为$(-v_x,\delta_y)$,这里第一个标号值$-v_x$,表示在可能的增广路上,(v_y,v_x)为反向弧;若$f_{yx}=0$,则不给 v_y 标号。

③ 不断地重复步骤②直到收点 v_t 被标号,或不再有顶点可以标号为止。当 v_t 被标号时,表明存在一条从 v_s 到 v_t 的增广路,则转向增流过程(2)。如若 v_t 点不能被标号,且不存在其他可以标号的顶点时,表明不存在从 v_s 到 v_t 的增广路,算法结束,此时所获得的流就是最大流。

(2) 增流过程。

① 令 $v_y=v_t$。

② 若 v_y 的标号为(v_x,δ_t),则$f_{xy}=f_{xy}+\delta_t$;若 v_y 的标号为$(-v_x,\delta_t)$,则$f_{yx}=f_{yx}-\delta_t$。

③ 若 $v_y=v_s$,把全部标号去掉,并回到标号过程(1)。否则,令 $v_y=v_x$,并回到增流过程的步骤②。

3. 用 NetworkX 求网络最大流

例 6.17 求图 6.15 中从①到⑧的最大流。

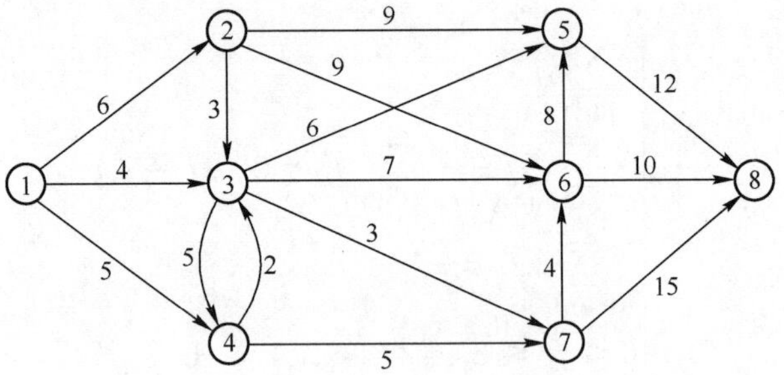

图 6.15 赋权有向图

解 利用 Python 软件求得的最大流量是 15,求得的流量这里就不赘述了。

```
#程序文件 ex6_17. py
import numpy as np
import networkx as nx
import pylab as plt
L=[(1,2,6),(1,3,4),(1,4,5),(2,3,3),(2,5,9),(2,6,9),
    (3,4,5),(3,5,6),(3,6,7),(3,7,3),(4,3,2),(4,7,5),
    (5,8,12),(6,5,8),(6,8,10),(7,6,4),(7,8,15)]
G=nx. DiGraph()
G. add_nodes_from(range(1,9))
G. add_weighted_edges_from(L,weight='capacity')
value, flow_dict= nx. maximum_flow(G, 1, 8)
```

```
print("最大流的流量为:",value)
print("最大流为:", flow_dict)
n = len(flow_dict)
adj_mat = np.zeros((n, n), dtype=int)
for i, adj in flow_dict.items():
    for j, weight in adj.items():
        adj_mat[i-1,j-1] = weight
print("最大流的邻接矩阵为:\n",adj_mat)
ni,nj=np.nonzero(adj_mat)     #非零弧的两端点编号
plt.rc('font',size=16)
pos=nx.shell_layout(G)        #设置布局
w=nx.get_edge_attributes(G,'capacity')
nx.draw(G,pos,font_weight='bold',with_labels=True,node_color='y')
nx.draw_networkx_edge_labels(G,pos,edge_labels=w)
path_edges=list(zip(ni+1,nj+1))
nx.draw_networkx_edges(G,pos,edgelist=path_edges,edge_color='r',width=3)
plt.show()
```

例 6.18 有 4 个公司来某重点高校招聘企业管理(A)、国际贸易(B)、管理信息系统(C)、工业工程(D)、市场营销(E)专业的本科毕业生。经本人报名和两轮筛选,最后可供选择的各专业毕业生人数分别为 4,3,3,2,4 人。若公司①想招聘 A,B,C,D,E 各专业毕业生各 1 人;公司②拟招聘 4 人,其中 C,D 专业各 1 人,A,B,E 专业可从任两个专业中各选 1 人;公司③招聘 4 人,其中 C,B,E 专业各 1 人, 再从 A 或 D 专业中选 1 人;公司④招聘 3 人,其中须有 E 专业 1 人,其余 2 人可从余下 A,B,C,D 专业中任选其中两个专业各 1 人。上述 4 个公司是否都能招聘到各自需要的专业人才,并将此问题归结为求网络最大流问题。

解一 前面有向图的最大流算法是针对单源和单汇的,而本题是多源多汇的,需要添加 1 个虚拟的源点 s,1 个虚拟的汇点 t 和 3 个虚拟的中间点 2′、3′、4′,构造如图 6.16 所示的网络图,图中各弧旁数字为容量。求网络的从 s 到 t 的最大流。

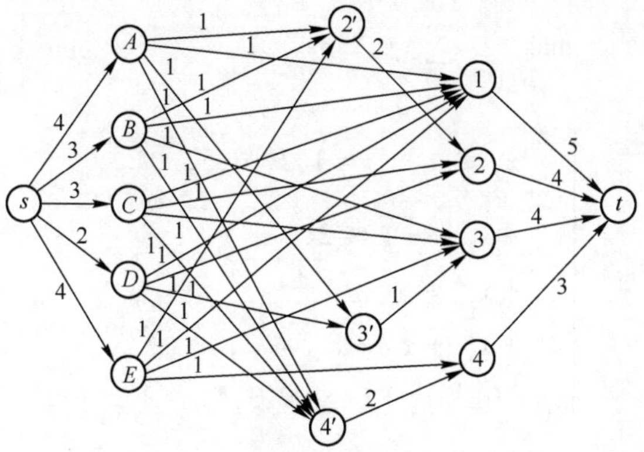

图 6.16 最大流网络

利用 Python 求得最大流的流量为 16,即各公司都能招聘到所需人才。计算的 Python 程序如下:

```
#程序文件 ex6_18_1.py
import numpy as np
import networkx as nx
node=['s','A','B','C','D','E','2b','3b','4b','1','2','3','4','t']
n=len(node); G=nx.DiGraph(); G.add_nodes_from(node)
L=[('s','A',4),('s','B',3),('s','C',3),('s','D',2),('s','E',4),('A','2b',1),
    ('A','1',1),('A','3b',1),('A','4b',1),('B','2b',1),('B','1',1),('B','3',1),
    ('B','4b',1),('C','1',1),('C','2',1),('C','3',1),('C','4b',1),('D','1',1),
    ('D','2',1),('D','3b',1),('D','4b',1),('E','2b',1),('E','1',1),('E','3',1),
    ('E','4',1),('2b','2',2),('3b','3',1),('4b','4',2),('1','t',5),('2','t',4),
    ('3','t',4),('4','t',3)]
for k in range(len(L)):
    G.add_edge(L[k][0],L[k][1],capacity=L[k][2])
value, flow_dict= nx.maximum_flow(G, 's', 't')
print(value); print(flow_dict)
A=np.zeros((n,n),dtype=int)
for i,adj in flow_dict.items():
    for j,f in adj.items():
        A[node.index(i), node.index(j)]=f
print(A)
```

解二 我们也可以用 0-1 整数规划模型求解该问题,用 $i=1,2,3,4$ 分别表示 4 个公司,$j=1,2,\cdots,5$ 分别表示 A,B,C,D,E 5 个专业,记第 j 个专业可供选择的毕业生人数为 a_j,引进 0-1 变量

$$x_{ij}=\begin{cases}1, & \text{第 } i \text{ 个公司招聘第 } j \text{ 个专业的毕业生 1 名},\\ 0, & \text{第 } i \text{ 个公司不招聘第 } j \text{ 个专业的毕业生}.\end{cases}$$

建立如下的 0-1 整数规划模型:

$$\max \sum_{i=1}^{4}\sum_{j=1}^{5} x_{ij},$$

$$\text{s.t.}\begin{cases}\sum_{i=1}^{4} x_{ij} \leqslant a_j, \quad j=1,2,\cdots,5,\\ x_{21}+x_{22}+x_{25} \leqslant 2,\\ x_{31}+x_{34} \leqslant 1,\\ x_{41}+x_{42}+x_{43}+x_{44} \leqslant 2,\\ x_{ij}=0 \text{ 或 } 1, \quad i=1,2,3,4, j=1,2,\cdots,5.\end{cases}$$

求得的最优解为

$$x_{11}=x_{12}=x_{13}=x_{14}=x_{15}=1, x_{21}=x_{23}=x_{24}=x_{25}=1,$$
$$x_{31}=x_{32}=x_{33}=x_{35}=1, x_{41}=x_{42}=x_{45}=1,$$

目标函数的最优值为 16。

```
#程序文件 ex6_18_2.py
import numpy as np
import cvxpy as cp
a=np.array([4, 3, 3, 2, 4])
x=cp.Variable((4,5), integer=True)
obj = cp.Maximize(cp.sum(x))
con= [cp.sum(x, axis=0) <= a, x[1,0]+x[1,1]+x[1,4] <= 2,
    x[2,0]+x[2,3] <= 1, sum(x[3,:-1]) <= 2, x>=0, x<=1]
prob = cp.Problem(obj, con); prob.solve(solver='GLPK_MI')
print("最优值为:",prob.value)
print("最优解为:\n",x.value)
```

6.6.2 最小费用流问题

在许多实际问题中,往往还要考虑网络上流的费用问题。例如,在运输问题中,人们总是希望在完成运输任务的同时,寻求一个使总的运输费用最小的运输方案。

设f_{ij}为弧(v_i,v_j)上的流量,b_{ij}为弧(v_i,v_j)上的单位费用,c_{ij}为弧(v_i,v_j)上的容量,则最小费用流问题可以用如下的线性规划问题描述:

$$\min \sum_{(v_i,v_j)\in A} b_{ij}f_{ij},$$

$$\text{s. t.}\begin{cases}\displaystyle\sum_{j:(v_s,v_j)\in A} f_{sj}=v,\\ \displaystyle\sum_{j:(v_i,v_j)\in A} f_{ij}-\sum_{k:(v_k,v_i)\in A} f_{ki}=0,\quad i\neq s,t,\\ \displaystyle\sum_{k:(v_k,v_t)\in A} f_{kt}=v,\\ 0\leqslant f_{ij}\leqslant c_{ij},\quad \forall (v_i,v_j)\in A.\end{cases} \tag{6.6}$$

当v=最大流$v_{\max}$时,本问题就是最小费用最大流问题;如果有$v>v_{\max}$,则本问题无解。

1961 年,Busacker 和 Gowan 提出了一种求最小费用流的迭代法。其步骤如下:

(1) 求出从发点到收点的最小费用通路$\mu(v_s,v_t)$。

(2) 对该通路$\mu(v_s,v_t)$分配最大可能的流量:

$$\bar{f}=\min_{(v_i,v_j)\in\mu(v_s,v_t)}\{c_{ij}\}$$

并让通路上的所有边的容量相应减少$\bar{f}$。这时,对于通路上的饱和边,其单位流费用相应改为∞。

(3) 作该通路$\mu(v_s,v_t)$上所有边(v_i,v_j)的反向边(v_j,v_i)。令

$$c_{ji}=\bar{f},\ b_{ji}=-b_{ij}.$$

(4) 在这样构成的新网络中,重复上述步骤(1),(2),(3),直到从发点到收点的全部流量等于v为止。

例 6.19 如图 6.17 所示带有运费的网络,求从v_s到v_t的最小费用最大流,其中弧上权重的第 1 个数字是网络的容量,第 2 个数字是网络的单位运费。

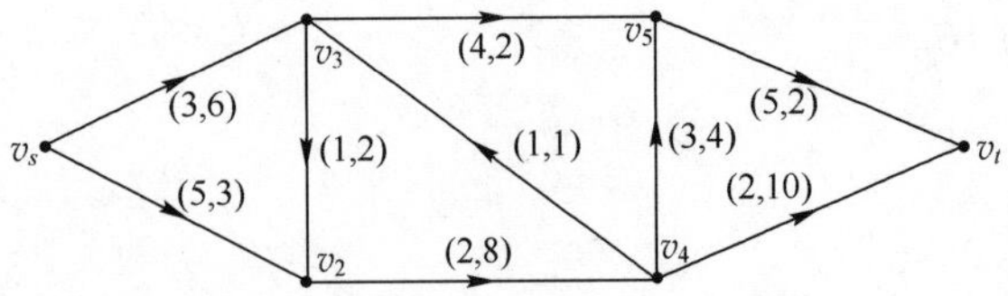

图 6.17 运费网络

```
#程序文件 ex6_19.py
import numpy as np
import networkx as nx
L=[('vs','v2',5,3),('vs','v3',3,6),('v2','v4',2,8),('v3','v2',1,2),('v3','v5',4,2),
    ('v4','v3',1,1),('v4','v5',3,4),('v4','vt',2,10),('v5','vt',5,2)]
G=nx.DiGraph()
for k in range(len(L)):
    G.add_edge(L[k][0], L[k][1], capacity=L[k][2], weight=L[k][3])
maxFlow=nx.max_flow_min_cost(G,'vs','vt')
print("所求最大流为:",maxFlow)
mincost=nx.cost_of_flow(G, maxFlow)
print("最小费用为:", mincost)
node = list(G.nodes())    #导出顶点列表
n=len(node); flow_mat=np.zeros((n,n))
for i,adj in maxFlow.items():
    for j,f in adj.items():
        flow_mat[node.index(i),node.index(j)]=f
print("最大流的流量为:", sum(flow_mat[:,-1]))
print("最小费用最大流的邻接矩阵为:\n",flow_mat)
```

程序运行结果如下：

所求最大流为：{'vs': {'v2': 2, 'v3': 3}, 'v2': {'v4': 2}, 'v3': {'v2': 0, 'v5': 4}, 'v4': {'v3': 1, 'v5': 1, 'vt': 0}, 'v5': {'vt': 5}, 'vt': {}}

最小费用为：63

最大流的流量为:5

最小费用最大流的邻接矩阵为

```
[[0 2 3 0 0 0]
 [0 0 0 2 0 0]
 [0 0 0 0 4 0]
 [0 0 1 0 1 0]
 [0 0 0 0 0 5]
 [0 0 0 0 0 0]]
```

6.7 关键路径

计划评审方法(Program Evaluation and Review Technique, PERT)和关键路线法(Critical Path Method, CPM)是网络分析的重要组成部分,它广泛地用于系统分析和项目管理。计划评审与关键路线方法是在 20 世纪 50 年代提出并发展起来的,1956 年,美国杜邦公司为了协调企业不同业务部门的系统规划,提出了关键路线法。1958 年,美国海军武装部在研制“北极星”导弹计划时,由于导弹的研制系统过于庞大、复杂,为找到一种有效的管理方法,设计了计划评审方法。由于 PERT 与 CPM 既有着相同的目标应用,又有很多相同的术语,这两种方法已合并为一种方法,在国外称为 PERT/CPM,在国内称为统筹方法(scheduling method)。

6.7.1 计划网络图

例 6.20 某项目工程由 11 项作业组成(分别用代号 $A,B,\cdots,J,K$ 表示),其计划完成时间及作业间相互关系如表 6.4 所列,求作业的关键路径。

表 6.4 作业流程数据

作业	计划完成时间/天	紧前作业	作业	计划完成时间/天	紧前作业
A	5	—	G	21	B,E
B	10	—	H	35	B,E
C	11	—	I	25	B,E
D	4	B	J	15	F,G,I
E	4	A	K	20	F,G
F	15	C,D			

例 6.20 就是计划评审方法或关键路线法需要解决的问题。

1. 计划网络图的概念

定义 6.18 将任何消耗时间或资源的行动称为作业。称作业的开始或结束为事件,事件本身不消耗资源。

在计划网络图中通常用圆圈表示事件,用箭线表示作业,如图 6.18 所示,1,2,3 表示事件,A,B 表示作业。由这种方法画出的网络图称为计划网络图。

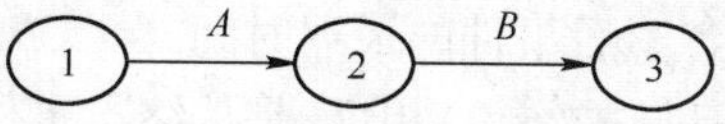

图 6.18 计划网络图的基本画法

虚作业用虚箭线“……→”表示。它表示工时为零,不消耗任何资源的虚构作业。其作用只是为了正确表示作业的前行后继关系。

定义 6.19 在计划网络图中,称从初始事件到最终事件的由各项作业连贯组成的一条路为路线。具有累计作业时间最长的路线称为关键路径。

由此看来,例 6.20 就是求计划网络图中的关键路径。

2. 建立计划网络图应注意的问题

(1) 任何作业在网络中用唯一的箭线表示,任何作业其终点事件的编号必须大于起点事件。

(2) 两个事件之间只能画一条箭线,表示一项作业。对于具有相同开始和结束事件的两项以上的作业,要引进虚事件和虚作业。

(3) 任何计划网络图应有唯一的最初事件和唯一的最终事件。

(4) 计划网络图不允许出现回路。

(5) 计划网络图的画法一般是从左到右,从上到下,尽量作到清晰美观,避免箭头交义。

6.7.2 时间参数

1. 事件时间参数

1) 事件的最早时间

事件 j 的最早时间用 $t_E(j)$ 表示,它表明以事件 j 为始点的各作业最早可能开始的时间,也表示以事件 j 为终点的各作业的最早可能完成时间,它等于从始点事件到该事件的最长路线上所有作业的工时总和。事件最早时间可用下列递推公式,按照事件编号从小到大的顺序逐个计算。

设事件编号为 $1,2,\cdots,n$,则

$$\begin{cases} t_E(1)=0, \\ t_E(j)=\max\limits_{i}\{t_E(i)+t(i,j)\}, \end{cases} \tag{6.7}$$

式中:$t_E(i)$ 为与事件 j 相邻的各紧前事件的最早时间;$t(i,j)$ 为作业 (i,j) 所需的工时。

终点事件的最早时间显然就是整个工程的总最早完工期,即

$$t_E(n)=\text{总最早完工期}.$$

2) 事件的最迟时间

事件 i 的最迟时间用 $t_L(i)$ 表示,它表明在不影响任务总工期条件下,以事件 i 为始点的作业的最迟必须开始时间,或以事件 i 为终点的各作业的最迟必须完成时间。由于一般情况下,都把任务的最早完工时间作为任务的总工期,所以事件最迟时间的计算公式为

$$\begin{cases} t_L(n)=\text{总工期(或 } t_E(n)\text{)}, \\ t_L(i)=\min\limits_{j}\{t_L(j)-t(i,j)\}, \end{cases} \tag{6.8}$$

式中:$t_L(j)$ 为与事件 i 相邻的各紧后事件的最迟时间。

式(6.8)也是递推公式,但与式(6.7)相反,是从终点事件开始,按编号由大至小的顺序逐个由后向前计算。

2. 作业的时间参数

1) 作业的最早可能开工时间与作业的最早可能完工时间

一个作业 (i,j) 的最早可能开工时间用 $t_{ES}(i,j)$ 表示。任何一件作业都必须在其所有紧前作业全部完工后才能开始。作业 (i,j) 的最早可能完工时间用 $t_{EF}(i,j)$ 表示,它表示作业按最早开工时间开始所能达到的完工时间。它们的计算公式为

$$\begin{cases} t_{ES}(1,j)=0, \\ t_{ES}(i,j)=\max\limits_{k}\{t_{ES}(k,i)+t(k,i)\}, \\ t_{EF}(i,j)=t_{ES}(i,j)+t(i,j). \end{cases} \tag{6.9}$$

这组公式也是递推公式。即所有从总开工事件出发的作业 $(1,j)$,其最早可能开工时

间为零;任一作业(i,j)的最早开工时间要由它的所有紧前作业(k,i)的最早开工时间决定;作业(i,j)的最早完工时间显然等于其最早开工时间与工时之和。

2) 作业的最迟必须开工时间与作业的最迟必须完工时间

一个作业(i,j)的最迟开工时间用$t_{LS}(i,j)$表示,它表示作业(i,j)在不影响整个任务如期完成的前提下,必须开始的最晚时间。

作业(i,j)的最迟必须完工时间用$t_{LF}(i,j)$表示,它表示作业(i,j)按最迟时间开工,所能达到的完工时间。

它们的计算公式为

$$\begin{cases} t_{LF}(i,n)=\text{总完工期(或 } t_{EF}(i,n)\text{)}, \\ t_{LS}(i,j)=\min_k\{t_{LS}(j,k)-t(i,j)\}, \\ t_{LF}(i,j)=t_{LS}(i,j)+t(i,j). \end{cases} \tag{6.10}$$

这组公式是按作业的最迟必须开工时间由终点向始点逐个递推的公式。凡是进入总完工事件n的作业(i,n),其最迟完工时间必须等于预定总工期或等于这个作业的最早可能完工时间。任一作业(i,j)的最迟必须开工时间由它的所有紧后作业(j,k)的最迟开工时间确定。而作业(i,j)的最迟完工时间显然等于本作业的最迟开工时间与工时的和。

由于任一个事件i(除去始点事件和终点事件),既表示某些作业的开始又表示某些作业的结束。所以从事件与作业的关系考虑,用式(6.9)、式(6.10)求得的有关作业的时间参数也可以通过事件的时间参数式(6.7)、式(6.8)来计算。如作业(i,j)的最早可能开工时间$t_{ES}(i,j)$就等于事件i的最早时间$t_E(i)$。作业(i,j)的最迟必须完工时间等于事件j的最迟时间。

3. 时差

作业的时差又称作业的机动时间或富裕时间,常用的时差有以下两种:

1) 作业的总时差

在不影响任务总工期的条件下,某作业(i,j)可以延迟其开工时间的最大幅度称为该作业的总时差,用$R(i,j)$表示。其计算公式为

$$R(i,j)=t_{LF}(i,j)-t_{EF}(i,j), \tag{6.11}$$

即作业(i,j)的总时差等于它的最迟完工时间与最早完工时间的差。显然$R(i,j)$也等于该作业的最迟开工时间与最早开工时间之差。

2) 作业的单时差

作业的单时差是指在不影响紧后作业的最早开工时间条件下,此作业可以延迟其开工时间的最大幅度,用$r(i,j)$表示。其计算公式为

$$r(i,j)=t_{ES}(j,k)-t_{EF}(i,j), \tag{6.12}$$

即单时差等于其紧后作业的最早开工时间与本作业的最早完工时间之差。

6.7.3 计划网络图的计算

以例6.20的求解过程为例介绍计划网络图的计算方法。

1. 建立计划网络图

首先建立计划网络图。按照上述规则,建立例6.20的计划网络图,如图6.19所示。

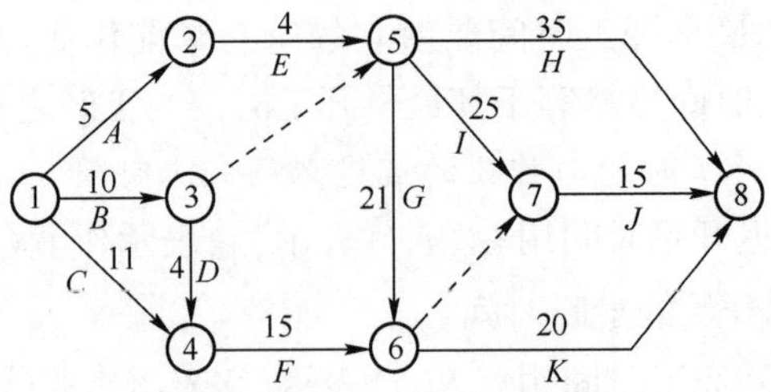

图 6.19　例 6.20 的计划网络图

2. 写出相应的规划问题

设 x_i 是事件 i 的开始时间,1 为最初事件,n 为最终事件。希望总的工期最短,即极小化 x_n,为了求所有事件的最早开工时间,把目标函数取为 $\min \sum\limits_{i \in V} x_i$。设 t_{ij}是作业(i,j)的计划时间,因此,对于事件 i 与事件 j 有不等式

$$x_j \geqslant x_i + t_{ij},$$

由此得到相应的数学规划问题

$$\min \sum_{i \in V} x_i,$$
$$\text{s.t.} \begin{cases} x_j \geqslant x_i + t_{ij}, & (i,j) \in A, i,j \in V, \\ x_i \geqslant 0, & i \in V. \end{cases} \tag{6.13}$$

式中:V 为所有的事件集合;A 为所有作业的集合。

3. 问题求解

用 Python 软件求解例 6.20。编写 Python 程序如下:

```
#程序文件 ex6_20.py
import numpy as np
import cvxpy as cp

x = cp.Variable(8, pos=True)
L = [(1,2,5), (1,3,10), (1,4,11), (2,5,4), (3,4,4), (3,5,0), (4,6,15),
     (5,6,21), (5,7,25), (5,8,35), (6,7,0), (6,8,20), (7,8,15)]
obj = cp.Minimize(sum(x)); con = []
for k in range(len(L)):
    con.append(x[L[k][1]-1] >= x[L[k][0]-1] + L[k][2])
prob = cp.Problem(obj, con); prob.solve(solver='GLPK_MI')
print('最优值为', prob.value); print('最优解为:', x.value)
```

程序运行结果如下:

最优值为 156.0

最优解为:[0.　5.　10.　14.　10.　31.　35.　51.]

计算结果给出了各个项目的开工时间,如 $x_1 = 0$,则作业 A, B, C 的开工时间均是第 0 天;$x_2 = 5$,作业 E 的开工时间是第 5 天;$x_3 = 10$,则作业 D 的开工时间是第 10 天;等等。每个作业只要按规定的时间开工,整个项目的最短工期为 51 天。

尽管上述 Python 程序给出相应的开工时间和整个项目的最短工期,但统筹方法中许多有用的信息并没有得到,如项目的关键路径、每个作业的最早开工时间、最迟开工时间等。

例 6.21(续例 6.20) 求例 6.20 中每个作业的最早开工时间、最迟开工时间和作业的关键路径。

解 分别用 x_i, z_i 表示第 $i(i=1,\cdots,8)$ 个事件的最早时间和最迟时间,t_{ij} 表示作业 (i,j) 的计划时间,$\mathrm{es}_{ij},\mathrm{ls}_{ij},\mathrm{ef}_{ij},\mathrm{lf}_{ij}$ 分别表示作业 (i,j) 的最早开工时间,最迟开工时间,最早完工时间,最晚完工时间。对应作业的最早开工时间与最迟开工时间相同,就得到项目的关键路径。

首先使用数学规划模型式(6.13),求事件的最早开工时间 $x_i(i=1,\cdots,8)$。然后用下面的递推公式求其他指标。

$$\begin{aligned}&z_n=x_n, n=8,\\&z_i=\min_j\{z_j-t_{ij}\},\quad i=n-1,\cdots,1,(i,j)\in A,\end{aligned}\tag{6.14}$$

$$\mathrm{es}_{ij}=x_i,\quad (i,j)\in A,\tag{6.15}$$

$$\mathrm{lf}_{ij}=z_j,\quad (i,j)\in A,\tag{6.16}$$

$$\mathrm{ls}_{ij}=lf_{ij}-t_{ij},\quad (i,j)\in A,\tag{6.17}$$

$$\mathrm{ef}_{ij}=x_i+t_{ij},\quad (i,j)\in A.\tag{6.18}$$

使用式(6.15)和式(6.17)可以得到所有作业的最早开工时间和最迟开工时间,如表 6.5 所列,方括号中第 1 个数字是最早开工时间,第 2 个数字是最迟开工时间。

表 6.5 作业数据

作业(i,j)	开 工 时 间	计划完成时间/天	作业(i,j)	开 工 时 间	计划完成时间/天
$A(1,2)$	[0,1]	5	$G(5,6)$	[10,10]	21
$B(1,3)$	[0,0]	10	$H(5,8)$	[10,16]	35
$C(1,4)$	[0,5]	11	$I(5,7)$	[10,11]	25
$D(3,4)$	[10,12]	4	$J(7,8)$	[35,36]	15
$E(2,5)$	[5,6]	4	$K(6,8)$	[31,31]	20
$F(4,6)$	[14,16]	15			

从表 6.5 可以看出,当最早开工时间与最迟开工时间相同时,对应的作业在关键路线上,因此可以画出计划网络图中的关键路线,如图 6.20 粗线所示。关键路线为 1→3→5→6→8。

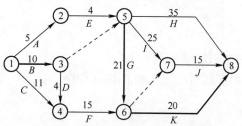

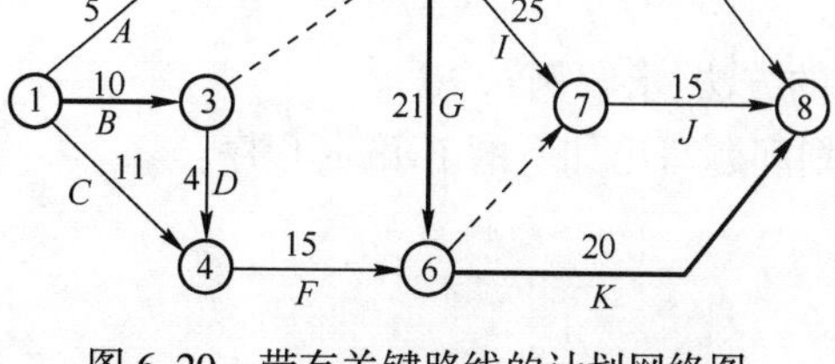

图 6.20 带有关键路线的计划网络图

```
#程序文件 ex6_21. py
import numpy as np
import cvxpy as cp

n =8; x = cp. Variable(n, pos=True); z = np. zeros(n)
L = [(1,2,5), (1,3,10), (1,4,11), (2,5,4), (3,4,4), (3,5,0), (4,6,15),
     (5,6,21), (5,7,25), (5,8,35), (6,7,0), (6,8,20), (7,8,15)]
obj = cp. Minimize(sum(x)); con = []
for k in range(len(L)):
    con. append(x[L[k][1]-1] >= x[L[k][0]-1] + L[k][2])
prob = cp. Problem(obj, con); prob. solve(solver='GLPK_MI')
print('最优值为', prob. value); print('最优解为:', x. value)
xx = x. value; z[-1] = xx[-1]
for k in range(n-1, 0, -1):
    z[k-1]=min([z[a[1]-1]-a[2] for a in L if a[0]==k])
print('z:', z); es=[]; lf=[]; ls=[]; ef=[]
for i in range(len(L)):
    es. append([L[i][0], L[i][1], xx[L[i][0]-1]])
    lf. append([L[i][0], L[i][1], z[L[i][1]-1]])
    ls. append([L[i][0], L[i][1], z[L[i][1]-1]-L[i][2]])
    ef. append([L[i][0], L[i][1], xx[L[i][0]-1]+L[i][2]])
print('作业最早开工时间如下:'); print(es)
print('作业最晚开工时间如下:'); print(ls)
```

4. 将关键路线看成最长路

如果将关键路线看成最长路,则可以按照求最短路的方法(将求极小改为求极大)求出关键路线。

设 x_{ij} 为 0-1 变量,当作业 (i,j) 位于关键路线上取 1,否则取 0。数学规划问题写为

$$\max \sum_{(i,j)\in A} t_{ij}x_{ij},$$

$$\text{s.t.}\begin{cases}\sum\limits_{j:(1,j)\in A} x_{1j}=1,\\ \sum\limits_{j:(i,j)\in A} x_{ij}-\sum\limits_{k:(k,i)\in A} x_{ki}=0, \quad i\neq 1,n,\\ \sum\limits_{k:(k,n)\in A} x_{kn}=1,\\ x_{ij}=0 \text{ 或 } 1, \quad (i,j)\in A.\end{cases}$$

例 6.22 用最长路的方法,求解例 6.20。

解 按上述数学规划问题写出如下的 Python 程序:

```
#程序文件 ex6_22. py
import numpy as np
import cvxpy as cp
```

```
L = [(1,2,5), (1,3,10), (1,4,11), (2,5,4), (3,4,4), (3,5,0), (4,6,15),
     (5,6,21), (5,7,25), (5,8,35), (6,7,0), (6,8,20), (7,8,15)]
x = cp.Variable((8,8), integer=True); fun = 0
for i in range(len(L)):
    fun = fun + x[L[i][0]-1,L[i][1]-1] * L[i][2]
obj = cp.Maximize(fun); con =[ x>=0, x<=1]
out = [a[1]-1 for a in L if a[0]==1]                #起点相邻顶点的编号
con.append(sum(x[0,out])==1)                        #起点发出弧的约束
ind = [a[0]-1 for a in L if a[1]==8]                #终点相邻顶点的编号
con.append(sum(x[ind,7])==1)                        #终点进入弧的约束
for k in range(2,8):
    out = [a[1]-1 for a in L if a[0]==k]            #k 的出弧的相邻顶点
    ind = [a[0]-1 for a in L if a[1]==k]            #k 的入弧的相邻顶点
    con.append(sum(x[k-1,out])==sum(x[ind,k-1]))
prob = cp.Problem(obj, con); prob.solve(solver='GLPK_MI')
print('最优值为', prob.value); print('最优解为:\n', x.value)
ni, nj = np.nonzero(x.value)
print('关键路径的端点为:'); print(ni+1); print(nj+1)
```

求得工期需要 51 天,关键路线为 1→3→5→6→8。

6.7.4 关键路线与计划网络的优化

例 6.23(关键路线与计划网络的优化) 假设例 6.20 中所列的工程要求在 49 天内完成。为提前完成工程,有些作业需要加快进度,缩短工期,而加快进度需要额外增加费用。表 6.6 列出例 6.20 中可缩短工期的所有作业和缩短一天工期额外增加的费用。现在的问题是,如何安排作业才能使额外增加的总费用最少。

表 6.6 工程作业数据

作业 (i,j)	计划完成时间/天	最短完成时间/天	缩短一天工期增加的费用/天	作业 (i,j)	计划完成时间/天	最短完成时间/天	缩短一天工期增加的费用/天
$B(1,3)$	10	8	700	$H(5,8)$	35	30	500
$C(1,4)$	11	8	400	$I(5,7)$	25	22	300
$E(2,5)$	4	3	450	$J(7,8)$	15	12	400
$G(5,6)$	21	16	600	$K(6,8)$	20	16	500

例 6.23 所涉及的问题就是计划网络的优化问题,这时需要压缩关键路径来减少最短工期。

1. 计划网络优化的数学表达式

设 x_i 是事件 i 的开始时间,t_{ij}是作业(i,j)的计划时间,m_{ij}是完成作业(i,j)的最短时间,y_{ij}是作业(i,j)可能减少的时间,c_{ij}是作业(i,j)缩短一天增加的费用,因此有

$$x_j-x_i \geqslant t_{ij}-y_{ij} \quad 且 \quad 0 \leqslant y_{ij} \leqslant t_{ij}-m_{ij}.$$

设 d 是要求完成的天数,1 为最初事件,n 为最终事件,所以有 $x_n-x_1 \leqslant d$。而问题的总目

标是使额外增加的费用最小，即目标函数为 $\min \sum_{(i,j)\in A} c_{ij}y_{ij}$。由此得到相应的数学规划问题

$$\min \sum_{(i,j)\in A} c_{ij}y_{ij},$$
$$\text{s. t.} \begin{cases} x_j - x_i + y_{ij} \geqslant t_{ij}, & (i,j) \in A, \\ x_n - x_1 \leqslant d, \\ 0 \leqslant y_{ij} \leqslant t_{ij} - m_{ij}, & (i,j) \in A. \end{cases}$$

2. 计划网络优化的求解

利用 Python 软件求得结果如下：作业(1,3)(B)压缩 1 天的工期，作业(6,8)(K)压缩 1 天工期，这样可以在 49 天完工，需要多花费 1200 元。

```
#程序文件 ex6_23. py
import numpy as np
import cvxpy as cp

L = [(1,2,5,5,0), (1,3,10,8,700), (1,4,11,8,400), (2,5,4,3,450), (3,4,4,4,0),
     (3,5,0,0,0), (4,6,15,15,0), (5,6,21,16,600), (5,7,25,22,300),
     (5,8,35,30,500), (6,7,0,0,0), (6,8,20,16,500), (7,8,15,12,400)]
x = cp.Variable(8, pos=True)
y = cp.Variable((8,8), integer=True); fun = 0
for i in range(len(L)):
    fun = fun + y[L[i][0]-1,L[i][1]-1] * L[i][4]
obj = cp.Minimize(fun); con =[x[7]-x[0]<=49, y>=0]
for i in range(len(L)):
    con.append(x[L[i][1]-1]-x[L[i][0]-1]+y[L[i][0]-1,L[i][1]-1]>=L[i][2])
    con.append(y[L[i][0]-1,L[i][1]-1]<=L[i][2]-L[i][3])
prob = cp.Problem(obj, con); prob.solve(solver='GLPK_MI')
print('最优值为', prob.value); print('x 的取值为:\n', x.value)
print('y 的取值为:\n', y.value); ni, nj = np.nonzero(y.value)
print('压缩工期的作业为:'); print(ni+1); print(nj+1)
```

如果需要知道压缩工期后的关键路径，则需要稍复杂一点的计算。

例 6.24(续例 6.23) 用 Python 软件求解例 6.23，并求出相应的关键路径、各作业的最早开工时间和最迟开工时间。

解 使用前面例子相同符号。为了得到作业的最早开工时间，在目标函数中加入 $\sum_{i\in V} x_i$，建立如下的数学规划模型：

$$\min \sum_{(i,j)\in A} c_{ij}y_{ij} + \sum_{i\in V} x_i,$$
$$\text{s. t.} \begin{cases} x_j - x_i + y_{ij} \geqslant t_{ij}, & (i,j) \in A, \\ x_n - x_1 \leqslant d, \\ 0 \leqslant y_{ij} \leqslant t_{ij} - m_{ij}, & (i,j) \in A. \end{cases}$$

先求出 x_i, y_{ij}，其中 $i \in V, (i,j) \in A$。再使用迭代公式

$$z_n = x_n（这里 n=8），$$
$$z_i = \min_j \{z_j - t_{ij} + y_{ij}\}, \quad i=n-1,\cdots,1,(i,j) \in A,$$
$$\mathrm{es}_{ij} = x_i, \quad (i,j) \in A,$$
$$\mathrm{ls}_{ij} = z_j - t_{ij} + y_{ij}, \quad (i,j) \in A.$$

求出事件最迟时间 z_i，作业最早开工时间 es_{ij}，最迟开工时间 ls_{ij}。

计算出所有作业的最早开工时间和最迟开工时间如表 6.7 所列。

表 6.7　作业数据

作业(i,j)	开工时间	实际完成时间/天	作业(i,j)	开工时间	实际完成时间/天
$A(1,2)$	[0,0]	5	$G(5,6)$	[9,9]	21
$B(1,3)$	[0,0]	9	$H(5,8)$	[9,14]	35
$C(1,4)$	[0,4]	11	$I(5,7)$	[9,9]	25
$D(3,4)$	[9,11]	4	$J(7,8)$	[34,34]	15
$E(2,5)$	[5,5]	4	$K(6,8)$	[30,30]	19
$F(4,6)$	[13,15]	15			

当最早开工时间与最迟开工时间相同时，对应的作业就在关键路线上，图 6.21 中的粗线表示优化后的关键路线。从图 6.21 可以看到，关键路线不止一条。

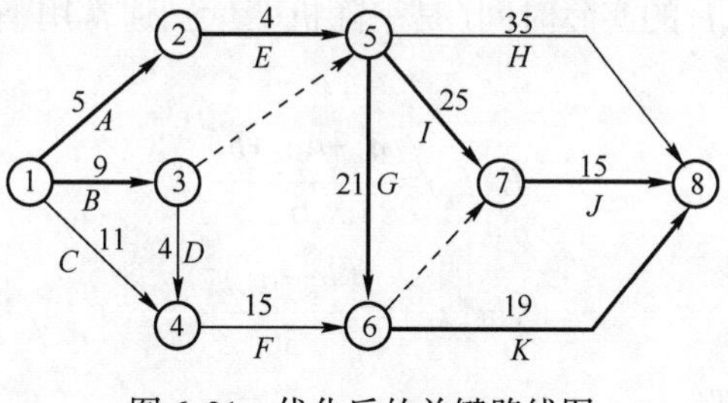

图 6.21　优化后的关键路线图

```
#程序文件 ex6_24. py
import numpy as np
import cvxpy as cp

L = [(1,2,5,5,0), (1,3,10,8,700), (1,4,11,8,400), (2,5,4,3,450), (3,4,4,4,0),
     (3,5,0,0,0), (4,6,15,15,0), (5,6,21,16,600), (5,7,25,22,300),
     (5,8,35,30,500), (6,7,0,0,0), (6,8,20,16,500), (7,8,15,12,400)]
n=8; x = cp.Variable(n, pos=True)
y = cp.Variable((n,n), integer=True); fun = 0
for i in range(len(L)):
    fun = fun + y[L[i][0]-1,L[i][1]-1] * L[i][4]
obj = cp.Minimize(fun+sum(x)); con =[x[7]-x[0]<=49, y>=0]
for i in range(len(L)):
```

```
        con.append(x[L[i][1]-1]-x[L[i][0]-1]+y[L[i][0]-1,L[i][1]-1]>=L[i][2])
        con.append(y[L[i][0]-1,L[i][1]-1]<=L[i][2]-L[i][3])
    prob = cp.Problem(obj, con); prob.solve(solver='GLPK_MI')
    print('最优值为', prob.value); print('x 的取值为:\n', x.value)
    print('y 的取值为:\n', y.value); xx=x.value
    yy=y.value; z = np.zeros(n); z[-1] = xx[-1]
    for k in range(n-1, 0, -1):
        z[k-1] = min([z[a[1]-1]-a[2]+yy[a[0]-1,a[1]-1] for a in L if a[0]==k])
    es=[]; ls=[]
    for i in range(len(L)):
        es.append([L[i][0], L[i][1], xx[L[i][0]-1]])
        ls.append([L[i][0], L[i][1], z[L[i][1]-1]-L[i][2]+yy[L[i][0]-1,L[i][1]-1]])
    print(es); print(ls)
```

6.7.5 完成作业期望和实现事件的概率

在例 6.20 中,每项作业完成的时间均看成固定的,但在实际应用中,每项作业的完成会受到一些意外因素的干扰,一般不可能是完全确定的,往往只能凭借经验和过去完成类似作业需要的时间进行估计。通常情况下,对完成一项作业可以给出 3 个时间上的估计值:最乐观值的估计值(a),最悲观的估计值(b)和最可能的估计值(e)。

设 t_{ij}是完成作业(i,j)的实际时间(是一随机变量),通常用下面的方法计算相应的数学期望和方差:

$$E(t_{ij})=\frac{a_{ij}+4e_{ij}+b_{ij}}{6}, \tag{6.19}$$

$$\mathrm{Var}(t_{ij})=\frac{(b_{ij}-a_{ij})^2}{36}. \tag{6.20}$$

设 T 为实际工期,即

$$T=\sum_{(i,j)\in 关键路线} t_{ij}, \tag{6.21}$$

由中心极限定理,可以假设 T 服从正态分布,并且期望值和方差满足

$$\overline{T}=E(T)=\sum_{(i,j)\in 关键路线} E(t_{ij}), \tag{6.22}$$

$$S^2=\mathrm{Var}(T)=\sum_{(i,j)\in 关键路线} \mathrm{Var}(t_{ij}). \tag{6.23}$$

设规定的工期为 d,则在规定的工期内完成整个项目的概率为

$$P\{T\leqslant d\}=\Phi\left(\frac{d-\overline{T}}{S}\right), \tag{6.24}$$

式中:$\Phi(x)$为标准正态分布的分布函数。

例 6.25 已知例 6.20 中各项作业完成的 3 个估计时间如表 6.8 所列。如果规定时间为 52 天,求在规定时间内完成全部作业的概率。进一步,如果完成全部作业的概率大于等于 95%,那么工期至少需要多少天?

表 6.8 作业数据

作业(i,j)	估计时间/天			作业(i,j)	估计时间/天		
	a	m	b		a	m	b
$A(1,2)$	3	5	7	$G(5,6)$	18	20	28
$B(1,3)$	8	9	16	$H(5,8)$	26	33	52
$C(1,4)$	8	11	14	$I(5,7)$	18	25	32
$D(3,4)$	2	4	6	$J(7,8)$	12	15	18
$E(2,5)$	3	4	5	$K(6,8)$	11	21	25
$F(4,6)$	8	16	18				

解 对于这个问题采用最长路的方法。

按式(6.19)计算出各作业的期望值,再建立求关键路径的数学规划模型

$$\max \sum_{(i,j)\in A} E(t_{ij})x_{ij},$$

$$\text{s. t.}\begin{cases}\displaystyle\sum_{j:(1,j)\in A} x_{1j}=1,\\ \displaystyle\sum_{j:(i,j)\in A} x_{ij}-\sum_{k:(k,i)\in A} x_{ki}=0, \quad i=2,3,\cdots,7,\\ \displaystyle\sum_{k:(k,8)\in A} x_{k8}=1,\\ x_{ij}=0 \text{ 或 } 1, \quad (i,j)\in A.\end{cases}$$

求解上述数学规划模型即可以得到关键路径和完成整个项目的时间,再由式(6.20)计算出关键路线上各作业方差的估计值,最后利用式(6.24)即可计算出完成全部作业的概率。

计算得到关键路线的时间期望为 51 天,标准差为 3.1623,在 52 天完成全部作业的概率为 62.41%。

设工期至少需要 n 天,才能使完成全部作业的概率大于等于 95%,则由

$$\Phi\left(\frac{n-51}{3.1623}\right)\geqslant 0.95,$$

得$\dfrac{n-51}{3.1623}\geqslant\Phi^{-1}(0.95)$,$n\geqslant 51+3.1623\Phi^{-1}(0.95)=56.2015$。

```
#程序文件 ex6_25.py
import numpy as np
import cvxpy as cp
from scipy.stats import norm

L = np.array([(1,2,3,5,7),(1,3,8,9,16),(1,4,8,11,14),(2,5,3,4,5),
    (3,4,2,4,6),(3,5,0,0,0),(4,6,8,16,18),(5,6,18,20,28),(5,7,18,25,32),
    (5,8,26,33,52),(6,7,0,0,0),(6,8,11,21,25),(7,8,12,15,18)])
et = (L[:,2]+4*L[:,3]+L[:,4])/6        #计算均值
dt = (L[:,4]-L[:,2])**2/36             #计算方差
n=8; x = cp.Variable((n,n), integer=True)
m=len(L); fun=0
```

```
for i in range(m):
    fun=fun+x[L[i][0]-1,L[i][1]-1] * et[i]
obj=cp.Maximize(fun); con=[x>=0, x<=1]
out=np.where(L[:,0]==1)[0]                    #起点的相邻顶点
con.append(sum(x[0,L[out,1]-1])==1)
for k in range(2,n):
    out=np.where(L[:,0]==k)[0]                #顶点k发出弧的顶点
    ind=np.where(L[:,1]==k)[0]                #顶点k进入弧的顶点
    con.append(sum(x[L[ind,0]-1,k-1])==sum(x[k-1,L[out,1]-1]))
ind=np.where(L[:,1]==n)[0]                    #终点的相邻顶点
con.append(sum(x[L[ind,0]-1,n-1])==1)
prob=cp.Problem(obj, con); prob.solve(solver='GLPK_MI')
print('最优值为:', prob.value); print('最优解为:\n', x.value)
f=prob.value; xx = x.value; s2=0               #方差的初值
for i in range(m):
    s2=s2+xx[L[i][0]-1,L[i][1]-1] * dt[i]
s=np.sqrt(s2); p=norm.cdf(52, f, s)            #计算标准差和概率
N = norm.ppf(0.95) * s+f; print('标准差 s:', s)
print('概率 p:', p); print('需要天数 N:', N)
```

6.8 钢管订购和运输

6.8.1 问题描述

要铺设一条 $A_1 \to A_2 \to \cdots \to A_{15}$ 的输送天然气的主管道，如图 6.22 所示。经筛选后可以生产这种主管道钢管的钢厂有 $S_1, S_2, \cdots, S_7$。图中粗线表示铁路，单细线表示公路，双细线表示要铺设的管道（假设沿管道或者原来有公路，或者建有施工公路），圆圈表示火车站，每段铁路、公路和管道旁的阿拉伯数字表示里程（单位 km）。

为方便计，1km 主管道钢管称为 1 单位钢管。

一个钢厂如果承担制造这种钢管，至少需要生产 500 个单位。钢厂 S_i 在指定期限内能生产该钢管的最大数量为 s_i 个单位，钢管出厂销价 1 单位钢管为 p_i 万元，见表 6.9；1 单位钢管的铁路运价见表 6.10。

表 6.9 各钢管厂的供货上限及销价

i	1	2	3	4	5	6	7
s_i	800	800	1000	2000	2000	2000	3000
p_i	160	155	155	160	155	150	160

表 6.10 单位钢管的铁路运价

里程/km	≤300	301~350	351~400	401~450	451~500
运价/万元	20	23	26	29	32
里程/km	501~600	601~700	701~800	801~900	901~1000
运价/万元	37	44	50	55	60

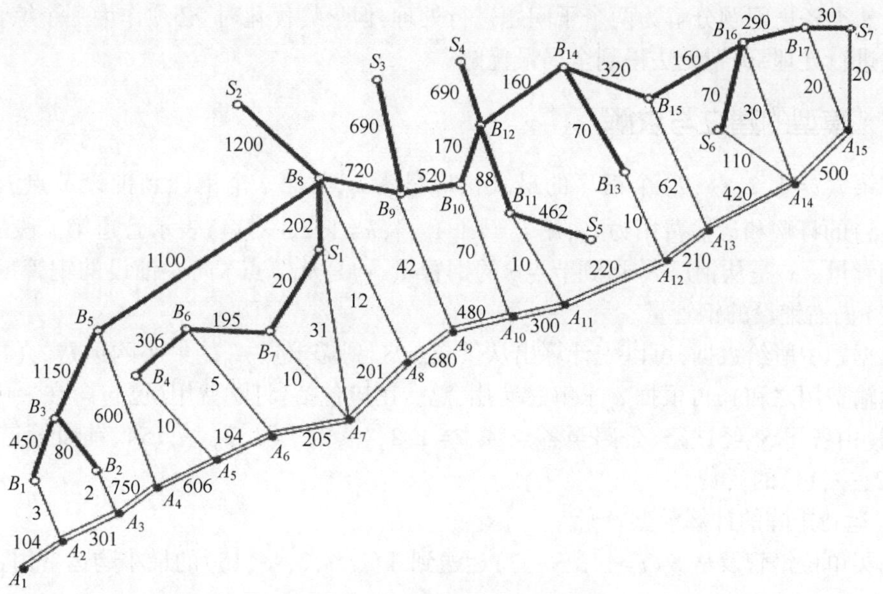

图 6.22　交通网络及管道图

1000km 以上每增加 1~100km 运价增加 5 万元。公路运输费用为 1 单位钢管每千米 0.1 万元(不足整千米部分按整千米计算)。钢管可由铁路、公路运往铺设地点(不只是运到点 $A_1,A_2,\cdots,A_{15}$,而是管道全线)。

请制定一个主管道钢管的订购和运输计划,使总费用最少(给出总费用)。

6.8.2　问题分析

问题的建模目的是求一个主管道钢管的订购和运输策略,使总费用最少。首先,问题给出了 7 个供选择的钢厂,选择哪些钢厂,订购多少钢管是一个要解决的问题。其次,每一个钢厂到铺设地点大多都有多条可供选择的运输路线,应选择哪一条路线运输,取决于建模的目标。而目标总费用包含两个组成部分:订购费用和运输费用。订购费用取决于单价和订购数量,运输费用取决于往哪里运和运输路线。结合总目标的要求,可以很容易地想到应选择运费最小的路线。

从同一个钢管厂订购钢管运往同一个目的地,一旦最小运输费用路线确定,则单位钢管的运费就确定了,单位钢管的订购及运输费用=钢管单价+运输费用。因此,同一个钢管厂订购钢管运往同一个目的地的总费用等于订购数量乘以单位钢管的购运费用(单价+单位钢管运费)。因而,在制定订购与运输计划时,要分成两个子问题考虑:

(1) 运输路线及运输费用的确定:钢管可以通过铁路或公路运输。公路运费是运输里程的线性函数,但是铁路运价却是一种分段的阶跃的常数函数。因此在计算时,不管对运输里程还是费用而言,都不具有可加性,只能将铁路运价(由运输总里程找出对应费率)和公路运价分别计算后再叠加。

(2) 铺设方案的设定:从钢管厂订购若干个单位的钢管运送至枢纽点 $A_1,A_2,\cdots,A_{15}$,再由枢纽点按一个单位计分别往枢纽点两侧运送至最终铺设地点,计算从枢纽点开始的铺设费用。

虽然准备把问题分解为两个子问题进行处理，但最终优化时，必须作为一个综合的优化问题进行处理，否则无法得到全局最优解。

6.8.3 模型的建立与求解

记第 $i(i=1,2,\cdots,7)$ 个钢厂的最大供应量为 s_i，从第 i 个钢厂到铺设节点 $j(j=1,2,\cdots,15)$ 的订购和运输费用为 c_{ij}；用 $l_k=|A_kA_{k+1}|(k=1,2,\cdots,14)$ 表示管道第 k 段需要铺设的钢管量。x_{ij} 是从钢厂 S_i 运到节点 j 的钢管量，y_j 是从节点 j 向左铺设的钢管量，z_j 是从节点 j 向右铺设的钢管量。

根据题中所给数据，可以先计算出从供应点 S_i 到需求点 A_j 的最小购运费 c_{ij}（出厂售价与运输费用之和），再根据 c_{ij} 求解总费用，总费用应包括：订购费用（已包含在 c_{ij} 中），运输费用（由各厂 S_i 经铁路、公路至各点 A_j，$i=1,2,\cdots,7,\ j=1,2,\cdots,15$），铺设管道 A_jA_{j+1} $(j=1,2,\cdots,14)$ 的运费。

1. 运费矩阵的计算模型

购买单位钢管及从 $S_i(i=1,2,\cdots,7)$ 运送到 $A_j(j=1,2,\cdots,15)$ 的最小购运费用 c_{ij} 的计算如下。

1）计算铁路任意两点间的最小运输费用

由于铁路运费不是连续的，故不能直接构造铁路费用赋权图，用 Floyd 算法来计算任意两点间的最小运输费用。首先构造铁路距离赋权图，然后利用 Floyd 算法计算任意两点间的最短铁路距离值，再依据铁路运价表，求出任意两点间的最小铁路运输费用。这就巧妙地避开铁路运费不是连续的问题。

首先构造铁路距离赋权图 $G_1=(V,E_1,\boldsymbol{W}_1)$，其中 $V=\{S_1,\cdots,S_7,A_1,\cdots,A_{15},B_1,\cdots,B_{17}\}=\{v_1,v_2,\cdots,v_{39}\}$，总共 39 个顶点的编号如图 6.22 所示；$\boldsymbol{W}_1=(w_{ij}^{(1)})_{39\times39}$，

$$w_{ij}^{(1)}=\begin{cases}d_{ij}^{(1)}, & v_i,v_j\ \text{之间有铁路直接相连},\\ +\infty, & v_i,v_j\ \text{之间没有铁路直接相连},\end{cases}$$

式中：$d_{ij}^{(1)}$ 表示 v_i,v_j 两点之间的铁路里程。

然后应用 Floyd 算法求得任意两点间的最短铁路距离。

再根据铁路运价表，可以得到铁路费用赋权完全图 $\widetilde{G}_1=(V,E_1,\widetilde{\boldsymbol{W}}_1)$，其中 $\widetilde{\boldsymbol{W}}_1=(c_{ij}^{(1)})_{39\times39}$，这里 $c_{ij}^{(1)}$ 为第 i,j 顶点间的最小铁路运输费用，若两点间的铁路距离值为无穷大，则对应的铁路运输费用也为无穷大。

2）构造公路费用的赋权图

构造公路费用赋权图 $G_2=(V,E_2,\boldsymbol{W}_2)$，其中 V 同上，$\boldsymbol{W}_2=(c_{ij}^{(2)})_{39\times39}$，

$$c_{ij}^{(2)}=\begin{cases}0.1d_{ij}^{(2)}, & v_i,v_j\ \text{之间有公路直接相连},\\ +\infty, & v_i,v_j\ \text{之间没有公路直接相连},\end{cases}$$

式中：$d_{ij}^{(2)}$ 表示 v_i,v_j 两点之间的公路里程。

3）计算任意两点间的最小运输费用

由于可以用铁路、公路交叉运送，所以任意相邻两点间的最小运输费用为铁路、公路两者最小运输费用的最小值。

构造铁路公路的混合赋权图 $G=(V,E,\boldsymbol{W})$，$\boldsymbol{W}=(c_{ij}^{(3)})_{39\times39}$，其中 $c_{ij}^{(3)}=\min(c_{ij}^{(1)},c_{ij}^{(2)})$。

对图 G 应用 Floyd 算法,就可以计算出所有顶点对之间的最小运输费用,最后提取需要的 $S_i(i=1,2,\cdots,7)$ 到 $A_j(j=1,2,\cdots,15)$ 的最少运输费用 $\tilde{c}_{ij}$ 见表 6.11。

表 6.11　最小运费计算结果　(单位:万元)

S_i	A_i														
	1	2	3	4	5	6	7	8	9	10	11	12	13	14	15
1	170.7	160.3	140.2	98.6	38	20.5	3.1	21.2	64.2	92	96	106	121.2	128	142
2	215.7	205.3	190.2	171.6	111	95.5	86	71.2	114.2	142	146	156	171.2	178	192
3	230.7	220.3	200.2	181.6	121	105.5	96	86.2	48.2	82	86	96	111.2	118	132
4	260.7	250.3	235.2	216.6	156	140.5	131	116.2	84.2	62	51	61	76.2	83	97
5	255.7	245.3	225.2	206.6	146	130.5	121	111.2	79.2	57	33	51	71.2	73	87
6	265.7	255.3	235.2	216.6	156	140.5	131	121.2	84.2	62	51	45	26.2	11	28
7	275.7	265.3	245.2	226.6	166	150.5	141	131.2	99.2	76	66	56	38.2	26	2

任意两点间的最小运输费用加上出厂售价,得到单位钢管从任一个 $S_i(i=1,2,\cdots,7)$ 到 $A_j(j=1,2,\cdots,15)$ 的购买和运送最少费用 c_{ij}。

2. 总费用的数学规划模型

目标函数

(1) 从钢管厂到各枢纽点 $A_1,A_2,\cdots,A_{15}$ 的总购运费用为 $\sum_{i=1}^{7}\sum_{j=1}^{15}c_{ij}x_{ij}$。

(2) 铺设管道不仅只运输到枢纽点,而是要运送并铺设到全部管线,注意到将总量为 y_j 的钢管从枢纽点往左运到每单位铺设点,其运费应为第一千米、第二千米、…直到第 y_j 千米的运费之和,即

$$0.1\times(1+2+\cdots+y_j)=\frac{0.1}{2}y_j(y_j+1).$$

从枢纽点 A_j 往右也一样,对应的铺设费用为

$$0.1\times(1+2+\cdots+z_j)=\frac{0.1}{2}z_j(z_j+1).$$

总的铺设费用为

$$\frac{0.1}{2}\sum_{j=1}^{15}[y_j(y_j+1)+z_j(z_j+1)].$$

因而,总购运费用为

$$\sum_{i=1}^{7}\sum_{j=1}^{15}c_{ij}x_{ij}+\frac{0.1}{2}\sum_{j=1}^{15}[y_j(y_j+1)+z_j(z_j+1)].$$

约束条件如下:

(1) 根据钢管厂生产能力约束或购买限制,有

$$\sum_{j=1}^{15}x_{ij}\in\{0\}\cup[500,s_i],\quad i=1,2,\cdots,7.$$

(2) 购运量应等于铺设量

$$\sum_{i=1}^{7}x_{ij}=z_j+y_j,\quad j=1,2,\cdots,15.$$

(3) 枢纽点间距约束:从两个相邻枢纽点分别往右、往左铺设的总单位钢管数应等于

其间距,即

$$z_j+y_{j+1}=|A_jA_{j+1}|=l_j,\quad j=1,2,\cdots,14.$$

(4) 端点约束:从枢纽点 A_1 只能往右铺,不能往左铺,故

$$y_1=0,$$

从枢纽点 A_{15} 只能往左铺,不能往右铺,故

$$z_{15}=0.$$

(5) 非负约束:

$$x_{ij}\geqslant 0,\ y_j\geqslant 0,\ z_j\geqslant 0,\quad i=1,2,\cdots,7,j=1,2,\cdots,15.$$

综上所述,建立如下数学规划模型

$$\min \sum_{i=1}^{7}\sum_{j=1}^{15} c_{ij}x_{ij}+\frac{0.1}{2}\sum_{j=1}^{15}\left(z_j(z_j+1)+y_j(y_j+1)\right), \tag{6.25}$$

$$\text{s. t.}\begin{cases}\sum\limits_{j-1}^{15} x_{ij}\in\{0\}\cup[500,s_i], & i=1,2,\cdots,7,\\ \sum\limits_{i=1}^{7} x_{ij}=z_j+y_j, & j=1,2,\cdots,15,\\ z_j+y_{j+1}=l_j, & j=1,2,\cdots,14,\\ y_1=0,z_{15}=0,\\ x_{ij}\geqslant 0,y_j\geqslant 0,z_j\geqslant 0, & i=1,2,\cdots,7,j=1,2,\cdots,15.\end{cases} \tag{6.26}$$

3. 模型求解

使用计算机求解上述数学规划时,需要对约束条件式(6.26)中的第一个非线性约束

$$\sum_{j=1}^{15} x_{ij}\in\{0\}\cup[500,s_i]\quad (i=1,2,\cdots,7) \tag{6.27}$$

进行处理。引进 0-1 变量

$$t_i=\begin{cases}1, & \text{钢管厂 } i \text{ 生产},\\ 0, & \text{钢管厂 } i \text{ 不生产},\end{cases}$$

把约束条件式(6.27)转化为线性约束

$$500t_i\leqslant \sum_{j=1}^{15} x_{ij}\leqslant s_it_i,\quad i=1,2,\cdots,7. \tag{6.28}$$

利用 Python 软件求得总费用的最小值为 127.8632 亿。具体的订购和运输方案如表 6.12 所列。

表 6.12 钢管订购和运输方案

钢厂	生产量	A_1	A_2	A_3	A_4	A_5	A_6	A_7	A_8	A_9	A_{10}	A_{11}	A_{12}	A_{13}	A_{14}	A_{15}
S_1	800	0	0	0	319	15	200	266	0	0	0	0	0	0	0	0
S_2	800	0	179	321	0	0	0	0	300	0	0	0	0	0	0	0
S_3	1000	0	0	187	149	0	0	0	0	664	0	0	0	0	0	0
S_4	0	0	0	0	0	0	0	0	0	0	0	0	0	0	0	0
S_5	1015	0	0	0	0	600	0	0	0	0	0	415	0	0	0	0
S_6	1556	0	0	0	0	0	0	0	0	0	351	0	86	333	621	165
S_7	0	0	0	0	0	0	0	0	0	0	0	0	0	0	0	0

```python
#程序文件 anli6_1.py
import cvxpy as cp
import numpy as np
import networkx as nx
import pandas as pd

s1 = ['S'+str(i) for i in range(1,8)]
s2 = ['A'+str(i) for i in range(1,16)]
s3 = ['B'+str(i) for i in range(1,18)]
L = s1 + s2 + s3                                    #构造顶点字符列表
G1 = nx.Graph(); G1.add_nodes_from(L)
L1 = [('B1','B3',450),('B2','B3',80),('B3','B5',1150),('B5','B8',1100),
      ('B4','B6',306),('B6','B7',195),('S1','B7',20),('S1','B8',202),
      ('S2','B8',1200),('B8','B9',720),('S3','B9',690),('B9','B10',520),
      ('B10','B12',170),('S4','B12',690),('S5','B11',462),('B11','B12',88),
      ('B12','B14',160),('B13','B14',70),('B14','B15',320),('B15','B16',160),
      ('S6','B16',70),('B16','B17',290),('S7','B17',30)]
G1.add_weighted_edges_from(L1)                      #构造铁路赋权图
d1 = nx.floyd_warshall_numpy(G1)                    #求最短距离矩阵
c1 = np.ones(d1.shape) * np.inf
c1[d1==0]=0; c1[(d1>0) & (d1<=300)]=20
c1[(d1>300) & (d1<=350)]=23; c1[(d1>350) & (d1<=400)]=26
c1[(d1>400) & (d1<=450)]=29; c1[(d1>450) & (d1<=500)]=32
c1[(d1>500) & (d1<=600)]=37; c1[(d1>600) & (d1<=700)]=44
c1[(d1>700) & (d1<=800)]=50; c1[(d1>800) & (d1<=900)]=55
c1[(d1>900) & (d1<=1000)]=60; ind=(d1>1000) & (d1<np.inf)
c1[ind]=60+5 * np.ceil(d1[ind]/100-10)

G2 = nx.Graph()
G2.add_nodes_from(L)
L2 = [('A1','A2',104),('A2','B1',3),('A2','A3',301),('A3','B2',2),
      ('A3','A4',750),('A4','B5',600),('A4','A5',606),('A5','B4',10),
      ('A5','A6',194),('A6','B6',5),('A6','A7',205),('A7','B7',10),
      ('S1','A7',31),('A7','A8',201),('A8','B8',12),('A8','A9',680),
      ('A9','B9',42),('A9','A10',480),('A10','B10',70),('A10','A11',300),
      ('A11','B11',10),('A11','A12',220),('A12','B13',10),('A12','A13',210),
      ('A13','B15',62),('A13','A14',420),('S6','A14',110),('A14','B16',30),
      ('A14','A15',500),('A15','B17',20),('S7','A15',20)]
G2.add_weighted_edges_from(L2)                      #构造公路赋权图
c2 = nx.to_numpy_matrix(G2)                         #导出图 G2 的邻接矩阵
c2 = np.array(c2)                                   #转换为 array 数组
c2[c2==0] = np.inf
```

```
c3 = np.minimum(c1, 0.1 * c2)

G3 = nx.Graph(c3)
c4 = nx.floyd_warshall_numpy(G3)                    #求最短距离矩阵
c5 = c4[:7,7:22]                                    #提出7行15列的运费数据
f = pd.ExcelWriter('anli6_1.xlsx')
pd.DataFrame(c5).to_excel(f, index=False)

s = np.array([800, 800, 1000, 2000, 2000, 2000, 3000])
p = np.array([160, 155, 155, 160, 155, 150, 160])
b = np.array([104, 301, 750, 606, 194, 205, 201,
              680, 480, 300, 220, 210, 420, 500])
c = np.tile(p,(15,1)).T + c5                        #购运费用
x = cp.Variable((7,15), integer=True)               #调整为整型
y = cp.Variable(15, pos=True); z = cp.Variable(15, pos=True)
t = cp.Variable(7, integer=True)
obj = cp.Minimize(cp.sum(cp.multiply(c, x))+0.05 * cp.sum(y ** 2+y+z ** 2+z))
con = [500 * t<=cp.sum(x,axis=1), cp.sum(x,axis=1)<=cp.multiply(s,t),
       cp.sum(x,axis=0)==y+z, y[1:]+z[:-1]==b,
       y[0]==0, z[14]==0,t>=0, t<=1, x>=0]
prob = cp.Problem(obj, con); prob.solve(solver='CPLEX')
print('最优值为:', prob.value); print('最优解为:\n', x.value)
sx = np.sum(x.value, axis=1)
pd.DataFrame(c).to_excel(f, 'Sheet2', index=False)
pd.DataFrame(x.value).to_excel(f, 'Sheet3', index=False)
f.close()
```

习　题　6

6.1　用 Python 分别画出图 6.23 所示图形。

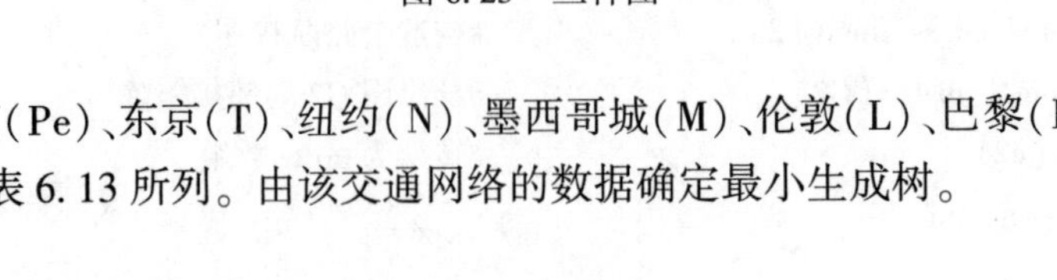

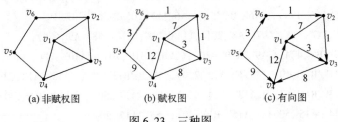

图 6.23　三种图

6.2　北京(Pe)、东京(T)、纽约(N)、墨西哥城(M)、伦敦(L)、巴黎(Pa)各城市之间的航线距离如表 6.13 所列。由该交通网络的数据确定最小生成树。

表 6.13　六城市间的航线距离

城市	L	M	N	Pa	Pe	T
L		56	35	21	51	60
M	56		21	57	78	70
N	35	21		36	68	68
Pa	21	57	36		51	61
Pe	51	78	68	51		13
T	60	70	68	61	13	

6.3　求图 6.24 所示赋权图的最小生成树。

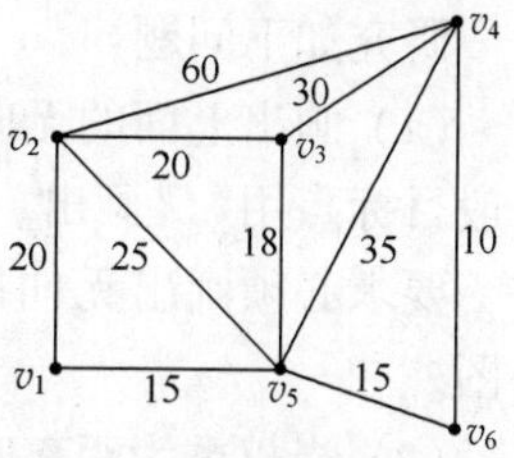

图 6.24　赋权无向图

6.4　某台机器可连续工作 4 年,也可于每年末卖掉,换一台新的。已知于各年初购置一台新机器的价格及不同役龄机器年末的的处理价如表 6.14 所列。又新机器第一年运行及维修费为 0.3 万元,使用 1~3 年后机器每年的运行及维修费用分别为 0.8,1.5,2.0 万元。试确定该机器的最优更新策略,使 4 年内用于更换、购买及运行维修的总费用最小。

表 6.14　机器的购置价及处理价　　(单位:万元)

j	第一年	第二年	第三年	第四年
年初购置价	2.5	2.6	2.8	3.1
使用了 j 年的机器处理价	2.0	1.6	1.3	1.1

6.5　已知有 6 个村庄,各村的小学生人数如表 6.15 所列,各村庄间的距离如图 6.25 所示。现在计划建造一所医院和一所小学,问医院应建在哪个村庄才能使最远村庄的人到医院看病所走的路最短?又问小学建在哪个村庄使得所有学生上学走的总路程最短?

表 6.15　各村小学生人数

村庄	v_1	v_2	v_3	v_4	v_5	v_6
小学生人数/个	50	40	60	20	70	90

6.6　图 6.26 给出了 6 支球队的比赛结果,即 1 队战胜 2,4,5,6 队,而输给了 3 队;5 队战胜 3,6 队,而输给 1,2,4 队,等等。

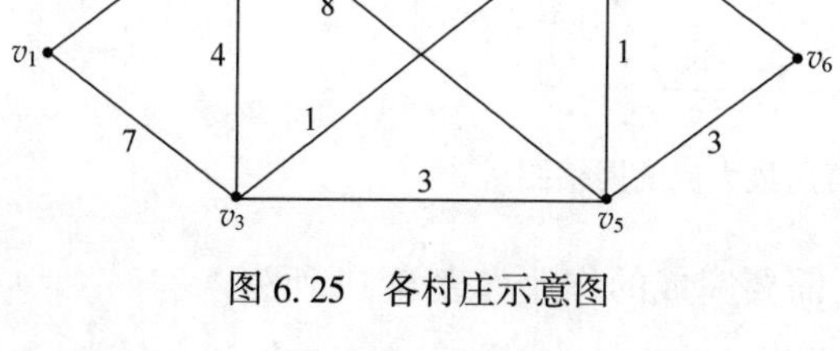

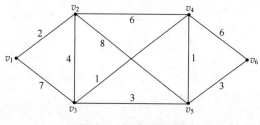

图 6.25　各村庄示意图

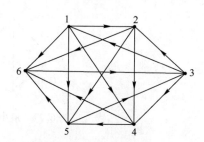

图 6.26　球队的比赛结果

(1) 利用竞赛图的适当方法,给出 6 支球队的一个排名顺序;

(2) 利用 PageRank 算法,再次给出 6 支球队的排名顺序。

6.7 已知 95 个目标点的数据见 Excel 文件 ti6_7. xlsx,第 1 列是这 95 个点的编号,第 2,3 列是这 95 个点的 x,y 坐标,第 4 列是这些点重要性分类,标明“1”的是第一类重要目标点,标明“2”的是第二类重要目标点,未标明类别的是一般目标点,第 5,6,7 列标明了这些点的连接关系。如第三行的数据

$$C \quad -1160 \quad 587.5 \qquad\qquad D \qquad F$$

表示顶点 C 的坐标为(-1160,587.5),它是一般目标点,C 点和 D 点相连,C 点也和 F 点相连。

研究如下问题:

(1) 画出上面的无向图,一类重要目标点用“五角星”画出,二类重要点用“ * ”画出,一般目标点用“. ”画出。

要求必须画出无向图的度量图,顶点的位置坐标必须准确,不要画出无向图的拓扑图。

(2) 当权重为距离时,求上面无向图的最小生成树,并画出最小生成树。

(3) 求顶点 L 到顶点 R_3 的最短距离及最短路径,并画出最短路径。

6.8 在 10 个顶点的无向图中,每对顶点之间以概率 0.6 存在一条权重为[1,10]上随机整数的边,首先生成该图。然后求解下列问题:

(1) 求该图的最小生成树;

(2) 求顶点 v_1 到顶点 v_{10} 的最短距离及最短路径;

(3) 求所有顶点对之间的最短距离。

6.9 5 个人参加某场特殊考试,为了公平,要求任何两个认识的人不能分在同一个考场。5 个人总共有 8 种认识关系如表 6.16 所列,求至少需要分几个考场才能满足条件。

表 6.16 5 个人的 8 种认识关系

认识关系	1	2	3	4	5	6	7	8
i	1	1	1	2	2	2	3	3
j	2	3	4	3	4	5	4	5

6.10 求图 6.27 所示网络的最小费用最大流,弧上的第 1 个数字为单位流的费用,第 2 个数字为弧的容量。

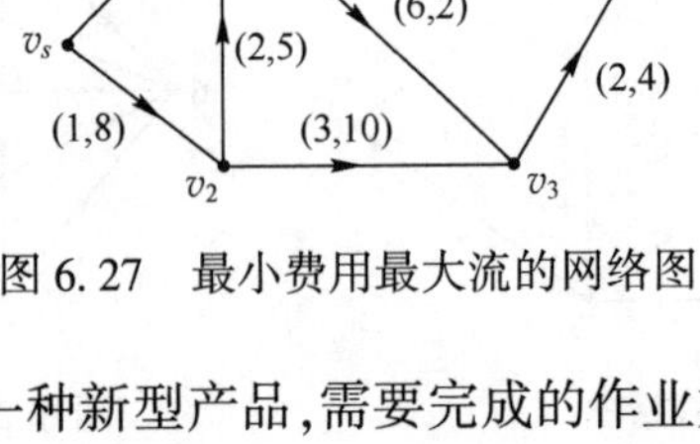

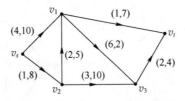

图 6.27 最小费用最大流的网络图

6.11 某公司计划推出一种新型产品,需要完成的作业如表 6.17 所列。

表 6.17　计划网络图的相关数据

作业	名　称	计划完成时间/周	紧前作业	最短完成时间/周	缩短 1 周的费用/元
A	设计产品	6	—	4	800
B	市场调查	5	—	3	600
C	原材料订货	3	*A*	1	300
D	原材料收购	2	*C*	1	600
E	建立产品设计规范	3	*A*,*D*	1	400
F	产品广告宣传	2	*B*	1	300
G	建立产品生产基地	4	*E*	2	200
H	产品运输到库	2	*G*,*F*	2	200

(1) 画出产品的计划网络图;

(2) 求完成新产品的最短时间,列出各项作业的最早开始时间、最迟开始时间和计划网络的关键路线;

(3) 假设公司计划在 17 周内推出该产品,各项作业的最短时间和缩短 1 周的费用如表 6.17 所列,求产品在 17 周内上市的最小费用;

(4) 如果各项作业的完成时间并不能完全确定,而是根据以往的经验估计出来的,其估计值如表 6.18 所列。试计算出产品在 21 周内上市的概率和以 95%的概率完成新产品上市所需的周数。

表 6.18　作业数据

作　业	*A*	*B*	*C*	*D*	*E*	*F*	*G*	*H*
最乐观的估计	2	4	2	1	1	3	2	1
最可能的估计	6	5	3	2	3	4	4	2
最悲观的估计	10	6	4	3	5	5	6	4

第7章 插值与拟合

在数学建模过程中,通常要处理由试验、测量得到的大量数据或一些过于复杂而不便于计算的函数表达式,针对此情况,很自然的想法就是构造一个简单的函数作为要考查数据或复杂函数的近似。插值和拟合就可以解决这样的问题。

给定一组数据,需要确定满足特定要求的曲线,如果所求曲线通过所给定有限个数据点,这就是插值。有时由于给定的数据存在测量误差,往往具有一定的随机性。因而,求曲线通过所有数据点不现实也不必要。如果不要求曲线通过所有数据点,而是要求它反映对象整体的变化态势,得到简单实用的近似函数,这就是曲线拟合。

插值和拟合都是根据一组数据构造一个近似函数,但由于近似的要求不同,二者在数学方法上是完全不同的。而面对一个实际问题,究竟应该用插值还是拟合,有时容易确定,有时并不明显。

7.1 插值方法

7.1.1 一维插值

1. 基本概念

已知未知函数在 $n+1$ 个互不相同的观测点 $x_0<x_1<\cdots<x_n$ 处的函数值(或观测值):

$$y_i=f(x_i),\quad i=0,1,\cdots,n.$$

寻求一个近似函数(近似曲线)$\phi(x)$,使之满足

$$\phi(x_i)=y_i,\quad i=0,1,\cdots,n. \tag{7.1}$$

即求一条近似曲线 $\phi(x)$,使其通过所有数据点(x_i,y_i),$i=0,1,\cdots,n$。

对任意非观测点$\hat{x}$($\hat{x}\neq x_i,i=0,1,\cdots,n$),要估计该点的函数值$f(\hat{x})$,就可以用 $\phi(\hat{x})$ 的值作为$f(\hat{x})$的近似估计值,即 $\phi(\hat{x})\approx f(\hat{x})$。通常称此类建模问题为插值问题,而构造近似函数的方法就称为插值方法。

观测点 $x_i(i=0,1,\cdots,n)$称为插值节点,$f(x)$称为被插函数或原函数,$\phi(x)$为插值函数,式(7.1)称为插值条件,含 $x_i(i=0,1,\cdots,n)$ 的最小区间$[a,b]$($a=\min\limits_{0\leqslant i\leqslant n}\{x_i\}=x_0$,$b=\max\limits_{0\leqslant i\leqslant n}\{x_i\}=x_n$)称作插值区间,$\hat{x}$称为插值点,$\phi(\hat{x})$为被插函数 $f(x)$ 在$\hat{x}\in[a,b]$点处的插值。

若$\hat{x}\in[a,b]$,则称为内插,否则称为外推。值得注意的是,插值方法一般用于插值区间内部点的函数值估计或预测,利用该方法进行趋势外推预测时,可进行短期预测估计,对中长期预测并不适用。

特别地,若插值函数为代数多项式,则该插值方法称为多项式插值。

2. 利用待定系数法确定插值多项式

鉴于插值条件式(7.1)共含有 $n+1$ 个约束方程,而 n 次多项式也恰好有 $n+1$ 个待定系数。因此若已知 $y=f(x)$ 在 $n+1$ 个互不相同的观测点 $x_0<x_1<\cdots<x_n$ 处的观测值或函数值 $y_0,y_1,\cdots,y_n$,则可以确定一个次数不超过 n 的多项式

$$P_n(x)=a_nx^n+a_{n-1}x^{n-1}+\cdots+a_1x+a_0, \tag{7.2}$$

使其满足

$$P_n(x_k)=y_k,\quad k=0,1,\cdots,n. \tag{7.3}$$

称 $P_n(x)$ 为满足插值条件式(7.3)的 n 次插值多项式。

把 $P_n(x)$ 的表达式(7.2)代入插值条件式(7.3)中,可得关于多项式待定系数的 $n+1$ 元线性方程组

$$\begin{cases}a_nx_0^n+a_{n-1}x_0^{n-1}+\cdots+a_1x_0+a_0=y_0,\\ a_nx_1^n+a_{n-1}x_1^{n-1}+\cdots+a_1x_1+a_0=y_1,\\ \qquad\vdots\\ a_nx_n^n+a_{n-1}x_n^{n-1}+\cdots+a_1x_n+a_0=y_n.\end{cases} \tag{7.4}$$

记此方程的系数矩阵为 $\boldsymbol{A}$,则

$$\det(\boldsymbol{A})=\begin{vmatrix}x_0^n & \cdots & x_0 & 1\\ x_1^n & \cdots & x_1 & 1\\ \vdots & & \vdots & \vdots\\ x_n^n & \cdots & x_n & 1\end{vmatrix}=\prod_{i=1}^{n}\prod_{j=0}^{i-1}(x_j-x_i)$$

为范德蒙德(Vandermonde)行列式,当 $x_0,x_1,\cdots,x_n$ 互不相同时,行列式 $\det(\boldsymbol{A})\neq0$。根据解线性方程组的克莱姆(Cramer)法则,方程组的解存在且唯一。唯一性说明,无论用何种方法来构造,也无论用何种形式来表示插值多项式,只要满足插值条件式(7.3),其结果都是相同的。当插值节点逐渐增多时,多项式的次数会逐渐增高,线性方程组会变成病态方程组,求解结果也变得不可靠。待定系数法无法直接构造出插值多项式的表达式,插值多项式的次数每提高一次,都要重新求解,从而影响了方法的推广。

定理 7.1 满足插值条件式(7.3)的次数不超过 n 的多项式存在而且唯一。

插值多项式 $P_n(x)$ 与被插函数 $f(x)$ 之间的差

$$R_n(x)=f(x)-P_n(x)$$

称为截断误差,又称为插值余项。当 $f(x)$ 充分光滑时,

$$R_n(x)=f(x)-L_n(x)=\frac{f^{(n+1)}(\xi)}{(n+1)!}\omega_{n+1}(x),\xi\in(a,b),$$

式中:$\omega_{n+1}(x)=\prod_{j=0}^{n}(x-x_j)$。

例 7.1 已知未知函数 $y=f(x)$ 的 6 个观测点 $(x_i,y_i)(i=0,1,\cdots,5)$ 的值如表 7.1 所列,试求插值函数 $y=\hat{f}(x)$,并求 $x=1.5,2.6$ 处函数的估计值。

表 7.1 观测点数据

x_i	1	2	3	4	5	6
y_i	16	18	21	17	15	12

利用 Python 软件,求得的插值多项式为

$$y=-0.2417x^5+4.3333x^4-28.9583x^3+87.6667-115.8x+69.0$$

$x=1.5,2.6$ 处函数的估计值分别为 14.918,20.8846。

```
#程序文件 ex7_1.py
import numpy as np
import pylab as plt

x0 = np.arange(1, 7); y0 = np.array([16, 18, 21, 17, 15, 12])
A = np.vander(x0)
p = np.linalg.inv(A) @ y0              #求插值多项式的系数
print('从高次幂到低次幂的系数为:', np.round(p,4))
yh = np.polyval(p, [1.5, 2.6])        #计算函数值
print('预测值为:', np.round(yh,4))
plt.plot(x0, y0, 'o')                 #画出已知数据点的散点
xt = np.linspace(1,6,100)
plt.plot(xt, np.polyval(p,xt))        #画插值曲线
plt.show()
```

3. 拉格朗日(Lagrange)插值方法

实际上比较方便的作法不是解方程式(7.4)求待定系数,而是先构造一组基函数

$$l_i(x)=\frac{(x-x_0)\cdots(x-x_{i-1})(x-x_{i+1})\cdots(x-x_n)}{(x_i-x_0)\cdots(x_i-x_{i-1})(x_i-x_{i+1})\cdots(x_i-x_n)}=\prod_{\substack{j=0\\ j\neq i}}^{n}\frac{x-x_j}{x_i-x_j},\quad i=0,1,\cdots,n,$$

$l_i(x)$ 是 n 次多项式,满足

$$l_i(x_j)=\begin{cases}0, & j\neq i,\\ 1, & j=i.\end{cases}$$

令

$$L_n(x)=\sum_{i=0}^{n}y_i l_i(x)=\sum_{i=0}^{n}y_i\left(\prod_{\substack{j=0\\ j\neq i}}^{n}\frac{x-x_j}{x_i-x_j}\right),\tag{7.5}$$

式(7.5)称为 n 次拉格朗日插值多项式,由式(7.4)解的唯一性,$n+1$ 个节点的 n 次拉格朗日插值多项式存在唯一。

例 7.2(续例 7.1) 用拉格朗日插值再求例 7.1 的问题。

由于有 6 个插值节点,拉格朗日插值多项式是 5 次多项式。利用 Python 软件求得的结果和例 7.1 是一样的。

```
#程序文件 ex7_2.py
import numpy as np
from scipy.interpolate import lagrange

x0 = np.arange(1, 7); y0 = np.array([16, 18, 21, 17, 15, 12])
p = lagrange(x0, y0)                  #求拉格朗日插值多项式的系数
```

```python
print('从高次幂到低次幂的系数为:', np.round(p,4))
yh = np.polyval(p, [1.5, 2.6])     #计算多项式的函数值
print('预测值为:', np.round(yh,4))
```

4. 牛顿(Newton)插值

在导出牛顿公式前,先介绍公式表示中所需要用到的差商、差分的概念及性质。

1) 差商

定义 7.1 设有函数 $f(x)$, $x_0, x_1, x_2, \cdots$ 为一系列互不相等的点,称 $\dfrac{f(x_i)-f(x_j)}{x_i-x_j}\quad(i\neq j)$ 为 $f(x)$ 关于点 x_i, x_j 一阶差商(也称均差),记为 $f[x_i, x_j]$,即

$$f[x_i,x_j]=\frac{f(x_i)-f(x_j)}{x_i-x_j}.$$

称一阶差商的差商

$$\frac{f[x_i,x_j]-f[x_j,x_k]}{x_i-x_k}$$

为 $f(x)$ 关于点 x_i, x_j, x_k 的二阶差商,记为 $f[x_i, x_j, x_k]$。一般地,称

$$\frac{f[x_0,x_1,\cdots,x_{k-1}]-f[x_1,x_2,\cdots,x_k]}{x_0-x_k}$$

为 $f(x)$ 关于点 $x_0, x_1, \cdots, x_k$ 的 k 阶差商,记为

$$f[x_0,x_1,\cdots,x_k]=\frac{f[x_0,x_1,\cdots,x_{k-1}]-f[x_1,x_2,\cdots,x_k]}{x_0-x_k}.$$

容易证明,差商具有下述性质:

$$f[x_i,x_j]=f[x_j,x_i],$$
$$f[x_i,x_j,x_k]=f[x_i,x_k,x_j]=f[x_j,x_i,x_k].$$

2) 牛顿插值公式

线性插值公式可表示为

$$\phi_1(x)=f(x_0)+(x-x_0)f[x_0,x_1],$$

称为一次牛顿插值多项式。一般地,由各阶差商的定义,依次可得

$$f(x)=f(x_0)+(x-x_0)f[x,x_0],$$
$$f[x,x_0]=f[x_0,x_1]+(x-x_1)f[x,x_0,x_1],$$
$$f[x,x_0,x_1]=f[x_0,x_1,x_2]+(x-x_2)f[x,x_0,x_1,x_2],$$
$$\vdots$$
$$f[x,x_0,\cdots,x_{n-1}]=f[x_0,x_1,\cdots,x_n]+(x-x_n)f[x,x_0,\cdots,x_n],$$

将以上各式分别乘以 $1,(x-x_0),(x-x_0)(x-x_1),\cdots,(x-x_0)(x-x_1)\cdots(x-x_{n-1})$,然后相加并消去两边相等的部分,即得

$$\begin{aligned}f(x)=&f(x_0)+(x-x_0)f[x_0,x_1]+\cdots+(x-x_0)(x-x_1)\cdots(x-x_{n-1})f[x_0,x_1,\cdots,x_n]\\&+(x-x_0)(x-x_1)\cdots(x-x_n)f[x,x_0,x_1,\cdots,x_n].\end{aligned}$$

记

$$N_n(x)=f(x_0)+(x-x_0)f[x_0,x_1]+\cdots+(x-x_0)(x-x_1)\cdots(x-x_{n-1})f[x_0,x_1,\cdots,x_n],$$

$$R_n(x)=(x-x_0)(x-x_1)\cdots(x-x_n)f[x,x_0,x_1,\cdots,x_n]=\omega_{n+1}(x)f[x,x_0,x_1,\cdots,x_n].$$

显然，$N_n(x)$是至多n次的多项式，且满足插值条件，因而它是$f(x)$的n次插值多项式。这种形式的插值多项式称为牛顿插值多项式。$R_n(x)$称为牛顿插值余项。

牛顿插值的优点是：每增加一个节点，插值多项式只增加一项，即

$$N_{n+1}(x)=N_n(x)+(x-x_0)\cdots(x-x_n)f[x_0,x_1,\cdots,x_{n+1}],$$

因而便于递推运算。而且牛顿插值的计算量小于拉格朗日插值。

由插值多项式的唯一性可知，牛顿插值余项与拉格朗日插值余项也是相等的，即

$$R_n(x)=\omega_{n+1}(x)f[x,x_0,x_1,\cdots,x_n]=\frac{f^{(n+1)}(\xi)}{(n+1)!}\omega_{n+1}(x),\quad \xi\in(a,b),$$

由此可得差商与导数的关系为

$$f[x_0,x_1,\cdots,x_n]=\frac{f^{(n)}(\xi)}{n!},$$

其中，$\xi\in(a,b)$，$a=\min\limits_{0\leqslant i\leqslant n}\{x_i\}$，$b=\max\limits_{0\leqslant i\leqslant n}\{x_i\}$。

5. 分段线性插值

1) 龙格振荡现象

用多项式作插值函数，随着插值节点(或插值条件)的增加，插值多项式次数也相应增加，高次插值不但计算复杂且往往效果不理想，甚至可能会产生龙格(Runge)振荡现象。

利用多项式对某一函数作近似逼近，计算相应的函数值，一般情况下，多项式的次数越多，需要的数据就越多，而预测也就越准确。然而，插值次数越高，插值结果越偏离原函数的现象称为龙格振荡现象。

例 7.3 在区间[-5,5]上，用$n+1$个等距节点作多项式$P_n(x)$，使得它在节点处的值与函数$y=1/(1+x^2)$在对应节点处的值相等，考查$n=6,8,10$时，多项式的次数与逼近误差的关系。

从图 7.1 可以看到，当节点的个数增加时，拉格朗日插值多项式逼近函数$y=1/(1+x^2)$不但没有变得更好，反而变得更加失真，振荡现象非常严重。这就迫使我们探求其他一些更稳定、高效的插值格式。

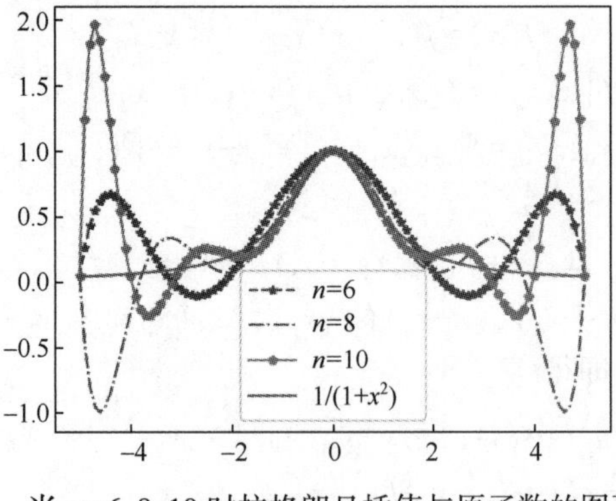

图 7.1 当$n=6,8,10$时拉格朗日插值与原函数的图形比较

```python
#程序文件 ex7_3.py
import numpy as np
import pylab as plt
from scipy.interpolate import lagrange

yx = lambda x: 1/(1+x**2)

def fun(n):
    x = np.linspace(-5, 5, n+1)
    p =lagrange(x, yx(x))          #n 次插值多项式
    return p

x0 = np.linspace(-5, 5, 100)
plt.rc('text', usetex=True)        #使用 LaTeX 字体
plt.rc('font', size=15); N = [6, 8, 10]
s = ['--*b', '-.', '-p']
for k in range(len(N)):
    p = fun(N[k]); plt.plot(x0, np.polyval(p,x0),s[k])
plt.plot(x0, yx(x0));
plt.legend(['$n=6$', '$n=8$', '$n=10$', '$1/(1+x^2)$'])
plt.show()
```

2）分段线性插值

简单地说，将每两个相邻的节点用直线连起来，如此形成的一条折线就是分段线性插值函数，记作 $I_n(x)$，它满足 $I_n(x_i)=y_i$，且 $I_n(x)$ 在每个小区间 $[x_i,x_{i+1}]$ 上是线性函数（$i=0,1,\cdots,n$）。

$I_n(x)$ 可以表示为

$$I_n(x)=\sum_{i=0}^{n} y_i l_i(x), \tag{7.6}$$

其中插值基函数为

$$l_0(x)=\begin{cases}\dfrac{x-x_1}{x_0-x_1}, & x\in[x_0,x_1],\\ 0, & 其他,\end{cases}$$

$$l_i(x)=\begin{cases}\dfrac{x-x_{i-1}}{x_i-x_{i-1}}, & x\in[x_{i-1},x_i],\\ \dfrac{x-x_{i+1}}{x_i-x_{i+1}}, & x\in[x_i,x_{i+1}], \quad i=1,2,\cdots,n-1,\\ 0, & 其他,\end{cases}$$

$$l_n(x)=\begin{cases}\dfrac{x-x_{n-1}}{x_n-x_{n-1}}, & x\in[x_{n-1},x_n],\\ 0, & 其他.\end{cases}$$

显然,对任一插值节点,其对应的插值基函数 $l_i(x)(i=0,1,\cdots,n)$ 满足

$$l_i(x_j)=\begin{cases}1, & j=i,\\ 0, & j\neq i,\end{cases}\quad j=0,1,\cdots,n.$$

$I_n(x)$ 有良好的收敛性,即对于 $x\in[a,b]$,有

$$\lim_{n\to\infty}I_n(x)=f(x).$$

用 $I_n(x)$ 计算 x 点的插值时,只用到 x 左右的两个节点,计算量与节点个数 n 无关。但 n 越大,分段越多,插值误差越小。实际上用函数表作插值计算时,分段线性插值就足够了,如数学、物理中用的特殊函数表,数理统计中用的概率分布表等。

定理 7.2 设给定插值节点 $a=x_0<x_1<\cdots<x_n=b$ 及节点上的函数值 $f(x_i)=y_i$,且 $f''(x)$ 在 $[a,b]$ 上存在,则对任意的 $x\in[a,b]$,有

$$|R_n(x)|=|f(x)-I_n(x)|\leqslant\frac{M_2h^2}{8},$$

式中:$M_2=\max\limits_{x\in[a,b]}\{|f''(x)|\}$;$h=\max\limits_{1\leqslant i\leqslant n}\{|x_i-x_{i-1}|\}$。

6. 三次样条插值

1) 样条函数的概念

分段插值函数在相邻子区间的端点处(衔接点)光滑程度不高,如分段线性插值函数在插值节点处一阶导数不存在。对一些实际问题,不但要求在端点处插值函数的一阶导数连续,而且要求二阶导数甚至更高阶导数连续。如飞机的机翼外形,内燃机的进、排气门的凸轮曲线,医学断层扫描图像的三维重构等,都要求所作的曲线具有足够的光滑性,不仅要连续,而且要有连续的曲率等。如何由给定的一系列数据点作出一条整体比较光滑的曲线呢?解决这个问题的常用方法就是采用样条插值函数。

样条(Spline)本来是工程设计中使用的一种绘图工具,它是富有弹性的细木条或细金属条。绘图员利用它把一些已知点连接成一条光滑曲线(称为样条曲线),并使连接点处有连续的曲率。

数学上将具有一定光滑性的分段多项式称为样条函数。具体地说,给定区间 $[a,b]$ 的一个分划

$$\Delta:\quad a=x_0<x_1<\cdots<x_{n-1}<x_n=b,$$

如果函数 $S(x)$ 满足:

(1) 在每个小区间 $[x_i,x_{i-1}](i=0,1,\cdots,n-1)$ 上 $S(x)$ 是 k 次多项式;

(2) $S(x)$ 在 $[a,b]$ 上具有 $k-1$ 阶连续导数。

则称 $S(x)$ 为关于分划 Δ 的 k 次样条函数,其图形称为 k 次样条曲线。$x_0,x_1,\cdots,x_n$ 称为样条节点,$x_1,x_2,\cdots,x_{n-1}$ 称为内节点,x_0,x_n 称为边界点。

显然,折线是一次样条曲线。

2) 三次样条插值

已知函数 $f(x)$ 在区间 $[a,b]$ 上的 $n+1$ 个点

$$a=x_0<x_1<\cdots<x_{n-1}<x_n=b$$

处的函数值(或观测值):$f(x_i)=y_i,i=0,1,\cdots,n$。如果分段表示的函数 $S(x)$ 满足如下条件:

(1) $S(x)$在每个子区间$[x_i,x_{i+1}]$($i=0,1,\cdots,n-1$)上的表达式$S_i(x)$均为一个三次多项式

$$S_i(x)=a_ix^3+b_ix^2+c_ix+d_i,\quad i=0,1,\cdots,n-1.$$

(2) 在每个节点处有

$$S(x_i)=y_i=f(x_i),\quad i=0,1,\cdots,n. \tag{7.7}$$

(3) $S(x)$在区间$[a,b]$上有连续的二阶导数,即在所有插值内节点处,满足

$$S_j(x_{j+1})=S_{j+1}(x_{j+1}),\quad j=0,1,\cdots,n-2,$$
$$S_j'(x_{j+1})=S_{j+1}'(x_{j+1}),\quad j=0,1,\cdots,n-2,$$
$$S_j''(x_{j+1})=S_{j+1}''(x_{j+1}),\quad j=0,1,\cdots,n-2.$$

$S(x)$在每个小区间$[x_{i-1},x_i]$上是三次多项式,它有4个待定系数,而$[a,b]$共有n个小区间,故共有$4n$个待定参数,因而需要$4n$个插值条件,而条件(2)有$n+1$个条件,条件(3)给出了$3(n-1)$个条件,全部共有$4n-2$个条件,仍少2个条件,根据问题的不同情况可以补充相应的边界条件。

(4) 在边界点处满足如下边界条件之一:

① 自由边界条件(free boundary condition):

$$S''(x_0)=f''(x_0),S''(x_n)=f''(x_n),$$

特别地,当$S''(x_0)=S''(x_n)=0$,称为自然样条。

② 固定边界条件(clamped boundary condition):

$$S'(x_0)=f'(x_0),S'(x_n)=f'(x_n).$$

③ 周期边界条件(periodic boundary condition):

当$y=f(x)$是以$b-a=x_n-x_0$为周期的周期函数时,要求$S(x)$也是周期函数,故端点要满足$S'(x_0)=S'(x_n)$和$S''(x_0)=S''(x_n)$。

称满足以上4个条件的$S(x)$为$f(x)$的三次样条插值函数,简称三次样条(cubic spline)。三次样条插值函数的计算和推导在数值分析或计算方法类的图书中都有介绍,有兴趣的读者可以查阅相关资料。

7.1.2 二维插值

二维插值问题描述如下,给定xOy平面上$m\times n$个互不相同的插值节点

$$(x_i,y_j),\quad i=1,2,\cdots,m,j=1,2,\cdots,n$$

处的观测值(函数值)

$$z_{ij},\quad i=1,2,\cdots,m,j=1,2,\cdots,n,$$

求一个近似的二元插值曲面函数$f(x,y)$,使其通过全部已知节点,即

$$f(x_i,y_i)=z_{ij},\quad i=1,2,\cdots,m,j=1,2,\cdots,n.$$

要求任一插值点(x^*,y^*)处的函数值,可利用插值函数$f(x,y)$近似求得$z^*=f(x^*,y^*)$。

二维插值常见的可分为两种:网格节点插值和散乱数据插值。网格节点插值用于规则矩形网格点插值情形,而散乱数据插值适用于一般的数据点,尤其是数据点杂乱无章的情况。

二维插值函数的构造思想与一维插值基本相同,仍可采用构造插值基函数的方法。

1. 网格节点插值法

为方便起见，不妨设定

$$a=x_1<\cdots<x_m=b, c=y_1<\cdots<y_n=d,$$

则$[a,b]\times[c,d]$构成了 xOy 平面上的一个矩形插值区域。

显然，一系列平行直线 $x=x_i, y=y_j, i=1,2,\cdots,m, j=1,2,\cdots,n$ 将区域$[a,b]\times[c,d]$剖分成$(m-1)\times(n-1)$个子矩形网格，所有网格的交叉点即构成了 $m\times n$ 个插值节点。

1）最邻近点插值

二维或高维情形的最邻近点插值，即零次多项式插值，取插值点的函数值为其最邻近插值节点的函数值。最邻近点插值一般不连续，具有连续性的最简单的插值是分片线性插值。

2）分片线性插值

分片线性插值对应于一维情形的分段线性插值。其基本思想是：若插值点(x,y)在矩形网格子区域内，即 $x_i\leqslant x\leqslant x_{i+1}, y_j\leqslant y\leqslant y_{j+1}$，如图 7.2 所示。连接两个节点$(x_i,y_j)$，$(x_{i+1},y_{j+1})$构成一条直线段，将该子区域划分为两个三角形区域。

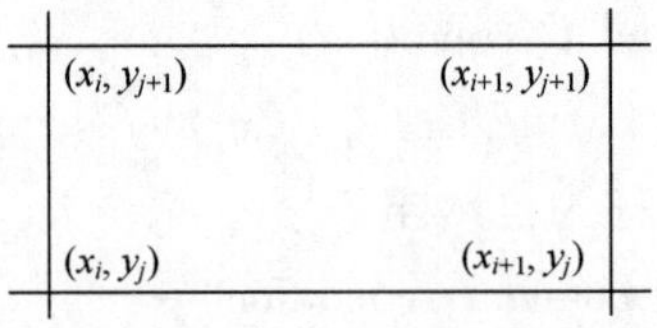

图 7.2　矩形网格示意图

在上三角形区域内，(x,y)满足

$$y>\frac{y_{j+1}-y_j}{x_{i+1}-x_i}(x-x_i)+y_j,$$

则其插值函数为

$$f(x,y)=z_{ij}+(z_{i+1,j+1}-z_{i,j+1})\frac{x-x_i}{x_{i+1}-x_i}+(z_{i,j+1}-z_{ij})\frac{y-y_j}{y_{j+1}-y_j}.$$

在下三角形区域，(x,y)满足

$$y\leqslant\frac{y_{j+1}-y_j}{x_{i+1}-x_i}(x-x_i)+y_j,$$

则其插值函数为

$$f(x,y)=z_{ij}+(z_{i+1,j}-z_{ij})\frac{x-x_i}{x_{i+1}-x_i}+(z_{i+1,j+1}-z_{i+1,j})\frac{y-y_j}{y_{j+1}-y_j}.$$

3）双线性插值

双线性插值是由一片一片的空间网格构成。以某一个子矩形网格为例（图 7.2），不妨设该网格的 4 个顶点坐标为

$$(x_i,y_j),(x_{i+1},y_j),(x_i,y_{j+1}),(x_{i+1},y_{j+1}).$$

设在该子区域内，其双线性插值函数形式为

$$f(x,y)=Axy+Bx+Cy+D,$$

其中 A,B,C,D 为待定系数,其值可利用待定系数方法确定,即利用该函数在矩形的 4 个顶点(插值节点)的函数值:

$$f(x_i,y_j)=z_{ij},\quad f(x_{i+1},y_j)=z_{i+1,j},$$
$$f(x_{i+1},y_{j+1})=z_{i+1,j+1},,\quad f(x_i,y_{j+1})=z_{i,j+1},$$

代入上述函数表达式即得到 4 个代数方程,求解即可得 4 个待定系数。

采用拉格朗日插值构造方法也可以给出插值函数表达式。类似于一维插值的方法,首先构造 4 个网格点的插值基函数:

$$\phi_{ij}=\frac{(x-x_{i+1})(y-y_{j+1})}{(x_i-x_{i+1})(y_j-y_{j+1})},\quad \phi_{i+1,j}=\frac{(x-x_i)(y-y_{j+1})}{(x_{i+1}-x_i)(y_j-y_{j+1})},$$
$$\phi_{i+1,j+1}=\frac{(x-x_i)(y-y_j)}{(x_{i+1}-x_i)(y_{j+1}-y_j)},\quad \phi_{i,j+1}=\frac{(x-x_{i+1})(y-y_j)}{(x_i-x_{i+1})(y_{j+1}-y_j)}.$$

则在矩形子区域 $[x_i,x_{i+1}]\times[y_j,y_{j+1}]$ 内的插值函数可表示为

$$f(x,y)=z_{ij}\phi_{ij}(x,y)+z_{i+1,j}\phi_{i+1,j}(x,y)+z_{i+1,j+1}\phi_{i+1,j+1}(x,y)+z_{i,j+1}\phi_{i,j+1}(x,y).$$

2. 散乱数据插值法

已知在 $\Omega=[a,b]\times[c,d]$ 内散乱分布 N 个观测点 (x_k,y_k),$k=1,2,\cdots,N$ 及其观测值 $z_k(k=1,2,\cdots,N)$,要求寻找 Ω 上的二元函数 $f(x,y)$,使

$$f(x_k,y_k)=z_k,\quad k=1,2,\cdots,N.$$

解决散乱数据点插值问题,常见的是“反距离加权平均”方法,又称 Shepard(谢巴德)方法。其基本思想是:由已知数据点的观测值估算任意非观测点 (x,y) 处的函数值,其影响程度按距离远近不同而不同,距离越远影响程度越低,距离越近影响程度越大,因此每一观测点的函数值对 (x,y) 处函数值的影响可用两个点之间距离平方的倒数,即反距离来度量,所有数据点对 (x,y) 处函数值的影响可以采用加权平均的形式来估算。

首先计算任意观测点 (x_k,y_k) 离插值点 (x,y) 的欧几里得距离:

$$r_k=\sqrt{(x-x_k)^2+(y-y_k)^2},\quad k=1,2,\cdots,N;$$

然后定义第 k 个观测点的观测值对 (x,y) 点函数值的影响权值:

$$w_k(x,y)=\frac{1}{r_k^2}\Big/\sum_{i=1}^{N}\frac{1}{r_i^2},\quad k=1,2,\cdots,N.$$

即 (x,y) 处的函数值可由已知数据按与该点距离的远近作反距离加权平均决定,即

$$f(x,y)=\begin{cases} z_k, & \text{当 } r_k=0 \text{ 时},\\ \sum\limits_{k=1}^{N} w_k(x,y)z_k, & \text{当 } r_k\neq 0 \text{ 时}. \end{cases}$$

按 Shepard 方法定义的插值曲面是全局相关的,即对曲面的任一点作插值计算都要涉及全体观测数据,当实测数据点过多,空间范围过大时,采用这种方法处理,会导致计算工作量偏大。此外,$f(x,y)$ 在每个插值节点 (x_k,y_k) 附近产生一个小的“平台”,使曲面不具有光滑性。但因为这种做法思想简单,仍具有很强的应用价值。

为提高光滑性,人们对曲面插值进行了种种改进,例如:取适当常数 $R>0$,令

$$\omega(r)=\begin{cases}\dfrac{1}{r}, & 0<r\leqslant\dfrac{R}{3},\\ \dfrac{27}{4R}\left(\dfrac{r}{R}-1\right)^2, & \dfrac{R}{3}<r\leqslant R,\\ 0, & r>R.\end{cases}$$

由于 $\omega(r)$ 是可微函数，使得如下定义的 $f(x,y)$ 在性能上有所改善：

$$f(x,y)=\sum_{k=1}^{N}w_k(x,y)z_k,$$

其中

$$w_k(x,y)=\omega(r_k)\Big/\sum_{k=1}^{N}\omega(r_k),\quad k=1,2,\cdots,N.$$

7.1.3 用 Python 求解插值问题

scipy. interpolate 模块有一维插值函数 interp1d，二维插值函数 interp2d，多维插值函数 interpn、interpnd。

interp1d 的基本调用格式为

```
interp1d(x, y, kind='linear')
```

其中 kind 的取值是字符串，指明插值方法，kind 的取值可以为：'linear'、'nearest'、'zero'、'slinear'、'quadratic'、'cubic'等，这里的'zero'、'slinear'、'quadratic'、'cubic'分别指的是 0 阶、1 阶、2 阶和 3 阶样条插值。

其他插值函数的调用格式就不介绍了。

1. 一维插值

例 7.4 机床加工。

待加工零件的外形根据工艺要求由一组数据 (x,y) 给出（在平面情况下），用程控铣床加工时每一刀只能沿 x 方向和 y 方向走非常小的一步，这就需要从已知数据得到加工所要求的步长很小的 (x,y) 坐标。

表 7.2 中给出的 x,y 数据位于机翼断面的下轮廓线上，假设需要得到 x 坐标每改变 0.1 时的 y 坐标。试完成加工所需数据，画出曲线，并求出 $x=0$ 处的曲线斜率和 $13\leqslant x\leqslant 15$ 范围内 y 的最小值。

表 7.2 插值数据点

x	0	3	5	7	9	11	12	13	14	15
y	0	1.2	1.7	2.0	2.1	2.0	1.8	1.2	1.0	1.6

要求用拉格朗日、分段线性和三次样条 3 种插值方法计算。

解 编写以下程序：

```
#程序文件 ex7_4. py
import numpy as np
from scipy. interpolate import interp1d
from scipy. interpolate import lagrange
```

```
import pylab as plt

a = np.loadtxt('data7_4.txt')
x0 = a[0]; y0 = a[1]
x = np.linspace(0,15,151)
yx1 = interp1d(x0, y0)                    #分段线性插值
y1 = yx1(x)                               #计算插值点的函数值
p2 = lagrange(x0, y0)                     #计算拉格朗日插值
y2 = np.polyval(p2, x)
yx3 = interp1d(x0, y0, 'cubic')
y3 = yx3(x)
dx = np.diff(x); dy = np.diff(y3)
dyx = dy / dx; dyx0 = dyx[0]
xt = x[130:]; yt = y3[130:]
ymin = min(yt)
xmin = [xt[ind] for ind, v in enumerate(yt) if v==ymin]
print('x=0 处斜率的数值解为:', dyx0)
print('xmin=', xmin); print('ymin=', ymin)
plt.rc('font', family='SimHei')           #用来正常显示中文标签
plt.rc('axes', unicode_minus=False)       #用来正常显示负号
plt.subplots_adjust(wspace=0.5)           #调整各子图水平间距
plt.subplot(131); plt.plot(x, y1)
plt.title('分段线性插值')
plt.subplot(132); plt.plot(x, y2)
plt.title('拉格朗日插值')
plt.subplot(133); plt.plot(x,y3)
plt.title('三次样条插值')
plt.show()
```

计算结果略。画出的 3 种插值曲线如图 7.3 所示。

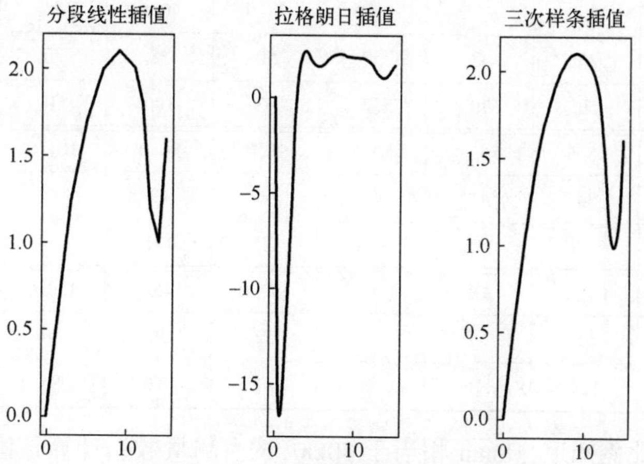

图 7.3　三种插值曲线对比

可以看出，拉格朗日插值的结果根本不能应用，分段线性插值的光滑性较差（特别是在 $x=14$ 附近弯曲处），建议选用三次样条插值的结果。

例 7.5 已知速度曲线 $v(t)$ 上的 4 个数据点如表 7.3 所列。用三次样条函数进行插值，求位移 $S=\int_{0.15}^{0.18} v(t)\,\mathrm{d}t$。

表 7.3 速度的 4 个观测值

t	0.15	0.16	0.17	0.18
$v(t)$	3.5	1.5	2.5	2.8

```
#程序文件 ex7_5.py
from scipy.interpolate import UnivariateSpline, interp1d
import numpy as np

t0=np.linspace(0.15, 0.18, 4)
v0=np.array([3.5, 1.5, 2.5, 2.8])
sp1 = UnivariateSpline(t0, v0)                          #求三次样条函数
print(sp1.get_coeffs())
print("第 1 种方法的积分值:",sp1.integral(0.15,0.18))      #求样条函数的积分
sp2=interp1d(t0,v0,'cubic')                             #第二种方法
tn=np.linspace(0.15,0.18,200); vn=sp2(tn)
I2=np.trapz(vn,tn); print("第 2 种方法的积分值:", I2)
```

用两种方法计算的位移结果都是一样的，位移 $S=\int_{0.15}^{0.18} v(t)\,\mathrm{d}t=0.0686$。

例 7.6 已知欧洲一个国家的地图，为了算出它的国土面积和边界长度，首先对地图作如下测量：以由西向东方向为 x 轴，由南向北方向为 y 轴，选择方便的原点，并将从最西边界点到最东边界点在 x 轴上的区间适当地分为若干段，在每个分点的 y 方向测出南边界点和北边界点的 y 坐标 y_1 和 y_2，这样就得到了表 7.4 的数据。

表 7.4 某国国土地图边界测量值

x	7.0	10.5	13.0	17.5	34.0	40.5	44.5	48.0	56.0
y_1	44	45	47	50	50	38	30	30	34
y_2	44	59	70	72	93	100	110	110	110
x	61.0	68.5	76.5	80.5	91.0	96.0	101.0	104.0	106.5
y_1	36	34	41	45	46	43	37	33	28
y_2	117	118	116	118	118	121	124	121	121
x	111.5	118.0	123.5	136.5	142.0	146.0	150.0	157.0	158.0
y_1	32	65	55	54	52	50	66	66	68
y_2	121	122	116	83	81	82	86	85	68

根据地图的比例知道，18mm 相当于 40km，试由测量数据计算该国国土的近似面积和边界的近似长度，并与国土面积的精确值 41288km^2 比较。

解 该地区的示意图见图 7.4。

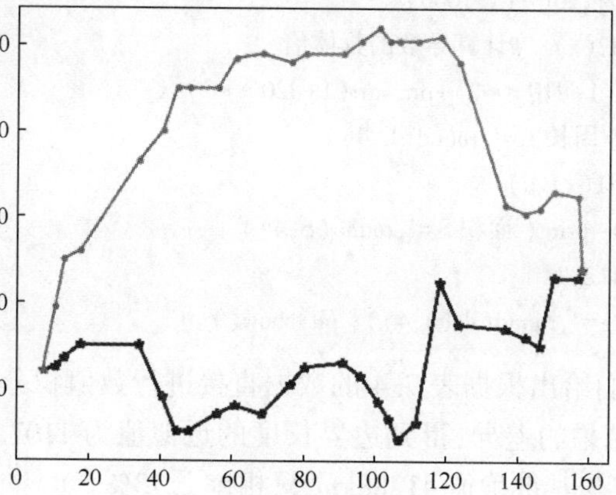

图 7.4 区域边界示意图

若区域的下边界和上边界曲线的方程分别为 $y_1=y_1(x)$, $y_2=y_2(x)$, $a\leqslant x\leqslant b$,则该地区的边界线长为

$$\int_a^b \sqrt{1+y_1'(x)^2}\,\mathrm{d}x+\int_a^b \sqrt{1+y_2'(x)^2}\,\mathrm{d}x,$$

计算时用数值积分即可。

计算该区域的面积,可以把该区域看成是上、下两个边界为曲边的曲边四边形,则区域的面积

$$S=\int_a^b (y_2(x)-y_1(x))\,\mathrm{d}x,$$

计算相应的数值积分就可求出面积。

为了提高计算的精度,可以把上、下边界曲线分别进行三次样条插值,利用三次样条函数计算相应的弧长和曲边四边形的面积。

利用三次样条插值计算时,得到边界长度的近似值为 1163.6826km,区域面积的近似值为 42434km^2,与其准确值 41288km^2 只相差 2.78%。

```
#程序文件 ex7_6_1.py
from scipy.interpolate import UnivariateSpline
import pylab as plt
import numpy as np

a=np.loadtxt('data7_6.txt')
x0=a[::3].flatten()                    #提出点的横坐标
y1=a[1::3].flatten()                   #提出下边界的纵坐标
y2=a[2::3].flatten()                   #提出上边界的纵坐标
plt.plot(x0,y1,'*-'); plt.plot(x0,y2,'.-')
f1=UnivariateSpline(x0,y1)             #计算三次样条函数
f2=UnivariateSpline(x0,y2)
d1=f1.derivative(1)                    #求样条函数的导数
```

```
d2=f2.derivative(1)
x=np.linspace(x0[0],x0[-1],1000)
d10=d1(x); d20=d2(x)   #计算导数的具体值
L=np.trapz(np.sqrt(1+d10**2)+np.sqrt(1+d20**2),x)
L=L/18*40; print('周长 L=',round(L,4))
S=np.trapz(f2(x)-f1(x),x)
S=S/18**2*1600; print('面积 S=',round(S,4))
delta=(S-41288)/41288
print('相对误差 delta=',round(delta,4)); plt.show()
```

注 7.1 下面我们给出根据表 7.4 的数据直接进行数值积分计算边界长度和国土面积,比较与插值计算结果的差异,得到边界长度的近似值为 1107.3141km,区域面积的近似值为 42413.58km^2,与其准确值 41288km^2 只相差 2.73%。

```
#程序文件 ex7_6_2.py
import numpy as np
import pylab as plt

a=np.loadtxt('data7_6.txt')
x0=a[::3].flatten()      #提出点的横坐标
y1=a[1::3].flatten()     #提出下边界的纵坐标
y2=a[2::3].flatten()     #提出上边界的纵坐标
L=np.trapz(np.sqrt(1+np.gradient(y1,x0)**2)+
           np.sqrt(1+np.gradient(y2,x0)**2),x0)
L=L/18*40; print('周长 L=',round(L,4))
S=np.trapz(y2-y1,x0); S=S/18**2*1600
print('面积 S=',round(S,4)); delta=(S-41288)/41288
print('相对误差 delta=',round(delta,4))
```

2. 二维网格节点插值

例 7.7 已知平面区域 $0 \leq x \leq 1400, 0 \leq y \leq 1200$ 的高程数据见表 7.5。求该区域地表面积的近似值,并用插值数据画出该区域的等高线图和三维表面图。

表 7.5 高程数据表 (单位:m)

1200	1350	1370	1390	1400	1410	960	940	880	800	690	570	430	290	210	150
1100	1370	1390	1410	1430	1440	1140	1110	1050	950	820	690	540	380	300	210
1000	1380	1410	1430	1450	1470	1320	1280	1200	1080	940	780	620	460	370	350
900	1420	1430	1450	1480	1500	1550	1510	1430	1300	1200	980	850	750	550	500
800	1430	1450	1460	1500	1550	1600	1550	1600	1600	1600	1550	1500	1500	1550	1550
700	950	1190	1370	1500	1200	1100	1550	1600	1550	1380	1070	900	1050	1150	1200
600	910	1090	1270	1500	1200	1100	1350	1450	1200	1150	1010	880	1000	1050	1100
500	880	1060	1230	1390	1500	1500	1400	900	1100	1060	950	870	900	936	950
400	830	980	1180	1320	1450	1420	400	1300	700	900	850	810	380	780	750

(续)

300	740	880	1080	1130	1250	1280	1230	1040	900	500	700	780	750	650	550
200	650	760	880	970	1020	1050	1020	830	800	700	300	500	550	480	350
100	510	620	730	800	850	870	850	780	720	650	500	200	300	350	320
0	370	470	550	600	670	690	670	620	580	450	400	300	100	150	250
y/x	0	100	200	300	400	500	600	700	800	900	1000	1100	1200	1300	1400

解 原始数据给出的 100×100 网格节点上的高程数据，为了提高计算精度，我们利用双线性插值，得到给定区域上 10×10 网格节点上的高程。

利用分点 $x_i=10i(i=0,1,\cdots,140)$ 把 $0\leqslant x\leqslant 1400$ 剖分成 140 个小区间，利用分点 $y_j=10j(j=0,1,\cdots,120)$ 把 $0\leqslant y\leqslant 1200$ 剖分成 120 个小区间，把平面区域 $0\leqslant x\leqslant 1400$，$0\leqslant y\leqslant 1200$ 剖分成 140×120 个小矩形，对应地把所计算的三维曲面剖分成 140×120 个小曲面进行计算，每个小曲面的面积用对应的三维空间中 4 个点所构成的两个小三角形面积的和作为近似值。

计算三角形面积时，使用海伦公式，即设 $\triangle ABC$ 的边长分别为 $a,b,c,p=(a+b+c)/2$，则 $\triangle ABC$ 的面积 $s=\sqrt{p(p-a)(p-b)(p-c)}$。

利用 Python 求得的地表面积的近似值为 $4.2649\times10^6\text{m}^2$，所画的等高线图和三维表面图如图 7.5 所示。

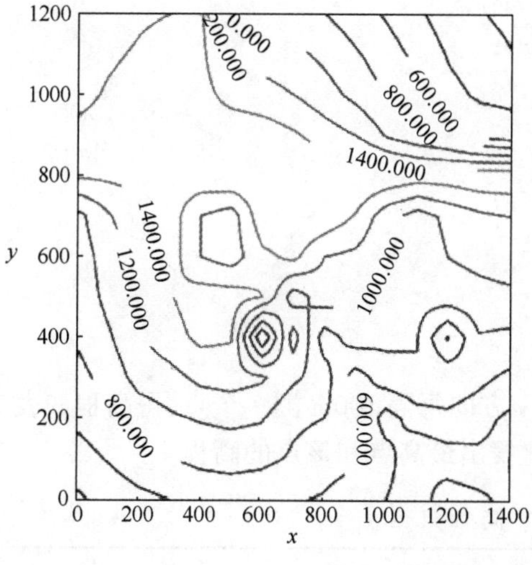

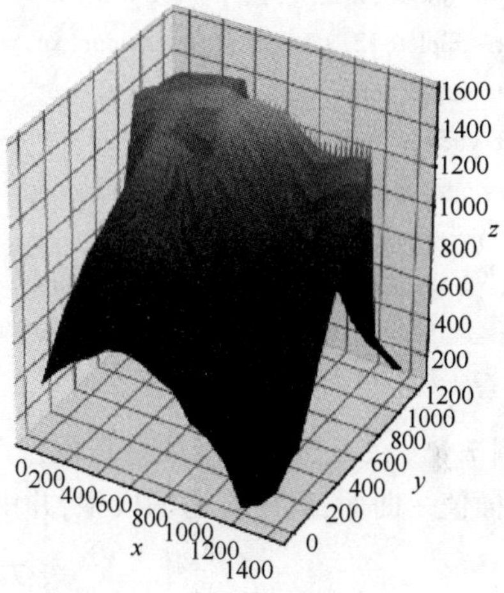

图 7.5 等高线图和三维表面图

```
#程序文件 ex7_7.py
import pylab as plt
import numpy as np
from numpy.linalg import norm
from scipy.interpolate import interp2d

z=np.loadtxt("data7_7.txt")   #加载高程数据
x=np.arange(0,1500,100)
y=np.arange(1200,-100,-100)
```

```
f=interp2d(x, y, z)            #双线性插值
xn=np.linspace(0,1400,141)
yn=np.linspace(0,1200,121)
zn=f(xn, yn)                   #计算插值点的函数值
m=len(xn); n=len(yn); s=0;
for i in np.arange(m-1):
    for j in np.arange(n-1):
        p1=np.array([xn[i],yn[j],zn[j,i]])
        p2=np.array([xn[i+1],yn[j],zn[j,i+1]])
        p3=np.array([xn[i+1],yn[j+1],zn[j+1,i+1]])
        p4=np.array([xn[i],yn[j+1],zn[j+1,i]])
        p12=norm(p1-p2); p23=norm(p3-p2); p13=norm(p3-p1)
        p14=norm(p4-p1); p34=norm(p4-p3);
        L1=(p12+p23+p13)/2
        s1=np.sqrt(L1*(L1-p12)*(L1-p23)*(L1-p13))
        L2=(p13+p14+p34)/2
        s2=np.sqrt(L2*(L2-p13)*(L2-p14)*(L2-p34))
        s=s+s1+s2;
print("区域的面积为:", s)
plt.rc('font',size=16); plt.rc('text',usetex=True)
plt.subplot(121); contr=plt.contour(xn,yn,zn);
plt.clabel(contr); plt.xlabel('$x $')
plt.ylabel('$y $',rotation=0)
ax=plt.subplot(122,projection='3d');
X,Y=np.meshgrid(xn,yn)
ax.plot_surface(X, Y, zn,cmap='viridis')
ax.set_xlabel('$x $'); ax.set_ylabel('$y $')
ax.set_zlabel('$z $'); plt.show()
```

例 7.8 在一丘陵地带测量高程,x 和 y 方向每隔 100m 测一个点,得高程如表 7.6 所列,试插值一曲面,确定合适的模型,并由此找出最高点和该点的高程。

表 7.6 高程数据

y	x				
	100	200	300	400	500
100	636	697	624	478	450
200	698	712	630	800	420
300	680	674	598	412	400
400	662	626	552	334	310

解 使用双三次样条插值,求得点(410,180)对应的最大高程 $z=831.0493$。

```
#程序文件 ex7_8.py
import numpy as np
```

```
from scipy.interpolate import interp2d

z0 = np.loadtxt("data7_8.txt")                #加载高程数据
x0 = np.linspace(100,500,5)
y0 = np.linspace(100,400,4)
f = interp2d(x0, y0, z0,'cubic')              #双三次样条插值
xn = np.linspace(100,500,41)
yn = np.linspace(100,400,31)
zn = f(xn, yn)                                #计算插值点的函数值
zm = zn.max()                                 #求矩阵元素的最大值
iy, ix = np.where(zn == zm)
print('x=', xn[ix]); print('y=', yn[iy])
print('最大高程为:', round(zm,4))
```

3. 二维散乱点插值

例 7.9 在某海域测得一些点(x,y)处的水深z由表 7.7 给出,画出海底区域的地形图和等高线图。

表 7.7 海底水深数据

x	129	140	103.5	88	185.5	195	105	157.5	107.5	77	81	162	162	117.5
y	7.5	141.5	23	147	22.5	137.5	85.5	-6.5	-81	3	56.5	-66.5	84	-33.5
z	4	8	6	8	6	8	8	9	9	8	8	9	4	9

```
#程序文件名 ex7_9.py
import pylab as plt
import numpy as np
from scipy.interpolate import griddata

a=np.loadtxt('data7_9.txt'); x=a[0]; y=a[1]; z=-a[2]
xy=np.vstack([x,y]).T
xn=np.linspace(x.min(), x.max(), 100)                  #插值点 x 坐标
yn=np.linspace(y.min(), y.max(), 200)                  #插值点 y 坐标
xng, yng = np.meshgrid(xn,yn)                          #构造网格节点
zn1=griddata(xy, z, (xng, yng), method='cubic')        #三次样条插值
zn2=griddata(xy, z, (xng, yng), method='nearest')      #最近邻插值
zn1[np.isnan(zn1)]=zn2[np.isnan(zn1)]                  #把 nan 值替换掉
plt.rc('font',size=16); plt.rc('text',usetex=True)
plt.subplots_adjust(wspace=0.5)
ax=plt.subplot(121,projection='3d');
ax.plot_surface(xng, yng, zn1,cmap='viridis')
ax.set_xlabel('$x$'); ax.set_ylabel('$y$'); ax.set_zlabel('$z$')
plt.subplot(122); c=plt.contour(xn,yn,zn1); plt.clabel(c)
plt.savefig('figure7_9.png',dpi=500); plt.show()
```

输出结果如图 7.6 所示。

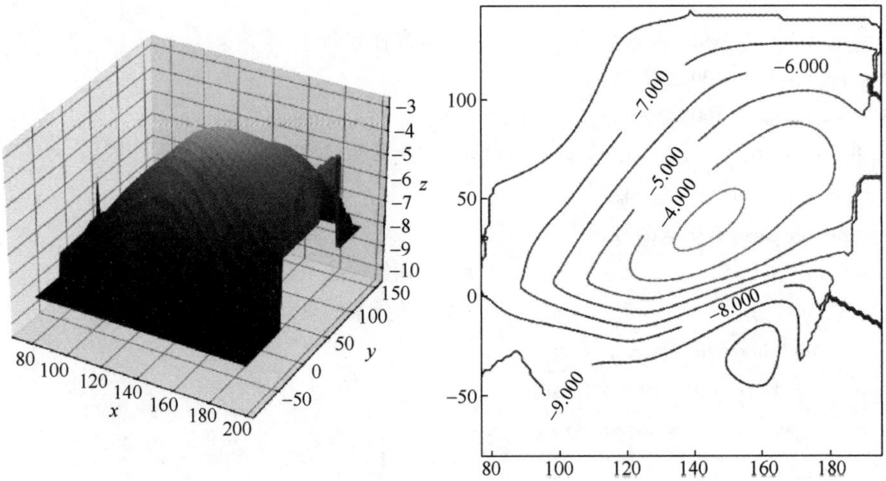

图 7.6　海底地形图及等高线图

7.2　拟　　合

7.2.1　最小二乘拟合

已知一组二维数据，即平面上的 n 个点 $(x_i,y_i)\ (i=1,2,\cdots,n)$，要寻求一个函数(曲线) $y=f(x)$，使 $f(x)$ 在某种准则下与所有数据点最为接近，即曲线拟合得最好。记

$$\delta_i=f(x_i)-y_i,\quad i=1,2,\cdots,n,$$

则称 δ_i 为拟合函数 $f(x)$ 在 x_i 点处的偏差(或残差)。为使 $f(x)$ 在整体上尽可能与给定数据最为接近，可以采用"偏差的平方和最小"作为判定准则，即通过使

$$J=\sum_{i=1}^{n}(f(x_i)-y_i)^2 \tag{7.8}$$

达到最小值。这一原则称为最小二乘原则，根据最小二乘原则确定拟合函数 $f(x)$ 的方法称为最小二乘法。

一般来讲，拟合函数应是自变量 x 和待定参数 $a_1,a_2,\cdots,a_m$ 的函数，即

$$f(x)=f(x,a_1,a_2,\cdots,a_m). \tag{7.9}$$

因此，按照 $f(x)$ 关于参数 $a_1,a_2,\cdots,a_m$ 的线性与否，最小二乘法也分为线性最小二乘法和非线性最小二乘法两类。

1. 线性最小二乘法

给定一个线性无关的函数系 $\{\varphi_k(x)\mid k=1,2,\cdots,m\}$，如果拟合函数以其线性组合的形式

$$f(x)=\sum_{k=1}^{m}a_k\varphi_k(x) \tag{7.10}$$

出现，例如

$$f(x)=a_1x^{m-1}+a_2x^{m-2}+\cdots+a_{m-1}x+a_m,$$

或者

$$f(x)=\sum_{k=1}^{m}a_k\cos(kx),$$

则 $f(x)=f(x,a_1,a_2,\cdots,a_m)$ 就是关于参数 $a_1,a_2,\cdots,a_m$ 的线性函数。

将式(7.10)代入式(7.8),则目标函数 $J=J(a_1,a_2,\cdots,a_k)$ 是关于参数 $a_1,a_2,\cdots,a_m$ 的多元函数。由

$$\frac{\partial J}{\partial a_k}=0,\quad k=1,2,\cdots,m,$$

亦即

$$\sum_{i=1}^{n}[(f(x_i)-y_i)\varphi_k(x_i)]=0,\quad k=1,2,\cdots,m.$$

可得

$$\sum_{j=1}^{m}\left[\sum_{i=1}^{n}\varphi_j(x_i)\varphi_k(x_i)\right]a_j=\sum_{i=1}^{n}y_i\varphi_k(x_i),\quad k=1,2,\cdots,m. \tag{7.11}$$

于是式(7.11)形成了一个关于 $a_1,a_2,\cdots,a_m$ 的线性方程组,称为正规方程组。

记

$$\boldsymbol{R}=\begin{bmatrix}\varphi_1(x_1) & \varphi_2(x_1) & \cdots & \varphi_m(x_1)\\ \varphi_1(x_2) & \varphi_2(x_2) & \cdots & \varphi_m(x_2)\\ \vdots & \vdots & & \vdots\\ \varphi_1(x_n) & \varphi_2(x_n) & \cdots & \varphi_m(x_n)\end{bmatrix},\quad \boldsymbol{A}=\begin{bmatrix}a_1\\ a_2\\ \vdots\\ a_m\end{bmatrix},\quad \boldsymbol{Y}=\begin{bmatrix}y_1\\ y_2\\ \vdots\\ y_n\end{bmatrix},$$

则正规方程组式(7.11)可表示为

$$\boldsymbol{R}^{\mathrm{T}}\boldsymbol{R}\boldsymbol{A}=\boldsymbol{R}^{\mathrm{T}}\boldsymbol{Y}. \tag{7.12}$$

由代数知识可知,当矩阵 $\boldsymbol{R}$ 是列满秩时,$\boldsymbol{R}^{\mathrm{T}}\boldsymbol{R}$ 是可逆的。于是正规方程组(7.12)有唯一解,即

$$\boldsymbol{A}=(\boldsymbol{R}^{\mathrm{T}}\boldsymbol{R})^{-1}\boldsymbol{R}^{\mathrm{T}}\boldsymbol{Y} \tag{7.13}$$

为所求的拟合函数的系数,就可得到最小二乘拟合函数 $f(x)$。

2. 非线性最小二乘拟合

对于给定的线性无关函数系 $\{\varphi_k(x)\mid k=1,2,\cdots,m\}$,如果拟合函数不能以其线性组合的形式出现,例如

$$f(x)=\frac{x}{a_1x+a_2}\text{或者}f(x)=a_1+a_2\mathrm{e}^{-a_3x}+a_4\mathrm{e}^{-a_5x},$$

则 $f(x)=f(x,a_1,a_2,\cdots,a_m)$ 就是关于参数 $a_1,a_2,\cdots,a_m$ 的非线性函数。

将 $f(x)$ 代入式(7.8)中,则形成一个非线性函数的极小化问题。为得到最小二乘拟合函数 $f(x)$ 的具体表达式,可用非线性优化方法求解出参数 $a_1,a_2,\cdots,a_m$。

3. 拟合函数的选择

数据拟合时,首要也是最关键的一步就是选取恰当的拟合函数。如果能够根据问题的背景通过机理分析得到变量之间的函数关系,那么只需估计相应的参数即可。但很多情况下,问题的机理并不清楚。此时,一个较为自然的方法是先做出数据的散点图,从直

观上判断应选用什么样的拟合函数。

一般来讲,如果数据分布接近于直线,则宜选用线性函数 $f(x)=a_1x+a_2$ 拟合;如果数据分布接近于抛物线,则宜选用二次多项式 $f(x)=a_1x^2+a_2x+a_3$ 拟合;如果数据分布特点是开始上升较快随后逐渐变缓,则宜选用双曲线型函数或指数型函数,即用

$$f(x)=\frac{x}{a_1x+a_2}\text{或}f(x)=a_1\mathrm{e}^{-\frac{a_2}{x}}$$

拟合。如果数据分布特点是开始下降较快随后逐渐变缓,则宜选用

$$f(x)=\frac{1}{a_1x+a_2},\quad f(x)=\frac{1}{a_1x^2+a_2}\text{或}f(x)=a_1\mathrm{e}^{-a_2x}$$

等函数拟合。

常被选用的拟合函数有对数函数 $y=a_1+a_2\ln x$,S 形曲线函数 $y=\dfrac{1}{a+b\mathrm{e}^{-x}}$等。

7.2.2 线性最小二乘法的 Python 实现

1. 解线性方程组拟合参数

要拟合式(7.10)中的参数 $a_1,\cdots,a_m$,把观测值代入式(7.10),在上面的记号下,得到线性方程组

$$\boldsymbol{RA}=\boldsymbol{Y},$$

则 Python 中拟合参数向量 $\boldsymbol{A}$ 的命令为 A=np.linalg.pinv(R)@Y。

例 7.10 为了测量刀具的磨损速度,我们做这样的实验:经过一定时间(如每隔 1h),测量一次刀具的厚度,得到一组实验数据 $(t_i,y_i)(i=1,2,\cdots,8)$,如表 7.8 所列。试根据实验数据建立 y 与 t 之间的经验公式 $y=at+b$。

表 7.8 实验数据观测值

t_i	0	1	2	3	4	5	6	7
y_i	27.0	26.8	26.5	26.3	26.1	25.7	25.3	24.8

解 拟合参数 a,b 的准则是最小二乘准则,即求 a,b,使得

$$\delta(a,b)=\sum_{i=1}^{8}(at_i+b-y_i)^2$$

达到最小值,由极值的必要条件,得

$$\begin{cases}\dfrac{\partial\delta}{\partial a}=2\displaystyle\sum_{i=1}^{8}(at_i+b-y_i)t_i=0,\\[2mm]\dfrac{\partial\delta}{\partial b}=2\displaystyle\sum_{i=1}^{8}(at_i+b-y_i)=0,\end{cases}$$

化简,得到正规方程组

$$\begin{cases}a\displaystyle\sum_{i=1}^{8}t_i^2+b\sum_{i=1}^{8}t_i=\sum_{i=1}^{8}y_it_i,\\[2mm]a\displaystyle\sum_{i=1}^{8}t_i+8b=\sum_{i=1}^{8}y_i.\end{cases}$$

解得 a,b 的估计值分别为

$$\begin{cases}\hat{a}=\dfrac{\sum\limits_{i=1}^{8}(t_i-\bar{t})(y_i-\bar{y})}{\sum\limits_{i=1}^{8}(t_i-\bar{t})^2},\\ \hat{b}=\bar{y}-\hat{a}\,\bar{t},\end{cases}$$

式中：$\bar{t}=\dfrac{1}{8}\sum\limits_{i=1}^{8}t_i$，$\bar{y}=\dfrac{1}{8}\sum\limits_{i=1}^{8}y_i$ 分别为 t_i 的均值和 y_i 的均值。

利用给定的观测值和 Python 软件，求得 a,b 的估计值为 $\hat{a}=-0.3036$，$\hat{b}=27.125$。

```
#程序文件 ex7_10.py
import numpy as np
t=np.arange(8)
y=np.array([27.0, 26.8, 26.5, 26.3, 26.1, 25.7, 25.3, 24.8])
tb=t.mean(); yb=y.mean()
a1=sum((t-tb)*(y-yb))/sum((t-tb)**2)
b1=yb-a1*tb
print('拟合的多项式系数:',[a1,b1])   #输出第一种方法的解
A=np.vstack([t, np.ones(len(t))]).T
p=np.linalg.pinv(A) @ y
print('拟合的多项式系数:', p)        #输出第二种方法的解
```

例 7.11 某天文学家要确定一颗小行星绕太阳运行的轨道，他在轨道平面内建立以太阳为原点的直角坐标系，两坐标轴上的单位长度取为 1 天文测量单位(1 天文测量单位为地球到太阳的平均距离：1.496×10^8km)。在 5 个不同的时间对小行星做了 5 次观察，测得轨道上 5 个点的坐标数据见表 7.9。由开普勒第一定律知，小行星的轨道为一椭圆，其一般方程可表示为

$$a_1x^2+a_2xy+a_3y^2+a_4x+a_5y+1=0.$$

请根据观测数据建立行星运行轨道的方程，并画出轨道曲线。

表 7.9 小行星观察数据的坐标

坐标	1	2	3	4	5
x	5.764	6.286	6.759	7.168	7.408
y	0.648	1.202	1.823	2.526	3.360

解 将天文学家所测的轨道上 5 个点的坐标数据 (x_i,y_i) $(i=1,2,\cdots,5)$ 代入椭圆轨道方程，可得下面的线性方程组

$$\begin{cases}a_1x_1^2+a_2x_1y_1+a_3y_1^2+a_4x_1+a_5y_1=-1,\\ a_1x_2^2+a_2x_2y_2+a_3y_2^2+a_4x_2+a_5y_2=-1,\\ a_1x_3^2+a_2x_3y_3+a_3y_3^2+a_4x_3+a_5y_3=-1,\\ a_1x_4^2+a_2x_4y_4+a_3y_4^2+a_4x_4+a_5y_4=-1,\\ a_1x_5^2+a_2x_5y_5+a_3y_5^2+a_4x_5+a_5y_5=-1.\end{cases}$$

解上述线性方程组,得

$$a_1=0.0508,\quad a_2=-0.0702,\quad a_3=0.0381,\quad a_4=-0.4531,\quad a_5=0.2643,$$

即小行星轨道的椭圆方程为

$$0.0508x^2-0.0702xy+0.0381y^2-0.4531x+0.2643y+1=0.$$

小行星的运行轨道曲线如图 7.7 所示。

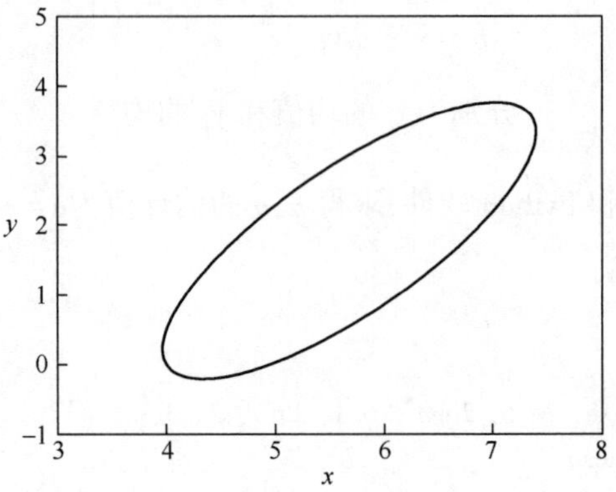

图 7.7　小行星运行轨道图

```
#程序文件 ex7_11.py
import numpy as np
import pylab as plt

a=np.loadtxt('data7_11.txt'); x=a[0]; y=a[1]
A=np.vstack([x**2,x*y,y**2,x,y]).T  #线性方程组系数矩阵
b=-np.ones(5)                       #线性方程组的常数项
c=np.linalg.inv(A)@b                #解线性方程组拟合参数
print("拟合的系数为:\n",np.round(c,4))
f=lambda x,y: c[0]*x**2+c[1]*x*y+c[2]*y**2+c[3]*x+c[4]*y
x=np.linspace(3,8,100); y=np.linspace(-1,5,100)
x,y=np.meshgrid(x,y); z=f(x,y)
plt.rc('font',size=16); plt.rc('text',usetex=True)
plt.contour(x,y,z,[-1])             #画高度为-1 的等高线
plt.xlabel('$x $'); plt.ylabel('$y $',rotation=0)
plt.show()
```

2. 约束线性最小二乘解

在最小二乘意义下解约束线性方程组

$$\boldsymbol{Cx}=\boldsymbol{d},$$

$$\text{s.t.}\begin{cases}\boldsymbol{Ax}\leqslant\boldsymbol{b},\\ \boldsymbol{Aeq}\cdot\boldsymbol{x}=\boldsymbol{beq},\\ \boldsymbol{lb}\leqslant\boldsymbol{x}\leqslant\boldsymbol{ub},\end{cases}$$

即求解数学规划问题

$$\min \quad \frac{1}{2}\|\boldsymbol{Cx}-\boldsymbol{d}\|_2^2,$$

$$\text{s. t.}\begin{cases}\boldsymbol{Ax}\leqslant\boldsymbol{b},\\ \boldsymbol{Aeq}\cdot\boldsymbol{x}=\boldsymbol{beq},\\ \boldsymbol{lb}\leqslant\boldsymbol{x}\leqslant\boldsymbol{ub}.\end{cases}$$

例 7.12 已知 x,y 的观测值见表 7.10。用给定数据拟合函数 $y=ae^x+b\ln x$，且满足 $a\geqslant 0, b\geqslant 0, a+b\leqslant 1$。

表 7.10 x,y 的观测值

x	3	5	6	7	4	8	5	9
y	4	9	5	3	8	5	8	5

解 利用 Python 软件求得

$$a=0.0005,\quad b=0.9995.$$

```
#程序文件 ex7_12. py
import numpy as np
import cvxpy as cp

a = np. loadtxt('data7_12. txt'); x0 = a[0]; y0 = a[1]
t=cp. Variable(2,pos=True)   #拟合的参数:t[0]=a,t[1]=b
c=np. vstack([np. exp(x0),np. log(x0)]). T
obj=cp. Minimize(cp. sum_squares(c@ t - y0))
con=[sum(t)<=1]; prob=cp. Problem(obj,con)
prob. solve(solver='CVXOPT')
print("最优解为:\n", t. value)
```

3. 多项式拟合

Python 多项式拟合的函数为 polyfit，调用格式为

p=polyfit(x,y,n) #拟合 n 次多项式，返回值 p 是多项式对应的系数，排列次序为从高次幂系数到低次幂系数。

计算多项式 p 在 x 处的函数值命令为

```
y=polyval(p,x)
```

例 7.13 在研究某单分子化学反应速度时，得到数据 $(t_i, y_i)(i=1,2,\cdots,8)$ 如表 7.11所列。其中 t 表示从实验开始算起的时间，y 表示时刻 t 反应物的量。试根据上述数据定出经验公式 $y=ke^{mt}$，其中 k,m 为待定常数。

表 7.11 反应物的观测值数据

t_i	3	6	9	12	15	18	21	24
y_i	57.6	41.9	31.0	22.7	16.6	12.2	8.9	6.5

解 对 $y=ke^{mt}$ 两边取对数，得 $\ln y=\ln k+mt$，记 $\ln k=b$，则有 $\ln y=b+mt$，我们使用线性最小法拟合参数 b,m，即求 b,m 的估计值使得

$$\sum_{i=1}^{8}(b+mt_i-\ln y_i)^2$$

达到最小值。

利用 Python 软件，求得 b,m 的估计值分别为

$$\hat{b}=4.3640,\quad \hat{m}=-0.1037,$$

从而 k 的估计值为 $\hat{k}=78.5700$，即所求的经验公式为 $y=78.5700e^{-0.1037t}$。

```
#程序文件 ex7_13.py
import numpy as np

a = np.loadtxt('data7_13.txt')
t = a[0]; y = a[1]; y=np.log(y)
p = np.polyfit(t,y,1)  #拟合 1 次多项式
print("多项式的系数为:", p)
print("m=", round(p[0],4))
print("k=", round(np.exp(p[1]),4))
```

7.2.3 非线性拟合的 Python 实现

scipy.optimize 模块中的函数 curve_fit，least_squares，leastsq 都可以实现非线性拟合。

1. curve_fit 函数

curve_fit 的调用格式为

popt, pcov = curve_fit(func, xdata, ydata)

式中：func 为拟合的函数，xdata 为自变量的观测值，ydata 为函数的观测值，返回值 popt 是拟合的参数，pcov 是参数的协方差矩阵。

例 7.14(续例 7.13) 用 curve_fit 函数拟合例 7.13 中的参数 k,m，并求 $t=5,8$ 时，y 的预测值。

解 求得 k,m 的拟合值分别为 $\hat{k}=78.4500$，$\hat{m}=-0.1036$；$t=5,8$ 时，y 的预测值分别为 46.7450，34.2626。

```
#程序文件 ex7_14.py
import numpy as np
from scipy.optimize import curve_fit

a = np.loadtxt('data7_13.txt')
t0 = a[0]; y0 = a[1]
y = lambda t, k, m: k * np.exp(m * t)
p, pcov = curve_fit(y, t0, y0)
print('拟合的参数为:', np.round(p,4))
yh = y(np.array([5, 8]), *p)
```

```
print('预测值为:', np.round(yh,4))
```

例 7.15 用表 7.12 的数据拟合函数 $z=ae^{bx}+cy^2$。

表 7.12 x_1,x_2,y 的观测值

x	6	2	6	7	4	2	5	9
y	4	9	5	3	8	5	8	2
z	5	2	1	9	7	4	3	3

求得 $a=5.0891,b=-0.0026,c=-0.0215$。

```
#程序文件名 ex7_15.py
import numpy as np
from scipy.optimize import curve_fit

xy0=np.array([[6, 2, 6, 7, 4, 2, 5, 9],
              [4, 9, 5, 3, 8, 5, 8, 2]])
z0=np.array([5, 2, 1, 9, 7, 4, 3, 3])
z = lambda t, a, b, c: a*np.exp(b*t[0])+c*t[1]**2
p, pcov=curve_fit(z, xy0, z0)
print('a,b,c 的拟合值为:', p)
```

2. least_squares 和 leastsq 函数

least_squares 和 leastsq 函数调用过程中都使用误差向量函数,函数的自变量是所要拟合的参数。

例 7.16 利用模拟数据拟合曲面 $z=e^{-\frac{(x-\mu_1)^2+(y-\mu_2)^2}{2\sigma^2}}$,并画出拟合曲面的图形。

利用函数 $z=e^{-\frac{(x-\mu_1)^2+(y-\mu_2)^2}{2\sigma^2}}$,其中 $\mu_1=1,\mu_2=4,\sigma=6$,生成加噪声的模拟数据,利用模拟数据分别使用函数 curve_fit、least_squares 和 leastsq 拟合参数 μ_1,μ_2,σ,3 个函数的拟合结果是一样的,但 leastsq 函数无法约束拟合参数的下界和上界。

参数拟合结果我们这里就不赘述了,见程序运行结果。拟合曲面的图形如图 7.8 所示。

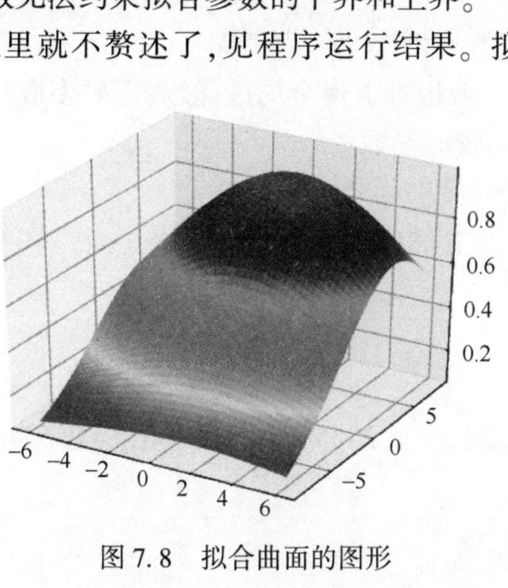

图 7.8 拟合曲面的图形

```
#程序文件名 ex7_16. py
import numpy as np
from scipy. optimize import curve_fit, least_squares, leastsq
import pylab as plt

np. random. seed(1)                                  #进行一致性比较
m=200; n=300
x=np. linspace(-6, 6, m); y=np. linspace(-8, 8, n);
x2, y2 = np. meshgrid(x, y)
x3=x2. flatten(); y3=y2. flatten()
xy=np. vstack([x3,y3])
zxy = lambda t,m1,m2,s: np. exp(-((t[0]-m1)**2+(t[1]-m2)**2)/(2*s**2))
z=zxy(xy, 1, 4, 6)                                   #无噪声函数值
zr=z+0. 2*np. random. normal(size=z. shape)          #噪声数据
p1=curve_fit(zxy, xy, zr)[0]                         #拟合参数
print("3 个参数的拟合值分别为:",p1)
zn=zxy(xy, *p1)                                      #计算拟合函数的值
zn2=np. reshape(zn, x2. shape)
plt. rc('font',size=16)
ax=plt. axes(projection='3d')                        #创建一个三维坐标轴对象
ax. plot_surface(x2, y2, zn2,cmap='gist_rainbow')

p0 = np. random. randn(3)                            #拟合参数的初值
fun = lambda t,x,y: np. exp(-((x-t[0])**2 +(y-t[1])**2)/(2*t[2]**2))
err = lambda t, x, y, z: fun(t,x,y)- z               #定义误差向量
p2 = least_squares(err, p0, args=(x3,y3,zr))
print('p2:', p2)
p3 = leastsq(err, p0, args=(x3,y3,zr))
print('p3:', p3)
plt. savefig("figure7_15. png", dpi=500); plt. show()
```

注 7. 2 非线性拟合一般很难求得全局最优解,需要多取一些不同的初值、多用几个函数计算,选择其中得到的较好参数。

例 7. 17 拟合一个分段函数示例。

原始数据的散点图及拟合的曲线如图 7. 9 所示。

拟合得到的分段函数为

$$y=\begin{cases} a+bx, & x<k, \\ c+dx, & x\geqslant k, \end{cases}$$

式中:$a=-0.0381, b=1.3538, c=1.2365, d=-1.3006, k=0.5340$。

```
#程序文件 ex7_17. py
import numpy as np
from scipy. optimize import curve_fit
```

```
import pylab as plt

x0 = np.array([0.81,0.91,0.13,0.91,0.63,0.098,0.28,0.55,0.96,0.96,0.16,0.97,0.96])
y0 = np.array([0.17,0.12,0.16,0.0035,0.37,0.082,0.34,0.56,0.15,-0.046,0.17,-0.091,
-0.071])
y = lambda x,a,b,c,d,k: (a+b*x)*(x<k)+(c+d*x)*(x>=k)
LB=[-np.inf]*4; LB.append(min(x0))
UB=[np.inf]*4; UB.append(max(x0))
p= curve_fit(y,x0,y0,bounds=(LB,UB))[0]
print('拟合参数为:', p)
x = np.linspace(min(x0), max(x0), 100)
plt.rc('font', family='SimHei')              #用来正常显示中文标签
plt.rc('axes', unicode_minus=False)          #用来正常显示负号
plt.plot(x0,y0,'*',label='数据')              #画已知数据的散点图
plt.plot(x,y(x,*p),label="拟合")              #画拟合函数的图形
plt.legend(); plt.show()
```

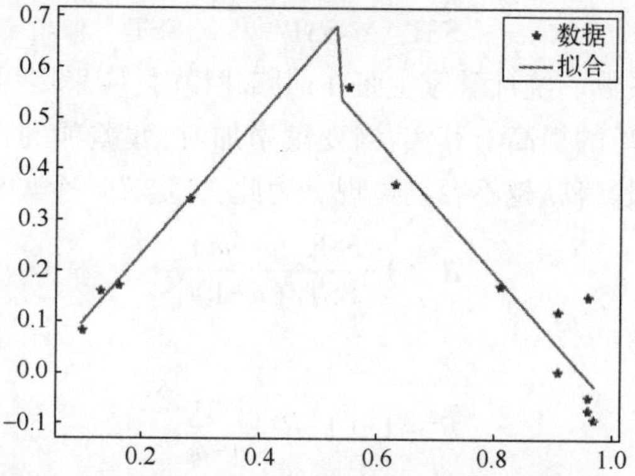

图 7.9 原始数据散点图及拟合的分段函数

7.2.4 拟合和统计等工具箱中的一些检验参数解释

下面对 Python 拟合和统计等库中的一些检验参数给出解释。

(1) SSE(the Sum of Squares due to Error,误差平方和),该统计参数计算的是拟合数据和原始数据对应点的误差平方和,计算公式为

$$\mathrm{SSE}=\sum_{i=1}^{n}(y_i-\hat{y}_i)^2.$$

SSE 越接近于 0,说明模型选择和拟合效果好,数据预测也成功。下面的指标 MSE 和 RMSE 与指标 SSE 有关联,它们的校验效果是一样的。

(2) MSE(Mean Squared Error,方差)。该统计参数是预测数据和原始数据对应点误差平方和的均值,也就是 SSE/$(n-m)$,这里 n 是观测数据的个数,m 是拟合参数的个数,和 SSE 没有太大的区别,计算公式为

$$\mathrm{MSE}=\mathrm{SSE}/(n-m)=\frac{1}{n-m}\sum_{i=1}^{n}(y_i-\hat{y}_i)^2.$$

(3) RMSE(Root Mean Squared Error,剩余标准差)。该统计参数,也称回归系统的拟合标准差,是 MSE 的平方根,计算公式为

$$\mathrm{RMSE} = \sqrt{\frac{1}{n-m}\sum_{i=1}^{n}(y_i - \hat{y}_i)^2}.$$

(4) R^2(coefficient of determination,判断系数,拟合优度)。在讲判断系数之前,需要介绍另外两个参数 SSR 和 SST,因为判断系数就是由它们两个决定的。

对总平方和 $\mathrm{SST} = \sum_{i=1}^{n}(y_i - \bar{y})^2$ 进行分解,有

$$\mathrm{SST} = \mathrm{SSE} + \mathrm{SSR}, \quad \mathrm{SSR} = \sum_{i=1}^{n}(\hat{y}_i - \bar{y})^2,$$

其中 $\bar{y} = \frac{1}{n}\sum_{i=1}^{n} y_i$,SSE 是误差平方和,反映随机误差对 y 的影响,SSR 称为回归平方和,反映自变量对 y 的影响。

判断系数定义为

$$R^2 = \frac{\mathrm{SSR}}{\mathrm{SST}} = \frac{\mathrm{SST}-\mathrm{SSE}}{\mathrm{SST}} = 1-\frac{\mathrm{SSE}}{\mathrm{SST}}.$$

(5) 调整的判断系数。统计学家主张在回归建模时,应采用尽可能少的自变量,不要盲目地追求判定系数 R^2 的提高。其实,当变量增加时,残差项的自由度就会减少。而自由度越小,数据的统计趋势就越不容易显现。为此,又定义一个调整判定系数

$$\bar{R}^2 = 1-\frac{\mathrm{SSE}/(n-m)}{\mathrm{SST}/(n-1)}.$$

$\bar{R}^2$ 与 R^2 的关系是

$$\bar{R}^2 = 1-(1-R^2)\frac{n-1}{n-m}.$$

当 n 很大、m 很小时,$\bar{R}^2$ 与 R^2 之间的差别不是很大;但是,当 n 较小,而 m 又较大时,$\bar{R}^2$ 就会远小于 R^2。

7.3 函数逼近

前面讲的曲线拟合是已知一组离散数据$\{(x_i, y_i), i=1,\cdots,n\}$,选择一个较简单的函数 $f(x)$,如多项式,在一定准则如最小二乘准则下,最接近这些数据。

如果已知一个较为复杂的连续函数 $y(x)$,$x\in[a,b]$,要求选择一个较简单的函数 $f(x)$,在一定准则下最接近 $y(x)$,就是函数逼近。

与曲线拟合的最小二乘准则相对应,函数逼近常用的一种准则是最小平方逼近,即

$$J = \int_a^b [f(x) - y(x)]^2 \mathrm{d}x \tag{7.14}$$

达到最小。与曲线拟合一样,选一组函数$\{r_k(x), k=1,\cdots,m\}$构造 $f(x)$,即令

$$f(x) = a_1 r_1(x) + \cdots + a_m r_m(x),$$

代入式(7.14),求 $a_1,\cdots,a_m$ 使 J 达到极小。利用极值必要条件,得

$$
\begin{bmatrix}(r_1,r_1) & \cdots & (r_1,r_m)\\ \vdots & & \vdots\\ (r_m,r_1) & \cdots & (r_m,r_m)\end{bmatrix}\begin{bmatrix}a_1\\ \vdots\\ a_m\end{bmatrix}=\begin{bmatrix}(y,r_1)\\ \vdots\\ (y,r_m)\end{bmatrix}, \tag{7.15}
$$

式中：$(g,h)=\int_a^b g(x)h(x)\mathrm{d}x$。当方程组(7.15)的系数矩阵非奇异时，有唯一解。

最简单的当然是用多项式逼近函数，即选 $r_1(x)=1, r_2(x)=x, r_3(x)=x^2, \cdots$。并且如果能使 $\int_a^b r_i(x)r_j(x)\mathrm{d}x=0(i\neq j)$，方程组(7.15)的系数矩阵将是对角阵，计算大大简化。满足这种性质的多项式称为正交多项式。

勒让得(Legendre)多项式是在[-1,1]区间上的正交多项式，它的表达式为

$$
P_0(x)=1,\quad P_k(x)=\frac{1}{2^k k!}\frac{\mathrm{d}^k}{\mathrm{d}x^k}(x^2-1)^k,\quad k=1,2,\cdots.
$$

可以证明

$$
\int_{-1}^{1}P_i(x)P_j(x)\mathrm{d}x=\begin{cases}0, & i\neq j,\\ \dfrac{2}{2i+1}, & i=j,\end{cases}
$$

$$
P_{k+1}(x)=\frac{2k+1}{k+1}xP_k(x)-\frac{k}{k+1}P_{k-1}(x),\quad k=1,2,\cdots.
$$

常用的正交多项式还有第一类切比雪夫(Chebyshev)多项式

$$
T_n(x)=\cos(n\arccos x),\quad x\in[-1,1], n=0,1,2,\cdots
$$

和拉盖尔(Laguerre)多项式

$$
L_n(x)=\mathrm{e}^x\frac{\mathrm{d}^n}{\mathrm{d}x^n}(x^n\mathrm{e}^{-x}),\quad x\in[0,+\infty), n=0,1,2,\cdots.
$$

例 7.18 求 $f(x)=\cos x, x\in\left[-\frac{\pi}{2},\frac{\pi}{2}\right]$ 在 $H=\mathrm{Span}\{1,x^2,x^4\}$ 中的最佳平方逼近多项式。

所求的最佳平方逼近多项式为

$$
y=0.9996-0.4964x^2+0.0372x^4.
$$

```
#程序文件名 ex7_18.py
import sympy as sp
sp.var('x')
base = sp.Matrix([1, x**2, x**4])              #列向量
y1 = base @ (base.T)
y2 = sp.cos(x) * base                          #列向量
r1 = sp.integrate(y1, (x, -sp.pi/2, sp.pi/2))
r2 = sp.integrate(y2, (x, -sp.pi/2, sp.pi/2))
a = r1.inv() @ r2
xs = a.n(4)                                    #把符号数转换为小数
print('系数的符号解:\n', a)
print('系数的小数显示:', xs)
```

7.4 黄河小浪底调水调沙问题

例 7.19 2004 年 6 月至 7 月黄河进行了第三次调水调沙实验,特别是首次由小浪底、三门峡和万家寨三大水库联合调度,采用接力式防洪预泄放水,形成人造洪峰进行调沙实验获得成功。整个实验期为 20 多天,小浪底从 6 月 19 日开始预泄放水,直到 7 月 13 日恢复正常供水结束。小浪底水利工程按设计拦沙量为 75.5 亿 m^3,在这之前,小浪底共积泥沙达 14.15 亿 t。这次调水调沙实验一个重要目的就是由小浪底上游的三门峡和万家寨水库泄洪,在小浪底形成人造洪峰,冲刷小浪底库区沉积的泥沙,在小浪底水库开闸泄洪以后,从 6 月 27 日开始三门峡水库和万家寨水库陆续开闸放水,人造洪峰于 29 日先后到达小浪底,7 月 3 日达到最大流量 $2700m^3/s$,使小浪底水库的排沙量也不断地增加。表 7.13 是由小浪底观测站从 6 月 29 日到 7 月 10 检测到的实验数据。

表 7.13 观测数据(单位:水流量为 m^3/s,含沙量为 kg/m^3)

日期	6.29		6.30		7.1		7.2		7.3		7.4	
时间	8:00	20:00	8:00	20:00	8:00	20:00	8:00	20:00	8:00	20:00	8:00	20:00
水流量	1800	1900	2100	2200	2300	2400	2500	2600	2650	2700	2720	2650
含沙量	32	60	75	85	90	98	100	102	108	112	115	116
日期	7.5		7.6		7.7		7.8		7.9		7.10	
时间	8:00	20:00	8:00	20:00	8:00	20:00	8:00	20:00	8:00	20:00	8:00	20:00
水流量	2600	2500	2300	2200	2000	1850	1820	1800	1750	1500	1000	900
含沙量	118	120	118	105	80	60	50	30	26	20	8	5

现在,根据实验数据建立数学模型研究下面的问题:

(1) 给出估计任意时刻的排沙量及总排沙量的方法;

(2) 确定排沙量与水流量的关系。

1. 问题(1)模型的建立与求解

已知给定的观测时刻是等间距的,以 6 月 29 日零时刻开始计时,则各次观测时刻(离开始时刻 6 月 29 日零时刻的时间)分别为

$$t_i = 3600\times(12i-4),\quad i=1,2,\cdots,24,$$

其中计时单位为秒。第 1 次观测的时刻 $t_1=28800$,最后一次观测的时刻 $t_{24}=1022400$。

记第 $i(i=1,2,\cdots,24)$ 次观测时水流量为 v_i,含沙量为 c_i,则第 i 次观测时的排沙量为 $y_i=c_iv_i$。有关的数据见表 7.14。

表 7.14 插值数据对应关系 (单位:排沙量为 kg)

节点	1	2	3	4	5	6	7	8
时刻	28800	72000	115200	158400	201600	244800	288000	331200
排沙量	57600	114000	157500	187000	207000	235200	250000	265200

（续）

节点	9	10	11	12	13	14	15	16
时刻	374400	417600	460800	504000	547200	590400	633600	676800
排沙量	286200	302400	312800	307400	306800	300000	271400	231000
节点	17	18	19	20	21	22	23	24
时刻	720000	763200	806400	849600	892800	936000	979200	1022400
排沙量	160000	111000	91000	54000	45500	30000	8000	4500

对于问题(1)，根据所给问题的实验数据，要计算任意时刻的排沙量，就要确定出排沙量随时间变化的规律，可以通过插值来实现。考虑到实际中的排沙量应该是时间的连续函数，为了提高模型的精度，采用三次样条函数进行插值。

利用 Python 软件，求出三次样条函数，得到排沙量 $y=y(t)$ 与时间的关系，然后进行积分，就可以得到总的排沙量

$$z=\int_{t_1}^{t_{24}} y(t)\,\mathrm{d}t.$$

最后求得总的排沙量为 1.844×10^8t。

2. 问题(2)模型的建立与求解

下面研究排沙量与水流量的关系，从实验数据可以看出，开始排沙量是随着水流量的增加而增长，而后是随着水流量的减少而减少。显然，变化规律并非是线性的关系，为此，把问题分为两部分，从开始水流量增加到最大值 $2720\mathrm{m}^3/\mathrm{s}$(增长的过程)为第一阶段，从水流量的最大值到结束为第二阶段，分别来研究水流量与排沙量的关系。

画出排沙量与水流量的散点图见图 7.10。

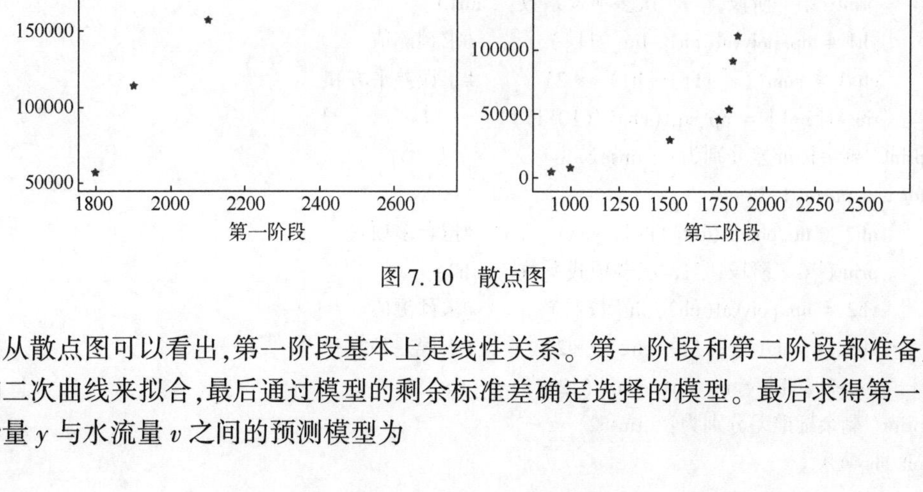

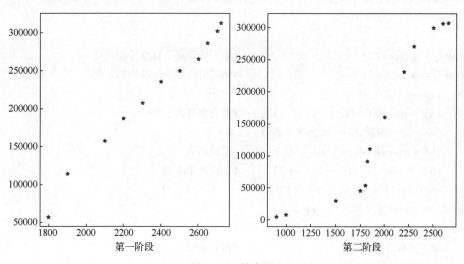

图 7.10　散点图

从散点图可以看出，第一阶段基本上是线性关系。第一阶段和第二阶段都准备用一次和二次曲线来拟合，最后通过模型的剩余标准差确定选择的模型。最后求得第一阶段排沙量 y 与水流量 v 之间的预测模型为

$$y=-0.0582v^2+516.4153v-671064.432.$$

第二阶段的预测模型也为一个二次多项式

$$y=0.1067v^2-180.4668v+72421.0982.$$

```
#程序文件名 ex7_19.py
import numpy as np
from scipy.interpolate import interp1d
import pylab as plt

a = np.loadtxt('data7_19.txt')
liu=a[::2,:].flatten()                          #提出水流量并按照顺序变成行向量
sha=a[1::2,:].flatten()                         #提出含沙量并按照顺序变成行向量
y = sha * liu                                   #计算排沙量
i = np.arange(1, 25); t = (12 * i-4) * 3600
t1=t[0]; t2=t[-1]
f = interp1d(t, y, 'cubic')                     #进行三次样条插值
tt = np.linspace(t1, t2, 10000)                 #取的插值点
TL = np.trapz(f(tt), tt)                        #求总含沙量的数值积分
print('总含沙量为:', TL)

plt.rc('font', family='SimHei'); plt.rc('font', size=16)
plt.subplot(121); plt.plot(liu[:11], y[:11],'*')
plt.xlabel('第一阶段')
plt.subplot(122); plt.plot(liu[11:], y[11:],'*')
plt.xlabel('第二阶段')

rmse1 = np.zeros(2)                             #第一阶段剩余标准差初始化
rmse2 = np.zeros(2)                             #第二阶段剩余标准差初始化
for i in range(1,3):
    nh1 = np.polyfit(liu[:11], y[:11], i)  #拟合多项式
    print('第一阶段,', i, '次多项式系数:', nh1)
    yh1 = np.polyval(nh1, liu[:11])         #求预测值
    cha1 = sum((y[:11]-yh1) ** 2)           #求误差平方和
    rmse1[i-1] = np.sqrt(cha1/(10-i))
print('剩余标准差分别为:', rmse1)
for i in range(1,3):
    nh2 = np.polyfit(liu[11:], y[11:], i)  #拟合多项式
    print('第二阶段,', i, '次多项式系数:', nh2)
    yh2 = np.polyval(nh2, liu[11:])         #求预测值
    cha2 = sum((y[11:]-yh2) ** 2)           #求误差平方和
    rmse2[i-1] = np.sqrt(cha2/(12-i))
print('剩余标准差分别为:', rmse2)
plt.show()
```

习　题　7

7.1　在区间上[0,10]上等间距取 1000 个点 $x_i(i=1,2,\cdots,1000)$，计算在这些点 x_i 处函数 $g(x)=\dfrac{(3x^2+4x+6)\sin x}{x^2+8x+6}$ 的函数值 y_i，利用观测点 $(x_i,y_i)(i=1,2,\cdots,1000)$，求三次样条插值函数 $\hat{g}(x)$，并求积分 $\int_0^{10} g(x)\,\mathrm{d}x$ 和 $\int_0^{10}\hat{g}(x)\,\mathrm{d}x$。

7.2　附件 1：区域高程数据 . xlsx 给出了某区域 43.65km×58.2km 的高程数据，用双三次样条插值求该区域地表面积的近似值。

7.3　已知当温度为 $T=[700,720,740,760,780]$ 时，过热蒸汽体积的变化为 $V=[0.0977,0.1218,0.1406,0.1551,0.1664]$，分别采用线性插值和三次样条插值求解 $T=750,770$ 时的体积变化，并在一个图形界面中画出线性插值函数和三次样条插值函数。

7.4　考虑矩形区域 $x\in[-3,3]$，$y\in[-4,4]$ 上的函数

$$f(x,y)=(x^2-2x)\mathrm{e}^{-x^2-y^2-xy}.$$

利用随机数生成函数 uniform 随机生成该矩形内的散乱点，然后利用函数 $f(x,y)$ 生成这些散乱点上的函数值。以这些数据为已知数据，用 griddata 函数进行插值处理，并做出插值结果图形。

7.5　某种合金的含铅量百分比(%)为 p，其熔解温度(℃)为 θ，由实验测得 p 与 θ 的数据如表 7.15 所列，试用最小二乘法建立 θ 与 p 之间的经验公式 $\theta=ap+b$。

表 7.15　θ 与 p 的观测数据

p	36.9	46.7	63.7	77.8	84.0	87.5
θ	181	197	235	270	283	292

7.6　多项式 $f(x)=a_3x^3+a_2x^2+a_1x+a_0$，取 $a_3=8$，$a_2=5$，$a_1=2$，$a_0=-1$，在[-6,6]上等步长取 100 个点作为 x 的观测值，计算对应的函数值作为 y 的观测值；把得到的观测值记作 (x_i,y_i)，$i=1,2,\cdots,100$。

(1) 利用观测值 (x_i,y_i)，$i=1,2,\cdots,100$，拟合三次多项式。

(2) 把每个 y_i 加上白噪声，即加上一个服从标准正态分布的随机数，把得到的数据记作 $\tilde{y}_i(i=1,2,\cdots,100)$，利用 $(x_i,\tilde{y}_i)$，$i=1,2,\cdots,100$，拟合三次多项式。

7.7　函数 $g(x)=\dfrac{10a}{10b+(a-10b)\mathrm{e}^{-a\sin x}}$，取 $a=1.1$，$b=0.01$，计算 $x=1,2,\cdots,20$ 时，$g(x)$ 对应的函数值，把这样得到的数据作为模拟观测值，记作 (x_i,y_i)，$i=1,2,\cdots,20$。

(1) 用 curve_fit 拟合函数 $\hat{g}(x)$；

(2) 用 leastsq 拟合函数 $\hat{g}(x)$；

(3) 用 least_squares 拟合函数 $\hat{g}(x)$。

7.8　已知某放射性物质衰减的观测数据记录如表 7.16 所列。试用表中数据拟合出函数

$$y(t)=\beta_1\mathrm{e}^{-\lambda_1 t}+\beta_2\mathrm{e}^{-\lambda_2 t}$$

中参数 $\beta_1,\lambda_1,\beta_2,\lambda_2$ 的估计值。

表 7.16 观测数据

时间 t	0.0	0.1	0.2	0.3	0.4	0.5	0.6
浓度 y	5.8955	3.5639	2.5173	1.9790	1.8990	1.3938	1.1359
时间 t	0.7	0.8	0.9	1.0	1.1	1.2	1.3
浓度 y	1.0096	1.0343	0.8435	0.6856	0.6100	0.5392	0.3946
时间 t	1.4	1.5	1.6	1.7	1.8	1.9	2.0
浓度 y	0.3903	0.5474	0.3459	0.1730	0.2211	0.1704	0.2636

7.9 对于函数 $f(x,y)=\dfrac{axy}{1+b\sin(x)}$，取模拟数据 x=linspace(-6,6,30)；y=linspace(-8,8,30)；取 $a=2,b=3$，计算对应的函数值 z；利用上述得到的数据(x,y,z)，反过来拟合函数 $f(x,y)=\dfrac{axy}{1+b\sin(x)}$。

对于函数 $g(x,y)=axy+bx$，取上述同样的模拟数据 x，y，$a=2,b=3$，并计算对应的函数值 z，利用得到的数据(x,y,z)，反过来拟合函数 $g(x,y)$。

7.10 已知一组观测数据，如表 7.17 所列。

表 7.17 观测数据

x_i	-2	-1.7	-1.4	-1.1	-0.8	-0.5	-0.2	0.1
y_i	0.1029	0.1174	0.1316	0.1448	0.1566	0.1662	0.1733	0.1775
x_i	0.4	0.7	1	1.3	1.6	1.9	2.2	2.5
y_i	0.1785	0.1764	0.1711	0.1630	0.1526	0.1402	0.1266	0.1122
x_i	2.8	3.1	3.4	3.7	4	4.3	4.6	4.9
y_i	0.0977	0.0835	0.0702	0.0588	0.0479	0.0373	0.0291	0.0224

（1）试用插值方法绘制出 $x\in[-2,4.9]$ 区间内的曲线，并比较各种插值算法的优劣。

（2）试用多项式拟合表中数据，选择一个能较好拟合数据点的多项式的阶次，给出相应多项式的系数和剩余标准差。

（3）若表中数据满足正态分布函数 $y(x)=\dfrac{1}{\sqrt{2\pi}\sigma}e^{-\frac{(x-\mu)^2}{2\sigma^2}}$，试用最小二乘非线性拟合方法求出分布参数 μ,σ 值，并利用所求参数值绘制拟合曲线，观察拟合效果。

第 8 章　常微分方程与差分方程

常微分方程建模是数学建模的重要方法,因为许多实际问题的数学描述将导致求解常微分方程的定解问题。把形形色色的实际问题化成常微分方程的定解问题,大体上可以按以下步骤:

(1) 根据实际要求确定要研究的量(自变量、未知函数、必要的参数等)并确定坐标系。

(2) 找出这些量所满足的基本规律(物理的、几何的、化学的或生物学的)。

(3) 运用这些规律列出方程和定解条件。

列方程常见的方法有以下几种:

(1) 按规律直接列方程。在数学、力学、物理、化学等学科中许多自然现象所满足的规律已为人们所熟悉,并直接由常微分方程所描述。如牛顿第二定律、放射性物质的放射性规律等。我们常利用这些规律对某些实际问题列出常微分方程。

(2) 微元分析法与任意区域上取积分的方法。自然界中也有许多现象所满足的规律是通过变量的微元之间的关系式来表达的。对于这类问题,我们不能直接列出自变量和未知函数及其变化率之间的关系式,而是通过微元分析法,利用已知的规律建立一些变量(自变量与未知函数)的微元之间的关系式,然后再通过取极限的方法得到常微分方程,或等价地通过任意区域上取积分的方法来建立常微分方程。

(3) 模拟近似法。在生物、经济等学科中,许多现象所满足的规律并不很清楚而且相当复杂,因而需要根据实际资料或大量的实验数据,提出各种假设。在一定的假设下,给出实际现象所满足的规律,然后利用适当的数学方法列出常微分方程。

在实际的常微分方程建模过程中,也往往是上述方法的综合应用。不论应用哪种方法,通常要根据实际情况,做出一定的假设与简化,并要把模型的理论或计算结果与实际情况进行对照验证,以修改模型使之更准确地描述实际问题并进而达到预测预报的目的。

把常微分方程离散化就得到差分方程,或者直接建立差分方程的模型。

8.1　常微分方程问题的数学模型

在数学、力学、物理、化学等学科中已有许多经过实践检验的规律和定律,如牛顿运动定律、基尔霍夫电流和电压定律、物质的放射性规律、曲线的切线性质等,这些都涉及某些函数的变化率。我们就可以根据相应的规律,列出常微分方程。

例 8.1　建立物体冷却过程的数学模型。

将某物体放置于空气中,在时刻 $t=0$ 时,测量得它的温度为 $u_0=100℃$,20min 后测量得它的温度为 $u_1=60℃$。要求建立此物体的温度 u 和时间 t 的关系,并计算经过多长时间此物体的温度将达到 30℃,其中我们假设空气的温度保持为 20℃。

解　牛顿冷却定律是温度高于周围环境的物体向周围媒质传递热量逐渐冷却时所遵循的规律:当物体表面与周围存在温度差时,单位时间从单位面积散失的热量与温度差成正比,比例系数称为热传递系数,记为 k。

假设该物体在时刻 t 时的温度为 $u=u(t)$,则由牛顿冷却定律,得

$$\frac{\mathrm{d}u}{\mathrm{d}t}=-k(u-20), \tag{8.1}$$

其中,$k>0$,式(8.1)就是物体冷却过程的数学模型。

可将式(8.1)改写为

$$\frac{\mathrm{d}(u-20)}{u-20}=-k\mathrm{d}t.$$

两边积分,得

$$\int_{100}^{u}\frac{\mathrm{d}(u-20)}{u-20}=\int_{0}^{t}-k\mathrm{d}t,$$

化简,得

$$u=20+80\mathrm{e}^{-kt}. \tag{8.2}$$

把条件 $t=20$ 时,$u=u_1=60$ 代入式(8.2),得 $k=\frac{\ln 2}{20}$,所以此物体的温度 u 和时间 t 的关系为 $u=20+80\mathrm{e}^{-\frac{\ln 2}{20}t}$。令 $30=20+80\mathrm{e}^{-\frac{\ln 2}{20}t}$,解得 $t=60$,即 60 min 后物体的温度为 30℃。

例 8.2　目标跟踪问题

设位于坐标原点的甲舰向位于 x 轴上点 $Q_0(1,0)$ 处的乙舰发射导弹,导弹始终对准乙舰。如果乙舰以最大的速度 v_0(v_0 是常数)沿平行于 y 轴的直线行驶,导弹的速度是 $5v_0$,求导弹运行的曲线。并求乙舰行驶多远时,导弹将它击中?

解　设导弹的轨迹曲线为 $y=y(x)$,并设经过时间 t,导弹位于点 $P(x,y)$,乙舰位于点 $Q(1,v_0t)$。由于导弹头始终对准乙舰,故此时直线 PQ 就是导弹的轨迹曲线弧 $\overset{\frown}{OP}$ 在点 P 处的切线,如图 8.1 所示,则有

$$\frac{\mathrm{d}y}{\mathrm{d}x}=\frac{v_0t-y}{1-x}. \tag{8.3}$$

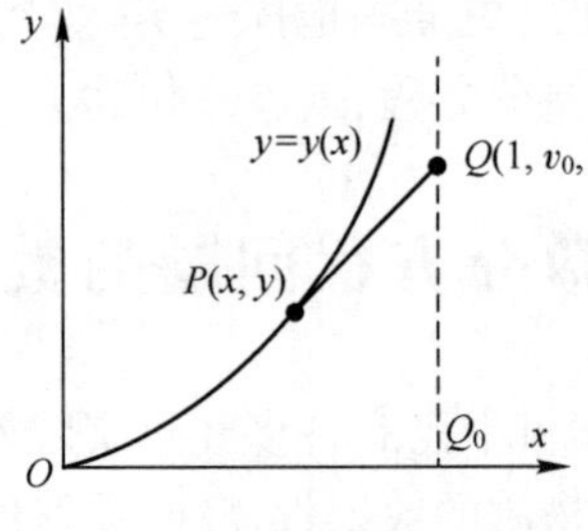

图 8.1　导弹跟踪示意图

由于模型中含有参变量 t,故要求解该模型应增加附件条件。解决这个问题可从问题描述中寻求办法。

方法一:任意两个匀速运动的物体,相同时间内所经过的距离与速度成正比。

由已知，导弹的速度是乙舰的5倍，即在同一时间段 t 内，导弹运行轨迹的总长也应是乙舰的5倍，即 $\overset{\frown}{OP}$ 的弧长5倍于线段 $\overline{Q_0Q}$ 的长度。由弧长计算公式可得

$$\int_0^x \sqrt{1+\left(\frac{\mathrm{d}y}{\mathrm{d}x}\right)^2}\,\mathrm{d}x = 5v_0 t. \tag{8.4}$$

方程两边关于 x 求导，得

$$\sqrt{1+\left(\frac{\mathrm{d}y}{\mathrm{d}x}\right)^2} = 5v_0\frac{\mathrm{d}t}{\mathrm{d}x}. \tag{8.5}$$

方法二：利用速度分量合成的概念。

由于在点 $P(x,y)$ 导弹的速度恒为 $5v_0$，而该点的速度大小等于该点在 x 轴和 y 轴上的速度分量 $\frac{\mathrm{d}x}{\mathrm{d}t}, \frac{\mathrm{d}y}{\mathrm{d}t}$ 的合成，故有

$$\sqrt{\left(\frac{\mathrm{d}x}{\mathrm{d}t}\right)^2+\left(\frac{\mathrm{d}y}{\mathrm{d}t}\right)^2} = 5v_0, \tag{8.6}$$

或改写成

$$\frac{\mathrm{d}x}{\mathrm{d}t}\sqrt{1+\left(\frac{\mathrm{d}y}{\mathrm{d}x}\right)^2} = 5v_0. \tag{8.7}$$

两边同时除以 $\frac{\mathrm{d}x}{\mathrm{d}t}$ 即得式(8.5)。由此可见，利用弧长的概念或速度的概念得到的结果是一致的。

为了消去中间变量 t，把式(8.3)改写为

$$(1-x)\frac{\mathrm{d}y}{\mathrm{d}x} = v_0 t - y. \tag{8.8}$$

然后两边关于 x 求导，得

$$(1-x)\frac{\mathrm{d}^2y}{\mathrm{d}x^2} - \frac{\mathrm{d}y}{\mathrm{d}x} = v_0\frac{\mathrm{d}t}{\mathrm{d}x} - \frac{\mathrm{d}y}{\mathrm{d}x},$$

整理后，得

$$(1-x)\frac{\mathrm{d}^2y}{\mathrm{d}x^2} = v_0\frac{\mathrm{d}t}{\mathrm{d}x}, \tag{8.9}$$

联立式(8.5)和式(8.9)，得

$$\begin{cases}\sqrt{1+\left(\frac{\mathrm{d}y}{\mathrm{d}x}\right)^2} = 5v_0\frac{\mathrm{d}t}{\mathrm{d}x},\\ (1-x)\frac{\mathrm{d}^2y}{\mathrm{d}x^2} = v_0\frac{\mathrm{d}t}{\mathrm{d}x}.\end{cases}$$

消去中间变量 $\frac{\mathrm{d}t}{\mathrm{d}x}$，得关于轨迹曲线的二阶非线性常微分方程：

$$(1-x)\frac{\mathrm{d}^2y}{\mathrm{d}x^2} = \frac{1}{5}\sqrt{1+\left(\frac{\mathrm{d}y}{\mathrm{d}x}\right)^2}, \quad 0<x\leqslant 1.$$

要求此问题的定解，还需要给出两个初始条件。事实上，初始时刻轨迹曲线通过坐标

原点，即 $x=0$ 时，$y(0)=0$；此外在该点的切线平行于 x 轴，因此有 $y'(0)=0$。归纳可得导弹轨迹问题的数学模型为

$$\begin{cases}(1-x)\dfrac{\mathrm{d}^2y}{\mathrm{d}x^2}=\dfrac{1}{5}\sqrt{1+\left(\dfrac{\mathrm{d}y}{\mathrm{d}x}\right)^2}, \quad 0<x\leqslant 1,\\ y(0)=0, \quad y'(0)=0.\end{cases} \tag{8.10}$$

此模型为二阶常微分方程初值问题。求解此类问题，通常采用降阶法。

令 $p=y'$，则 $y''=\dfrac{\mathrm{d}p}{\mathrm{d}x}$，则式(8.10)变为关于 p 的常微分方程初值问题：

$$\begin{cases}(1-x)\dfrac{\mathrm{d}p}{\mathrm{d}x}=\dfrac{1}{5}\sqrt{1+p^2}, \quad 0<x\leqslant 1,\\ p(0)=0.\end{cases} \tag{8.11}$$

利用分离变量法，求解并代入初始条件，得

$$\ln\left(p+\sqrt{1+p^2}\right)=-\frac{1}{5}\ln(1-x),$$

化简，得

$$p+\sqrt{1+p^2}=(1-x)^{-1/5}.$$

为求得 p 的显式表达式，利用上式作如下等式变换：

$$-p+\sqrt{1+p^2}=\frac{1}{p+\sqrt{1+p^2}}=(1-x)^{1/5}.$$

以上两式相减，得关于 p 的表达式，从而得到关于 y 的一阶常微分方程初值问题：

$$\begin{cases}\dfrac{\mathrm{d}y}{\mathrm{d}x}=p=\dfrac{1}{2}\left[(1-x)^{-1/5}-(1-x)^{1/5}\right],\\ y(0)=0.\end{cases}$$

求解此微分方程，即得导弹运行的轨迹曲线方程为

$$y=-\frac{5}{8}(1-x)^{4/5}+\frac{5}{12}(1-x)^{6/5}+\frac{5}{24}. \tag{8.12}$$

何处击中乙舰？在式(8.12)中，令 $x=1$，得 $y=\dfrac{5}{24}$，即在 $\left(1,\dfrac{5}{24}\right)$ 处击中乙舰。

何时击中乙舰？击中乙舰时，乙舰航行距离 $y=\dfrac{5}{24}$，由 $y=vt$，得 $t=\dfrac{5}{24v_0}$ 时击中乙舰。

8.2 传染病预测问题

世界上存在着各种各样的疾病，许多疾病是传染的，如SARS、艾滋病、禽流感等，每种病的发病机理与传播途径都各有特点。如何根据其传播机理预测疾病的传染范围及染病人数等，对传染病的控制意义十分重大。

1. 指数传播模型

基本假设

(1) 所研究的区域是一封闭区域，在一个时期内人口总量相对稳定，不考虑人口的迁

移(迁入或迁出)。

(2) t 时刻染病人数 $N(t)$ 是随时间连续变化的、可微的函数。

(3) 每个病人在单位时间内的有效接触(足以使人致病)或传染的人数为 λ($\lambda>0$ 为常数)。

模型建立与求解 记 $N(t)$ 为 t 时刻染病人数,则 $t+\Delta t$ 时刻的染病人数为 $N(t+\Delta t)$。从 $t\to t+\Delta t$ 时间内,净增加的染病人数为 $N(t+\Delta t)-N(t)$,根据假设(3),有

$$N(t+\Delta t)-N(t)=\lambda N(t)\Delta t.$$

若记 $t=0$ 时刻,染病人数为 N_0,则由假设(2),在上式两端同时除以 Δt,并令 $\Delta t\to 0$,得染病人数的微分方程预测模型:

$$\begin{cases}\dfrac{\mathrm{d}N(t)}{\mathrm{d}t}=\lambda N(t), & t>0,\\ N(0)=N_0.\end{cases} \tag{8.13}$$

利用分离变量法可很容易地得到该模型的解析解为

$$N(t)=N_0\mathrm{e}^{\lambda t}.$$

结果分析与评价 模型结果显示传染病的传播是按指数函数增加的。一般而言,在传染病发病初期,对传染源和传播路径未知,以及没有任何预防控制措施的情况下,这一结果是正确的。此外,我们注意到,当 $t\to\infty$ 时,$N(t)\to\infty$,这显然不符合实际情况。事实上,在封闭系统的假设下,区域内人群总量是有限的。预测结果出现明显失误。为了与实际情况吻合,有必要在原有基础上修改模型假设,以进一步完善模型。

2. SI 模型

基本假设

(1) 在传播期内,所考察地区的人口总数为 N,短期内保持不变,既不考虑生死,也不考虑迁移。

(2) 人群分为易感染者(susceptible)和已感染者(infective),即健康人群和病人两类。

(3) 设 t 时刻两类人群在总人口中所占的比例分别为 $s(t)$ 和 $i(t)$,则 $s(t)+i(t)=1$。

(4) 每个病人在单位时间(每天)内接触的平均人数为常数 λ,λ 称为日感染率,当病人与健康者有效接触时,可使健康者受感染成为病人。

(5) 每个病人得病后,经久不愈,且在传染期间不会死亡。

模型的建立与求解 根据假设(4),每个病人每天可使 $\lambda s(t)$ 个健康者变为病人,而 t 时刻病人总数为 $Ni(t)$,故在 $t\to t+\Delta t$ 时段内,共有 $\lambda Ns(t)i(t)\Delta t$ 个健康者被感染。

于是,有

$$\frac{Ni(t+\Delta t)-Ni(t)}{\Delta t}=\lambda Ns(t)i(t).$$

令 $\Delta t\to 0$,得微分方程

$$\frac{\mathrm{d}i(t)}{\mathrm{d}t}=\lambda s(t)i(t).$$

又由假设(3)知,$s(t)=1-i(t)$,代入上式,得

$$\frac{\mathrm{d}i(t)}{\mathrm{d}t}=\lambda i(t)(1-i(t)).$$

假设起始时($t=0$),病人占总人口的比例为 $i(0)=i_0$。于是 SI 模型可描述为

$$\begin{cases}\dfrac{\mathrm{d}i(t)}{\mathrm{d}t}=\lambda i(t)(1-i(t)), & t>0,\\ i(0)=i_0.\end{cases} \tag{8.14}$$

用分离变量法求解此微分方程初值问题,得解析解为

$$i(t)=\frac{1}{1+\left(\dfrac{1}{i_0}-1\right)\mathrm{e}^{-\lambda t}}. \tag{8.15}$$

结果分析与评价　模型式(8.14)事实上就是 Logistic 模型。病人占总人口的最大比例为 1,即当 $t\to\infty$ 时,区域内所有人都被传染。

医学上称$\dfrac{\mathrm{d}i}{\mathrm{d}t}\sim t$ 为传染病曲线,它表示传染病人增加率与时间的关系如图 8.2(a)所示。预测结果曲线如图 8.2(b)所示。

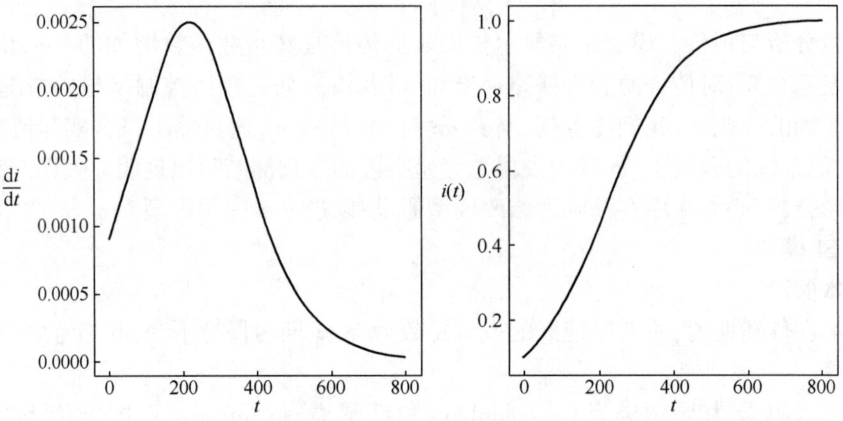

(a) $\dfrac{\mathrm{d}i}{\mathrm{d}t}\sim t$曲线　　(b) $i(t)\sim t$曲线

图 8.2　$i_0=0.1,\lambda=10^{-2}$时的 SI 模型

由模型式(8.14)易知,当病人总量占总人口比值达到 $i=\dfrac{1}{2}$时,$\dfrac{\mathrm{d}i}{\mathrm{d}t}$达到最大值,即$\dfrac{\mathrm{d}^2i}{\mathrm{d}t^2}=0$,也就是说,此时达到传染病传染高峰期。利用式(8.15)易得传染病高峰到来的时刻为

$$t_{\mathrm{m}}=\frac{1}{\lambda}\ln\left(\frac{1}{i_0}-1\right).$$

医学上,这一结果具有重要的意义。由于 t_{m} 与 λ 成反比,故当 λ(反映医疗水平或传染控制措施的有效性)增大时,t_{m} 将变小,预示着传染病高峰期来得越早。若已知日接触率 λ(由统计数据得出),即可预报传染病高峰到来的时间 t_{m},这对于防治传染病是有益处的。

当 $t\to\infty$ 时,由式(8.15)可知,$i(t)\to1$,即最后人人都要生病。这显然是不符合实际情况的。其原因是假设中未考虑病人得病后可以治愈,以及病人康复后的再次染疫。

3. SIS 模型

SIS 模型在 SI 模型假设(1)~(4)的基础上,进一步假设:

(5) 每天被治愈的病人人数占病人总数的比例为μ。

(6) 病人被治愈后成为仍可被感染的健康者。

于是 SI 模型可被修正为 SIS 模型：

$$\begin{cases}\dfrac{\mathrm{d}i(t)}{\mathrm{d}t}=\lambda i(t)(1-i(t))-\mu i(t), & t>0,\\ i(0)=i_0.\end{cases} \tag{8.16}$$

模型式(8.16)的解析解可表示为

$$i(t)=\begin{cases}\left[\dfrac{\lambda}{\lambda-\mu}+\left(\dfrac{1}{i_0}-\dfrac{\lambda}{\lambda-\mu}\right)\mathrm{e}^{-(\lambda-\mu)t}\right]^{-1}, & \lambda\neq\mu,\\ \left(\lambda t+\dfrac{1}{i_0}\right)^{-1}, & \lambda=\mu.\end{cases} \tag{8.17}$$

若令

$$\sigma=\lambda/\mu,$$

称σ为传染强度。

利用σ的定义,式(8.16)可改写为

$$\begin{cases}\dfrac{\mathrm{d}i}{\mathrm{d}t}=-\lambda i\left[i-\left(1-\dfrac{1}{\sigma}\right)\right], & t>0,\\ i(0)=i_0.\end{cases} \tag{8.18}$$

相应地,模型的解析解可表示为

$$i(t)=\begin{cases}\left[\dfrac{1}{1-\dfrac{1}{\sigma}}+\left(\dfrac{1}{i_0}-\dfrac{1}{1-\dfrac{1}{\sigma}}\right)\mathrm{e}^{-\lambda\left(1-\frac{1}{\sigma}\right)t}\right]^{-1}, & \sigma\neq1,\\ \left(\lambda t+\dfrac{1}{i_0}\right)^{-1}, & \sigma=1.\end{cases} \tag{8.19}$$

由式(8.19)可知,当$t\to\infty$时,有

$$i(\infty)=\begin{cases}1-\dfrac{1}{\sigma}, & \sigma>1,\\ 0, & \sigma\leqslant1.\end{cases} \tag{8.20}$$

由式(8.20)可知,$\sigma=1$是一个阈值。

若$\sigma\leqslant1$,随着时间的推移,$i(t)$逐渐变小,当$t\to\infty$时趋于零。这是由于治愈率大于有效感染率,最终所有病人都会被治愈。

若$\sigma>1$,则当$t\to\infty$时,$i(t)$趋于极限$1-\dfrac{1}{\sigma}$,这说明当治愈率小于传染率时,总人口中总有一定比例的人口会被传染而成为病人。

大多数传染病,如天花、麻疹、流感、肝炎等疾病经治愈后均有很强的免疫力。病愈后的人因已具有免疫力,既非健康者(易感染者)也非病人(已感染者),即这部分人已退出感染系统。

4. SIR 模型

基本假设:

(1) 人群分健康者、病人和病愈后因具有免疫力而退出系统的移出者 3 类。设任意时刻 t,这 3 类人群占总人口的比例分别为 $s(t)$,$i(t)$ 和 $r(t)$。

(2) 病人的日感染率为 λ,日治愈率为 μ,传染强度 $\sigma=\lambda/\mu$。

(3) 人口总数 N 为固定常数。

模型建立:

类似于前述问题的建模过程,依据假设,有

对所有人群

$$s(t)+i(t)+r(t)=1. \tag{8.21}$$

对于系统移出者

$$N\frac{\mathrm{d}r}{\mathrm{d}t}=\mu Ni. \tag{8.22}$$

对于病人

$$N\frac{\mathrm{d}i}{\mathrm{d}t}=\lambda Nsi-\mu Ni. \tag{8.23}$$

对于健康者

$$N\frac{\mathrm{d}s}{\mathrm{d}t}=-\lambda Nsi. \tag{8.24}$$

联立式(8.22)~式(8.24),可得 SIR 模型为

$$\begin{cases}\dfrac{\mathrm{d}i}{\mathrm{d}t}=\lambda si-\mu i,\\ \dfrac{\mathrm{d}s}{\mathrm{d}t}=-\lambda si,\\ \dfrac{\mathrm{d}r}{\mathrm{d}t}=\mu i,\\ i(0)=i_0,s(0)=s_0,r(0)=0.\end{cases} \tag{8.25}$$

SIR 模型是一个较典型的系统动力学模型,其突出特点是模型形式为关于多个相互关联的系统变量之间的常微分方程组。类似的建模问题有很多,如河流中水体各类污染物质的耗氧、复氧、反应、迁移、吸附、沉降等,食物在人体中的分解、吸收、排泄,污水处理过程中的污染物降解,微生物、细菌增长或衰减等。这些问题很难求得解析解,可以使用软件求数值解。

8.3 常微分方程的求解

对于常微分方程,只有一小部分可以求得解析解,大部分常微分方程是无法求得解析解,只能求数值解。常微分方程数值解的算法在此就不介绍了,有兴趣的读者可以参看数值分析等相关书籍。下面介绍使用 Python 软件求微分方程的符号解和数值解。

8.3.1 常微分方程的符号解

Python 提供了功能强大的求常微分方程符号解函数 dsolve。

例 8.3 求解微分方程 $y'=-2y+2x^2+2x, y(0)=1$。

```
#程序文件 ex8_3. py
import sympy as sp

sp. var('x') ; y=sp. Function('y')
eq=y(x). diff(x)+2 * y(x)-2 * x ** 2-2 * x
s=sp. dsolve(eq,ics={y(0):1})
s=sp. simplify(s) ; print(s)
```

求得的符号解为 $y=x^2+e^{-2x}$。

例 8.4 求解二阶线性微分方程 $y''-2y'+y=e^x, y(0)=1, y'(0)=-1$。

```
#程序文件 ex8_4. py
import sympy as sp

sp. var('x') ;y=sp. Function('y')
eq=y(x). diff(x,2)-2 * y(x). diff(x)+y(x)-sp. exp(x)
con={y(0): 1, y(x). diff(x). subs(x,0): -1}
s=sp. dsolve(eq, ics=con) ; print(s)
```

得到二阶微分方程解析解 $y=e^x+\frac{x^2 e^x}{2}-2xe^x$。

例 8.5 已知输入信号为 $u(t)=e^{-t}\cos t$，试求下面微分方程的解。

$$y^{(4)}(t)+10y^{(3)}(t)+35y''(t)+50y'(t)+24y(t)=u''(t),$$
$$y(0)=0, y'(0)=-1, y''(0)=1, y'''(0)=1.$$

```
#程序文件 ex8_5. py
import sympy as sp

sp. var('t') ; y=sp. Function('y')
u=sp. exp(-t) * sp. cos(t)
eq=y(t). diff(t,4)+10 * y(t). diff(t,3)+35 * y(t). diff(t,2)+\
    50 * y(t). diff(t)+24 * y(t)-u. diff(t,2)
con={y(0):0,y(t). diff(t). subs(t,0):-1,
     y(t). diff(t,2). subs(t,0):1,y(t). diff(t,3). subs(t,0):1}
s=sp. dsolve(eq,ics=con) ; s = sp. expand(s)
print(s) ; print('------') ; print(s. args[1])
```

求得的解为 $y=-\frac{e^{-t}\sin t}{5}-\frac{7}{3}e^{-t}+\frac{9}{2}e^{-2t}-\frac{14}{5}e^{-3t}+\frac{19}{30}e^{-4t}$。

下面给出求常微分方程组符号解的例子。

例 8.6 试求

$$\begin{cases}\frac{d\boldsymbol{x}}{dt}=\boldsymbol{A}\boldsymbol{x},\\ \boldsymbol{x}(0)=[1,1,1]^{T}\end{cases}$$

的解,其中 $\boldsymbol{x}(t)=[x_1(t),x_2(t),x_3(t)]^{\mathrm{T}}$,$\boldsymbol{A}=\begin{bmatrix}3 & -1 & 1\\ 2 & 0 & -1\\ 1 & -1 & 2\end{bmatrix}$。

```
#程序文件 ex8_6. py
import sympy as sp

sp. var('t')
sp. var('x1:4', cls=sp. Function)          #定义 3 个符号函数
x = sp. Matrix([x1(t), x2(t), x3(t)])  #列向量
A = sp. Matrix([[3,-1,1],[2,0,-1],[1,-1,2]])
eq = x. diff(t)-A@ x
s = sp. dsolve(eq, ics={x1(0):1, x2(0):1, x3(0):1})
print(s)
```

求得的解为 $\boldsymbol{x}(t)=\begin{bmatrix}\frac{4}{3}\mathrm{e}^{3t}-\frac{1}{2}\mathrm{e}^{2t}+\frac{1}{6}\\ \frac{2}{3}\mathrm{e}^{3t}-\frac{1}{2}\mathrm{e}^{2t}+\frac{5}{6}\\ \frac{2}{3}\mathrm{e}^{3t}+\frac{1}{3}\end{bmatrix}$.

8.3.2 常微分方程的数值解

Python 只能求一阶常微分方程(组)的数值解,高阶微分方程必须化成一阶方程组求解,通常采用龙格-库塔方法求数值解。scipy. integrate 模块的 odeint 函数求常微分方程的数值解,其基本调用格式为

sol=odeint(func, y0, t)

其中,func 是定义微分方程的函数或匿名函数,y_0 是初始条件的序列,t 是一个自变量取值的序列(t 的第一个元素一定为初始时刻),返回值 sol 是对应于序列 t 中元素的数值解,如果微分方程组中有 n 个函数,返回值 sol 是 n 列的矩阵,第 i 列($i=1,2,\cdots,n$)对应于第 i 个函数的数值解。

例 8.7(续例 8.3) 求例 8.3 的数值解,并在同一个图形界面上画出数值解和符号解的曲线。

```
#程序文件 ex8_7. py
from scipy. integrate import odeint
import numpy as np
import pylab as plt
import sympy as sp

dy = lambda y, x: -2 * y+2 * x * * 2+2 * x
xx = np. linspace(0,3,31)
s = odeint(dy, 1, xx)
```

```
print('x={}\n 对应的数值解 y={}'.format(xx, s.flatten()))
plt.plot(xx, s,'*')
sp.var('x'); y=sp.Function('y')
eq=y(x).diff(x)+2*y(x)-2*x**2-2*x
s2=sp.dsolve(eq,ics={y(0):1})
sx = sp.lambdify(x,s2.args[1],'numpy')            #符号函数转匿名函数
plt.plot(xx, sx(xx))
plt.show()
```

例 8.8(续例 8.2) 求二阶常微分方程式(8.10)的数值解。

解 求数值解时,需要把二阶微分方程转化为一阶微分方程组,引进 $y_1=y, y_2=y'$,则式(8.10)可以转化为如下的一阶微分方程组:

$$\begin{cases} y_1'=y_2, & y_1(0)=0, \\ y_2'=\dfrac{1}{5(1-x)}\sqrt{1+y_2^2}, & y_2(0)=0. \end{cases}$$

最后得到的导弹轨迹曲线如图 8.3 所示。

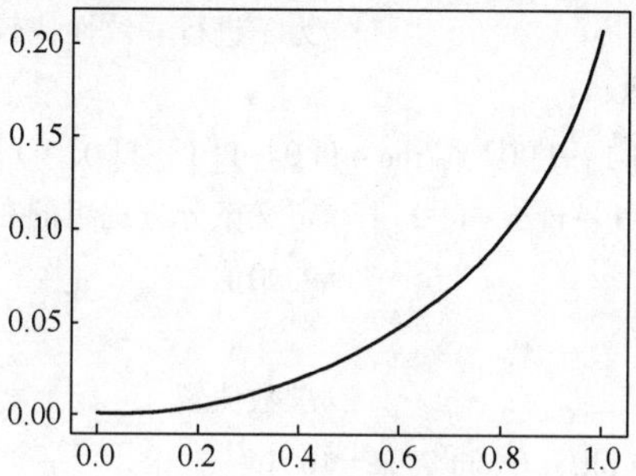

图 8.3 导弹轨迹曲线

```
#程序文件 ex8_8.py
from scipy.integrate import odeint
import numpy as np
import pylab as plt

yx = lambda y,x: [y[1], np.sqrt(1+y[1]**2)/5/(1-x)]
x0 =np.arange(0, 1, 0.00001)
y0 = odeint(yx, [0,0], x0)
plt.rc('font', size=16)
plt.plot(x0, y0[:,0]); plt.show()
```

例 8.9 洛伦兹模型的混沌效应。

洛伦兹模型是由美国气象学家洛伦兹在研究大气运动时,通过简化对流模型,只保留 3 个变量提出的一个完全确定性的一阶自治常微分方程组(不显含时间变量),其方程为

$$\begin{cases} \dot{x}=\sigma(y-x), \\ \dot{y}=\rho x-y-xz, \\ \dot{z}=xy-\beta z. \end{cases}$$

式中：σ 为普朗特数；ρ 为瑞利数；β 为方向比。

洛伦兹模型如今已经成为混沌领域的经典模型，第一个混沌吸引子——洛伦兹吸引子也是在这个系统中被发现的。系统中3个参数的选择对系统会不会进入混沌状态起着重要的作用。图8.4(a)所示为洛伦兹模型在 $\sigma=10,\rho=28,\beta=8/3$ 时系统的三维演化轨迹。由图8.4(a)可见，经过长时间运行后，系统只在三维空间的一个有限区域内运动，即在三维相空间里的测度为零。图8.4(a)具有"蝴蝶效应"。图8.4(b)所示为系统从两个靠的很近的初值出发(相差仅0.000001)后，解的偏差演化曲线。随着时间的增大，可以看到两个解的差异越来越大，这正是动力学系统对初值敏感性的直观表现，由此可断定此系统的这种状态为混沌态。混沌运动是确定性系统中存在随机性，它的运动轨道对初始条件极端敏感。

```
#程序文件 ex8_9.py
from scipy.integrate import odeint
import numpy as np
import pylab as plt

np.random.seed(2)                                    #为了进行一致性比较，每次运行取相同随机数
sigma=10; rho=28; beta=8/3;
g=lambda f,t: [sigma*(f[1]-f[0]), rho*f[0]-f[1]-f[0]*f[2],
                f[0]*f[1]-beta*f[2]]                 #定义微分方程组的右端项
s01=np.random.rand(3)                                #初始值
t0=np.linspace(0,50,5000)
s1=odeint(g,s01,t0)                                  #求数值解
plt.rc('text',usetex=True); plt.rc('font',size=16)
plt.subplots_adjust(wspace=0.6)
ax=plt.subplot(121, projection='3d')
plt.plot(s1[:,0],s1[:,1],s1[:,2],'r')                #画轨线
ax.set_xlabel('$x $'); ax.set_ylabel('$y $'); ax.set_zlabel('$z $')
s02=s01+0.000001
s2 = odeint(g,s02,t0)                                #初值变化后，再求数值解
plt.subplot(122)
plt.plot(t0,s1[:,0]-s2[:,0],'.-')                    #画 x(t)的差
plt.xlabel('$t $'); plt.ylabel('$x_1(t)-x_2(t)$',rotation=90)
plt.show()
```

所画出的图形如图8.4所示。

例8.10 一个慢跑者在平面上按如下规律跑步

$$X=10+20\cos t,\quad Y=20+15\sin t.$$

突然有一只狗攻击他，这只狗从原点出发，以恒定速率 w 跑向慢跑者，狗运动方向始终指向慢跑者。分别求出 $w=20,w=5$ 时狗的运动轨迹。

解 设时刻 t 人的坐标为 $(X(t),Y(t))$，狗的坐标 $(x(t),y(t))$。狗的速度大小恒为 w，则

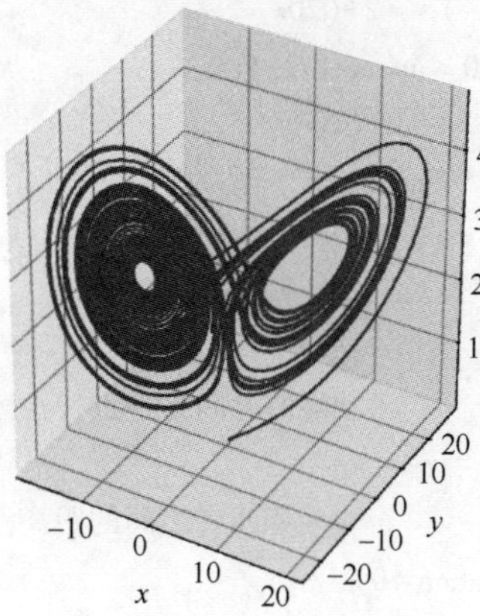

(a) 洛伦兹相轨线

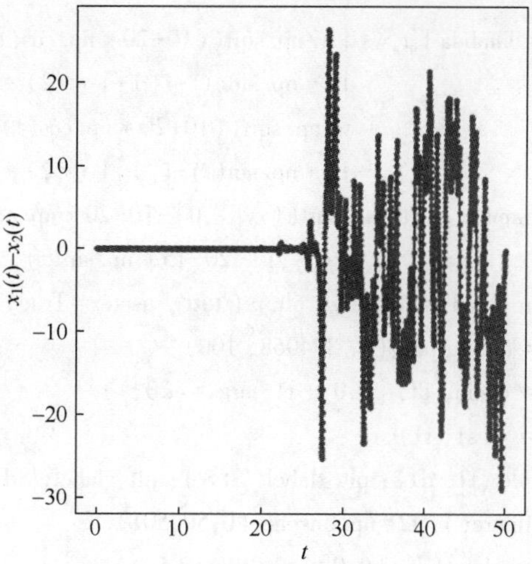

(b) 两个解的$x(t)$偏差演化曲线

图 8.4　混沌效应图

$$\left(\frac{\mathrm{d}x}{\mathrm{d}t}\right)^2+\left(\frac{\mathrm{d}y}{\mathrm{d}t}\right)^2=w^2,$$

由于狗始终对准人,故狗的速度方向平行于狗与人位置的差向量,有

$$\begin{bmatrix}\dfrac{\mathrm{d}x}{\mathrm{d}t}\\ \dfrac{\mathrm{d}y}{\mathrm{d}t}\end{bmatrix}=\lambda\begin{bmatrix}X-x\\ Y-y\end{bmatrix},\quad \lambda>0,$$

消去 λ,得

$$\begin{cases}\dfrac{\mathrm{d}x}{\mathrm{d}t}=\dfrac{w}{\sqrt{(X-x)^2+(Y-y)^2}}(X-x),\\ \dfrac{\mathrm{d}y}{\mathrm{d}t}=\dfrac{w}{\sqrt{(X-x)^2+(Y-y)^2}}(Y-y).\end{cases}$$

因而狗的运动轨迹为

$$\begin{cases}\dfrac{\mathrm{d}x}{\mathrm{d}t}=\dfrac{w}{\sqrt{(10+20\cos t-x)^2+(20+15\sin t-y)^2}}(10+20\cos t-x),\\ \dfrac{\mathrm{d}y}{\mathrm{d}t}=\dfrac{w}{\sqrt{(10+20\cos t-x)^2+(20+15\sin t-y)^2}}(20+15\sin t-y),\\ x(0)=0,y(0)=0.\end{cases}$$

利用 Python 软件求得当 $w=20$ 时,在 $t=3.4068$ 时,狗追上人。人和狗之间的距离如图 8.5 所示。

当 $w=5$ 时,狗永远追不上人。人和狗之间的距离如图 8.6 所示。

```
#程序文件 ex8_10. py
from scipy. integrate import odeint
import numpy as np
import pylab as plt
```

```
df = lambda f,t,w: [w/np.sqrt((10+20*np.cos(t)-f[0])**2+(20+
                    15*np.sin(t)-f[1])**2)*(10+20*np.cos(t)-f[0]),
                    w/np.sqrt((10+20*np.cos(t)-f[0])**2+(20+
                    15*np.sin(t)-f[1])**2)*(20+15*np.sin(t)-f[1])]
d= lambda xy,t: np.sqrt((xy[:,0]-10-20*np.cos(t))**2+
                 (xy[:,1]-20-15*np.sin(t))**2)          #计算距离函数
plt.rc('font',size=16); plt.rc('text', usetex=True)
t1 = np.linspace(0, 3.4068, 100)                        #终值时间是一点一点凑出来的
s1 = odeint(df, [0,0], t1, args=(20,))
d1 = d(s1, t1)                                          #计算两者之间的距离
plt.plot(t1, d1); plt.xlabel('$t $'); plt.ylabel('$d $', rotation=0)
plt.figure(); t2=np.linspace(0,50,501)
s2 = odeint(df, [0,0], t2, args=(5,))
d2 = d(s2, t2)                                          #计算两者之间的距离
plt.plot(t2, d2); plt.xlabel('$t $')
plt.ylabel('$d $', rotation=0); plt.show()
```

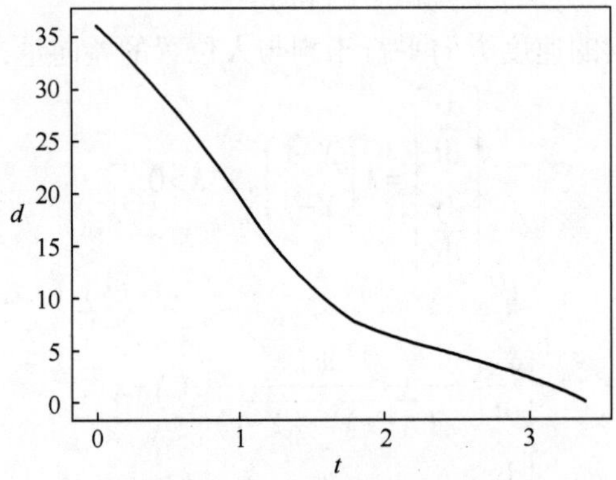

图 8.5　人和狗之间的距离

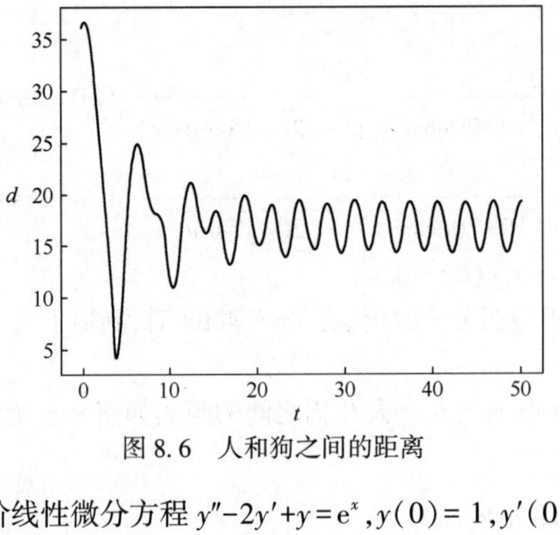

图 8.6　人和狗之间的距离

例 8.11　求解二阶线性微分方程 $y''-2y'+y=e^x, y(0)=1, y'(0)=-1$,在区间$[-1,1]$上的数值解,并与符号解进行比较。

求数值解时，首先做变量替换；设 $y_1=y, y_2=y'$，则把二阶微分方程化成如下的一阶微分方程组：

$$\begin{cases} y_1'=y_2, & y_1(0)=1, \\ y_2'=2y_2-y_1+e^x, & y_2(0)=-1. \end{cases}$$

求得的符号解与数值解对比图如图 8.7 所示。

```
#程序文件 ex8_11. py
from scipy. integrate import odeint
import numpy as np
import sympy as sp
import pylab as plt

df = lambda f, x: [f[1], 2 * f[1]-f[0]+np. exp(x)]
x1 = np. linspace(0,1,51); s1 = odeint(df,[1,-1],x1)
x2 = np. linspace(0,-1,51); s2 = odeint(df,[1,-1],x2)
plt. rc('font', family='SimHei')
plt. rc('axes', unicode_minus=False)
plt. rc('font', size=16)
plt. plot(x2,s2[:,0],'P-',x1,s1[:,0],'^-')
sp. var('x'); y = sp. Function('y')
eq = y(x). diff(x,2)-2 * y(x). diff(x)+y(x)-sp. exp(x)
con = {y(0):1,y(x). diff(x). subs(x,0):-1}
s = sp. dsolve(eq,ics=con)
sx = sp. lambdify(x,s. args[1],'numpy')          #转换成匿名函数
x3 = np. linspace(-1,1,101); plt. plot(x3, sx(x3), 'k-')
plt. legend(['[-1,0]上数值解','[0,1]上数值解','符号解'])
plt. show()
```

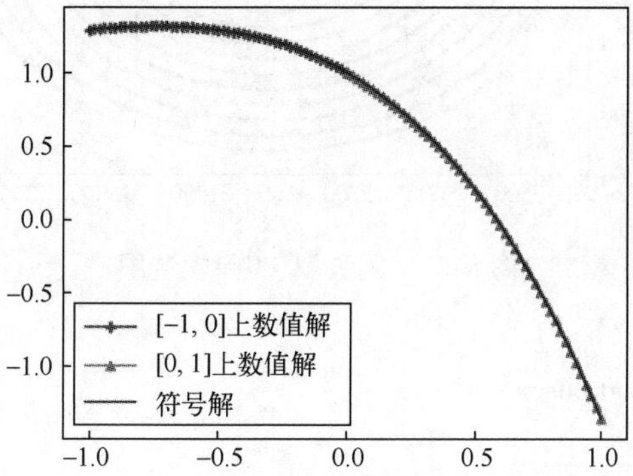

图 8.7　数值解和符号解的比较图

例 8.12　已知“阿波罗”卫星的运动轨迹 (x,y) 满足下面方程：

$$\begin{cases}\dfrac{d^2x}{dt^2}=2\dfrac{dy}{dt}+x-\dfrac{\lambda(x+\mu)}{r_1^3}-\dfrac{\mu(x-\lambda)}{r_2^3},\\ \dfrac{d^2y}{dt^2}=-2\dfrac{dx}{dt}+y-\dfrac{\lambda y}{r_1^3}-\dfrac{\mu y}{r_2^3},\end{cases}$$

其中,$\mu=1/82.45$,$\lambda=1-\mu$,$r_1=\sqrt{(x+\mu)^2+y^2}$,$r_2=\sqrt{(x+\lambda)^2+y^2}$,试在初值 $x(0)=1.2$,$x'(0)=0$,$y(0)=0$,$y'(0)=-1.0494$ 下求解,并绘制"阿波罗"卫星轨迹图。

解 做变量替换,令 $z_1=x$,$z_2=\dfrac{dx}{dt}$,$z_3=y$,$z_4=\dfrac{dy}{dt}$,则原二阶微分方程组可以化为如下的一阶方程组:

$$\begin{cases}\dfrac{dz_1}{dt}=z_2, & z_1(0)=1.2,\\ \dfrac{dz_2}{dt}=2z_4+z_1-\dfrac{\lambda(z_1+\mu)}{((z_1+\mu)^2+z_3^2)^{3/2}}-\dfrac{\mu(z_1-\lambda)}{((z_1+\lambda)^2+z_3^2)^{3/2}}, & z_2(0)=0,\\ \dfrac{dz_3}{dt}=z_4, & z_3(0)=0,\\ \dfrac{dz_4}{dt}=-2z_2+z_3-\dfrac{\lambda z_3}{((z_1+\mu)^2+z_3^2)^{3/2}}-\dfrac{\mu z_3}{((z_1+\lambda)^2+z_3^2)^{3/2}}, & z_4(0)=-1.0494.\end{cases}$$

所绘制的"阿波罗"卫星轨迹图如图 8.8 所示。

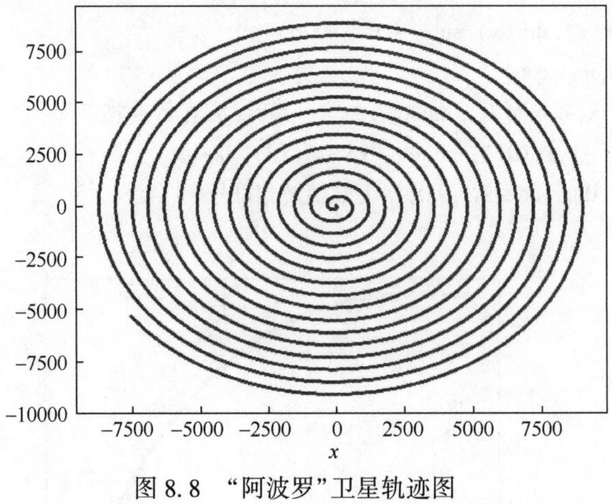

图 8.8 "阿波罗"卫星轨迹图

```
#程序文件 ex8_12.py
from scipy.integrate import odeint
import numpy as np
import pylab as plt

mu = 1/82.45; lamda= 1-mu
dz = lambda z, t: [z[1], 2*z[3]+z[0]-lamda*(z[0]+mu)/
      ((z[0]+mu)**2+z[2]**2)**(3/2)-mu*(z[0]-lamda)/
      ((z[0]+lamda)**2+z[2]**2)**(3/2), z[3],
```

```
    -2 * z[1]+z[2]-lamda * z[2]/((z[0]+mu) ** 2+z[2] ** 2) ** (3/2)-
    mu * z[2]/((z[0]+lamda) ** 2+z[2] ** 2) ** (3/2)]
t = np.linspace(0, 100, 1001);
s = odeint(dz, [1.2, 0, 0, -1.0494], t)
plt.rc('text',usetex=True)
plt.plot(s[:,0], s[:,2]); plt.xlabel('$x $')
plt.ylabel('$y $',rotation=0); plt.show()
```

8.4 常微分方程建模实例

8.4.1 Malthus 模型

1789 年,英国神父 Malthus 在分析了 100 多年人口统计资料之后,提出了 Malthus 模型。

1. 模型假设

(1) 设 $x(t)$ 表示 t 时刻的人口数,且 $x(t)$ 连续可微。

(2) 人口的增长率 r 是常数(增长率=出生率-死亡率)。

(3) 人口数量的变化是封闭的,即人口数量的增加与减少只取决于人口中个体的生育和死亡,且每一个体都具有同样的生育能力与死亡率。

2. 建模与求解

由假设,t 时刻到 $t+\Delta t$ 时刻人口的增量为 $x(t+\Delta t)-x(t)=rx(t)\Delta t$,于是,得

$$\begin{cases}\dfrac{\mathrm{d}x}{\mathrm{d}t}=rx,\\ x(0)=x_0,\end{cases} \tag{8.26}$$

其解为

$$x(t)=x_0\mathrm{e}^{rt}. \tag{8.27}$$

3. 模型评价

考虑 200 多年来人口增长的实际情况,1961 年世界人口总数为 3.06×10^9,在 1961—1970 年这段时间内,每年平均的人口自然增长率为 2%,则式(8.27)可写为

$$x(t)=3.06\times10^9\cdot\mathrm{e}^{0.02(t-1961)}. \tag{8.28}$$

根据 1700—1961 年间世界人口统计数据,发现这些数据与式(8.28)的计算结果相当符合。因为在这期间地球上人口大约每 35 年增加 1 倍,而式(8.28)算出每 34.6 年增加 1 倍。

但是,利用式(8.28)对世界人口进行预测,也会得出惊异的结论,当 $t=2670$ 年时,$x(t)=4.4\times10^{15}$,即 4400 万亿,这相当于地球上每平方米要容纳至少 20 人。

显然,用这一模型进行预测的结果远高于实际人口增长,误差的原因是对增长率 r 的估计过高。由此,可以对 r 是常数的假设提出疑问。

8.4.2 Logistic 模型

地球上的资源是有限的,它只能提供一定数量的生命生存所需的条件。随着人口数量的增加,自然资源、环境条件等对人口再增长的限制作用将越来越显著。如果在人口较少

时，可以把增长率 r 看成常数，那么当人口增加到一定数量之后，就应当视 r 为一个随着人口的增加而减小的量，即将增长率 r 表示为人口 $x(t)$ 的函数 $r(x)$，且 $r(x)$ 为 x 的减函数。

1. 模型假设

（1）设 $r(x)$ 为 x 的线性函数，$r(x)=r-sx$（工程师原则，首先用线性）。

（2）自然资源与环境条件所能容纳的最大人口数为 x_m，即当 $x=x_m$ 时，增长率 $r(x_m)=0$。

2. 建模与求解

由假设(1)、假设(2)，可得 $r(x)=r\left(1-\frac{x}{x_m}\right)$，有

$$\begin{cases}\frac{dx}{dt}=r\left(1-\frac{x}{x_m}\right)x,\\ x(t_0)=x_0.\end{cases} \tag{8.29}$$

式(8.29)是一个可分离变量的方程，其解为

$$x(t)=\frac{x_m}{1+\left(\frac{x_m}{x_0}-1\right)e^{-r(t-t_0)}}. \tag{8.30}$$

3. 模型检验

由式(8.29)，计算可得

$$\frac{d^2x}{dt^2}=r^2\left(1-\frac{x}{x_m}\right)\left(1-\frac{2x}{x_m}\right)x. \tag{8.31}$$

人口总数 $x(t)$ 有如下规律：

（1）$\lim\limits_{t\to+\infty}x(t)=x_m$，即无论人口初值 x_0 如何，人口总数以 x_m 为极限。

（2）当 $0<x<x_m$ 时，$\frac{dx}{dt}=r\left(1-\frac{x}{x_m}\right)x>0$，这说明 $x(t)$ 是单调增加的，又由式(8.31)知，当 $x<\frac{x_m}{2}$ 时，$\frac{d^2x}{dt^2}>0$，$x=x(t)$ 为凹函数，当 $x>\frac{x_m}{2}$ 时，$\frac{d^2x}{dt^2}<0$，$x=x(t)$ 为凸函数。

（3）人口变化率 $\frac{dx}{dt}$ 在 $x=\frac{x_m}{2}$ 时取到最大值，即人口总数达到极限值一半以前是加速增长时期，经过这一点之后，增长速率会逐渐变小，最终达到零。

例 8.13 利用表 8.1 给出的近两个世纪的美国人口统计数据（以百万为单位），建立人口预测模型，最后用它预报 2010 年美国的人口。

表 8.1 美国人口统计数据

年份	1790	1800	1810	1820	1830	1840	1850	1860
人口	3.9	5.3	7.2	9.6	12.9	17.1	23.2	31.4
年份	1870	1880	1890	1900	1910	1920	1930	1940
人口	38.6	50.2	62.9	76.0	92.0	106.5	123.2	131.7
年份	1950	1960	1970	1980	1990	2000		
人口	150.7	179.3	204.0	226.5	251.4	281.4		

1. 建模与求解

记 $x(t)$ 为第 t 年的人口数量,设人口年增长率 $r(x)$ 为 x 的线性函数,$r(x)=r-sx$。自然资源与环境条件所能容纳的最大人口数为 x_m,即当 $x=x_m$ 时,增长率 $r(x_m)=0$,可得 $r(x)=r\left(1-\frac{x}{x_m}\right)$,建立 Logistic 人口模型

$$\begin{cases}\frac{dx}{dt}=r\left(1-\frac{x}{x_m}\right)x,\\ x(t_0)=x_0,\end{cases}$$

其解为

$$x(t)=\frac{x_m}{1+\left(\frac{x_m}{x_0}-1\right)e^{-r(t-t_0)}}. \tag{8.32}$$

2. 参数估计

把表 8.1 中的全部数据保存到 Excel 文件 data8_13. xlsx 中。

1) 非线性最小二乘估计

把表 8.1 中的第 1 个数据作为初始条件,利用余下的数据拟合式(8.32)中的参数 x_m 和 r,求得 $r=0.0274$,$x_m=342.4419$,2010 年人口的预测值为 282.6798 百万。

2) 线性最小二乘估计

为了利用简单的线性最小二乘法估计这个模型的参数 r 和 x_m,把 Logistic 方程表示为

$$\frac{1}{x}\cdot\frac{dx}{dt}=r-sx,\quad s=\frac{r}{x_m}. \tag{8.33}$$

分别用 $k=1,2,\cdots,22$ 表示 1790,1800,…,2000 年。

(1) 利用向前差分,得到差分方程

$$\frac{1}{x(k)}\frac{x(k+1)-x(k)}{\Delta t}=r-sx(k),\quad k=1,2,\cdots,21, \tag{8.34}$$

其中步长 $\Delta t=10$。

利用 Python 软件求得 $r=0.0325$,$x_m=294.3860$。2010 年人口的预测值为 277.9634 百万。

(2) 利用向后差分,得到差分方程

$$\frac{1}{x(k)}\frac{x(k)-x(k-1)}{\Delta t}=r-sx(k),\quad k=2,3,\cdots,22, \tag{8.35}$$

其中步长 $\Delta t=10$。

利用 Python 软件求得 $r=0.0247$,$x_m=373.5135$。2010 年人口的预测值为 264.9119 百万。

从上面的 3 种拟合方法可以看出,拟合同样的参数,方法不同可能结果相差较大。

```
#程序文件 ex8_13. py
import numpy as np
import pandas as pd
```

```
from scipy.optimize import curve_fit

a = pd.read_excel('data8_13.xlsx', header=None)
b = a.values; xd = b[1::2,:]
xd = xd[~np.isnan(xd)]                                    #提出有效数据
td = np.linspace(1790,2000,22)
x=lambda t, r, xm: xm/(1+(xm/3.9-1)*np.exp(-r*(t-1790)))
bd=[(0, 200), (0.1,1000)]                                 #约束两个参数的下界和上界
p1 =curve_fit(x, td[1:], xd[1:], bounds=bd)[0]            #拟合参数
print(p1); print("2010年的预测值为:", round(x(2010, *p1),4))

n = len(xd)
b1 = np.diff(xd)/10/xd[:-1]                               #构造常数项列
a1 = np.vstack([np.ones(n-1), -xd[:-1]]).T
p2 = np.linalg.pinv(a1) @ b1
r = p2[0]; xm = r/p2[1]; xh2 = x(2010, r, xm)
print('----------'); print(round(r,4))
print(round(xm,4)); print(round(xh2,4))

b2 = np.diff(xd)/10/xd[1:]                                #构造常数项列
a2 = np.vstack([np.ones(n-1), -xd[1:]]).T
p3 = np.linalg.pinv(a2) @ b2
r = p3[0]; xm = r/p3[1]; xh3 = x(2010, r, xm)
print('----------'); print(round(r,4))
print(round(xm,4)); print(round(xh3,4))
```

8.4.3 两个种群的相互作用模型

两个种群在同一环境中生存，通常表现为生存竞争、弱肉强食或互惠共存几种基本形式。本节介绍种群的生存竞争与弱肉强食模型。

1. 种群竞争模型

基本假设 设在 t 时刻两个种群群体的数量分别为 $x_1(t)$ 和 $x_2(t)$。假定：

（1）初始时两个种群的数量分别为 x_1^0, x_2^0。

（2）每一种群群体的增长都受到 Logistic 规律的制约。设其自然增长率分别为 r_1 和 r_2，在同一资源、环境制约下只维持第一个或第二个种群群体的生存极限数分别为 K_1 和 K_2。

（3）两个种群依靠同一种资源生存，这两个种群的数量越多，可获得的资源就越少，从而物种的种群增长率就会降低。而且随着种群群体数量的增加，各自种群的增量都会对对方种群的变化产生一定的限制影响。

模型建立 对第一个种群而言，若第二个种群的每个个体消耗资源量相当于第一个种群每个个体消耗资源量的 α_1 倍，则第一个种群群体数量的增长率为

$$r_1\left(1-\frac{x_1+\alpha_1 x_2}{K_1}\right)x_1.$$

同理,设第一个种群的每个个体消耗的资源量为第二个种群每个个体消耗资源量的 α_2 倍,则第二个种群群体数量的增长率为

$$r_2\left(1-\frac{x_2+\alpha_2 x_1}{K_2}\right)x_2.$$

综上所述,两个种群竞争系统的群体总数 $x_1(t)$ 和 $x_2(t)$ 应满足微分方程组:

$$\begin{cases}\dfrac{dx_1}{dt}=r_1\left(1-\dfrac{x_1+\alpha_1 x_2}{K_1}\right)x_1,\\ \dfrac{dx_2}{dt}=r_2\left(1-\dfrac{x_2+\alpha_2 x_1}{K_2}\right)x_2,\\ x_1(0)=x_1^0,\quad x_2(0)=x_2^0.\end{cases} \tag{8.36}$$

2. 弱肉强食问题

下面讨论另一类生物链问题的数学建模问题,即弱肉强食问题。此类问题广泛存在于自然界中,如大鱼吃小鱼、狼群与羊群等。

设 t 时刻第一个种群的数量和第二个种群的数量分别为 $x_1(t)$ 和 $x_2(t)$。初始时种群数量分别为 x_1^0,x_2^0。

基本假设

(1) 第一个种群的生物捕食第二个种群的生物,其种群数量的变化除了自身受 Logistic 规律的制约外,还受到被捕食的第二个种群的数量影响。

(2) 第二个种群的数量变化除了自身受自限规律影响外,还受其天敌第一个种群的数量影响。第二个种群的数量越多,被捕杀的机会越多,从而第一个种群的繁殖越快。

(3) 设两个种群的自然增长率分别为 r_1 和 r_2,各自独自生存的生存极限数分别为 K_1 和 K_2。

模型建立

对强食型的第一个种群,其种群数量的增长率受自身 Logistic 规律限制,同时还受第二个种群供应水平影响:供应能力(第二个种群数量)越强,对第一个种群的数量增长刺激越明显。不妨假设单位时间内第一个种群的单位个体与第二个种群的有效接触数为 $b_{12}x_2(t)$,其中 $b_{12}>0$ 为比例系数。

$$\frac{dx_1}{dt}=r_1\left(1-\frac{x_1}{K_1}\right)x_1+b_{12}x_1x_2.$$

另一方面,第一个种群数量越多,第二个种群被捕杀的数量也就越多,从而种群数量减少得越快,考虑到自限规律的因素,第二个种群的增长率应为

$$\frac{dx_2}{dt}=r_2\left(1-\frac{x_2}{K_2}\right)x_2-b_{21}x_1x_2,$$

式中:b_{21} 为正实数,为两个种群之间的接触系数。

因而 $x_1(t),x_2(t)$ 应满足微分方程组：

$$\begin{cases}\dfrac{\mathrm{d}x_1}{\mathrm{d}t}=r_1\left(1-\dfrac{x_1}{K_1}\right)x_1+b_{12}x_1x_2,\\ \dfrac{\mathrm{d}x_2}{\mathrm{d}t}=r_2\left(1-\dfrac{x_2}{K_2}\right)x_2-b_{21}x_1x_2,\\ x_1(0)=x_1^0,\quad x_2(0)=x_2^0.\end{cases}$$

该模型是较经典的捕食者-被捕食者模型的一种形式。更多的讨论可基于食物链中各种群的增长规律以及种群之间的相互依存关系，建立基于各类具体问题的数学模型。

把类似的讨论应用到其他研究领域，也可以得到相似的模型，如市场中同类商品价格的相互竞争问题等。

在不同的假设下，可以得到不同的捕食者-被捕食者模型。

例 8.14 捕食者-被捕食者方程组。

$$\begin{cases}\dfrac{\mathrm{d}x}{\mathrm{d}t}=ax-bxy,x(0)=60,\\ \dfrac{\mathrm{d}y}{\mathrm{d}t}=-cy+dxy,y(0)=30,\end{cases}\tag{8.37}$$

其中 $x(t)$ 表示 t 个月之后兔子的总体数量，$y(t)$ 表示 t 个月之后狐狸的总体数量，参数 a，b,c,d 未知。利用表 8.2 的 13 个观测值，拟合式(8.37)中的参数 a,b,c,d。

表 8.2 种群数量的观测值

k	0	1	2	3	4	5	6	7	8	9	10	11	12
t	0	1	2	3	4	5	6	8	10	12	14	16	18
$x(t)$	60	63	64	63	61	58	53	44	39	38	41	46	53
$y(t)$	30	34	38	44	50	55	58	56	47	38	30	27	26

解 微分方程对应的差分方程为

$$\begin{cases}(x_{k+1}-x_k)/(t_{k+1}-t_k)=ax_k-bx_ky_k,\\ (y_{k+1}-y_k)/(t_{k+1}-t_k)=-cy_k+dx_ky_k,\end{cases}\quad k=0,1,\cdots,11,\tag{8.38}$$

式中：x_k,y_k,t_k 分别为 x,y,t 的第 k 个观测值，$k=0,1,\cdots,12$。

可以将式(8.38)改写成下列格式：

$$\begin{bmatrix}x_k & -x_ky_k & 0 & 0\\ 0 & 0 & -y_k & x_ky_k)\end{bmatrix}\begin{bmatrix}a\\ b\\ c\\ d\end{bmatrix}=\begin{bmatrix}(x_{k+1}-x_k)/(t_{k+1}-t_k)\\ (y_{k+1}-y_k)/(t_{k+1}-t_k)\end{bmatrix},\quad k=0,1,\cdots,11.\tag{8.39}$$

上述所有的差分方程可以写成矩阵格式

$$
\begin{bmatrix} x_0 & -x_0y_0 & 0 & 0 \\ \vdots & \vdots & \vdots & \vdots \\ x_{11} & -x_{11}y_{11} & 0 & 0 \\ 0 & 0 & -y_0 & x_0y_0 \\ \vdots & \vdots & \vdots & \vdots \\ 0 & 0 & -y_{11} & x_{11}y_{11} \end{bmatrix} \begin{bmatrix} a \\ b \\ c \\ d \end{bmatrix} = \begin{bmatrix} (x_1-x_0)/(t_1-t_0) \\ \vdots \\ (x_{12}-x_{11})/(t_{12}-t_{11}) \\ (y_1-y_0)/(t_1-t_0) \\ \vdots \\ (y_{12}-y_{11})/(t_{12}-t_{11}) \end{bmatrix}.
$$

利用线性最小二乘法,求得 $a=0.1907, b=0.0048, c=0.4829, d=0.0095$。

```
#程序文件 ex8_14.py
import numpy as np

t0=np.array([0,1,2,3,4,5,6,8,10,12,14,16,18])
x0=np.array([60,63,64,63,61,58,53,44,39,38,41,46,53])
y0=np.array([30,34,38,44,50,55,58,56,47,38,30,27,26])
dt=np.diff(t0); dx=np.diff(x0); dy=np.diff(y0)
temp=x0[:-1]*y0[:-1]
mat1=np.vstack([x0[:-1], -temp, np.zeros((2,12))]).T
mat2=np.vstack([np.zeros((2,12)), -y0[:-1], temp]).T
mat=np.vstack([mat1,mat2])          #构造线性方程组系数矩阵
b=np.hstack([dx/dt,dy/dt])          #构造线性方程组常数项列
cs=np.linalg.pinv(mat)@b            #线性最小二乘法拟合参数
print('参数 a,b,c,d 的值分别为:',np.round(cs,4))
```

例 8.15 捕食者-被捕食者方程组。

$$
\begin{cases} \dfrac{dx}{dt}=0.2x-0.005xy, x(0)=70, \\ \dfrac{dy}{dt}=-0.5y+0.01xy, y(0)=40, \end{cases} \tag{8.40}
$$

式中:$x(t)$表示 t 个月之后兔子的总体数量,$y(t)$表示 t 个月之后狐狸的总体数量。

研究如下问题:

(1) $x(t)$和 $y(t)$的总体数量变化的周期;

(2) $x(t)$的总体数量的最大值和最小值;

(3) $y(t)$的总体数量的最大值和最小值。

解 令

$$
\begin{cases} 0.2x-0.005xy=0, \\ -0.5y+0.01xy=0, \end{cases}
$$

得临界点(50,40),它是一个稳定的中心,表示 50 只兔子和 40 只狐狸的平衡数量。式(8.40)的轨线和方向场如图 8.9 所示。方向场说明点$(x(t),y(t))$以逆时针方向沿其轨道运行,并且兔子和狐狸的总体数量分别在它们的最大值和最小值之间周期性振动。相位平面图像的一个不足之处是它没有给出每条轨道变化的速度。

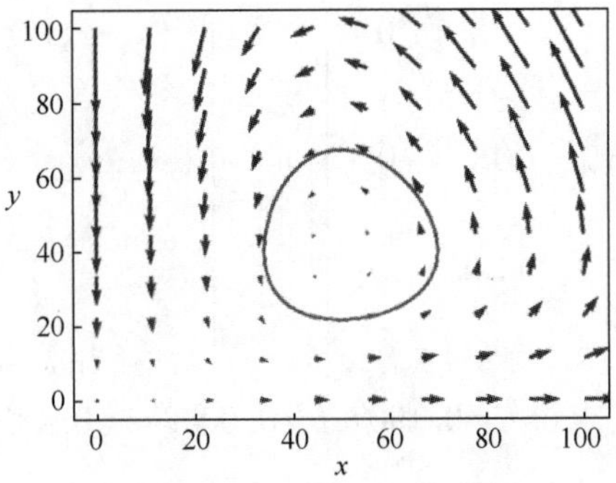

图 8.9　相位图及方向场

通过做每个物种总体数量的(关于时间 t 的)函数的图像,可以弥补这个“缺少时间意义”的不足。在图 8.10 中,做出了 $x(t)$ 和 $y(t)$ 数值解的图像。通过两个相邻极小点的时间间隔就可以得到每个物种总体数量变化的周期 T 约为 20 个月,计算得 $x(t)$ 的最大值为 70,$x(t)$ 的最小值为 34。$y(t)$ 的最大值为 67,$y(t)$ 的最小值为 21。

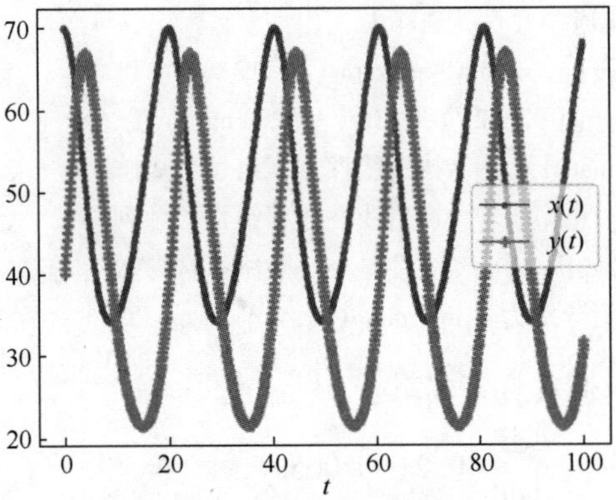

图 8.10　捕食者-被捕食者的周期变化

```
#程序文件 ex8_15. py
import numpy as np
import sympy as sp
import pylab as plt
from scipy. integrate import odeint

plt. rc('text',usetex=True)
plt. rc('font',size=15); sp. var('x,y')
eq=[0. 2 * x-0. 005 * x * y,-0. 5 * y+0. 01 * x * y]
s1=sp. solve(eq,[x,y]); print(s1)
x=np. linspace(0,100,10)
x,y=np. meshgrid(x,x)
u=0. 2 * x-0. 005 * x * y; v=-0. 5 * y+0. 01 * x * y
plt. quiver(x,y,u,v)
plt. xlabel('$x $'); plt. ylabel('$y $',rotation=0)
```

```
def func(f,t):
    x,y=f
    return [0.2*x-0.005*x*y,-0.5*y+0.01*x*y]
t=np.linspace(0,100,1000)
s=odeint(func,[70,40],t)
x1=max(s[:,0]); x2=min(s[:,0])
print("x 最大值:",x1); print("x 最小值:",x2)
y1=max(s[:,1]); y2=min(s[:,1])
print("y 最大值:",y1); print("y 最小值:",y2)
plt.plot(s[:,0],s[:,1]); plt.figure()
plt.plot(t,s[:,0],'.-',label='$x(t)$')
plt.plot(t,s[:,1],'P-',label='$y(t)$')
plt.legend(); plt.xlabel('$t$')
print("请单击 x(t)或 y(t)解曲线上相邻两个极小点!")
x=plt.ginput(2); print('单击的点',x)
T=x[1][0]-x[0][0]; print("周期 T 为:",T)
plt.show()
```

8.5 差分方程建模方法

差分方程是在离散的时间点上描述研究对象动态变化规律的数学表达式。有的实际问题本身就是以离散形式出现的,也有的是将现实世界中随时间连续变化的过程离散化。差分方程与微分方程都是描述状态变化问题的机理建模方法,是同一建模问题的两种思维(离散或连续)方式。

利用差分方程建模,通常是把问题看作一个系统,考察系统状态变量的变化。即首先考察任意两个相邻位置(时间或空间),通常称之为一个微元,考察状态值在这个微元内的变化,即输入、输出变化情况,分析变化的原因,进而利用自然科学中的一些相应规律,如质量守恒、动量守恒、能量守恒等公理或定律建立起微元两端状态变量之间的关联方程。其遵循的一个基本准则就是:未来值=现在值+变化值。

若记 x_k 为第 k 个时刻或位置的状态变量值,则把各个状态变量的状态值次序排列,就形成了一个有序序列 $\{x_k\}_{k=0}^{n}$。若序列中的 x_k 和其前一个状态或前几个状态值 $x_i(0\leqslant i<k)$ 存在某种关联,则把它们的关联关系用代数方程的形式表达出来,即建立起状态之间的关联方程,称为差分方程。差分方程也称为递推关系。

8.5.1 差分方程建模

例 8.16 贷款问题

在现实生活中,经常会遇到贷款问题,如购房、买车、投资等,如何根据自身偿还能力,确定合适的贷款额度及偿还期限,是每个借贷人应考虑的现实问题。

问题提出 假设某消费者购房需贷款 30 万元,期限为 30 年,已知贷款年利率为 5.1%,采用固定额度还款方式,问每月应还款额是多少?

问题分析 当月欠款=上月欠款的当月本息-当月还款。

基本假设 假设在还款期限内,利率保持不变。

模型建立 记 y_n 为第 n 个月的欠款总额(单位:元);r 为月利率,$r=\frac{0.051}{12}\times 100\%=0.425\%$;$x$ 为当月还款额度(单位:元);N 为还款期限,$N=12\times 30=360$(月);Q 为贷款总额(单位:元)。

则数学模型为

$$\begin{cases} y_n=(1+r)y_{n-1}-x, \quad n=1,2,\cdots,N, \\ y_0=Q. \end{cases} \tag{8.41}$$

模型求解 由式(8.41),可通过递推方法求得

$$\begin{aligned} y_n &=(1+r)y_{n-1}-x \\ &=(1+r)[(1+r)y_{n-2}-x]-x \\ &=\cdots \\ &=(1+r)^n y_0-x[1+(1+r)+(1+r)^2+\cdots+(1+r)^{n-1}] \\ &=(1+r)^n y_0-x\frac{(1+r)^n-1}{r}. \end{aligned}$$

每月应还款的确定:由到期应全部还清的条件,即 $y_N=y_{360}=0$,

$$0=y_N=(1+r)^N Q-x\frac{(1+r)^N-1}{r},$$

解得

$$x=\frac{(1+r)^N Qr}{(1+r)^N-1}=\frac{(1+0.00425)^{360}\times 300000\times 0.00425}{(1+0.00425)^{360}-1}=1628.85(\text{元}).$$

到期后累计还款额度为 1628.85×360=586386 元。

```
#程序文件 ex8_16.py
Q = 300000; r = 0.051 /12; N = 360
x = round((1+r) ** N * Q * r/((1+r) ** N-1),2)
print(x); print(x * N)
```

例 8.17(续例 8.13) 再论美国人口增长模型。

以 $\Delta t=10$ 年作为一个时间间隔步长,记 x_k 为 $t=k$ 时的人口数量(单位:百万),考察从 $t=k$ 到 $t=k+1$ 时段内人口的变化量。若假设美国人口增长服从 Logistic 规律,则可建立如下所示的差分方程模型:

$$x_{k+1}-x_k=r(1-sx_k)x_k\Delta t, \tag{8.42}$$

式中:r 为美国人口的固有增长率;s 为阻滞系数。

因而建立如下的差分方程模型:

$$\begin{cases} x_{k+1}=(1+10r-10srx_k)x_k=\alpha x_k+\beta x_k^2, \quad k=0,1,\cdots, \\ x_0=3.9, \end{cases} \tag{8.43}$$

式中:$\alpha=1+10r$;$\beta=-10rs<0$。

该模型是一个非线性一阶差分方程。下面使用线性最小二乘法拟合模型式(8.43)

中的未知参数 α 和 β。

记已知的 22 个人口数据分别为 $x_k(k=0,1,\cdots,21)$，用 $k=0,1,\cdots,21$ 分别表示 1790 年、1800 年、…、2000 年。把已知的 22 个数据代入式(8.43)中的第一式，得到关于 α,β 的超定线性方程组

$$\begin{bmatrix} x_0 & x_0^2 \\ x_1 & x_1^2 \\ \vdots & \vdots \\ x_{20} & x_{20}^2 \end{bmatrix}\begin{bmatrix}\alpha \\ \beta\end{bmatrix}=\begin{bmatrix} x_1 \\ x_2 \\ \vdots \\ x_{21}\end{bmatrix}$$

解之，得到 α,β 的最小二乘估计值

$$\hat{\alpha}=1.2095,\hat{\beta}=-0.0004,$$

2010 年人口的预测值为 307.6809 百万。

```
#程序文件 ex8_17.py
import numpy as np
import pandas as pd

a = pd.read_excel('data8_13.xlsx', header=None)
b = a.values; xd = b[1::2,:]
xd = xd[~np.isnan(xd)]                              #提出有效数据
A = np.vstack([xd[:-1], xd[:-1]**2]).T              #系数矩阵
cs = np.linalg.pinv(A) @ xd[1:]                     #拟合参数
xh = cs[0]*xd[-1]+cs[1]*xd[-1]**2
print('参数值为:', np.round(cs,4))
print('2010 年人口预测值为:', round(xh,4))
```

例 8.18(续例 8.2)　目标跟踪问题。

问题分析　把导弹与乙舰看作两个运动的质点 $P(x(t),y(t))$ 和 $Q(\tilde{x}(t),\tilde{y}(t))$，则该问题就变成两个质点随时间的运动问题。

基本假设

(1) 忽略潮流对乙舰运动的阻尼作用，即始终假定导弹和乙舰以恒定速度运动。

(2) 导弹运动方向自始至终都指向乙舰，任意时刻导弹运动轨迹曲线的切线与 P、Q 两点之间的割线重合。

模型建立　首先把时间等间距离散化为一系列时刻：

$$t_0<t_1<t_2<\cdots<t_k<\cdots,$$

其中 $\Delta t=t_{k+1}-t_k$ 为等时间步长。

记 u 为导弹运行的速度，则 $u=5v_0$。进一步地，记 $P_k(x_k,y_k)$ 为质点 P 在 $t=t_k$ 时刻的位置，则 Q 点位置是 $Q_k=(1,v_0t_k)$，如图 8.11 所示，从点 P_k 到 Q_k 构成的割线向量 $\overrightarrow{P_kQ_k}$ 为

$$\overrightarrow{P_kQ_k}=(1-x_k,v_0t_k-y_k),$$

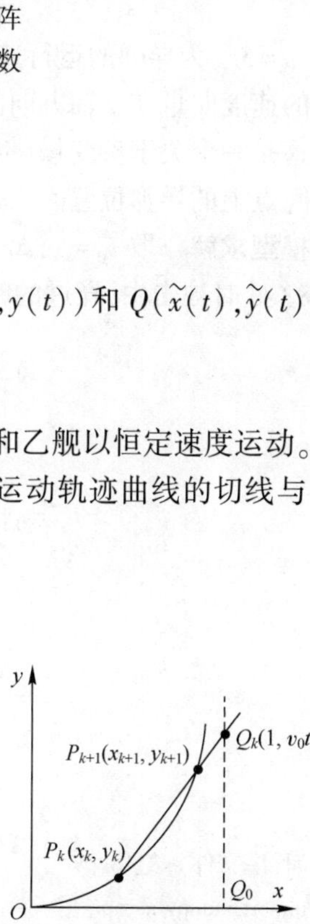

图 8.11　导弹追踪示意图

其中：$x_k = x(t_k)$；$y_k = y(t_k)$。

由基本假设(2)可知，P 点的运动方向始终指向 Q，故向量$\overrightarrow{P_kQ_k}$的方向就是导弹在 $t = t_k$ 时刻运动的方向，其方向向量可由如下单位向量（方向余弦）表示：

$$\boldsymbol{e}^{(k)} = (e_1^{(k)}, e_2^{(k)}) = \frac{\overrightarrow{P_kQ_k}}{\|\overrightarrow{P_kQ_k}\|},$$

式中

$$\|\overrightarrow{P_kQ_k}\| = \sqrt{(1-x_k)^2 + (v_0 t_k - y_k)^2},$$

$$e_1^{(k)} = \frac{1-x_k}{\sqrt{(1-x_k)^2 + (v_0 t_k - y_k)^2}},$$

$$e_2^{(k)} = \frac{v_0 t_k - y_k}{\sqrt{(1-x_k)^2 + (v_0 t_k - y_k)^2}}.$$

以时间从 t_k 到 t_{k+1} 作为一个微元，当运动时间从 t_k 变为 t_{k+1} 时，在这个微小的时间单元内，假设导弹质点的运动方向不变，则在 $t = t_{k+1} = t_0 + (k+1)\Delta t$ 时刻，P 点的位置为 $P_{k+1}(x_{k+1}, y_{k+1})$，满足

$$\begin{cases} x_{k+1} = x_k + u e_1^{(k)} \Delta t, \\ y_{k+1} = y_k + u e_2^{(k)} \Delta t, \\ x_0 = 0, \quad y_0 = 0, \end{cases} \tag{8.44}$$

式中：$u = 5v_0$ 为导弹的运行速度；$ue_1^{(k)}$ 为导弹的速度向量在 x 轴方向的投影分量；$ue_2^{(k)}$ 为导弹的速度向量在 y 轴方向的投影分量；x_0, y_0 为导弹的初始位置。

这是一个关于参变量（时间 Δt）的差分方程组，令 $k = 0, 1, 2, \cdots$，即可求出在一系列离散时间点上的导弹位置。

模型求解 取 $v_0 = 1$，$\Delta t = 0.00004$，计算结果如图 8.12 所示，即乙舰大约行驶到 $y = 0.2083$ 处时被击中，经过的时间大约为 0.2083。

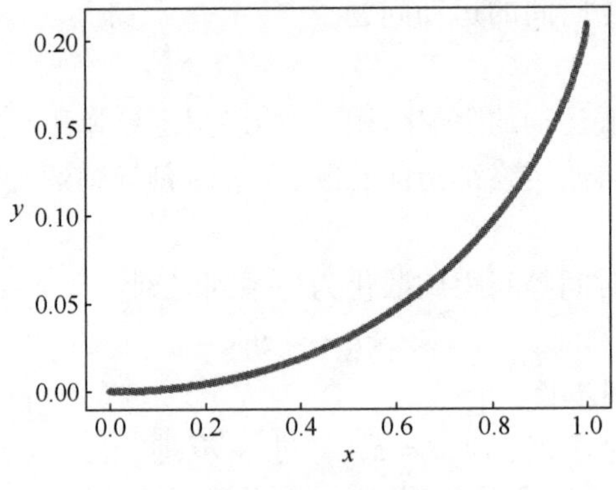

图 8.12 导弹追踪计算结果

```
#程序文件 ex8_18.py
import numpy as np
import pylab as plt
```

```
v = 1; u = 5 * v; dt = 0.00004  #设置 t 的变化步长
x = 0; y = 0; t = 0             #设置初始位置和时间
plt.rc('text', usetex=True)
plt.rc('font', size=15)
plt.plot(x, y, '.')
while x <= 0.99999:
    pq = [1-x, v*t-y]
    x = x + u * pq[0]/np.linalg.norm(pq) * dt
    y = y + u * pq[1]/np.linalg.norm(pq) * dt
    t = t + dt
    plt.plot(x, y, '.')
print('x=', round(x,4)); print('y=', round(y,4))
print('t=', round(t,4)); plt.xlabel('$x $')
plt.ylabel('$y $', rotation=0); plt.show()
```

8.5.2 差分方程的基本概念和理论

1. 基本概念

定义 8.1 称形如

$$y_{n+k}+a_1y_{n+k-1}+a_2y_{n+k-2}+\cdots+a_ky_n=0 \tag{8.45}$$

的差分方程为 k 阶常系数线性齐次差分方程,其中 $a_i(1\leqslant i\leqslant k)$ 为常数,$a_k\neq0,k\geqslant1$。

定义 8.2 称方程

$$\lambda^k+a_1\lambda^{k-1}+\cdots+a_{k-1}\lambda+a_k=0 \tag{8.46}$$

为差分方程式(8.45)的特征方程,方程的根称为差分方程式(8.45)的特征根。

定义 8.3 称形如

$$y_{n+k}+a_1y_{n+k-1}+a_2y_{n+k-2}+\cdots+a_ky_n=f(n) \tag{8.47}$$

的差分方程为 k 阶常系数线性非齐次差分方程,其中 $a_i(1\leqslant i\leqslant k)$ 为常数,$a_k\neq0,k\geqslant1$,$f(n)\neq0$。

定理 8.1 若 k 阶差分方程式(8.45)的特征方程(8.46)有 k 个互异的特征根 $\lambda_1,\lambda_2,\cdots,\lambda_k$,则

$$y_n=c_1\lambda_1^n+c_2\lambda_2^n+\cdots+c_k\lambda_k^n \tag{8.48}$$

是差分方程式(8.45)的一个通解,其中 $c_1,c_2,\cdots,c_k$ 为任意常数。

进一步地,若给定一组初始条件:

$$y_0=u_0,y_1=u_1,\cdots,y_{k-1}=u_{k-1},$$

则利用待定系数法,可以确定差分方程满足初始条件的特解。

定理 8.2 若 k 阶差分方程式(8.45)的特征方程式(8.46)有 t 个互异的特征根 $\lambda_1,\lambda_2,\cdots,\lambda_t$,重数依次为 $m_1,m_2,\cdots,m_t$,其中 $m_1+m_2+\cdots+m_t=k$,则差分方程的通解为

$$y_n=\sum_{j=1}^{m_1}c_{1j}n^{j-1}\lambda_1^n+\sum_{j=1}^{m_2}c_{2j}n^{j-1}\lambda_2^n+\cdots+\sum_{j=1}^{m_t}c_{tj}n^{j-1}\lambda_t^n. \tag{8.49}$$

定理 8.3 k 阶常系数非齐次差分方程式(8.47)的通解 y_n 等于对应齐次差分方程的

通解加上非齐次差分方程的特解，即

$$y_n=\tilde{y}_n+y_n^*,\tag{8.50}$$

式中：$\tilde{y}_n$ 为对应齐次差分方程的通解；y_n^* 为对应非齐次差分方程的特解。

2. 差分方程的平衡点及稳定性

1）一阶线性方程的平衡点及稳定性

考虑一阶线性常系数差分方程，一般形式为

$$y_{k+1}+ay_k=b,\quad k=0,1,2,\cdots,\tag{8.51}$$

式中：a,b 为常数。

称 y^* 为式(8.51)的平衡点，如果满足 $y^*+ay^*=b$。求解得 $y^*=\dfrac{b}{1+a}$。

当 $k\to\infty$ 时，若 $y_k\to y^*$，则平衡点 y^* 是稳定的，否则 y^* 是不稳定的。

为了理解平衡点的稳定性，可以用变量代换方法将式(8.51)的平衡点的稳定性问题转换为

$$y_{k+1}+ay_k=0,\quad k=0,1,2,\cdots\tag{8.52}$$

的平衡点 $y^*=0$ 的稳定性问题。而对于式(8.52)，其解可由递推公式直接给出：

$$y_k=(-a)^k y_0,\quad k=1,2,\cdots,$$

所以当且仅当 $|a|<1$ 时，式(8.52)的平衡点（从而式(8.51)的平衡点）才是稳定的。

2）一阶线性常系数差分方程组的平衡点及稳定性

对于 n 维向量 $\boldsymbol{y}(k)$ 和 $n\times n$ 常数矩阵 $\boldsymbol{A}$ 构成的一阶线性常系数齐次差分方程组

$$\boldsymbol{y}(k+1)+\boldsymbol{A}\boldsymbol{y}(k)=\boldsymbol{0},\quad k=0,1,2,\cdots,\tag{8.53}$$

其平衡点 $\boldsymbol{y}^*=0$ 稳定的条件是 $\boldsymbol{A}$ 的所有特征根均有 $|\lambda_i|<1(i=1,2,\cdots,n)$，即均在复平面上的单位圆内。

对于 n 维向量 $\boldsymbol{y}(k)$ 和 $n\times n$ 常数矩阵 $\boldsymbol{A}$ 构成的一阶线性常系数非齐次差分方程组

$$\boldsymbol{y}(k+1)+\boldsymbol{A}\boldsymbol{y}(k)=\boldsymbol{B},\quad k=0,1,2,\cdots,\tag{8.54}$$

其平衡点为：$\boldsymbol{y}^*=(\boldsymbol{E}+\boldsymbol{A})^{-1}\boldsymbol{B}$，其中 $\boldsymbol{E}$ 为 n 阶单位方阵。其稳定性条件与齐次方程式(8.53)相同，即 $\boldsymbol{A}$ 的所有特征根均有 $|\lambda_i|<1(i=1,2,\cdots,n)$。

3）二阶线性常系数差分方程的平衡点及稳定性

考察二阶线性常系数齐次差分方程

$$y_{k+2}+a_1y_{k+1}+a_2y_k=0\tag{8.55}$$

的平衡点（$y^*=0$）的稳定性。

式(8.55)的特征方程为

$$\lambda^2+a_1\lambda+a_2=0,$$

记它的特征根为 λ_1,λ_2，则式(8.55)的通解可表示为

$$y_k=c_1\lambda_1^k+c_2\lambda_2^k,\tag{8.56}$$

式中：c_1,c_2 为待定常数，由两个初始条件的值确定。

由式(8.56)很容易就可以得到，当且仅当

$$|\lambda_1|<1,|\lambda_2|<1$$

时，式(8.55)的平衡点才是稳定的。

与一阶线性齐次方程一样，非齐次方程

$$y_{k+2}+a_1y_{k+1}+a_2y_k=b$$

的平衡点的稳定性条件和式(8.55)相同。

上述结果可以推广到 n 阶线性常系数差分方程的平衡点及其稳定性问题，即平衡点稳定的充要条件是其特征方程的根 λ_i 均有 $|\lambda_i|<1(i=1,2,\cdots,n)$。

4) 一阶非线性差分方程

考察一阶非线性差分方程

$$y_{k+1}=f(y_k), \tag{8.57}$$

式中：$f(y_k)$ 为已知函数。其平衡点 y^* 由代数方程 $y^*=f(y^*)$ 解出。

现分析 y^* 的稳定性。将方程的右端在 y^* 点做泰勒多项式展开，只取一阶导数项，则上式可近似为

$$y_{k+1}\approx f(y^*)+f'(y^*)(y_k-y^*), \tag{8.58}$$

故 y^* 也是近似齐次线性差分方程式(8.58)的平衡点。从而由一阶齐次线性差分方程的平衡点稳定性理论可知，y^* 稳定的充要条件为 $|f'(y^*)|<1$。

8.6 应用案例：最优捕鱼策略

例 8.19 最优捕鱼策略（本题选自 1996 年全国大学生数学建模竞赛 A 题）

生态学表明，对可再生资源的开发策略应在可持续收获的前提下追求最大经济效益。考虑具有 4 个年龄组：1 龄鱼、2 龄鱼、3 龄鱼、4 龄鱼的某种鱼。该鱼类在每年后 4 个月季节性集中产卵繁殖。而按规定，捕捞作业只允许在前 8 个月进行，每年投入的捕捞能力固定不变，单位时间捕捞量与各年龄组鱼群条数的比例称为捕捞强度系数。使用只能捕捞 3、4 龄鱼的 13mm 网眼的拉网，其两个捕捞强度系数比为 0.42：1。渔业上称这种捕捞方式为固定努力量捕捞。鱼群本身有如下数据：

(1) 各年龄组鱼的自然死亡率为 0.8(1/年)，其平均质量(单位：g)分别为 5.07，11.55，17.86，22.99。

(2) 1 龄鱼和 2 龄鱼不产卵。产卵期间，平均每条 4 龄鱼产卵量为 1.109×10^5(个)，3 龄鱼为其一半。

(3) 卵孵化的成活率为 $1.22\times10^{11}/(1.22\times10^{11}+n)$（$n$ 为产卵总量）。

要求通过建模回答如何才能实现可持续捕获（每年开始捕捞时渔场中各年龄组鱼群不变），并在此前提下得到最高收获量。

问题分析 这是一个分年龄结构的种群预测问题，因此以一年为一个考察周期，研究各年龄组种群的年内变化。在一个研究周期内，依据条件，1 龄鱼和 2 龄鱼没有捕捞，只有自然死亡；3 龄鱼与 4 龄鱼的变化受两个因素制约，即自然死亡和被捕捞。如把当年内剩余的 3 龄鱼与 4 龄鱼产卵孵化后成活的鱼视为 0 龄鱼，则下一个年度自然转化为 1 龄鱼。

基本假设

(1) 把渔场看作一个封闭的生态系统，只考虑鱼群的捕捞与自然繁殖的变化，忽略种群的迁移。

(2) 各年龄的鱼群全年任何时候都会发生自然死亡，死亡率相同。

(3) 捕捞作业集中在前 8 个月,产卵孵化过程集中在后 4 个月完成,不妨假设产卵集中在 9 月初集中完成,其后时间为自然孵化过程。成活的幼鱼在下一年度初自然转化为 1 龄鱼,其他各年龄鱼未被捕捞和自然死亡的,下一年度初自然转化为高一级年龄组。

(4) 考虑到鱼群死亡率较高,不妨假定 4 龄以上的鱼全部自然死亡,即该类种群的自然寿命为 4 龄。

主要符号 记第 t 年年初各年龄鱼的鱼群数量构成的鱼群向量为

$$\boldsymbol{x}(t)=[x_1(t),x_2(t),x_3(t),x_4(t)]^{\mathrm{T}}.$$

进一步地,记

d 为年自然死亡率,c 为年自然存活率,由已知 $d=0.8(1/年)$,$c=1-d=0.2(1/年)$。

α 为鱼群的月自然死亡率,则利用复利计算的思想和已知条件,有

$$(1-\alpha)^{12}=1-0.8=0.2,$$

求解上式得:$\alpha=0.1255$。

k_3,k_4 为单位时间内 3 龄鱼和 4 龄鱼的捕捞强度系数,由已知 $k_3:k_4=0.42:1$,即 $k_3=0.42k_4$。为方便起见,记 $k_4=k$,则 $k_3=0.42k$。

β 为卵孵化成活率,由已知条件,$\beta=1.22\times10^{11}/(1.22\times10^{11}+n)$,$n$ 为产卵总量(单位:个)。

m 为 4 龄鱼的平均产卵量,$m=1.109\times10^5$(个),3 龄鱼为其一半。

$\boldsymbol{w}=[w_1,w_2,w_3,w_4]^{\mathrm{T}}$ 为各年龄组鱼的平均质量向量(单位:g),即

$$\boldsymbol{w}=[5.07,11.55,17.86,22.99]^{\mathrm{T}}.$$

模型建立 以一年为一个研究周期,以 1 个月为一个离散时间单位,即 $\Delta t=1/12$,则当月月末种群数量等于下月初的种群数量,而当年年底剩余的 i 龄鱼的数量等于下年度年初 $i+1$ 龄鱼的种群数量。

(1) 对 1 龄鱼和 2 龄鱼而言,其种群年内变化只受自然死亡影响,至年底剩余量全部转为下年初的 2 龄鱼和 3 龄鱼,于是,有

$$\begin{cases}x_2(t+1)=(1-\alpha)^{12}x_1(t),\\x_3(t+1)=(1-\alpha)^{12}x_2(t).\end{cases}\tag{8.59}$$

(2) 对 3 龄鱼和 4 龄鱼而言,由于该种群在每年的前 8 个月为捕捞期,而后 4 个月为产卵孵化期,因此整个种群数量变化的研究应分为两个阶段。

① 第一阶段:捕捞期。

$i(i=3,4)$龄鱼在当年前 8 个月的存活率分别如下:

第一个月初存活率:$(1-\alpha-k_i)^0$,

第二个月初存活率:$(1-\alpha-k_i)^1$,

……

第八个月初存活率:$(1-\alpha-k_i)^7$.

在固定努力量捕捞的生产策略下,累计捕捞量(重量):

$$\begin{aligned}z&=\sum_{j=1}^{8}k_3(1-\alpha-k_3)^{j-1}x_3(t)w_3+\sum_{j=1}^{8}k_4(1-\alpha-k_4)^{j-1}x_4(t)w_4\\&=\frac{k_3w_3[1-(1-\alpha-k_3)^8]}{\alpha+k_3}x_3(t)+\frac{k_4w_4[1-(1-\alpha-k_4)^8]}{\alpha+k_4}x_4(t).\end{aligned}\tag{8.60}$$

② 第二阶段:产卵孵化期。

9 月到 12 月为产卵孵化期,不妨假设 8 月底剩余下来的 3 龄鱼和 4 龄鱼在 9 月初集中产卵。则由假设,产卵总量为

$$n=\frac{m}{2}(1-\alpha-k_3)^8x_3(t)+m(1-\alpha-k_4)^8x_4(t). \tag{8.61}$$

由已知条件,卵孵化成活的总量为 βn,转至下年初全部变为 1 龄鱼,因此有

$$x_1(t+1)=\beta n=\beta\frac{m}{2}(1-\alpha-k_3)^8x_3(t)+\beta m(1-\alpha-k_4)^8x_4(t). \tag{8.62}$$

在后 4 个月,3 龄鱼和 4 龄鱼的种群数量变化只有自然死亡,根据假设,至年末剩余下来的 3 龄鱼全部转化为下年初的 4 龄鱼,而剩余下来的 4 龄鱼至年底则全部死亡,因此

$$x_4(t+1)=(1-\alpha-k_3)^8(1-\alpha)^4x_3(t). \tag{8.63}$$

联立式(8.59),式(8.62),式(8.63),可得该种群问题的差分方程组模型为

$$\begin{cases}x_1(t+1)=\beta n=\beta\dfrac{m}{2}(1-\alpha-k_3)^8x_3(t)+\beta m(1-\alpha-k_4)^8x_4(t),\\ x_2(t+1)=(1-\alpha)^{12}x_1(t),\\ x_3(t+1)=(1-\alpha)^{12}x_2(t),\\ x_4(t+1)=(1-\alpha-k_3)^8(1-\alpha)^4x_3(t).\end{cases} \tag{8.64}$$

若记

$$\boldsymbol{P}=\begin{bmatrix}0 & 0 & \dfrac{\beta m}{2}(1-\alpha-k_3)^8 & \beta m(1-\alpha-k_4)^8\\ (1-\alpha)^{12} & 0 & 0 & 0\\ 0 & (1-\alpha)^{12} & 0 & 0\\ 0 & 0 & (1-\alpha-k_3)^8(1-\alpha)^4 & 0\end{bmatrix},$$

于是差分方程组式(8.64)可以改写成如下矩阵形式:

$$\boldsymbol{x}(t+1)=\boldsymbol{P}\boldsymbol{x}(t). \tag{8.65}$$

所谓可持续捕获策略,就是在每年的年初渔场的种群数量基本不变,也就是求差分方程式(8.65)的平衡解 $\boldsymbol{x}^*=[x_1^*,x_2^*,x_3^*,x_4^*]^{\mathrm{T}}$,使得

$$\boldsymbol{x}^*=\boldsymbol{P}\boldsymbol{x}^*.$$

综上分析,所研究的渔场追求在经过一定时间的可持续捕捞策略,并且达到稳定的状态下,获得最大生产量。因此数学模型描述为

决策变量 固定努力量,即 k 值。

目标函数

$$\max z=\frac{0.42kw_3[1-(1-\alpha-0.42k)^8]}{\alpha+0.42k}x_3^*+\frac{kw_4[1-(1-\alpha-k)^8]}{\alpha+k}x_4^*. \tag{8.66}$$

约束条件

$$\boldsymbol{x}^*=\boldsymbol{P}\boldsymbol{x}^*. \tag{8.67}$$

直接用 Python 求解上面非线性规划问题无法求出可行解,见程序 ex8_19_2. py。下面我们使用搜索算法求解上述问题。

由差分方程稳定性理论知，差分方程组式（8.65）的平衡解稳定的充要条件为：对 $\boldsymbol{P}$ 的所有特征根 λ_i，有 $|\lambda_i|<1(i=1,2,3,4)$。

直接求解式（8.67）中 $\boldsymbol{P}$ 的特征值需要利用行列式的概念，实际求解时由于矩阵 $\boldsymbol{P}$ 第一行元素中分母含有 n，而它是包含未知解 x_3^*，x_4^* 的线性组合，因此实施起来有一定困难。这里，我们采用直接法。事实上，由约束条件易知

$$x_4^*=(1-\alpha-0.42k)^8(1-\alpha)^4x_3^*,x_3^*=(1-\alpha)^{12}x_2^*,x_2^*=(1-\alpha)^{12}x_1^*,$$

直接可以推导出

$$x_3^*=(1-\alpha)^{24}x_1^*,\quad x_4^*=(1-\alpha-0.42k)^8(1-\alpha)^{28}x_1^*,\tag{8.68}$$

把式（8.68）代入式（8.61），得

$$n=m(1-\alpha-0.42k)^8(1-\alpha)^{24}\left[\frac{1}{2}+(1-\alpha-k)^8(1-\alpha)^4\right]x_1^*,\tag{8.69}$$

把式（8.69）代入 $x_1^*=\dfrac{1.22\times10^{11}}{1.22\times10^{11}+n}n$ 中，整理，得

$$x_1^*=1.22\times10^{11}\left(1-\frac{1}{m(1-\alpha-0.42k)^8(1-\alpha)^{24}\left[\frac{1}{2}+(1-\alpha-k)^8(1-\alpha)^4\right]}\right).\tag{8.70}$$

把式（8.70）代入式（8.68）中，进而再代入目标函数式（8.66）中，即可将目标函数转化为关于变量 k 的非线性表达式。利用 Python 编程，采用遍历方法计算 k 值与 z 值的关系，得最佳月捕捞强度系数为：4 龄鱼 $k_4=k=0.778$，3 龄鱼 $k_3=0.42k=0.3268$，在可持续最佳捕捞下，可获得的稳定的最大生产量为 5.9415×10^{10}(g)＝59415(t)，渔场中各年龄组鱼群数

$$\boldsymbol{x}^*=[1.1521\times10^{11},2.3042\times10^{10},4.6084\times10^9,2.1830\times10^7]^{\mathrm{T}}.$$

捕捞生产量与月捕捞强度系数 $k_4=k$ 之间的变化关系如图 8.13 所示。

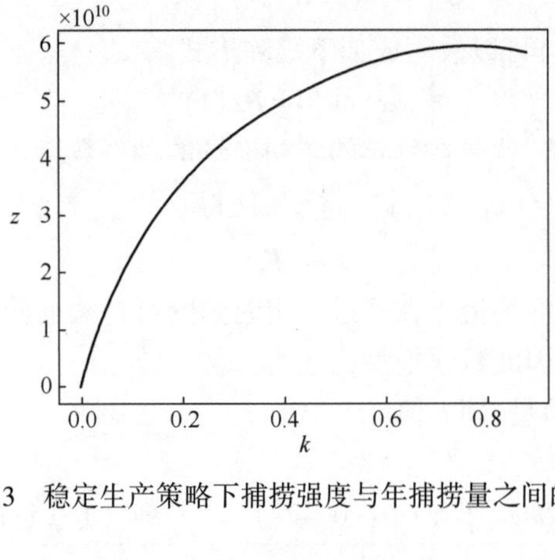

图 8.13　稳定生产策略下捕捞强度与年捕捞量之间的关系

由于 $\alpha=0.1255$，用计算机遍历时，k 的取值范围为[0,0.874]，步长变化为 0.001。

```
#程序文件 ex8_19_1.py
import numpy as np
import pylab as plt
```

```python
a = 1 - 0.2 ** (1/12); m = 1.109 * 10 ** 5
w3 = 17.86; w4 = 22.99
X=[]; Z=[]; N=[]
for k in np.arange(0, 0.875, 0.001):
    x1 = 1.22 * 10 ** 11 * (1-1/(m * (1-a-0.42 * k) ** 8 * (1-a) ** 24 *
        (1/2+(1-a-k) ** 8 * (1-a) ** 4)))
    x2 = (1-a) ** 12 * x1; x3 = (1-a) ** 12 * x2
    x4 = (1-a-0.42 * k) ** 8 * (1-a) ** 4 * x3
    X.append([x1, x2, x3, x4])
    n = m * (1-a-0.42 * k) ** 8 * (1-a) ** 24 * (1/2+(1-a-k) ** 8 * (1-a) ** 4) * x1
    N.append(n)
    z = (0.42 * k * w3 * (1-(1-a-0.42 * k) ** 8)/(a+0.42 * k) * x3+
        k * w4 * (1-(1-a-k) ** 8)/(a+k) * x4)
    Z.append(z)
mz = max(np.array(Z)); ind = np.argmax(Z)
k4 = 0.001 * ind; k3 = 0.42 * k4
print('最大生产量:', mz)
print('各年龄组鱼群数:', X[ind])
print('k4=',k4); print('k3=',k3)
plt.rc('text', usetex=True);plt.rc('font', size=16)
plt.plot(np.arange(0, 0.875, 0.001), Z)
plt.ylabel('$z $', rotation=0)
plt.xlabel('$k $'); plt.show()
```

注 8.1 模型假设中假设该种群的鱼龄寿命为 4 龄,如果取消这一假设,即假设 4 龄以上的鱼体重不再增长,仍为 4 龄鱼,则需要重新修改模型,修改后重新计算模型的结果,留给读者作为习题。

习 题 8

8.1 求下列微分方程的符号解,其中的初值 $y(0)$ 分别等于 1,2,3,4 时,在同一窗口画出 $-2\leqslant x\leqslant 4$ 时的 4 条积分曲线。

$$y'-y=\sin x.$$

8.2 求下列微分方程数值解,并画出解的图形。

(1) $x^2y''+xy'+(x^2-n^2)y=0, y\left(\dfrac{\pi}{2}\right)=2, y'\left(\dfrac{\pi}{2}\right)=-\dfrac{2}{\pi}$(Bessel 方程,取 $n=\dfrac{1}{2}$);

(2) $y''+y\cos x=0, y(0)=1, y'(0)=0$。

8.3 求下列微分方程的符号解,并分别画出 $x(t)$ 和 $y(t)$ ($t\in[0,1]$)的解曲线。

$$\begin{cases}\dfrac{\mathrm{d}x}{\mathrm{d}t}=x-2y,\\ \dfrac{\mathrm{d}y}{\mathrm{d}t}=x+2y,\\ x(0)=1, y(0)=0.\end{cases}$$

8.4　求微分方程组的数值解。

$$\begin{cases} x' = -x^3 - y, x(0) = 1, \\ y' = x - y^3, y(0) = 0.5, \end{cases} \quad 0 \leqslant t \leqslant 30.$$

要求画出 $x(t)$, $y(t)$ 的解曲线图形,在相平面上画出轨线。

8.5　求微分方程组(竖直加热板的自然对流)的数值解。

$$\begin{cases} \dfrac{\mathrm{d}^3 f}{\mathrm{d}\eta^3} + 3f\dfrac{\mathrm{d}^2 f}{\mathrm{d}\eta^2} - 2\left(\dfrac{\mathrm{d}f}{\mathrm{d}\eta}\right)^2 + T = 0, \\ \dfrac{\mathrm{d}^2 T}{\mathrm{d}\eta^2} + 2.1f\dfrac{\mathrm{d}T}{\mathrm{d}\eta} = 0. \end{cases}$$

已知当 $\eta=0$ 时,$f=0$, $\dfrac{\mathrm{d}f}{\mathrm{d}\eta}=0$, $\dfrac{\mathrm{d}^2 f}{\mathrm{d}\eta^2}=0.68$, $T=1$, $\dfrac{\mathrm{d}T}{\mathrm{d}\eta}=-0.5$。要求在区间[0,10]上,画出 $f(\eta)$、$T(\eta)$ 的解曲线。

8.6　有高为1m的半球形容器,水从它的底部小孔流出。小孔横截面积为 $1\mathrm{cm}^2$。开始时容器内盛满了水,求水从小孔流出过程中容器里水面的高度 h(水面与孔口中心的距离)随时间 t 变化的规律。

8.7　一根长为 l 的无弹性细线,一端固定,另一端悬挂质量为 m 的小球。在重力的作用下小球处于平衡状态。若使小球偏离平衡位置一定角度 θ,放开它,它就会沿圆弧摆动。在不考虑空气阻力的情况下小球会做一定周期的简谐运动。利用牛顿第二定律得到如下的微分方程:

$$\begin{cases} ml\theta'' = -mg\sin\theta, \\ \theta(0) = \theta_0, \quad \theta'(0) = 0. \end{cases} \tag{8.71}$$

若摆处于一个黏性介质中,沿摆的运动方向存在一个与速度 $v=l\theta'$ 成正比的阻力,阻力系数为 λ,则方程变为

$$\begin{cases} ml\theta'' = -mg\sin\theta - \lambda l\theta', \\ \theta(0) = \theta_0, \quad \theta'(0) = 0. \end{cases} \tag{8.72}$$

不妨设 $l=1$, $g=9.8$, $\theta_0=15/\pi$, $m=1$, $\lambda=0.1$,分别求微分方程式(8.71)和式(8.72)的解,并在区间[0,30]上画出解 $\theta(t)$ 的图形。

8.8　例8.19中,假设4龄以上的鱼体重不再增长,仍为4龄鱼,请重新修改模型并给出计算结果。

8.9　某家庭考虑购买某位置住宅公寓,总价为60万元,按开发商要求至少需首付20万元,剩余款项可申请银行贷款。假设贷款期限为30年,月利率为0.36%,建立模型测算等额还款时,月还款额是多少?

8.10　一个孩子两小时前一口气误吞下11片治疗哮喘病的、剂量为每片100mg的氨茶碱片,已经出现呕吐、头晕等不良症状。按照药品使用说明书,氨茶碱的每次用量成人是100~200mg,儿童是3~5mg/kg。如果过量服用,可使血药浓度(单位血液容积中的药量)过高,当血药浓度达到100μg/mL时,会出现严重中毒,达到200μg/mL则可致命。

由于孩子服药是在两小时前,现在药物已经从胃进入肠道,无法再用刺激呕吐的办法排除。当前需要做出判断的是,孩子的血药浓度会不会达到100μg/mL,甚至200μg/mL,

如果会达到,则临床上应采取紧急方案来救治孩子。

8.11　根据经验,当一种新商品投入市场后,随着人们对它的拥有量的增加,其销售量 $s(t)$ 下降的速度与 $s(t)$ 成正比。广告宣传可给销量添加一个增长速度,它与广告费 $a(t)$ 成正比,但广告只能影响这种商品在市场上尚未饱和的部分(设饱和量为 M)。设 λ($\lambda>0$为常数)为销售量衰减因子,则根据上述假设建立如下模型

$$\frac{ds}{dt}=pa(t)\left(1-\frac{s(t)}{M}\right)-\lambda s(t), \tag{8.73}$$

式中:p 为响应系数,即 $a(t)$ 对 $s(t)$ 的影响力,p 为常数。

已知第1年在广告支持下,各月份的销售量数据见表8.3,若第2年停掉广告,试预测第2年前6个月的销售量。

表8.3　第一年各月份的销售量

月　份	1	2	3	4	5	6	7	8	9	10	11	12
广告费 $a(n)$	469	781	208	208	833	677	938	2500	1865	4843	4167	948
销售量	0	218	510	1385	802	583	1152	1677	3646	2756	4083	4958

第 9 章 数据的统计分析方法

统计分析分为统计描述和统计推断两个部分。统计描述或描述性统计是统计推断的基础,主要是通过收集原始数据,并加工整理成可用的数据表,进而通过计算描述性统计量、编制统计表、绘制统计图等方法来给出数据信息。通过有限的、不确定的样本信息的统计分析结果,进而对整个总体做出判断或决策的方法,就是统计推断的研究领域。简单地说,统计学的任务就是由样本推断总体。

本章使用 Python 的 NumPy 库、scipy. stats 模块和 Statsmodel 库来实现数据的统计描述和分析。

9.1 scipy. stats 模块简介

可以使用 scipy. stats 模块做简单的统计分析。scipy. stats 模块包含了多种概率分布的随机变量,随机变量分为连续型和离散型两种。所有的连续型随机变量都是 rv_continuous 的派生类的对象,而所有的离散型随机变量都是 rv_discrete 的派生类的对象。

1. 连续型随机变量及分布

可以使用下面的语句获得 scipy. stats 模块中所有的连续型随机变量:

```
>>>from scipy import stats
>>>[ k for k, v in stats. __dict__. items( ) if isinstance( v, stats. rv_continuous) ]
```

总共有 90 多个连续型随机变量。

连续型随机变量对象都有如下方法:

rvs:产生随机数,可以通过 size 参数指定输出的数组的大小。

pdf:随机变量的概率密度函数。

cdf:随机变量的分布函数。

sf:随机变量的生存函数,它的值是 1-cdf。

ppf:分布函数的反函数。

stat:计算随机样本的期望和方差。

fit:对一组随机样本利用极大似然估计法,估计总体中的未知参数。

常用连续型随机变量的概率密度函数如表 9.1 所列。

表 9.1 常用连续型随机变量的概率密度函数

分布名称	关键字	调用方式
均匀分布	uniform. pdf	uniform. pdf(x,a,b) : [a,b]区间上的均匀分布
指数分布	expon. pdf	expon. pdf(x,scale=theta) :期望为 theta 的指数分布

（续）

分布名称	关键字	调用方式
正态分布	norm. pdf	norm. pdf(x, mu, sigma)：均值为 mu，标准差为 sigma 的正态分布
χ^2 分布	chi2. pdf	chi2. pdf(x, n)：自由度为 n 的 χ^2 分布
t 分布	t. pdf	t. pdf(x, n)：自由度为 n 的 t 分布
F 分布	f. pdf	f. pdf(x, m, n)：自由度为 m, n 的 F 分布
Γ 分布	gamma. pdf	gamma. pdf(x, a=A, scale=B)：形状参数为 A，尺度参数为 B 的 Γ 分布

正态分布对应的主要函数如表 9.2 所列。

表 9.2　正态分布对应的相关函数

函　数	调用方式
概率密度	norm. pdf(x, mu, sigma)：均值 mu，标准差 sigma 的正态分布概率密度函数
分布函数	norm. cdf(x, mu, sigma)：均值 mu，标准差 sigma 的正态分布的分布函数
分位数	norm. ppf(alpha, mu, sigma)：均值 mu，标准差 sigam 的正态分布 alpha 分位数
随机数	norm. rvs(mu, sigma, size=N)：产生均值 mu，标准差 sigma 的 N 个正态分布的随机数
最大似然估计	norm. fit(a)：假设数组 a 来自正态分布，返回 mu 和 sigma 的最大似然估计

2. 离散型随机变量及分布

在 scipy. stats 模块中所有描述离散分布的随机变量都从 rv_discrete 类继承，也可以直接用 rv_discrete 类自定义离散概率分布。

可以使用下面的语句获得 scipy. stats 模块中所有的离散型随机变量：

```
>>> from scipy import stats
>>> [k for k, v in stats.__dict__.items() if isinstance(v, stats.rv_discrete)]
```

总共有 10 多个离散型随机变量。

离散型分布的方法大多数与连续型分布很类似，但是 pdf 被更换为分布律函数 pmf。

常用离散型随机变量的分布律函数如表 9.3 所列。

表 9.3　常用离散型随机变量的分布律函数

分布名称	关键字	调用方式
二项分布	binom. pmf	binom. pmf (x, n, p)计算 x 处的概率
几何分布	geom. pmf	geom. pmf (x, p)计算第 x 次首次成功的概率
泊松分布	poisson. pmf	poisson. pmf (x, lambda)计算 x 处的概率

3. 概率密度函数和分布律的可视化

定义 9.1　如果随机变量 X 的概率密度函数为

$$f(x)=\frac{x^{\alpha-1}}{\beta^{\alpha}}\frac{\mathrm{e}^{-\frac{x}{\beta}}}{\Gamma(\alpha)},\quad x>0,\alpha>0,\beta>0, \tag{9.1}$$

则称 X 服从参数为(α,β)的 Γ 分布，记为 $X\sim\Gamma(\alpha,\beta)$，这里 α 称为形状参数，β 称为尺度

参数。

注 9.1 $\Gamma(\alpha)=\int_0^{\infty} t^{\alpha-1}\mathrm{e}^{-t}\mathrm{d}t$，当 α 是正整数时，$\Gamma(\alpha)=(\alpha-1)!$。

伽马函数的另一个重要而且常用的性质是下面的递推公式，即

$$\Gamma(\alpha+1)=\alpha\Gamma(\alpha),\quad \alpha>0.$$

scipy. stats 模块中，Γ 分布的概率密度函数的调用格式为

```
gamma.pdf(x,alpha,loc=0, scale=1)
```

scale=beta(默认值为 1)。

定义 9.2 若连续型随机变量 X 的概率密度为

$$f(x)=\begin{cases}\dfrac{1}{\theta}\mathrm{e}^{-x/\theta}, & x>0,\\ 0, & \text{其他},\end{cases}\tag{9.2}$$

其中 $\theta>0$ 为常数，则称 X 服从参数为 θ 的指数分布，记作 $X\sim\exp(\theta)$。

例 9.1 分别画出 $\theta=\frac{1}{3},1,2$ 的指数分布概率密度曲线。

指数分布作为 Γ 分布中 $\alpha=1$ 的一个特例，所画出的 Γ 分布和指数分布的概率密度曲线对比图如图 9.1 所示。

```
#程序文件 ex9_1.py
from scipy.stats import expon, gamma
import pylab as plt

x = plt.linspace(0, 3, 100)
L = [1/3, 1, 2]
s1 = ['*-', '.-', 'o-']
s2 = ['$\\alpha=1, \\beta=\\frac{1}{3}$','$\\alpha=1, \\beta=1 $', '$\\alpha=1, \\beta=2 $']
s3 = ['$\\theta=\\frac{1}{3}$','$\\theta=1 $', '$\\theta=2 $']
plt.rc('text', usetex=True); plt.rc('font', size=15)
plt.subplots_adjust(wspace=0.5)
plt.subplot(121)
for i in range(len(L)):
    plt.plot(x, gamma.pdf(x,1,scale=L[i]), s1[i], label=s2[i])
plt.xlabel('$x $'); plt.ylabel('$f(x)$'); plt.legend()
plt.subplot(122)
for i in range(len(L)):
    plt.plot(x, expon.pdf(x,scale=L[i]), s1[i], label=s3[i])
plt.xlabel('$x $'); plt.ylabel('$f(x)$')
plt.legend(); plt.show()
```

所画的图形如图 9.1 所示。

例 9.2 随机变量 $X\sim b(n,p)$(二项分布)，则 X 的分布律为

$$P\{X=k\}=C_n^k p^k(1-p)^{n-k},\quad k=0,1,\cdots,n.$$

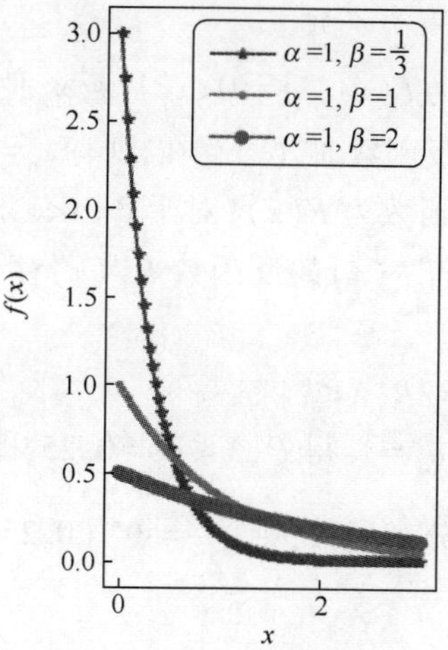

(a) Γ分布概率密度曲线

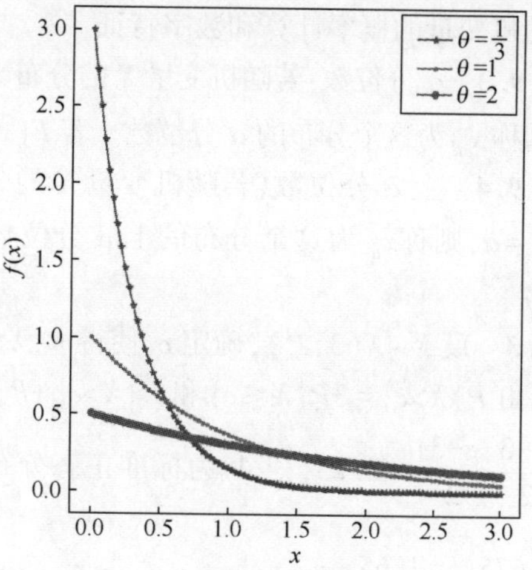

(b) 指数分布概率密度曲线

图 9.1　Γ 分布和指数分布的概率密度曲线对照

画出二项分布 $b(6,0.3)$ 的分布律的“火柴杆”图。

```
#程序文件 ex9_2. py
from scipy. stats import binom
import pylab as plt

n = 6; p = 0.3
x = plt. arange(7); y = binom. pmf(x, n, p)
plt. subplot(121); plt. plot(x, y, 'ro')
plt. vlines(x, 0, y, 'k', lw=2, alpha=0.5)    #vlines(x, ymin, ymax)画竖线图
#lw 设置线宽度,alpha 设置图的透明度
plt. subplot(122); plt. stem(x, y, use_line_collection=True)
plt. savefig("figure9_2. png", dpi=500); plt. show()
```

所画出的图形如图 9.2 所示。

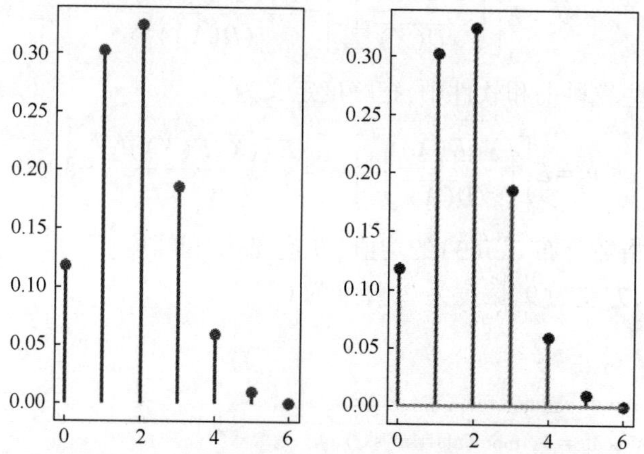

图 9.2　二项分布的分布律图形的两种画法

4. 随机变量的概率计算和数字特征

定义 9.3 α 分位数:若随机变量 X 的分布函数为 $F(x)$,对于 $0<\alpha<1$,若 x_α 使得 $P\{X\leqslant x_\alpha\}=\alpha$,则称 x_α 为这个分布的 α 分位数。若 $F(x)$ 的反函数 $F^{-1}(x)$ 存在,则有 $x_\alpha=F^{-1}(\alpha)$。

定义 9.4 上 α 分位数:若随机变量 X 的分布函数为 $F(x)$,对于 $0<\alpha<1$,若 $\tilde{x}_\alpha$ 使得 $P\{X>\tilde{x}_\alpha\}=\alpha$,则称 $\tilde{x}_\alpha$ 为这个分布的上 α 分位数。若 $F(x)$ 的反函数 $F^{-1}(x)$ 存在,则 $\tilde{x}_\alpha=F^{-1}(1-\alpha)$。

例 9.3 设 $X\sim N(3,2^2)$,确定 c,使得 $P\{X>c\}=3P\{X\leqslant c\}$。

解 由 $P\{X>c\}=3P\{X\leqslant c\}$ 和 $P\{X>c\}+P\{X\leqslant c\}=1$,得 $P\{X\leqslant c\}=0.25$,即 $P\left\{\frac{X-3}{2}<\frac{c-3}{2}\right\}=0.25$,记 Φ 为标准正态分布的分布函数,则 $\frac{c-3}{2}=\Phi^{-1}(0.25)$,查表得 $\frac{c-3}{2}=-0.675$, $c=1.65$。

下面使用两种方法用 Python 计算得,$c=1.6510$。

```
#程序文件 ex9_3. py
from scipy. stats import norm
from scipy. optimize import fsolve

c1 = norm. ppf(0. 25, 3, 2)                                #求 0. 25 分位数
fc = lambda c: 1-norm. cdf(c, 3, 2)-3 * norm. cdf(c, 3, 2)  #定义方程对应的匿名函数
c2 = fsolve(fc, 1)                                         #求初始值为 1 的方程零点
print('c1=', c1); print('c2=', c2)
```

定义 9.5 随机变量 X 的偏度(skewness)和峰度(kurtosis)指的是 X 的标准化变量 $(X-E(X))/\sqrt{D(X)}$ 的三阶中心矩和四阶中心矩:

$$\nu_1=E\left[\left(\frac{X-E(X)}{\sqrt{D(X)}}\right)^3\right]=\frac{E[(X-E(X))^3]}{(D(X))^{3/2}},$$

$$\nu_2=E\left[\left(\frac{X-E(X)}{\sqrt{D(X)}}\right)^4\right]=\frac{E[(X-E(X))^4]}{(D(X))^2}.$$

注 9.2 在一些教科书和软件中,把峰度定义为

$$\nu_2=E\left[\left(\frac{X-E(X)}{\sqrt{D(X)}}\right)^4\right]-3=\frac{E[(X-E(X))^4]}{(D(X))^2}-3.$$

例 9.4 计算指数分布 exp(3)的均值、方差、偏度和峰度。

求得均值为 3,方差为 9,偏度为 2,峰度为 6。

```
#程序文件 ex9_4. py
from scipy. stats import expon
print(expon. stats(scale=3, moments='mvsk'))
```

9.2 统计的基本概念和统计图

9.2.1 统计的基本概念

1. 样本和总体

在数理统计中,把所研究的对象的全体称为总体。通常指研究对象的某项数量指标,一般记为 X。如全体在校生的身高 X,某批灯泡的寿命 Y。把总体的每一个基本单位称为个体。从总体 X 中抽出若干个个体称为样本,一般记为 $X_1,X_2,\cdots,X_n$,n 称为样本容量。而对这 n 个个体的一次具体的观察结果记为 $x_1,x_2,\cdots,x_n$,它是完全确定的一组数值,但又随着每次抽样观察而改变,称 $x_1,x_2,\cdots,x_n$ 为样本观察值。统计的任务是从样本观察值出发,去推断总体的情况——总体分布。

2. 频数表和直方图

一组样本观察值虽然包含了总体的信息,但往往是杂乱无章的,做出它的频数表和直方图,可以看作是对这组样本值的一个初步整理和直观描述。将数据的取值范围划分为若干个区间,然后统计这组样本值在每个区间中出现的次数,称为频数,由此得到一个频数表。以数据的取值为横坐标,频数或频率(频率=频数/样本容量)为纵坐标,画出一个阶梯形的图,称为直方图。

3. 统计量

样本是进行分析和推断的起点,但实际上我们并不直接用样本进行推断,而需对样本进行加工和提炼,将分散于样本中的信息集中起来,为此引入统计量的概念。统计量是不含未知参数的样本的函数。

下面介绍几种常用的统计量,以后不区分统计量和统计量的观察值,统称统计量。

设有一个容量为 n 的样本(也不区分样本和样本观察值,统称样本),记为 $x_1,x_2,\cdots,x_n$。

1) 描述集中程度和位置的统计量

样本均值(简称均值) 记为$\bar{x}$,定义为

$$\bar{x}=\frac{1}{n}\sum_{i=1}^{n}x_i. \tag{9.3}$$

均值反映了样本观测值的集中趋势或平均水平。

中位数是将样本观测值 $x_1,x_2,\cdots,x_n$ 由小到大排序后得 $x_{(1)},x_{(2)},\cdots,x_{(n)}$,位于中间位置的那个数,记为 m_e,定义为

$$m_e=\begin{cases}x_{\left(\frac{n+1}{2}\right)}, & \text{当 } n \text{ 为奇数时},\\ \dfrac{1}{2}\left(x_{\left(\frac{n}{2}\right)}+x_{\left(\frac{n}{2}+1\right)}\right), & \text{当 } n \text{ 为偶数时}.\end{cases} \tag{9.4}$$

中位数描述了数据分布的重心位置,它的值只涉及数据值的排序,不受极端数据或异常值的影响,常被用来度量偏斜数据的平均值。

众数(mode)是样本观测值中出现频率或次数最大的数值。

2) 描述分散或变异程度的统计量

描述样本数据分散(或变异)程度的统计量有方差、标准差、极差、变异系数等。

标准差 s 定义为

$$s=\left[\frac{1}{n-1}\sum_{i=1}^{n}(x_i-\bar{x})^2\right]^{\frac{1}{2}}. \tag{9.5}$$

它是各个数据与均值偏离程度的度量。方差是标准差的平方 s^2。

极差 R 是 $x_1,x_2,\cdots,x_n$ 的最大值与最小值之差，计算公式为

$$R=\max_{1\leqslant i\leqslant n}x_i-\min_{1\leqslant i\leqslant n}x_i. \tag{9.6}$$

它是描述样本数据分散程度的，数据越分散，其极差越大。

变异系数(coefficient of variation)是刻划样本数据相对分散性的一种度量，记为 CV，计算公式为

$$\mathrm{CV}=\frac{s}{\bar{x}}\times 100\%, \tag{9.7}$$

这是一个无量纲的量。

3) 表示分布形状的统计量——偏度和峰度

偏度

$$\nu_1=\frac{1}{s^3}\sum_{i=1}^{n}(x_i-\bar{x})^3. \tag{9.8}$$

峰度

$$\nu_2=\frac{1}{s^4}\sum_{i=1}^{n}(x_i-\bar{x})^4. \tag{9.9}$$

偏度反映分布的对称性，$\nu_1>0$ 称为右偏态，此时数据位于均值右边的比位于左边的多；$\nu_1<0$ 称为左偏态，情况相反；而 ν_1 接近 0 则可认为分布是对称的。

峰度 ν_2 是分布形状的另一种度量，标准正态分布的峰度为 3，若 ν_2 比 3 大得多，表示分布有沉重的尾巴，说明样本中含有较多远离均值的数据，因而峰度可以用作衡量偏离正态分布的尺度之一。

4) 协方差和相关系数

$\boldsymbol{x}=[x_1,x_2,\cdots,x_n]$ 和 $\boldsymbol{y}=[y_1,y_2,\cdots,y_n]$ 的协方差

$$\mathrm{cov}(\boldsymbol{x},\boldsymbol{y})=\frac{\sum_{i=1}^{n}(x_i-\bar{x})(y_i-\bar{y})}{n-1},$$

式中：$\bar{x}=\frac{1}{n}\sum_{i=1}^{n}x_i$；$\bar{y}=\frac{1}{n}\sum_{i=1}^{n}y_i$。

$\boldsymbol{x}$ 和 $\boldsymbol{y}$ 的相关系数为

$$\rho_{xy}=\frac{\sum_{i=1}^{n}(x_i-\bar{x})(y_i-\bar{y})}{\sqrt{\sum_{i=1}^{n}(x_i-\bar{x})^2}\sqrt{\sum_{i=1}^{n}(y_i-\bar{y})^2}}.$$

5) k 阶原点矩和 k 阶中心矩

k 阶原点矩：$a_k=\frac{1}{n}\sum_{i=1}^{n}x_i^k,k=1,2,\cdots$.

k 阶中心矩：$b_k = \frac{1}{n}\sum_{i=1}^{n}(x_i - \bar{x})^k, k = 2,3,\cdots.$

9.2.2 用 Python 计算统计量

1. 使用 NumPy 计算统计量

使用 NumPy 库中的函数可以计算上面介绍的一些统计量，NumPy 库中计算统计量的函数如表 9.4 所列。

表 9.4 NumPy 库中计算统计量的函数

函数	mean	median	ptp	var	std	cov	corrcoef
计算功能	均值	中位数	极差	方差	标准差	协方差	相关系数

例 9.5 某校某专业的学生平均分为甲、乙两个班，各班学生的数学成绩如表 9.5 所列。试分别求每个班成绩的均值、中位数、极差、方差、标准差；并求两个班成绩的协方差矩阵和相关系数矩阵。

表 9.5 甲乙两个班学生的数学成绩

甲班	60, 79, 48, 76, 67, 58, 65, 78, 64, 75, 76, 78, 84, 48, 25, 90, 98, 70, 77, 78, 68, 74, 95, 80, 90, 78, 73, 98, 85, 56
乙班	91, 74, 62, 72, 90, 94, 76, 83, 92, 85, 94, 83, 77, 82, 84, 60, 80, 78, 88, 90, 65, 77, 89, 86, 56, 87, 66, 56, 83, 67

求得的两个班成绩的统计数据如表 9.6 所列。所求的协方差矩阵 $\boldsymbol{V}$ 和相关系数矩阵 $\boldsymbol{R}$ 如下：

$$\boldsymbol{V}=\begin{bmatrix} 250.1023 & -32.6517 \\ -32.6527 & 128.5069 \end{bmatrix}, \boldsymbol{R}=\begin{bmatrix} 1 & -0.1821 \\ -0.1821 & 1 \end{bmatrix}.$$

表 9.6 两个班成绩的统计数据

	均值	中位数	极差	方差	标准差
甲班	73.0333	76	73	250.1023	15.8146
乙班	78.9	82.5	38	128.5069	11.3361

```
#程序文件 ex9_5.py
import numpy as np
import pandas as pd
a = pd.read_csv('data9_5.txt', header=None)
b = a.values                              #DataFrame 转换为 array 数组
mu = np.mean(b, axis=1)                   #求均值
zw = np.median(b, axis=1)                 #求中位数
jc = np.ptp(b, axis=1)                    #求极差
fc = np.var(b, axis=1, ddof=1)            #求方差
bz = np.std(b, axis=1, ddof=1)            #求标准差
xf = np.cov(b)                            #求协方差矩阵
xs = np.corrcoef(b)                       #求相关系数矩阵
```

2. 使用 Pandas 库计算统计量

Pandas 库的 DataFrame 数据结构为我们提供了若干统计函数,下面通过例子说明。

例 9.6(续例 9.5) 使用 Pandas 库的 describe 方法计算相关统计量,并分别计算每个班成绩的偏度、峰度和 90%分位数。

求得的偏度、峰度和 90%分位数如表 9.7 所列。describe 方法计算的相关统计量见程序运行结果,这里就不赘述了。

表 9.7 偏度、峰度和 90 分位数计算结果

	偏 度	峰 度	90%分位数
甲班	-0.9219	1.7507	90.5
乙班	-0.6515	-0.6157	91.1

```
#程序文件 ex9_6.py
import pandas as pd
df = pd.read_csv('data9_5.txt', header=None)
df = df.T      #转置
print(df.describe())
print('-----\n 偏度:\n', df.skew())
print('-----\n 峰度:\n', df.kurt())
print('-----\n90%分位数:\n', df.quantile(0.9))
```

9.2.3 统计图

1. 频数表和直方图

例 9.7(续例 9.5) 画出两个班成绩的直方图,并统计甲班从最低分到最高分等间距分成 5 个小区间时,数据出现在每个小区间的频数。

画出的直方图如图 9.3 所示,甲班成绩的频数统计结果如表 9.8 所列。

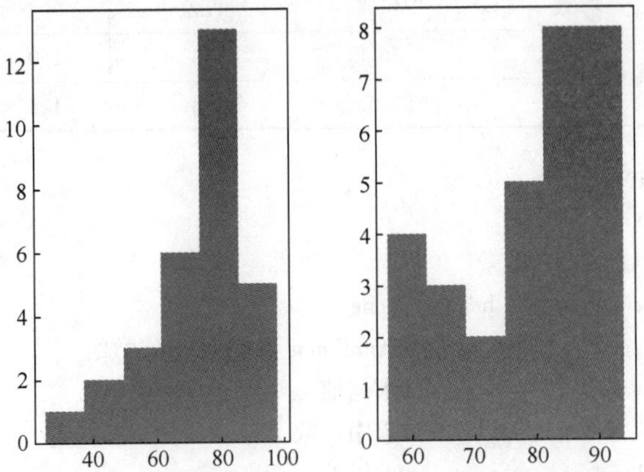

(a) 甲班成绩 (b) 乙班成绩

图 9.3 甲乙两班成绩的直方图

表 9.8　甲班成绩的频数统计结果

区　　间	[25,39.6)	[39.6,54.2)	[54.2,68.8)	[68.8,83.4)	[83.4,98]
频数	1	2	7	13	7

```
#程序文件 ex9_7.py
import pandas as pd
import pylab as plt

df = pd.read_csv('data9_5.txt', header=None)
df = df.T                  #转置
plt.subplot(121); h1 = plt.hist(df[0], 5); print(h1)
plt.subplot(122); plt.hist(df[1], 5)
df.hist(bins=5)            #另一种方法画直方图
plt.show()
```

2. 箱线图

先介绍样本分位数。

定义 9.6　设有容量为 n 的样本观测值 $x_1,x_2,\cdots,x_n$，样本 p 分位数（$0<p<1$）记为 x_p，它具有以下的性质：①至少有 np 个观测值小于或等于 x_p；②至少有 $n(1-p)$ 个观测值大于或等于 x_p。

样本 p 分位数可按以下法则求得。将 $x_1,x_2,\cdots,x_n$ 按自小到大的次序排列成 $x_{(1)}\leqslant x_{(2)}\leqslant\cdots\leqslant x_{(n)}$。

$$x_p=\begin{cases}x_{([np]+1)}, & \text{当 } np \text{ 不是整数},\\ \dfrac{1}{2}(x_{(np)}+x_{(np+1)}), & \text{当 } np \text{ 是整数}.\end{cases}$$

特别地，当 $p=0.5$ 时，0.5 分位数 $x_{0.5}$ 也记为 Q_2 或 M，称为样本中位数，即有

$$x_{0.5}=\begin{cases}x_{((n+1)/2)}, & \text{当 } n \text{ 是奇数},\\ \dfrac{1}{2}(x_{(n/2)}+x_{(n/2+1)}), & \text{当 } n \text{ 是偶数}.\end{cases}$$

当 n 是奇数时中位数 $x_{0.5}$ 就是 $x_{(1)}\leqslant x_{(2)}\leqslant\cdots\leqslant x_{(n)}$ 这一数组最中间的一个数；而当 n 是偶数时中位数 $x_{0.5}$ 就是 $x_{(1)}\leqslant x_{(2)}\leqslant\cdots\leqslant x_{(n)}$ 这一数组中最中间两个数的平均值。

0.25 分位数 $x_{0.25}$ 称为第一四分位数，又记为 Q_1；0.75 分位数 $x_{0.75}$ 称为第三四分位数，又记为 Q_3。$x_{0.25},x_{0.5},x_{0.75}$ 在统计中是很有用的。

下面介绍箱线图。

数据集的箱线图是由箱子和直线组成的图形，它是基于以下 5 个数的图形概括：最小值 min，第一四分位数 Q_1，中位数 M，第三四分位数 Q_3 和最大值 max。它的作法如下：

（1）画一水平数轴，在轴上标上 min，Q_1，M，Q_3，max。在数轴上方画一个上、下侧平行于数轴的矩形箱子，箱子的左右两侧分别位于 Q_1，Q_3 的上方，在 M 点的上方画一条垂直线段，线段位于箱子内部。

（2）自箱子左侧引一条水平线直至最小值 min；在同一水平高度自箱子右侧引一条水平线直至最大值 max。这样就将箱线图做好了，如图 9.4 所示。箱线图也可以沿垂直

数轴来作。

从箱线图可以形象地看出数据集的以下重要性质：

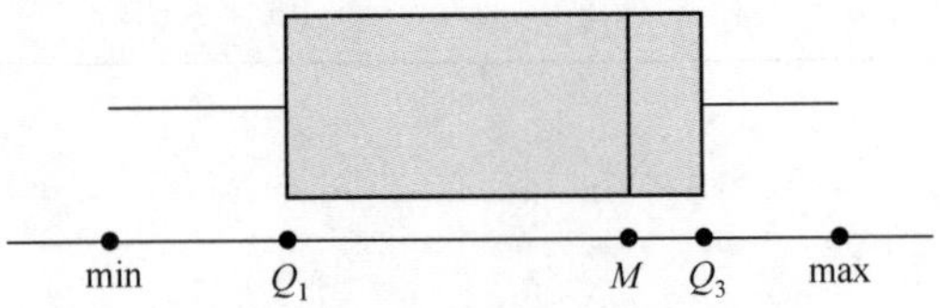

图 9.4　箱线图示意图

(1) 中心位置：中位数所在的位置就是数据集的中心。

(2) 散布程度：全部数据都落在[min,max]之内，在区间[min,Q_1]，[Q_1,M]，[M,Q_3]，[Q_3,max]的数据个数各占 1/4。区间较短时，表示落在该区间的点较集中，反之较为分散。

(3) 关于对称性：若中位数位于箱子的中间位置。则数据分布较为对称。又若 min 离 M 的距离较 max 离 M 的距离大，则表示数据分布向左倾斜，反之表示数据向右倾斜，且能看出分布尾部的长短。

pyplot 中画箱线图的命令为 boxplot，其基本调用格式为

```
boxplot(x, notch=None, sym=None, vert=None, whis=None)
```

式中：x 为输入的数据；notch 设置是否创建有凹口的箱盒；sym 设置异常点的颜色和形状，例如 sym='gx'设置异常点为绿色，形状为"x"；vert 设置为水平或垂直方向箱盒，whis 默认为 1.5，见下面异常值的说明。

例 9.8(续例 9.5)　画出甲乙两个班成绩数据的箱线图。

画出的箱线图如图 9.5 所示。

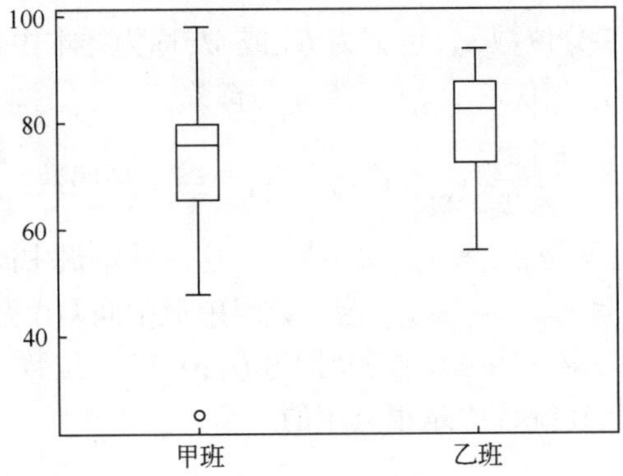

图 9.5　箱线图

```
#程序文件 ex9_8.py
import pandas as pd
import pylab as plt

df = pd.read_csv('data9_5.txt', header=None).T
plt.rc('font', family='SimHei'); plt.rc('font', size=16);
```

```
plt.boxplot(df, labels=['甲班', '乙班']); plt.show()
```

箱线图特别适用于比较两个或两个以上数据集的性质，为此，我们将几个数据集的箱线图画在同一个图形界面上。例如在图 9.5 中可以明显地看到乙班的平均成绩要比甲班的平均成绩高，甲班的成绩要比乙班的成绩分散。

在数据集中某一个观察值不寻常地大于或小于该数集中的其他数据，称为疑似异常值。疑似异常值的存在，会对随后的计算结果产生不适当的影响。检查疑似异常值并加以适当的处理是十分重要的。

第一四分位数 Q_1 与第三四分位数 Q_3 之间的距离：Q_3-Q_1 记为 IQR，称为四分位数间距。若数据小于 $Q_1-1.5\mathrm{IQR}$ 或大于 $Q_3+1.5\mathrm{IQR}$，就认为它是疑似异常值。

3. 经验分布函数

设 $X_1,X_2,\cdots,X_n$ 是总体 F 的一个样本，用 $S(x)$ 表示 $X_1,X_2,\cdots,X_n$ 中不大于 x 的随机变量的个数，$-\infty<x<\infty$。定义经验分布函数 $F_n(x)$ 为

$$F_n(x)=\frac{1}{n}S(x),\quad -\infty<x<\infty.$$

对于一个样本值，经验分布函数 $F_n(x)$ 的观察值是很容易得到的（$F_n(x)$ 的观察值仍以 $F_n(x)$ 表示）。

一般地，设 $x_1,x_2,\cdots,x_n$ 是总体 F 的一个容量为 n 的样本值。先将 $x_1,x_2,\cdots,x_n$ 按自小到大的次序排列，并重新编号，设为

$$x_{(1)}\leqslant x_{(2)}\leqslant\cdots\leqslant x_{(n)}.$$

则经验分布函数 $F_n(x)$ 的观察值为

$$F_n(x)=\begin{cases}0, & 若\ x<x_{(1)},\\ \dfrac{k}{n}, & 若\ x_{(k)}\leqslant x<x_{(k+1)},k=1,2,\cdots,n-1,\\ 1, & 若\ x\geqslant x_{(n)}.\end{cases}$$

对于经验分布函数 $F_n(x)$，格里汶科（Glivenko）在 1933 年证明了，当 $n\to\infty$ 时 $F_n(x)$ 以概率 1 一致收敛于分布函数 $F(x)$。因此，对于任一实数 x，当 n 充分大时，经验分布函数的任一个观察值 $F_n(x)$ 与总体分布函数 $F(x)$ 只有微小的差别，从而在实际上可当作 $F(x)$ 来使用。

例 9.9（续例 9.5） 画出甲班成绩的经验分布函数图形。

```
#程序文件 ex9_9.py
import pandas as pd
import pylab as plt

df = pd.read_csv('data9_5.txt', header=None)
d = df.T[0]  #提取甲班成绩
plt.rc('font', family='SimHei'); plt.rc('font', size=16);
h = plt.hist(d, density=True, histtype='step', cumulative=True)
print(h); plt.grid(); plt.show()
```

甲班成绩经验分布图如图 9.6 所示。

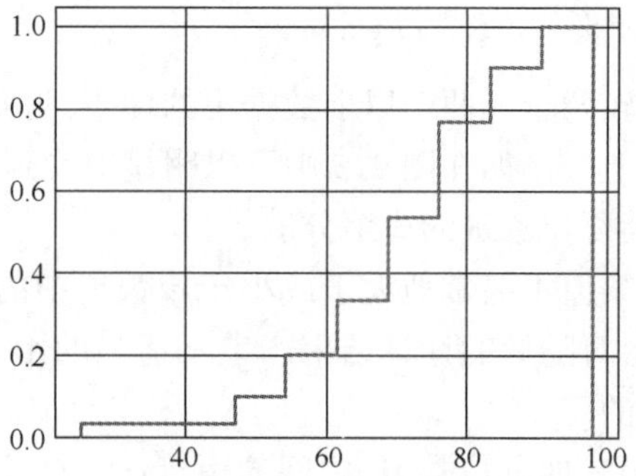

图 9.6 甲班成绩经验分布图

4. Q-Q 图

Q-Q 图是 Quantile-quantile Plot 的简称,是检验拟合优度的方法,目前被广泛使用,它的图示方法简单直观,易于使用。

对于一组观察数据 $x_1,x_2,\cdots,x_n$,利用参数估计方法确定了分布模型的参数 θ 后,分布函数 $F(x;\theta)$ 就知道了,现在希望知道观测数据与分布模型的拟合效果如何。如果拟合效果好,观测数据的经验分布就应当非常接近分布模型的理论分布,而经验分布函数的分位数自然也应当与分布模型的理论分位数近似相等。Q-Q 图的基本思想就是基于这个观点,将经验分布函数的分位数点和分布模型的理论分位数点作为一对数组画在直角坐标图上,就是一个点,n 个观测数据对应 n 个点,如果这 n 个点看起来像一条直线,说明观测数据与分布模型的拟合效果很好,下面给出计算步骤。

判断观测数据 $x_1,x_2,\cdots,x_n$ 是否来自于分布 $F(x)$,Q-Q 图的计算及画图步骤如下:

(1) 将 $x_1,x_2,\cdots,x_n$ 依大小顺序排列成:$x_{(1)}\leqslant x_{(2)}\leqslant\cdots\leqslant x_{(n)}$。

(2) 取 $y_i=F^{-1}((i-(1/2))/n)$,$i=1,2,\cdots,n$。

(3) 将 $(y_i,x_{(i)})$,$i=1,2,\cdots,n$,这 n 个点画在直角坐标图上。

(4) 如果这 n 个点看起来呈一条 45°角的直线,从(0,0)到(1,1)分布,我们就相信 $x_1,x_2,\cdots,x_n$ 拟合分布 $F(x)$ 的效果很好。

例 9.10(续例 9.5) 例 9.5 中的甲班成绩数据,如果它们来自于正态分布,求该正态分布的参数,试画出它们的 Q-Q 图,判断拟合效果。

解 (1) 采用矩估计方法估计参数的取值。先从所给的数据算出样本均值和标准差

$$\bar{x}=73.0333,\quad s=15.5488.$$

正态分布 $N(\mu,\sigma^2)$ 中参数的估计值为 $\hat{\mu}=73.0333$,$\hat{\sigma}=15.5488$。

(2) 画 Q-Q 图。

① 将观测数据记为 $x_1,x_2,\cdots,x_{30}$,并依从小到大顺序排列为 $x_{(1)}\leqslant x_{(2)}\leqslant\cdots\leqslant x_{(30)}$。

② 取 $y_i=F^{-1}((i-(1/2))/n)$,$i=1,2,\cdots,30$,这里 $F^{-1}(x)$ 是参数 $\mu=73.0333$,$\sigma=15.5488$ 的正态分布函数的反函数。

③ 将 $(y_i,x_{(i)})$ $(i=1,2,\cdots,30)$ 这 30 个点画在直角坐标图上,如图 9.7(a)所示。

④ 除个别点外这些点看起来接近一条45°角的直线,说明拟合结果一般。

直接调用库函数画的 Q-Q 图如图 9.7(b)所示,和其他软件画出的效果不一样,建议不使用库函数画 Q-Q 图。

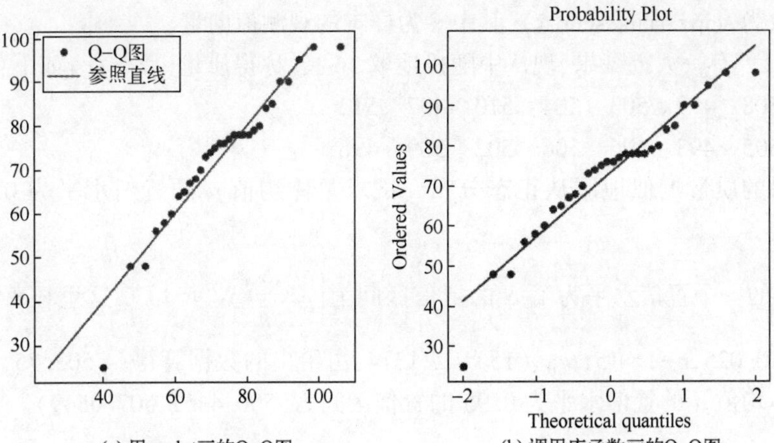

(a) 用pyplot画的Q–Q图　　(b) 调用库函数画的Q–Q图

图 9.7　Q–Q 图

```
#程序文件 ex9_10. py
import pandas as pd
import pylab as plt
from scipy. stats import norm, probplot

df = pd. read_csv('data9_5. txt', header=None)
d = df. values[0]   #提取甲班成绩
mu = d. mean(); s = d. std(); sd = sorted(d); n = len(d)
x = (plt. arange(n)+1/2)/n; yi = norm. ppf(x, mu, s)
plt. rc('font', size=16); plt. rc('font', family='SimHei')
plt. rc('axes', unicode_minus=False)
plt. subplot(121); plt. plot(yi, sd, 'o', label='Q-Q 图')
plt. plot(sd, sd, label='参照直线'); plt. legend()
plt. subplot(122); probplot(d, plot=plt); plt. show()
```

9.3 参数估计和假设检验

9.3.1 参数估计

参数估计是利用样本对总体进行统计推断的一类方法,即假设总体的概率分布类型已知,但其中含有未知参数,由样本估计未知参数的值。参数估计的方法主要有点估计和区间估计,其中点估计中有矩估计和极大似然估计等方法。这些数学理论这里就不介绍了。

在 scipy. stats 模块中,还使用一个统计量,称为样本均值的标准误差(SEM),其定义为

$$\mathrm{SEM}=\frac{s}{\sqrt{n}}=\sqrt{\frac{\sum\limits_{i=1}^{n}(x_i-\bar{x})^2}{n-1}}\cdot\frac{1}{\sqrt{n}}.$$

对应的函数为 scipy. stats. sem(x),其中 x 为样本的观测值向量。

例 9.11 有一大批糖果,现从中随机地取 16 袋,称得质量(以 g 计)如下:

506 508 499 503 504 510 497 512

514 505 493 496 506 502 509 496

设袋装糖果的质量近似地服从正态分布。试求总体均值 μ 的置信水平为 0.95 的置信区间。

解 μ 的一个置信水平为 $1-\alpha$ 的置信区间为 $\left(\overline{X}\pm\frac{S}{\sqrt{n}}t_{\alpha/2}(n-1)\right)$,这里显著性水平 $\alpha=0.05$, $\alpha/2=0.025$, $n-1=15$, $t_{0.025}(15)=2.1314$,由给出的数据算得 $\bar{x}=503.75$, $s=6.2022$。计算得总体均值 μ 的置信水平为 0.95 的置信区间为(500.4451,507.0549)。

```
#程序文件 ex9_11.py
import numpy as np
from scipy.stats import t, sem

d = np.loadtxt('data9_11.txt')
d = d.flatten(); n = len(d)
xb = d.mean(); s = d.std(ddof=1)    #计算均值和标准差
sm = sem(d)                         #计算样本均值的标准误差
a = 0.05; ta = t.ppf(1-a/2, n-1)
L = [xb-sm*ta, xb+sm*ta]
print(np.round(L, 4))
```

9.3.2 参数假设检验

假设检验是统计推断的另一类重要问题,分为参数假设检验和非参数假设检验。参数假设检验是总体的分布函数形式已知,但其中含有未知参数。为了推断总体的某些性质,提出某些关于总体参数的假设,然后,根据样本对所提出的假设作出判断,是接受还是拒绝,这类统计推断问题就是参数假设检验问题。在总体的分布函数完全未知的情况下,进行的假设检验称为非参数假设检验。

下面给出几个参数假设检验的例子。

1. 单个总体均值的假设检验

1) 正态总体标准差 σ 已知的 Z 检验法

设总体 $X\sim N(\mu,\sigma^2)$,其中 μ 未知,σ 已知,$X_1,X_2,\cdots,X_n$ 是来自 X 的样本。

提出原假设 $H_0:\mu=\mu_0$,备择假设 $H_1:\mu\neq\mu_0$。

检验统计量为

$$Z=\frac{\overline{X}-\mu_0}{\sigma/\sqrt{n}},$$

检验的显著性水平为 α,标准正态分布的上 $\alpha/2$ 分位数记作 $z_{\alpha/2}$,当 Z 的观测值 z 满足 $|z|\geqslant z_{\alpha/2}$ 时,拒绝原假设 H_0,接受 H_1;否则,接受 H_0。

例 9.12 给定某厂生产的纽扣直径的 10 个数据如下:

26.01,26.00,25.98,25.86,26.32,25.58,25.32,25.89,26.32,26.18
假设其直径 $X \sim N(\mu, 4.2^2)$,并且在标准情况下,纽扣的平均直径应该是 26mm,问是否可以认为这批纽扣的直径符合标准(显著水平 $\alpha=0.05$)?

解 按题意总体 $X \sim N(\mu, 4.2^2)$,μ 未知,要求在显著性水平 $\alpha=0.05$ 下检验假设

$$H_0: \mu=26, \quad H_1: \mu \neq 26.$$

因 σ 已知,故采用 Z 检验,取检验统计量为 $Z=\dfrac{\overline{X}-0.5}{\sigma/\sqrt{n}}$,现有 $n=10$,$\bar{x}=25.9460$,$\alpha=0.05$,$z_{\alpha/2}=1.96$,拒绝域为 $|z| \geqslant z_{\alpha/2}$。由于

$$|z|=\left|\frac{\bar{x}-26}{\sigma/\sqrt{n}}\right|=0.0407<1.96,$$

因 Z 的观测值 z 没有落在拒绝域内,故在显著性水平 $\alpha=0.05$ 下接受原假设 H_0,认为这批纽扣的直径符合标准。

SciPy 库中没有做 Z 检验的函数,只有做 t 检验的函数 ttest_1samp,其基本调用格式为

```
tstat, pvalue=scipy.stats.ttest_1samp(a, popmean, alternative='two-sided')
```

借用 SciPy 库中的 ttest_1samp 函数,上述例 9.12 的 Python 计算程序如下:

```
#程序文件 ex9_12.py
import numpy as np
from scipy.stats import ttest_1samp
from scipy.stats import norm

alpha = 0.05; sigma = 4.2
a = np.array([26.01, 26.00, 25.98, 25.86, 26.32, 25.58, 25.32, 25.89, 26.32, 26.18])
t, p =ttest_1samp(a, 26)
xb = a.mean(); s = a.std(ddof=1)
z = t * s /sigma   #转换为z统计量
za = norm.ppf(1-alpha/2, 0, 1)   #求上alpha/2分位数
print('Z统计量值:', z); print('p值:', p); print('分位数:', za)
```

2) *正态总体标准差 σ 未知的 t 检验法*

例 9.13 某种电子元件的寿命 X(单位:h)服从正态分布,μ, σ^2 均未知。现得 16 只元件的寿命如下:

159 280 101 212 224 379 179 264
222 362 168 250 149 260 485 170

问是否有理由认为元件的平均寿命大于 225h?

解 按题意需检验

$$H_0: \mu \leqslant 225, \quad H_1: \mu > 225,$$

取 $\alpha=0.05$,此检验问题的拒绝域为

$$t=\frac{\bar{x}-225}{s/\sqrt{n}} \geqslant t_\alpha(n-1).$$

现在 $n=16$，$t_{0.05}(15)=1.7531$，又算得 $\bar{x}=241.5$，$s=98.7259$，即有

$$t=\frac{\bar{x}-225}{s/\sqrt{n}}=0.6685<1.7531.$$

t 没有落在拒绝域中，故接受 H_0，即认为元件的平均寿命不大于225h。

```
#程序文件 ex9_13.py
import numpy as np
from scipy.stats import t
from scipy.stats import ttest_1samp

a = np.loadtxt('data9_13.txt').flatten()
xb = a.mean(); s = a.std(ddof=1)
n = len(a); ta = t.ppf(0.95, n-1)
ts, p =ttest_1samp(a, 225, alternative='greater')
print('t 统计量值:', ts)
```

2. 两个正态总体均值差的 t 检验

例 9.14 用两种方法（A 和 B）测定冰自 -0.72℃ 转变为 0℃ 的水的融化热（以 cal/g 计）。测得以下的数据：

方法 A：79.98 80.04 80.02 80.04 80.03 80.03
80.04 79.97 80.05 80.03 80.02 80.00 80.02

方法 B：80.02 79.94 79.98 79.97 79.97 80.03 79.95 79.97

设这两个样本相互独立，且分别来自正态总体 $N(\mu_1,\sigma^2)$ 和 $N(\mu_2,\sigma^2)$，μ_1,μ_2,σ^2 均未知。试检验假设（取显著性水平 $\alpha=0.05$）

$H_0:\mu_1-\mu_2\leqslant 0, H_1:\mu_1-\mu_2>0.$

解 采用 t 检验，取检验统计量为 $t=\dfrac{\bar{X}-\bar{Y}}{\sqrt{\dfrac{(n_1-1)S_1^2+(n_2-1)S_2^2}{n_1+n_2-2}}\sqrt{\dfrac{1}{n_1}+\dfrac{1}{n_2}}}$，拒绝域为

$$t=\frac{\bar{x}-\bar{y}}{\sqrt{\dfrac{(n_1-1)s_1^2+(n_2-1)s_2^2}{n_1+n_2-2}}\sqrt{\dfrac{1}{n_1}+\dfrac{1}{n_2}}}\geqslant t_\alpha(n_1+n_2-2).$$

今 $n_1=13$，$n_2=8$，$\bar{x}_A=80.0208$，$\bar{x}_B=79.9787$，$s_A^2=0.0006$，$s_B^2=0.0010$，$t_{0.05}(19)=1.7291$。

因观测值 $t=3.4722>t_{0.05}(19)=1.7291$，落在拒绝域之内，故拒绝 H_0，认为方法 A 比方法 B 测得的融化热要大。

```
#程序文件 ex9_14. py
import numpy as np
from scipy. stats import t
from scipy. stats import ttest_ind

f = open('data9_14. txt'); d = f. readlines()
```

```
a = np.array(eval(','.join(d[0].split())))
b = np.array(eval(','.join(d[1].split())))
tstat, p = ttest_ind(a, b, alternative='greater')
print('检验统计量为:',tstat); print('p值为:',p)
print('自由度为:',df)
#上面调用的是库函数,下面编程计算
n1 = len(a); n2 = len(b)
xa = a.mean(); sa2 = a.var(ddof=1)
xb = b.mean(); sb2 = b.var(ddof=1)
ta = t.ppf(0.95, n1+n2-2)
ts =(xa-xb)/(np.sqrt(((n1-1) * sa2+(n2-1) * sb2)/(n1+n2-2))
           * np.sqrt(1/n1+1/n2))
print('检验统计量为:', ts)
```

9.3.3 非参数假设检验

在实际建模中,我们对样本数据服从什么分布,完全是未知的,需要进行非参数假设检验。下面介绍两种非参数假设检验方法:分布拟合检验和 Kolmogorov-Smirnov 检验。

1. 分布拟合检验

在实际问题中,有时不能预知总体服从什么类型的分布,这时就需要根据样本来检验关于分布的假设。下面介绍χ^2 检验法。

若总体 X 是离散型的,则建立待检假设 H_0:总体 X 的分布律为 $P\{X=x_i\}=p_i, i=1, 2,\cdots$。

若总体 X 是连续型的,则建立待检假设 H_0:总体 X 的概率密度为 $f(x)$。

可按照下面的 5 个步骤进行检验:

(1) 建立待检假设 H_0:总体 X 的分布函数为 $F(x)$。

(2) 在数轴上选取 $k-1$ 个分点 $t_1, t_2, \cdots, t_{k-1}$,将数轴分成 k 个区间:$(-\infty, t_1), [t_1, t_2), \cdots, [t_{k-2}, t_{k-1}), [t_{k-1}, +\infty)$,令 p_i 为分布函数 $F(x)$ 的总体 X 在第 i 个区间内取值的概率,设 f_i 为 n 个样本观察值中落入第 i 个区间上的个数,也称为组频数。

(3) 选取统计量$\chi^2 = \sum\limits_{i=1}^{k} \dfrac{(f_i - np_i)^2}{np_i} = \sum\limits_{i=1}^{k} \dfrac{f_i^2}{np_i} - n$,如果 H_0 为真,则$\chi^2 \sim \chi^2(k-1-r)$,其中 r 为分布函数 $F(x)$ 中未知参数的个数。

(4) 对于给定的显著性水平 α,确定χ^2_α,使其满足 $P\{\chi^2(k-1-r) > \chi^2_\alpha\}=\alpha$,并且依据样本计算统计量$\chi^2$ 的观察值。

(5) 做出判断:若$\chi^2 < \chi^2_\alpha$,则接受 H_0;否则拒绝 H_0,即不能认为总体 X 的分布函数为 $F(x)$。

例 9.15 检查了一本书的 100 页,记录各页中印刷错误的个数,其结果如表 9.9 所列。问能否认为一页的印刷错误的个数服从泊松分布(取 $\alpha=0.05$)。

表 9.9 印刷错误数据表

错误个数 f_i	0	1	2	3	4	5	6	≥7
含 f_i 个错误的页数	36	40	19	2	0	2	1	0

解　记一页的印刷错误数为 X,按题意需在显著性水平 $\alpha=0.05$ 下检验假设 H_0:X 的分布律为

$$P\{X=k\}=\frac{\lambda^k e^{-\lambda}}{k!},\quad k=0,1,2,\cdots.$$

因参数 λ 未知,应先根据观察值,用矩估计法来求 λ 的估计。可知 λ 的矩估计值为$\hat{\lambda}=\bar{x}=1$。在 X 服从泊松分布的假设下,X 的所有可能取得的值为 $\Omega=\{0,1,2,\cdots\}$,将 Ω 分成如表 9.10 左起第一栏所示的两两不相交的子集:A_0,A_1,A_2,A_3,接着根据估计式

$$\hat{p}_k=\hat{P}\{X=k\}=\frac{\hat{\lambda}^k e^{-\hat{\lambda}}}{k!}=\frac{e^{-1}}{k!},\quad k=0,1,2,\cdots$$

计算有关概率的估计,计算结果列于表 9.10。

表 9.10　χ^2 检验数据表

A_i	f_i	$\hat{p}_i$	$n\hat{p}_i$	$f_i^2/(n\hat{p}_i)$
$A_0:\{X=0\}$	36	0.3679	36.7879	35.2289
$A_1:\{X=1\}$	40	0.3679	36.7879	43.4925
$A_2:\{X=2\}$	19	0.1839	18.3940	19.6260
$A_3:\{X\geqslant 3\}$	5	0.0803	8.0301	3.1133
				$\sum=101.4607$

今$\chi^2=101.4607-100=1.4607$,因估计了一个参数,$r=1$,只有 4 组,故 $k=4$,$\alpha=0.05$,$\chi_\alpha^2(k-r-1)=\chi_{0.05}^2(2)=5.9915>1.4607=\chi^2$,故在显著性水平 $\alpha=0.05$ 下接受假设 H_0,即认为样本来自泊松分布的总体。

```
#程序文件 ex9_15.py
import scipy.stats as ss
import numpy as np

n1 =np.array([36, 40, 19, 2, 0, 2, 1])
f = np.arange(7)
lamda = n1@ f/100; n = sum(n1)
p0 = ss.poisson.pmf(range(3), lamda)                    #计算取值的概率
p = np.hstack([p0, 1-sum(p0)])                          #构造分布律
ex = n * p; ob = np.hstack([n1[:3], sum(n1[3:])])       #计算期望频数和观测频数
kf1 = ss.chisquare(ob, ex, ddof=1).statistic
kf2 = sum(ob **2 / (n * p)) - n                         #计算统计量的值
yz = ss.chi2.ppf(0.95, 2)                               #临界值
print(kf1); print(kf2)                                  #输出两种方法计算的统计量
```

例 9.16　在一批灯泡中抽取 300 只做寿命试验,其结果如表 9.11 所列。

表 9.11　寿命测试数据表

寿命 t/h	$0\leqslant t\leqslant 100$	$100<t\leqslant 200$	$200<t\leqslant 300$	$t>300$
灯泡数	121	78	43	58

取 $\alpha=0.05$,试检验假设 H_0:灯泡寿命服从指数分布

$$f(t)=\begin{cases}0.005\mathrm{e}^{-0.005t}, & t\geqslant 0,\\ 0, & t<0.\end{cases}$$

解　本题是在显著性水平 $\alpha=0.05$ 下,检验假设:H_0:灯泡寿命 X 服从指数分布,其概率密度为

$$f(t)=\begin{cases}0.005\mathrm{e}^{-0.005t}, & t\geqslant 0,\\ 0, & t<0.\end{cases}$$

在 H_0 为真的假设下,X 可能取值的范围为 $\Omega=[0,+\infty)$。将 Ω 分成互不相交的 4 个部分:A_1,A_2,A_3,A_4 如表 9.12 所列。以 A_i 记事件 $\{X\in A_i\}$。若 H_0 为真,X 的分布函数为

$$F(t)=\begin{cases}1-\mathrm{e}^{-0.005t}, & t\geqslant 0,\\ 0, & t<0.\end{cases}$$

得知

$$p_i=P(A_i)=P\{a_i<X\leqslant a_{i+1}\}=F(a_{i+1})-F(a_i),\quad i=1,2,3,4.$$

计算结果列于表 9.12。

表 9.12　χ^2 检验数据表

A_i	f_i	$\hat{p}_i$	$n\hat{p}_i$	$f_i^2/(n\hat{p}_i)$
$A_1:0\leqslant t\leqslant 100$	121	0.3935	118.0408	124.0334
$A_2:100<t\leqslant 200$	78	0.2387	71.5954	84.9776
$A_3:200<t\leqslant 300$	43	0.1447	43.4248	42.5794
$A_4:t>300$	58	0.2231	66.9390	50.2547
				$\sum=301.845$

令 $\chi^2=1.845$。由 $\alpha=0.05,k=4,r=0$ 知

$$\chi_\alpha^2(k-r-1)=\chi_{0.05}^2(3)=7.8147>1.845=\chi^2.$$

故在显著性水平 $\alpha=0.05$ 下,接受假设 H_0,认为这批灯泡寿命服从指数分布。

```
#程序文件 ex9_16.py
import scipy.stats as ss
import numpy as np

t = np.array([100, 200, 300, np.inf])
p0 = ss.expon.cdf(t, scale=200)                #计算分布函数的取值
p = np.hstack([p0[0], np.diff(p0)])            #计算区间上的概率
ob = np.array([121, 78, 43, 58])
n = sum(ob); ex = n * p
kf, p2 = ss.chisquare(ob, ex)                  #输出统计量和概率值
```

```
yz = ss.chi2.ppf(0.95, 3)                    #临界值
print('检验统计量的值:', round(kf,4))         #输出统计量值
```

2. 柯尔莫哥洛夫(Kolmogorov-Smirnov)检验

χ^2 拟合优度检验实际上是检验 $p_i=F_0(a_i)-F_0(a_{i-1})=p_{i0}(i=1,2,\cdots,k)$ 的正确性,并未直接检验原假设的分布函数 $F_0(x)$ 的正确性,柯尔莫哥洛夫检验直接针对原假设 H_0: $F(x)=F_0(x)$,这里分布函数 $F(x)$ 必须是连续型分布。柯尔莫哥洛夫检验基于经验分布函数(或称样本分布函数)作为检验统计量,检验理论分布函数与样本分布函数的拟合优度。

设总体 X 服从连续分布,$X_1,X_2,\cdots,X_n$ 是来自总体 X 的简单随机样本,F_n 为经验分布函数,根据大数定律,当 n 趋于无穷大时,经验分布函数 $F_n(x)$ 依概率收敛到总体分布函数 $F(x)$。定义 $F_n(x)$ 到 $F(x)$ 的距离为

$$D_n=\sup_{-\infty<x<+\infty}|F_n(x)-F(x)|,$$

当 n 趋于无穷大时,D_n 依概率收敛到 0。检验统计量建立在 D_n 基础上。

柯尔莫哥洛夫检验的步骤如下:

(1) 原假设和备择假设

$$H_0:F(x)=F_0(x),H_1:F(x)\neq F_0(x).$$

(2) 选取检验统计量

$$D_n=\sup_{-\infty<x<+\infty}|F_n(x)-F(x)|,$$

当 H_0 为真时,D_n 有偏小趋势,则拟合得越好;

当 H_0 不真时,D_n 有偏大趋势,则拟合得越差。

柯尔莫哥洛夫定理 在 $F_0(x)$ 为连续分布的假设下,当原假设为真时,$\sqrt{n}D_n$ 的极限分布为

$$\lim_{n\to\infty}P\{\sqrt{n}D_n\leqslant t\}=1-2\sum_{i=1}^{\infty}(-1)^{i-1}\mathrm{e}^{-2i^2t^2},\quad t>0.$$

推导检验统计量的分布时,使用 $\sqrt{n}D_n$ 比 D_n 方便。

在显著性水平 α 下,一个合理的检验是:如果 $\sqrt{n}D_n>k$,则拒绝原假设,其中 k 是合适的常数。

(3) 确定拒绝域。给定显著性水平 α,查 D_n 极限分布表,求出 t_α 满足

$$P\{\sqrt{n}D_n\geqslant t_\alpha\}=\alpha$$

作为临界值,即拒绝域为 $[t_\alpha,+\infty)$。

(4) 作判断。计算统计量的观察值,如果检验统计量 $\sqrt{n}D_n$ 的观察值落在拒绝域中,则拒绝原假设,否则不拒绝原假设。

注:对于固定的 α 值,我们需要知道该 α 值下检验的临界值。常用的是在统计量为 D_n 时,各个 α 值所对应的临界值如下:在 $\alpha=0.1$ 的显著性水平下,检验的临界值是 $1.22/\sqrt{n}$;在 $\alpha=0.05$ 的显著性水平下,检验的临界值是 $1.36/\sqrt{n}$;在 $\alpha=0.01$ 的显著性水平下,检验的临界值是 $1.63/\sqrt{n}$。这里 n 为样本的个数。当由样本计算出来的 D_n 值小于临界值时,说明不能拒绝原假设,所假设的分布是可以接受的;当由样本计算出来的 D_n 值大

于临界值时,拒绝原假设,即所假设的分布是不能接受的。

例 9.17 下面列出了 84 个伊特拉斯坎(Etruscan)人男子的头颅的最大宽度(mm),试用柯尔莫哥洛夫检验法检验这些数据是否服从正态分布($\alpha=0.05$)。

141	148	132	138	154	142	150	146	155	158
150	140	147	148	144	150	149	145	149	158
143	141	144	144	126	140	144	142	141	140
145	135	147	146	141	136	140	146	142	137
148	154	137	139	143	140	131	143	141	149
148	135	148	152	143	144	141	143	147	146
150	132	142	142	143	153	149	146	149	138
142	149	142	137	134	144	146	147	140	142
140	137	152	145						

解 (1) 假设 $H_0: X\sim N(\mu,\sigma^2)$,$H_1: X$ 不服从 $N(\mu,\sigma^2)$。

这里取 μ 和 σ^2 的估计值为

$$\hat{\mu}=\bar{x}=\frac{1}{n}\sum_{i=1}^{84}x_i=143.7738,$$

$$\hat{\sigma}^2=\frac{1}{83}\sum_{i=1}^{84}(x_i-\bar{x})^2=5.9705^2,$$

即 $H_0: X\sim N(143.7738, 5.9705^2)$。

(2) $\alpha=0.05$,拒绝域为 $D_n\geqslant\frac{1.36}{\sqrt{n}}$,这里 $n=84$。

(3) 计算经验分布函数值 $F_n(x_i)$ 和理论分布函数值 $F(x_i)$,并计算统计量 $D_n=\sup\limits_{x_i}|F_n(x_i)-F(x_i)|=0.0851$,由于 $1.36/\sqrt{n}=0.1484$,所以 $D_n<1.36/\sqrt{n}$,接受原假设,认为这些数据服从正态分布。

```
#程序文件 ex9_17.py
import scipy.stats as ss
import numpy as np

f = open('data9_17.txt')
d = f.readlines(); a = []
for e in d: a.extend(e.split())
b = np.array([eval(e) for e in a])
xb = b.mean(); s = b.std(ddof=1)
st, p = ss.kstest(b, 'norm', (xb, s))
print('统计量:', round(st,4)); print('p值', round(p,4))
```

9.4 方差分析

在现实问题中,经常会遇到类似考察两台机床生产的零件尺寸是否相等,病人和正常人的某个生理指标是否一样,采用两种不同的治疗方案对同一类病人的治疗效果比较等问题。这类问题通常会归纳为检验两个不同总体的均值是否相等,对这类问题的解决可以采用两个总体的均值检验方法。但若检验总体多于两个,仍采用多总体均值检验方法会遇到困难。而事实上,在实际生产和生活中可以举出许多这样的问题,如从用几种不同工艺制成的灯泡中,各抽取了若干个测量其寿命,要推断这几种工艺制成的灯泡寿命是否有显著差异;用几种化肥和几个小麦品种在若干块试验田里种植小麦,要推断不同的化肥和品种对小麦产量有无显著影响等。

例 9.18 用4种工艺 A1、A2、A3、A4 生产灯泡,从各种工艺制成的灯泡中各抽出了若干个测量其寿命,结果如表 9.13 所列,试推断这几种工艺制成的灯泡寿命是否有显著差异。

表 9.13 4 种工艺生产的灯泡寿命(单位:h)

A1	A2	A3	A4
1620	1580	1460	1500
1670	1600	1540	1550
1700	1640	1620	1610
1750	1720	1680	
1800			

问题涉及一个因素,即生产工艺,检验指标为使用寿命,为了达到推断工艺差异是否对使用寿命具有显著性影响,对每个工艺水平随机抽取了一定数量的样品进行检验,即随机试验。用数理统计分析试验结果、鉴别各因素对结果影响程度的方法称为方差分析(analysis of variance),记作 ANOVA。人们关心的实验结果称为指标,试验中需要考察、可以控制的条件称为因素或因子,因素所处的状态称为水平。上面提到的灯泡寿命问题是单因素试验,处理试验结果的统计方法就称为单因素方差分析。

9.4.1 单因素方差分析方法

只考虑一个因素 A 所关心的指标的影响,A 取几个水平,在每个水平上做若干个试验,假设试验过程中除因素自身外其他影响指标的因素都保持不变(只有随机因素存在)。我们的任务是从试验结果推断,因素 A 对指标有无显著影响,即当 A 取不同水平时指标有无显著差异。

A 取某个水平下的指标视为随机变量,判断 A 取不同水平时指标有无显著差别,相当于检验若干总体的均值是否相等。

1. 数学模型

不妨设 A 取 r 个水平,分别记为 $A_1,A_2,\cdots,A_r$。若在水平 A_i 下总体 $X_i\sim N(\mu_i,\sigma^2)$,$i=1,2,\cdots,r$,这里 μ_i,σ^2 未知,μ_i 可以互不相同,但假设 X_i 有相同的方差。

设在水平 A_i 下作了 n_i 次独立试验,即从总体 X_i 中抽取样本容量为 n_i 的样本,记作

$$X_{ij},\quad j=1,2,\cdots,n_i,$$

其中，$X_{ij} \sim N(\mu_i, \sigma^2)$，$i=1,2,\cdots,r$，$j=1,2,\cdots,n_i$，且相互独立。

将所有试验数据列成表格，如表 9.14 所列。

表 9.14　单因素试验数据表

A_1	X_{11}	X_{12}	…	X_{1n_1}
A_2	X_{21}	X_{22}	…	X_{2n_2}
…	…	…	…	…
A_r	X_{r1}	X_{r2}	…	X_{rn_r}

表 9.14 中对应 A_i 行的数据称为第 i 组数据。判断 A 的 r 个水平对指标有无显著影响，相当于要作以下的假设检验：

原假设 $H_0: \mu_1 = \mu_2 = \cdots = \mu_r$；

备择假设 $H_1: \mu_1, \mu_2, \cdots, \mu_r$ 不全相等。

由于 X_{ij} 的取值既受不同水平 A_i 的影响，又受 A_i 固定下随机因素的影响，所以将它分解为

$$X_{ij} = \mu_i + \varepsilon_{ij}, \quad i=1,2,\cdots,r, \quad j=1,2,\cdots,n_i, \tag{9.10}$$

式中：$\varepsilon_{ij} \sim N(0, \sigma^2)$，且相互独立。

引入记号

$$\mu = \frac{1}{n}\sum_{i=1}^{r} n_i \mu_i, \quad n = \sum_{i=1}^{r} n_i, \quad \alpha_i = \mu_i - \mu, \quad i = 1, \cdots, r,$$

称 μ 为总均值，α_i 是水平 A_i 下总体的平均值 μ_i 与总平均值 μ 的差异，习惯上称为指标 A_i 的效应。由式(9.10)，模型可表示为

$$\begin{cases} X_{ij} = \mu + \alpha_i + \varepsilon_{ij}, \\ \sum_{i=1}^{r} n_i \alpha_i = 0, \\ \varepsilon_{ij} \sim N(0, \sigma^2), \; i = 1, \cdots, r, \; j = 1, \cdots, n_i. \end{cases} \tag{9.11}$$

原假设为（以后略去备选假设）

$$H_0: \alpha_1 = \alpha_2 = \cdots = \alpha_r = 0. \tag{9.12}$$

2. 统计分析

记

$$\overline{X}_{i\cdot} = \frac{1}{n_i}\sum_{j=1}^{n_i} X_{ij}, \quad \overline{X} = \frac{1}{n}\sum_{i=1}^{r}\sum_{j=1}^{n_i} X_{ij}, \tag{9.13}$$

式中：$\overline{X}_{i\cdot}$ 为第 i 组数据的组平均值；$\overline{X}$ 为全体数据的总平均值。

考察全体数据对 $\overline{X}$ 的偏差平方和

$$S_T = \sum_{i=1}^{r}\sum_{j=1}^{n_i} (X_{ij} - \overline{X})^2, \tag{9.14}$$

经分解可得

$$S_T = \sum_{i=1}^{r} n_i (\overline{X}_{i\cdot} - \overline{X})^2 + \sum_{i=1}^{r}\sum_{j=1}^{n_i} (X_{ij} - \overline{X}_{i\cdot})^2.$$

记

$$S_A = \sum_{i=1}^{r} n_i (\overline{X}_{i\cdot} - \overline{X})^2, \tag{9.15}$$

$$S_E = \sum_{i=1}^{r} \sum_{j=1}^{n_i} (X_{ij} - \overline{X}_{i\cdot})^2, \tag{9.16}$$

则

$$S_T = S_A + S_E, \tag{9.17}$$

式中:S_A 为各组均值对总平均值的偏差平方和,反映 A 不同水平间的差异,称为组间平方和;S_E 为各组内的数据对样本均值偏差平方和的总和,反映了样本观测值与样本均值的差异,称为组内平方和,而这种差异认为是由随机误差引起的,因此也称为随机误差平方和。

注意到 $\sum_{j=1}^{n_i} (X_{ij} - \overline{X}_{i\cdot})^2$ 是总体 $N(\mu_i, \sigma^2)$ 的样本方差的 n_i-1 倍,于是有

$$\sum_{j=1}^{n_i} (X_{ij} - \overline{X}_{i\cdot})^2 / \sigma^2 \sim \chi^2(n_i - 1).$$

由χ^2 分布的可加性知

$$S_E/\sigma^2 \sim \chi^2\left(\sum_{i=1}^{r} (n_i - 1)\right),$$

即

$$S_E/\sigma^2 \sim \chi^2(n-r),$$

且有

$$ES_E = (n-r)\sigma^2. \tag{9.18}$$

对 S_A 作进一步分析,得

$$ES_A = (r-1)\sigma^2 + \sum_{i=1}^{r} n_i \alpha_i^2. \tag{9.19}$$

当 H_0 成立时

$$ES_A = (r-1)\sigma^2. \tag{9.20}$$

可知若 H_0 成立,S_A 只反映随机波动,而若 H_0 不成立,那它就还反映了 A 的不同水平的效应 α_i。单从数值上看,当 H_0 成立时,由式(9.18)、式(9.20)对于一次试验应有

$$\frac{S_A/(r-1)}{S_E/(n-r)} \approx 1,$$

而当 H_0 不成立时这个比值将远大于 1。当 H_0 成立时,该比值服从自由度 $n_1 = r-1, n_2 = (n-r)$ 的 F 分布,即

$$F = \frac{S_A/(r-1)}{S_E/(n-r)} \sim F(r-1, n-r). \tag{9.21}$$

为检验 H_0,给定显著性水平 α,记 F 分布的上 α 分位数为 $F_\alpha(r-1, n-r)$,检验规则为

$F < F_\alpha(r-1, n-r)$时接受 H_0,否则拒绝 H_0.

以上对 S_A, S_E 的分析相当于对组间、组内方差的分析,所以这种假设检验方法称为方差分析。

3. 方差分析表

将上述统计过程归纳为方差分析表,如表 9.15 所列。

若由试验数据算得结果有 $F>F_{\alpha}(r-1,n-r)$,则拒绝 H_0,即认为因素 A 对试验结果有显著影响;若 $F<F_{\alpha}(r-1,n-r)$,则接受 H_0,即认为因素 A 对试验结果没有显著影响。

最后一列给出 $F(r-1,n-r)$ 分布大于 F 值的概率 p,当 $p<\alpha$ 时拒绝原假设 H_0,否则接受原假设 H_0。

表 9.15　单因素方差分析表

方差来源	离差平方和	自由度	均　方	F 值	概　率
因素 A(组间)	S_A	$r-1$	$S_A/(r-1)$	$F=\dfrac{S_A/(r-1)}{S_E/(n-r)}$	p
随机误差(组内)	S_E	$n-r$	$S_E/(n-r)$		
总和	S_T	$n-1$			

在方差分析中,还作如下规定:

(1) 如果取 $\alpha=0.01$ 时拒绝 H_0,即 $F>F_{0.01}(r-1,n-r)$,则称因素 A 的影响高度显著。

(2) 如果取 $\alpha=0.05$ 时拒绝 H_0,但取 $\alpha=0.01$ 时不拒绝 H_0,即

$$F_{0.01}(r-1,n-r)\geqslant F>F_{0.05}(r-1,n-r),$$

则称因素 A 的影响显著。

4. Statsmodels 实现

下面使用 Statsmodels 库中的 anova_lm 函数进行单因素方差分析,输出值 F 是 F 统计量的值,输出值 PR 是一个概率值,当 PR>α(α 为显著性水平)时接受原假设,即认为因素 A 对指标无显著影响。

对例 9.18 进行单因素方差分析的 Python 程序如下:

```
#程序文件 ex9_18.py
import pandas as pd
import numpy as np
import statsmodels.api as sm

a = pd.read_excel('data9_18.xlsx', header=None)
b = a.values.T; y = b[~np.isnan(b)]
x = np.hstack([np.ones(5), np.full(4,2), np.full(4,3), np.full(3,4)])
d = {'x':x, 'y':y}                                  #构造字典
model = sm.formula.ols('y~C(x)', d).fit()           #构建模型
anovat = sm.stats.anova_lm(model)                   #进行单因素方差分析
print(anovat)
```

程序运行结果如下:

```
            df        sum_sq        mean_sq         F    PR(>F)
C(x)       3.0  60153.333333  20051.111111  3.727742  0.042004
Residual  12.0  64546.666667   5378.888889       NaN       NaN
```

PR=0.042004<0.05,所以这几种工艺制成的灯泡寿命有显著差异。

例 9.19 (均衡数据)为了考察化工生产中温度对某种化工产品的收率(%)的影响,现选择了 5 种不同的温度。在同一温度下各做 4 次试验,试验结果如表 9.16 所列。问反应温度对产品收率有无显著影响?

表 9.16 产品收率试验结果表

温度	试验				
	1	2	3	4	平均值
1	55.0	58.0	57.4	57.1	56.875
2	54.4	56.8	52.4	56.0	54.90
3	54.0	54.1	54.3	54.0	54.10
4	56.4	57.0	56.6	57.0	56.75
5	56.1	57.0	56.1	54.0	55.80

解 由表 9.16 的数据经计算得方差分析表如表 9.17 所列。

表 9.17 方差分析表

方差来源	离差平方和	自由度	均方	F 值	p 值
组间	$S_A=22.7680$	4	5.6920	3.9496	0.0220
组内	$S_E=21.6175$	15	1.4412		
总和	$S_T=44.3855$	19			

由于 $F=3.9496>3.0556=F_{0.05}(4,15)$,故拒绝 H_0,即认为温度对产品收率有显著影响。

```
#程序文件 ex9_19.py
import numpy as np
import pandas as pd
from scipy.stats import f
import statsmodels.api as sm

d = np.loadtxt('data9_19.txt')
mu = d.mean(axis=1); a = d.flatten()
x=np.tile(np.arange(1,6), (4,1)).T.flatten()
d={'x':x,'y':a}                              #构造求解需要的字典
m = sm.formula.ols("y~C(x)",d).fit()         #构建模型
s = sm.stats.anova_lm(m)                     #进行单因素方差分析
fa = f.ppf(0.95, s.df[0], s.df[1])           #计算上 alpha 分位数
ts = sum(s.sum_sq)                           #求总的偏差平方和
print(s); print('临界值:', round(fa,4))
print('总的偏差平方和:', round(ts,4))
```

9.4.2 双因素方差分析方法

如果要考虑两个因素对指标的影响,就要采用双因素方差分析。它的基本思想是:对每个因素各取几个水平,然后对各因素不同水平的每个组合作一次或若干次试验,对所得数据进行方差分析。对双因素方差分析可分为无重复和等重复试验两种情况,无重复试验只需检验两因素是否分别对指标有显著影响;而对等重复试验还要进一步检验两因素是否对指标有显著的交互影响。

1. 数学模型

设 A 取 s 个水平 $A_1,A_2,\cdots,A_s$,B 取 r 个水平 $B_1,B_2,\cdots,B_r$,在水平组合(B_i,A_j)下总体 X_{ij}服从正态分布 $N(\mu_{ij},\sigma^2)$,$i=1,\cdots,r,j=1,\cdots,s$。又设在水平组合$(B_i,A_j)$下做了 t 个试验,所得结果记作 X_{ijk},X_{ijk} 服从 $N(\mu_{ij},\sigma^2)$,$i=1,\cdots,r,j=1,\cdots,s,k=1,\cdots,t$,且相互独立。将这些数据列成表 9.18 的形式。

表 9.18 双因素试验数据表

	A_1	A_2	$\cdots$	A_s
B_1	$X_{111},\cdots,X_{11t}$	$X_{121},\cdots,X_{12t}$	$\cdots$	$X_{1s1},\cdots,X_{1st}$
B_2	$X_{211},\cdots,X_{21t}$	$X_{221},\cdots,X_{22t}$	$\cdots$	$X_{2s1},\cdots,X_{2st}$
$\vdots$	$\vdots$	$\vdots$		$\vdots$
B_r	$X_{r11},\cdots,X_{r1t}$	$X_{r21},\cdots,X_{r2t}$	$\cdots$	$X_{rs1},\cdots,X_{rst}$

将 X_{ijk}分解为

$$X_{ijk}=\mu_{ij}+\varepsilon_{ijk},\quad i=1,\cdots,r,\quad j=1,\cdots,s,\quad k=1,\cdots,t.$$

其中 $\varepsilon_{ijk}\sim N(0,\sigma^2)$,且相互独立。记

$$\mu=\frac{1}{rs}\sum_{i=1}^{r}\sum_{j=1}^{s}\mu_{ij},\quad \mu_{\cdot j}=\frac{1}{r}\sum_{i=1}^{r}\mu_{ij},\quad \alpha_j=\mu_{\cdot j}-\mu,$$

$$\mu_{i\cdot}=\frac{1}{s}\sum_{j=1}^{s}\mu_{ij},\quad \beta_i=\mu_{i\cdot}-\mu,\quad \gamma_{ij}=(\mu_{ij}-\mu)-\alpha_i-\beta_j,$$

μ 是总均值,α_j 是水平 A_j 对指标的效应,β_i 是水平 B_i 对指标的效应,γ_{ij}是水平 B_i 与 A_j 对指标的交互效应。模型表为

$$\begin{cases}X_{ijk}=\mu+\alpha_j+\beta_i+\gamma_{ij}+\varepsilon_{ijk},\\ \sum_{j=1}^{s}\alpha_j=0,\ \sum_{i=1}^{r}\beta_i=0,\ \sum_{i=1}^{r}\gamma_{ij}=\sum_{j=1}^{s}\gamma_{ij}=0,\\ \varepsilon_{ijk}\sim N(0,\sigma^2),\ i=1,\cdots,r,j=1,\cdots,s,k=1,\cdots,t.\end{cases}\tag{9.22}$$

原假设为

$$H_{01}:\alpha_j=0,\quad j=1,\cdots,s,\tag{9.23}$$

$$H_{02}:\beta_i=0,\quad i=1,\cdots,r,\tag{9.24}$$

$$H_{03}:\gamma_{ij}=0,\quad i=1,\cdots,r;j=1,\cdots,s.\tag{9.25}$$

2. 无交互影响的双因素方差分析

如果根据经验或某种分析能够事先判定两因素之间没有交互影响,每组试验就不必

重复，即可令 $t=1$，过程大为简化。

假设 $\gamma_{ij}=0$，于是

$$\mu_{ij}=\mu+\alpha_j+\beta_i,\quad i=1,\cdots,r,j=1,\cdots,s.$$

此时，模型式(9.22)可写成

$$\begin{cases}X_{ij}=\mu+\alpha_j+\beta_i+\varepsilon_{ij},\\ \sum_{j=1}^{s}\alpha_j=0,\ \sum_{i=1}^{r}\beta_i=0,\\ \varepsilon_{ij}\sim N(0,\sigma^2),\quad i=1,\cdots,r,j=1,\cdots,s.\end{cases}\tag{9.26}$$

对这个模型所要检验的假设为式(9.23)和式(9.24)。下面采用与单因素方差分析模型类似的方法导出检验统计量。

记

$$\overline{X}=\frac{1}{rs}\sum_{i=1}^{r}\sum_{j=1}^{s}X_{ij},\quad \overline{X}_{i\cdot}=\frac{1}{s}\sum_{j=1}^{s}X_{ij},\quad \overline{X}_{\cdot j}=\frac{1}{r}\sum_{i-1}^{r}X_{ij},\quad S_T=\sum_{i=1}^{r}\sum_{j=1}^{s}(X_{ij}-\overline{X})^2,$$

其中 S_T 为全部试验数据的总变差，称为总平方和，对其进行分解

$$\begin{aligned}S_T&=\sum_{i=1}^{r}\sum_{j=1}^{s}(X_{ij}-\overline{X})^2\\&=\sum_{i=1}^{r}\sum_{j=1}^{s}(X_{ij}-\overline{X}_{i\cdot}-\overline{X}_{\cdot j}+\overline{X})^2+s\sum_{i=1}^{r}(\overline{X}_{\cdot j}-\overline{X})^2+r\sum_{j=1}^{s}(\overline{X}_{i\cdot}-\overline{X})^2\\&=S_E+S_A+S_B,\end{aligned}$$

可以验证，在上述平方和分解中交叉项均为0，其中

$$S_E=\sum_{i=1}^{r}\sum_{j=1}^{s}(X_{ij}-\overline{X}_{i\cdot}-\overline{X}_{\cdot j}+\overline{X})^2,\quad S_A=r\sum_{j=1}^{s}(\overline{X}_{\cdot j}-\overline{X})^2,\quad S_B=s\sum_{i=1}^{r}(\overline{X}_{i\cdot}-\overline{X})^2.$$

我们先来看看 S_A 的统计意义。因为 $\overline{X}_{\cdot j}$ 是水平 A_j 下所有观测值的平均，所以 $\sum_{j=1}^{s}(\overline{X}_{\cdot j}-\overline{X})^2$ 反映了 $\overline{X}_{\cdot 1},\overline{X}_{\cdot 2},\cdots,\overline{X}_{\cdot s}$ 差异的程度。这种差异是由于因素 A 的不同水平所引起的，因此 S_A 称为因素 A 的平方和。类似地，S_B 称为因素 B 的平方和。至于 S_E 的意义不甚明显，我们可以这样来理解：因为 $S_E=S_T-S_A-S_B$，在我们所考虑的两因素问题中，除了因素 A 和 B 之外，剩余的再没有其他系统性因素的影响，因此从总平方和中减去 S_A 和 S_B 之后，剩下的数据变差只能归入随机误差，故 S_E 反映了试验的随机误差。

有了总平方和的分解式 $S_T=S_E+S_A+S_B$，以及各个平方和的统计意义，就可以明白，假设式(9.23)的检验统计量应取为 S_A 与 S_E 的比。

和单因素方差分析相类似，可以证明，当 H_{01} 成立时，

$$F_A=\frac{\dfrac{S_A}{s-1}}{\dfrac{S_E}{(r-1)(s-1)}}\sim F(s-1,(r-1)(s-1)).$$

当 H_{02} 成立时，

$$F_B=\frac{\frac{S_B}{r-1}}{\frac{S_E}{(r-1)(s-1)}}\sim F(r-1,(r-1)(s-1)).$$

检验规则为

$F_A<F_\alpha(s-1,(r-1)(s-1))$时接受$H_{01}$,否则拒绝$H_{01}$;

$F_B<F_\alpha(r-1,(r-1)(s-1))$时接受$H_{02}$,否则拒绝$H_{02}$。

可以写出方差分析表,如表9.19所列。

表9.19 无交互效应的两因素方差分析表

方差来源	离差平方和	自由度	均方	F值
因素A	S_A	$s-1$	$\frac{S_A}{s-1}$	$F_A=\frac{S_A/(s-1)}{S_E/[(r-1)(s-1)]}$
因素B	S_B	$r-1$	$\frac{S_B}{r-1}$	$F_B=\frac{S_B/(r-1)}{S_E/[(r-1)(s-1)]}$
随机误差	S_E	$(r-1)(s-1)$	$\frac{S_E}{(r-1)(s-1)}$	
总和	S_T	$rs-1$		

3. 关于交互效应的双因素方差分析

与前面方法类似,记

$$\overline{X}=\frac{1}{rst}\sum_{i=1}^{r}\sum_{j=1}^{s}\sum_{k=1}^{t}X_{ijk},\quad \overline{X}_{ij\cdot}=\frac{1}{t}\sum_{k=1}^{t}X_{ijk},\quad \overline{X}_{i\cdot\cdot}=\frac{1}{st}\sum_{j=1}^{s}\sum_{k=1}^{t}X_{ijk},\quad \overline{X}_{\cdot j\cdot}=\frac{1}{rt}\sum_{i=1}^{r}\sum_{k=1}^{t}X_{ijk}.$$

将全体数据对$\overline{X}$的偏差平方和

$$S_T=\sum_{i=1}^{r}\sum_{j=1}^{s}\sum_{k=1}^{t}(X_{ijk}-\overline{X})^2$$

进行分解,可得

$$S_T=S_E+S_A+S_B+S_{AB},$$

其中

$$S_E=\sum_{i=1}^{r}\sum_{j=1}^{s}\sum_{k=1}^{t}(X_{ijk}-\overline{X}_{ij\cdot})^2,\quad S_A=rt\sum_{j=1}^{s}(\overline{X}_{\cdot j\cdot}-\overline{X})^2,$$

$$S_B=st\sum_{i=1}^{r}(\overline{X}_{i\cdot\cdot}-\overline{X})^2,\quad S_{AB}=t\sum_{i=1}^{r}\sum_{j=1}^{s}(\overline{X}_{ij\cdot}-\overline{X}_{i\cdot\cdot}-\overline{X}_{\cdot j\cdot}+\overline{X})^2.$$

称S_E为随机误差平方和,S_A为因素A的平方和(或列间平方和),S_B为因素B的平方和(或行间平方和),S_{AB}为交互作用的平方和(或格间平方和)。

可以证明,当H_{03}成立时

$$F_{AB}=\frac{\frac{S_{AB}}{(r-1)(s-1)}}{\frac{S_E}{rs(t-1)}}\sim F((r-1)(s-1),rs(t-1)),\tag{9.27}$$

据此统计量，可以检验 H_{03}。

可以用 F 检验法去检验诸假设。对于给定的显著性水平 α，检验的结论如下：

若 $F_A>F_\alpha(s-1,rs(t-1))$，则拒绝 H_{01}；

若 $F_B>F_\alpha(r-1,rs(t-1))$，则拒绝 H_{02}；

若 $F_{AB}>F_\alpha((r-1)(s-1),rs(t-1))$，则拒绝 H_{03}，即认为交互作用显著。

将试验数据按上述分析、计算的结果排成表 9.20 的形式，称为双因素方差分析表。

表 9.20 关于交互效应的两因素方差分析表

方差来源	离差平方和	自由度	均方	F 值
因素 A	S_A	$s-1$	$\frac{S_A}{s-1}$	$F_A=\frac{S_A/(s-1)}{S_E/[rs(t-1)]}$
因素 B	S_B	$r-1$	$\frac{S_B}{r-1}$	$F_B=\frac{S_B/(r-1)}{S_E/[rs(t-1)]}$
交互效应	S_{AB}	$(r-1)(s-1)$	$\frac{S_{AB}}{(r-1)(s-1)}$	$F_{AB}=\frac{S_{AB}/[(r-1)(s-1)]}{S_E/[rs(t-1)]}$
随机误差	S_E	$rs(t-1)$	$\frac{S_E}{rs(t-1)}$	
总和	S_T	$rst-1$		

4. Statsmodels 实现

例 9.20 一种火箭使用了 4 种燃料、3 种推进器，进行射程试验，对于每种燃料与每种推进器的组合做一次试验，得到试验数据如表 9.21 所列。问各种燃料之间及各种推进器之间有无显著差异？

表 9.21 火箭试验数据

	B_1	B_2	B_3
A_1	58.2	56.2	65.3
A_2	49.1	54.1	51.6
A_3	60.1	70.9	39.2
A_4	75.8	58.2	48.7

解 记燃料为因素 A，它有 4 个水平，水平效应为 $\alpha_i(i=1,2,3,4)$。推进器为因素 B，它有 3 个水平，水平效应为 $\beta_j(j=1,2,3)$。在显著性水平 $\alpha=0.05$ 下检验

$$H_1:\alpha_1=\alpha_2=\alpha_3=\alpha_4=0,$$

$$H_2:\beta_1=\beta_2=\beta_3=0.$$

由表 9.21 的数据经计算得方差分析表如表 9.22 所列。由 p 值可知各种燃料和各种推进器之间的差异对于火箭射程无显著影响。

表 9.22 方差分析表

方差来源	离差平方和	自由度	均方	F值	p值
因素 A	$S_A=157.5900$	3	52.5300	0.4306	0.7387
因素 B	$S_B=223.8467$	2	111.9233	0.9174	0.4491
误差	$S_E=731.9800$	6	121.9967		

```
#程序文件 ex9_20.py
import numpy as np
import statsmodels.api as sm

a = np.loadtxt('data9_20.txt')
x1 = np.tile(np.arange(1,5), (3,1)).T                    #燃料水平
x2 = np.tile(np.arange(1,4), (4,1))                      #推进剂水平
d = {'x1':x1.flatten(), 'x2':x2.flatten(), 'y':a.flatten()}
m = sm.formula.ols('y~C(x1)+C(x2)', d).fit()
s = sm.stats.anova_lm(m); print(s)
```

例 9.21 一火箭使用了 4 种燃料,3 种推进器做射程试验,每种燃料与每种推进器的组合各发射火箭 2 次,得到如表 9.23 所列结果。

表 9.23 火箭试验数据

	B_1	B_2	B_3
A_1	58.2 52.6	56.2 41.2	65.3 60.8
A_2	49.1 42.8	54.1 50.5	51.6 48.4
A_3	60.1 58.3	70.9 73.2	39.2 40.7
A_4	75.8 71.5	58.2 51.0	48.7 41.4

试在水平 0.05 下,检验不同燃料(因素 A)、不同推进器(因素 B)下的射程是否有显著差异?交互作用是否显著?

解 记燃料为因素 A,它有 4 个水平,水平效应为 $\alpha_i(i=1,2,3,4)$。推进器为因素 B,它有 3 个水平,水平效应为 $\beta_j(j=1,2,3)$。燃料和推进器的交互效应为 $\gamma_{ij}(i=1,2,3,4;j=1,2,3)$。我们在显著性水平 $\alpha=0.05$ 下检验

$$H_1:\alpha_1=\alpha_2=\alpha_3=\alpha_4=0,$$

$$H_2:\beta_1=\beta_2=\beta_3=0,$$

$$H_3:\gamma_{11}=\gamma_{12}=\gamma_{13}=\cdots=\gamma_{43}=0.$$

由表 9.23 数据经计算得方差分析表如表 9.24 所列。表明各试验均值相等的概率都为小概率,故可拒绝均值相等假设,即认为不同燃料(因素 A)、不同推进器(因素 B)下的射程有显著差异,交互作用也是显著的。

表 9.24 方差分析表

方差来源	离差平方和	自由度	均方	F值	p值
因素 A	$S_A=261.6750$	3	87.2250	4.4174	0.0260
因素 B	$S_B=370.9808$	2	185.4904	9.3939	0.0035
交互作用	$S_{A\times B}=1768.6925$	6	294.7821	14.9288	0.0001
随机误差	$S_E=236.9500$	12	19.7458		

```
#程序文件 ex9_21.py
import numpy as np
import statsmodels.api as sm

a = np.loadtxt('data9_21.txt')
x1 = np.tile(np.arange(1,5), (6,1)).T
x2 = np.tile(np.array([1,1,2,2,3,3]), (4,1))
d = {'x1':x1.flatten(), 'x2':x2.flatten(),'y':a.flatten()}
m = sm.formula.ols('y~C(x1) * C(x2)', d).fit()
s = sm.stats.anova_lm(m); print(s)
```

注 9.3 交互作用公式 C(x1)+C(x2)+C(x1):C(x2) 也可以缩写为 C(x1) * C(x2)，其中大写的 C 表示分类变量。

习 题 9

9.1 从一批灯泡中随机地取 5 只做寿命试验，测得寿命(以 h 计)为

1050 1100 1120 1250 1280,

设灯泡寿命服从正态分布。求灯泡寿命平均值的置信水平为 0.90 的置信区间。

9.2 某车间生产滚珠，随机地抽出了 50 粒，测得它们的直径为(单位：mm)

15.0	15.8	15.2	15.1	15.9	14.7	14.8	15.5	15.6	15.3
15.1	15.3	15.0	15.6	15.7	14.8	14.5	14.2	14.9	14.9
15.2	15.0	15.3	15.6	15.1	14.9	14.2	14.6	15.8	15.2
15.9	15.2	15.0	14.9	14.8	14.5	15.1	15.5	15.5	15.1
15.1	15.0	15.3	14.7	14.5	15.5	15.0	14.7	14.6	14.2.

经过计算知样本均值 $\bar{x}=15.0780$，样本标准差 $s=0.4325$，试问滚珠直径是否服从正态分布 $N(15.0780, 0.4325^2)$ $(\alpha=0.05)$？

9.3 在 7 个不同实验室中测量某种扑尔敏药片的扑尔敏有效含量(以 mg 计)。得到的结果(Lab 表示实验室)见表 9.25。

表 9.25　扑尔敏有效含量数据

Lab1	Lab2	Lab3	Lab4	Lab5	Lab6	Lab7
4.13	3.86	4.00	3.88	4.02	4.02	4.00
4.07	3.85	4.02	3.88	3.95	3.86	4.02
4.04	4.08	4.01	3.91	4.02	3.96	4.03
4.07	4.11	4.01	3.95	3.89	3.97	4.04
4.05	4.08	4.04	3.92	3.91	4.00	4.10
4.04	4.01	3.99	3.97	4.01	3.82	3.81
4.02	4.02	4.03	3.92	3.89	3.98	3.91
4.06	4.04	3.97	3.90	3.89	3.99	3.96
4.10	3.97	3.98	3.97	3.99	4.02	4.05
4.04	3.95	3.98	3.90	4.00	3.93	4.06

(1) 画出各实验室测量结果的箱线图。

(2) 设各样本分别来自正态总体 $N(\mu_i,\sigma^2)$，$i=1,2,\cdots,7$，各样本相互独立。试取显著水平 $\alpha=0.05$ 检验各实验室测量的扑尔敏的有效含量的均值是否有显著差异。

9.4　为分析 4 种化肥和 3 个小麦品种对小麦产量的影响，把一块试验田等分成 36 小块，对种子和化肥的每一种组合种植 3 小块田，产量如表 9.26 所列（单位：kg），问品种、化肥及二者的交互作用对小麦产量有无显著影响。

表 9.26　产量数据

品种	化　肥			
	B_1	B_2	B_3	B_4
A_1	173,172,173	174,176,178	177,179,176	172,173,174
A_2	175,173,176	178,177,179	174,175,173	170,171,172
A_3	177,175,176	174,174,175	174,173,174	169,169,170

9.5　（三因素方差分析）某集团为了研究商品销售点所在的地理位置、销售点处的广告和销售点的装潢这 3 个因素对商品的影响程度，选了 3 个位置（如市中心黄金地段、非中心的地段、城乡结合部），两种广告形式，两种装潢档次在 4 个城市进行了搭配试验。表 9.27 是销售量的数据，试在显著水平 0.05 下，检验不同地理位置、不同广告、不同装潢下的销售量是否有显著差异？

表 9.27 三因素方差数据

水平组合	城市号			
	1	2	3	4
$A_1B_1C_1$	955	967	960	980
$A_1B_1C_2$	927	949	950	930
$A_1B_2C_1$	905	930	910	920
$A_1B_2C_2$	855	860	880	875
$A_2B_1C_1$	880	890	895	900
$A_2B_1C_2$	860	840	850	830
$A_2B_2C_1$	870	865	850	860
$A_2B_2C_2$	830	850	840	830
$A_3B_1C_1$	875	888	900	892
$A_3B_1C_2$	870	850	847	965
$A_3B_2C_1$	870	863	845	855
$A_3B_2C_2$	821	842	832	848

9.6 (1999 年全国大学生数学建模竞赛 A 题)自动化车床管理。

一道工序用自动化车床连续加工某种零件,由于刀具损坏等原因该工序会出现故障,其中刀具损坏故障占 95%,其他故障仅占 5%。工序出现故障是完全随机的,假设在生产任一零件时出现故障的机会均相同。工作人员通过检查零件来确定工序是否出现故障。现积累有 100 次刀具故障记录,故障出现时该刀具完成的零件数如表 9.28 所列。现计划在刀具加工一定件数后定期更换新刀具。

已知生产工序的费用参数如下:故障时产出的零件损失费用 $f=200$ 元/件;进行检查的费用 $t=10$ 元/次;发现故障进行调节使恢复正常的平均费用 $d=3000$ 元/次(包括刀具费);未发现故障时更换一把新刀具的费用 $k=1000$ 元/次。

(1) 假设工序故障时产出的零件均为不合格品,正常时产出的零件均为合格品,试对该工序设计效益最好的检查间隔(生产多少零件检查一次)和刀具更换策略。

(2) 如果该工序正常时产出的零件不全是合格品,有 2%为不合格品;而工序故障时产出的零件有 40%为合格品,60%为不合格品。工序正常而误认有故障停机产生的损失费用为 1500 元/次。对该工序设计效益最好的检查间隔和刀具更换策略。

(3) 在(2)的情况,可否改进检查方式获得更高的效益。

表 9.28　100 次刀具故障记录(完成的零件数)

459	362	624	542	509	584	433	748	815	505
612	452	434	982	640	742	565	706	593	680
926	653	164	487	734	608	428	1153	593	844
527	552	513	781	474	388	824	538	862	659
775	859	755	649	697	515	628	954	771	609
402	960	885	610	292	837	473	677	358	638
699	634	555	570	84	416	606	1062	484	120
447	654	564	339	280	246	687	539	790	581
621	724	531	512	577	496	468	499	544	645
764	558	378	765	666	763	217	715	310	851

第 10 章　回 归 分 析

曲线拟合问题的特点是,根据得到的若干有关变量的一组数据,寻求因变量与自变量之间的函数关系,使这个函数对该组数据拟合得最好。通常函数的形式可以由经验、先验知识或对数据的直观观察决定,要做的工作就是由数据用最小二乘法计算函数中的待定系数。

从数理统计的观点看,最小二乘曲线或函数拟合方法,是根据一个样本的观测值建立拟合函数,并估计拟合函数中的参数。参数估计的结果可以视为一个统计意义上的点估计。如果考虑到观测结果受随机因素的影响,实际进行参数估计时应该给出相应的区间估计。如果置信区间太大,甚至包含了零点,那么参数的估计值就没有多大意义了。在统计学中,研究随机变量之间的关联关系的方法就是回归分析方法。简单地说,回归分析就是对拟合问题作的统计分析。

在回归分析中自变量是影响因变量的主要因素,是人们能控制或能观察的,称为可控变量,而因变量还受到各种随机因素的干扰,通常可以合理地假设这种干扰服从均值为零的正态分布。若自变量的个数为一个,相应的回归模型称为一元回归模型;若自变量的个数多于一个,相应的回归模型称为多元回归模型。

具体地说,回归分析是在一组数据的基础上研究这样几个问题:

(1) 建立因变量 y 与自变量 $x_1,x_2,\cdots,x_m$ 之间的回归模型(经验公式)。

(2) 对回归模型的可信度进行检验。

(3) 判断每个自变量 $x_i(i=1,2,\cdots,m)$ 对 y 的影响是否显著。

(4) 诊断回归模型是否适合这组数据。

(5) 利用回归模型对 y 进行预报或控制。

10.1　一元线性回归模型

10.1.1　一元线性回归分析

1. 一元线性回归模型的一般形式

如果已知实际观测数据 $(x_i,y_i)(i=1,2,\cdots,n)$ 大致成为一条直线,则变量 y 与 x 之间的关系大致可以看作是近似的线性关系。一般来说,这些点又不完全在一条直线上,这表明 y 与 x 之间的关系还没有确切到给定 x 就可以唯一确定 y 的程度。事实上,还有许多其他不确定因素产生的影响,如果主要是研究 y 与 x 之间的关系,则可以假设有如下关系:

$$y=\beta_0+\beta_1 x+\varepsilon, \tag{10.1}$$

式中：β_0,β_1 为未知待定常数；ε 为其他随机因素对 y 的影响，并且服从于 $N(0,\sigma^2)$ 分布。

式(10.1)称为一元线性回归模型，x 称为回归变量，y 称为响应变量，β_0 和 β_1 称为回归系数。

2. 参数 β_0 和 β_1 的最小二乘估计

要确定一元线性回归模型，首先是要确定回归系数 β_0 和 β_1。以下用最小二乘法估计参数 β_0 和 β_1 的值，即要确定一组 β_0 和 β_1 的估计值，使得回归模型式(10.1)与直线方程 $y=\beta_0+\beta_1 x$ 在所有数据点 (x_i,y_i) $(i=1,2,\cdots,n)$ 都比较“接近”。

为了刻画这种“接近”程度，只要使 y 的观察值与估计值偏差的平方和最小，即只需求函数

$$Q=\sum_{i=1}^{n}(y_i-\beta_0-\beta_1 x_i)^2 \tag{10.2}$$

的最小值，这种方法称为最小二乘法。

为此，分别对式(10.2)求关于 β_0 和 β_1 的偏导数，并令它们等于零，得到正规方程组

$$\begin{cases} n\beta_0+\left(\sum_{i=1}^{n}x_i\right)\beta_1=\sum_{i=1}^{n}y_i, \\ \left(\sum_{i=1}^{n}x_i\right)\beta_0+\left(\sum_{i=1}^{n}x_i^2\right)\beta_1=\sum_{i=1}^{n}x_i y_i. \end{cases} \tag{10.3}$$

求解，得

$$\hat{\beta}_1=\frac{L_{xy}}{L_{xx}},\hat{\beta}_0=\bar{y}-\hat{\beta}_1\bar{x},$$

式中：$\bar{x}=\frac{1}{n}\sum_{i=1}^{n}x_i$；$\bar{y}=\frac{1}{n}\sum_{i=1}^{n}y_i$；$L_{xy}=\sum_{i=1}^{n}(x_i-\bar{x})(y_i-\bar{y})$；$L_{xx}=\sum_{i=1}^{n}(x_i-\bar{x})^2$。

于是，所求的线性回归方程为

$$\hat{y}=\hat{\beta}_0+\hat{\beta}_1 x.$$

若将 $\hat{\beta}_0=\bar{y}-\hat{\beta}_1\bar{x}$ 代入上式，则线性回归方程变为

$$\hat{y}=\bar{y}+\hat{\beta}_1(x-\bar{x}). \tag{10.4}$$

3. 相关性检验，判定系数(拟合优度)和剩余标准差

建立一元线性回归模型的目的，就是试图以 x 的线性函数 $(\hat{\beta}_0+\hat{\beta}_1 x)$ 来解释 y 的变异。那么，回归模型 $\hat{y}=\hat{\beta}_0+\hat{\beta}_1 x$ 究竟能以多大的精度来解释 y 的变异呢？又有多大部分是无法用这个回归方程来解释的呢？

$y_1,y_2,\cdots,y_n$ 的变异程度可采用样本方差来测度，即

$$s_1^2=\frac{1}{n-1}\sum_{i=1}^{n}(y_i-\bar{y})^2.$$

根据式(10.4)，得拟合值 $\hat{y}_i=\hat{\beta}_0+\hat{\beta}_1 x_i=\bar{y}+\hat{\beta}_1(x_i-\bar{x})$，所以拟合值 $\hat{y}_1,\hat{y}_2,\cdots,\hat{y}_n$ 的均值也是 $\bar{y}$，其变异程度可以用下式测度

$$s_2^2 = \frac{1}{n-1}\sum_{i=1}^{n}(\hat{y}_i - \bar{y})^2.$$

下面看一下 s_1^2 与 s_2^2 之间的关系，有

$$\sum_{i=1}^{n}(y_i - \bar{y})^2 = \sum_{i=1}^{n}(y_i - \hat{y}_i)^2 + \sum_{i=1}^{n}(\hat{y}_i - \bar{y})^2 + 2\sum_{i=1}^{n}(y_i - \hat{y}_i)(\hat{y}_i - \bar{y}).$$

由于

$$\sum_{i=1}^{n}(y_i - \hat{y}_i)(\hat{y}_i - \bar{y}) = \sum_{i=1}^{n}(y_i - \hat{\beta}_0 - \hat{\beta}_1 x_i)(\hat{\beta}_0 + \hat{\beta}_1 x_i - \bar{y})$$

$$= \hat{\beta}_0\sum_{i=1}^{n}(y_i - \hat{\beta}_0 - \hat{\beta}_1 x_i) + \hat{\beta}_1\sum_{i=1}^{n}x_i(y_i - \hat{\beta}_0 - \hat{\beta}_1 x_i) - \bar{y}\sum_{i=1}^{n}(y_i - \hat{\beta}_0 - \hat{\beta}_1 x_i) = 0,$$

其中，由正规方程组式(10.3)的第2个式子，知 $\hat{\beta}_1\sum_{i=1}^{n}x_i(y_i - \hat{\beta}_0 - \hat{\beta}_1 x_i) = 0$。

因此，得到正交分解式为

$$\sum_{i=1}^{n}(y_i - \bar{y})^2 = \sum_{i=1}^{n}(\hat{y}_i - \bar{y})^2 + \sum_{i=1}^{n}(y_i - \hat{y}_i)^2. \tag{10.5}$$

记

$\mathrm{SST} = \sum_{i=1}^{n}(y_i - \bar{y})^2 = L_{yy}$，这是原始数据 y_i 的总变异平方和，其自由度为 $df_\mathrm{T} = n-1$。

$\mathrm{SSR} = \sum_{i=1}^{n}(\hat{y}_i - \bar{y})^2$，这是用拟合直线 $\hat{y}_i = \hat{\beta}_0 + \hat{\beta}_1 x_i$ 可解释的变异平方和，其自由度为 $df_\mathrm{R} = 1$。

$\mathrm{SSE} = \sum_{i=1}^{n}(y_i - \hat{y}_i)^2$，这是残差平方和，其自由度为 $df_\mathrm{E} = n-2$。

所以，有

$$\mathrm{SST} = \mathrm{SSR} + \mathrm{SSE}, \quad df_\mathrm{T} = df_\mathrm{R} + df_\mathrm{E}.$$

从上式可以看出，y 的变异是由两方面的原因引起的；一是由于 x 的取值不同，而给 y 带来的系统性变异；另一个是由除 x 以外的其他因素的影响。

注意到对于一个确定的样本(一组实现的观测值)，SST 是一个定值。所以，可解释变异 SSR 越大，则必然有残差平方和 SSE 越小。这个分解式可同时从两个方面说明拟合方程的优良程度：

(1) SSR 越大，用回归方程来解释 y_i 变异的部分越大，回归方程对原数据解释得越好。

(2) SSE 越小，观测值 y_i 绕回归直线越紧密，回归方程对原数据的拟合效果越好。

因此，可以定义一个测量标准来说明回归方程对原始数据的拟合程度，这就是判定系数，有些文献上也称为拟合优度。

判定系数是指可解释的变异占总变异的百分比，用 R^2 表示，有

$$R^2 = \frac{\mathrm{SSR}}{\mathrm{SST}} = 1 - \frac{\mathrm{SSE}}{\mathrm{SST}}. \tag{10.6}$$

从判定系数的定义看，R^2 有以下简单性质：

(1) $0 \leqslant R^2 \leqslant 1$。

(2) 当 $R^2=1$ 时，有 SSR=SST，也就是说，此时原数据的总变异完全可以由拟合值的变异来解释，并且残差为零(SSE=0)，即拟合点与原数据完全吻合。

(3) 当 $R^2=0$ 时，回归方程完全不能解释原数据的总变异，y 的变异完全由与 x 无关的因素引起，这时 SSE=SST。

判定系数是一个很有趣的指标，一方面它可以从数据变异的角度指出可解释的变异占总变异的百分比，从而说明回归直线拟合的优良程度；另一方面，它还可以从相关性的角度，说明因变量 y 与拟合变量 $\hat{y}$ 的相关程度，从这个角度看，拟合变量 $\hat{y}$ 与因变量 y 的相关度越大，拟合直线的优良度就越高。

定义 x 与 y 的相关系数

$$r=\frac{L_{xy}}{\sqrt{L_{xx}L_{yy}}}, \tag{10.7}$$

它反映了 x 与 y 的线性关系程度。可以证明 $|r| \leqslant 1$。

$r=\pm 1$ 表示有精确的线性关系。如 $y_i=a+bx_i(i=1,2,\cdots,n)$，$b>0$ 时 $r=1$，表示正线性相关；$b<0$ 时 $r=-1$，表示负线性相关。

可以证明，y 与自变量 x 的相关系数 $r=\pm\sqrt{R^2}$，而相关系数的正、负号与回归系数 $\hat{\beta}_1$ 的符号相同。

在统计中还有一个重要的检验指标，即剩余标准差，有

$$s=\sqrt{\frac{\mathrm{SSE}}{n-m}}, \tag{10.8}$$

式中：n 为样本容量；m(这里 $m=2$)为拟合参数的个数；s^2 为剩余方差(残差的方差)。

4. 回归方程的显著性检验

在以上的讨论中，我们假设 y 关于 x 的回归方程 $f(x)$ 具有形式 $\beta_0+\beta_1 x$。在实际中，需要检验 $f(x)$ 是否为 x 的线性函数，若 $f(x)$ 与 x 成线性函数为真，则 β_1 不应为零。因为若 $\beta_1=0$，则 y 与 x 就无线性关系了，因此我们需要做假设检验。

提出假设 $H_0:\beta_1=0$，$H_1:\beta_1\neq 0$。

若假设 $H_0:\beta_1=0$ 成立，则 SSE/σ^2 与 SSR/σ^2 是独立的随机变量，且

$$\mathrm{SSE}/\sigma^2 \sim \chi^2(n-2),\ \mathrm{SSR}/\sigma^2 \sim \chi^2(1),$$

使用检验统计量

$$F=\frac{\mathrm{SSR}}{\mathrm{SSE}/(n-2)} \sim F(1,n-2). \tag{10.9}$$

对于显著性水平 α，按自由度($n_1=1, n_2=n-2$)查 F 分布表，得到拒绝域的临界值 $F_\alpha(1,n-2)$(这里 $F_\alpha(1,n-2)$ 为 $F(1,n-2)$ 分布的上 α 分位数，即 $P\{F>F_\alpha(1,n-2)\}=\alpha$)。决策规则为

(1) $F_{0.01}(1,n-2)<F$，线性关系极其显著。

(2) $F_{0.05}(1,n-2)<F<F_{0.01}(1,n-2)$，线性关系显著。

(3) $F<F_{0.05}(1,n-2)$，无线性关系。

10.1.2 一元线性回归应用举例

例 10.1 合金的强度 $y(\mathrm{kgf/mm^2})$①与其中的碳含量 $x(\%)$ 有比较密切的关系，今从生产中收集了一批数据如表 10.1 所列。试拟合一个函数 $y=f(x)$，并对回归结果进行检验。

表 10.1 观测数据

$x/\%$	0.10	0.11	0.12	0.13	0.14	0.15	0.16	0.17	0.18	0.20	0.22	0.24
$y/(\mathrm{kgf/mm^2})$	42.0	42.5	45.0	45.5	45.0	47.5	49.0	51.0	50.0	55.0	57.5	59.5

解 先画出散点图如图 10.1 所示。从散点图可以看出这 12 个点大致位于一条直线附近，因此可以建立一元线性回归模型 $y=ax+b$。

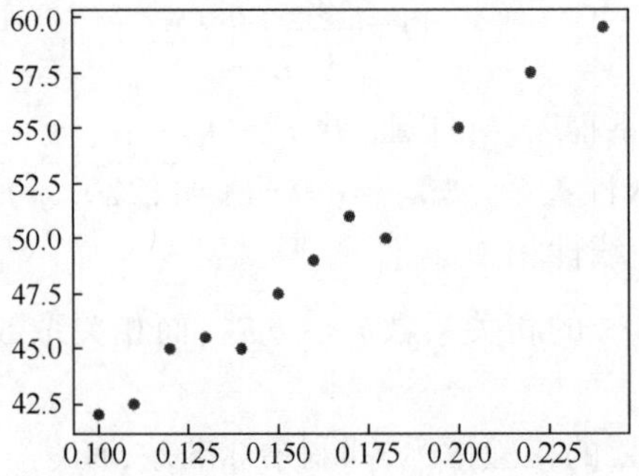

图 10.1 合金强度与碳含量关系散点图

第一次使用全部 12 个数据拟合参数 a,b，通过 t 检验发现第 9 个数据为野值；删除第 9 个数据后，再拟合参数 a,b，通过 t 检验发现第 5 个数据也为野值；再删除第 5 个数据，再重新计算得模型参数的估计值及检验结果如表 10.2 所列。使用的已知 10 个数据的预测值的残差分布如图 10.2 所示。

表 10.2 回归参数计算结果及模型检验指标

回归系数	回归系数估计值	回归系数置信区间
a	129.1667	[121.359, 136.974]
b	28.7833	[27.485, 30.081]
模型检验指标：$R^2=0.995$，$F=1455$，$p=2.45\times10^{-10}$，$s^2=0.2339$.		

```
#程序文件 ex10_1.py
import numpy as np
import statsmodels.api as sm
import pylab as plt


def check(d):
```

① 1kgf=9.8N。

```
        x0 = d[0]; y0 = d[1]; d = {'x':x0, 'y':y0}
        re = sm.formula.ols('y~x', d).fit()                  #拟合线性回归模型
        print(re.summary())
        print(re.outlier_test())                              #输出已知数据的野值检验
        print('残差的方差', re.mse_resid)
        pre=re.get_prediction(d)
        df = pre.summary_frame(alpha=0.05)
        dfv = df.values; low, upp = dfv[:,4:].T               #置信下限上限
        r = (upp-low)/2                                       #置信半径
        num = np.arange(1, len(x0)+1)
        plt.errorbar(num, re.resid, r, fmt='o')
        plt.show()
    a = np.loadtxt('data10_1.txt')
    plt.rc('font', size=15); plt.plot(a[0], a[1], 'o')
    plt.figure(); check(a)
    a2 = a; a2 = np.delete(a2, 8, axis=1)                     #删除第9列
    check(a2); a3 = a2
    a3 = np.delete(a3, 4, axis=1); check(a3)
```

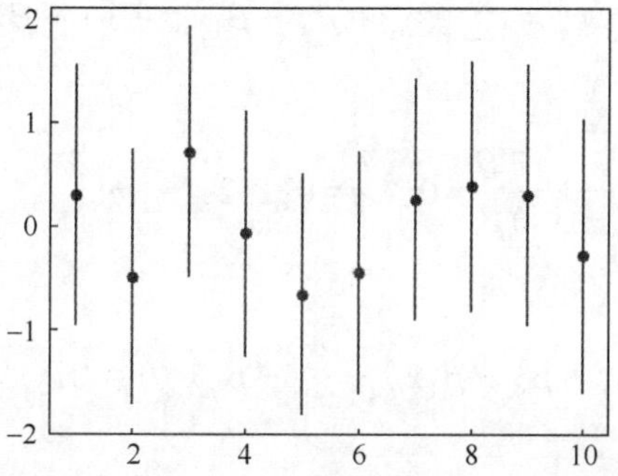

图 10.2　已知的 10 个数据预测残差分布图

10.2　多元线性回归

10.2.1　多元线性回归理论

若自变量的个数多于一个,回归模型是关于自变量的线性表达形式,则称此模型为多元线性回归模型,其数学模型可以写为

$$y=\beta_0+\beta_1 x_1+\cdots+\beta_m x_m+\varepsilon, \tag{10.10}$$

式中:$\beta_0,\beta_1,\cdots,\beta_m$ 为回归系数;ε 为随机误差,服从正态分布 $N(0,\sigma^2)$,σ 未知。

回归分析的主要步骤是:①由观测值确定参数(回归系数)$\beta_0,\beta_1,\cdots,\beta_m$ 的估计值 b_0,$b_1,\cdots,b_m$;②对线性关系、自变量的显著性进行统计检验;③利用回归方程进行预测。

1. 回归系数的最小二乘估计

对 y 及 $x_1,x_2,\cdots,x_m$ 作 n 次抽样得到 n 组数据$(y_i,x_{i1},\cdots,x_{im})$,$i=1,\cdots,n$,$n>m$。代入

式(10.10),有

$$y_i=\beta_0+\beta_1 x_{i1}+\cdots+\beta_m x_{im}+\varepsilon_i, \tag{10.11}$$

式中:$\varepsilon_i(i=1,2,\cdots,n)$为服从正态分布$N(0,\sigma^2)$的$n$个相互独立同分布的随机变量。

记

$$\boldsymbol{X}=\begin{bmatrix}1 & x_{11} & x_{12} & \cdots & x_{1m}\\ 1 & x_{21} & x_{22} & \cdots & x_{2m}\\ \vdots & \vdots & \vdots & & \vdots\\ 1 & x_{n1} & x_{n2} & \cdots & x_{nm}\end{bmatrix},\quad \boldsymbol{Y}=\begin{bmatrix}y_1\\ y_2\\ \vdots\\ y_n\end{bmatrix}, \tag{10.12}$$

$$\boldsymbol{\varepsilon}=[\varepsilon_1 \quad \varepsilon_2 \quad \cdots \quad \varepsilon_n]^{\mathrm{T}},\quad \boldsymbol{\beta}=[\beta_0 \quad \beta_1 \quad \cdots \quad \beta_m]^{\mathrm{T}}.$$

式(10.11)可以表示为

$$\begin{cases}\boldsymbol{Y}=\boldsymbol{X\beta}+\boldsymbol{\varepsilon},\\ \boldsymbol{\varepsilon}\sim N(0,\sigma^2\boldsymbol{E}_n),\end{cases} \tag{10.13}$$

式中:$\boldsymbol{E}_n$为n阶单位矩阵。

模型式(10.10)中的参数$\beta_0,\beta_1,\cdots,\beta_m$用最小二乘法估计,即应选取估计值$b_j$,使当$\beta_j=b_j,j=0,1,2,\cdots,m$时,误差平方和

$$Q=\sum_{i=1}^{n}\varepsilon_i^2=\sum_{i=1}^{n}(y_i-\beta_0-\beta_1 x_{i1}-\cdots-\beta_m x_{im})^2 \tag{10.14}$$

达到最小。为此,令

$$\frac{\partial Q}{\partial \beta_j}=0,\quad j=0,1,2,\cdots,m.$$

得

$$\begin{cases}\dfrac{\partial Q}{\partial \beta_0}=-2\sum\limits_{i=1}^{n}(y_i-\beta_0-\beta_1 x_{i1}-\cdots-\beta_m x_{im})=0,\\ \dfrac{\partial Q}{\partial \beta_j}=-2\sum\limits_{i=1}^{n}(y_i-\beta_0-\beta_1 x_{i1}-\cdots-\beta_m x_{im})x_{ij}=0,\quad j=1,2,\cdots,m.\end{cases} \tag{10.15}$$

经整理化为以下正规方程组:

$$\begin{cases}\beta_0 n+\beta_1\sum\limits_{i=1}^{n}x_{i1}+\beta_2\sum\limits_{i=1}^{n}x_{i2}+\cdots+\beta_m\sum\limits_{i=1}^{n}x_{im}=\sum\limits_{i=1}^{n}y_i,\\ \beta_0\sum\limits_{i=1}^{n}x_{i1}+\beta_1\sum\limits_{i=1}^{n}x_{i1}^2+\beta_2\sum\limits_{i=1}^{n}x_{i1}x_{i2}+\cdots+\beta_m\sum\limits_{i=1}^{n}x_{i1}x_{im}=\sum\limits_{i=1}^{n}x_{i1}y_i,\\ \qquad\vdots\\ \beta_0\sum\limits_{i=1}^{n}x_{im}+\beta_1\sum\limits_{i=1}^{n}x_{i1}x_{im}+\beta_2\sum\limits_{i=1}^{n}x_{i2}x_{im}+\cdots+\beta_m\sum\limits_{i=1}^{n}x_{im}^2=\sum\limits_{i=1}^{n}x_{im}y_i.\end{cases} \tag{10.16}$$

正规方程组的矩阵形式为

$$\boldsymbol{X}^{\mathrm{T}}\boldsymbol{X\beta}=\boldsymbol{X}^{\mathrm{T}}\boldsymbol{Y}, \tag{10.17}$$

当矩阵$\boldsymbol{X}$列满秩时,$\boldsymbol{X}^{\mathrm{T}}\boldsymbol{X}$为可逆方阵,式(10.17)的解为

$$\hat{\boldsymbol{\beta}}=(\boldsymbol{X}^{\mathrm{T}}\boldsymbol{X})^{-1}\boldsymbol{X}^{\mathrm{T}}\boldsymbol{Y}. \tag{10.18}$$

将$\hat{\boldsymbol{\beta}}=[b_0,b_1,\cdots,b_m]$代入式(10.10),得到$y$的估计值为

$$\hat{y}=b_0+b_1x_1+\cdots+b_mx_m. \tag{10.19}$$

而这组数据的拟合值为$\hat{\boldsymbol{Y}}=\boldsymbol{X}\hat{\boldsymbol{\beta}}$,拟合误差$\boldsymbol{e}=\boldsymbol{Y}-\hat{\boldsymbol{Y}}$称为残差,可作为随机误差$\boldsymbol{\varepsilon}$的估计,而

$$\mathrm{SSE}=\sum_{i=1}^{n}e_i^2=\sum_{i=1}^{n}(y_i-\hat{y}_i)^2 \tag{10.20}$$

为残差平方和(或剩余平方和)。

2. 回归方程和回归系数的检验

前面是在假定随机变量y与变量$x_1,x_2,\cdots,x_m$具有线性关系的条件下建立线性回归方程的,但变量y与变量$x_1,x_2,\cdots,x_m$是否为线性关系?所有的变量$x_1,x_2,\cdots,x_m$对变量y是否都有影响?需要做统计检验。

对总平方和$\mathrm{SST}=\sum_{i=1}^{n}(y_i-\bar{y})^2$进行分解,有

$$\mathrm{SST}=\mathrm{SSE}+\mathrm{SSR}, \tag{10.21}$$

其中SSE是由式(10.20)定义的残差平方和,反映随机误差对y的影响;$\mathrm{SSR}=\sum_{i=1}^{n}(\hat{y}_i-\bar{y})^2$称为回归平方和,反映自变量对$y$的影响,这里$\bar{y}=\dfrac{1}{n}\sum_{i=1}^{n}y_i$,$\hat{y}_i=b_0+b_1x_{i1}+\cdots+b_mx_{im}$。上面的分解中利用了正规方程组,其中SST的自由度$df_{\mathrm{T}}=n-1$,SSE的自由度$df_{\mathrm{E}}=n-m-1$,SSR的自由度$df_{\mathrm{R}}=m$。

因变量y与自变量$x_1,\cdots,x_m$之间是否存在如式(10.10)所示的线性关系是需要检验的,显然,如果所有的$|\hat{b}_j|(j=1,\cdots,m)$都很小,$y$与$x_1,\cdots,x_m$的线性关系就不明显,所以可令原假设为

$$H_0:\beta_1=\beta_2=\cdots=\beta_m=0.$$

当H_0成立时由分解式(10.21)定义的SSR、SSE满足

$$F=\frac{\mathrm{SSR}/m}{\mathrm{SSE}/(n-m-1)}\sim F(m,n-m-1). \tag{10.22}$$

在显著性水平α,有上α分位数$F_\alpha(m,n-m-1)$,若$F>F_\alpha(m,n-m-1)$,回归方程效果显著;若$F<F_\alpha(m,n-m-1)$,回归方程效果不显著。

注 10.1 y与$x_1,\cdots,x_m$的线性关系不明显时,可能存在非线性关系,如平方关系。

当上面的H_0被拒绝时,β_j不全为零,但是不排除其中若干个等于零。所以应进一步作如下$m+1$个检验$(j=0,1,\cdots,m)$:

$$H_0^{(j)}:\beta_j=0,\quad j=0,1,\cdots,m.$$

当$H_0^{(j)}$为真时,统计量

$$t_j=\frac{b_j/\sqrt{c_{jj}}}{\sqrt{\mathrm{SSE}/(n-m-1)}}\sim t(n-m-1) \tag{10.23}$$

式中:c_{jj}为$(\boldsymbol{X}^{\mathrm{T}}\boldsymbol{X})^{-1}$中的第$(j,j)$元素。

对给定的α,若$|t_j|>t_{\frac{\alpha}{2}}(n-m-1)(j=1,2,\cdots,m)$,拒绝$H_0^{(j)}$,$x_j$的作用显著;否则,接

受 $H_0^{(j)}$,x_j 的作用不显著,去掉变量 x_j 重新建立回归方程。

式(10.23)也可用于对 $\beta_j(j=0,1,\cdots,m)$ 作区间估计,在置信水平 $1-\alpha$ 下,β_j 的置信区间为

$$[b_j-t_{\alpha/2}(n-m-1)s\sqrt{c_{jj}},\ b_j+t_{\alpha/2}(n-m-1)s\sqrt{c_{jj}}], \tag{10.24}$$

式中:$s=\sqrt{\dfrac{\mathrm{SSE}}{n-m-1}}$。

还有一些衡量 y 与 $x_1,\cdots,x_m$ 相关程度的指标,如用回归平方和在总平方和中的比值定义复判定系数,即

$$R^2=\frac{\mathrm{SSR}}{\mathrm{SST}}, \tag{10.25}$$

式中:$R=\sqrt{R^2}$ 为复相关系数,R 越大,y 与 $x_1,\cdots,x_m$ 相关关系越密切,通常,R 大于 0.8(或 0.9)才认为相关关系成立。

3. 回归方程的预测

对于给定的 $x_1^{(0)},x_2^{(0)},\cdots,x_m^{(0)}$,代入回归方程式(10.19),得

$$\hat{y}_0=b_0+b_1x_1^{(0)}+b_2x_2^{(0)}+\cdots+b_mx_m^{(0)},$$

用 $\hat{y}_0$ 作为 y 在点 $x_1^{(0)},x_2^{(0)},\cdots,x_m^{(0)}$ 的预测值。

也可以进行区间估计,记 $s=\sqrt{\dfrac{\mathrm{SSE}}{n-m-1}}$,$\boldsymbol{x}_0=[1,\ x_1^{(0)},x_2^{(0)},\cdots,x_m^{(0)}]$,则 y_0 的置信度为 $1-\alpha$ 的预测区间为

$$(\hat{y}_0-t_{\alpha/2}(n-m-1)s\sqrt{1+\boldsymbol{x}_0^{\mathrm{T}}(\boldsymbol{X}^{\mathrm{T}}\boldsymbol{X})^{-1}\boldsymbol{x}_0},\ \hat{y}_0+t_{\alpha/2}(n-m-1)s\sqrt{1+\boldsymbol{x}_0^{\mathrm{T}}(\boldsymbol{X}^{\mathrm{T}}\boldsymbol{X})^{-1}\boldsymbol{x}_0}).$$

当 n 较大时,有 y_0 的近似预测区间:

95%的预测区间为 $(\hat{y}_0-2s,\ \hat{y}_0+2s)$,98%的预测区间为 $(\hat{y}_0-3s,\ \hat{y}_0+3s)$.

10.2.2 多元线性回归应用

Statsmodels 可以使用两种模式求解回归分析模型:一种是基于公式的模式;另一种是基于数组的模式。

基于公式构建并拟合模型的调用格式为

```
import statsmodels. api as sm
sm. formula. ols(formula, data=df)
```

其中 formula 为引号引起来的公式,df 为数据框或字典格式的数据。

基于数组构建并拟合模型的调用格式为

```
import statsmodels. api as sm
sm. OLS(y,X). fit()
```

其中 y 为因变量的观察值向量,X 为自变量观测值矩阵再添加第一列全部元素为 1 得到的增广阵。

例 10.2 某企业为研究车工的平均工龄 x_1、平均文化程序 x_2 和平均产量 y 之间的变化关系,随机抽取了 8 个班组,测得数据如表 10.3 所列。试求平均产量对平均工龄、平均

文化程序的回归方程。并分别求 $x_1=9$，$x_2=10$ 和 $x_1=10$，$x_2=9$ 时，y 的预测值。

表 10.3　相关数据

	1	2	3	4	5	6	7	8
x_1/年	7.1	6.8	9.2	11.4	8.7	6.6	10.3	10.6
x_2/年	11.1	10.8	12.4	10.9	9.6	9.0	10.5	12.4
y/件	15.4	15	22.8	27.8	19.5	13.1	24.9	26.2

解　分别画出 y 关于两个变量 x_1 和 x_2 的散点图，如图 10.3 所示。从图中可以看出 y 与 x_1 和 x_2 都有线性关系，我们试着建立多元线性回归模型

$$y=a_0+a_1x_1+a_2x_2.$$

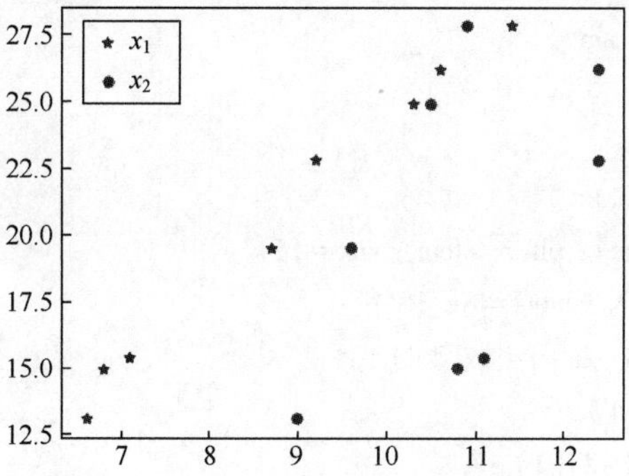

图 10.3　观测结果分布图

利用 Python 软件求得模型参数的估计值及检验结果如表 10.4 所列。$x_1=9$，$x_2=10$ 和 $x_1=10$，$x_2=9$ 时，y 的预测值分别为 20.5918，22.9008。

表 10.4　回归参数计算结果及模型检验指标

回归系数	回归系数估计值	回归系数置信区间
a_0	−10.6284	[−13.472，−7.785]
a_1	2.8584	[2.672，3.045]
a_2	0.5494	[0.259，0.840]
模型检验指标：$R^2=0.998$，$F=1087$，$P=2.52\times10^{-7}$，$s^2=0.1021$.		

基于公式求解的 Python 程序如下：

```
#程序文件 ex10_2_1.py
import numpy as np
import statsmodels.api as sm
import pylab as plt

a = np.loadtxt('data10_2.txt')
plt.rc('text', usetex=True); plt.rc('font', size=16)
plt.plot(a[0], a[2], '*', label='$x_1$')
```

```
plt.plot(a[1], a[2], 'o', label='$x_2$')
plt.legend(loc='upper left')
d = {'x1': a[0], 'x2': a[1], 'y': a[2]}
re = sm.formula.ols('y~x1+x2', d).fit()
print(re.summary())
yh = re.predict({'x1': [9, 10], 'x2': [10, 9]})
print('残差的方差:', re.mse_resid)
print('预测值:', yh); plt.show()
```

基于数组求解的 Python 程序如下：

```
#程序文件 ex10_2_2.py
import numpy as np
import statsmodels.api as sm
import pylab as plt

a = np.loadtxt('data10_2.txt')
plt.rc('text', usetex=True); plt.rc('font', size=16)
plt.plot(a[0], a[2], '*', label='$x_1$')
plt.plot(a[1], a[2], 'o', label='$x_2$')
plt.legend(loc='upper left')
X = sm.add_constant(a[:2].T)
re = sm.OLS(a[2], X).fit()
print(re.summary())
yh = re.predict(np.array([[1,9,10],[1,10,9]]))
print('残差的方差:', re.mse_resid)
print('预测值:', yh); plt.show()
```

10.3 多项式回归

如果从数据的散点图上发现 y 与 x 呈较明显的二次(或高次)函数关系,或者用线性模型的效果不太好,就可以选用多项式回归。在随机意义下,一元 n 次多项式回归的数学模型可以表达为

$$y=\beta_0+\beta_1x+\cdots+\beta_nx^n+\varepsilon,$$

式中:ε 为随机误差,满足 $E(\varepsilon)=0,D(\varepsilon)=\sigma^2$。

例 10.3 将 17 岁至 29 岁的运动员每两岁一组分为 7 组,每组两人测量其旋转定向能力,以考察年龄对这种运动能力的影响。现得到一组数据如表 10.5 所列,试建立二者之间的关系。

表 10.5 年龄与运动能力关系观测结果

年龄	17	19	21	23	25	27	29
第一人	20.48	25.13	26.15	30.0	26.1	20.3	19.35
第二人	24.35	28.11	26.3	31.4	26.92	25.7	21.3

解　先画出散点图如图 10.4 所示，从图中可以看出，数据的散点图明显地呈现两端低中间高的形状，所以应拟合一条二次曲线。建立二次多项式模型

$$y=a_2x^2+a_1x+a_0.$$

利用 Python 软件求得回归方程为

$$y=-0.2003x^2+8.9782x-72.2150.$$

模型的一些检验指标这里就不赘述了。

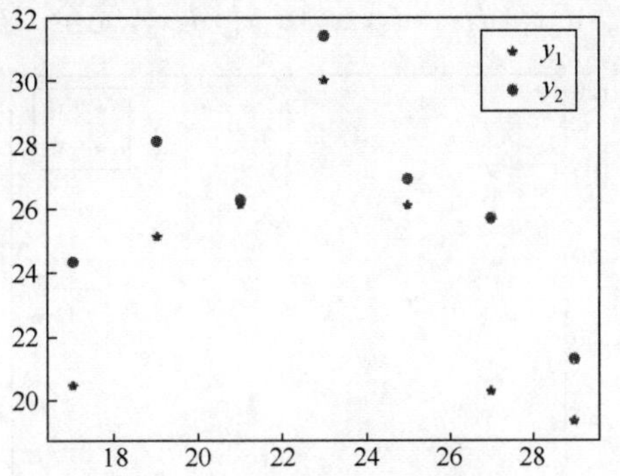

图 10.4　观测结果分布图

```
#程序文件 ex10_3. py
import numpy as np
import statsmodels. formula. api as smf
import pylab as plt

x = np. arange(17, 30, 2) ; a = np. loadtxt('data10_3. txt')
plt. rc('text', usetex=True) ; plt. rc('font', size=16)
plt. plot(x, a[0], '*', label='$y_1$')
plt. plot(x, a[1], 'o', label='$y_2$')
x = np. hstack([x, x]) ; d = {'y': a. flatten(), 'x': x}
re = smf. ols('y~x+I(x**2)', d). fit()
print(re. summary()) ; print('残差的方差:', re. mse_resid)
plt. legend() ; plt. show()
```

下面我们再给出一个多元二次多项式回归的例子。

例 10.4　某厂生产的一种电器的销售量 y 与竞争对手的价格 x_1 和本厂的价格 x_2 有关。表 10.6 是该商品在 10 个城市的销售记录。试根据这些数据建立 y 与 x_1 和 x_2 的关系式，对得到的模型和系数进行检验。若某市本厂产品售价为 160 元，竞争对手售价为 170 元，预测商品在该市的销售量。

表 10.6　价格与销售量调查统计结果

x_1/元	120	140	190	130	155	175	125	145	180	150
x_2/元	100	110	90	150	210	150	250	270	300	250
y/个	102	100	120	77	46	93	26	69	65	85

解　先画出散点图如图 10.5 所示。从图中可以看出,y 与 x_2 有线性关系,而 y 与 x_1 之间的关系则难以确定。我们这里做几种尝试,用统计分析决定优劣。

依次建立线性回归模型和多元二次多项式回归模型,即建立如下的 4 个模型:

$$y=a_0+a_1x_1+a_2x_2,$$

$$y=b_0+b_1x_1+b_2x_2+b_3x_1^2+b_4x_2^2(\text{纯二次}),$$

$$y=c_0+c_1x_1+c_2x_2+c_3x_1x_2(\text{交叉二次}),$$

$$y=d_0+d_1x_1+d_2x_2+d_3x_1x_2+d_4x_1^2+d_5x_2^2(\text{完全二次}),$$

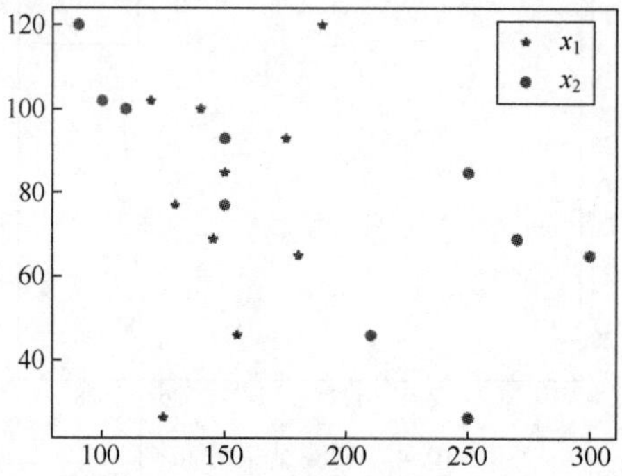

图 10.5　观测结果分布图

通过选择残差方差 s^2 最小这个准则,确定纯二次多项式模型是 4 个模型中最好的,拟合的纯二次多项式模型为

$$y=-312.5871+7.2701x_1-1.7337x_2-0.0228x_1^2+0.0037x_2^2,$$

模型的残差方差 $s^2=277.0105$。在本厂产品售价为 160 元,竞争对手售价为 170 元时,销售量的预测值为 82.0523。

```
#程序文件 ex10_4.py
import numpy as np
import statsmodels.formula.api as smf
import pylab as plt

a = np.loadtxt('data10_4.txt'); x1 = a[0]; x2 = a[1]; y = a[2]
plt.rc('text', usetex=True); plt.rc('font', size=16)
plt.plot(x1, y, '*', label='$x_1$'); plt.plot(x2, y, 'o', label='$x_2$')
d = {'y': y, 'x1': x1, 'x2': x2}
re1 = smf.ols('y~x1+x2', d).fit()
print('线性回归的残差方差:', re1.mse_resid)
re2 = smf.ols('y~x1+x2+I(x1**2)+I(x2**2)', d).fit()
print('纯二次的残差方差:', re2.mse_resid)
re3 = smf.ols('y~x1*x2', d).fit()
print('交叉二次的残差方差:', re3.mse_resid)
re4 = smf.ols('y~x1*x2+I(x1**2)+I(x2**2)', d).fit()
print('完全二次的残差方差:', re4.mse_resid)
print('预测值:', re2.predict({'x1': 170, 'x2': 160}))
```

```
print(re2.summary()); plt.legend(); plt.show()
```

例 10.5 根据表 10.7 某猪场 25 头育肥猪 4 个胴体性状的数据资料,试进行瘦肉量 y 对眼肌面积(x_1)、腿肉量(x_2)、腰肉量(x_3)的多元回归分析。

表 10.7 某养猪场数据资料

序号	瘦肉量 y/kg	眼肌面积 x_1/cm^2	腿肉量 x_2/kg	腰肉量 x_3/kg	序号	瘦肉量 y/kg	眼肌面积 x_1/cm^2	腿肉量 x_2/kg	腰肉量 x_3/kg
1	15.02	23.73	5.49	1.21	14	15.94	23.52	5.18	1.98
2	12.62	22.34	4.32	1.35	15	14.33	21.86	4.86	1.59
3	14.86	28.84	5.04	1.92	16	15.11	28.95	5.18	1.37
4	13.98	27.67	4.72	1.49	17	13.81	24.53	4.88	1.39
5	15.91	20.83	5.35	1.56	18	15.58	27.65	5.02	1.66
6	12.47	22.27	4.27	1.50	19	15.85	27.29	5.55	1.70
7	15.80	27.57	5.25	1.85	20	15.28	29.07	5.26	1.82
8	14.32	28.01	4.62	1.51	21	16.40	32.47	5.18	1.75
9	13.76	24.79	4.42	1.46	22	15.02	29.65	5.08	1.70
10	15.18	28.96	5.30	1.66	23	15.73	22.11	4.90	1.81
11	14.20	25.77	4.87	1.64	24	14.75	22.43	4.65	1.82
12	17.07	23.17	5.80	1.90	25	14.35	20.04	5.08	1.53
13	15.40	28.57	5.22	1.66					

要求

(1) 求 y 关于 x_1,x_2,x_3 的线性回归方程

$$y=c_0+c_1x_1+c_2x_2+c_3x_3,$$

计算 c_0,c_1,c_2,c_3 的估计值;

(2) 对上述回归模型和回归系数进行检验(要写出相关的统计量);

(3) 试建立 y 关于 x_1,x_2,x_3 的完全二次式回归模型。

解 (1) 记 y,x_1,x_2,x_3 的观察值分别为 $b_i,a_{i1},a_{i2},a_{i3},i=1,2,\cdots,25$,且

$$\boldsymbol{X}=\begin{bmatrix}1 & a_{11} & a_{12} & a_{13}\\ \vdots & \vdots & \vdots & \vdots\\ 1 & a_{25,1} & a_{25,2} & a_{25,3}\end{bmatrix},\quad \boldsymbol{Y}=\begin{bmatrix}b_1\\ \vdots\\ b_{25}\end{bmatrix}$$

用最小二乘法求 c_0,c_1,c_2,c_3 的估计值,即应选取估计值$\hat{c}_j$,使当 $c_j=\hat{c}_j,j=0,1,2,3$ 时,误差平方和

$$Q=\sum_{i=1}^{25}\varepsilon_i^2=\sum_{i=1}^{25}(b_i-\hat{b}_i)^2=\sum_{i=1}^{25}(b_i-c_0-c_1a_{i1}-c_2a_{i2}-c_3a_{i3})^2$$

达到最小。为此,令

$$\frac{\partial Q}{\partial c_j}=0,\quad j=0,1,2,3,$$

得到正规方程组,求解正规方程组得 c_0,c_1,c_2,c_3 的估计值

$$[\hat{c}_0,\hat{c}_1,\hat{c}_2,\hat{c}_3]^{\mathrm{T}}=(\boldsymbol{X}^{\mathrm{T}}\boldsymbol{X})^{-1}\boldsymbol{X}^{\mathrm{T}}\boldsymbol{Y}.$$

利用 Python 程序,求得

$$\hat{c}_0=0.8539,\quad \hat{c}_1=0.0178,\quad \hat{c}_2=2.0782,\quad \hat{c}_3=1.9396.$$

(2) 因变量 y 与自变量 x_1,x_2,x_3 之间是否存在线性关系是需要检验的,显然,如果所有的 $|\hat{c}_j|(j=1,2,3)$ 都很小,y 与 x_1,x_2,x_3 的线性关系就不明显,所以可令原假设为

$$H_0:c_j=0,\quad j=1,2,3. \tag{10.26}$$

记 $m=3,n=25$, $Q=\sum\limits_{i=1}^{n}e_i^2=\sum\limits_{i=1}^{n}(b_i-\hat{b}_i)^2, U=\sum\limits_{i=1}^{n}(\hat{b}_i-\bar{b})^2$, 这里 $\hat{b}_i=\hat{c}_0+\hat{c}_1a_{i1}+\cdots+\hat{c}_m a_{im}(i=1,\cdots,n)$, $\bar{b}=\dfrac{1}{n}\sum\limits_{i=1}^{n}b_i$。当 H_0 成立时统计量

$$F=\frac{U/m}{Q/(n-m-1)}\sim F(m,n-m-1),$$

在显著性水平 α 下,若

$$F<F_{\alpha}(m,n-m-1),$$

接受 H_0;否则拒绝。

利用 Python 程序求得统计量 $F=37.7453$,查表得上 α 分位数 $F_{0.05}(3,21)=3.0725$,因而拒绝式(10.26)的原假设,模型整体上通过了检验。

当式(10.26)的 H_0 被拒绝时,c_j 不全为零,但是不排除其中若干个等于零。所以应进一步作如下 $m+1$ 个检验:

$$H_0^{(j)}:c_j=0,\quad j=0,1,2,3. \tag{10.27}$$

当 $H_0^{(j)}$ 成立时

$$t_j=\frac{\hat{c}_j/\sqrt{c_{jj}}}{\sqrt{Q/(n-m-1)}}\sim t(n-m-1),$$

这里 c_{jj} 是 $(\boldsymbol{X}^{\mathrm{T}}\boldsymbol{X})^{-1}$ 中的第 (j,j) 元素,对给定的 α,若 $|t_j|<t_{\frac{\alpha}{2}}(n-m-1)$,则接受 $H_0^{(j)}$;否则拒绝。

利用 Python 程序,求得统计量

$$t_0=0.6223,\quad t_1=0.6090,\quad t_2=7.7407,\quad t_3=3.8062,$$

查表得上 $\alpha/2$ 分位数 $t_{0.025}(21)=2.0796$。

对于式(10.27)的检验,在显著性水平 $\alpha=0.05$ 时,接受 $H_0^{(j)}:c_j=0(j=0,1)$,拒绝 $H_0^{(j)}:c_j=0(j=2,3)$,即变量 x_1 对模型的影响是不显著的。建立线性模型时,可以不使用 x_1。

利用变量 x_2,x_3 建立的线性回归模型为

$$y=1.1077+2.1058x_2+1.9787x_3.$$

(3) 求得的完全二次式模型为

$$\begin{aligned}y=&-17.0988+0.3611x_1+2.3563x_2+18.2730x_3-0.1412x_1x_2\\&-0.4404x_1x_3-1.2754x_2x_3+0.0217x_1^2+0.5025x_2^2+0.3962x_3^2.\end{aligned}$$

```
#程序文件 ex10_5.py
import numpy as np
```

```
import pandas as pd
from scipy.stats import t, f
import statsmodels.api as sm
a = pd.read_excel('data10_5.xlsx', header=None)
b = a.values; Y=np.hstack([b[:,1],b[:-1,6]])
X = np.vstack([b[:,2:5],b[:-1,7:]])
XX = np.hstack([np.ones((25,1)),X])
cs = np.linalg.pinv(XX) @ Y                #最小二乘法拟合参数
print('拟合的参数为:', np.round(cs,4))
yb = Y.mean()                              #计算 y 的观测值的平均值
yh = XX @ cs                               #计算 y 的估计值
q = sum((yh-Y) ** 2)                       #计算残差平方和
u = sum((yh-yb) ** 2)                      #计算回归平方和
m =3; n = len(Y)                           #变量个数和样本容量
F = u/m/(q/(n-m-1))                        #计算 F 统计量的值
print('F=', round(F,4))
fw = f.ppf(0.95, m, n-m-1)                 #计算上 alpha 分位数
print('F 分布的上 alpha 分位数:', round(fw,4))
c = np.diag(np.linalg.inv(XX.T @ XX))
ts = cs/np.sqrt(c)/np.sqrt(q/(n-m-1))      #计算 t 统计量的值
tw = t.ppf(0.975, n-m-1)                   #计算上 alpha/2 分位数
print('t 统计量值为:', np.round(ts,4))
print('t 分布的上 alpha/2 分位数:', round(tw,4))
XD = np.delete(XX,1,axis=1)                #删除 x1 的观测值
cs2 = np.linalg.pinv(XD) @ Y               #重新拟合参数
print('x2,x3 模型的参数值:',np.round(cs2,4))
d = {'y':Y,'x1':X[:,0],'x2':X[:,1],'x3':X[:,2]}
md = sm.formula.ols('y~x1*x2+x1*x3+x2*x3+I(x1**2)+\
                    I(x2**2)+I(x3**2)',d).fit()
print('完全二次式的系数为:', md.params)
```

10.4 逐步回归

实际问题中影响因变量的因素可能很多,有些可能关联性强一些,而有些可能影响弱一些。人们总希望从中挑选出对因变量影响显著的自变量来建立回归模型,逐步回归是一种从众多变量中有效地选择重要变量的方法。以下只讨论多元线性回归模型的情形。

简单地说,就是所有对因变量影响显著的变量都应选入模型,而影响不显著的变量都不应选入模型;从便于应用的角度,变量的选择应使模型中变量个数尽可能少。

基本思想:记 $S=\{x_1,x_2,\cdots,x_m\}$ 为候选的自变量集合,$S_1\subset S$ 是从集合 S 中选出的一个子集。设 S_1 中有 l 个自变量($1\leqslant l\leqslant m$),由 S_1 和因变量 y 构造的回归模型的残差平方

和为 SSE，则模型的残差方差 $s^2=\mathrm{SSE}/(n-l-1)$，n 为数据样本容量。所选子集 S_1 应使 s^2 尽量小。通常回归模型中包含的自变量越多，残差平方和 SSE 越小，但若模型中包含有对 y 影响很小的变量，那么 SSE 不会由于包含这些变量在内减少多少，却因 l 的增加可能使 s^2 反而增大，同时这些对 y 影响不显著的变量也会影响模型的稳定性，因此可将残差方差 s^2 最小作为衡量变量选择的一个数量标准。

可以从另外一个角度考虑自变量 x_j 的显著性。y 对自变量 $x_1,x_2,\cdots,x_m$ 线性回归的残差平方和为 SSE，回归平方和为 SSR，在剔除掉 x_j 后，用 y 对其余的 $m-1$ 个自变量做回归，记所得的残差平方和为 $\mathrm{SSE}_{(j)}$，回归平方和为 $\mathrm{SSR}_{(j)}$，则自变量 x_j 对回归的贡献为

$$\Delta\mathrm{SSR}_{(j)}=\mathrm{SSR}-\mathrm{SSR}_{(j)},$$

称为 x_j 的偏回归平方和。由此构造偏 F 统计量

$$F_j=\frac{\Delta\mathrm{SSR}_{(j)}/1}{\mathrm{SSE}/(n-m-1)}. \tag{10.28}$$

当原假设 $H_0^{(j)}:\beta_j=0$ 成立时，式(10.28)的偏 F 统计量 F_j 服从自由度为$(1,n-m-1)$的 F 分布，此 F 检验与式(10.23)的 t 检验是一致的，可以证明 $F_j=t_j^2$，当从回归方程中剔除变元时，回归平方和减少，残差平方和增加。根据平方和分解式可知

$$\Delta\mathrm{SSR}_{(j)}=\Delta\mathrm{SSE}_{(j)}=\mathrm{SSE}_{(j)}-\mathrm{SSE}.$$

反之，往回归方程中引入变元时，回归平方和增加，残差平方和减少，两者的增减量同样相等。

当自变量的个数较多时，求出所有可能的回归方程是非常困难的。为此，人们提出了一些较为简便、实用、快速的选择自变量的方法。人们所给出的方法各有优缺点，至今还没有绝对最优的方法，目前常用的方法有前进法、后退法、逐步回归法，而逐步回归法最受推崇。

1. 前进法

前进法的思想是变量由少到多，每次增加一个，直至没有可引入的变量为止。具体做法是首先将全部 m 个自变量分别对因变量 y 建立一元线性回归方程，利用式(10.9)分别计算这 m 个一元线性回归方程的 m 个回归系数的 F 检验值，记为$\{F_1^1,F_2^1,\cdots,F_m^1\}$，选其最大者记为

$$F_j^1=\max\{F_1^1,F_2^1,\cdots,F_m^1\},$$

给定显著性水平 α，若 $F_j^1\geqslant F_\alpha(1,n-2)$，则首先将 x_j 引入回归方程，为了方便，不妨设 x_j 就是 x_1。

接下来因变量 y 分别与(x_1,x_2)，(x_1,x_3)，$\cdots$，(x_1,x_m)建立二元线性回归方程，对这 $m-1$ 个回归方程中 $x_2,x_3,\cdots,x_m$ 的回归系数进行 F 检验，利用式(10.28)计算 F 值，记为$\{F_2^2,F_3^2,\cdots,F_m^2\}$，选其最大者记为

$$F_j^2=\max\{F_2^2,F_3^2,\cdots,F_m^2\},$$

若 $F_j^2\geqslant F_\alpha(1,n-3)$，则接着将 x_j 引入回归方程。

依上述方法接着做下去，直至所有未被引入方程的自变量的 F 值均小于 $F_\alpha(1,n-p-1)$ 为止，这里 p 为选入变量的个数。这时，得到的回归方程就是确定的方程。

每步检验中的临界值 $F_{\alpha}(1,n-p-1)$ 与自变量数目 p 有关,在用软件计算时,我们实际是使用显著性 P 值做检验。

2. 后退法

后退法易于掌握,我们使用 t 统计量做检验,与 F 统计量做检验是等价的。具体步骤如下:

(1) 以全部自变量作为解释变量拟合方程。

(2) 每一步都在未通过 t 检验的自变量中选择一个 $|t_j|$ 值最小的变量 x_j,将它从模型中删除。

(3) 直至所有的自变量均通过 t 检验,则算法终止。

3. 逐步回归法

逐步回归法的基本思想是有进有出。具体做法是将变量一个一个地引入,每引入一个自变量后,对已选入的变量要进行逐个检验,当原引入的变量由于后面变量的引入而变得不再显著时,要将其剔除。引入一个变量或从回归方程中剔除一个变量,为逐步回归的一步,每一步都要进行 F 检验,以确保每次引入新的变量之前回归方程中只包含显著的变量。这个过程反复进行,直到既无显著的自变量选入回归方程,也无不显著的自变量从回归方程中剔除为止。这样就弥补了前进法和后退法各自的缺陷,保证了最后所得的回归子集是最优回归子集。

在逐步回归法中需要注意的一个问题是引入自变量和剔除自变量的显著性水平 α 值是不同的,要求引入自变量的显著性水平 α_e 小于剔除自变量的显著性水平 α_r,否则可能产生“死循环”。也就是当 $\alpha_e \geqslant \alpha_r$ 时,如果某个自变量的显著性 P 值在 α_e 与 α_r 之间,那么这个自变量将会不断地被引入、然后剔除、又引入、又剔除,循环往复。

例 10.6 水泥凝固时放出的热量 y 与水泥中 4 种化学成分 x_1,x_2,x_3,x_4 有关,今测得一组数据如表 10.8 所列,试用逐步回归来确定一个线性模型。

表 10.8 水泥凝固时放出热量的相关观测数据

序号	x_1	x_2	x_3	x_4	y
1	7	26	6	60	78.5
2	1	29	15	52	74.3
3	11	56	8	20	104.3
4	11	31	8	47	87.6
5	7	52	6	33	95.9
6	11	55	9	22	109.2
7	3	71	17	6	102.7
8	1	31	22	44	72.5
9	2	54	18	22	93.1
10	21	47	4	26	115.9
11	1	40	23	34	83.8
12	11	66	9	12	113.3
13	10	68	8	12	109.4

解 使用后退法选择自变量,首先用全部 4 个变量 x_1,x_2,x_3,x_4 建立线性回归模型,它们的 4 个 t 统计量的值分别为 2.0827,0.7049,0.1350,-0.2032,其中 0.1350 的绝对值最小,从而剔除变量 x_3,再用变量 x_1,x_2,x_4 建立线性回归模型,类似地,通过 t 检验统计量的绝对值最小者确定剔除变量 x_4,最终建立关于 x_1,x_2 的线性回归模型

$$y=52.5773+1.4683x_1+0.6623x_2,$$

其中模型的检验统计量如下:

$$R^2=0.979,\quad F=229.5,\quad P=4.41\times10^{-9},\quad s^2=5.7904.$$

```
#程序文件 ex10_6.py
import numpy as np
import statsmodels.api as sm

a = np.loadtxt('data10_6.txt')
d = {'x1':a[:,0], 'x2':a[:,1], 'x3':a[:,2],
     'x4':a[:,3], 'y':a[:,4]}
md1 = sm.formula.ols('y~x1+x2+x3+x4',d).fit()
print(md1.summary())
md2 = sm.formula.ols('y~x1+x2+x4',d).fit()
print(md2.summary())
md3 = sm.formula.ols('y~x1+x2', d).fit()
print(md3.summary())
print('残差方差:', md3.mse_resid)
```

10.5 广义线性回归模型

广义线性模型(GLM)是常见正态线性回归模型的直接推广,它可以适用于连续数据和离散数据,特别是后者,如属性数据、计数数据。这在应用上,尤其是生物、医学、经济和社会数据的统计分析上,有着重要意义。

对于线性模型

$$y=\beta_0+\beta_1x_1+\cdots+\beta_mx_m+\varepsilon, \tag{10.29}$$

其中 $\varepsilon\sim N(0,\sigma^2)$。令 $\mu=E(y)$,则

$$\mu=\beta_0+\beta_1x_1+\cdots+\beta_mx_m. \tag{10.30}$$

广义线性模型将线性模型式(10.30)推广为

$$\eta=g(\mu)=\beta_0+\beta_1x_1+\cdots+\beta_mx_m. \tag{10.31}$$

所以它有以下 3 个概念:①线性自变量,即 $\beta_0+\beta_1x_1+\cdots+\beta_mx_m$,也称为线性预测部分;②连接函数,$\eta=g(\mu)$;③误差函数,也就是模型的随机部分,可以从指数型分布族中选择误差函数。表 10.9 所列为广义线性模型中常见的连接函数和误差函数。

表 10.9　常见的连接函数和误差函数

	连接函数	逆连接函数(回归模型)	典型误差函数
恒等	$\eta=\mu$	$\mu=\eta$	正态分布
对数	$\eta=\ln\mu$	$\mu=\exp(\eta)$	泊松分布
Logit	$\eta=\mathrm{logit}\mu$	$\mu=\dfrac{\exp(\eta)}{1+\exp(\eta)}$	二项分布
逆	$\eta=\dfrac{1}{\mu}$	$\mu=\dfrac{1}{\eta}$	Γ分布

Logistic 回归是一种广义的线性回归分析模型,常用于数据挖掘、疾病自动诊断、经济预测等领域。简单来说,Logistic 回归是一种主要用于解决二分类(0 或 1)问题的方法,用于估计某种事物的可能性。如某用户购买某商品的可能性、某病人患有某种疾病的可能性,以及某广告被用户点击的可能性等。注意,这里用的是“可能性”,而非数学上的“概率”,Logistic 回归的结果并非数学定义中的概率值,不可以直接当作概率值来用。

10.5.1　分组数据的 Logistic 回归模型

针对 0-1 型因变量产生的问题,我们对回归模型应该做两个方面的改进:

(1) 回归函数应该改用限制在[0,1]区间内的连续函数,而不能再沿用线性回归方程。限制在[0,1]区间内的连续函数有很多,例如所有连续型随机变量的分布函数都符合要求,常用的是 Logistic 函数与正态分布函数。Logistic 函数的形式为

$$f(x)=\frac{\mathrm{e}^x}{1+\mathrm{e}^x}=\frac{1}{1+\mathrm{e}^{-x}}. \tag{10.32}$$

(2) 因变量 y_i 本身只取 0,1 两个离散值,不适合直接作为回归模型中的因变量。由于回归函数 $E(y_i)=\pi_i=\beta_0+\beta_1x_i$ 表示在自变量为 x_i 的条件下 y_i 的平均值,而 y_i 是 0-1 型随机变量,因此 $E(y_i)=\pi_i$ 就是在自变量为 x_i 的条件下 y_i 等于 1 的比例。这提示我们可以用 y_i 等于 1 的比例代替 y_i 本身作为因变量。

下面通过一个例子来说明 Logistic 回归模型的应用。

例 10.7　在一次住房展销会上,与房地产商签订初步购房意向书的共有 $n=313$ 名顾客,在随后的 3 个月的时间内,只有一部分顾客确实购买了房屋。购买了房屋的顾客记为 1,没有购买房屋的顾客记为 0。以顾客的家庭年收入为自变量 x,家庭年收入按照高低不同分成了 9 组,数据列在表 10.10 中。表 10.10 还列出了在每个不同的家庭年收入组中签订意向书的人数 n_i 和相应的实际购房人数 m_i。房地产商希望能建立签订意向的顾客最终真正买房的比例与家庭年收入间的关系式,以便能分析家庭年收入的不同对最终购买住房的影响。

表 10.10　签订购房意向和最终买房的客户数据

序　号	家庭年收入 x/万元	签订意向书人数 n_i	实际购房人数 m_i	实际购房比例 $p_i=\frac{m_i}{n_i}$	逻辑变换 $p_i^*=\ln\left(\frac{p_i}{1-p_i}\right)$
1	1.5	25	8	0.32	-0.7538
2	2.5	32	13	0.4063	-0.3795
3	3.5	58	26	0.4483	-0.2076
4	4.5	52	22	0.4231	-0.3102
5	5.5	43	20	0.4651	-0.1398
6	6.5	39	22	0.5641	0.2578
7	7.5	28	16	0.5714	0.2877
8	8.5	21	12	0.5714	0.2877
9	9.5	15	10	0.6667	0.6931

解　显然,这里的因变量是 0-1 型的伯努利随机变量,因此可通过 Logistic 回归来建立签订意向的顾客最终真正买房的比例与家庭年收入之间的关系。由于表 10.10 中,对应同一个家庭年收入组有多个重复观测值,因此可用样本比例作为第 i 个家庭年收入组中客户最终购买住房比例 p_i 的观测值。然后,对 p_i 进行逻辑变换。p_i 的值及其经逻辑变换后的值 p_i^* 都列在表 10.10 中。

Logistic 回归方程为

$$p_i=\frac{e^{\beta_0+\beta_1x_i}}{1+e^{\beta_0+\beta_1x_i}}=\frac{1}{1+e^{-\beta_0-\beta_1x_i}},\quad i=1,2,\cdots,c,\tag{10.33}$$

式中:c 为分组数据的组数,本例中 $c=9$。对以上回归方程做线性化变换,令

$$p_i^*=\ln\left(\frac{p_i}{1-p_i}\right),\tag{10.34}$$

式(10.34)所示的变换称为逻辑(Logit)变换,变换后的线性回归模型为

$$p^*=\beta_0+\beta_1x,\tag{10.35}$$

式(10.35)是一个普通的一元线性回归模型,根据表 10.10 的数据,算出经验回归方程为

$$\hat{p}^*=-0.8863+0.1558x,\tag{10.36}$$

决定系数 $R^2=0.924$,F 统计量 $=85.42$,显著性检验 P 值 $=0.0000359$,线性回归方程高度显著。将式(10.36)还原为式(10.33)的 Logistic 回归方程为

$$\hat{p}=\frac{1}{1+e^{0.8863-0.1558x}}.\tag{10.37}$$

由式(10.37)可知,x 越大,即家庭年收入越高,$\hat{p}$就越大,即签订意向后真正买房的比

例就越大。对于一个家庭年收入为 9 万元的客户,将 $x=x_0=9$ 代入回归方程式(10.37)中,即可得其签订意向后真正买房的比例为

$$\hat{p}_0=\frac{1}{1+\mathrm{e}^{0.8863-0.1558x_0}}=0.6262.$$

这也可以说,约有 62.62%的家庭年收入为 9 万元的客户,其签订意向后会真正买房。

把表 10.10 中 x,n_i,m_i 三列数据保存到文本文件 data10_7_1.txt 中。

```
#程序文件 ex10_7_1.py
import numpy as np
import statsmodels.api as sm

a = np.loadtxt('data10_7_1.txt')
x = a[:,0]; pi = a[:,2]/a[:,1]
X = sm.add_constant(x); yi=np.log(pi/(1-pi))
md = sm.OLS(yi,X).fit()                  #构建并拟合模型
print(md.summary())                      #输出模型的所有结果
p0=1/(1+np.exp(-md.predict([1,9])))
b = md.params                            #提出回归系数
print("所求比例 p0=%.4f"%p0)
np.savetxt("data10_7_2.txt", b)
```

我们也可以使用 Statsmodels 库中的函数 glm 拟合模型。glm 函数的基本调用格式如下:

```
glm(formula,data, family=None)
```

其中 formula 是拟合函数的公式,data 可以是字典类型的数据,family 的取值是分布类型,其中的分布可以为 Binomial、Gamma、Gaussian、InverseGaussian、NegativeBinomial 等。

例 10.7 利用 glm 求得的 Logistic 回归模型为

$$\hat{p}=\frac{1}{1+\mathrm{e}^{0.8518-0.1498x}}.$$

```
#程序文件 ex10_7_2.py
import numpy as np
import statsmodels.api as sm

a = np.loadtxt('data10_7_1.txt')
x = a[:,0]; y = np.vstack([a[:,2], a[:,1]-a[:,2]]).T
d = {'x':x, 'y':y}         #y 的第 1 列为成功的次数,第 2 列为失败次数
md = sm.formula.glm('y~x',d, family=sm.families.Binomial()).fit()
print(md.summary())
```

以上的例子是只有一个自变量的情况,分组数据的 Logistic 回归模型可以很方便地推广到有多个自变量的情况。

分组数据的 Logistic 回归只适用于样本量大的分组数据,对样本量小的未分组数据不适用,并且以组数 c 为回归拟合的样本量,拟合的精度低。实际上,可以用最大似然估计直接拟合未分组数据的 Logistic 回归模型,下面就介绍这种方法。

10.5.2 未分组数据的 Logistic 回归模型

设 y 是 0-1 型变量,$x_1,x_2,\cdots,x_m$ 是与 y 相关的确定性变量,n 组观测数据为$(x_{i1},x_{i2},\cdots,x_{im};y_i)(i=1,2,\cdots,n)$,其中,$y_1,y_2,\cdots,y_n$ 是取 0 或 1 的随机向量,y_i 与 $x_{i1},x_{i2},\cdots,x_{im}$的关系如下:

$$E(y_i)=\pi_i=f(\beta_0+\beta_1x_{i1}+\beta_2x_{i2}+\cdots+\beta_mx_{im}),$$

式中:函数 $f(x)$ 是值域在[0,1]区间内的单调增函数。

对应 Logistic 回归

$$f(x)=\frac{e^x}{1+e^x},$$

y_i 服从均值为 $\pi_i=f(\beta_0+\beta_1x_{i1}+\beta_2x_{i2}+\cdots+\beta_mx_{im})$的 0-1 型分布,概率分布函数为

$$P(y_i=1)=\pi_i,P(y_i=0)=1-\pi_i.$$

可以把 y_i 的概率分布函数合写为

$$P(y_i)=\pi_i^{y_i}(1-\pi_i)^{1-y_i},\quad y_i=0,1;\ i=1,2,\cdots,n.$$

于是,$y_1,y_2,\cdots,y_n$ 的似然函数为

$$L=\prod_{i=1}^{n}P(y_i)=\prod_{i=1}^{n}\pi_i^{y_i}(1-\pi_i)^{1-y_i}.$$

对似然函数取自然对数,得

$$\ln L=\sum_{i=1}^{n}[y_i\ln\pi_i+(1-y_i)\ln(1-\pi_i)]=\sum_{i=1}^{n}\left[y_i\ln\frac{\pi_i}{1-\pi_i}+\ln(1-\pi_i)\right].$$

对于 Logistic 回归,将

$$\pi_i=\frac{e^{\beta_0+\beta_1x_{i1}+\beta_2x_{i2}+\cdots+\beta_mx_{im}}}{1+e^{\beta_0+\beta_1x_{i1}+\beta_2x_{i2}+\cdots+\beta_mx_{im}}}$$

代入,得

$$\ln L=\sum_{i=1}^{n}[y_i(\beta_0+\beta_1x_{i1}+\beta_2x_{i2}+\cdots+\beta_mx_{im})-\ln(1+e^{\beta_0+\beta_1x_{i1}+\beta_2x_{i2}+\cdots+\beta_mx_{im}})].\tag{10.38}$$

最大似然估计就是选取 $\beta_0,\beta_1,\cdots,\beta_m$ 的估计值$\hat{\beta}_0,\hat{\beta}_1,\cdots,\hat{\beta}_m$,使式(10.38)达到极大,求解过程需要用数值计算。

例 10.8 在一次关于公共交通的社会调查中,一个调查项目为"是乘坐公交车上下班,还是骑自行车上下班"。因变量 $y=1$ 表示主要乘坐公交车上下班,$y=0$ 表示主要骑自行车上下班。自变量 x_1 是年龄,作为连续型变量;x_2 是月收入;x_3 是性别,$x_3=1$ 表示男性,$x_3=0$ 表示女性。调查对象为工薪阶层群体,数据如表 10.11 所列。试建立 y 与自变量间的 Logistic 回归模型。

表 10.11　公共交通相关调查数据

序号	x_1	x_2	x_3	y	序号	x_1	x_2	x_3	y
1	18	850	0	0	15	20	1000	1	0
2	21	1200	0	0	16	25	1200	1	0
3	23	850	0	1	17	27	1300	1	0
4	23	950	0	1	18	28	1500	1	0
5	28	1200	0	1	19	30	950	1	1
6	31	850	0	0	20	32	1000	1	0
7	36	1500	0	1	21	33	1800	1	0
8	42	1000	0	1	22	33	1000	1	0
9	46	950	0	1	23	38	1200	1	0
10	48	1200	0	0	24	41	1500	1	0
11	55	1800	0	1	25	45	1800	1	1
12	56	2100	0	1	26	48	1000	1	0
13	58	1800	0	1	27	52	1500	1	1
14	18	850	1	0	28	56	1800	1	1

解　首先使用全部变量 x_1, x_2, x_3 建立 Logistic 回归模型，发现变量 x_2 不显著，去掉变量 x_2 建立的 Logistic 回归模型为

$$\hat{p}=\frac{1}{1+e^{2.6285-0.1023x_1+2.2239x_3}},$$

其中，β_1 的 P 值检验为 0.026，置信区间为[0.012, 0.192]；β_3 的 P 值检验为 0.034，置信区间为[-4.277, -0.171]。

```
#程序文件 ex10_8_1.py
import numpy as np
import statsmodels.api as sm

a = np.loadtxt('data10_8.txt')
x = np.vstack([a[:, 1:4], a[:, 6:-1]])
y = np.hstack([a[:, 4], a[:, 9]])
d={'x1': x[:,0], 'x2':x[:,1], 'x3':x[:,2], 'y':y}
md = sm.formula.logit('y~x1+x2+x3', d).fit()
print(md.summary())
md2 = sm.formula.logit('y~x1+x3', d).fit()
print(md2.summary())
```

或者使用 glm 函数拟合模型。

```
#程序文件 ex10_8_2.py
import numpy as np
import statsmodels.api as sm
```

```
a = np.loadtxt('data10_8.txt')
x = np.vstack([a[:, 1:4], a[:, 6:-1]])
y = np.hstack([a[:, 4], a[:, 9]])
d={'x1': x[:,0], 'x2':x[:,1], 'x3':x[:,2], 'y':y}
md1 = sm.formula.glm('y~x1+x2+x3', d, family=sm.families.Binomial()).fit()
print(md1.summary())
md2 = sm.formula.glm('y~x1+x3', d, family=sm.families.Binomial()).fit()
print(md2.summary())
```

10.5.3 Probit 回归模型

Probit 回归称为单位概率回归，与 Logistic 回归类似，也是拟合 0-1 型因变量回归的方法，其回归函数为

$$\Phi^{-1}(\pi_i)=\beta_0+\beta_1 x_{i1}+\cdots+\beta_m x_{im}, \tag{10.39}$$

式中：$\Phi(x)$ 为标准正态分布的分布函数。

用样本比例 p_i 代替概率 π_i，表示为样本回归模型

$$\Phi^{-1}(p_i)=\beta_0+\beta_1 x_{i1}+\cdots+\beta_m x_{im}. \tag{10.40}$$

例 10.9(续例 10.7) 使用例 10.7 的购房数据，建立 Probit 回归模型。

解 首先计算出 $\Phi^{-1}(p_i)$ 的数值，如表 10.12 所列。以 $\Phi^{-1}(p_i)$ 为因变量，以家庭年收入 x 为自变量做普通最小二乘法回归，得回归方程

$$\Phi^{-1}(\hat{p})=-0.5518+0.0970x,$$

或等价地表示为：

$$\hat{p}=\Phi(-0.5518+0.0970x).$$

对 $x_0=9$，$\hat{p}_0=\Phi(-0.5518+0.0970\times 9)=0.6260$，与用 Logistic 回归计算的预测值很接近。

表 10.12 签订购房意向和最终买房的客户数据

序号	家庭年收入 x/万元	签订意向书人数 n_i	实际购房人数 m_i	实际购房比例 $p_i=\frac{m_i}{n_i}$	Probit 变换 $p_i^*=\Phi^{-1}(p_i)$
1	1.5	25	8	0.32	-0.4677
2	2.5	32	13	0.4063	-0.2372
3	3.5	58	26	0.4483	-0.1300
4	4.5	52	22	0.4231	-0.1940
5	5.5	43	20	0.4651	-0.0876
6	6.5	39	22	0.5641	0.1614
7	7.5	28	16	0.5714	0.1800
8	8.5	21	12	0.5714	0.1800
9	9.5	15	10	0.6667	0.4307

```
#程序文件 ex10_9. py
import numpy as np
import statsmodels. api as sm
from scipy. stats import norm

a = np. loadtxt( "data10_7_1. txt" )
x = a[ :,0]; pi = a[ :,2]/a[ :,1]; yi = norm. ppf( pi)
X = sm. add_constant( x)
md = sm. OLS( yi, X). fit( )                #构建并拟合模型
print( md. summary( ) )                     #输出模型的所有结果
p0= norm. cdf( md. predict( [1, 9]) )
print( "所求比例 p0=%. 4f" %p0)
```

10.5.4 Logistic 回归模型的应用

1. Logistic 模型的参数解释

在流行病学中,经常需要研究某一疾病发生与不发生的可能性大小,如一个人得流行性感冒相对于不得流行性感冒的可能性是多少,对此常用赔率来度量。赔率的具体定义如下:

定义 10.1 一个随机事件 A 发生的概率与其不发生的概率之比值称为事件 A 的赔率,记为 $\text{odds}(A)$,即 $\text{odds}(A)=\dfrac{P(A)}{P(\bar{A})}=\dfrac{P(A)}{1-P(A)}$。

如果一个事件 A 发生的概率 $P(A)=0.75$,则其不发生的概率 $P(\bar{A})=1-P(A)=0.25$,所以事件 A 的赔率 $\text{odds}(A)=\dfrac{0.75}{0.25}=3$。这就是说,事件 A 发生与不发生的可能性是 3:1。粗略地讲,即在 4 次观测中有 3 次事件 A 发生而有一次 A 不发生。例如,事件 A 表示“投资成功”,那么 $\text{odds}(A)=3$ 即表示投资成功的可能性是投资不成功的 3 倍。又例如,事件 B 表示“客户理赔事件”,且已知 $P(B)=0.25$,则 $P(\bar{B})=0.75$,从而事件 B 的赔率 $\text{odds}(B)=\dfrac{1}{3}$,这表明发生客户理赔事件的风险是不发生的 1/3。用赔率可很好地度量一些经济现象发生与否的可能性大小。

仍以上述“客户理赔事件”为例,有时我们还需要研究某一群客户相对于另一群客户发生客户理赔事件的风险大小,如职业为司机的客户群相对于职业是教师的客户群发生客户理赔事件的风险大小,这需要用到赔率比的概念。

定义 10.2 随机事件 A 的赔率与随机事件 B 的赔率之比值称为事件 A 对事件 B 的赔率比,记为 $\text{OR}(A,B)$,即 $\text{OR}(A,B)=\text{odds}(A)/\text{odds}(B)$。

若记 A 是职业为司机的客户发生理赔事件,记 B 是职业为教师的客户发生理赔事件,又已知 $\text{odds}(A)=\dfrac{1}{20}$,$\text{odds}(B)=\dfrac{1}{30}$,则事件 A 对事件 B 的赔率比 $\text{OR}(A,B)=\text{odds}(A)/\text{odds}(B)=1.5$。这表明职业为司机的客户发生理赔的赔率是职业为教师的客户的 1.5 倍。

应用 Logistic 回归可以方便地估计一些事件的赔率及多个事件的赔率比。下面仍以例 10.7 为例来说明 Logistic 回归在这方面的应用。

例 10.10(续例 10.7) 房地产商希望能估计出一个家庭年收入为 9 万元的客户其签订意向后最终买房与不买房的可能性大小之比值,以及一个家庭年收入为 9 万元的客户其签订意向后最终买房的赔率是年收入为 8 万元客户的多少倍。

解 由例 10.7 中所得的模型式(10.37),得

$$\ln\left(\frac{\hat{p}}{1-\hat{p}}\right)=-0.8863+0.1558x,$$

因此

$$\frac{\hat{p}}{1-\hat{p}}=\mathrm{e}^{-0.8863+0.1558x}. \tag{10.41}$$

将 $x=x_0=9$ 代入上式,得一个家庭年收入为 9 万元的客户其签订意向后最终买房与不买房的可能性大小之比值为

$$\text{odds(年收入 9 万)}=\frac{\hat{p}_0}{1-\hat{p}_0}=\mathrm{e}^{-0.8863+0.1558\times 9}=1.6752,$$

这说明一个家庭年收入为 9 万元的客户其签订意向后最终买房的可能性是不买房可能性的 1.6752 倍。

另外,由式(10.41)还可得

$$\text{OR(年收入 9 万元,年收入 8 万元)}=\frac{\mathrm{e}^{-0.8863+0.1558\times 9}}{\mathrm{e}^{-0.8863+0.1558\times 8}}=1.1686$$

所以一个家庭年收入为 9 万元的客户其签订意向后最终买房的赔率是年收入为 8 万元客户的 1.1686 倍。

```
#程序文件 ex10_10.py
import numpy as np
b=np.loadtxt("data10_7_2.txt")
odds9=np.exp(b@[1,9])
odds9vs8=np.exp(b@[1,9])/np.exp(b@[1,8])
print("odds9=%.4f,odds9vs8=%.4f"%(odds9,odds9vs8))
```

一般地,如果 Logistic 模型

$$\ln\frac{p}{1-p}=\beta_0+\sum_{j=1}^{m}\beta_j x_j \tag{10.42}$$

的参数估计为$\hat{\beta}_0,\hat{\beta}_1,\cdots,\hat{\beta}_m$,则在 $x_1=x_{01},x_2=x_{02},\cdots,x_m=x_{0m}$ 条件下事件赔率的估计值为

$$\frac{\hat{p}_0}{1-\hat{p}_0}=\mathrm{e}^{\hat{\beta}_0+\sum\limits_{j=1}^{m}\hat{\beta}_j x_{0j}}. \tag{10.43}$$

如果记 $\boldsymbol{X}_A=[1,x_{A1},x_{A2},\cdots,x_{Am}]^{\mathrm{T}}$,$\boldsymbol{X}_B=[1,x_{B1},x_{B2},\cdots,x_{Bm}]^{\mathrm{T}}$,并将相应条件下的事件仍分别记为 $\boldsymbol{X}_A$ 和 $\boldsymbol{X}_B$,则事件 $\boldsymbol{X}_A$ 对 $\boldsymbol{X}_B$ 赔率比的估计可由下式获得

$$\mathrm{OR}(\boldsymbol{X}_A,\boldsymbol{X}_B)=\mathrm{e}^{\sum\limits_{j=1}^{m}\hat{\beta}_j(x_{Aj}-x_{Bj})}. \tag{10.44}$$

2. Logistic 回归模型实例

例 10.11 企业到金融商业机构贷款,金融商业机构需要对企业进行评估。评估结果为0,1两种形式,0表示企业两年后破产,将拒绝贷款,而1表示企业两年后具备还款能力,可以贷款。在表10.13中,已知前20家企业的3项评价指标值和评估结果,试建立模型对其他2家企业(企业21、22)进行评估。

表 10.13 企业还款能力评价表

企业编号	x_1	x_2	x_3	y	y 的预测值
1	-62.3	-89.5	1.7	0	0
2	3.3	-3.5	1.1	0	0
3	-120.8	-103.2	2.5	0	0
4	-18.1	-28.8	1.1	0	0
5	-3.8	-50.6	0.9	0	0
6	-61.2	-56.2	1.7	0	0
7	-20.3	-17.4	1	0	0
8	-194.5	-25.8	0.5	0	0
9	20.8	-4.3	1	0	0
10	-106.1	-22.9	1.5	0	0
11	43	16.4	1.3	1	1
12	47	16	1.9	1	1
13	-3.3	4	2.7	1	1
14	35	20.8	1.9	1	1
15	46.7	12.6	0.9	1	1
16	20.8	12.5	2.4	1	1
17	33	23.6	1.5	1	1
18	26.1	10.4	2.1	1	1
19	68.6	13.8	1.6	1	1
20	37.3	33.4	3.5	1	1
21	-49.2	-17.2	0.3		0
22	40.6	26.4	1.8		1

解 对于该问题,可以用 Logistic 模型来求解。建立如下的 Logistic 回归模型

$$p = P\{y=1\} = \frac{1}{1+\mathrm{e}^{-\left(\beta_0+\sum\limits_{j=1}^{3}\beta_j x_j\right)}}.$$

记 $x_{ij}(i=1,2,\cdots,20;j=1,2,3)$ 分别为变量 $x_j(j=1,2,3)$ 的 20 个观测值,$y_i(i=1,2,\cdots,20)$ 是 y 的 20 个观测值。

我们使用最大似然估计法,求模型中的参数 $\beta_0,\beta_1,\beta_2,\beta_3$,即求参数 $\beta_0,\beta_1,\beta_2,\beta_3$ 使得似然函数

$$\ln L(\beta_0,\beta_1,\beta_2,\beta_3) = \sum_{i=1}^{20}\left[y_i\left(\beta_0+\sum_{j=1}^{3}\beta_j x_{ij}\right) - \ln\left(1+\mathrm{e}^{\beta_0+\sum\limits_{j=1}^{3}\beta_j x_{ij}}\right)\right]$$

达到最大值。

利用 Python 的 Statsmodels 库函数求得

$$\beta_0=-1.3319,\quad \beta_1=-0.3069,\quad \beta_2=2.9269,\quad \beta_3=2.3689.$$

因而得到的 Logistic 回归模型为

$$\begin{cases} p=\dfrac{1}{1+e^{1.3319+0.3069x_1-2.9269x_2-2.3689x_3}}, \\ y=\begin{cases}0, & p\leqslant 0.5,\\ 1, & p>0.5.\end{cases}\end{cases}$$

利用已知数据对上述 Logistic 模型进行检验,准确率达到 100%,说明模型的准确率较高,可以用来预测新企业的还款能力。2 个新企业的预测结果见表 10.13 的最后 1 列,即企业 21 拒绝贷款,企业 22 可以贷款。

```
#程序文件 ex10_11.py
import numpy as np
import statsmodels.api as sm
a=np.loadtxt("data10_11.txt")
d = {'x1':a[:,0], 'x2':a[:,1], 'x3':a[:,2], 'y':a[:,-1]}
md = sm.formula.logit('y~x1+x2+x3', d)
md = md.fit(method='bfgs')                                  #使用默认牛顿方法出错
print(md.summary())
print(md.predict({'x1':[49.2,40.6],'x2':[-17.2,26.4],'x3':[0.3,1.8]}))  #求预测值
```

习 题 10

10.1 将冰晶放入一容器内,容器内维持规定的温度(-5℃)和固定的湿度。观察自冰晶放入的时刻开始计算的时间 T(以 s 计)和晶体生长的轴向长度 A(以 μm 计),得到 43 对观察数据如表 10.14 所列。

表 10.14 晶体生长的观察数据

T	50	60	60	70	70	80	80	90	90	90	95	100	100	100	105
A	19	20	21	17	22	25	28	21	25	31	25	30	29	33	35
T	105	110	110	110	115	115	115	120	120	120	125	130	130	135	135
A	32	30	28	30	31	36	30	36	25	28	28	31	32	34	25
T	140	140	145	150	150	155	155	160	160	160	165	170	180		
A	26	33	31	36	33	41	33	40	30	37	32	35	38		

设题目符合回归模型所要求的条件。

(1) 画出散点图;

(2) 求线性回归方程 $\hat{A}=\hat{a}+\hat{b}T$;

(3) 检验(2)中所建立的回归模型。

10.2 某人记录了 21 天每天使用空调器的时间和使用烘干器的次数,并监视电表以

计算出每天的耗电量,数据如表 10.15 所列,试研究耗电量(KWH)与空调器使用时间(AC)和烘干器使用次数(DRYER)之间的关系,建立并检验回归模型,诊断是否有异常点。

表 10.15 观测数据

序号	1	2	3	4	5	6	7	8	9	10	11
KWH	35	63	66	17	94	79	93	66	94	82	78
AC	1.5	4.5	5.0	2.0	8.5	6.0	13.5	8.0	12.5	7.5	6.5
DRYER	1	2	2	0	3	3	1	1	1	2	3
序号	12	13	14	15	16	17	18	19	20	21	
KWH	65	77	75	62	85	43	57	33	65	33	
AC	8.0	7.5	8.0	7.5	12.0	6.0	2.5	5.0	7.5	6.0	
DRYER	1	2	2	1	1	0	3	0	1	0	

10.3 一矿脉有 13 个相邻样本点,人为地设定一原点,现测得各样本点对原点的距离 x 与该样本点处某种金属含量 y 的一组数据如表 10.16 所列,画出散点图观测二者的关系,试建立合适的回归模型,如二次曲线、双曲线、对数曲线等。

表 10.16 x 和 y 的观测数据

x	2	3	4	5	7	8	10
y	106.42	109.20	109.58	109.50	110.00	109.93	110.49
x	11	14	15	16	18	19	
y	110.59	110.60	110.90	110.76	111.00	111.20	

10.4 表 10.17 所列为 10 名中学生体重、胸围、胸围之呼吸差及肺活量数据,试用向后删除变量法建立回归模型,其中 y:肺活量(mL),x_1:体重(kg),x_2:胸围(cm),x_3:胸围之呼吸差(cm)。

表 10.17 学生身体状况数据

y	x_1	x_2	x_3
1600	35	69	0.7
2600	40	74	2.5
2100	40	64	2.0
2650	42	74	3.0
2400	37	72	1.1
2200	45	68	1.5
2750	43	78	4.3
1600	37	66	2.0
2750	44	70	3.2
2500	42	65	3.0

10.5　某种半成品在生产过程中的废品率 y 与它所含的某种化学成分 x 有关,试验所得的 8 组数据记录如表 10.18 所列,试求回归方程 $y=\frac{a_1}{x}+a_2+a_3x+a_4x^2$。

表 10.18　废品率与化学成分关系的观测数据

序　号	1	2	3	4	5	6	7	8
x	1	2	4	5	7	8	9	10
y	1.3	1	0.9	0.81	0.7	0.6	0.55	0.4

10.6　在对某一新药的研究中,记录了不同剂量(x)下有副作用人的比例(p),具体数据如表 10.19 所列。要求:

(1) 作 x(剂量)与 p(有副作用的人数的比例)的散点图,并判断建立 p 关于 x 的一元线性回归方程是否合适?

(2) 建立 p 关于 x 的 Logistic 回归方程。

(3) 估计有一半人有副作用的剂量水平。

表 10.19　剂量与副作用数据

x(剂量)	0.9	1.1	1.8	2.3	3.0	3.3	4.0
p	0.37	0.31	0.44	0.60	0.67	0.81	0.79

10.7　生物学家希望了解种子的发芽数是否受水分及是否加盖的影响,为此,在加盖与不加盖两种情况下对不同水分分别观察 100 粒种子是否发芽,记录发芽数,相应数据如表 10.20 所列。

(1) 建立关于 x_1,x_2 和 x_1x_2 的 Logistic 回归方程。

(2) 分别求加盖与不加盖的情况下发芽率为 50%的水分。

(3) 在水分值为 6 的条件下,分别估计加盖与不加盖的情况下发芽与不发芽的概率之比值(发芽的赔率),估计加盖对不加盖发芽的赔率比。

表 10.20　种子发芽数据

x_1(水分)	x_2(加盖)	y(发芽)	频数	x_1(水分)	x_2(加盖)	y(发芽)	频数
1	0(不加盖)	1(发芽)	24	5	0	0	33
1	0	0(不发芽)	76	7	0	1	78
3	0	1	46	7	0	0	22
3	0	0	54	9	0	1	73
5	0	1	67	9	0	0	27
1	1(加盖)	1	43	5	1	0	24
1	1	0	57	7	1	1	52
3	1	1	75	7	1	0	48
3	1	0	25	9	1	1	37
5	1	1	76	9	1	0	63

10.8　已知数据如表 10.21 所列，满足关系式

$$y=\frac{x}{\beta_0 x+\beta_1}+\varepsilon,\quad \varepsilon\sim N(0,\sigma^2),$$

试用线性回归和非线性回归方法估计参数 β_0 和 β_1。

表 10.21　数据表

编号	1	2	3	4	5	6	7	8	9	10	11	12	13
x	2	3	4	5	7	8	10	11	14	15	16	18	19
y	0.42	2.20	3.58	3.50	4.00	3.93	4.49	4.59	4.60	4.90	4.76	5.00	5.20

10.9　已知 100 名观察者各年龄段的冠心病患病人数及比例如表 10.22 所列，试建立冠心病患病比例 p 与年龄之间的 Logistic 回归方程。

表 10.22　各年龄段的冠心病患病人数及比例

年龄段	年龄段中点	人数	患冠心病人数	患病比例
20~29	24.5	10	1	0.1
30~34	32	15	2	0.13
35~39	37	12	3	0.25
40~44	42	15	5	0.33
45~49	47	13	6	0.46
50~54	52	8	5	0.63
55~59	57	17	13	0.76
60~69	64.5	10	8	0.80

10.10　选自 2006 年全国大学生数学建模竞赛 B 题。

艾滋病的医学全名为“获得性免疫缺陷综合症”英文简称 AIDS，它是由艾滋病毒（医学全名为“人体免疫缺陷病毒”，英文简称 HIV）引起的。这种病毒破坏人的免疫系统，使人体丧失抵抗各种疾病的能力，从而严重危害人的生命。人类免疫系统的 CD4 细胞在抵御 HIV 的入侵中起着重要作用，当 CD4 被 HIV 感染而裂解时，其数量会急剧减少，HIV 将迅速增加，导致艾滋病发作。

艾滋病治疗的目的是尽量减少人体内 HIV 的数量，同时产生更多的 CD4，至少要有效地减低 CD4 减少的速度，以提高人体免疫能力。迄今为止，人类还没有找到能根治 AIDS 的疗法。

题目给出了美国艾滋病医疗试验机构公布的两组数据（ACTG320，193A 分别见文件 ti10_10_1.txt，ti10_10_2.txt），要求：

（1）利用 ACTG320 数据，预测继续治疗的效果，或者确定最佳治疗终止时间（继续治疗指在测试终止后继续服药，如果认为继续服药效果不好，则可选择提前终止治疗）。

（2）利用 193A 数据，评价 4 种疗法的优劣（仅以 CD4 为标准），并对较优的疗法预测继续治疗的效果，或者确定最佳治疗终止时间。

第11章 聚类分析与判别分析

多元分析是多变量的统计分析方法，也是数理统计中近40年来发展起来的一个应用广泛的重要分支。它包含了丰富的理论成果和众多的应用方法，如回归分析、方差分析、判别分析、聚类分析、主成分分析、因子分析和典型相关分析等。其内容庞杂，视角独特，方法多样，深受工程技术人员的青睐和广泛使用，并在使用中不断完善和创新。

本章介绍聚类分析和判别分析两部分内容。二者共同点都是对样本或变量进行分类。聚类分析是在不知道有多少类别的前提下，建立某种规则对样本或变量进行分类。判别分析是已知类别，在已知训练样本的前提下，利用训练样本得到判别函数，然后对未知类别的测试样本判别其类别。

聚类分析是无监督分类，就是只有自变量（指标）数据，没有（表示类别的）因变量数据，就可以根据指标数据的距离或相似性进行归类，而且归为多少类也是不确定的，取决于数据本身和分类效果的度量指标。常见的聚类分析算法有系统聚类，K均值聚类，高斯混合聚类，还有基于密度的DBSCAN聚类。

判别分析是有监督分类，就是既有自变量（指标）数据，又有（表示类别的）因变量数据，根据已知类别的样本所提供的信息，总结出分类的规律性，并建立好判别公式和判别准则，这样有了新样本，就能据此判断其所属类别。除了通常的距离判别，贝叶斯判别，Fisher判别，其他机器学习中的分类算法，如决策树、支持向量机、神经网络等也都是判别分析算法。

11.1 聚类分析

聚类分析，也称群分析或点群分析，它是研究多要素事物分类问题的数量方法。其基本原理是，根据样本自身的属性，用数学方法按照某些相似性或差异性指标，定量地确定样本之间的亲疏关系，并按这种亲疏关系程度对样本进行分类。常见的聚类分析方法有系统聚类法、动态聚类法和模糊聚类法等。

对样本进行分类称为Q型聚类分析，对指标进行分类称为R型聚类分析。

11.1.1 数据变换

设有n个样品，每个样品测得p项指标（变量），原始数据阵为

$$\boldsymbol{A}=\begin{bmatrix} a_{11} & a_{12} & \cdots & a_{1p} \\ a_{21} & a_{22} & \cdots & a_{2p} \\ \vdots & \vdots & & \vdots \\ a_{n1} & a_{n2} & \cdots & a_{np} \end{bmatrix},$$

其中 $a_{ij}(i=1,\cdots,n;j=1,\cdots,p)$ 为第 i 个样品 $\boldsymbol{\omega}_i$ 的第 j 个指标的观测数据。

由于样本数据矩阵由多个指标组成,不同指标一般有不同的量纲,为消除量纲的影响,通常需要进行数据变换处理。

常用的数据变换方法有:

1. 中心化处理

中心化变换是一种坐标轴平移处理方法,它是先求出每个变量的样本平均值,再从原始数据中减去该变量的均值,就得到中心化变换后的数据。

设变换后的数据为 b_{ij},则有

$$b_{ij}=a_{ij}-\mu_j,\quad i=1,\cdots,n;j=1,\cdots,p,$$

式中:$\mu_j=\frac{\sum_{i=1}^{n}a_{ij}}{n}$。

2. 规格化变换

规格化变换是从数据矩阵的每一个变量中找出其最大值和最小值,这两者之差称为极差,然后从每个变量的原始数据中减去该变量中的最小值,再除以极差,就得到规格化数据,即有

$$b_{ij}=\frac{a_{ij}-\min\limits_{1\leqslant i\leqslant n}(a_{ij})}{\max\limits_{1\leqslant i\leqslant n}(a_{ij})-\min\limits_{1\leqslant i\leqslant n}(a_{ij})},\quad i=1,\cdots,n;j=1,\cdots,p.$$

3. 标准化变换

首先对每个变量进行中心化变换,然后用该变量的标准差进行标准化,即有

$$b_{ij}=\frac{a_{ij}-\mu_j}{s_j},\quad i=1,\cdots,n;j=1,\cdots,p,$$

式中:$\mu_j=\frac{\sum_{i=1}^{n}a_{ij}}{n}$;$s_j=\sqrt{\frac{1}{n-1}\sum_{i=1}^{n}(a_{ij}-\mu_j)^2}$。

记变换处理后的数据矩阵为

$$\boldsymbol{B}=\begin{bmatrix} b_{11} & b_{12} & \cdots & b_{1p} \\ b_{21} & b_{22} & \cdots & b_{2p} \\ \vdots & \vdots & & \vdots \\ b_{n1} & b_{n2} & \cdots & b_{np} \end{bmatrix}. \tag{11.1}$$

11.1.2 样品(或指标)间亲疏程度的测度计算

第 i 个样品 $\boldsymbol{\omega}_i$($\boldsymbol{\omega}_i$ 也表示矩阵 $\boldsymbol{B}$ 的第 i 行数据向量)由矩阵 $\boldsymbol{B}$ 的第 i 行所描述,所以任何两个样品 $\boldsymbol{\omega}_k$ 与 $\boldsymbol{\omega}_m$ 之间的相似性,都可以通过矩阵 $\boldsymbol{B}$ 中的第 k 行与第 m 行的相似程度来描述;任何两个变量 x_k 与 x_m 之间的相似性,可以通过矩阵 $\boldsymbol{B}$ 中的第 k 列与第 m 列的相似程度来描述。

研究样品或变量的亲疏程度或相似程度的数量指标通常有两种:一种是相似系数,性质越接近的变量或样品,其取值越接近于 1 或-1,而彼此无关的变量或样品的相似系数

则越接近于0,相似的归为一类,不相似的归为不同类。另一种是距离,它将每个样品看成 p 维空间的一个点,n 个样品组成 p 维空间的 n 个点。用各点之间的距离来衡量各样品之间的相似程度(或靠近程度)。距离近的点归为一类,距离远的点属于不同的类。对于变量之间的聚类(R型)常用相似系数来测度变量之间的亲疏程度,而对于样品之间的聚类分析(Q型),则常用距离来测度样品之间的亲疏程度。

1. 常用距离的计算

令 d_{ij} 表示样品 $\boldsymbol{\omega}_i$ 与 $\boldsymbol{\omega}_j$ 的距离。常用的距离有

(1) 闵氏(Minkowski)距离

$$d_q(\boldsymbol{\omega}_i,\boldsymbol{\omega}_j)=\left(\sum_{k=1}^{p}|b_{ik}-b_{jk}|^q\right)^{1/q}.$$

当 $q=1$ 时,有

$$d_1(\boldsymbol{\omega}_i,\boldsymbol{\omega}_j)=\sum_{k=1}^{p}|b_{ik}-b_{jk}|,$$ 即绝对值距离(L_1 范数,也称 Manhattan 距离)。

当 $q=2$ 时,有

$$d_2(\boldsymbol{\omega}_i,\boldsymbol{\omega}_j)=\left(\sum_{k=1}^{p}(b_{ik}-b_{jk})^2\right)^{1/2},$$ 即欧几里得距离(L_2 范数)。

当 $q=\infty$ 时,有

$$d_\infty(\boldsymbol{\omega}_i,\boldsymbol{\omega}_j)=\max_{1\leqslant k\leqslant p}|b_{ik}-b_{jk}|,$$ 即切比雪夫距离(L_∞ 范数)。

(2) 马氏(Mahalanobis)距离。马氏距离是由印度统计学家马哈拉诺比斯于1936年定义的,故称为马氏距离。其计算公式为

$$d(\boldsymbol{\omega}_i,\boldsymbol{\omega}_j)=\sqrt{(\boldsymbol{\omega}_i-\boldsymbol{\omega}_j)\boldsymbol{\Sigma}^{-1}(\boldsymbol{\omega}_i-\boldsymbol{\omega}_j)^{\mathrm{T}}},$$

式中:$\boldsymbol{\omega}_i$ 表示矩阵 $\boldsymbol{B}$ 的第 i 行;$\boldsymbol{\Sigma}$ 表示观测变量之间的协方差阵,$\boldsymbol{\Sigma}=(\sigma_{ij})_{p\times p}$,其中

$$\sigma_{ij}=\frac{1}{n-1}\sum_{k=1}^{n}(b_{ki}-\mu_i)(b_{kj}-\mu_j),\quad i,j=1,2,\cdots,p,$$

式中:$\mu_j=\dfrac{1}{n}\sum_{k=1}^{n}b_{kj}$。

2. 相似系数的计算

研究样品(或变量)之间的关系,除了用距离表示外,还有相似系数。相似系数是描述样品(或变量)之间相似程度的一个统计量,常用的相似系数如下:

1) 夹角余弦

将任意两个样品 $\boldsymbol{\omega}_i$ 与 $\boldsymbol{\omega}_j$ 看成 p 维空间的两个向量,这两个向量的夹角余弦用 $\cos\theta_{ij}$ 表示,则

$$\cos\theta_{ij}=\frac{\sum_{k=1}^{p}b_{ik}b_{jk}}{\sqrt{\sum_{k=1}^{p}b_{ik}^2}\cdot\sqrt{\sum_{k=1}^{p}b_{jk}^2}},\quad i,j=1,2,\cdots,n.$$

当 $\cos\theta_{ij}=1$ 时,说明两个样品 $\boldsymbol{\omega}_i$ 与 $\boldsymbol{\omega}_j$ 完全相似;$\cos\theta_{ij}$ 接近1时,说明 $\boldsymbol{\omega}_i$ 与 $\boldsymbol{\omega}_j$ 相似密切;$\cos\theta_{ij}=0$ 时,说明 $\boldsymbol{\omega}_i$ 与 $\boldsymbol{\omega}_j$ 完全不一样;$\cos\theta_{ij}$ 接近0时,说明 $\boldsymbol{\omega}_i$ 与 $\boldsymbol{\omega}_j$ 差别大。把所有两两样品的相似系数都计算出来,可排成相似系数矩阵

$$\boldsymbol{\Theta}=\begin{bmatrix} \cos\theta_{11} & \cos\theta_{12} & \cdots & \cos\theta_{1n} \\ \cos\theta_{21} & \cos\theta_{22} & \cdots & \cos\theta_{2n} \\ \vdots & \vdots & & \vdots \\ \cos\theta_{n1} & \cos\theta_{n2} & \cdots & \cos\theta_{nn} \end{bmatrix},$$

其中 $\cos\theta_{11}=\cdots=\cos\theta_{nn}=1$。根据 $\boldsymbol{\Theta}$ 可对 n 个样品进行分类，把比较相似的样品归为一类，不怎么相似的样品归为不同的类。

2）皮尔逊相关系数

第 i 个样品与第 j 个样品之间的相关系数定义为

$$r_{ij}=\frac{\sum_{k=1}^{p}(b_{ik}-\bar{\mu}_i)(b_{jk}-\bar{\mu}_j)}{\sqrt{\sum_{k=1}^{p}(b_{ik}-\bar{\mu}_i)^2}\cdot\sqrt{\sum_{k=1}^{p}(b_{jk}-\bar{\mu}_j)^2}},\quad i,j=1,2,\cdots,n,$$

式中：$\bar{\mu}_i=\dfrac{\sum_{k=1}^{p}b_{ik}}{p}$。

实际上，r_{ij} 就是两个向量 $\boldsymbol{\omega}_i-\bar{\boldsymbol{\omega}}_i$ 与 $\boldsymbol{\omega}_j-\bar{\boldsymbol{\omega}}_j$ 的夹角余弦，其中 $\bar{\boldsymbol{\omega}}_i=\bar{\mu}_i[1,\ \cdots,\ 1]_{1\times p}$。若 $\bar{\mu}_i=0(i=1,2,\cdots,n)$，则有 $r_{ij}=\cos\theta_{ij}$。

$$\boldsymbol{R}=(r_{ij})_{n\times n}=\begin{bmatrix} r_{11} & r_{12} & \cdots & r_{1n} \\ r_{21} & r_{22} & \cdots & r_{2n} \\ \vdots & \vdots & & \vdots \\ r_{n1} & r_{n2} & \cdots & r_{nn} \end{bmatrix},$$

其中 $r_{11}=\cdots=r_{nn}=1$，可根据 $\boldsymbol{R}$ 对 n 个样品进行分类。

11.1.3 scipy.cluster.hierarchy 模块的系统聚类

scipy.cluster.hierarchy 模块的系统聚类相关函数有 linkage、fcluster、dendrogram，具体介绍如下。

1. linkage

```
Z=linkage(y, method='single', metric='euclidean')
```

使用由 method 指定的算法生成聚类树，输入 y 可以为 pdist 函数输出的 $(n-1)\cdot n/2$ 个元素的一维距离行向量，y 也可以是二维的 $n\times p$ 数据矩阵。method 可取表 11.1 中特征字符串值。metric 可取表 11.2 中特征字符串值。

表 11.1 method 取值及含义

字 符 串	含 义
'single'	最短距离（默认值）
'average'	无权平均距离
'centroid'	重心距离
'complete'	最大距离
'ward'	离差平方和方法（Ward 方法）

表 11.2 常用的 metric 取值及含义

字 符 串	含 义
'euclidean'	欧几里得距离(缺省)
'seuclidean'	标准欧几里得距离
'cityblock'	绝对值距离(Manhattan 距离)
'minkowski'	闵氏距离(Minkowski 距离)
'chebyshev'	切比雪夫距离(chebyshev 距离)
'mahalanobis'	马氏距离(Mahalanobis 距离)
'hamming'	汉明距离(Hamming 距离)
custom distance function	自定义函数距离
'cosine'	1-两个向量夹角的余弦
'correlation'	1-样本的相关系数
'jaccard'	1-Jaccard 系数

输出 Z 为包含聚类树信息的$(n-1)\times4$矩阵。聚类树上的叶节点为原始数据集中的对象,其编号由 0 到 $n-1$,它们是单元素的类,级别更高的类都由它们生成。对应于 Z 中第 j 行每个新生成的类,其索引为 $n+j$,其中 n 为初始叶节点的数量。

Z 的第 1 列和第 2 列,即 Z[:, :2]包含了被两两连接生成一个新类的所有对象的索引,Z[j, :2]生成的新类索引为 $n+j$。共有 $n-1$ 个级别更高的类,它们对应于聚类树中的内部节点。

Z 的第三列 Z[:, 2]包含了相应的在类中的两两对象间的连接距离。Z 的第四列 Z[:, 3]表示当前类中原始对象的个数。

2. fcluster

T = fcluster(Z, t=k, criterion='maxclust')从 linkage 的输出 Z,根据给定的类数 k 创建聚类。

3. H=dendrogram(Z, p)

由 linkage 产生的数据矩阵 Z 画聚类树状图。p 是节点数,默认值是 30。

11.1.4 基于类间距离的系统聚类

系统聚类法是聚类分析方法中使用最多的方法。其基本思想是:距离相近的样品(或变量)先聚为一类,距离远的后聚成类,此过程一直进行下去,每个样品总能聚到合适的类中。它包括如下步骤:

(1) 将每个样品(或变量)独自聚成一类,构造 n 个类。

(2) 根据所确定的样品(或变量)距离公式,计算 n 个样品(或变量)两两间的距离,构造距离矩阵,记为 $\boldsymbol{D}_{(0)}$。

(3) 把距离最近的两类归为一新类,其他样品(或变量)仍各自聚为一类,共聚成 $n-1$ 类。

(4) 计算新类与当前各类的距离,将距离最近的两个类进一步聚成一类,共聚成 $n-2$ 类。以上步骤一直进行下去,最后将所有的样品(或变量)聚成一类。

(5) 画聚类谱系图。

(6) 决定类的个数及各类包含的样品数,并对类做出解释。

正如样品之间的距离可以有不同的定义方法一样,类与类之间的距离也有各种定义。例如可以定义类与类之间的距离为两类之间最近样品的距离,或者定义为两类之间最远样品的距离,也可以定义为两类重心之间的距离等。类与类之间用不同的方法定义距离,就产生了不同的系统聚类方法,常用的系统聚类方法有最短距离法、最长聚类法、中间距离法、重心法、类平均法、可变类平均法、可变法和离差平方和法。

1. 最短距离法

最短距离法定义类 G_i 与 G_j 之间的距离为两类间最邻近的两样品之距离,即 G_i 与 G_j 两类间的距离 D_{ij} 定义为

$$D_{ij}=\min_{\boldsymbol{\omega}_s\in G_i,\boldsymbol{\omega}_t\in G_j} d(\boldsymbol{\omega}_s,\boldsymbol{\omega}_t).$$

设类 G_p 与 G_q 合并成一个新类记为 G_r,则任一类 G_k 与 G_r 的距离为

$$D_{kr}=\min_{\boldsymbol{\omega}_s\in G_k,\boldsymbol{\omega}_t\in G_r} d(\boldsymbol{\omega}_s,\boldsymbol{\omega}_t)=\min\left\{\min_{\boldsymbol{\omega}_s\in G_k,\boldsymbol{\omega}_t\in G_p} d(\boldsymbol{\omega}_s,\boldsymbol{\omega}_t),\ \min_{\boldsymbol{\omega}_s\in G_k,\boldsymbol{\omega}_t\in G_q} d(\boldsymbol{\omega}_s,\boldsymbol{\omega}_t)\right\}=\min\{D_{kp},D_{kq}\}.$$

最短距离法聚类的步骤如下:

(1) 定义样品之间距离,计算样品两两距离,得一距离阵记为 $\boldsymbol{D}_{(0)}=(d_{ij})_{n\times n}$,开始每个样品自成一类。

(2) 找出 $\boldsymbol{D}_{(0)}$ 的非对角线最小元素,设为 d_{pq},则将 G_p 和 G_q 合并成一个新类,记为 $G_r=\{G_p,G_q\}$。给出计算新类与其他类的距离公式:

$$D_{kr}=\min\{D_{kp},D_{kq}\}.$$

将 $\boldsymbol{D}_{(0)}$ 中第 p、q 行及 p、q 列,用上面公式合并成一个新行新列,新行新列对应 G_r,所得到的矩阵记为 $\boldsymbol{D}_{(1)}$。

(3) 对 $\boldsymbol{D}_{(1)}$ 重复上述类似 $\boldsymbol{D}_{(0)}$ 的第(2)步得到 $\boldsymbol{D}_{(2)}$。如此下去,直到所有的元素并成一类为止。

如果某一步 $\boldsymbol{D}_{(k)}$ 中非对角线最小的元素不止一个,则对应这些最小元素的类可以同时合并。

为了便于理解最短距离法的计算步骤,下面举一个简单例子。

例 11.1 设抽出 5 个样品,每个样品只测 1 个指标,它们是 2,3,3.5,7,9,试用最短距离法对 5 个样品进行分类。

解 (1)定义样品间距离采用欧几里得距离,计算样品两两距离,得距离矩阵 $\boldsymbol{D}_{(0)}$,如表 11.3 所列。

表 11.3 矩阵 $\boldsymbol{D}_{(0)}$

	$G_1=\{\omega_1\}$	$G_2=\{\omega_2\}$	$G_3=\{\omega_3\}$	$G_4=\{\omega_4\}$	$G_5=\{\omega_5\}$
$G_1=\{\omega_1\}$	0	1	1.5	5	7
$G_2=\{\omega_2\}$	1	0	0.5	4	6
$G_3=\{\omega_3\}$	1.5	0.5	0	3.5	5.5
$G_4=\{\omega_4\}$	5	4	3.5	0	2
$G_5=\{\omega_5\}$	7	6	5.5	2	0

(2) 找出 $\boldsymbol{D}_{(0)}$ 中非对角线最小元素是 0.5,即 $D_{23}=D_{32}=0.5$,则将 G_2 与 G_3 合并成一个新类,记为 $G_6=\{\omega_2,\omega_3\}$。计算新类 G_6 与其他类的距离,公式为

$$D_{i6}=\min\{D_{i2},D_{i3}\},i=1,4,5$$

即将矩阵 $\boldsymbol{D}_{(0)}$ 的第 2,3 列取较小元素构成一列,第 2,3 行取较小元素构成一行得矩阵 $\boldsymbol{D}_{(1)}$,如表 11.4 所列。

表 11.4　矩阵 $\boldsymbol{D}_{(1)}$

	$G_1=\{\omega_1\}$	$G_6=\{\omega_2,\omega_3\}$	$G_4=\{\omega_4\}$	$G_5=\{\omega_5\}$
$G_1=\{\omega_1\}$	0	1	5	7
$G_6=\{\omega_2,\omega_3\}$	1	0	3.5	5.5
$G_4=\{\omega_4\}$	5	3.5	0	2
$G_5=\{\omega_5\}$	7	5.5	2	0

(3) 找出 $\boldsymbol{D}_{(1)}$ 中非对角线最小元素是 1,则将相应的两类 G_1 和 G_6 合并为 $G_7=\{\omega_1,\omega_2,\omega_3\}$,然后再按公式计算各类与 G_7 的距离,即将 G_1,G_6 相应的两行两列归并为一行一列,新的行(列)由原来的两行(列)中较小元素构成,计算结果得矩阵 $\boldsymbol{D}_{(2)}$,如表 11.5 所列。

表 11.5　矩阵 $\boldsymbol{D}_{(2)}$

	$G_7=\{\omega_1,\omega_2,\omega_3\}$	$G_4=\{\omega_4\}$	$G_5=\{\omega_5\}$
$G_7=\{\omega_1,\omega_2,\omega_3\}$	0	3.5	5.5
$G_4=\{\omega_4\}$	3.5	0	2
$G_5=\{\omega_5\}$	5.5	2	0

(4) 找出 $\boldsymbol{D}_{(2)}$ 中非对角线最小元素是 2,则将 G_4 与 G_5 合并成 $G_8=\{\omega_4,\omega_5\}$,然后再按公式计算 G_7 与 G_8 的距离,即将 G_4,G_5 相应的两行两列归并成一行一列,新的行列由原来的两行(列)中较小元素构成,得矩阵 $\boldsymbol{D}_{(3)}$,如表 11.6 所列。

表 11.6　矩阵 $\boldsymbol{D}_{(3)}$

	$G_7=\{\omega_1,\omega_2,\omega_3\}$	$G_8=\{\omega_4,\omega_5\}$
$G_7=\{\omega_1,\omega_2,\omega_3\}$	0	3.5
$G_8=\{\omega_4,\omega_5\}$	3.5	0

最后,将 G_7 和 G_8 合并成 G_9,上述合并过程可用图 11.1 表达。纵坐标的刻度是并类的距离。

由图 11.1 看到分成两类 $\{\omega_1,\omega_2,\omega_3\}$ 及 $\{\omega_4,\omega_5\}$ 比较合适。

直接使用原始数据聚类的 Python 程序如下:

```
#程序文件 ex11_1_1. py
import scipy. cluster. hierarchy as sch
import numpy as np
import pylab as plt

plt. rc('text', usetex=True) ; plt. rc('font', size=16)
a=np. array([[2, 3, 3.5, 7, 9]]).T
c=sch. linkage(a)
s=['$\\omega_'+str(i+1)+'$' for i in range(5)]
sch. dendrogram(c, labels=s) ; plt. show()
```

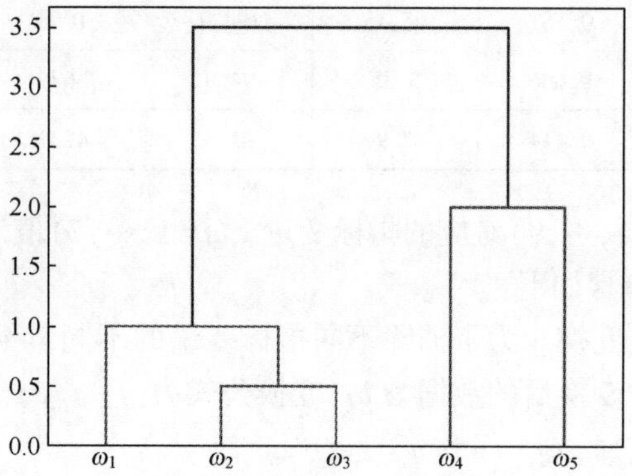

图 11.1　聚类图

使用距离聚类的 Python 程序如下：

```
#程序文件 ex11_1_2. py
import scipy. cluster. hierarchy as sch
import pylab as plt

plt. rc('text', usetex=True) ; plt. rc('font', size=16)
a=[2, 3, 3.5, 7, 9] ; n=len(a)
d = [abs(a[i]-a[j]) for i in range(n-1) for j in range(i+1,n)]
c=sch. linkage(d)
s=['$\\omega_'+str(i+1)+'$' for i in range(n)]
sch. dendrogram(c, labels=s) ; plt. show()
```

注 11.1　求样本点之间的两两距离时，也可以使用函数 scipy. spatial. distance. pdist 计算。

最短距离法也可用于指标(变量)分类，分类时可以用距离，也可以用相似系数。但用相似系数时应找最大的元素并类，也就是把公式 $D_{kk}=\min\{D_{kp},D_{kq}\}$ 中的 min 换成 max。

例 11.2　表 11.7 所列为某地区 9 个农业区的 7 项经济指标，试用最短距离法进行聚类分析。

表 11.7 某地区的经济指标数据

区代号	人均耕地 x_1	劳动耕地 x_2	水田比重 x_3	复种指数 x_4	粮食亩产 x_5	人均粮食 x_6	稻谷占粮食比 x_7
ω_1	0.294	1.093	5.63	113.6	4510	1036	12.2
ω_2	0.315	0.971	0.39	95.1	2773	683	0.85
ω_3	0.123	0.316	5.28	148.5	6934	611	6.49
ω_4	0.179	0.527	0.39	111	4458	632	0.92
ω_5	0.081	0.212	72.04	217.8	12240	791	80.3
ω_6	0.082	0.211	43.78	179.6	8973	636	48.1
ω_7	0.075	0.181	65.15	194.7	1068	634	80.1
ω_8	0.293	0.666	5.35	94.9	3679	771	7.8
ω_9	0.167	0.414	2.9	94.8	4231	574	1.17

解 记区域 $\omega_i(i=1,\cdots,9)$ 对应的指标变量 $x_j(j=1,\cdots,7)$ 值为 a_{ij}，构造数据矩阵 $\boldsymbol{A}=(a_{ij})_{9\times7}$。聚类分析的步骤如下：

(1) 数据的规格化变换。为了消除不同指标变量的不同量纲之间的影响，对原始数据进行规格化变换。设变换后的数据为 b_{ij}，变换公式为

$$b_{ij}=\frac{a_{ij}-\min\limits_{1\leqslant i\leqslant 9}(a_{ij})}{\max\limits_{1\leqslant i\leqslant 9}(a_{ij})-\min\limits_{1\leqslant i\leqslant 9}(a_{ij})},\quad i=1,\cdots,9;j=1,\cdots,7.$$

(2) 计算 ω_i 间的两两之间的距离。由于数据已经进行了规格化处理，这里可以使用欧几里得距离计算 ω_i 与 ω_j 之间的距离 $d(\omega_i,\omega_j)$，计算公式为

$$d(\omega_i,\omega_j)=\left(\sum_{k=1}^{7}(b_{ik}-b_{jk})^2\right)^{1/2},\quad i,j=1,2,\cdots,9.$$

(3) 最短距离法的聚类。最短距离法定义类 G_i 与 G_j 之间的距离为两类间最邻近的两样品之距离，即 G_i 与 G_j 两类间的距离 D_{ij} 定义为

$$D_{ij}=\min_{\omega_s\in G_i,\omega_t\in G_j} d(\omega_s,\omega_t).$$

最短距离法的聚类过程如下：

(i) 开始每个样品自成一类，分成 9 类，构造距离矩阵 $\boldsymbol{D}_{(0)}=(d(\omega_i,\omega_j))_{9\times9}$。

(ii) 找出 $\boldsymbol{D}_{(0)}$ 的非对角线最小元素，设为 D_{pq}，则将 G_p 和 G_q 合并成一个新类，记为 G_{10}，即 $G_{10}=\{G_p,G_q\}$。计算新类 $G_r(r=10)$ 与其他类的距离

$$D_{kr}=\min\{D_{kp},D_{kq}\}.$$

将 $\boldsymbol{D}_{(0)}$ 中第 p、q 行及 p、q 列取最小值，合并成一个新行新列，新行新列对应 G_{10}，所得到的矩阵记为 $\boldsymbol{D}_{(1)}$。

(iii) 对 $\boldsymbol{D}_{(1)}$ 重复上述类似 $\boldsymbol{D}_{(0)}$ 的第(ii)步操作，得到 $\boldsymbol{D}_{(2)}$。如此下去，直到所有的样品并成一类为止。

如果某一步 $\boldsymbol{D}_{(k)}$ 中非对角线最小的元素不止一个，则对应这些最小元素的类可以同时合并。

利用 Python 程序，画出的聚类图如图 11.2 所示。

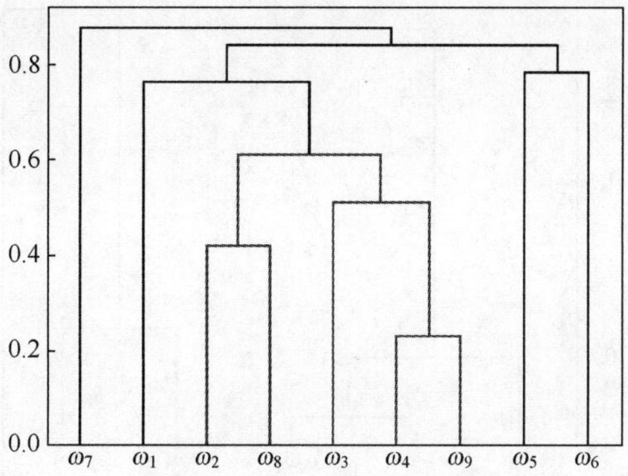

图 11.2　9 个农业区的聚类图

从图 11.2 的聚类图可以看出，如果把 9 个农业区分成 3 类，则 $\{\omega_1,\omega_2,\omega_3,\omega_4,\omega_8,\omega_9\}$ 为第一类，$\{\omega_5,\omega_6\}$ 为第二类，$\{\omega_7\}$ 为第三类。

```
#程序文件 ex11_2. py
import numpy as np
import scipy. cluster. hierarchy as sch
import pylab as plt

plt. rc('text', usetex=True); plt. rc('font', size=16)
a=np. loadtxt('data11_2. txt'); n=a. shape[0]
b=(a-a. min(axis=0))/(a. max(axis=0)-a. min(axis=0))
z=sch. linkage(b)
s=['$\\omega_'+str(i+1)+'$' for i in range(n)]
sch. dendrogram(z, labels=s); plt. show()
```

2. 最长距离法

定义类 G_i 与类 G_j 之间距离为两类最远样品的距离，即

$$D_{ij}=\max_{\boldsymbol{\omega}_s\in G_i,\boldsymbol{\omega}_t\in A_j} d(\boldsymbol{\omega}_s,\boldsymbol{\omega}_t).$$

最长距离法与最短距离法的合并步骤完全一样，也是将各样品先自成一类，然后将非对角线上最小元素对应的两类合并。设某一步将类 G_p 与 G_q 合并为 G_r，则任一类 G_k 与 G_r 的最长距离公式为

$$D_{kr}=\max_{\boldsymbol{\omega}_s\in G_k,\boldsymbol{\omega}_t\in G_r} d(\boldsymbol{\omega}_s,\boldsymbol{\omega}_t)=\max\left\{\max_{\boldsymbol{\omega}_s\in G_k,\boldsymbol{\omega}_t\in G_p} d(\boldsymbol{\omega}_s,\boldsymbol{\omega}_t),\max_{\boldsymbol{\omega}_s\in G_k,\boldsymbol{\omega}_t\in G_q} d(\boldsymbol{\omega}_s,\boldsymbol{\omega}_t)\right\}=\max\{D_{kp},D_{kq}\}.$$

再找非对角线最小元素对应的两类并类，直至所有的样品全归为一类为止。

可见，最长距离法与最短距离法只有两点不同：一是类与类之间的距离定义不同；二是计算新类与其他类的距离所用的公式不同。

例 11.3（续例 11.1）　设抽出 5 个样品，每个样品只测 1 个指标，它们是 2，3，3.5，7，9，试用最长距离法对 5 个样品进行分类。

解　这里使用马氏距离，利用 Python 软件画出的聚类图见图 11.3，从图 11.3 可以看出聚类效果和例 11.1 是一样的。

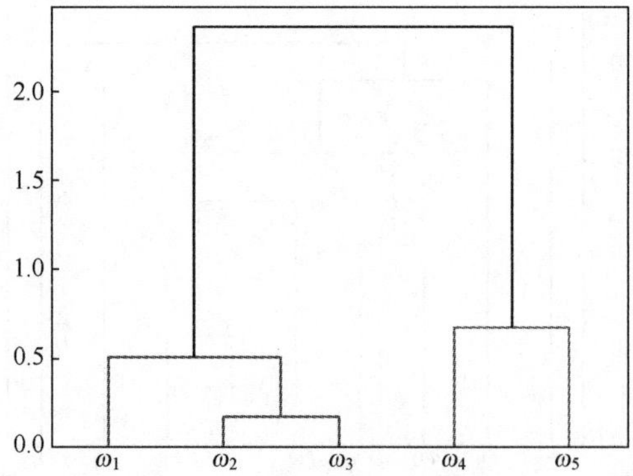

图 11.3 基于最长距离的聚类图

```
#程序文件 ex11_3. py
import numpy as np
import scipy. cluster. hierarchy as sch
import pylab as plt

plt. rc('text',usetex=True)
a=np. array([[2, 3, 3.5, 7, 9]]). T; n=len(a)
c=sch. linkage(a, 'complete', 'mahalanobis')
s=['$\\omega_'+str(i+1)+'$' for i in range(n)]
sch. dendrogram(c, labels=s); plt. show()
n0=eval(input('请输入聚类的类数 n0:\n'))
cluster= sch. fcluster(c, t=n0, criterion='maxclust')
print('聚类的结果为:',cluster)
```

3. 其他系统聚类方法

如果有两个样本类 G_i 和 G_j,记它们之间的距离为 D_{ij}。

(1) 重心法。

$$D_{ij}=d(\bar{\boldsymbol{x}}^{(i)},\bar{\boldsymbol{x}}^{(j)}),$$

式中:$\bar{\boldsymbol{x}}^{(i)}=\frac{1}{n_i}\sum_{\boldsymbol{\omega}_k\in G_i}\boldsymbol{\omega}_k$ 为 G_i 的重心;n_i 为 G_i 中样本点的个数。

(2) 类平均法。

$$D_{ij}=\frac{1}{n_i n_j}\sum_{\boldsymbol{\omega}_s\in G_i}\sum_{\boldsymbol{\omega}_t\in G_j}d(\boldsymbol{\omega}_s,\boldsymbol{\omega}_t)$$

它等于 G_i,G_j 中两两样本点距离的平均,式中 n_i,n_j 分别为 G_i,G_j 中的样本点个数。

(3) 离差平方和法。

若记

$$L_i=\sum_{\boldsymbol{\omega}_k\in G_i}(\boldsymbol{\omega}_k-\bar{\boldsymbol{x}}^{(i)})(\boldsymbol{\omega}_k-\bar{\boldsymbol{x}}^{(i)})^{\mathrm{T}},$$

$$L_{ij}=\sum_{\boldsymbol{\omega}_k\in G_i\cup G_j}(\boldsymbol{\omega}_k-\bar{\boldsymbol{x}}^{(ij)})(\boldsymbol{\omega}_k-\bar{\boldsymbol{x}}^{(ij)})^{\mathrm{T}},$$

式中：$\bar{x}^{(i)}=\frac{1}{n_i}\sum_{\omega_k\in G_i}\boldsymbol{\omega}_k$；$\bar{x}^{(ij)}=\frac{1}{n_i+n_j}\sum_{\omega_k\in G_i\cup G_j}\boldsymbol{\omega}_k$，则定义

$$D_{ij}=L_{ij}-L_i-L_j.$$

11.1.5 动态聚类法

1. K 均值聚类

用系统聚类法聚类时，随着聚类样本对象的增多，计算量会迅速增加，而且聚类结果—谱系图会十分复杂，不便于分析。特别是样品的个数很多（如 $n\geqslant1000$）时，系统聚类法的计算量非常大，将占据大量的计算机内存空间和较多的计算时间，甚至会因计算机内存或计算时间的限制而无法进行。为了改进上述缺点，一个自然的想法是先粗略地分一下类，然后按某种最优原则进行修正，直到将类分得比较合理为止。基于这种思想就产生了动态聚类法，也称逐步聚类法。

动态聚类适用于大型数据。动态聚类法有许多种方法，这里介绍一种比较流行的动态聚类法——K 均值法，它是一种快速聚类法，该方法得到的结果简单易懂，对计算机的性能要求不高，因而应用广泛。该方法由麦克奎因（Macqueen）于 1967 年提出。

算法的思想是假设样本集中的全体样本可分为 C 类，并选定 C 个初始聚类中心，然后，根据最小距离原则将每个样本分配到某一类中，之后不断迭代计算各类的聚类中心，并依据新的聚类中心调整聚类情况，直到迭代收敛或聚类中心不再改变。

K 均值聚类算法最后将总样本集 G 划分为 C 个子集：$G_1,G_2,\cdots,G_C$，它们满足下面条件：

（1）$G_1\cup G_2\cup\cdots\cup G_C=G$；

（2）$G_i\cap G_j=\varnothing(1\leqslant i<j\leqslant C)$；

（3）$G_i\neq\varnothing,G_i\neq G(1\leqslant i\leqslant C)$。

记 $\boldsymbol{m}_i(i=1,\cdots,C)$ 为 C 个聚类中心，定义

$$J_e=\sum_{i=1}^{C}\sum_{\omega\in G_i}\|\boldsymbol{\omega}-\boldsymbol{m}_i\|^2,$$

使 J_e 最小的聚类是误差平方和准则下的最优结果。

K 均值聚类算法描述如下：

（1）初始化。设总样本集 $G=\{\boldsymbol{\omega}_j,j=1,2,\cdots,n\}$ 是 n 个样品组成的集合，聚类数为 $C(2\leqslant C\leqslant n)$，将样本集 G 任意划分为 C 类，记为 $G_1,G_2,\cdots,G_C$，计算对应的 C 个初始聚类中心，记为 $\boldsymbol{m}_1,\boldsymbol{m}_2,\cdots,\boldsymbol{m}_C$，并计算 J_e。

（2）$G_i=\varnothing(i=1,2,\cdots,C)$，按最小距离原则将样品 $\boldsymbol{\omega}_j(j=1,2,\cdots,n)$ 重新进行聚类，即若 $d(\boldsymbol{\omega}_j,G_i)=\min\limits_{1\leqslant k\leqslant C}d(\boldsymbol{\omega}_j,\boldsymbol{m}_k)$，则 $\boldsymbol{\omega}_j\in G_i,G_i=G_i\cup\{\boldsymbol{\omega}_j\},j=1,2,\cdots,n$。

聚类完成后，再计算新的聚类中心

$$\boldsymbol{m}_i=\frac{1}{n_i}\sum_{\omega_j\in G_i}\boldsymbol{\omega}_j,\quad i=1,2,\cdots,C;j=1,2,\cdots,n,$$

式中，n_i 为当前 G_i 类中的样本数目。并重新计算 J_e。

（3）若连续两次迭代的 J_e 不变，则算法终止，否则算法转（2）。

注 11.2 实际计算时，可以不计算 J_e，只要聚类中心不发生变化，算法即可终止。

例 11.4 已知聚类的指标变量为 x_1, x_2,4 个样本点的数据分别为

$$\boldsymbol{\omega}_1=(1,3),\quad \boldsymbol{\omega}_2=(1.5,3.2),\quad \boldsymbol{\omega}_3=(1.3,2.8),\quad \boldsymbol{\omega}_4=(3,1).$$

试用 K 均值聚类分析把样本点分成 2 类。

解 现要分为两类 G_1 和 G_2 类,设初始聚类为 $G_1=\{\boldsymbol{\omega}_1\}, G_2=\{\boldsymbol{\omega}_2,\boldsymbol{\omega}_3,\boldsymbol{\omega}_4\}$,则初始聚类中心为

G_1 类:$\boldsymbol{m}_1=\boldsymbol{\omega}_1=(1,3)$,

G_2 类:$\boldsymbol{m}_2=\left(\dfrac{1.5+1.3+3}{3},\dfrac{3.2+2.8+1}{3}\right)=(1.9333,2.3333)$.

计算每个样本点到 G_1, G_2 聚类中心的距离

$$d_{11}=\|\boldsymbol{\omega}_1-\boldsymbol{m}_1\|=\sqrt{(1-1)^2+(3-3)^2}=0, d_{12}=\|\boldsymbol{\omega}_1-\boldsymbol{m}_2\|=1.1470;$$

$$d_{21}=\|\boldsymbol{\omega}_2-\boldsymbol{m}_1\|=0.5385, d_{22}=\|\boldsymbol{\omega}_2-\boldsymbol{m}_2\|=0.9690;$$

$$d_{31}=\|\boldsymbol{\omega}_3-\boldsymbol{m}_1\|=0.3606, d_{32}=\|\boldsymbol{\omega}_3-\boldsymbol{m}_2\|=0.7867;$$

$$d_{41}=\|\boldsymbol{\omega}_4-\boldsymbol{m}_1\|=2.8284, d_{42}=\|\boldsymbol{\omega}_4-\boldsymbol{m}_2\|=1.7075;$$

得到新的划分为:$G_1=\{\boldsymbol{\omega}_1,\boldsymbol{\omega}_2,\boldsymbol{\omega}_3\}, G_2=\{\boldsymbol{\omega}_4\}$,新的聚类中心为

G_1 类:$\boldsymbol{m}_1=\left(\dfrac{1+1.5+1.3}{3},\dfrac{3+3.2+2.8}{3}\right)=(1.2667,3.0)$,

G_2 类:为 $\boldsymbol{\omega}_4$ 值,即 $\boldsymbol{m}_2=(3,1)$.

重新计算每个样本点到 G_1, G_2 聚类中心的距离

$$d_{11}=\|\boldsymbol{\omega}_1-\boldsymbol{m}_1\|=0.2667, d_{12}=\|\boldsymbol{\omega}_1-\boldsymbol{m}_2\|=2.8284;$$

$$d_{21}=\|\boldsymbol{\omega}_2-\boldsymbol{m}_1\|=0.3073, d_{22}=\|\boldsymbol{\omega}_2-\boldsymbol{m}_2\|=2.6627;$$

$$d_{31}=\|\boldsymbol{\omega}_3-\boldsymbol{m}_1\|=0.2028, d_{32}=\|\boldsymbol{\omega}_3-\boldsymbol{m}_2\|=2.4759;$$

$$d_{41}=\|\boldsymbol{\omega}_4-\boldsymbol{m}_1\|=2.6466, d_{42}=\|\boldsymbol{\omega}_4-\boldsymbol{m}_2\|=0;$$

所以,得新的划分为:$G_1=\{\omega_1,\omega_2,\omega_3\}, G_2=\{\omega_4\}$。

可见,新的划分与前面的相同,聚类中心没有改变,聚类结束。

```
#程序文件 ex11_4. py
import numpy as np
from sklearn. cluster import KMeans

a = np. array([[1, 3],[1.5, 3.2],[1.3, 2.8],[3, 1]])
md = KMeans(2). fit(a)                  #构建 2 聚类模型并求解
labels = md. labels_                    #提取聚类标签
centers = md. cluster_centers_          #每一行是一个聚类中心
print(labels, '\n------------\n', centers)
```

例 11.5(续例 11.1) 设抽出 5 个样品,每个样品只测 1 个指标,它们是 2,3,3.5,7,9,试用 K 均值聚类法把 5 个样品分成两类。

解 聚类效果和例 11.1 的最短距离法的聚类效果是一样的。

```
#程序文件 ex11_5. py
import numpy as np
from sklearn. cluster import KMeans
```

```
a = np.array([[2,3,3.5,7,9]]).T
md = KMeans(2).fit(a)                   #构造并求解模型
labels = md.labels_                     #提取聚类标签
centers = md.cluster_centers_           #每一行是一个聚类中心
print(labels,'\n-----------\n',centers)
```

2. K 均值聚类法最佳簇数 k 值的确定

对于 K 均值聚类来说,如何确定簇数 k 值是一个至关重要的问题,为了解决这个问题,通常会选用探索法,即给定不同的 k 值,对比某些评估指标的变动情况,进而选择一个比较合理的 k 值。下面介绍两种非常实用的评估方法,即簇内离差平方和拐点法与轮廓系数法。

(1) 簇内离差平方和拐点法。簇内离差平方和拐点法的思想很简单,就是在不同的 k 值下计算簇内离差平方和

$$J_k = \sum_{i=1}^{k} \sum_{\omega \in G_i} \|\boldsymbol{\omega} - \boldsymbol{m}_i\|^2,$$

式中:$\boldsymbol{m}_i$ 为 G_i 类的重心。然后通过可视化的方法找到"拐点"所对应的 k 值。重点关注的是斜率的变化,当斜率由大突然变小时,并且之后的斜率变化缓慢,则认为突然变化的点就是寻找的目标点,因为继续随着簇数 k 的增加,聚类效果不再有大的变化。

例 11.6(续例 11.2) 确定例 11.2 中最佳聚类的 k 值。

解 绘制的簇数 k 值与总的簇内离差平方和关系的折线图如图 11.4 所示。从图中可以看出,合理的 k 值可以选为 3。

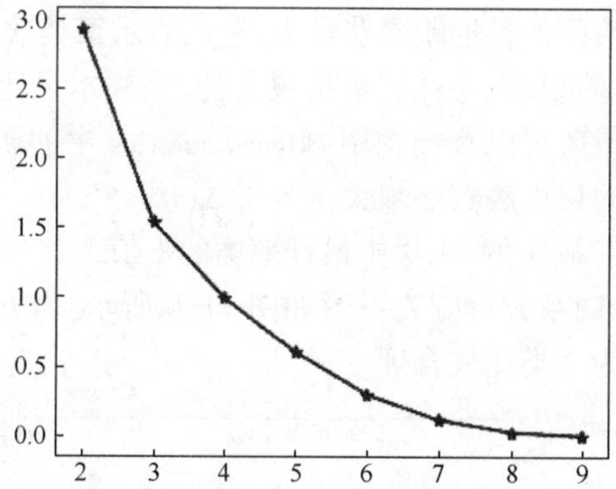

图 11.4 k 值与离差平方和关系曲线

```
#程序文件 ex11_6.py
import numpy as np
from sklearn.cluster import KMeans
import pylab as plt

a = np.loadtxt('data11_2.txt')
b=(a-a.min(axis=0))/(a.max(axis=0)-a.min(axis=0))
SSE = []; K = range(2, len(a)+1)
```

```
for i in K:
    md = KMeans(i).fit(b)
    SSE.append(md.inertia_)
plt.plot(K, SSE,'*-'); plt.show()
```

(2) 轮廓系数法。该方法综合考虑了簇的密集性与分散性两个信息,如果数据集被分割为理想的 k 个簇,那么对应的簇内样本会很密集,而簇间样本会很分散。

如图 11.5 所示,假设数据集被拆分为 3 个簇 G_1, G_2, G_3,样本点 i 对应的 a_i 值为所有 G_1 中其他样本点与样本点 i 的距离平均值;样本点 i 对应的 b_i 值分两步计算,首先计算该点分别到 G_2 和 G_3 中样本点的平均距离,然后将两个平均值中的最小值作为 b_i 的度量。

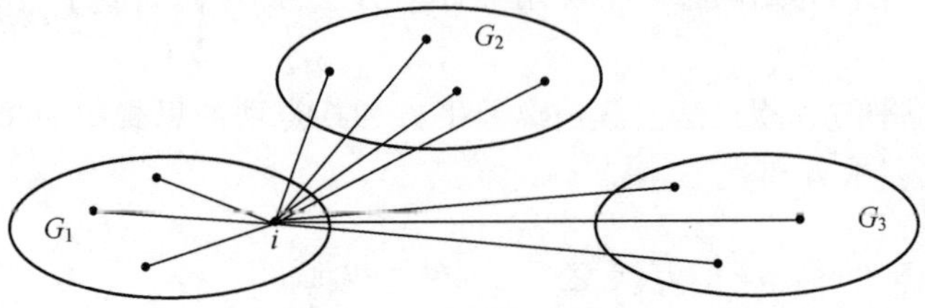

图 11.5 轮廓系数计算示意图

定义样本点 i 的轮廓系数

$$S_i=\frac{b_i-a_i}{\max(a_i,b_i)}, \tag{11.2}$$

k 个簇的总轮廓系数定义为所有样本点轮廓系数的平均值。

当总轮廓系数小于 0 时,说明聚类效果不佳;当总轮廓系数接近于 1 时,说明簇内样本的平均距离非常小,而簇间的最近距离非常大,进而表示聚类效果非常理想。

上面的计算思想虽然简单,但是计算量是很大的,当样本量比较多时,运行时间会比较长。有关轮廓系数的计算,可以直接调用 sklearn.metrics 中的函数 silhouette_score。需要注意的是,该函数接受的聚类簇数必须大于等于 2。

例 11.7(续例 11.2) 确定例 11.2 中最佳聚类的 k 值。

解 画出的簇数与轮廓系数对应关系图如图 11.6 所示,当 k 等于 2 时,轮廓系数最大,说明应该把样本点聚为 2 类比较合理。

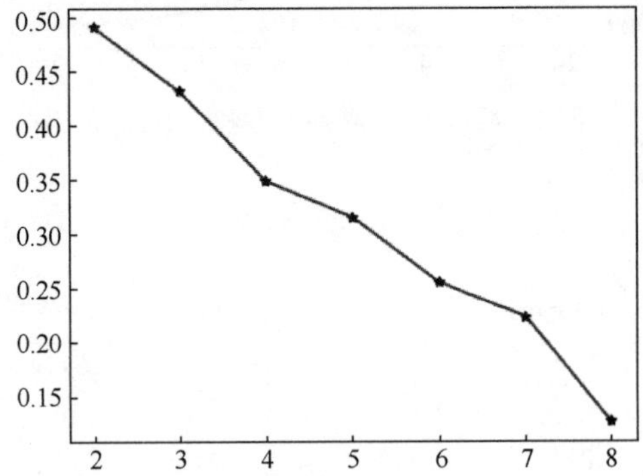

图 11.6 k 值与轮廓系数关系曲线

```python
#程序文件 ex11_7.py
import numpy as np
from sklearn.cluster import KMeans
import pylab as plt
from sklearn.metrics import silhouette_score

a = np.loadtxt('data11_2.txt')
b=(a-a.min(axis=0))/(a.max(axis=0)-a.min(axis=0))
S = []; K = range(2, len(a))
for i in K:
    md = KMeans(i).fit(b)
    labels = md.labels_
    S.append(silhouette_score(b, labels))
plt.plot(K, S,'*-'); plt.show()
```

11.1.6 R 型聚类法

在实际工作中，变量聚类法的应用也是十分重要的。在系统分析或评估过程中，为避免遗漏某些重要因素，往往在一开始选取指标时，尽可能多地考虑所有的相关因素。而这样做的结果，则是变量过多，变量间的相关度高，给系统分析与建模带来很大的不便。因此，人们常常希望能研究变量间的相似关系，按照变量的相似关系把它们聚合成若干类，进而找出影响系统的主要因素。

1. 变量相似性度量

在对变量进行聚类分析时，首先要确定变量的相似性度量，常用的变量相似性度量有相关系数和夹角余弦两种。

记指标变量 $x_1,x_2,\cdots,x_p$ 关于 n 个样本点的观测值矩阵为 $\boldsymbol{A}=(a_{ij})_{n\times p}$，因为相关系数和夹角余弦是无量纲的，这里数据是不需要标准化的。

（1）相关系数。两变量 x_j 与 x_k 的相关系数

$$r_{jk}=\frac{\sum_{i=1}^{n}(a_{ij}-\mu_j)(a_{ik}-\mu_k)}{\left[\sum_{i=1}^{n}(a_{ij}-\mu_j)^2\right]^{1/2}\left[\sum_{i=1}^{n}(a_{ik}-\mu_k)^2\right]^{1/2}},\quad j,k=1,2,\cdots,p,\tag{11.3}$$

式中：$\mu_j=\frac{1}{n}\sum_{i=1}^{n}a_{ij}$。

在对变量进行聚类分析时，利用相关系数矩阵是最多的。

（2）夹角余弦。也可以直接利用两变量 x_j 与 x_k 的夹角余弦 r_{jk} 来定义它们的相似性度量，有

$$r_{jk}=\frac{\sum_{i=1}^{n}a_{ij}a_{ik}}{\left(\sum_{i=1}^{n}a_{ij}^2\right)^{1/2}\left(\sum_{i=1}^{n}a_{ik}^2\right)^{1/2}},\quad j,k=1,2,\cdots,p.\tag{11.4}$$

各种定义的相似度量均应具有以下两个性质：

（ⅰ）$|r_{jk}|\leqslant 1$，对于一切 j,k；

（ⅱ）$r_{jk}=r_{kj}$，对于一切 j,k。

$|r_{jk}|$越接近 1，x_j 与 x_k 越相关或越相似。$|r_{jk}|$越接近零，x_j 与 x_k 的相似性越弱。

2. 变量聚类法

类似于样本集合聚类分析中最常用的最短距离法、最长距离法等，变量聚类法采用了与系统聚类法相同的思路和过程。在变量聚类问题中，常用的有最长距离法、最短距离法等。

(1) 最长距离法。在最长距离法中，定义两类变量 G_1,G_2 的距离为

$$R(G_1,G_2)=\max_{\substack{x_j\in G_1\\ x_k\in G_2}}\{d_{jk}\}, \tag{11.5}$$

其中 $d_{jk}=1-|r_{jk}|$ 或 $d_{jk}^2=1-r_{jk}^2$，这时，$R(G_1,G_2)$ 与两类中相似性最小的两变量间的相似性度量值有关。

(2) 最短距离法。在最短距离法中，定义两类变量 G_1,G_2 的距离为

$$R(G_1,G_2)=\min_{\substack{x_j\in G_1\\ x_k\in G_2}}\{d_{jk}\}, \tag{11.6}$$

式中：$d_{jk}=1-|r_{jk}|$ 或 $d_{jk}^2=1-r_{jk}^2$，这时，$R(G_1,G_2)$ 与两类中相似性最大的两个变量间的相似性度量值有关。

例 11.8 服装标准制定中的变量聚类法。

在服装标准制定中，对某地成年女子的各部位尺寸进行了统计，通过 14 个部位的测量资料，获得各因素之间的相关系数表（表 11.8）。

表 11.8 成年女子各部位相关系数

	x_1	x_2	x_3	x_4	x_5	x_6	x_7	x_8	x_9	x_{10}	x_{11}	x_{12}	x_{13}	x_{14}
x_1	1													
x_2	0.366	1												
x_3	0.242	0.233	1											
x_4	0.28	0.194	0.59	1										
x_5	0.36	0.324	0.476	0.435	1									
x_6	0.282	0.262	0.483	0.47	0.452	1								
x_7	0.245	0.265	0.54	0.478	0.535	0.663	1							
x_8	0.448	0.345	0.452	0.404	0.431	0.322	0.266	1						
x_9	0.486	0.367	0.365	0.357	0.429	0.283	0.287	0.82	1					
x_{10}	0.648	0.662	0.216	0.032	0.429	0.283	0.263	0.527	0.547	1				
x_{11}	0.689	0.671	0.243	0.313	0.43	0.302	0.294	0.52	0.558	0.957	1			
x_{12}	0.486	0.636	0.174	0.243	0.375	0.296	0.255	0.403	0.417	0.857	0.852	1		
x_{13}	0.133	0.153	0.732	0.477	0.339	0.392	0.446	0.266	0.241	0.054	0.099	0.055	1	
x_{14}	0.376	0.252	0.676	0.581	0.441	0.447	0.44	0.424	0.372	0.363	0.376	0.321	0.627	1

其中，x_1—上体长，x_2—手臂长，x_3—胸围，x_4—颈围，x_5—总肩围，x_6—总胸宽，x_7—后背宽，x_8—前腰节高，x_9—后腰节高，x_{10}—总体长，x_{11}—身高，x_{12}—下体长，x_{13}—腰围，x_{14}—臀围。用最长距离法对这14个变量进行系统聚类，聚类结果如图11.7所示。

通过聚类图，可以看出，人体的变量大体可以分为两类：一类反映人高、矮的变量，如上体长、手臂长、前腰节高、后腰节高、总体长、身高、下体长；另一类是反映人体胖瘦的变量，如胸围、颈围、总肩围、总胸宽、后背宽、腰围、臀围。

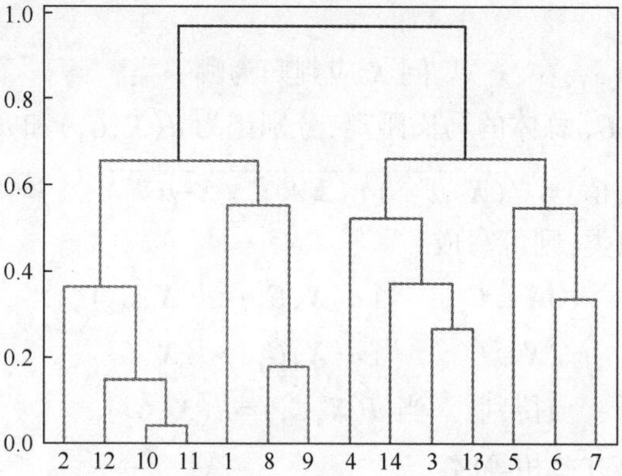

图11.7　成年女子14个部位指标的聚类图

```
#程序文件 ex11_8. py
import pandas as pd
import scipy. cluster. hierarchy as sch
import pylab as plt
import numpy as np

a = pd. read_excel('data11_8. xlsx', header=None)
b = a. values. T; b = np. triu(b, k=1) #取对角线上方元素
r = b[np. nonzero(b)]; d = 1 - abs(r)
z = sch. linkage(d,'complete')
sch. dendrogram(z,labels=range(1,15)); plt. show()
```

11.2 判别分析

判别分析是多元统计分析中用于判别样本所属类型的一种统计分析方法，是一种在已知研究对象用某种方法分成若干类的情况下，确定新样本的观测数据，判定新样品所属类别的方法，它产生于20世纪30年代。

判别分析与聚类分析不同。判别分析要求具有一定的先验信息，是在已知研究对象分成若干类型（或组别）并已取得各种类型的一批已知样品的观测数据，然后在此基础上根据某些准则建立判别式，然后对未知类型的样品进行判别分类。

11.2.1 距离判别法

距离判别法的基本思想：根据已知分类的数据，分别计算各类的重心即分组（类）的均值,对任意给定的一个样品,若它与第 i 类的重心距离最近,就认为它来自第 i 类。因此,距离判别法又称为最近邻方法。

1. 两个总体的情形

设有两个总体(或称两类)G_1、G_2,现从第一个总体中抽取 n_1 个样品,从第二个总体中抽取 n_2 个样品,每个样品测量 p 个指标。两个总体的样本数据矩阵分别为 $\boldsymbol{A}^{(1)}=(a_{ij}^{(1)})_{n_1\times p}$,$\boldsymbol{A}^{(2)}=(a_{ij}^{(2)})_{n_2\times p}$。设 $\boldsymbol{\mu}^{(1)}$、$\boldsymbol{\mu}^{(2)}$,$\boldsymbol{\Sigma}^{(1)}$、$\boldsymbol{\Sigma}^{(2)}$ 分别为 G_1、G_2 的均值向量和协方差阵。

现取一个样品 $\boldsymbol{X}=[x_1,\cdots,x_p]^{\mathrm{T}}$,问 $\boldsymbol{X}$ 应判归为哪一类?

首先定义 $\boldsymbol{X}$ 到 G_1、G_2 总体的马氏距离,分别记为 $d(\boldsymbol{X},G_1)$ 和 $d(\boldsymbol{X},G_2)$,这里

$$d(\boldsymbol{X},G_i)=\sqrt{(\boldsymbol{X}-\boldsymbol{\mu}^{(i)})^{\mathrm{T}}(\boldsymbol{\Sigma}^{(i)})^{-1}(\boldsymbol{X}-\boldsymbol{\mu}^{(i)})},\quad i=1,2,$$

按距离最近准则判别归类,则可写成

$$\begin{cases}\boldsymbol{X}\in G_1, & \text{当 } d(\boldsymbol{X},G_1)<d(\boldsymbol{X},G_2),\\ \boldsymbol{X}\in G_2, & \text{当 } d(\boldsymbol{X},G_1)>d(\boldsymbol{X},G_2),\\ \text{待判}, & \text{当 } d(\boldsymbol{X},G_1)=d(\boldsymbol{X},G_2).\end{cases}\tag{11.7}$$

(1) 当两个总体协方差相等时:

设 $\boldsymbol{\Sigma}^{(1)}=\boldsymbol{\Sigma}^{(2)}=\boldsymbol{\Sigma}$,这时

$$\begin{aligned}d^2(\boldsymbol{X},G_1)-d^2(\boldsymbol{X},G_2)&=(\boldsymbol{X}-\boldsymbol{\mu}^{(1)})^{\mathrm{T}}\boldsymbol{\Sigma}^{-1}(\boldsymbol{X}-\boldsymbol{\mu}^{(1)})-(\boldsymbol{X}-\boldsymbol{\mu}^{(2)})^{\mathrm{T}}\boldsymbol{\Sigma}^{-1}(\boldsymbol{X}-\boldsymbol{\mu}^{(2)})\\&=-2\left(\boldsymbol{X}-\frac{\boldsymbol{\mu}^{(1)}+\boldsymbol{\mu}^{(2)}}{2}\right)\boldsymbol{\Sigma}^{-1}(\boldsymbol{\mu}^{(1)}-\boldsymbol{\mu}^{(2)}),\end{aligned}$$

令

$$\bar{\boldsymbol{\mu}}=\frac{\boldsymbol{\mu}^{(1)}+\boldsymbol{\mu}^{(2)}}{2},W(\boldsymbol{X})=(\boldsymbol{X}-\bar{\boldsymbol{\mu}})^{\mathrm{T}}\boldsymbol{\Sigma}^{-1}(\boldsymbol{\mu}^{(1)}-\boldsymbol{\mu}^{(2)}),$$

于是判别规则式(11.7)可表示为

$$\begin{cases}\boldsymbol{X}\in G_1, & \text{若 } W(\boldsymbol{X})>0,\\ \boldsymbol{X}\in G_2, & \text{若 } W(\boldsymbol{X})<0,\\ \text{待判}, & \text{若 } W(\boldsymbol{X})=0.\end{cases}\tag{11.8}$$

这个规则取决于 $W(\boldsymbol{X})$,通常称 $W(\boldsymbol{X})$ 为判别函数,由于它是 $\boldsymbol{X}$ 的线性函数,又称为线性判别函数,线性判别函数使用起来最方便,在实际应用中也最广泛。

当 $\boldsymbol{\mu}^{(1)}$,$\boldsymbol{\mu}^{(2)}$,$\boldsymbol{\Sigma}$ 未知时,可通过样本来估计。设 $\boldsymbol{a}_1^{(1)},\boldsymbol{a}_2^{(1)},\cdots,\boldsymbol{a}_{n_1}^{(1)}$(列向量)是来自 G_1 的样本,即矩阵 $\boldsymbol{A}^{(1)}$ 的 n_1 个行向量的转置向量;$\boldsymbol{a}_1^{(2)},\boldsymbol{a}_2^{(2)},\cdots,\boldsymbol{a}_{n_2}^{(2)}$ 是来自 G_2 的样本,所以

$$\hat{\boldsymbol{\mu}}^{(1)}=\frac{1}{n_1}\sum_{i=1}^{n_1}\boldsymbol{a}_i^{(1)}=\boldsymbol{a}^{(1)},\quad \hat{\boldsymbol{\mu}}^{(2)}=\frac{1}{n_2}\sum_{i=1}^{n_2}\boldsymbol{a}_i^{(2)}=\boldsymbol{a}^{(2)},\quad \hat{\boldsymbol{\Sigma}}=\frac{1}{n_1+n_2-2}(\boldsymbol{L}_1+\boldsymbol{L}_2),$$

式中

$$\boldsymbol{L}_m=\sum_{j=1}^{n_m}(\boldsymbol{a}_j^{(m)}-\boldsymbol{a}^{(m)})(\boldsymbol{a}_j^{(m)}-\boldsymbol{a}^{(m)})^{\mathrm{T}},\quad m=1,2.\tag{11.9}$$

(2) 当两个总体协方差 $\boldsymbol{\Sigma}^{(1)}$ 与 $\boldsymbol{\Sigma}^{(2)}$ 不等时:

可用

$$W(\boldsymbol{X})=d^2(\boldsymbol{X},G_1)-d^2(\boldsymbol{X},G_2)$$
$$=(\boldsymbol{X}-\boldsymbol{\mu}^{(1)})^{\mathrm{T}}(\boldsymbol{\Sigma}^{(1)})^{-1}(\boldsymbol{X}-\boldsymbol{\mu}^{(1)})-(\boldsymbol{X}-\boldsymbol{\mu}^{(2)})^{\mathrm{T}}(\boldsymbol{\Sigma}^{(2)})^{-1}(\boldsymbol{X}-\boldsymbol{\mu}^{(2)})$$

作判别函数,它是 $\boldsymbol{X}$ 的二次函数。

2. 多个总体的情形

类似两个总体的讨论推广到多个总体。设有 k 个总体 $G_1,\cdots,G_k$,它们的均值和协方差阵分别为 $\boldsymbol{\mu}^{(i)},\boldsymbol{\Sigma}^{(i)},i=1,\cdots,k$,从每个总体 G_i 中抽取 n_i 个样品,每个样品测 p 个指标。这 k 个总体的样本数据矩阵分别为 $\boldsymbol{A}^{(1)}=(a_{ij}^{(1)})_{n_1\times p},\cdots,\boldsymbol{A}^{(k)}=(a_{ij}^{(k)})_{n_k\times p}$。取一个样品 $\boldsymbol{X}=[x_1,\cdots,x_p]^{\mathrm{T}}$,问 $\boldsymbol{X}$ 应判归为哪一类?

类似地,定义 $\boldsymbol{X}$ 到各总体 G_i 的马氏距离

$$d(\boldsymbol{X},G_i)=\sqrt{(\boldsymbol{X}-\boldsymbol{\mu}^{(i)})^{\mathrm{T}}(\boldsymbol{\Sigma}^{(i)})^{-1}(\boldsymbol{X}-\boldsymbol{\mu}^{(i)})},\quad i=1,\cdots,k.$$

$\boldsymbol{X}$ 到哪个总体近,就把 $\boldsymbol{X}$ 归于该类。

(1) 协方差阵相同时:

设有 k 个总体 $G_1,G_2,\cdots,G_k$,它们的均值分别为 $\boldsymbol{\mu}^{(1)},\boldsymbol{\mu}^{(2)},\cdots,\boldsymbol{\mu}^{(k)}$,协方差阵都为 $\boldsymbol{\Sigma}$。类似两总体的讨论,判别函数为

$$W_{ij}(\boldsymbol{X})=\left(\boldsymbol{X}-\frac{\boldsymbol{\mu}^{(i)}+\boldsymbol{\mu}^{(j)}}{2}\right)^{\mathrm{T}}\boldsymbol{\Sigma}^{-1}(\boldsymbol{\mu}^{(i)}-\boldsymbol{\mu}^{(j)}),\quad i,j=1,2,\cdots,k. \tag{11.10}$$

相应的判别规则为

$$\begin{cases}\boldsymbol{X}\in G_i, & 若\ W_{ij}(\boldsymbol{X})>0,\forall j\neq i,\\ 待判, & 若某个\ W_{ij}(\boldsymbol{X})=0.\end{cases} \tag{11.11}$$

当 $\boldsymbol{\mu}^{(1)},\boldsymbol{\mu}^{(2)},\cdots,\boldsymbol{\mu}^{(k)},\boldsymbol{\Sigma}$ 未知时,设从 $G_m(m=1,2,\cdots,k)$ 中抽取的样本为 $\boldsymbol{a}_1^{(m)},\boldsymbol{a}_2^{(m)},\cdots,\boldsymbol{a}_{n_m}^{(m)}$,则它们的估计为

$$\hat{\boldsymbol{\mu}}^{(m)}=\boldsymbol{a}^{(m)}=\frac{1}{n_m}\sum_{j=1}^{n_m}\boldsymbol{a}_j^{(m)},\quad m=1,2,\cdots,k. \tag{11.12}$$

$$\hat{\boldsymbol{\Sigma}}=\frac{1}{n-k}\sum_{m=1}^{k}\boldsymbol{L}_m,\quad n=n_1+n_2+\cdots+n_m,$$

式中,

$$\boldsymbol{L}_m=\sum_{j=1}^{n_m}(\boldsymbol{a}_j^{(m)}-\boldsymbol{a}^{(m)})(\boldsymbol{a}_j^{(m)}-\boldsymbol{a}^{(m)})^{\mathrm{T}},\quad m=1,2,\cdots,k. \tag{11.13}$$

(2) 协方差阵不相同时:

这时判别函数为

$$V_{ij}(\boldsymbol{X})=(\boldsymbol{X}-\boldsymbol{\mu}^{(i)})^{\mathrm{T}}(\boldsymbol{\Sigma}^{(i)})^{-1}(\boldsymbol{X}-\boldsymbol{\mu}^{(i)})-(\boldsymbol{X}-\boldsymbol{\mu}^{(j)})^{\mathrm{T}}(\boldsymbol{\Sigma}^{(j)})^{-1}(\boldsymbol{X}-\boldsymbol{\mu}^{(j)}),\quad i,j=1,2,\cdots,k. \tag{11.14}$$

$$\begin{cases}\boldsymbol{X}\in G_i, & 若\ V_{ij}(\boldsymbol{X})<0,\forall j\neq i,\\ 待判, & 若某个\ V_{ij}(\boldsymbol{X})=0.\end{cases}$$

当 $\boldsymbol{\mu}^{(1)},\boldsymbol{\mu}^{(2)},\cdots,\boldsymbol{\mu}^{(k)},\boldsymbol{\Sigma}^{(1)},\boldsymbol{\Sigma}^{(2)},\cdots,\boldsymbol{\Sigma}^{(k)}$ 未知时,用样本对它们进行估计。$\hat{\boldsymbol{\mu}}^{(m)}(m=1,2,\cdots,k)$ 的估计同式(11.12),而

$$\hat{\boldsymbol{\Sigma}}^{(m)}=\frac{1}{n_m-1}\boldsymbol{L}_m,\ m=1,2,\cdots,k.$$

例 11.9 已经测得了 9 只 Af 蠓虫和 6 只 Apf 蠓虫的数据如表 11.9 所列。对触角和翼长分别为(1.24,1.80),(1.28,1.84)与(1.40,2.04)的 3 个待判标本,用马氏距离判别法加以识别。

表 11.9 Af 和 Apf 的数据

Af	触角	1.24	1.36	1.38	1.38	1.38	1.4	1.48	1.54	1.58
	翼长	1.72	1.74	1.64	1.82	1.90	1.7	1.82	1.82	2.08
Apf	触角	1.14	1.16	1.20	1.26	1.28	1.30			
	翼长	1.78	1.96	1.86	2.00	2.00	1.96			

解 令 $G_1=\text{Af}, G_2=\text{Apf}$,样品 $\boldsymbol{X}=[x_1,x_2]^{\mathrm{T}}$ 是二维的,其中 x_1 是触角长度,x_2 为翼长,共 15 个样品,其中 9 个属于 Af,6 个属于 Apf。由样本计算得到样本均值和样本协方差阵分别为

$$\boldsymbol{\mu}^{(1)}=\begin{bmatrix}1.4156\\1.8044\end{bmatrix},\quad \hat{\boldsymbol{\Sigma}}^{(1)}=\begin{bmatrix}0.0106 & 0.0088\\0.0088 & 0.0169\end{bmatrix},$$

$$\boldsymbol{\mu}^{(2)}=\begin{bmatrix}1.2233\\1.9267\end{bmatrix}\quad \hat{\boldsymbol{\Sigma}}^{(2)}=\begin{bmatrix}0.0044 & 0.0042\\0.0042 & 0.0078\end{bmatrix},$$

设任给一蠓虫 $\boldsymbol{X}=[x_1,x_2]^{\mathrm{T}}$,它到 Af 和 Apf 的马氏距离记作 $d_1(\boldsymbol{X})$, $d_2(\boldsymbol{X})$,则有

$$d_1^2(\boldsymbol{X})=(\boldsymbol{X}-\boldsymbol{\mu}^{(1)})^{\mathrm{T}}(\hat{\boldsymbol{\Sigma}}^{(1)})^{-1}(\boldsymbol{X}-\boldsymbol{\mu}^{(1)}),$$

$$d_2^2(\boldsymbol{X})=(\boldsymbol{X}-\boldsymbol{\mu}^{(2)})^{\mathrm{T}}(\hat{\boldsymbol{\Sigma}}^{(2)})^{-1}(\boldsymbol{X}-\boldsymbol{\mu}^{(2)}),$$

这里求得

$$d_1^2(\boldsymbol{X})=166.1567x_1^2-172.7198x_1x_2-158.7447x_1+104.1351x_2^2-131.3174x_2+230.8334,$$

$$d_2^2(\boldsymbol{X})=474.6424x_1^2-513.6541x_1x_2-171.6515x_1+267.3927x_2^2-401.9831x_2+492.2372.$$

取判别函数

$$W(\boldsymbol{X})=d_1^2(\boldsymbol{X})-d_2^2(\boldsymbol{X}),$$

判别准则为

$$\begin{cases}\boldsymbol{X}\in G_1, & 若\ W(\boldsymbol{X})<0,\\ \boldsymbol{X}\in G_2, & 若\ W(\boldsymbol{X})>0,\\ 待判, & 若\ W(\boldsymbol{X})=0.\end{cases}$$

利用 Python 程序求得 3 个待判样本点的判别函数值分别为−0.5182, −2.0379, −1.5130,所以把 3 个待判样本点都判为属于 Af。

对于已知的 15 个样本点,上述判别模型的误判率为 0。

```
#程序文件 ex11_9.py
import numpy as np
import sympy as sp
from numpy.linalg import inv

f = open('data11_9.txt'); d = f.readlines()
a = [e.split() for e in d[:2]]                    #提取 Af 字符串数据
```

```
a = np.array([list(map(eval, e)) for e in a])
b = [e.split() for e in d[2:]]                          #提取 Apf 字符串数据
b = np.array([list(map(eval, e)) for e in b])
mu1 = a.mean(axis=1, keepdims=True); s1 = np.cov(a, ddof=1)
mu2 = b.mean(axis=1, keepdims=True); s2 = np.cov(b, ddof=1)
sp.var('x1,x2'); X = sp.Matrix([x1, x2])                #X 为列向量
d1 = (X-mu1).T@inv(s1)@(X-mu1); d1 = sp.expand(d1)
d2 = (X-mu2).T@inv(s2)@(X-mu2); d2 = sp.expand(d2)
W = sp.lambdify('x1,x2', d1-d2, 'numpy')
sol = W(np.array([1.24,1.28,1.40]), np.array([1.80,1.84,2.04]))
check1 = W(a[0], a[1]); check2 = W (b[0], b[1])
print(np.round(sol,4))                                  #输出 3 个判别函数值
```

例 11.10 从健康人和病人中分别随机选取 10 人和 6 人,考察了他们各自心电图的 5 个不同指标(记作 x_1,x_2,x_3,x_4,x_5)如表 11.10 所列,试对两个待判样品作出判断。

表 11.10 已知数据和样本

序 号	x_1	x_2	x_3	x_4	x_5	类 型
1	8.11	261.01	13.23	5.46	7.36	1
2	9.36	185.39	9.02	5.66	5.99	1
3	9.85	249.58	15.61	6.06	6.11	1
4	2.55	137.13	9.21	6.11	4.35	1
5	6.01	231.34	14.27	5.21	8.79	1
6	9.46	231.38	13.03	4.88	8.53	1
7	4.11	260.25	14.72	5.36	10.02	1
8	8.90	259.51	14.16	4.91	9.79	1
9	7.71	273.84	16.01	5.15	8.79	1
10	7.51	303.59	19.14	5.7	8.53	1
11	6.8	308.9	15.11	5.52	8.49	2
12	8.68	258.69	14.02	4.79	7.16	2
13	5.67	355.54	15.13	4.97	9.43	2
14	8.1	476.69	7.38	5.32	11.32	2
15	3.71	316.12	17.12	6.04	8.17	2
16	5.37	274.57	16.75	4.98	9.67	2
17	8.06	231.03	14.41	5.72	6.15	待判
18	9.89	409.42	19.47	5.19	10.49	待判

利用 Python 软件求得,两个待判样本点都属于第 1 类,已知样本点的误判率为 0。

把表 11.10 中不包括序号的数据保存到 Excel 文件 data11_10.xlsx 中,文件没有表头,总共 18 行,6 列数据。

```
#程序文件 ex11_10.py
import numpy as np
import pandas as pd
```

```
from numpy.linalg import inv
a=pd.read_excel('data11_10.xlsx',header=None)
b=a.values; x0=b[:-2,:-1].astype(float)
y0=b[:-2,-1].astype(float)
x=b[-2:,:-1].astype(float)                    #提取待判样本点的观察值
A1 = x0[:10, :]; A2 = x0[10:, :]
mu1 = A1.mean(axis=0); mu2 = A2.mean(axis=0)
s1 = np.cov(A1.T, ddof=1); s2 = np.cov(A2.T, ddof=1)
D = []                                         #存放待判样本点的马氏距离
for i in x:
    d1 = np.sqrt((i-mu1)@inv(s1)@(i-mu1))
    d2 = np.sqrt((i-mu2)@inv(s2)@(i-mu2))
    D.append([d1, d2])
ind = np.argmin(D, axis=1)+1
check =[]                                      #存放已知样本点的马氏距离
for i in x0:
    d1 = np.sqrt((i-mu1)@inv(s1)@(i-mu1))
    d2 = np.sqrt((i-mu2)@inv(s2)@(i-mu2))
    check.append([d1, d2])
ind2 = np.argmin(check, axis=1)+1
rate = sum(abs(y0-ind2)/len(y0)               #计算误判率
print('待判样本的分类:', ind)                  #输出待判类别
print('已知样本的检验:', ind2)
```

11.2.2 Fisher 判别

Fisher 判别的基本思想是投影,即将表面上不易分类的数据通过投影到某个方向上,使得投影类与类之间得以分离的一种判别方法。

仅考虑两总体的情况,设两个 p 维总体为 G_1,G_2,且二阶矩都存在。Fisher 的判别思想是变换多元观测 $\boldsymbol{X}$ 到一元观测 y,使得由总体 G_1,G_2 产生的 y 尽可能地分离开来。

设在 p 维的情况下,$\boldsymbol{X}$ 的线性组合 $y=\boldsymbol{a}^{\mathrm{T}}\boldsymbol{X}$,其中 $\boldsymbol{a}$ 为 p 维实向量。设 G_1,G_2 的均值向量分别为$\boldsymbol{\mu}_1,\boldsymbol{\mu}_2$(均为 p 维),且有公共的协方差矩阵 $\boldsymbol{\Sigma}$($\boldsymbol{\Sigma}>0$)。那么线性组合 $y=\boldsymbol{a}^{\mathrm{T}}\boldsymbol{X}$ 的均值为

$$\mu_{y_1}=E(y\mid y=\boldsymbol{a}^{\mathrm{T}}\boldsymbol{X},\boldsymbol{X}\in G_1)=\boldsymbol{a}^{\mathrm{T}}\boldsymbol{\mu}_1,$$
$$\mu_{y_2}=E(y\mid y=\boldsymbol{a}^{\mathrm{T}}\boldsymbol{X},\boldsymbol{X}\in G_2)=\boldsymbol{a}^{\mathrm{T}}\boldsymbol{\mu}_2,$$

其方差为

$$\sigma_y^2=\mathrm{Var}(y)=\boldsymbol{a}^{\mathrm{T}}\boldsymbol{\Sigma}\boldsymbol{a},$$

考虑比

$$\frac{(\mu_{y_1}-\mu_{y_2})^2}{\sigma_y^2}=\frac{[\boldsymbol{a}^{\mathrm{T}}(\boldsymbol{\mu}_1-\boldsymbol{\mu}_2)]^2}{\boldsymbol{a}^{\mathrm{T}}\boldsymbol{\Sigma}\boldsymbol{a}}=\frac{(\boldsymbol{a}^{\mathrm{T}}\boldsymbol{\delta})^2}{\boldsymbol{a}^{\mathrm{T}}\boldsymbol{\Sigma}\boldsymbol{a}},\tag{11.15}$$

式中:$\boldsymbol{\delta}=\boldsymbol{\mu}_1-\boldsymbol{\mu}_2$ 为两总体均值向量差,根据 Fisher 的思想,我们要选择 $\boldsymbol{a}$ 使得式(11.15)

达到最大。

定理 11.1 X 为 p 维随机变量,设 $y=\boldsymbol{a}^{\mathrm{T}}\boldsymbol{X}$,当选取 $\boldsymbol{a}=c\boldsymbol{\Sigma}^{-1}\boldsymbol{\delta}$,$c\neq 0$ 为常数时,式(11.15)达到最大。

特别当 $c=1$ 时,线性函数

$$y=\boldsymbol{a}^{\mathrm{T}}\boldsymbol{X}=(\boldsymbol{\mu}_1-\boldsymbol{\mu}_2)^{\mathrm{T}}\boldsymbol{\Sigma}^{-1}\boldsymbol{X}$$

称为 Fisher 线性判别函数。令

$$K=\frac{1}{2}(\mu_{y_1}+\mu_{y_2})=\frac{1}{2}(\boldsymbol{a}^{\mathrm{T}}\boldsymbol{\mu}_1+\boldsymbol{a}^{\mathrm{T}}\boldsymbol{\mu}_2)=\frac{1}{2}(\boldsymbol{\mu}_1-\boldsymbol{\mu}_2)^{\mathrm{T}}\boldsymbol{\Sigma}^{-1}(\boldsymbol{\mu}_1+\boldsymbol{\mu}_2).$$

定理 11.2 利用上面的记号,则有

$$\mu_{y_1}-K>0,\quad \mu_{y_2}-K<0.$$

由定理 11.2 得到如下的 Fisher 判别规则:

$$\begin{cases}\boldsymbol{X}\in G_1, & \text{当}\ \boldsymbol{X}\ \text{使得}(\boldsymbol{\mu}_1-\boldsymbol{\mu}_2)^{\mathrm{T}}\boldsymbol{\Sigma}^{-1}\boldsymbol{X}\geqslant K,\\ \boldsymbol{X}\in G_2, & \text{当}\ \boldsymbol{X}\ \text{使得}(\boldsymbol{\mu}_1-\boldsymbol{\mu}_2)^{\mathrm{T}}\boldsymbol{\Sigma}^{-1}\boldsymbol{X}<K.\end{cases}$$

定义判别函数

$$W(\boldsymbol{X})=(\boldsymbol{\mu}_1-\boldsymbol{\mu}_2)^{\mathrm{T}}\boldsymbol{\Sigma}^{-1}\boldsymbol{X}-\boldsymbol{K}=\left(\boldsymbol{X}-\frac{1}{2}(\boldsymbol{\mu}_1+\boldsymbol{\mu}_2)\right)^{\mathrm{T}}\boldsymbol{\Sigma}^{-1}(\boldsymbol{\mu}_1-\boldsymbol{\mu}_2). \tag{11.16}$$

则判别规则可改写为

$$\begin{cases}\boldsymbol{X}\in G_1, & \text{当}\ \boldsymbol{X}\ \text{使得}\ W(\boldsymbol{X})\geqslant 0,\\ \boldsymbol{X}\in G_2, & \text{当}\ \boldsymbol{X}\ \text{使得}\ W(\boldsymbol{X})<0.\end{cases}$$

当总体的参数未知时,用样本对 $\boldsymbol{\mu}_1,\boldsymbol{\mu}_2$ 及 $\boldsymbol{\Sigma}$ 进行估计,注意到这里的 Fisher 判别与距离判别一样不需要知道总体的分布类型,但两总体的均值向量必须有显著的差异才行,否则判别无意义。

例 11.11 云南某地盐矿的判别分析。

已知云南某地盐矿分为钾盐及非钾盐(钠盐)两类。我们已掌握的两类盐矿有关历史样本数据如表 11.11 所列。为对待判样本进行判别,需要进行判别分析。

表 11.11 云南某地盐矿的有关样本数据表

	样本	x_1	x_2	x_3	x_4
钾盐(A 类)	1	13.85	2.79	7.8	49.6
	2	22.31	4.67	12.31	47.8
	3	28.82	4.63	16.18	62.15
	4	15.29	3.54	7.58	43.2
	5	28.29	4.9	16.12	58.7
钠盐(B 类)	1	2.18	1.06	1.22	20.6
	2	3.85	0.8	4.06	47.1
	3	11.4	0	3.5	0
	4	3.66	2.42	2.14	15.1
	5	12.1	0	5.68	0

（续）

	样本	x_1	x_2	x_3	x_4
待判样本	1	8.85	3.38	5.17	26.1
	2	28.6	2.4	1.2	127
	3	20.7	6.7	7.6	30.8
	4	7.9	2.4	4.3	33.2
	5	3.19	3.2	1.43	9.9
	6	12.4	5.1	4.48	24.6

解 使用 Fisher 判别法进行判别，直接使用式(11.16)计算得到的判别函数为

$$y=-3.3447+0.4291x_1+0.3813x_2-0.7737x_3+0.0651x_2.$$

利用 Python 软件库函数求得的判别函数为

$$y=-38.2614+4.9088x_1+4.3617x_2-8.8504x_3+0.7449x_4.$$

两者之间的比例系数为 $c=11.4395$，即两者是等价的。

判别准则为

$$\begin{cases} \boldsymbol{X}\in \text{A 类，当 } \boldsymbol{X} \text{ 使得 } y(\boldsymbol{X})>0, \\ \boldsymbol{X}\in \text{B 类，当 } \boldsymbol{X} \text{ 使得 } y(\boldsymbol{X})<0. \end{cases}$$

待判样品结果如表 11.12 所列。已知样本的误判率为 0。

表 11.12　待判样品结果表

待判样本	1	2	3	4	5	6
类别	B	A	A	B	B	A

```
#程序文件 ex11_11.py
import numpy as np
from numpy.linalg import inv
from sklearn.discriminant_analysis import LinearDiscriminantAnalysis as LDA

a = np.loadtxt('data11_11.txt')
a1 = a[:5, :]; a2 = a[5:10, :]; x = a[10:, :]
V = np.cov(a[:10, :].T, ddof=1)                    #计算协方差阵
VI = inv(V)                                         #计算协方差阵的逆阵
mu1 = a1.mean(axis=0); mu2 = a2.mean(axis=0)
k = VI @ (mu1-mu2)                                  #判别函数系数向量
b = -(mu1+mu2) @ VI @ (mu1-mu2)/2                   #判别函数常数项
val = x @ k + b                                     #计算判别函数的值
print('判别函数的值:', val)
d = {0:'B', 1:'A'}
print('直接计算结果:',[d[e>0] for e in val])         #输出判别结果
y0 = np.hstack([np.ones(5), np.zeros(5)])
md = LDA().fit(a[:10, :], y0)                       #直接使用库函数
```

```
k2 = md.coef_; b2 = md.intercept_
c = b2/b; check = k * c                                    #验证直接计算和库函数调用等价
val2 = md.predict(x)
print('库函数结果： ',[d[e] for e in val2])
print('k=',k, ',b=',b);
print('k2=',k2, ',b2=',b2); print('比例 c=', c)
print('已知样本误判率为:', 1-md.score(a[:10, :], y0))
```

11.2.3 判别准则的评价

当一个判别准则提出以后，还要研究它的优良性，即考察它的误判率。以训练样本为基础的误判率的估计思想如下：若属于 G_1 的样品被误判为属于 G_2 的个数为 N_1 个，属于 G_2 的样品被误判为属于 G_1 的个数为 N_2 个，两类总体的样品总数为 N，则误判率 P 的估计为

$$\hat{P}=\frac{N_1+N_2}{N}.$$

针对具体情况，通常采用回代法和交叉法进行误判率的估计。

1. 回代误判率

设 G_1,G_2 为两个总体，$\boldsymbol{x}_1,\boldsymbol{x}_2,\cdots,\boldsymbol{x}_m$ 和 $\boldsymbol{y}_1,\boldsymbol{y}_2,\cdots,\boldsymbol{y}_n$ 是分别来自 G_1,G_2 的训练样本，以全体训练样本作为 $m+n$ 个新样品，逐个代入已建立的判别准则中判别其归属，这个过程称为回判。回判结果中若属于 G_1 的样品被误判为属于 G_2 的个数为 N_1 个，属于 G_2 的样品被误判为属于 G_1 的个数为 N_2 个，则误判率估计为

$$\hat{P}=\frac{N_1+N_2}{m+n}.$$

误判率的回代估计易于计算，但是$\hat{P}$是由建立判别函数的数据回代判别函数而得到的，因此$\hat{P}$作为真实误判率的估计是有偏的，往往比真实误判率小。当训练样本容量较大时，$\hat{P}$可以作为真实误判率的一种估计，具有一定的参考价值。

2. 交叉误判率

交叉误判率估计是每次删除一个样品，利用其余的 $m+n-1$ 个训练样品建立判别准则，再用所建立的准则对删除的样品进行判别。对训练样品中每个样品都做如上分析，以其误判的比例作为误判率，具体步骤如下：

(1) 从总体 G_1 的训练样品开始，剔除其中一个样品，剩余的 $m-1$ 个样品与 G_2 的全部样品建立判别函数。

(2) 用建立的判别函数对剔除的样品进行判别。

(3) 重复步骤(1)和(2)，直到 G_1 中的全部样品依次被删除又进行判别，其误判的样品个数记为 N_1^*。

(4) 对 G_2 的样品类似地重复步骤(1)、(2)和(3)，直到 G_2 中的全部样品依次被删除，再进行判别，其误判的样品个数记为 N_2^*。

于是交叉误判率估计为

$$\hat{P}^* = \frac{N_1^* + N_2^*}{m+n}.$$

用交叉法估计真实误判率是较为合理的。

当训练样品足够多时,可留出一些已知类别的样品不参加建立判别准则而是作为检验集,并把误判的比率作为误判率的估计。此法当检验集较小时,估计的方差大。

sklearn 库中 sklearn.model_selection 模块的 cross_val_score 函数可以计算交叉检验的精度,其调用格式为

cross_val_score(model, x0, y0, cv=k)

其中 model 是所建立的模型,x0 是已知样本点的数据,y0 是已知样本的标号值,cv=k 表示把已知样本点分成 k 组,其中 $k-1$ 组被用作训练集,剩下一组被用作评估集,这样一共可以对分类器做 k 次训练,并且得到 k 个训练结果;该函数的返回值是每组评估数据分类的准确率。

例 11.12(续例 11.10) 把例 11.10 中的数据分成 2 组,计算线性判别法的交叉验证准确率。

求得两组测试数据的准确率分别为 87.5%和 75%。

```
#程序文件 ex11_12.py
import pandas as pd
from sklearn.discriminant_analysis import LinearDiscriminantAnalysis as LDA
from sklearn.model_selection import cross_val_score

a=pd.read_excel("data11_10.xlsx",header=None)
b=a.values; x0=b[:-2,:-1].astype(float)
y0=b[:-2,-1].astype(float)
md = LDA(); print(cross_val_score(md, x0, y0,cv=2))
```

习 题 11

11.1 安徽省 2008 年各地市的森林资源见表 11.13,求解以下问题:

(1) 进行系统聚类时,选择合适的类间距离,做出聚类图;

(2) 在进行 K 均值聚类时,确定最优的分类数,并分析所得的结果。

表 11.13 安徽省各市森林资源情况

地 区	林业用地面积/千公顷	森林面积/千公顷	森林覆盖率/%	活立木总蓄积量/万 m^3	森林蓄积量/万 m^3
合肥市	53.93	50.98	15.48	256.00	65.41
淮北市	44.92	40.38	14.99	211.07	151.14
亳州市	148.19	145.54	17.10	842.09	677.52
宿州市	293.86	279.86	28.80	1238.01	1035.67
蚌埠市	86.96	74.64	12.91	302.67	299.32

（续）

地　区	林业用地面积/千公顷	森林面积/千公顷	森林覆盖率/%	活立木总蓄积量/万 m^3	森林蓄积量/万 m^3
阜阳市	165.62	160.25	16.46	898.76	800.96
淮南市	17.93	16.37	6.20	151.39	30.17
滁州市	199.46	158.24	11.90	885.16	591.17
六安市	660.36	607.16	34.74	2278.37	1984.36
马鞍山市	17.14	13.72	8.10	81.20	36.34
巢湖市	148.52	117.54	12.60	494.38	335.26
芜湖市	77.27	66.69	20.85	279.34	187.92
宣城市	724.30	640.15	54.00	2446.98	2323.04
铜陵市	36.78	32.10	32.12	137.64	115.10
池州市	539.49	458.66	56.86	2277.00	2237.43
安庆市	598.92	546.67	35.60	2291.09	2099.21
黄山市	791.50	680.96	77.80	3298.56	3252.88

11.2　表 11.14 所列为某年度山东省各市污染治理情况的数据表，试对各市的污染治理情况进行聚类分析。

表 11.14　山东省各市污染治理情况数据表

地　区	工业废水排放达标量/万 t	废水治理设施数/套	废水治理设施运行费用/万元	废气治理设施数/套	废气治理设施运行费用/万元	固体废物综合利用量/万 t
济南市	4660.8	215	14351.0	727	23441.6	688.9
青岛市	9123.3	459	17221.4	874	15585.5	500.7
淄博市	10584.1	528	43467.2	1079	27940.3	506.4
枣庄市	10150.7	128	5268.0	952	6046.8	456.4
东营市	7653.0	230	24136.5	207	3804.5	134.6
烟台市	6565.0	442	14424.2	947	8097.8	921.8
潍坊市	11305.4	440	36148.0	973	13550.7	374.5
济宁市	9009.6	270	17964.6	793	11453.0	1064.0
泰安市	3963.3	218	6906.4	715	8988.1	639.7
威海市	2358.4	183	9067.2	259	3457.9	114.4
日照市	5587.0	91	5667.5	136	4983.2	135.4
莱芜市	1591.0	80	6660.8	269	11903.8	522.8
临沂市	5043.8	225	13876.4	971	35207.1	322.7
德州市	12716.9	160	7460.0	481	2608.4	245.0
聊城市	12947.8	160	8570.7	167	5105.7	183.6
滨州市	7768.5	123	4306.4	271	3266.5	299.2
菏泽市	3850.0	85	5100.0	216	2169.3	80.4

11.3　已知 8 个乳房肿瘤病灶组织的样本见表 11.15，其中前 3 个为良性肿瘤，后 5 个为恶性肿瘤。数据为细胞核显微图像的 5 个量化特征：细胞核直径、质地、周长、面积、光滑度。根据已知样本对未知的 3 个样本进行距离判别和 Fisher 判别，并计算回代误判率与交叉误判率。

表 11.15　乳房肿瘤病灶组织的样本

序　　号	细胞核直径	质　　地	周　　长	面　　积	光 滑 度	类　　型
1	13.54	14.36	87.46	566.3	0.09779	良性
2	13.08	15.71	85.63	520	0.1075	良性
3	9.504	12.44	60.34	273.9	0.1024	良性
4	17.99	10.38	122.8	1001	0.1184	恶性
5	20.57	17.77	132.9	1326	0.08474	恶性
6	19.69	21.25	130	1203	0.1096	恶性
7	11.42	20.38	77.58	386.1	0.1425	恶性
8	20.29	14.34	135.1	1297	0.1003	恶性
9	16.6	28.08	108.3	858.1	0.08455	待定
10	20.6	29.33	140.1	1265	0.1178	待定
11	7.76	24.54	47.92	181	0.05263	待定

11.4　已知某矿区光谱分析资料如表 11.16 所列，假设已不清楚哪些样品属于北区，哪些属于南区，试用聚类分析将北区与南区的样品分开，并与表 11.16 中给出的结论相比较。

表 11.16　光谱分析资料数据

元　　素	Mg	Al	Ca
北区	0.4	0.8	1.1
	1.1	1.5	0.9
	3.1	2.1	0.8
	0.4	4.0	1.0
	0.4	1.0	1.0
南区	3.7	0.6	1.3
	5.0	0.2	1.0
	2.2	2.5	1.5

11.5　已知 19 个鸢尾花的分类数据如表 11.17 所列，试根据已知样本对未知的 3 个样本进行判别分类。

表 11.17　鸢尾花样本数据

序　号	花 萼 长	花 萼 宽	花 瓣 长	花 瓣 宽	类　别
1	50	33	14	2	1
2	67	31	56	24	3
3	89	31	51	23	3
4	46	36	10	2	1
5	65	30	52	20	3
6	58	27	51	19	3
7	57	28	45	13	2
8	63	33	47	16	2
9	49	25	45	17	3
10	70	32	47	14	2
11	48	31	16	2	1
12	63	25	50	19	3
13	49	36	14	1	1
14	44	32	13	2	1
15	58	26	40	12	2
16	63	27	49	18	3
17	50	23	33	10	2
18	51	38	16	2	1
19	50	30	16	2	1
20	64	28	56	21	待判
21	51	38	19	4	待判
22	49	30	14	2	待判

第12章　主成分分析与因子分析

主成分分析是一种通过降维技术将多个变量化为少数几个主成分(综合变量,通常表示为原始变量的某种线性组合)的统计分析方法。在数学建模中通常可以用来做数据压缩(降维)、系统评估、回归 、加权分析等。

因子分析可以视为主成分分析的推广,它是统计分析中常用的一种降维方法。因子分析有确定的统计模型,观察数据在模型中被分解为公共因子、特殊因子和误差3个部分。

12.1　主成分分析

12.1.1　主成分分析的基本原理和步骤

1. 主成分分析的基本原理

设 $X_1,X_2,\cdots,X_m$ 表示以 $x_1,x_2,\cdots,x_m$ 为样本观测值的随机变量,如果能找到 $c_1,c_2,\cdots,c_m$,使得方差

$$\mathrm{Var}(c_1X_1+c_2X_2+\cdots+c_mX_m) \tag{12.1}$$

的值达到最大(由于方差反映了数据差异程度),就表明这 m 个变量的最大差异。当然,式(12.1)必须附加某种限制,否则极值可取无穷大而没有意义。通常规定 $\sum\limits_{k=1}^{m} c_k^2=1$。在此约束下,求式(12.1)的最大值。这个解是 m 维空间的一个单位向量,它代表一个"方向",就是常说的主成分方向。

一般来说,代表原来 m 个变量的主成分不止一个,但不同主成分的信息之间不能相互包含,统计上的描述就是两个主成分的协方差为0,几何上就是两个主成分的方向正交。具体确定各个主成分的方法如下:

设 $F_i(i=1,2,\cdots,m)$ 表示第 i 个主成分,且

$$F_i=c_{i1}x_1+c_{i2}x_2+\cdots+c_{im}x_m,\quad i=1,2,\cdots,m, \tag{12.2}$$

其中 $\sum\limits_{j=1}^{m} c_{ij}^2=1$。$\boldsymbol{C}_1=[c_{11},c_{12},\cdots,c_{1m}]^{\mathrm{T}}$ 使得 $\mathrm{Var}(F_1)$ 的值达到最大。$\boldsymbol{C}_2=[c_{21},c_{22},\cdots,c_{2m}]^{\mathrm{T}}$ 不仅垂直于 $\boldsymbol{C}_1$,且使 $\mathrm{Var}(F_2)$ 达到最大。$\boldsymbol{C}_3=[c_{31},c_{32},\cdots,c_{3m}]^{\mathrm{T}}$ 同时垂直于 $\boldsymbol{C}_1,\boldsymbol{C}_2$,且使 $\mathrm{Var}(F_3)$ 达到最大。以此类推可得到全部 m 个主成分。在具体问题中,究竟需要确定几个主成分,注意以下几点:

(1) 主成分分析的结果受量纲的影响,由于各变量的单位可能不同,结果可能不同,这是主成分分析的最大问题。因此,在实际问题中,需要先对各变量进行无量纲化处理,然后用协方差矩阵或相关系数矩阵进行分析。

(2) 在实际研究中,由于主成分的目的是降维,减少变量的个数,因此一般选取少量的主成分(一般不超过 6 个),只要累积贡献率超过 85%即可。

2. 主成分分析的基本步骤

假设有 n 个研究对象,m 个指标变量 $x_1,x_2,\cdots,x_m$,第 i 个对象关于第 j 个指标取值为 a_{ij},构造数据矩阵 $\boldsymbol{A}=(a_{ij})_{n\times m}$。

(1) 对原来的 m 个指标进行标准化,得到标准化的指标变量

$$y_j=\frac{x_j-\mu_j}{s_j},\quad j=1,2,\cdots,m,$$

式中:$\mu_j=\frac{1}{n}\sum_{i=1}^{n}a_{ij}$;$s_j=\sqrt{\frac{1}{n-1}\sum_{i=1}^{n}(a_{ij}-\mu_j)^2}$。

对应地,得到标准化的数据矩阵 $\boldsymbol{B}=(b_{ij})_{n\times m}$,其中 $b_{ij}=\frac{a_{ij}-\mu_j}{s_j}$,$i=1,2,\cdots,n$,$j=1,2,\cdots,m$。

(2) 根据标准化的数据矩阵 $\boldsymbol{B}$ 求出相关系数矩阵 $\boldsymbol{R}=(r_{ij})_{m\times m}$,其中

$$r_{ij}=\frac{\sum_{k=1}^{n}b_{ki}b_{kj}}{n-1},\quad i,j=1,2,\cdots,m.$$

(3) 计算相关系数矩阵 $\boldsymbol{R}$ 的特征值 $\lambda_1\geqslant\lambda_2\geqslant\cdots\geqslant\lambda_m$,及对应的标准正交化特征向量 $\boldsymbol{u}_1,\boldsymbol{u}_2,\cdots,\boldsymbol{u}_m$,其中 $\boldsymbol{u}_j=[u_{1j},u_{2j},\cdots,u_{mj}]^{\mathrm{T}}$,由特征向量组成 p 个新的指标变量

$$\begin{cases}F_1=u_{11}y_1+u_{21}y_2+\cdots+u_{m1}y_m,\\F_2=u_{12}y_1+u_{22}y_2+\cdots+u_{m2}y_m,\\\qquad\vdots\\F_m=u_{1m}y_1+u_{2m}y_2+\cdots+u_{mm}y_m,\end{cases}$$

式中:F_1 为第 1 主成分;F_2 为第 2 主成分,$\cdots$,F_m 为第 m 主成分。

(4) 计算主成分贡献率及累积贡献率,主成分 F_j 的贡献率为

$$w_j=\frac{\lambda_j}{\sum_{k=1}^{m}\lambda_k},\quad j=1,2,\cdots,m,$$

前 i 个主成分的累积贡献率为

$$\frac{\sum_{k=1}^{i}\lambda_k}{\sum_{k=1}^{m}\lambda_k}.$$

一般取累积贡献率达 85%以上的特征值 $\lambda_1,\lambda_2,\cdots,\lambda_k$ 所对应的第 1,第 2,$\cdots$,第 $k(k\leqslant m)$ 主成分。

(5) 最后利用得到的主成分 $F_1,F_2,\cdots,F_k$ 分析问题,或者继续进行评价、回归、聚类等其他建模。

注 12.1 做主成分分析也可以使用原始数据矩阵的协方差矩阵 $\boldsymbol{\Sigma}=(s_{ij})_{m\times m}$,其中

$$s_{ij}=\frac{\sum_{k=1}^{n}(a_{ki}-\mu_i)(a_{kj}-\mu_j)}{n-1},\quad i,j=1,2,\cdots,m.$$

12.1.2 主成分分析的应用

1. sklearn. decomposition 模块的 PCA 函数

sklearn. decomposition 模块的 PCA 函数实现主成分分析,其基本调用格式为

```
sklearn.decomposition.PCA(n_components=None)
```

其中:n_components 默认值为 None,表示所有成分被保留;n_components 取值类型可以为 int、float 或 str,如 n_components=2 表示提取 2 个主成分,n_components=0.85 表示提取主成分的个数满足累积信息贡献率大于等于 0.85。

例 12.1 随着社会的高速发展,人民的生活发生巨大的变化,居民的消费水平备受关注,它是反映一个国家(或地区)的经济发展水平和人民物质文化生活水平的综合指标。重庆市直辖以来,居民的消费水平发生了很大的变化,从而也促进了整个城市经济的发展。按照我国常用的消费支出分类法,居民的消费水平分为食品、衣着、家庭设备用品及服务、医疗保健、交通通信、文教娱乐及服务、居住、杂项商品与服务 8 个部分,这 8 个部分代表了居民消费的各个领域,表 12.1 所列为重庆市 10 年间城镇居民人均消费的情况(单位:元/人)。试对重庆市的居民人均消费做主成分分析。

表 12.1 重庆市城镇居民人均消费数据

年份	x_1	x_2	x_3	x_4	x_5	x_6	x_7	x_8
1997	2297.86	589.62	474.74	164.19	290.91	626.21	295.20	199.03
1998	2262.19	571.69	461.25	185.90	337.83	604.78	354.66	198.96
1999	2303.29	589.99	516.21	236.55	403.92	730.05	438.41	225.80
2000	2308.70	551.14	476.45	293.23	406.44	785.74	494.04	254.10
2001	2337.65	589.28	509.82	334.05	442.50	850.15	563.72	246.51
2002	2418.96	618.60	454.20	429.60	615.00	1065.12	594.48	164.28
2003	2702.34	735.01	475.36	459.69	790.26	1025.99	741.60	187.81
2004	3015.32	779.68	474.15	537.95	865.45	1200.52	903.22	196.77
2005	3135.65	849.53	583.50	629.32	929.92	1391.11	882.41	221.85
2006	3415.92	1038.98	615.74	705.72	976.02	1449.49	954.56	242.26

利用 Python 软件求得相关系数矩阵的 8 个特征值及其贡献率如表 12.2 所列。

表 12.2 主成分分析结果

序号	特征值	贡献率	累积贡献率
1	6.2794	0.7849	0.7849
2	1.3060	0.1632	0.9482
3	0.2743	0.0343	0.9825

（续）

序　号	特 征 值	贡 献 率	累积贡献率
4	0.0998	0.0125	0.9949
5	0.0231	0.0029	0.9978
6	0.0122	0.0015	0.9993
7	0.0047	0.0006	0.9999
8	0.0005	0.0001	1

可以看出，前两个特征值的累积贡献率就达到94.82%，主成分分析效果很好。下面选取前两个主成分进行分析。前两个特征值对应的特征向量如表12.3所列。

表12.3　标准化变量的前两个主成分对应的特征向量

	y_1	y_2	y_3	y_4	y_5	y_6	y_7	y_8
第1特征向量	0.3919	0.3844	0.3059	0.3923	0.3854	0.3896	0.3839	0.0591
第2特征向量	−0.0210	0.0221	0.4778	−0.0891	−0.1988	−0.1043	−0.1138	0.8363

由表12.3可知前两个主成分分别为

$$F_1=0.3919y_1+0.3844y_2+0.3059y_3+0.3923y_4+0.3854y_5+0.3896y_6+0.3839y_7+0.0591y_8,$$
$$F_2=-0.0210y_1+0.0221y_2+0.4778y_3-0.0891y_4-0.1988y_5-0.1043y_6-0.1138y_7+0.8363y_8.$$

结果分析：

（1）在第一主成分的表达式中，可以看出第一、二、四、五、六、七项的系数比较大，这6项指标对城镇居民消费水平的影响较大，其中食品消费和医疗保健消费系数比另外几项都大，说明居民现在很注重吃和健康两方面。

（2）在第二主成分的表达式中，只有第八项的系数比较大，远远超过其他指标的系数，因此可以单独看作是杂项商品与服务的影响，说明杂项商品与服务在消费水平中也占据了很大的比例。

```
#程序文件ex12_1.py
import numpy as np
from sklearn.decomposition import PCA
from scipy.stats import zscore

a=np.loadtxt('data12_1.txt')
b=zscore(a,ddof=1)                     #数据标准化
md=PCA().fit(b)                        #构造并拟合模型
print('特征值为:', md.explained_variance_)
print('各主成分贡献率:', md.explained_variance_ratio_)
xs1=md.components_                     #提出各主成分系数,每行是一个主成分
print('各主成分系数:\n',xs1)
check=xs1.sum(axis=1,keepdims=True)    #计算各个主成分系数的和
xs2=xs1*np.sign(check)                 #调整主成分系数,和为负时乘以-1
print('调整后的主成分系数:', xs2)
```

注 12.2 主成分的系数可以相差一个负号，因为特征向量乘以-1 后仍然为特征向量。用主成分分析做评价模型时，如果主成分的系数变成了相反数，这时需根据实际情况对模型进行解释。

2. 主成分回归分析

主成分回归分析是为了克服最小二乘（LS）估计在数据矩阵 $\boldsymbol{A}$ 存在多重共线性时表现出的不稳定性而提出的。

主成分回归分析采用的方法是将原来的回归自变量变换到另一组变量，即主成分，选择其中一部分重要的主成分作为新的自变量，丢弃了一部分影响不大的主成分，实际上达到了降维的目的，然后用最小二乘法对选取主成分后的模型参数进行估计，最后再变换回原来的变量求出参数的估计。

例 12.2 Hald 水泥问题，考察含如下 4 种化学成分：

$x_1 = 3CaO \cdot Al_2O_3$的含量（%），　　$x_2 = 3CaO \cdot SiO_2$的含量（%）

$x_3 = 4CaO \cdot Al_2O_3 \cdot Fe_2O_3$的含量（%），　　$x_4 = 2CaO \cdot SiO_2$的含量（%）

的某种水泥，每一克所释放出的热量（cal①）y 与这 4 种成分含量之间的关系数据共 13 组，见表 12.4。试构建热量 y 的主成分回归模型。

表 12.4　Hald 水泥数据

序　号	x_1	x_2	x_3	x_4	y
1	7	26	6	60	78.5
2	1	29	15	52	74.3
3	11	56	8	20	104.3
4	11	31	8	47	87.6
5	7	52	6	33	95.9
6	11	55	9	22	109.2
7	3	71	17	6	102.7
8	1	31	22	44	72.5
9	2	54	18	22	93.1
10	21	47	4	26	115.9
11	1	40	23	34	83.8
12	11	66	9	12	113.3
13	10	68	8	12	109.4

解 主成分分析的详细步骤这里就不赘述了，这里只给出一些结果及 Python 程序。

相关系数矩阵的 4 个特征值依次为 2.2357、1.5761、0.1866、0.0016。最后一个特征值接近于零，前 3 个特征值之和所占比例（累积贡献率）达到 0.999594。于是略去第 4 个主成分。其他 3 个保留特征值对应的 3 个特征向量分别为

$$\boldsymbol{\eta}_1^{\mathrm{T}} = [-0.4760, -0.5639, 0.3941, 0.5479],$$

① 1cal = 4.18J。

$$\boldsymbol{\eta}_2^{\mathrm{T}} = [-0.509, 0.4139, 0.605, -0.4512],$$
$$\boldsymbol{\eta}_3^{\mathrm{T}} = [0.6755, -0.3144, 0.6377, -0.1954],$$

即取前 3 个主成分,分别为

$$z_1 = -0.4760y_1 - 0.5639y_2 + 0.3941y_3 + 0.5479y_4,$$
$$z_2 = -0.509y_1 + 0.4139y_2 + 0.605y_3 - 0.4512y_4,$$
$$z_3 = 0.6755y_1 - 0.3144y_2 + 0.6377y_3 - 0.1954y_4,$$

其中 $y_i(i=1,2,3,4)$ 为标准化变量。

对 Hald 数据直接作线性回归得经验回归方程

$$\hat{y} = 62.4054 + 1.5511x_1 + 0.5102x_2 + 0.102x_3 - 0.144x_4. \tag{12.3}$$

做主成分回归分析,得到如下回归方程

$$\hat{y} = 95.4231 - 9.8831z_1 + 0.1250z_2 + 4.5548z_3,$$

恢复到原始的自变量,得到如下主成分回归方程

$$\hat{y} = 85.7433 + 1.3119x_1 + 0.2694x_2 - 0.1428x_3 - 0.3801x_4. \tag{12.4}$$

式(12.3)和式(12.4)的区别在于后者具有更小的残差方差,因而更稳定。此外前者所有系数都无法通过显著性检验。

```
#程序文件 ex12_2.py
import numpy as np
from sklearn.decomposition import PCA
import statsmodels.api as sm

a=np.loadtxt('data12_2.txt')
mu=a.mean(axis=0)                          #逐列求均值
s=a.std(axis=0,ddof=1)                     #逐列求标准差
b=(a-mu)/s                                 #数据标准化
r=np.corrcoef(b[:,:-1].T)                  #计算相关系数矩阵
md1=PCA().fit(b[:,:-1])                    #构造并拟合模型
print('特征值为:', md1.explained_variance_)
print('各主成分贡献率:', md1.explained_variance_ratio_)
xs=md1.components_                         #提出各主成分系数,每行是一个主成分
print('主成分系数:\n', np.round(xs,4))
print('累积贡献率:', np.cumsum(md1.explained_variance_ratio_))

n=3                                        #选定主成分的个数
f=b[:,:-1]@(xs[:n,:].T)                    #主成分的得分
d2={'y':a[:,-1],'x': a[:,:-1]}
md2=sm.formula.ols('y~x',d2).fit()         #原始数据线性回归
d3={'y':a[:,-1], 'z':f}
md3=sm.formula.ols('y~z',d3).fit()         #对主成分的回归方程
xs3=md3.params                             #提取主成分回归方程的系数
xs40=xs3[0]-sum(xs3[1:]@xs[:n,:]*mu[:-1]/s[:-1]) #常数项
xs4=xs3[1:]@xs[:n,:]/s[:-1]                #原始变量回归方程的其他系数
```

```
print('回归方程的常数项:',round(xs40,4))
print('回归方程的其他系数:',np.round(xs4,4))
print('直接回归的残差方差:',md2.mse_resid)
print('主成分回归的残差方差:',md3.mse_resid)
```

3. 基于核主成分分析的高校科技创新能力评价

在高校科技创新能力评价中,经常使用的一种方法是主成分分析法(PCA)。这是因为在高校科技创新能力评价中,一般选择的评价指标较多且指标间有一定的相关性,因此所得到的统计数据反映的信息有一定的重叠,增加了评价的复杂性。而 PCA 可利用几个不相关的主成分作为原来众多变量的线性组合,在保留了原始变量大部分信息的基础上,减少了计算量,综合评价时更简洁,因此在评价中得到了广泛应用。但是,PCA 只能去除评价指标之间的线性相关信息,忽略了多个评价指标间的非线性相关问题。核主成分分析(KPCA)方法不仅特别适合于处理非线性相关问题,且能提供更多的特征信息。KPCA 通过某种事先选择的非线性映射 $\boldsymbol{\Phi}$ 将输入向量 $\boldsymbol{x}$ 映射到一个高维特征空间 F,从而使输入向量具有更好的可分性,然后对高维空间中的映射数据做 PCA,从而得到数据的非线性主成分。

例 12.3 15 所高校的 14 项指标值如表 12.5 所列,其中,x_1 为全校科研全年人员数,x_2 为副教授以上人员比例,x_3 为全校科研经费年度筹集总额,x_4 为科研经费中政府投入比例,x_5 为年度承担科研项目总数,x_6 为获得国家及省部级科技奖励数,x_7 为申请国内外发明专利数,x_8 为已授权国内外发明专利数,x_9 为当年转让合同数,x_{10}为当年科技成果转化实际收入,x_{11}为年度研发全时人员人均项目经费,x_{12}为发表学术论文数,x_{13}为年度举办国际学术会议次数,x_{14}为年度派遣和接受进修访问学者人次。试对 15 所高校科技创新能力进行评价。

表 12.5 15 所高校科技创新能力评价指标数据

编号	学校	x_1	x_2	x_3	x_4	x_5	x_6	x_7
1	武汉大学	1750	48.46	205400	66.08	887	54	128
2	华中科技大学	1517	54.71	350262	43.14	1404	37	116
3	中国地质大学	1016	50.39	101044	44.87	456	18	11
4	武汉理工大学	992	56.45	139459	25.73	652	16	15
5	华中农业大学	560	46.96	82191	89.51	450	22	18
6	复旦大学	1224	49.84	218542	51.94	1217	37	180
7	同济大学	1272	45.28	423720	31.70	1580	32	38
8	上海交通大学	1283	63.76	628062	52.52	1809	34	198
9	华东理工大学	323	49.54	119898	44.45	377	11	61
10	南京大学	716	69.55	150191	60.63	772	19	38
11	东南大学	1210	53.97	272754	37.62	890	23	75
12	浙江大学	1476	59.76	693988	31.77	3491	94	177
13	合肥工业大学	718	52.51	93269	53.97	434	5	5
14	厦门大学	538	55.20	38372	69.35	470	17	21

(续)

编号	学校	x_1	x_2	x_3	x_4	x_5	x_6	x_7
15	山东大学	915	65.79	95226	83.84	770	74	41

编号	学校	x_8	x_9	x_{10}	x_{11}	x_{12}	x_{13}	x_{14}
1	武汉大学	33	38	7000	53.25	3279	249	380
2	华中科技大学	60	75	4447	135.01	5891	141	558
3	中国地质大学	6	3	5000	47.93	1376	92	31
4	武汉理工大学	9	7	300	96.26	1424	53	14
5	华中农业大学	0	11	1046	52.36	828	34	104
6	复旦大学	35	3	18540	74.70	2126	122	46
7	同济大学	22	65	6520	171.92	2789	208	922
8	上海交通大学	38	485	128871	359.48	4003	183	52
9	华东理工大学	6	32	5809	171.54	1157	35	68
10	南京大学	13	4	3312	126.74	1979	208	234
11	东南大学	24	56	20800	139.88	2223	161	93
12	浙江大学	45	132	29726	238.18	6223	252	387
13	合肥工业大学	2	41	3120	56.86	932	10	29
14	厦门大学	0	4	2026	54.97	1360	145	41
15	山东大学	1	16	1810	53.72	2514	134	49

用 $i=1,2,\cdots,15$ 表示 15 个评价对象,第 i 个评价对象关于指标 $x_j(j=1,2,\cdots,14)$ 的取值为 a_{ij},构造数据矩阵 $\boldsymbol{A}=(a_{ij})_{15\times14}=\begin{bmatrix}\boldsymbol{\alpha}_1\\\boldsymbol{\alpha}_2\\\vdots\\\boldsymbol{\alpha}_{15}\end{bmatrix}$,其中 $\boldsymbol{\alpha}_i(i=1,2,\cdots,15)$ 为行向量,为第 i 个评价对象的观测值向量。KPCA 评价的步骤如下:

(1) 原始数据标准化。数据标准化公式为

$$b_{ij}=\frac{a_{ij}-\mu_j}{s_j},\quad i=1,2,\cdots,15,\ j=1,2,\cdots,14, \tag{12.5}$$

式中:$\mu_j=\dfrac{1}{15}\sum\limits_{i=1}^{15}a_{ij}$;$s_j=\sqrt{\dfrac{1}{14}\sum\limits_{i=1}^{15}(a_{ij}-\mu_j)^2}$。

得到标准化的数据矩阵 $\boldsymbol{B}=(b_{ij})_{15\times14}=\begin{bmatrix}\boldsymbol{\beta}_1\\\boldsymbol{\beta}_2\\\vdots\\\boldsymbol{\beta}_{15}\end{bmatrix}$,其中行向量 $\boldsymbol{\beta}_i(i=1,2,\cdots,15)$ 是第 i 个评价对象的标准化观测值向量。

(2) 构造样本空间 $\mathbb{R}^{14}$ 到特征空间 F 的变换 $\boldsymbol{\Phi}$,即样本数据 $\boldsymbol{\beta}_i(i=1,2,\cdots,15)$ 在 F 空间的像为 $\boldsymbol{\Phi}(\boldsymbol{\beta}_i)$。具体计算时,可以不关心 $\boldsymbol{\Phi}$ 的具体形式,$\boldsymbol{\Phi}$ 体现在核函数 $k(\boldsymbol{x},\boldsymbol{y})$ $(\boldsymbol{x},\boldsymbol{y}\in\mathbb{R}^{14})$ 中,满足 $k(\boldsymbol{x},\boldsymbol{y})=\boldsymbol{\Phi}(\boldsymbol{x})\boldsymbol{\Phi}(\boldsymbol{y})^{\mathrm{T}}$($\boldsymbol{x},\boldsymbol{y}$ 为行向量)。

常用的核函数有如下几种形式:

(i) 多项式核：$k(\boldsymbol{x},\boldsymbol{y})=(\boldsymbol{x}\boldsymbol{y}^{\mathrm{T}}+c)^{d}, d\in N, c\geqslant 0$。

(ii) 高斯核(径向基函数核)：$k(\boldsymbol{x},\boldsymbol{y})=\exp(-\gamma\|\boldsymbol{x}-\boldsymbol{y}\|^{2})$。

(iii) Sigmoid 核：$k(\boldsymbol{x},\boldsymbol{y})=\tanh(a\boldsymbol{x}\boldsymbol{y}^{\mathrm{T}}+r)$。

本题中取核函数

$$k(\boldsymbol{x},\boldsymbol{y})=(1+\boldsymbol{x}\boldsymbol{y}^{\mathrm{T}})^{3}. \tag{12.6}$$

利用核函数式(12.6)，构造特征空间 F 中的数据矩阵

$$\boldsymbol{K}=\begin{bmatrix} k(\boldsymbol{\beta}_1,\boldsymbol{\beta}_1) & k(\boldsymbol{\beta}_1,\boldsymbol{\beta}_2) & \cdots & k(\boldsymbol{\beta}_1,\boldsymbol{\beta}_{15}) \\ k(\boldsymbol{\beta}_2,\boldsymbol{\beta}_1) & k(\boldsymbol{\beta}_2,\boldsymbol{\beta}_2) & \cdots & k(\boldsymbol{\beta}_2,\boldsymbol{\beta}_{15}) \\ \vdots & \vdots & & \vdots \\ k(\boldsymbol{\beta}_{15},\boldsymbol{\beta}_1) & k(\boldsymbol{\beta}_{15},\boldsymbol{\beta}_2) & \cdots & k(\boldsymbol{\beta}_{15},\boldsymbol{\beta}_{15}) \end{bmatrix}, \tag{12.7}$$

再进行中心化处理，得数据矩阵

$$\widetilde{\boldsymbol{K}}=\boldsymbol{K}-\boldsymbol{J}_{15}\boldsymbol{K}-\boldsymbol{K}\boldsymbol{J}_{15}+\boldsymbol{J}_{15}\boldsymbol{K}\boldsymbol{J}_{15}, \tag{12.8}$$

式中：$\boldsymbol{J}_{15}=\dfrac{1}{15}\begin{bmatrix} 1 & \cdots & 1 \\ \vdots & & \vdots \\ 1 & \cdots & 1 \end{bmatrix}_{15\times 15}$，即每个元素都是$\dfrac{1}{15}$的 15 阶方阵。

(3) 求核矩阵 $\widetilde{\boldsymbol{K}}$ 的特征值 $\lambda_1\geqslant\lambda_2\geqslant\cdots\geqslant\lambda_{15}$，及对应的正交化单位特征向量 $u_i=[u_{i1}, u_{i2},\cdots,u_{i,15}]^{\mathrm{T}}$，根据累积信息贡献率，选取前 d 个特征向量。

(4) 根据选取的特征值及特征向量，提取核主成分，则样本 $\boldsymbol{x}\in\mathbb{R}^{14}$在第 i 个核主成分上的值为

$$z_i=\sum_{j=1}^{15}u_{ij}\Phi(\boldsymbol{\beta}_j)\Phi(\boldsymbol{x})^{\mathrm{T}}=\sum_{j=1}^{15}u_{ij}k(\boldsymbol{\beta}_j,\boldsymbol{x}),\quad i=1,2,\cdots,d. \tag{12.9}$$

(5) 构造评价函数

$$f=\sum_{i=1}^{d}w_i z_i=\sum_{i=1}^{d}w_i\sum_{j=1}^{15}u_{ij}k(\boldsymbol{\beta}_j,\boldsymbol{x}), \tag{12.10}$$

其中，

$$w_i=\frac{\lambda_i}{\sum\limits_{j=1}^{15}\lambda_j}. \tag{12.11}$$

利用 Python 软件，求得 KPCA 和 PCA 特征值、方差贡献率和方差累积贡献率如表 12.6 所示。

表 12.6　KPCA 和 PCA 特征值的贡献率

PCA				KPCA			
序　号	特征值	贡献率	累积贡献率	序　号	特征值	贡献率	累积贡献率
1	7.5096	0.5364	0.5364	1	85935	0.5668	0.5668
2	2.2772	0.1627	0.6991	2	51840	0.3419	0.9088
3	1.4711	0.1051	0.8041	3	3495	0.0231	0.9318
4	0.8508	0.0608	0.8649	4	2690	0.0177	0.9496
5	0.6505	0.0465	0.9114	5	2075	0.0137	0.9633

从表 12.6 可以看出，采用 PCA 的前 4 个特征值累积贡献率达到 0.8649，而采用 KPCA 方法前 2 个特征值累积贡献率达到 0.9088，获得了比 PCA 更好的降维效果。从而可知，PCA 需要选择前 4 个主成分进行评价，而 KPCA 只需选择前 2 个非线性主成分代表原来的 14 个指标综合评价高校的科技创新能力。

由 Python 软件计算得，样本 $\boldsymbol{x}\in\mathbb{R}^{14}$ 在前两个核主成分上的投影分别为

$$z_1=\sum_{i=1}^{15}u_{i1}k(\boldsymbol{\beta}_i,\boldsymbol{x})=-0.0786k(\boldsymbol{\beta}_1,\boldsymbol{x})-0.0677k(\boldsymbol{\beta}_2,\boldsymbol{x})+\cdots-0.0823k(\boldsymbol{\beta}_{15},\boldsymbol{x}),$$

$$z_2=\sum_{i=1}^{15}u_{i2}k(\boldsymbol{\beta}_i,\boldsymbol{x})=-0.0296k(\boldsymbol{\beta}_1,\boldsymbol{x})+0.0288k(\boldsymbol{\beta}_2,\boldsymbol{x})+\cdots-0.0377k(\boldsymbol{\beta}_{15},\boldsymbol{x}),$$

这里 $[u_{11},u_{21},\cdots,u_{15,1}]^{\mathrm{T}}$，$[u_{12},u_{22},\cdots,u_{15,2}]^{\mathrm{T}}$ 是数据矩阵 $\widetilde{\boldsymbol{K}}$ 的前两个最大特征值对应的归一化特征向量。它们的贡献率分别为 $w_1=0.5668$，$w_2=0.3419$，构造评价函数

$$f(\boldsymbol{x})=0.5668z_1+0.3419z_2. \tag{12.12}$$

最终由 KPCA 求出各高校科技创新能力的综合得分以及排序如表 12.7 所示。

表 12.7 高校科技创新能力综合排名

编　号	高 校 名 称	KPCA 得分	KPCA 排名	PCA 排名
1	武汉大学	−4353.6510	5	5
2	华中科技大学	−2789.6111	3	3
3	中国地质大学	−5620.4512	12	13
4	武汉理工大学	−4970.6333	10	10
5	华中农业大学	−7997.8576	15	15
6	复旦大学	−4458.0659	7	7
7	同济大学	−4232.1332	4	4
8	上海交通大学	40132.6889	1	1
9	华东理工大学	−5494.9466	11	11
10	南京大学	−4532.3433	8	8
11	东南大学	−4449.9694	6	6
12	浙江大学	26670.5783	2	2
13	合肥工业大学	−7077.3161	14	14
14	厦门大学	−6147.7842	13	12
15	山东大学	−4678.5044	9	9

```
#程序文件 ex12_3.py
import numpy as np
import pandas as pd
from sklearn.decomposition import PCA
from scipy.stats import zscore

a=pd.read_excel('data12_3.xlsx',header=None)
b=a.values; c=zscore(b,ddof=1)                    #数据标准化
```

```
md1=PCA().fit(c)                                 #构造并拟合模型
print('特征值为:', md1.explained_variance_)
r1=md1.explained_variance_ratio_                 #提取各主成分的贡献率
print('各主成分贡献率:', r1)
xs1=md1.components_                              #提出各主成分系数,每行是一个主成分
print('主成分系数:\n', np.round(xs1,4))
print('累积贡献率:', np.cumsum(r1))
n1=4                                             #选取主成分的个数
df1=c@(xs1[:n1,:].T)                             #计算主成分得分
g1=df1@r1[:n1]                                   #计算综合评价得分
print('主成分评价得分',np.round(g1,4))
ind1=np.argsort(-g1)                             #计算从大到小的地址
ind11=np.zeros(15); ind11[ind1]=np.arange(1,16)
print('排序结果:',ind11); print('---------------')

n=b.shape[0]; K=(1+c@(c.T))**3
J=np.ones((n,n))/n; Kw=K-K@J-J@K+J@K@J
val,vec=np.linalg.eig(Kw)
print('特征值为:', val)
r2=val/sum(val)                                  #提取各主成分的贡献率
print('各主成分贡献率:', r2)
print('主成分系数:\n', np.round(vec,4))
print('累积贡献率:', np.cumsum(r2))
n2=2                                             #选取主成分的个数
m1=vec.max(axis=0)                               #求每列的最大值
m2=vec.min(axis=0)                               #求每列的最小值
sgn=(-1)*(abs(m2)>m1)+(abs(m2)<=m1)              #构造±1的向量
vec=vec*sgn                                      #修改特征向量的符号
df2=Kw@(vec[:,:n2])                              #计算主成分得分
g2=df2@r2[:n2]                                   #计算综合评价得分
print('核主成分评价得分:',np.round(g2))
ind2=np.argsort(-g2)                             #计算从大到小的地址
ind22=np.zeros(15); ind22[ind2]=np.arange(1,16)
print('排序结果:',ind22)
```

12.2 因子分析

12.2.1 因子分析的数学理论

1. 因子分析模型

与主成分分析中构造原始变量 $x_1,x_2,\cdots,x_m$ 的线性组合 $F_1,F_2,\cdots,F_m$(见式(12.2))

不同,因子分析是将原始变量 $x_1,x_2,\cdots,x_m$ 分解为若干个因子的线性组合,表示为

$$\begin{cases}x_1=\mu_1+a_{11}f_1+a_{12}f_2+\cdots+a_{1p}f_p+\varepsilon_1,\\ x_2=\mu_2+a_{21}f_1+a_{22}f_2+\cdots+a_{2p}f_p+\varepsilon_2,\\ \quad\vdots\\ x_m=\mu_m+a_{m1}f_1+a_{m2}f_2+\cdots+a_{mp}f_p+\varepsilon_m,\end{cases} \tag{12.13}$$

简记作

$$\boldsymbol{x}=\boldsymbol{\mu}+\boldsymbol{A}\boldsymbol{f}+\boldsymbol{\varepsilon}, \tag{12.14}$$

式中:$\boldsymbol{x}=[x_1,x_2,\cdots,x_m]^{\mathrm{T}}$,$\boldsymbol{\mu}=[\mu_1,\mu_2,\cdots,\mu_m]^{\mathrm{T}}$ 为 $\boldsymbol{x}$ 的期望向量;$\boldsymbol{f}=[f_1,f_2,\cdots,f_p]^{\mathrm{T}}(p<m)$ 为公共因子向量,$\boldsymbol{\varepsilon}=[\varepsilon_1,\varepsilon_2,\cdots,\varepsilon_m]^{\mathrm{T}}$ 为特殊因子向量,均为不可观测的变量;$\boldsymbol{A}=(a_{ij})_{m\times p}$ 为因子载荷矩阵,a_{ij} 是变量 x_i 在公共因子 f_j 上的载荷,反映 f_j 对 x_i 的重要度。通常对模型式(12.13)作如下假设:f_j 互不相关且具有单位方差;ε_i 互不相关且与 f_j 互不相关,$\mathrm{Cov}(\boldsymbol{\varepsilon})=\boldsymbol{\psi}$ 为对角阵。在这些假设下,由式(12.14)可得

$$\mathrm{Cov}(\boldsymbol{x})=\boldsymbol{A}\boldsymbol{A}^{\mathrm{T}}+\boldsymbol{\psi},\quad \mathrm{Cov}(\boldsymbol{x},\boldsymbol{f})=\boldsymbol{A}. \tag{12.15}$$

对因子模型式(12.13),每个原始变量 x_i 的方差都可以分解成共性方差(也称共同度)h_i^2 和特殊方差 σ_i^2 之和,其中 $h_i^2=\sum\limits_{j=1}^{p}a_{ij}^2$ 反映全部公共因子对变量 x_i 的方差贡献,$\sigma_i^2=D(\varepsilon_i)$($\boldsymbol{\psi}$ 的对角线上的元素)是特殊因子对 x_i 的方差贡献。显然,$\sum\limits_{i=1}^{m}h_i^2=\sum\limits_{i=1}^{m}\sum\limits_{j=1}^{p}a_{ij}^2$ 是全部公共因子对 $\boldsymbol{x}$ 总方差的贡献,令 $b_j^2=\sum\limits_{i=1}^{m}a_{ij}^2$,则 b_j^2 是公共因子 f_j 对 $\boldsymbol{x}$ 总方差的贡献,b_j^2 越大,f_j 越重要,称 $b_j^2/\sum\limits_{i=1}^{m}(h_i^2+\sigma_i^2)$ 为 f_j 的贡献率。特别地,若 $\boldsymbol{x}$ 的各分量已经标准化,则有 $h_i^2+\sigma_i^2=1$,故 f_j 的贡献率为 $\dfrac{b_j^2}{m}=\dfrac{\lambda_j}{m}$,其中 λ_j 是 $\boldsymbol{x}$ 的相关系数矩阵的第 j 大特征值。

根据模型式(12.14),式(12.15)计算因子载荷矩阵 $\boldsymbol{A}$ 的过程比较复杂,并且这个矩阵不唯一,只要 $\boldsymbol{T}$ 为 p 阶正交矩阵,则 $\boldsymbol{AT}$ 仍为该模型的因子载荷矩阵。矩阵 $\boldsymbol{A}$ 右乘正交矩阵 $\boldsymbol{T}$ 相当于做因子旋转,目的是找到简单结构的因子载荷矩阵,使得每个变量都只在少数的因子上有较大的载荷值,即只受少数几个因子的影响。通常,在因子分析模型建立后,还需要对每个样本估计公共因子的值,即因子得分。

因子分析的基本问题是估计因子载荷矩阵 $\boldsymbol{A}$ 和特殊因子的方差 σ_i^2。常用的方法有主成分分析法、主因子法。下面介绍利用主成分法求因子载荷矩阵。

设 $\lambda_1\geqslant\lambda_2\geqslant\cdots\geqslant\lambda_m$ 为相关系数矩阵 $\boldsymbol{R}$ 的特征值,$\boldsymbol{u}_1,\boldsymbol{u}_2,\cdots,\boldsymbol{u}_m$ 为对应的标准正交化特征向量,$p<m$,则因子载荷矩阵 $\boldsymbol{A}$ 为

$$\boldsymbol{A}=[\sqrt{\lambda_1}\boldsymbol{u}_1,\sqrt{\lambda_2}\boldsymbol{u}_2,\cdots,\sqrt{\lambda_p}\boldsymbol{u}_p].$$

特殊因子的方差用 $\boldsymbol{R}-\boldsymbol{A}\boldsymbol{A}^{\mathrm{T}}$ 的对角元估计,即

$$\sigma_i^2=1-\sum_{j=1}^{p}a_{ij}^2,\quad i=1,2,\cdots,p.$$

例 12.4 假定某地固定资产投资率 x_1,通货膨胀率 x_2,失业率 x_3,相关系数矩阵为

$$\begin{bmatrix} 1 & 1/5 & -1/5 \\ 1/5 & 1 & -2/5 \\ -1/5 & -2/5 & 1 \end{bmatrix},$$

试用主成分分析法求因子分析模型。

解 特征值为 $\lambda_1=1.5464, \lambda_2=0.8536, \lambda_3=0.6$，对应的特征向量为

$$\boldsymbol{u}_1=\begin{bmatrix} 0.4597 \\ 0.628 \\ -0.628 \end{bmatrix}, \quad \boldsymbol{u}_2=\begin{bmatrix} 0.8881 \\ -0.3251 \\ 0.3251 \end{bmatrix}, \quad \boldsymbol{u}_3=\begin{bmatrix} 0 \\ 0.7071 \\ 0.7071 \end{bmatrix}.$$

载荷矩阵为

$$\boldsymbol{A}=[\sqrt{\lambda_1}\boldsymbol{u}_1 \quad \sqrt{\lambda_2}\boldsymbol{u}_2 \quad \sqrt{\lambda_3}\boldsymbol{u}_3]=\begin{bmatrix} 0.5717 & 0.8205 & 0 \\ 0.7809 & -0.3003 & 0.5477 \\ -0.7809 & 0.3003 & 0.5477 \end{bmatrix}.$$

$$x_1=0.5717f_1+0.8205f_2+\varepsilon_1,$$
$$x_2=0.7809f_1-0.3003f_2+0.5477f_3+\varepsilon_2,$$
$$x_3=-0.7809f_1+0.3003f_2+0.5477f_3+\varepsilon_3.$$

可取前两个因子 f_1 和 f_2 为公共因子，第一公共因子 f_1 为物价因子，对 $\boldsymbol{x}$ 的贡献为 1.5464，第二公共因子 F_2 为投资因子，对 $\boldsymbol{x}$ 的贡献为 0.8536，信息贡献实际上等于对应的特征值。共同度分别为 1，0.7，0.7。

```
#程序文件 ex12_4.py
import numpy as np

r=np.array([[1, 1/5, -1/5],[1/5, 1, -2/5],[-1/5, -2/5, 1]])
val,vec=np.linalg.eig(r)                #求相关系数阵的特征值和特征向量
A0=vec * np.sqrt(val)                   #利用矩阵广播求载荷矩阵
print('特征值:',val,'\n 载荷矩阵:\n',A0,'\n----------')
num=int(input("请输入选择公共因子的个数:"))
A=A0[:,:num]                            #提出 num 个因子的载荷矩阵
Ac=np.sum(A**2, axis=0)                 #逐列元素求和,求信息贡献
Ar=np.sum(A**2, axis=1)                 #逐行元素求和,求共同度
print("对 x 的贡献为:",Ac)
print("共同度为:",Ar)
```

2. 因子旋转

建立因子分析数学模型目的不仅仅要找出公共因子以及对变量进行分组，更重要的要知道每个公共因子的意义，以便进行进一步的分析，如果每个公共因子的含义不清，则不便于进行实际背景的解释。由于因子载荷阵是不唯一的，所以应该对因子载荷阵进行旋转，目的是使因子载荷阵的结构简化，使载荷矩阵每列或行的元素平方值向 0 和 1 两极分化。有 3 种主要的正交旋转法，即方差最大法、四次方最大法和等量最大法。

1）*方差最大法*

方差最大法从简化因子载荷矩阵的每一列出发，使和每个因子有关的载荷的平方的

方差最大。当只有少数几个变量在某个因子上有较高的载荷时,对因子的解释最简单。方差最大的直观意义是希望通过因子旋转,使每个因子上的载荷尽量拉开距离,一部分的载荷趋于±1,另一部分趋于 0。

2) 四次方最大旋转

四次方最大旋转是从简化载荷矩阵的行出发,通过旋转初始因子,使每个变量只在一个因子上有较高的载荷,而在其他的因子上有尽可能低的载荷。如果每个变量只在一个因子上有非零的载荷,这时的因子解释是最简单的。

四次方最大法通过使因子载荷矩阵中每一行的因子载荷平方的方差达到最大。

3) 等量最大法

等量最大法把四次方最大法和方差最大法结合起来,求它们的加权平均最大。

3. 因子得分

因子分析模型式(12.13)解决了用公共因子的线性组合来表示一组观测变量的有关问题。如果要使用这些因子做其他的研究,如把得到的因子作为自变量来做回归分析,对样本进行分类或评价,就需要对公共因子进行测度,即给出公共因子的值。

将公共因子表示为原变量的线性组合,即得到因子得分函数

$$f_i = c_i + b_{i1}x_1 + b_{i2}x_2 + \cdots + b_{im}x_m, \quad i = 1, 2, \cdots, p,$$

由于 $p<m$,所以不能得到精确得分,只能通过估计。对于用主成分分析法建立的因子分析模型,常用加权最小二乘法估计因子得分,寻求 f_i 的一组取值 $\hat{f}_i$ 使加权的残差平方和

$$\sum_{i=1}^{m} \frac{1}{\sigma_i^2}((x_i - \mu_i) - (a_{i1}\hat{f}_1 + a_{i2}\hat{f}_2 + \cdots + a_{ip}\hat{f}_p))^2$$

达到最小,这样求得因子得分 $\hat{f}_1, \hat{f}_2, \cdots, \hat{f}_p$。利用微积分极值求法,得

$$\hat{\boldsymbol{f}} = (\boldsymbol{A}^{\mathrm{T}}\boldsymbol{D}^{-1}\boldsymbol{A})^{-1}\boldsymbol{A}^{\mathrm{T}}\boldsymbol{D}^{-1}(\boldsymbol{x}-\boldsymbol{\mu}), \tag{12.16}$$

式中:$\boldsymbol{D} = \mathrm{diag}(\sigma_1^2, \sigma_2^2, \cdots, \sigma_m^2)$;$\hat{\boldsymbol{f}} = [\hat{f}_1, \hat{f}_2, \cdots, \hat{f}_p]^{\mathrm{T}}$。

12.2.2 因子分析的应用

例 12.5 已知 17 名学生 6 门课程的考试成绩如表 12.8 所示,试用因子分析对 17 名学生进行综合评价。

表 12.8 学生各科成绩表

学生序号	语文	数学	英语	政治	历史	地理
1	100	107.5	108.5	61	67.5	60
2	92.5	99	114	54.5	52	66.5
3	97	93.5	110	46.5	57	62.5
4	86	90.5	106	44	70	64.5
5	103	89.5	75.5	47	68	61.5
6	94.5	72	110	52	58	52.5
7	95.5	65	81.5	51	66	67
8	91	59	109.5	28.5	53	68

(续)

学生序号	语　文	数　学	英　语	政　治	历　史	地　理
9	90.5	63.5	71	61	55.5	52
10	84.5	56	73.5	33	58.5	63
11	83	44.5	93	34.5	47.5	53
12	82	64	61	28	47	45
13	88	56	38.5	21	59.5	46
14	77.5	49	34	46.5	29	57.5
15	83	52	19	37	47.5	35.5
16	74	38	44.5	26.5	45.5	25
17	60.5	38	23	12.5	20	28

解　用 $x_j(j=1,2,\cdots,6)$ 分别表示语文、数学、英语、政治、历史和地理的成绩，记第 $i(i=1,2,\cdots,17)$ 个学生的 $x_j(j=1,2,\cdots,6)$ 的值为 c_{ij}，构造数据矩阵 $\boldsymbol{C}=(c_{ij})_{17\times 6}$。

(1) 对原来的 6 个指标进行标准化，得到标准化的指标变量

$$x_j^*=\frac{x_j-\mu_j}{s_j},\quad j=1,2,\cdots,6,$$

式中：$\mu_j=\dfrac{1}{17}\sum\limits_{i=1}^{17}a_{ij}$；$s_j=\sqrt{\dfrac{1}{16}\sum\limits_{i=1}^{17}(c_{ij}-\mu_j)^2}$。

对应地，得到标准化的数据矩阵 $\boldsymbol{D}=(d_{ij})_{17\times 6}$，其中 $d_{ij}=\dfrac{c_{ij}-\mu_j}{s_j}$，$i=1,2,\cdots,17$，$j=1,2,\cdots,6$。

(2) 根据标准化的数据矩阵 $\boldsymbol{D}$ 求出相关系数矩阵 $\boldsymbol{R}=(r_{ij})_{6\times 6}$，其中

$$r_{ij}=\frac{\sum\limits_{k=1}^{17}d_{ki}d_{kj}}{16},\quad i,j=1,2,\cdots,6,$$

这里得到

$$\boldsymbol{R}=\begin{bmatrix}1 & 0.7687 & 0.6819 & 0.7119 & 0.8426 & 0.7209\\ 0.7687 & 1 & 0.7124 & 0.6879 & 0.6691 & 0.6414\\ 0.6819 & 0.7124 & 1 & 0.5557 & 0.6156 & 0.7497\\ 0.7119 & 0.6879 & 0.5557 & 1 & 0.5187 & 0.5841\\ 0.8426 & 0.6691 & 0.6156 & 0.5187 & 1 & 0.5961\\ 0.7209 & 0.6414 & 0.7497 & 0.5841 & 0.5961 & 1\end{bmatrix},$$

从 $\boldsymbol{R}$ 中的相关系数可以发现，变量 x_1,x_5 之间具有较强的正相关性，相关系数在 0.8 以上，变量 x_3,x_6 之间也存在较强的正相关性，因此有理由相信它们的背后都会有一个或多个共同因素(公共因子)在驱动。

(3) 计算相关系数矩阵 $\boldsymbol{R}$ 的特征值。$\boldsymbol{R}$ 的 6 个特征值从大到小排列为 $\lambda_1=4.3627$，$\lambda_2=0.5096$，$\lambda_3=0.4994$，$\lambda_4=0.3156$，$\lambda_5=0.2067$，$\lambda_6=0.1062$。前 3 个公共因子的累积贡献率为 $(\lambda_1+\lambda_2+\lambda_3)/6=0.8953$，超过 85%，认为公共因子个数 $m=3$ 是合适的。

(4) 利用 Python 软件求得因子载荷矩阵 $\boldsymbol{A}$,根据因子载荷矩阵的输出结果可以得到

$$\begin{cases} x_1^* = 0.8387f_1 + 0.3442f_2 + 0.3951f_3 + \varepsilon_1^*, \\ x_2^* = 0.5289f_1 + 0.4729f_2 + 0.4339f_3 + \varepsilon_2^*, \\ x_3^* = 0.3357f_1 + 0.9117f_2 + 0.2316f_3 + \varepsilon_3^*, \\ x_4^* = 0.3112f_1 + 0.2641f_2 + 0.9107f_3 + \varepsilon_4^*, \\ x_5^* = 0.7691f_1 + 0.3356f_2 + 0.2109f_3 + \varepsilon_5^*, \\ x_6^* = 0.4552f_1 + 0.5695f_2 + 0.3216f_3 + \varepsilon_6^*, \end{cases} \tag{12.17}$$

其中,式(12.17)中特殊方差的估计为

$$D(\varepsilon^*) = [0.0221,\ 0.3083,\ 0.0024,\ 0.0041,\ 0.2514,\ 0.3650]^{\mathrm{T}}.$$

在第一个因子中,语文、数学和历史的正载荷比较大,这三科侧重文理基础能力,可将因子命名为文理基础因子;第二个因子中,英语的正载荷比较大,可将因子命名为英语因子;在第三个因子中,政治的正载荷比较大,可将因子命名为政治因子。

(5) 公共因子得分及综合评分。利用式(12.16),求得因子得分函数

$$f_1 = 1.4319x_1^* + 0.0419x_2^* - 0.4609x_3^* - 0.5614x_4^* + 0.1234x_5^* + 0.0254x_6^*,$$
$$f_2 = -0.4381x_1^* - 0.0110x_2^* + 1.3219x_3^* - 0.1310x_4^* - 0.0360x_5^* - 0.0044x_6^*,$$
$$f_3 = -0.3607x_1^* - 0.0080x_2^* - 0.2270x_3^* + 1.3265x_4^* - 0.0352x_5^* - 0.0062x_6^*,$$

3 个因子的方差贡献分别为

$$S_1 = 1.9914, \quad S_2 = 1.6800, \quad S_3 = 1.3752,$$

构造评价函数

$$g = \sum_{i=1}^{3} w_i f_i, \tag{12.18}$$

其中,$w_i = S_i / \sum_{j=1}^{3} S_j$。利用式(12.18)得到的综合因子得分值如表 12.9 所列。学生序号刚好是总分排名次序,使用因子分析法得到的综合评分值排名次序和原来的总分排名次序有所不同,但总体上波动不是太大。

表 12.9 学生成绩的公共因子得分表

学生序号	f_1 分值	f_2 分值	f_3 分值	综合评分值	综合排名
1	0.6883	0.5479	1.2249	0.7878	1
2	−0.3071	1.1870	0.8754	0.5125	5
3	0.7140	0.9035	−0.0163	0.5780	3
4	−0.5234	1.1954	0.1219	0.2246	8
5	2.0901	−0.7556	0.0320	0.5820	2
6	0.1000	0.9689	0.5984	0.5250	4
7	0.7613	−0.2224	0.6393	0.4006	6
8	0.5212	1.3299	−1.4810	0.2448	7
9	−0.3073	−0.4895	1.8619	0.2232	9
10	−0.0153	0.1150	−0.5967	−0.1304	11

(续)

学生序号	f_1分值	f_2分值	f_3分值	综合评分值	综合排名
11	-0.6953	0.9800	-0.4989	-0.0841	10
12	-0.1108	-0.1984	-0.8600	-0.3441	13
13	1.4077	-1.3122	-1.6040	-0.3184	12
14	-1.2642	-1.2050	1.2715	-0.5535	15
15	0.2146	-1.9899	0.2485	-0.5100	14
16	-1.0227	-0.4818	-0.5889	-0.7244	16
17	-2.2510	-0.5726	-1.2278	-1.4135	17

```
#程序文件 ex12_5_1.py
import numpy as np
from factor_analyzer import FactorAnalyzer as FA
from scipy.stats import zscore
import pandas as pd

c=np.loadtxt('data12_5_1.txt')
d=zscore(c,ddof=1)                          #数据标准化
r=np.corrcoef(d.T)                          #求相关系数矩阵
val,vec=np.linalg.eig(r)
cs=np.cumsum(val)                           #求特征值的累加和
rate=val/cs[-1]                             #求贡献率
srate=sorted(rate,reverse=True)
print('特征值为:',val,'\n 贡献率为:',srate)
fa = FA(3,rotation='varimax')               #构建模型
fa.fit(d)                                   #求解方差最大的模型
A=fa.loadings_                              #提取载荷矩阵
gx=np.sum(A**2, axis=0)                     #计算信息贡献
s2=1-np.sum(A**2, axis=1)                   #计算特殊方差
ss=np.linalg.inv(np.diag(s2))
f=ss@A@np.linalg.inv(A.T@ss@A)              #计算因子得分函数系数
df=d@f                                      #计算因子得分
pj=df@gx/sum(gx)                            #计算评价值
print('载荷矩阵为:\n',np.round(A,4))
print('特殊方差为:',np.round(s2,4))
print('各因子的方差贡献:',np.round(gx,4))
print('评价值为:\n',pj)
ind0=np.argsort(-pj)                        #从大到小的排名地址
ind=np.zeros(17); ind[ind0]=np.arange(1,18)
print('排名次序为:', ind)
F=pd.ExcelWriter('data12_5_2.xlsx')
pd.DataFrame(r).to_excel(F)
```

```
pd.DataFrame(df).to_excel(F,'Sheet2',index=False)
pd.DataFrame(pj).to_excel(F,'Sheet3',index=False)
F.save()
```

习 题 12

12.1 表 12.10 是我国 1984—2000 年宏观投资的一些数据，试利用主成分分析对投资效益进行分析和排序。

表 12.10 1984—2000 年宏观投资效益主要指标

年 份	投资效果系数（无时滞）	投资效果系数（时滞一年）	全社会固定资产交付使用率	建设项目投产率	基建房屋竣工率
1984	0.71	0.49	0.41	0.51	0.46
1985	0.40	0.49	0.44	0.57	0.50
1986	0.55	0.56	0.48	0.53	0.49
1987	0.62	0.93	0.38	0.53	0.47
1988	0.45	0.42	0.41	0.54	0.47
1989	0.36	0.37	0.46	0.54	0.48
1990	0.55	0.68	0.42	0.54	0.46
1991	0.62	0.90	0.38	0.56	0.46
1992	0.61	0.99	0.33	0.57	0.43
1993	0.71	0.93	0.35	0.66	0.44
1994	0.59	0.69	0.36	0.57	0.48
1995	0.41	0.47	0.40	0.54	0.48
1996	0.26	0.29	0.43	0.57	0.48
1997	0.14	0.16	0.43	0.55	0.47
1998	0.12	0.13	0.45	0.59	0.54
1999	0.22	0.25	0.44	0.58	0.52
2000	0.71	0.49	0.41	0.51	0.46

12.2 表 12.11 所列为 25 名健康人的 7 项生化检验结果，7 项生化检验指标依次命名为 $x_1,x_2,\cdots,x_7$，请对该资料进行因子分析。

表 12.11 检验数据

x_1	x_2	x_3	x_4	x_5	x_6	x_7
3.76	3.66	0.54	5.28	9.77	13.74	4.78
8.59	4.99	1.34	10.02	7.5	10.16	2.13
6.22	6.14	4.52	9.84	2.17	2.73	1.09
7.57	7.28	7.07	12.66	1.79	2.1	0.82
9.03	7.08	2.59	11.76	4.54	6.22	1.28

（续）

x_1	x_2	x_3	x_4	x_5	x_6	x_7
5.51	3.98	1.3	6.92	5.33	7.3	2.4
3.27	0.62	0.44	3.36	7.63	8.84	8.39
8.74	7	3.31	11.68	3.53	4.76	1.12
9.64	9.49	1.03	13.57	13.13	18.52	2.35
9.73	1.33	1	9.87	9.87	11.06	3.7
8.59	2.98	1.17	9.17	7.85	9.91	2.62
7.12	5.49	3.68	9.72	2.64	3.43	1.19
4.69	3.01	2.17	5.98	2.76	3.55	2.01
5.51	1.34	1.27	5.81	4.57	5.38	3.43
1.66	1.61	1.57	2.8	1.78	2.09	3.72
5.9	5.76	1.55	8.84	5.4	7.5	1.97
9.84	9.27	1.51	13.6	9.02	12.67	1.75
8.39	4.92	2.54	10.05	3.96	5.24	1.43
4.94	4.38	1.03	6.68	6.49	9.06	2.81
7.23	2.3	1.77	7.79	4.39	5.37	2.27
9.46	7.31	1.04	12	11.58	16.18	2.42
9.55	5.35	4.25	11.74	2.77	3.51	1.05
4.94	4.52	4.5	8.07	1.79	2.1	1.29
8.21	3.08	2.42	9.1	3.75	4.66	1.72
9.41	6.44	5.11	12.5	2.45	3.1	0.91

12.3　对全国30个省市自治区经济发展基本情况的8项指标作主成分分析，原始数据如表12.12所列。

表12.12　30个省市自治区的8项指标

	GDP x_1	居民消费水平 x_2	固定资产投资 x_3	职工平均工资 x_4	货物周转量 x_5	居民消费价格指数 x_6	商品零售价格指数 x_7	工业总产值 x_8
北京	1394.89	2505	519.01	8144	373.9	117.3	112.6	843.43
天津	920.11	2720	345.46	6501	342.8	115.2	110.6	582.51
河北	2849.52	1258	704.87	4839	2033.3	115.2	115.8	1234.85
山西	1092.48	1250	290.9	4721	717.3	116.9	115.6	697.25
内蒙古	832.88	1387	250.23	4134	781.7	117.5	116.8	419.39
辽宁	2793.37	2397	387.99	4911	1371.1	116.1	114	1840.55
吉林	1129.2	1872	320.45	4430	497.4	115.2	114.2	762.47
黑龙江	2014.53	2334	435.73	4145	824.8	116.1	114.3	1240.37
上海	2462.57	5343	996.48	9279	207.4	118.7	113	1642.95
江苏	5155.25	1926	1434.95	5943	1025.5	115.8	114.3	2026.64

（续）

	GDP x_1	居民消费水平 x_2	固定资产投资 x_3	职工平均工资 x_4	货物周转量 x_5	居民消费价格指数 x_6	商品零售价格指数 x_7	工业总产值 x_8
浙江	3524.79	2249	1006.39	6619	754.4	116.6	113.5	916.59
安徽	2003.58	1254	474	4609	908.3	114.8	112.7	824.14
福建	2160.52	2320	553.97	5857	609.3	115.2	114.4	433.67
江西	1205.11	1182	282.84	4211	411.7	116.9	115.9	571.84
山东	5002.34	1527	1229.55	5145	1196.6	117.6	114.2	2207.69
河南	3002.74	1034	670.35	4344	1574.4	116.5	114.9	1367.92
湖北	2391.42	1527	571.68	4685	849	120	116.6	1220.72
湖南	2195.7	1408	422.61	4797	1011.8	119	115.5	843.83
广东	5381.72	2699	1639.83	8250	656.5	114	111.6	1396.35
广西	1606.15	1314	382.59	5105	556	118.4	116.4	554.97
海南	364.17	1814	198.35	5340	232.1	113.5	111.3	64.33
四川	3534	1261	822.54	4645	902.3	118.5	117	1431.81
贵州	630.07	942	150.84	4475	301.1	121.4	117.2	324.72
云南	1206.68	1261	334	5149	310.4	121.3	118.1	716.65
西藏	55.98	1110	17.87	7382	4.2	117.3	114.9	5.57
陕西	1000.03	1208	300.27	4396	500.9	119	117	600.98
甘肃	553.35	1007	114.81	5493	507	119.8	116.5	468.79
青海	165.31	1445	47.76	5753	61.6	118	116.3	105.8
宁夏	169.75	1355	61.98	5079	121.8	117.1	115.3	114.4
新疆	834.57	1469	376.95	5348	339	119.7	116.7	428.76

12.4 某高校数学系为开展研究生的推荐免试工作，对报名参加推荐的52名学生已修过的6门课的考试分数统计如表12.13所列。这6门课是：数学分析、高等代数、概率论、微分几何、抽象代数和数值分析，其中前3门基础课采用闭卷考试，后3门为开卷考试。

表12.13 52名学生的原始考试成绩(全部数据见数据文件ti12_4_1.xlsx)

学生序号	数学分析	高等代数	概率论	微分几何	抽象代数	数值分析
A1	62	71	64	75	70	68
A2	52	65	57	67	60	58
⋮	⋮	⋮	⋮	⋮	⋮	⋮
A52	70	73	70	88	79	69

在以往的推荐免试工作中，该系是按照学生6门课成绩的总分进行学业评价，再根据其他要求确定最后的推荐顺序。但是这种排序办法没有考虑到课程之间的相关性，以及开闭卷等因素，丢弃了一些信息。我们的任务是研究在学生评价中如何体现开闭卷的影响，找到成绩背后的潜在因素，并科学地针对考试成绩进行合理排序。

12.5 在制定服装标准过程中对100名成年男子的身材进行了测量,共6项指标:身高 x_1、坐高 x_2、胸围 x_3、臂长 x_4、肋围 x_5、腰围 x_6,样本相关系数阵为

$$
\boldsymbol{R}=\begin{bmatrix}
1 & 0.80 & 0.37 & 0.78 & 0.26 & 0.38 \\
0.80 & 1 & 0.32 & 0.65 & 0.18 & 0.33 \\
0.37 & 0.32 & 1 & 0.36 & 0.71 & 0.62 \\
0.78 & 0.65 & 0.36 & 1 & 0.18 & 0.39 \\
0.26 & 0.18 & 0.71 & 0.18 & 1 & 0.69 \\
0.38 & 0.33 & 0.62 & 0.39 & 0.69 & 1
\end{bmatrix},
$$

试给出主成分分析表达式,并对主成分做出解释。

第 13 章　偏最小二乘回归分析

在实际问题中,经常遇到需要研究两组多重相关变量间的相互依赖关系,并研究用一组变量(常称为自变量或预测变量)去预测另一组变量(常称为因变量或响应变量),除了最小二乘准则下的经典多元线性回归分析(MLR),提取自变量组主成分的主成分回归分析(PCR)等方法外,还有近年发展起来的偏最小二乘(PLS)回归方法。

偏最小二乘回归提供一种多对多线性回归建模的方法,特别当两组变量的个数很多,且都存在多重相关性,而观测数据的数量(样本量)又较少时,用偏最小二乘回归建立的模型具有传统的经典回归分析等方法所没有的优点。

偏最小二乘回归分析在建模过程中集中了主成分分析、典型相关分析和线性回归分析方法的特点,因此在分析结果中,除了可以提供一个更为合理的回归模型外,还可以同时完成一些类似于主成分分析和典型相关分析的研究内容,提供更丰富、深入的一些信息。

本章介绍偏最小二乘回归分析的建模方法,通过例子从预测角度对所建立的回归模型进行比较。

13.1　偏最小二乘回归分析方法

考虑 p 个因变量 $y_1,y_2,\cdots,y_p$ 与 m 个自变量 $x_1,x_2,\cdots,x_m$ 的建模问题。偏最小二乘回归的基本作法是首先在自变量集中提出第一成分 t_1(t_1 是 $x_1,\cdots,x_m$ 的线性组合,且尽可能多地提取原自变量集中的变异信息);同时在因变量集中也提取第一成分 u_1,并要求 t_1 与 u_1 相关程度达到最大。然后建立因变量 $y_1,\cdots,y_p$ 与 t_1 的回归方程,如果回归方程已达到满意的精度,则算法中止。否则继续第二对成分的提取,直到能达到满意的精度为止。若最终对自变量集提取 r 个成分 $t_1,t_2,\cdots,t_r$,偏最小二乘回归将通过建立 $y_1,\cdots,y_p$ 与 $t_1,t_2,\cdots,t_r$ 的回归方程,然后再表示为 $y_1,\cdots,y_p$ 与原自变量的回归方程式,即偏最小二乘回归方程式。

为了方便起见,不妨假设 p 个因变量 $y_1,\cdots,y_p$ 与 m 个自变量 $x_1,\cdots,x_m$ 均为标准化变量。自变量组和因变量组的 n 次标准化观测数据阵分别记为

$$\boldsymbol{A}_0=\begin{bmatrix} a_{11} & \cdots & a_{1m} \\ \vdots & & \vdots \\ a_{n1} & \cdots & a_{nm} \end{bmatrix},\quad \boldsymbol{B}_0=\begin{bmatrix} b_{11} & \cdots & b_{1p} \\ \vdots & & \vdots \\ b_{n1} & \cdots & b_{np} \end{bmatrix}.$$

偏最小二乘回归分析建模的具体步骤如下:

(1) 分别提取两变量组的第一对成分,并使之相关性达最大。

假设从两组变量分别提出第一对成分为 t_1 和 u_1,t_1 是自变量集 $\boldsymbol{X}=[x_1,\cdots,x_m]^{\mathrm{T}}$ 的线性组

合：$t_1=w_{11}x_1+\cdots+w_{1m}x_m=\boldsymbol{w}_1^{\mathrm{T}}\boldsymbol{X}$，$u_1$ 是因变量集 $\boldsymbol{Y}=[y_1,\cdots,y_p]^{\mathrm{T}}$ 的线性组合：$u_1=v_{11}y_1+\cdots+v_{1p}y_p=\boldsymbol{v}_1^{\mathrm{T}}\boldsymbol{Y}$。为了回归分析的需要，要求：

① t_1 和 u_1 各自尽可能多地提取所在变量组的变异信息。

② t_1 和 u_1 的相关程度达到最大。

由两组变量集的标准化观测数据阵 $\boldsymbol{A}_0$ 和 $\boldsymbol{B}_0$，可以计算第一对成分的得分向量，记为 $\hat{\boldsymbol{t}}_1$ 和 $\hat{\boldsymbol{u}}_1$：

$$\hat{\boldsymbol{t}}_1=\boldsymbol{A}_0\boldsymbol{w}_1=\begin{bmatrix}a_{11} & \cdots & a_{1m}\\ \vdots & & \vdots\\ a_{n1} & \cdots & a_{nm}\end{bmatrix}\begin{bmatrix}w_{11}\\ \vdots\\ w_{1m}\end{bmatrix}=\begin{bmatrix}t_{11}\\ \vdots\\ t_{n1}\end{bmatrix},$$

$$\hat{\boldsymbol{u}}_1=\boldsymbol{B}_0\boldsymbol{v}_1=\begin{bmatrix}b_{11} & \cdots & b_{1p}\\ \vdots & & \vdots\\ b_{n1} & \cdots & b_{np}\end{bmatrix}\begin{bmatrix}v_{11}\\ \vdots\\ v_{1p}\end{bmatrix}=\begin{bmatrix}u_{11}\\ \vdots\\ u_{n1}\end{bmatrix}.$$

第一对成分 t_1 和 u_1 的协方差 $\mathrm{Cov}(t_1,u_1)$ 可用第一对成分的得分向量 $\hat{\boldsymbol{t}}_1$ 和 $\hat{\boldsymbol{u}}_1$ 的内积来计算。故而以上两个要求可化为数学上的条件极值问题：

$$\begin{cases}\max\ (\hat{\boldsymbol{t}}_1,\hat{\boldsymbol{u}}_1)=(\boldsymbol{A}_0\boldsymbol{w}_1,\boldsymbol{B}_0\boldsymbol{v}_1)=\boldsymbol{w}_1^{\mathrm{T}}\boldsymbol{A}_0^{\mathrm{T}}\boldsymbol{B}_0\boldsymbol{v}_1,\\ \boldsymbol{w}_1^{\mathrm{T}}\boldsymbol{w}=\|\boldsymbol{w}_1\|^2=1,\quad \boldsymbol{v}_1^{\mathrm{T}}\boldsymbol{v}_1=\|\boldsymbol{v}_1\|^2=1.\end{cases}\tag{13.1}$$

利用拉格朗日乘数法，问题化为求单位向量 $\boldsymbol{w}_1$ 和 $\boldsymbol{v}_1$，使 $\theta_1=\boldsymbol{w}_1^{\mathrm{T}}\boldsymbol{A}_0^{\mathrm{T}}\boldsymbol{B}_0\boldsymbol{v}_1$ 最大化。问题的求解只需通过计算 $m\times m$ 矩阵 $\boldsymbol{M}=\boldsymbol{A}_0^{\mathrm{T}}\boldsymbol{B}_0\boldsymbol{B}_0^{\mathrm{T}}\boldsymbol{A}_0$ 的特征值和特征向量，且 $\boldsymbol{M}$ 的最大特征值为 θ_1^2，相应的单位特征向量就是所求的解 $\boldsymbol{w}_1$，而 $\boldsymbol{v}_1$ 可由 $\boldsymbol{w}_1$ 计算得到 $\boldsymbol{v}_1=\dfrac{1}{\theta_1}\boldsymbol{B}_0^{\mathrm{T}}\boldsymbol{A}_0\boldsymbol{w}_1$。

(2) 建立 $y_1,\cdots,y_p$ 对 t_1 的回归方程及 $x_1,\cdots,x_m$ 对 t_1 的回归方程。

假设回归模型为

$$\begin{cases}\boldsymbol{A}_0=\hat{\boldsymbol{t}}_1\boldsymbol{\alpha}_1^{\mathrm{T}}+\boldsymbol{A}_1,\\ \boldsymbol{B}_0=\hat{\boldsymbol{t}}_1\boldsymbol{\beta}_1^{\mathrm{T}}+\boldsymbol{B}_1.\end{cases}$$

式中：$\boldsymbol{\alpha}_1=[\alpha_{11},\cdots,\alpha_{1m}]^{\mathrm{T}}$，$\boldsymbol{\beta}_1=[\beta_{11},\cdots,\beta_{1p}]^{\mathrm{T}}$ 分别为多对一的回归模型中的参数向量；$\boldsymbol{A}_1$，$\boldsymbol{B}_1$ 为残差阵。

回归系数向量 $\boldsymbol{\alpha}_1$，$\boldsymbol{\beta}_1$ 的最小二乘估计为

$$\begin{cases}\boldsymbol{\alpha}_1=\boldsymbol{A}_0^{\mathrm{T}}\hat{\boldsymbol{t}}_1/\|\hat{\boldsymbol{t}}_1\|^2,\\ \boldsymbol{\beta}_1=\boldsymbol{B}_0^{\mathrm{T}}\hat{\boldsymbol{t}}_1/\|\hat{\boldsymbol{t}}_1\|^2,\end{cases}$$

称 $\boldsymbol{\alpha}_1$，$\boldsymbol{\beta}_1$ 为模型效应负荷量。

(3) 用残差阵 $\boldsymbol{A}_1$ 和 $\boldsymbol{B}_1$ 代替 $\boldsymbol{A}_0$ 和 $\boldsymbol{B}_0$ 重复以上步骤。

记 $\hat{\boldsymbol{A}}_0=\hat{\boldsymbol{t}}_1\boldsymbol{\alpha}_1^{\mathrm{T}}$，$\hat{\boldsymbol{B}}_0=\hat{\boldsymbol{t}}_1\boldsymbol{\beta}_1^{\mathrm{T}}$，则残差阵 $\boldsymbol{A}_1=\boldsymbol{A}_0-\hat{\boldsymbol{A}}_0$，$\boldsymbol{B}_1=\boldsymbol{B}_0-\hat{\boldsymbol{B}}_0$。如果残差阵 $\boldsymbol{B}_1$ 中元素的绝对值近似为 0，则认为用第一个成分建立的回归方程精度已满足需要了，可以停止抽取成分。否则用残差阵 $\boldsymbol{A}_1$ 和 $\boldsymbol{B}_1$ 代替 $\boldsymbol{A}_0$ 和 $\boldsymbol{B}_0$ 重复以上步骤即得：

$$\boldsymbol{w}_2=[w_{21},\cdots,w_{2m}]^{\mathrm{T}},\quad \boldsymbol{v}_2=[v_{21},\cdots,v_{2p}]^{\mathrm{T}},$$

而 $\hat{\boldsymbol{t}}_2=\boldsymbol{A}_1\boldsymbol{w}_2$，$\hat{\boldsymbol{u}}_2=\boldsymbol{B}_1\boldsymbol{v}_2$ 为第二对成分的得分向量。

$$\boldsymbol{\alpha}_2=\frac{\boldsymbol{A}_1^{\mathrm{T}}\hat{\boldsymbol{t}}_2}{\|\hat{\boldsymbol{t}}_2\|^2},\quad \boldsymbol{\beta}_2=\frac{\boldsymbol{B}_1^{\mathrm{T}}\hat{\boldsymbol{t}}_2}{\|\hat{\boldsymbol{t}}_2\|^2},$$

分别为 $\boldsymbol{X},\boldsymbol{Y}$ 的第二对成分的负荷量。这时有

$$\begin{cases}\boldsymbol{A}_0=\hat{\boldsymbol{t}}_1\boldsymbol{\alpha}_1^{\mathrm{T}}+\hat{\boldsymbol{t}}_2\boldsymbol{\alpha}_2^{\mathrm{T}}+\boldsymbol{A}_2,\\ \boldsymbol{B}_0=\hat{\boldsymbol{t}}_1\boldsymbol{\beta}_1^{\mathrm{T}}+\hat{\boldsymbol{t}}_2\boldsymbol{\beta}_2^{\mathrm{T}}+\boldsymbol{B}_2.\end{cases}$$

(4) 设 $n\times m$ 数据阵 $\boldsymbol{A}_0$ 的秩为 $r\leqslant\min(n-1,m)$，则存在 r 个成分 $t_1,t_2,\cdots,t_r$，使得

$$\begin{cases}\boldsymbol{A}_0=\hat{\boldsymbol{t}}_1\boldsymbol{\alpha}_1^{\mathrm{T}}+\cdots+\hat{\boldsymbol{t}}_r\boldsymbol{\alpha}_r^{\mathrm{T}}+\boldsymbol{A}_r,\\ \boldsymbol{B}_0=\hat{\boldsymbol{t}}_1\boldsymbol{\beta}_1^{\mathrm{T}}+\cdots+\hat{\boldsymbol{t}}_r\boldsymbol{\beta}_r^{\mathrm{T}}+\boldsymbol{B}_r.\end{cases}$$

把 $t_k=w_{k1}^*x_1+\cdots+w_{km}^*x_m(k=1,2,\cdots,r)$，代入 $\boldsymbol{Y}=t_1\boldsymbol{\beta}_1+\cdots+t_r\boldsymbol{\beta}_r$，即得 p 个因变量的偏最小二乘回归方程式

$$y_j=c_{j1}x_1+\cdots+c_{jm}x_m,\quad j=1,2,\cdots,p,$$

这里 $\boldsymbol{w}_k^*=[w_{k1}^*,\cdots,w_{km}^*]^{\mathrm{T}}$ 满足 $\hat{\boldsymbol{t}}_k=\boldsymbol{A}_0\boldsymbol{w}_k^*,\boldsymbol{w}_k^*=\prod_{j=1}^{k-1}(\boldsymbol{I}-\boldsymbol{w}_j\boldsymbol{\alpha}_j^{\mathrm{T}})\boldsymbol{w}_k$。

(5) 交叉有效性检验。

一般情况下，偏最小二乘法并不需要选用存在的 r 个成分 $t_1,t_2,\cdots,t_r$ 来建立回归方程，而像主成分分析一样，只选用前 l 个成分($l\leqslant r$)，即可得到预测能力较好的回归模型。对于建模所需提取的成分个数 l，可以通过交叉有效性检验来确定。

每次舍去第 i 个观测($i=1,2,\cdots,n$)，对余下的 $n-1$ 个观测值用偏最小二乘回归方法建模，并考虑抽取 h 个成分后拟合的回归方程，然后把舍去的第 i 个观测点代入所拟合的回归方程式，得到 $y_j(j=1,2,\cdots,p)$ 在第 i 个观测点上的预测值 $\hat{y}_{(i)j}(h)$。对 $i=1,2,\cdots,n$ 重复以上的验证，即得抽取 h 个成分时第 j 个因变量 $y_j(j=1,2,\cdots,p)$ 的预测误差平方和为

$$\mathrm{PRESS}_j(h)=\sum_{i=1}^{n}(y_{ij}-\hat{y}_{(i)j}(h))^2,\quad j=1,2,\cdots,p. \tag{13.2}$$

$\boldsymbol{Y}=[y_1,\cdots,y_p]^{\mathrm{T}}$ 的预测误差平方和为

$$\mathrm{PRESS}(h)=\sum_{j=1}^{p}\mathrm{PRESS}_j(h). \tag{13.3}$$

另外，再采用所有的样本点，拟合含 h 个成分的回归方程。这时，记第 i 个样本点的预测值为 $\hat{y}_{ij}(h)$，则可以定义 y_j 的误差平方和为

$$\mathrm{SS}_j(h)=\sum_{i=1}^{n}(y_{ij}-\hat{y}_{ij}(h))^2. \tag{13.4}$$

定义 $\boldsymbol{Y}$ 的误差平方和为

$$\mathrm{SS}(h)=\sum_{j=1}^{p}\mathrm{SS}_j(h). \tag{13.5}$$

当 PRESS(h)达到最小值时，对应的 h 即为所求的成分个数。通常，总有 PRESS(h)大于 SS(h)，而 SS(h)则小于 SS($h-1$)。因此，在提取成分时，总希望比值 PRESS(h)/SS($h-1$)越小越好；一般可设定限制值为 0.05，即当

$$\mathrm{PRESS}(h)/\mathrm{SS}(h-1)\leqslant(1-0.05)^2=0.95^2$$

时，增加成分 t_h 有利于模型精度的提高。或者反过来说，当

$$\mathrm{PRESS}(h)/\mathrm{SS}(h-1)>0.95^2$$

时,就认为增加新的成分 t_h,对减少方程的预测误差无明显的改善作用。

为此,定义交叉有效性为 $Q_h^2=1-\mathrm{PRESS}(h)/\mathrm{SS}(h-1)$,这样,在建模的每一步计算结束前,均进行交叉有效性检验,如果在第 h 步有 $Q_h^2<1-0.95^2=0.0985$,则模型达到精度要求,可停止提取成分;若 $Q_h^2\geqslant 0.0975$,表示第 h 步提取的 t_h 成分的边际贡献显著,应继续第 $h+1$ 步计算。

13.2 一种更简洁的计算方法

13.1 节介绍的算法原则和推导过程的思路在目前的文献中是最为常见的。然而,还有一种更为简洁的计算方法,即直接在 $\boldsymbol{A}_0,\cdots,\boldsymbol{A}_{r-1}$ 矩阵中提取成分 $t_1,\cdots,t_r(r\leqslant m)$。要求 $t_h(1\leqslant h\leqslant r)$ 能尽可能多地携带 $\boldsymbol{X}$ 中的信息,同时,t_h 对因变量系统 $\boldsymbol{B}_0$ 有最大的解释能力。注意,无需在 $\boldsymbol{B}_0$ 中提取成分 u_h,这可以使计算过程大为简化,并且对算法结论的解释也更为方便。

偏最小二乘法的简洁算法的步骤如下:

(1) 求矩阵 $\boldsymbol{A}_0^{\mathrm{T}}\boldsymbol{B}_0\boldsymbol{B}_0^{\mathrm{T}}\boldsymbol{A}_0$ 最大特征值所对应的特征向量 $\boldsymbol{w}_1$,求得成分得分向量 $\hat{\boldsymbol{t}}_1=\boldsymbol{A}_0\boldsymbol{w}_1$,和残差矩阵 $\boldsymbol{A}_1=\boldsymbol{A}_0-\hat{\boldsymbol{t}}_1\boldsymbol{\alpha}_1^{\mathrm{T}}$,其中 $\boldsymbol{\alpha}_1=\boldsymbol{A}_0^{\mathrm{T}}\hat{\boldsymbol{t}}_1/\|\hat{\boldsymbol{t}}_1\|^2$。

(2) 求矩阵 $\boldsymbol{A}_1^{\mathrm{T}}\boldsymbol{B}_0\boldsymbol{B}_0^{\mathrm{T}}\boldsymbol{A}_1$ 最大特征值所对应的特征向量 $\boldsymbol{w}_2$,求得成分得分向量 $\hat{\boldsymbol{t}}_2=\boldsymbol{A}_1\boldsymbol{w}_2$,和残差矩阵 $\boldsymbol{A}_2=\boldsymbol{A}_1-\hat{\boldsymbol{t}}_2\boldsymbol{\alpha}_2^{\mathrm{T}}$,其中 $\boldsymbol{\alpha}_2=\boldsymbol{A}_1^{\mathrm{T}}\hat{\boldsymbol{t}}_2/\|\hat{\boldsymbol{t}}_2\|^2$。

$$\vdots$$

(r)至第 r 步,求矩阵 $\boldsymbol{A}_{r-1}^{\mathrm{T}}\boldsymbol{B}_0\boldsymbol{B}_0^{\mathrm{T}}\boldsymbol{A}_{r-1}$ 最大特征值所对应的特征向量 $\boldsymbol{w}_r$,求得成分得分向量 $\hat{\boldsymbol{t}}_r=\boldsymbol{A}_{r-1}\boldsymbol{w}_r$。

如果根据交叉有效性,确定共抽取 r 个成分 $t_1,\cdots,t_r$ 可以得到一个满意的预测模型,则求 $\boldsymbol{B}_0$ 在 $\hat{\boldsymbol{t}}_1,\cdots,\hat{\boldsymbol{t}}_r$ 上的普通最小二乘回归方程为

$$\boldsymbol{B}_0=\hat{\boldsymbol{t}}_1\boldsymbol{\beta}_1^{\mathrm{T}}+\cdots+\hat{\boldsymbol{t}}_r\boldsymbol{\beta}_r^{\mathrm{T}}+\boldsymbol{B}_r.$$

把 $t_k=w_{k1}^*x_1+\cdots+w_{km}^*x_m(k=1,2,\cdots,r)$,代入 $\boldsymbol{Y}=t_1\boldsymbol{\beta}_1+\cdots+t_r\boldsymbol{\beta}_r$,即得 p 个因变量的偏最小二乘回归方程式

$$y_j=c_{j1}x_1+\cdots+c_{jm}x_m,\quad j=1,2,\cdots,p.$$

这里 $\boldsymbol{w}_k^*=[w_{k1}^*,\cdots,w_{km}^*]^{\mathrm{T}}$ 满足 $\hat{\boldsymbol{t}}_k=\boldsymbol{A}_0\boldsymbol{w}_k^*$,$\boldsymbol{w}_k^*=\prod_{j=1}^{k-1}(\boldsymbol{I}-\boldsymbol{w}_j\boldsymbol{\alpha}_j^{\mathrm{T}})\boldsymbol{w}_k$。

13.3 案 例 分 析

例 13.1 本例采用兰纳胡德(Linnerud)给出的关于体能训练的数据进行偏最小二乘回归建模。在这个数据系统中被测的样本点,是某健身俱乐部的 20 位中年男子。被测变量分为两组。第一组是身体特征指标 $\boldsymbol{X}$,包括:体重、腰围、脉搏。第二组变量是训练结果指标 $\boldsymbol{Y}$,包括:单杠、弯曲、跳高。原始数据如表 13.1 所列。

表 13.1 体能训练数据

序　号	体重(x_1)	腰围(x_2)	脉搏(x_3)	单杠(y_1)	弯曲(y_2)	跳高(y_3)
1	191	36	50	5	162	60
2	189	37	52	2	110	60
3	193	38	58	12	101	101
4	162	35	62	12	105	37
5	189	35	46	13	155	58
6	182	36	56	4	101	42
7	211	38	56	8	101	38
8	167	34	60	6	125	40
9	176	31	74	15	200	40
10	154	33	56	17	251	250
11	169	34	50	17	120	38
12	166	33	52	13	210	115
13	154	34	64	14	215	105
14	247	46	50	1	50	50
15	193	36	46	6	70	31
16	202	37	62	12	210	120
17	176	37	54	4	60	25
18	157	32	52	11	230	80
19	156	33	54	15	225	73
20	138	33	68	2	110	43
均值	178.6	35.4	56.1	9.45	145.55	70.3
标准差	24.6905	3.202	7.2104	5.2863	62.5666	51.2775

解　x_1,x_2,x_3 分别表示自变量指标体重、腰围、脉搏，y_1,y_2,y_3 分别表示因变量指标单杠、弯曲、跳高，自变量的观测数据矩阵记为 $\boldsymbol{A}=(a_{ij})_{20\times3}$，因变量的观测数据矩阵记为 $\boldsymbol{B}=(b_{ij})_{20\times3}$。

(1) 数据标准化。将各指标值 a_{ij} 转换成标准化指标值 $\tilde{a}_{ij}$，有

$$\tilde{a}_{ij}=\frac{a_{ij}-\mu_j^{(1)}}{s_j^{(1)}},\quad i=1,2,\cdots,20,j=1,2,3,$$

式中：$\mu_j^{(1)}=\frac{1}{20}\sum_{i=1}^{20}a_{ij},s_j^{(1)}=\sqrt{\frac{1}{20-1}\sum_{i=1}^{20}(a_{ij}-\mu_j^{(1)})^2}$，$j=1,2,3$，即 $\mu_j^{(1)},s_j^{(1)}$ 为第 j 个自变量 x_j 的样本均值和样本标准差。对应地，称

$$\tilde{x}_j=\frac{x_j-\mu_j^{(1)}}{s_j^{(1)}},\quad j=1,2,3$$

为标准化指标变量。

类似地，将 b_{ij} 转换成标准化指标值 $\tilde{b}_{ij}$，有

$$\widetilde{b}_{ij}=\frac{b_{ij}-\mu_j^{(2)}}{s_j^{(2)}},\quad i=1,2,\cdots,20,\quad j=1,2,3,$$

式中：$\mu_j^{(2)}=\frac{1}{20}\sum_{i=1}^{20}b_{ij},s_j^{(2)}=\sqrt{\frac{1}{20-1}\sum_{i=1}^{20}(b_{ij}-\mu_j^{(2)})^2}$，$j=1,2,3$，即$\mu_j^{(2)},s_j^{(2)}$为第$j$个因变量$y_j$的样本均值和样本标准差；对应地，称

$$\widetilde{y}_j=\frac{y_j-\mu_j^{(2)}}{s_j^{(2)}},\quad j=1,2,3$$

为对应的标准化变量。

（2）求相关系数矩阵。表13.2所列为这6个变量的简单相关系数矩阵。从相关系数矩阵可以看出，体重与腰围是正相关的；体重、腰围与脉搏负相关；而单杠、弯曲与跳高之间是正相关的。从两组变量间的关系看，单杠、弯曲和跳高的训练成绩与体重、腰围负相关，与脉搏正相关。

表13.2　相关系数矩阵

	体重(x_1)	腰围(x_2)	脉搏(x_3)	单杠(y_1)	弯曲(y_2)	跳高(y_3)
体重(x_1)	1	0.8702	−0.3658	−0.3897	−0.4931	−0.2263
腰围(x_2)	0.8702	1	−0.3529	−0.5522	−0.6456	−0.1915
脉搏(x_3)	−0.3658	−0.3529	1	0.1506	0.225	0.0349
单杠(y_1)	−0.3897	−0.5522	0.1506	1	0.6957	0.4958
弯曲(y_2)	−0.4931	−0.6456	0.225	0.6957	1	0.6692
跳高(y_3)	−0.2263	−0.1915	0.0349	0.4958	0.6692	1

（3）分别提出自变量组和因变量组的成分。使用Python软件，求得的两对成分分别为

$$\begin{cases}t_1=0.5899\widetilde{x}_1+0.7713\widetilde{x}_2-0.2389\widetilde{x}_3,\\ u_1=-1.1010\widetilde{y}_1-1.3410\widetilde{y}_2-0.4608\widetilde{y}_3,\end{cases}$$

$$\begin{cases}t_2=-0.3680\widetilde{x}_1+0.6999\widetilde{x}_2+0.6356\widetilde{x}_3,\\ u_2=-1.3809\widetilde{y}_1-0.2006\widetilde{y}_2-0.9416\widetilde{y}_3,\end{cases}$$

通过均方差（剩余标准差）检验知，一个成分建立的模型使得均方差最少，即取一对成分即可，这里取两对成分。

（4）求两个成分对时，标准化指标变量与成分变量之间的回归方程。求得自变量组和因变量组与t_1,t_2之间的回归方程分别为

$$\widetilde{x}_1=0.6659t_1+0.0198t_2,$$
$$\widetilde{x}_2=0.6760t_1+0.3547t_2,$$
$$\widetilde{x}_3=-0.3589t_1+1.1942t_2,$$
$$\widetilde{y}_1=-0.3416t_1-0.3364t_2,$$
$$\widetilde{y}_2=-0.4161t_1-0.2908t_2,$$
$$\widetilde{y}_3=-0.1430t_1-0.0652t_2.$$

(5) 求因变量组与自变量组之间的回归方程。

把(3)中成分 t_i 代入(4)中 $\tilde{y}_i$ 的回归方程,得到标准化指标变量之间的回归方程

$$\tilde{y}_1=-0.0778\tilde{x}_1-0.4990\tilde{x}_2-0.1322\tilde{x}_3,$$
$$\tilde{y}_2=-0.1384\tilde{x}_1-0.5245\tilde{x}_2-0.0854\tilde{x}_3,$$
$$\tilde{y}_3=-0.0604\tilde{x}_1-0.1559\tilde{x}_2-0.0073\tilde{x}_3.$$

将标准化变量 $\tilde{y}_j,\tilde{x}_j(j=1,2,3)$ 分别还原成原始变量 y_j,x_j,得到回归方程

$$y_1=47.0204-0.0166x_1-0.8237x_2-0.0969x_3,$$
$$y_2=612.5749-0.3508x_1-10.2481x_2-0.7413x_3,$$
$$y_3=183.9821-0.1253x_1-2.4969x_2-0.0518x_3.$$

(6) 模型的解释与检验。为了更直观、迅速地观察各个自变量在解释 $y_k(k=1,2,3)$ 时的边际作用,可以绘制回归系数图,如图 13.1 所示。这个图是针对标准化数据的回归方程的。

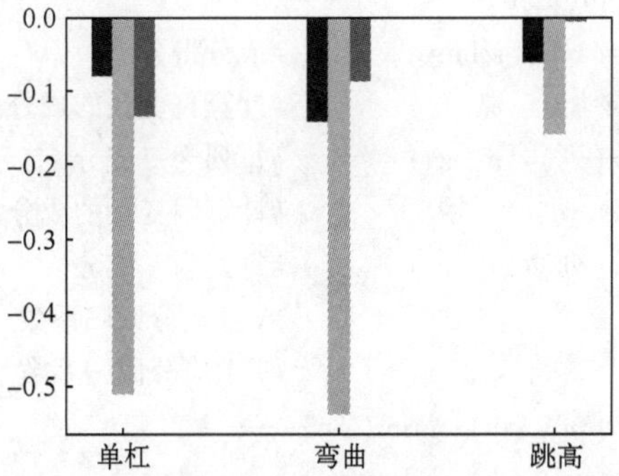

图 13.1 回归系数的直方图

从回归系数图中可以立刻观察到,腰围变量在解释 3 个回归方程时起到了极为重要的作用。然而,与单杠及弯曲相比,跳高成绩的回归方程显然不够理想,3 个自变量对它的解释能力均很低。

为了考察这 3 个回归方程的模型精度,以$(\hat{y}_{ik},y_{ik})$为坐标值,对所有的样本点绘制预测图。$\hat{y}_{ik}$是第 k 个因变量在第 i 个样本点(y_{ik})的预测值。在这个预测图上,如果所有点都能在图的对角线附近均匀分布,则方程的拟合值与原值差异很小,这个方程的拟合效果就是满意的。体能训练的预测图如图 13.2 所示。

```
#程序文件 ex13_1.py
import numpy as np
import pylab as plt
from sklearn.cross_decomposition import PLSRegression
from scipy.stats import zscore
from sklearn.model_selection import cross_val_predict
from sklearn.metrics import mean_squared_error

d0 = np.loadtxt('data13_1.txt'); N = d0.shape[0]
mu = d0.mean(axis=0)                                  #求均值
```

```
s = d0.std(axis=0, ddof=1)                          #求标准差
r = np.corrcoef(d0.T)                               #求相关系数矩阵
d = zscore(d0, ddof=1)                              #数据标准化
a = d[:, :3]; b = d[:, 3:]
n = a.shape[1]; m = b.shape[1]                      #自变量和因变量个数
rmse = []                                           #均方差初始化
for i in range(1, n+1):                             #以下确定成分的个数
    pls = PLSRegression(i)
    y_cv = cross_val_predict(pls, a, b)
    rmse.append(mean_squared_error(b, y_cv))
nmin = np.argmin(rmse); print('均方差:\n', rmse)
print('建议的成分个数: ', nmin+1)

md = PLSRegression(2).fit(a, b)
xd = md.x_scores_; yd = md.y_scores_                #成分得分
zx = np.linalg.pinv(a) @ xd                         #计算自变量的成分系数
print('自变量的成分系数(列):\n', zx)                 #每列为一成分
zy = np.linalg.pinv(b) @ yd                         #计算因变量的成分系数
print('因变量的成分系数(列):\n', zy)                 #每列为一成分
xzh = md.x_loadings_                                #x 主成分回归系数
yzh = md.y_loadings_                                #y 主成分回归系数
print('x 主成分回归(行):\n', xzh); print('\n------')
print('y 主成分回归(行):\n', yzh); print('\n------')
beta2 = md.coef_                                    #每一列是 y 对 x 的回归系数
print('(标准化)y 关于 x 回归系数(列):\n', beta2)
beta3 = np.zeros((n+1, m))
beta3[0, :] = mu[n:] - mu[:n]/s[:n] @ beta2 * s[n:]
for i in range(m):
    beta3[1:, i] = s[n+i]/s[:n] * beta2[:,i]
print('(原始数据)y 关于 x 回归系数(列):\n', beta3)
aa = np.hstack([np.ones((N,1)), d0[:,:n]])
yh = aa @ beta3                                     #求预测值

plt.rc('font', family='SimHei'); plt.rc('axes', unicode_minus=False)
plt.rc('font', size=15); x0 = np.arange(1, 4)
plt.bar(x0, beta2[0,:],0.1)
plt.bar(x0+0.1, beta2[1,:],0.1); plt.bar(x0+0.2, beta2[2,:],0.1)
plt.xticks(x0 + 0.1,labels=['单杠', '弯曲', '跳高'])
b0 = d0[:, 3:]; mb = np.max(b0, axis=0)
plt.figure(); plt.subplot(131)
plt.plot(yh[:,0], d0[:,3],'o',[0,mb[0]],[0,mb[0]])
plt.xlabel('预测数据'); plt.ylabel('观测数据')
plt.subplot(132)
```

```
plt.plot(yh[:,1], d0[:,4],'*',[0,mb[1]],[0,mb[1]])
plt.xlabel('预测数据'); plt.ylabel('观测数据')
plt.subplot(133)
plt.plot(yh[:,2], d0[:,5],'p',[0,mb[2]],[0,mb[2]])
plt.xlabel('预测数据'); plt.ylabel('观测数据'); plt.show()
```

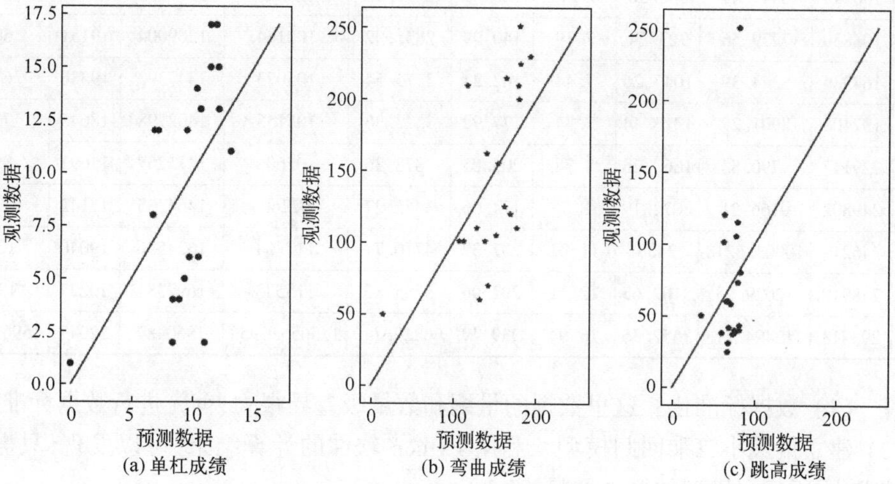

图 13.2 体能训练预测图

注 13.1 在 Python 数据标准化函数 zscore 中,默认的标准差计算是除以样本容量 n。上述问题的最终计算结果与 MATLAB 相比略有差异,但中间结果完全不一样,是因为构造的主成分是完全不同的。

例 13.2 交通运输业和旅游业是相关行业,两者之间存在密切的关系。一方面,旅游业是综合产业,它的发展会带动交通运输等产业的发展,交通客运的客源主力正是旅游者。另一方面,交通运输业对旅游业有着重要影响。第一,交通运输是发展旅游业的前提和命脉。交通运输作为旅游业“行、游、住、食、购、娱”六要素中的“行”,是旅游业发展的硬件基础,旅游地只有注重交通运输建设,具备良好的可进入性,旅游人数才会逐年增加,旅游业才能得到发展。第二,交通运输是旅游业中旅游收入和旅游创汇的重要来源。第三,交通运输业影响旅游者的旅游意愿。交通运输业的发展状况、价格、服务质量、便利程度等都会影响人们的旅游意愿,从而影响旅游业的发展。交通运输的建设布局和运力投入,可以调节旅游业的发展规模。但旅游业与交通运输业存在着相辅相成、相互制约的关系。交通的阻塞问题已经成为旅游业发展的瓶颈。

为研究交通运输业与旅游业之间的关系,我们选择了客运量指标及旅游业相关指标。客运量指标选择了铁路客运量 y_1、公路客运量 y_2、水运客运量 y_3 和民航客运量 y_4 4 个指标。为反映旅游业的发展情况我们选择了旅行社数 x_1(个)、旅行社从业人员 x_2(人)、入境旅游人数 x_3(万人次)、国内居民出境人数 x_4(万人次)、国内旅游人数 x_5(亿人次)、国际旅游外汇收入 x_6(亿美元)和国内旅游收入 x_7(亿元)7 个指标。指标数据如表 13.3 所列,来源于《中国统计年鉴》,数据区间为 1996—2006 年。拟运用偏最小二乘法分析这些变量之间的关系。

表 13.3　指标数据表

x_1	x_2	x_3	x_4	x_5	x_6	x_7	y_1	y_2	y_3	y_4
4252	87555	5112. 75	758. 82	6. 39	102	1638. 38	94796	301122110	22895	5555
4986	94829	5758. 79	817. 54	6. 44	120. 74	2112. 7	93308	1204583	22573	5630
6222	100448	6347. 84	842. 56	6. 945	126. 02	2391. 18	95085	1257332	20545	5755
7326	108830	7279. 56	923. 24	7. 19	140. 99	2831. 92	100164	1269004	19151	6094
8993	164336	8344. 39	1047. 26	7. 44	162. 24	3175. 54	105073	1347392	19386	6722
10532	192408	8901. 29	1213. 44	7. 84	177. 92	3522. 36	105155	1402798	18645	7524
11552	229147	9790. 83	1660. 23	8. 78	203. 85	3878. 36	105606	1475257	18693	8594
13361	249802	9166. 21	2022. 19	8. 7	174. 06	3442. 27	97260	1464335	17142	8759
14927	246219	10903. 8218	2885	11. 02	257. 39	4710. 71	111764	1624526	19040	12123
16245	248919	12029. 23	3102. 63	12. 12	292. 96	5285. 86	115583	1697381	20227	13827
18475	293318	12494. 21	3452. 36	13. 94	339. 49	6229. 74	125655. 7958	1860487	22047	15967. 8448

解　(1) 数据标准化。这里数据的量纲和数量级差异很大,首先进行数据标准化。

(2) 建立偏最小二乘回归模型。利用 Python 软件的计算结果,可以发现,只需选取前两对成分,所建立模型的均方差最小。

标准化变量的偏最小二乘回归方程为

$$\tilde{y}_1=0.0103\,\tilde{x}_1-0.1019\,\tilde{x}_2-0.0034\,\tilde{x}_3+0.2559\,\tilde{x}_4+0.3404\,\tilde{x}_5+0.2786\,\tilde{x}_6+0.1608\,\tilde{x}_7,$$
$$\tilde{y}_2=-0.2845\,\tilde{x}_1-0.4648\,\tilde{x}_2-0.3145\,\tilde{x}_3+0.1644\,\tilde{x}_4+0.3064\,\tilde{x}_5+0.1885\,\tilde{x}_6-0.0262\,\tilde{x}_7,$$
$$\tilde{y}_3=-0.6418\,\tilde{x}_1-1.1427\,\tilde{x}_2-0.7212\,\tilde{x}_3+0.5788\,\tilde{x}_4+0.9702\,\tilde{x}_5+0.6517\,\tilde{x}_6+0.0678\,\tilde{x}_7,$$
$$\tilde{y}_4=0.0034\,\tilde{x}_1-0.1211\,\tilde{x}_2-0.0120\,\tilde{x}_3+0.2774\,\tilde{x}_4+0.3713\,\tilde{x}_5+0.3022\,\tilde{x}_6+0.1708\,\tilde{x}_7.$$

最终得到的偏最小二乘回归方程为

$$\begin{aligned}y_1=&79424.0978+0.0218x_1-0.0136x_2-0.0139x_3+2.5377x_4+1363.7838x_5\\&+36.6952x_6+1.1574x_7,\\y_2=&129895512.7002-5414.5815x_1-557.4685x_2-11508.3286x_3\\&+14701.6991x_4+11068544.1548x_5+223839.6807x_6-1698.3276x_7,\\y_3=&21076.7584-0.2465x_1-0.0277x_2-0.5327x_3+1.0445x_4\\&+707.4068x_5+15.6225x_6+0.0888x_7,\\y_4=&-767.9865+0.0026x_1-0.0058x_2-0.0176x_3+0.9928x_4\\&+536.9258x_5+14.3680x_6+0.4438x_7.\end{aligned}$$

```
#程序文件 ex13_2. py
import numpy as np
from sklearn. cross_decomposition import PLSRegression
from scipy. stats import zscore
from sklearn. model_selection import cross_val_predict
from sklearn. metrics import mean_squared_error

d0 = np. loadtxt('data13_2. txt')
```

```
mu = d0.mean(axis=0)                     #求均值
s =d0.std(axis=0, ddof=1)                #求标准差
r = np.corrcoef(d0.T)                    #求相关系数矩阵
d = zscore(d0, ddof=1)                   #数据标准化
a = d[:, :7]; b = d[:, 7:]
n = a.shape[1]; m = b.shape[1]           #自变量和因变量个数
mse = []                                 #均方差初始化
for i in range(1, n+1):                  #以下确定成分的个数
    pls = PLSRegression(i)
    y_cv = cross_val_predict(pls, a, b)
    mse.append(mean_squared_error(b, y_cv))
nmin = np.argmin(mse); print('均方差:\n', mse)
print('建议的成分个数:', nmin+1)
md = PLSRegression(2).fit(a, b)
b = md.coef_                             #每一列是 y 对 x 的回归系数
print('标准化数据的回归系数(列):\n', b)
b0 = np.zeros((n+1, m))
b0[0, :] = mu[n:] - mu[:n]/s[:n] @ b * s[n:]
for i in range(m):
    b0[1:, i] = s[n+i]/s[:n] * b[:,i]
print('(原始数据)y 关于 x 回归系数(列):\n', b0)
```

习 题 13

13.1 (化工试验例子)考察的指标(因变量)y 表示原辛烷值,自变量 x_1 表示直接蒸馏成分,x_2 表示重整汽油,x_3 表示原油热裂化油,x_4 表示原油催化裂化油,x_5 表示聚合物,x_6 表示烷基化物,x_7 表示天然香精。7 个自变量表示 7 个成分含量的比例(满足 $x_1+x_2+\cdots+x_7=1$)。表 13.4 所列为 12 种混合物中 7 种成分和 y 的数据。试用偏最小二乘方法建立 y 与 $x_1,x_2,\cdots,x_7$ 的回归方程,用于确定 7 种构成元素 $x_1,x_2,\cdots,x_7$ 对 y 的影响。

表 13.4 化工试验的原始数据

序号	x_1	x_2	x_3	x_4	x_5	x_6	x_7	y
1	0	0.23	0	0	0	0.74	0.03	98.7
2	0	0.1	0	0	0.12	0.74	0.04	97.8
3	0	0	0	0.1	0.12	0.74	0.04	96.6
4	0	0.49	0	0	0.12	0.37	0.02	92.0
5	0	0	0	0.62	0.12	0.18	0.08	86.6
6	0	0.62	0	0	0	0.37	0.01	91.2
7	0.17	0.27	0.1	0.38	0	0	0.08	81.9
8	0.17	0.19	0.1	0.38	0.02	0.06	0.08	83.1

(续)

序号	x_1	x_2	x_3	x_4	x_5	x_6	x_7	y
9	0.17	0.21	0.1	0.38	0	0.06	0.08	82.4
10	0.17	0.15	0.1	0.38	0.02	0.1	0.08	83.2
11	0.21	0.36	0.12	0.25	0	0	0.06	81.4
12	0	0	0	0.55	0	0.37	0.08	88.1

13.2 试对表 13.5 的 38 名学生的体质和运动能力数据,用偏最小二乘法建立 5 个运动能力指标与 7 个体质变量的回归方程。

表 13.5 学生体质与运动能力数据

序号	体质情况							运动能力				
	x_1	x_2	x_3	x_4	x_5	x_6	x_7	y_1	y_2	y_3	y_4	y_5
1	46	55	126	51	75.0	25	72	6.8	489	27	8	360
2	52	55	95	42	81.2	18	50	7.2	464	30	5	348
3	46	69	107	38	98.0	18	74	6.8	430	32	9	386
4	49	50	105	48	97.6	16	60	6.8	362	26	6	331
5	42	55	90	46	66.5	2	68	7.2	453	23	11	391
6	48	61	106	43	78.0	25	58	7.0	405	29	7	389
7	49	60	100	49	90.6	15	60	7.0	420	21	10	379
8	48	63	122	52	56.0	17	68	7.0	466	28	2	362
9	45	55	105	48	76.0	15	61	6.8	415	24	6	386
10	48	64	120	38	60.2	20	62	7.0	413	28	7	398
11	49	52	100	42	53.4	6	42	7.4	404	23	6	400
12	47	62	100	34	61.2	10	62	7.2	427	25	7	407
13	41	51	101	53	62.4	5	60	8.0	372	25	3	409
14	52	55	125	43	86.3	5	62	6.8	496	30	10	350
15	45	52	94	50	51.4	20	65	7.6	394	24	3	399
16	49	57	110	47	72.3	19	45	7.0	446	30	11	337
17	53	65	112	47	90.4	15	75	6.6	420	30	12	357
18	47	57	95	47	72.3	9	64	6.6	447	25	4	447
19	48	60	120	47	86.4	12	62	6.8	398	28	11	381
20	49	55	113	41	84.1	15	60	7.0	398	27	4	387
21	48	69	128	42	47.9	20	63	7.0	485	30	7	350
22	42	57	122	46	54.2	15	63	7.2	400	28	6	388
23	54	64	155	51	71.4	19	61	6.9	511	33	12	298
24	53	63	120	42	56.6	8	53	7.5	430	29	4	353
25	42	71	138	44	65.2	17	55	7.0	487	29	9	370
26	46	66	120	45	62.2	22	68	7.4	470	28	7	360

（续）

序号	体质情况							运动能力				
	x_1	x_2	x_3	x_4	x_5	x_6	x_7	y_1	y_2	y_3	y_4	y_5
27	45	56	91	29	66.2	18	51	7.9	380	26	5	358
28	50	60	120	42	56.6	8	57	6.8	460	32	5	348
29	42	51	126	50	50.0	13	57	7.7	398	27	2	383
30	48	50	115	41	52.9	6	39	7.4	415	28	6	314
31	42	52	140	48	56.3	15	60	6.9	470	27	11	348
32	48	67	105	39	69.2	23	60	7.6	450	28	10	326
33	49	74	151	49	54.2	20	58	7.0	500	30	12	330
34	47	55	113	40	71.4	19	64	7.6	410	29	7	331
35	49	74	120	53	54.5	22	59	6.9	500	33	21	348
36	44	52	110	37	54.9	14	57	7.5	400	29	2	421
37	52	66	130	47	45.9	14	45	6.8	505	28	11	355
38	48	68	100	45	53.6	23	70	7.2	522	28	9	352

第 14 章　综合评价方法

评价方法大体上可分为两类,其主要区别在确定权重的方法上。一类是主观赋权法,多数采取综合咨询评分确定权重,如综合指数法、模糊综合评判法、层次分析法、功效系数法等;另一类是客观赋权,根据各指标间相关关系或各指标值变异程度来确定权数,如主成分分析法、因子分析法、理想解法(也称 TOPSIS 法)等。目前国内外综合评价方法有数十种之多,其中主要使用的评价方法有主成分分析法、因子分析法、TOPSIS 法、秩和比法、灰色关联法、熵权法、PageRank 法、层次分析法、模糊评价法、物元分析法、聚类分析法、价值工程法、神经网络法等。

14.1　综合评价指标体系

1. 综合评价指标体系的概念

单一的评价指标,只能反映被评价对象的某一方面的具体特征。如果被评价对象规模宏大、因素众多、层次结构复杂,要全面、准确地评价其基本特征和要素之间的复杂关系,不可能仅通过单一指标实现,需要使用多个相互联系、相互作用的评价指标。这种由多个相互联系、相互依存的评价指标,按照一定层次结构组合而成,具有特定评价功能的有机整体,称为综合评价的指标体系。

例如,针对社会经济系统的综合评价,通常可以设置经济性指标、社会性指标、技术性指标、资源性指标、政策性指标、基础设施指标等,以上的每一个指标,又可以进一步分解为若干小类指标或分析指标,经过逐层分解,形成指标树,构成指标体系。

2. 综合评价指标体系的设置原则

要建立一套具有实用价值的综合评价指标体系,不仅需要较熟练的专业知识和高度的概括能力,而且需要遵循一定的原则:

(1) 科学性原则。指标的选取应建立在对被评价系统进行科学研究的基础之上,定性分析和定量分析结合,正确反映系统整体和内部相互关系的数量特征。同时,既要保证定性分析的科学性,也要保证定量分析的精确性。

(2) 系统性原则。建立评价指标体系时,应对影响评价目标的诸多因素进行系统的考虑。指标体系应该反映被评价系统的整体性能和综合情况,同时应注意使指标体系层次清楚、结构合理、相互关联,协调一致。

(3) 独立性原则。独立性是指评价指标间的关系是不相关的,要尽量避免指标间显见的交叉、包含关系,隐含的相关关系要以适当的方法加以清除,相对独立性使得每个指标可以反映被评价系统的某一个方面,可以独立地评价系统中的某些内容。

(4) 层次性原则。将复杂的系统评价问题分解,使分解出的各要素按属性的不同分为若干组,从而形成不同的层次。同一层次的元素作为准则,对下一层次的要素起支配作用,同时又受到上一层元素的支配,从而形成一个支配关系确定的递阶层次结构。

(5) 实用性原则。评价指标涵义要明确,数据要规范,口径要一致,资料收集要可靠。指标设置要符合被评价系统的实际情况,原则上从现有统计指标中产生,不要盲目地追求指标的数量。同时,应从系统的现状出发,不可照搬其他系统的现成指标。

(6) 简易性原则。在确定层次结构时,层次数量在满足问题的要求下应尽可能得少。每一层次中的指标个数也不宜过多,一般不要超过 9 个。层次结构的简易程度将直接决定着评价结果的好坏,对于解决实际问题是极为重要的。

14.2 综合评价数据处理

评价指标体系的建立,使整个被评价系统的综合情况得到了体现。但由于被评价系统本身的复杂性,使得评价指标多种多样,根据各指标的性质,一般说来,可将指标分为定量指标和定性指标两大类。对各定量指标来说,它们具有不同的量纲,对定性指标而言,其描述的方式也不一致。因此,为了对整个系统进行综合评价,必须将各指标进行标准化的处理,使定性指标科学地得以量化,将定量指标进行一致化处理和无量纲化处理。

1. 定量指标的一致化处理

一致化处理就是将评价指标的类型进行统一。一般来说,在评价指标体系中,可能会同时存在极大型指标(指标值越大越好的指标)、极小型指标(指标值越小越好的指标)、居中型指标(指标值取一个中间值最好的指标)和区间型指标(指标值取在某个区间内为最好的指标)。若指标体系中存在不同类型的指标,必须在综合评价之前将评价指标的类型做一致化处理。例如,将各类指标都转化为极大型指标,或极小型指标。一般的做法是将非极大型指标转化为极大型指标。但是,在不同的指标权重确定方法和评价模型中,指标一致化处理也有差异。

设评价的指标变量为 $x_j(j=1,2,\cdots,m)$,评价对象有 n 个,第 $i(i=1,2,\cdots,n)$ 个评价对象关于 x_j 的观测值为 a_{ij}。

1) 极小型指标化为极大型指标

对极小型指标 x_j,将其转化为极大型指标时,只需对指标 x_j 取倒数:

$$x_j'=\frac{1}{x_j},$$

或做平移变换:

$$x_j'=M_j-x_j,$$

其中 $M_j=\max\limits_{1\leqslant i\leqslant n}\{a_{ij}\}$,即 n 个评价对象第 j 项指标值 a_{ij}最大者。

2) 居中型指标化为极大型指标

对居中型指标 x_j,令 $M_j=\max\limits_{1\leqslant i\leqslant n}\{a_{ij}\}$,$m_j=\min\limits_{1\leqslant i\leqslant n}\{a_{ij}\}$,取

$$x_j'=\begin{cases}\dfrac{2(x_j-m_j)}{M_j-m_j}, & m_j\leqslant x_j\leqslant\dfrac{M_j+m_j}{2},\\[2ex] \dfrac{2(M_j-x_j)}{M_j-m_j}, & \dfrac{M_j+m_j}{2}\leqslant x_j\leqslant M_j.\end{cases}$$

就可以将 x_j 转化为极大型指标。

3）区间型指标化为极大型指标

对区间型指标 x_j，x_j 是取值介于区间 $[b_j^{(1)},b_j^{(2)}]$ 内时为最好，指标值离该区间越远就越差。令 $M_j=\max\limits_{1\leqslant i\leqslant n}\{a_{ij}\}$，$m_j=\min\limits_{1\leqslant i\leqslant n}\{a_{ij}\}$，$c_j=\max\{b_j^{(1)}-m_j,M_j-b_j^{(2)}\}$，取

$$x_j'=\begin{cases}1-\dfrac{b_j^{(1)}-x_j}{c_j}, x_j<b_j^{(1)},\\ 1, b_j^{(1)}\leqslant x_j\leqslant b_j^{(2)},\\ 1-\dfrac{x_j-b_j^{(2)}}{c_j}, x_j>b_j^{(2)}.\end{cases}$$

就可以将区间型指标 x_j 转化为极大型指标。

类似地，通过适当的数学变换，也可以将极大型指标、居中型指标转化为极小型指标。

2. 定量指标值的无量纲化处理

无量纲化，也称为指标值的规范化，是通过数学变换来消除原始指标值的单位及其数值数量级影响的过程。因此，就有指标的实际值和评价值之分。一般地，将指标无量纲化处理以后的值称为指标评价值。无量纲化过程就是将指标实际值转化为指标评价值的过程。

对于 n 个评价对象，每个评价对象有 m 个指标，其观测值分别为

$$a_{ij},\quad i=1,2,\cdots,n;j=1,2,\cdots,m.$$

1）标准样本变换法

令

$$a_{ij}^*=\frac{a_{ij}-\mu_j}{s_j},\quad 1\leqslant i\leqslant n,1\leqslant j\leqslant m,$$

其中样本均值 $\mu_j=\dfrac{1}{n}\sum\limits_{i=1}^{n}a_{ij}$，样本标准差 $s_j=\sqrt{\dfrac{1}{n-1}\sum\limits_{i=1}^{n}(a_{ij}-\mu_j)^2}$，$a_{ij}^*$ 称为标准观测值。

注 14.1 对于要求评价指标值 $a_{ij}^*>0$ 的评价方法，如熵权法和几何加权平均法等该数据处理方法不适用。

2）比例变换法

对于极大型指标，令

$$a_{ij}^*=\frac{a_{ij}}{\max\limits_{1\leqslant i\leqslant n}a_{ij}},\quad \max\limits_{1\leqslant i\leqslant n}a_{ij}\neq 0,1\leqslant i\leqslant n,1\leqslant j\leqslant m.$$

对极小型指标，令

$$a_{ij}^*=\frac{\min\limits_{1\leqslant i\leqslant n}a_{ij}}{a_{ij}},\quad 1\leqslant i\leqslant n,1\leqslant j\leqslant m.$$

或

$$a_{ij}^*=1-\frac{a_{ij}}{\max\limits_{1\leqslant i\leqslant n}a_{ij}},\quad \max\limits_{1\leqslant i\leqslant n}a_{ij}\neq 0,1\leqslant i\leqslant n,1\leqslant j\leqslant m.$$

该方法的优点是这些变换前后的属性值成比例。但对任一指标来说，变换后的 $a_{ij}^*=1$ 和

$a_{ij}^* = 0$ 不一定同时出现。

3）向量归一化法

对于极大型指标，令

$$a_{ij}^* = \frac{a_{ij}}{\sqrt{\sum_{i=1}^{n} a_{ij}^2}}, \quad i = 1,2,\cdots,n, 1 \leqslant j \leqslant m.$$

对于极小型指标，令

$$a_{ij}^* = 1 - \frac{a_{ij}}{\sqrt{\sum_{i=1}^{n} a_{ij}^2}}, \quad i = 1,2,\cdots,n, 1 \leqslant j \leqslant m.$$

4）极差变换法

对于极大型指标，令

$$a_{ij}^* = \frac{a_{ij} - \min\limits_{1 \leqslant i \leqslant n} a_{ij}}{\max\limits_{1 \leqslant i \leqslant n} a_{ij} - \min\limits_{1 \leqslant i \leqslant n} a_{ij}}, \quad 1 \leqslant i \leqslant n, 1 \leqslant j \leqslant m.$$

对于极小型指标，令

$$a_{ij}^* = \frac{\max\limits_{1 \leqslant i \leqslant n} a_{ij} - a_{ij}}{\max\limits_{1 \leqslant i \leqslant n} a_{ij} - \min\limits_{1 \leqslant i \leqslant n} a_{ij}}, \quad 1 \leqslant i \leqslant n, 1 \leqslant j \leqslant m.$$

其特点为经过极差变换后，均有 $0 \leqslant a_{ij}^* \leqslant 1$，且最优指标值 $a_{ij}^* = 1$，最劣指标值 $a_{ij}^* = 0$。该方法的缺点是变换前后的各指标值不成比例。

5）功效系数法

令

$$a_{ij}^* = c + \frac{a_{ij} - \min\limits_{1 \leqslant i \leqslant n} a_{ij}}{\max\limits_{1 \leqslant i \leqslant n} a_{ij} - \min\limits_{1 \leqslant i \leqslant n} a_{ij}} \times d, \quad 1 \leqslant i \leqslant n, 1 \leqslant j \leqslant m,$$

其中 c,d 均为确定的常数，c 表示“平移量”，表示指标实际基础值，d 表示“旋转量”，即表示“放大”或“缩小”倍数，使得变换后 $a_{ij}^* \in [c, c+d]$。

通常取 $c=60, d=40$，即

$$a_{ij}^* = 60 + \frac{a_{ij} - \min\limits_{1 \leqslant i \leqslant n} a_{ij}}{\max\limits_{1 \leqslant i \leqslant n} a_{ij} - \min\limits_{1 \leqslant i \leqslant n} a_{ij}} \times 40, \quad 1 \leqslant i \leqslant n, 1 \leqslant j \leqslant m,$$

则 a_{ij}^* 实际基础值为 60，最大值为 100，即 $a_{ij}^* \in [60, 100]$。

3. 定性指标的定量化

在综合评价工作中，有些评价指标是定性指标，即只给出定性的描述，例如，质量很好、性能一般、可靠性高等。对于这些指标，在进行综合评价时，必须先通过适当的方式进行赋值，使其量化。一般来说，对于指标最优值可赋值 1，对于指标最劣值可赋值 0。对极大型和极小型定性指标常按以下方式赋值。

1）极大型定性指标量化方法

对于极大型定性指标而言，如果指标能够分为很低、低、一般、高和很高 5 个等级，则可以主观地分别取量化值为 0，0.3，0.5，0.7，1，对应关系如表 14.1 所列。介于两个等级之间的可以取两个分值之间的适当数值作为量化值。

表 14.1　极大型定性指标对应量化值

等级	很低	低	一般	高	很高
量化值	0	0.3	0.5	0.7	1

2）极小型定性指标量化方法

对于极小型定性指标而言，如果指标能够分为很高、高、一般、低和很低5个等级，则可以主观地分别取量化值为0，0.3，0.5，0.7，1，对应关系如表14.2所列。介于两个等级之间的可以取两个分值之间的适当数值作为量化值。

表 14.2　极小型定性指标对应量化值

等级	很高	高	一般	低	很低
量化值	0	0.3	0.5	0.7	1

4. 评价指标预处理示例

下面考虑一个战斗机性能的综合评价问题。

例 14.1　战斗机的性能指标主要包括最大速度、飞行半径、最大负载、隐身性能、垂直起降性能、可靠性、灵敏度等指标和相关费用。综合各方面因素与条件，忽略了隐身性能和垂直起降性能，只考虑余下的6项指标，请就 A_1、A_2、A_3、A_4 四种类型战斗机的性能进行评价分析，其6项指标值如表14.3所列。

表 14.3　四种战斗机性能指标数据

	最大速度(马赫数)	飞行范围/km	最大负载/磅①	费用/美元	可靠性	灵敏度
A_1	2.0	1500	20000	5500000	一般	很高
A_2	2.5	2700	18000	6500000	低	一般
A_3	1.8	2000	21000	4500000	高	高
A_4	2.2	1800	20000	5000000	一般	一般

下面对这些指标数据进行预处理。

假设将6项指标依次记为 $x_1, x_2, \cdots, x_6$，首先将 x_5 和 x_6 两项定性指标进行量化处理，量化后的数据如表14.4所列。

表 14.4　可靠性与灵敏度指标量化值

类型	最大速度 x_1	飞行范围 x_2	最大负载 x_3	费用 x_4	可靠性 x_5	灵敏度 x_6
A_1	2.0	1500	20000	5500000	0.5	1
A_2	2.5	2700	18000	6500000	0.3	0.5
A_3	1.8	2000	21000	4500000	0.7	0.7
A_4	2.2	1800	20000	5000000	0.5	0.5

① 1磅=0.45kg。

数值型指标中 x_1,x_2,x_3 为极大型指标,费用 x_4 为极小型指标。下面给出几种处理方式的结果。采用向量归一化法对各指标进行标准化处理,可得评价矩阵$\boldsymbol{R}_1$ 为

$$\boldsymbol{R}_1=\begin{bmatrix}0.4671 & 0.3662 & 0.5056 & 0.4931 & 0.4811 & 0.7089\\ 0.5839 & 0.6591 & 0.4550 & 0.4010 & 0.2887 & 0.3544\\ 0.4204 & 0.4882 & 0.5308 & 0.5853 & 0.6736 & 0.4962\\ 0.5139 & 0.4394 & 0.5056 & 0.5392 & 0.4811 & 0.3544\end{bmatrix}.$$

采用比例变换法对各数值型指标进行标准化处理,可得评价矩阵$\boldsymbol{R}_2$ 为

$$\boldsymbol{R}_2=\begin{bmatrix}0.8 & 0.5556 & 0.9524 & 0.8182 & 0.7143 & 1\\ 1 & 1 & 0.8571 & 0.6923 & 0.4286 & 0.5\\ 0.72 & 0.7407 & 1 & 1 & 1 & 0.7\\ 0.88 & 0.6667 & 0.9524 & 0.9 & 0.7143 & 0.5\end{bmatrix}.$$

采用极差变换法对各数值型指标进行标准化处理,可得评价矩阵$\boldsymbol{R}_3$ 为

$$\boldsymbol{R}_3=\begin{bmatrix}0.2857 & 0 & 0.6667 & 0.5 & 0.5 & 1\\ 1 & 1 & 0 & 0 & 0 & 0\\ 0 & 0.4167 & 1 & 1 & 1 & 0.4\\ 0.5714 & 0.25 & 0.6667 & 0.75 & 0.5 & 0\end{bmatrix}.$$

从这 3 个评价矩阵可以看出,用不同的预处理方法得到的评价矩阵略有不同,即各指标的值略有不同,但对评价对象的特征反映趋势是一致的。

```python
#程序文件 ex14_1.py
import numpy as np
import pandas as pd

a = np.loadtxt('data14_1_1.txt')
b = np.linalg.norm(a,axis=0)                    #逐列求 2 范数
m1 = a.max(axis=0)                              #逐列求最大值
m2 = a.min(axis=0)                              #逐列求最小值
R1 = a / b                                      #全部列向量归一化处理
R2 = a / m1                                     #全部列向量比例变换
R3 = (a-m2) / (m1-m2)                           #全部列向量极差变换
R1[:,3] = 1 - a[:,3] / b[3]                     #第 4 列特殊处理
R2[:,3] = m2[3] / a[:,3]                        #第 4 列特殊处理
R3[:,3] = (m1[3]-a[:,3]) / (m1[3]-m2[3])
np.savetxt('data14_1_2.txt', R1, fmt='%.4f')
f = pd.ExcelWriter('data14_1_3.xlsx')
pd.DataFrame(R1).to_excel(f, index=None)        #写入 Excel 文件方便做表
pd.DataFrame(R2).to_excel(f, 'Sheet2', index=None)
pd.DataFrame(R3).to_excel(f, 'Sheet3', index=None); f.save()
```

14.3 常用的综合评价数学模型

综合评价数学模型就是将同一评价对象不同方面的多个指标值综合在一起,得到一

个整体性评价指标值的一个数学表达式。通常根据评价的特点与需要来选择合适的综合评价数学模型。前面章节中已经介绍了 PageRank 评价方法和主成分分析评价方法,下面再介绍一些其他的评价方法。

14.3.1 线性加权综合评价法

下面都是针对 n 个评价对象,m 个评价指标 $x_1,x_2,\cdots,x_m$,第 $i(i=1,2,\cdots,n)$ 个评价对象关于 $x_j(j=1,2,\cdots,m)$ 的指标值为 a_{ij},经过预处理的标准化指标值为 b_{ij}。

设指标变量的权重系数向量为 $\boldsymbol{w}=[w_1,w_2,\cdots,w_m]$,这里的权重向量可以利用专家咨询主观赋权,也可以利用熵权法、主成分分析法等方法得到客观权重。

线性加权综合模型是使用最普遍的一种简单综合评价模型。其实质是在指标权重确定后,对每个评价对象求各个指标的加权和,即令

$$f_i=\sum_{j=1}^{m}w_jb_{ij},\quad i=1,2,\cdots,n,$$

则 f_i 就是第 i 个评价对象的加权综合评价值。

线性加权模型的主要特点:

(1) 由于总的权重之和为 1,各指标可以线性相互补偿。

(2) 权重系数对评价结果的影响明显,权重大的指标对综合指标作用较大。

(3) 计算简单,可操作性强。

(4) 线性加权综合评价模型适用于各评价指标之间相互独立的情况,若 m 个评价指标不完全独立,其结果将导致各指标间信息的重复起作用,使评价结果不能客观地反映实际。

14.3.2 TOPSIS 法

TOPSIS 法是理想解的排序方法(Technique for Order Preference by Similarity to Ideal Solution)的英文缩写。它借助于评价问题的正理想解和负理想解,对各评价对象进行排序。正理想解是一个虚拟的最佳对象,其每个指标值都是所有评价对象中该指标的最好值;而负理想解则是另一个虚拟的最差对象,其每个指标值都是所有评价对象中该指标的最差值。求出各评价对象与正理想解和负理想解的距离,并以此对各评价对象进行优劣排序。

设综合评价问题含有 n 个评价对象 m 个指标,相应的指标观测值分别为

$$a_{ij},\quad i=1,2,\cdots,n;j=1,2,\cdots,m,$$

则 TOPSIS 法的计算过程如下:

(1) 将评价指标进行预处理,即进行一致化(全部化为极大型指标)和无量纲化,并构造评价矩阵 $\boldsymbol{B}=(b_{ij})_{n\times m}$。

(2) 确定正理想解 $\boldsymbol{C}^+$ 和负理想解 $\boldsymbol{C}^-$。

设正理想解 $\boldsymbol{C}^+$ 的第 j 个属性值为 c_j^+,即 $\boldsymbol{C}^+=[c_1^+,c_2^+,\cdots,c_m^+]$;负理想解 $\boldsymbol{C}^-$ 第 j 个属性值为 c_j^-,即 $\boldsymbol{C}^-=[c_1^-,c_2^-,\cdots,c_m^-]$,则

$$c_j^+=\max_{1\leqslant i\leqslant n}b_{ij},\quad j=1,2,\cdots,m,$$

$$c_j^- = \min_{1\le i\le n} b_{ij}, \quad j=1,2,\cdots,m.$$

(3) 计算各评价对象到正理想解及到负理想解的距离。

各评价对象到正理想解的距离为

$$s_i^+ = \sqrt{\sum_{j=1}^{m} (b_{ij} - c_j^+)^2}, \quad i=1,2,\cdots,n.$$

各评价对象到负理想解的距离为

$$s_i^- = \sqrt{\sum_{j=1}^{m} (b_{ij} - c_j^-)^2}, \quad i=1,2,\cdots,n.$$

(4) 计算各评价对象对理想解的相对接近度

$$f_i = s_i^- / (s_i^- + s_i^+), \quad i=1,2,\cdots,n. \tag{14.1}$$

(5) 按 f_i 由大到小排列各评价对象的优劣次序。

注 14.2 若已求得指标权重向量 $\boldsymbol{w}=[w_1,w_2,\cdots,w_m]$，则可利用评价矩阵 $\boldsymbol{B}=(b_{ij})_{n\times m}$，构造加权规范评价矩阵 $\widetilde{\boldsymbol{B}}=(\tilde{b}_{ij})$，其中 $\tilde{b}_{ij}=w_j b_{ij}, i=1,2,\cdots,n; j=1,2,\cdots,m$。在上面计算步骤中以 $\widetilde{\boldsymbol{B}}$ 代替 $\boldsymbol{B}$ 做评价。

14.3.3 灰色关联度分析

设综合评价问题含有 n 个评价对象 m 个指标，相应的指标观测值分别为

$$a_{ij}, \quad i=1,2,\cdots,n; j=1,2,\cdots,m.$$

灰色关联度分析具体步骤如下：

(1) 将评价指标进行预处理，即进行一致化（全部化为极大型指标）和无量纲化，并构造评价矩阵 $\boldsymbol{B}=(b_{ij})_{n\times m}$。

(2) 确定比较数列（评价对象）和参考数列（评价标准）。

比较数列为

$$\boldsymbol{b}_i = \{b_{ij} \mid j=1,2,\cdots,m\}, \quad i=1,2,\cdots,n,$$

即 $\boldsymbol{b}_i$ 为第 i 个评价对象的标准化指标向量值。

参考数列为 $\boldsymbol{b}_0=\{b_{0j} \mid j=1,2,\cdots,m\}$，这里 $b_{0j}=\max\limits_{1\le i\le n} b_{ij}, j=1,2,\cdots,m$。即参考数列相当于一个虚拟的最好评价对象的各指标值。

(3) 计算灰色关联系数：

$$\xi_{ij} = \frac{\min\limits_{1\le s\le n}\min\limits_{1\le k\le m} |b_{0k}-b_{sk}| + \rho \max\limits_{1\le s\le n}\max\limits_{1\le k\le m} |b_{0k}-b_{sk}|}{|b_{0j}-b_{ij}| + \rho \max\limits_{1\le s\le n}\max\limits_{1\le k\le m} |b_{0k}-b_{sk}|}, \quad i=1,2,\cdots,n, \quad j=1,2,\cdots,m.$$

ξ_{ij} 为比较数列 $\boldsymbol{b}_i$ 对参考数列 $\boldsymbol{b}_0$ 在第 j 个指标上的关联系数，其中 $\rho\in[0,1]$ 为分辨系数。称式中 $\min\limits_{1\le s\le n}\min\limits_{1\le k\le m} |b_{0k}-b_{sk}|$、$\max\limits_{1\le s\le n}\max\limits_{1\le k\le m} |b_{0k}-b_{sk}|$ 分别为两级最小差及两级最大差。

一般来讲，分辨系数 ρ 越大，分辨率越大；ρ 越小，分辨率越小。

(4) 计算灰色关联度。灰色关联度的计算公式为

$$r_i = \sum_{j=1}^{m} w_j \xi_{ij}, \quad i=1,2,\cdots,n, \tag{14.2}$$

其中 w_j 为第 j 个指标变量 x_j 的权重，若权重没有确定，各指标变量也可以取等权重，即 $w_j=1/m$，r_i 为第 i 个评价对象对理想对象的灰色关联度。

(5) 评价分析。根据灰色关联度的大小,对各评价对象进行排序,可建立评价对象的关联序,关联度越大其评价结果越好。

14.3.4 熵值法

在信息论中信息熵是信息不确定性的一种度量。一般来说,信息量越大,熵值越小,信息的效用值越大;反之,信息量越小,熵值越大,信息的效用值越小。而熵值法就是通过计算各指标观测值的信息熵,根据各指标的相对变化程度对系统整体的影响来确定指标权重系数的一种赋权方法。熵值法的计算过程如下:

(1) 计算在第 j 项指标下第 i 个评价对象的特征比重。设第 i 个评价对象的第 j 项指标观测值的标准化数据 $b_{ij}>0, i=1,2,\cdots,n; j=1,2,\cdots,m$,则在第 j 项指标下第 i 个评价对象的特征比重为

$$p_{ij}=\frac{b_{ij}}{\sum_{i=1}^{n} b_{ij}}, \quad i=1,2,\cdots,n; j=1,2,\cdots,m.$$

(2) 计算第 j 项指标的熵值为

$$e_j=-\frac{1}{\ln n}\sum_{i=1}^{n} p_{ij}\ln p_{ij}, \quad j=1,2,\cdots,m,$$

不难看出,第 j 项指标的观测值差异越大,熵值越小;反之,熵值越大。

(3) 计算第 j 项指标的差异系数为

$$g_j=1-e_j, \quad j=1,2,\cdots,m.$$

第 j 项指标的观测值差异越大,则差异系数 g_j 就越大,第 j 项指标也就越重要。

(4) 确定第 j 项指标的权重系数:

$$w_j=\frac{g_j}{\sum_{k=1}^{m} g_k}, \quad j=1,2,\cdots,m. \tag{14.3}$$

(5) 计算第 i 个评价对象的综合评价值:

$$f_i=\sum_{j=1}^{m} w_j p_{ij}.$$

评价值越大越好。

14.3.5 秩和比法

秩和比(Rank Sum Ratio, RSR)综合评价法基本原理是在一个 n 行 m 列矩阵中,通过秩转换, 获得无量纲统计量 RSR;以 RSR 值对评价对象的优劣直接排序,从而对评价对象做出综合评价。

先介绍样本秩的概念。

定义 14.1 样本秩

设 $c_1, c_2, \cdots, c_n$ 是从一元总体抽取的容量为 n 的样本,其从小到大的顺序统计量是 $c_{(1)}, c_{(2)}, \cdots, c_{(n)}$。若 $c_i=c_{(k)}$,则称 k 是 c_i 在样本中的秩,记作 R_i,对每一个 $i=1,2,\cdots,n$,称 R_i 是第 i 个秩统计量。$R_1, R_2, \cdots, R_n$ 总称为秩统计量。

例如,对样本数据

$$-0.8,-3.1,1.1,-5.2,4.2,$$

顺序统计量是

$$-5.2,-3.1,-0.8,1.1,4.2,$$

而秩统计量是

$$3,2,4,1,5.$$

设综合评价问题含有 n 个评价对象 m 个指标,相应的指标观测值为 $a_{ij}, i=1,2,\cdots,n$; $j=1,2,\cdots,m$,构造数据矩阵 $\boldsymbol{A}=(a_{ij})_{n\times m}$。

秩和比综合评价法的步骤如下:

(1) 编秩。对数据矩阵 $\boldsymbol{A}=(a_{ij})_{n\times m}$ 逐列编秩,即分别编出每个指标值的秩,其中极大型指标从小到大编秩,极小型指标从大到小编秩,指标值相同时编平均秩,得到的秩矩阵记为 $\boldsymbol{R}=(R_{ij})_{n\times m}$。

(2) 计算秩和比(RSR)。如果各评价指标权重相同,根据公式

$$\mathrm{RSR}_i = \frac{1}{mn}\sum_{j=1}^{m} R_{ij}, \quad i=1,2,\cdots,n,$$

计算秩和比。当各评价指标的权重不同时,计算加权秩和比,其计算公式为

$$\mathrm{RSR}_i = \frac{1}{n}\sum_{j=1}^{m} w_j R_{ij}, \quad i=1,2,\cdots,n,$$

式中:w_j 为第 j 个评价指标的权重,$\sum_{j=1}^{m} w_j = 1$。

(3) 秩和比排序。根据秩和比 $\mathrm{RSR}_i(i=1,2,\cdots,n)$ 对各评价对象进行排序,秩和比越大其评价结果越好。

14.3.6 综合评价示例

例 14.2(续例 14.1) 采用向量归一化法得到的评价矩阵

$$\boldsymbol{R}_1 = \begin{bmatrix} 0.4671 & 0.3662 & 0.5056 & 0.4931 & 0.4811 & 0.7089 \\ 0.5839 & 0.6591 & 0.4550 & 0.4010 & 0.2887 & 0.3544 \\ 0.4204 & 0.4882 & 0.5308 & 0.5853 & 0.6736 & 0.4962 \\ 0.5139 & 0.4394 & 0.5056 & 0.5392 & 0.4811 & 0.3544 \end{bmatrix}$$

作为标准化数据矩阵 $\boldsymbol{B}=(b_{ij})_{4\times 6}$,分别利用 TOPSIS 法、灰色关联度、熵值法与秩和比法对战斗机的性能进行综合评价。

1. 利用 TOPSIS 法进行综合评价

(1) 确定正理想解和负理想解分别为

$$\boldsymbol{C}^{+} = [0.5839, 0.6591, 0.5308, 0.5853, 0.6736, 0.7089],$$
$$\boldsymbol{C}^{-} = [0.4204, 0.3662, 0.4550, 0.4010, 0.2887, 0.3544].$$

(2) 由计算公式

$$s_i^{+} = \sqrt{\sum_{j=1}^{6} (b_{ij} - c_j^{+})^2}, \quad s_i^{-} = \sqrt{\sum_{j=1}^{6} (b_{ij} - c_j^{-})^2}, \quad i=1,2,3,4,$$

计算各评价对象到正理想解和负理想解的距离分别为

$$s^+=[0.3816,0.5599,0.3181,0.4676],$$
$$s^-=[0.4194,0.3354,0.4721,0.2698].$$

（3）由公式

$$f_i=s_i^-/(s_i^-+s_i^+),\quad i=1,2,3,4,$$

计算各机型对理想解的相对接近度为

$$\boldsymbol{F}=[f_1,f_2,f_3,f_4]=[0.5236,0.3746,0.5974,0.3659].$$

（4）根据相对接近度对各机型按优劣次序排序如下：

$$A_3>A_1>A_2>A_4.$$

2. 灰色关联度评价

（1）灰色关联度的计算数据如表 14.5 所列。

表 14.5　灰色关联系数及关联度计算数据

类　型	最大速度 x_1	飞行范围 x_2	最大负载 x_3	费用 x_4	可靠性 x_5	灵敏度 x_6	关联度 r_i
A_1	0.6223	0.3965	0.8842	0.6761	0.4999	1	0.6798
A_2	1	1	0.7174	0.5108	0.3333	0.3519	0.6522
A_3	0.5407	0.5297	1	1	1	0.4750	0.7576
A_4	0.7333	0.4669	0.8842	0.8067	0.4999	0.3519	0.6238

（2）根据灰色关联度对各机型按优劣次序排序如下：

$$A_3>A_1>A_2>A_4.$$

3. 熵值法

（1）利用公式

$$p_{ij}=\frac{b_{ij}}{\sum_{i=1}^{4}b_{ij}},\quad i=1,2,3,4;j=1,2,\cdots,6,$$

求各指标的特征比重为

$$\boldsymbol{P}=\begin{bmatrix}0.2353 & 0.1875 & 0.2532 & 0.2443 & 0.25 & 0.3704\\0.2941 & 0.3375 & 0.2278 & 0.1987 & 0.15 & 0.1852\\0.2118 & 0.25 & 0.2658 & 0.2900 & 0.35 & 0.2593\\0.2589 & 0.225 & 0.2532 & 0.2671 & 0.25 & 0.1852\end{bmatrix}.$$

（2）利用公式

$$e_j=-\frac{1}{\ln 4}\sum_{i=1}^{4}p_{ij}\ln p_{ij},\quad j=1,2,\cdots,6,$$

计算各指标的熵值为

$$\boldsymbol{e}=[e_1,e_2,\cdots,e_6]=[0.9947,0.9830,0.9989,0.9933,0.9703,0.9684].$$

（3）利用公式

$$g_j=1-e_j,\quad j=1,2,\cdots,6,$$

计算各指标的差异系数为

$$\boldsymbol{g}=[g_1,g_2,\cdots,g_6]=[0.0053,0.0170,0.0011,0.0067,0.0297,0.0316].$$

（4）由公式

$$w_j = \frac{g_j}{\sum_{k=1}^{6} g_k}, \quad j = 1,2,\cdots,6,$$

求得各指标的权重向量为

$$\boldsymbol{W}_2 = [w_1, w_2, \cdots, w_6] = [0.0580, 0.1862, 0.0121, 0.0737, 0.3242, 0.3457].$$

（5）计算第 i 个评价对象的综合评价值

$$f_i = \sum_{j=1}^{6} w_j p_{ij}, \quad i = 1,2,3,4,$$

得 4 个评价对象的评价值向量

$$\boldsymbol{F} = [f_1, f_2, f_3, f_4] = [0.2787, 0.2100, 0.2865, 0.2247].$$

各机型按优劣次序排序如下：$A_3 > A_1 > A_4 > A_2$。

4. 秩和比法评价

（1）编秩。对于各机型的评价指标进行编秩，结果如表 14.6 所列。

表 14.6　各机型指标值的编秩值

类　型	最大速度 x_1	飞行范围 x_2	最大负载 x_3	费用 x_4	可靠性 x_5	灵敏度 x_6
A_1	2	1	2.5	2	2.5	4
A_2	4	4	1	1	1	1.5
A_3	1	3	4	4	4	3
A_4	3	2	2.5	3	2.5	1.5

（2）计算秩和比。用公式 $\mathrm{RSR}_i = \sum_{j=1}^{6} w_j R_{ij}/4, i = 1,2,3,4$，这里取 $w_j = \frac{1}{6}, j = 1,2,\cdots,6$，计算加权秩和比为

$$\mathbf{RSR} = [0.5833, 0.5208, 0.7917, 0.6042].$$

（3）秩和比排序。

根据 $\mathrm{RSR}_i, i = 1,2,3,4$，对 4 种机型的性能按优劣次序排序为

$$A_3 > A_4 > A_1 > A_2.$$

上述 4 种评价方法的 Python 程序如下：

```python
#程序文件 ex14_2.py
import numpy as np
from scipy.stats import rankdata

a = np.loadtxt('data14_1_2.txt')
bp = a.max(axis=0)                          #求正理想解
bm = a.min(axis=0)                          #求负理想解
d1 = np.linalg.norm(a-bp, axis=1)           #求到正理想解的距离
d2 = np.linalg.norm(a-bm, axis=1)           #求到负理想解的距离
f1 = d2 / (d1+d2); print('TOPSIS 评价值:', f1)
```

```
c = bp - a                                  #计算参考序列与每个序列的差
m1 = c.max(); m2 = c.min()                  #计算最大差和最小差
r = 0.5                                     #分辨系数
xs = (m2+r * m1)/(c+r * m1)                 #计算灰色关联系数
f2 = xs.mean(axis=1)                        #求灰色关联度
print('灰色关联度:', np.round(f2,4))

n = a.shape[0]; s = a.sum(axis=0)           #逐列求和
P = a / s                                   #求特征比重矩阵
e = -(P * np.log(P)).sum(axis=0)/np.log(n)  #计算熵值
g = 1- e; w = g / sum(g)                    #计算差异系数和权重系数
f3 = P @ w                                  #计算各对象的评价值
print('评价值:', np.round(f3,4))

R = rankdata(a, axis=0)                     #逐列编秩
RSR = R.mean(axis=1) / n                    #计算秩和比
print('秩和比:', np.round(RSR,4))
```

14.4 模糊数学方法

14.4.1 模糊数学基本概念

定义 14.2 被讨论对象的全体称为论域。论域常用大写字母 U,V 等表示。

对于论域 U 的每个元素和某一子集 A,在经典数学中,要么 $x\in A$,要么 $x\notin A$。描述这一事实的是特征函数$\chi_A(x)=\begin{cases}1, x\in A,\\0, x\notin A,\end{cases}$即集合 A 由特征函数唯一确定。

定义 14.3 论域 U 到$[0,1]$闭区间上的任意映射

$$M: U\to[0,1], \quad u\mapsto M(u),$$

都确定了 U 上的一个模糊集合 M,$M(u)$ 称为 M 的隶属函数,或称为 u 对 M 的隶属度。记作 $M=\{(u,M(u))\mid u\in U\}$,使得 $M(u)=0.5$ 的点称为模糊集 M 的过渡点,此点最具有模糊性。

以下称模糊集为 F 集,论域 U 上的 F 集记作 $\mathcal{F}(U)$。

当论域 $U=\{u_1,u_2,\cdots,u_n\}$,则 U 上的模糊集 M 通常表示为

$$M=(M(u_1),M(u_2),\cdots,M(u_n)).$$

隶属函数是模糊数学的核心,隶属函数通常采用模糊统计方法、例证法和指派法确定。下面重点给出指派法确定隶属函数。

指派法是一种主观的方法,它主要依据人们的实践经验来确定某些模糊集合的隶属函数。如果模糊集定义在实数域上,则隶属函数称为模糊分布。常见的几个模糊分布如表 14.7 所列。

表 14.7　常见的模糊分布

类型	偏小型	中间型	偏大型
矩阵型	$M(x)=\begin{cases}1, x\leqslant a,\\0, x>a.\end{cases}$	$M(x)=\begin{cases}1, a\leqslant x\leqslant b,\\0, x<a \text{ 或 } x>b.\end{cases}$	$M(x)=\begin{cases}1, x\geqslant a,\\0, x<a.\end{cases}$
梯形型	$M(x)=\begin{cases}1, x\leqslant a,\\\dfrac{b-x}{b-a}, a\leqslant x\leqslant b,\\0, x>b.\end{cases}$	$M(x)=\begin{cases}\dfrac{x-a}{b-a}, a\leqslant x\leqslant b,\\1, b\leqslant x\leqslant c,\\\dfrac{d-x}{d-c}, c\leqslant x\leqslant d,\\0, x<a, x\geqslant d.\end{cases}$	$M(x)=\begin{cases}0, x<a,\\\dfrac{x-a}{b-a}, a\leqslant x\leqslant b,\\1, x>b.\end{cases}$
k 次抛物型	$M(x)=\begin{cases}1, x\leqslant a,\\\left(\dfrac{b-x}{b-a}\right)^k, a\leqslant x\leqslant b,\\0, x>b.\end{cases}$	$M(x)=\begin{cases}\left(\dfrac{x-a}{b-a}\right)^k, a\leqslant x\leqslant b,\\1, b\leqslant x\leqslant c,\\\left(\dfrac{d-x}{d-c}\right)^k, c\leqslant x\leqslant d,\\0, x<a, x\geqslant d.\end{cases}$	$M(x)=\begin{cases}0, x<a,\\\left(\dfrac{x-a}{b-a}\right)^k, a\leqslant x\leqslant b,\\1, x>b.\end{cases}$
Γ 型	$M(x)=\begin{cases}1, x\leqslant a,\\e^{-k(x-a)}, x>a,\end{cases}\quad (k>0).$	$M(x)=\begin{cases}e^{k(x-a)}, x<a,\\1, a\leqslant x\leqslant b,\\e^{-k(x-b)}, x>b,\end{cases}\quad (k>0).$	$M(x)=\begin{cases}0, x<a,\\1-e^{-k(x-a)}, x\geqslant a,\end{cases}\quad (k>0).$
正态型	$M(x)=\begin{cases}1, x\leqslant a,\\\exp\left[-\left(\dfrac{x-a}{\sigma}\right)^2\right], x>a.\end{cases}$	$M(x)=\exp\left[-\left(\dfrac{x-a}{\sigma}\right)^2\right].$	$M(x)=\begin{cases}0, x\leqslant a,\\1-\exp\left[-\left(\dfrac{x-a}{\sigma}\right)^2\right], x>a.\end{cases}$
柯西型	$M(x)=\begin{cases}1, x\leqslant a,\\\dfrac{1}{1+\alpha(x-a)^{\beta}}, x>a.\end{cases}$ $(\alpha>0,\beta>0)$	$M(x)=\dfrac{1}{1+\alpha(x-a)^{\beta}}.$ $(\alpha>0,\beta$ 为正偶数$)$	$M(x)=\begin{cases}0, x\leqslant a,\\\dfrac{1}{1+\alpha(x-a)^{-\beta}}, x>a.\end{cases}$ $(\alpha>0,\beta>0)$

实际中,偏小型模糊分布一般适合描述"小""少""疏"等模糊现象,偏大型模糊分布一般适合描述"大""多""密"等模糊现象,中间型模糊分布则多用于描述"适中"的模糊现象。应用时需要对实际问题进行具体分析。

两个基本的模糊运算(简称 Zadeh):$a\wedge b=\min\{a,b\}$,$a\vee b=\max\{a,b\}$。

14.4.2　模糊贴近度

贴近度是对两个 F 集接近程度的一种度量。

定义 14.4　设 $A,B,C\in\mathcal{F}(U)$,若映射

$$N:\mathcal{F}(U)\times\mathcal{F}(U)\to[0,1]$$

满足条件:

(1) $N(A,B)=N(B,A)$。

(2) $N(A,A)=1, N(U,\varnothing)=0$。

(3) 若 $A\subseteq B\subseteq C$,则 $N(A,C)\leqslant N(A,B)\wedge N(B,C)$。

那么称 $N(A,B)$ 为 F 集 A 与 B 的贴近度。N 称为 $\mathcal{F}(U)$ 上的贴近度函数。

1. 汉明贴近度

若 $U=\{u_1,u_2,\cdots,u_n\}$,定义

$$N(A,B)=1-\frac{1}{n}\sum_{i=1}^{n}|A(u_i)-B(u_i)|. \tag{14.4}$$

当 U 为实数域上的闭区间 $[a,b]$ 时,定义

$$N(A,B)=1-\frac{1}{b-a}\int_a^b|A(u)-B(u)|\mathrm{d}u. \tag{14.5}$$

2. 欧几里得贴近度

若 $U=\{u_1,u_2,\cdots,u_n\}$,定义

$$N(A,B)=1-\frac{1}{\sqrt{n}}\left(\sum_{i=1}^{n}(A(u_i)-B(u_i))^2\right)^{1/2}. \tag{14.6}$$

当 $U=[a,b]$ 时,定义

$$N(A,B)=1-\frac{1}{\sqrt{b-a}}\left(\int_a^b(A(u)-B(u))^2\mathrm{d}u\right)^{1/2}. \tag{14.7}$$

设 $A_i,B\in\mathcal{F}(U)(i=1,2,\cdots,n)$,若存在 i_0,使

$$N(A_{i_0},B)=\max\{N(A_1,B),N(A_2,B),\cdots,N(A_n,B)\},$$

则认为 B 与 A_{i_0} 最贴近,即判定 B 与 A_{i_0} 为一类。该原则称为择近原则。

例 14.3 设标准库集合 $A_1=(0.4,0.3,0.5,0.3)$,$A_2=(0.3,0.3,0.4,0.4)$,$A_3=(0.2,0.3,0.3,0.3)$,待识别集合 $B=(0.2,0.3,0.4,0.3)$,试确定 B 属于哪一类。

解 利用式(14.4)计算贴近度分别为

$$N(B,A_1)=0.9,\quad N(B,A_2)=0.9333,\quad N(B,A_3)=0.9667,$$

由此集合 B 与集合库中 A_3 最为接近,因此 B 归于 A_3 类。

```
#程序文件 ex14_3. py
import numpy as np

a = np. array([[0.4,0.3,0.5,0.3],[0.3,0.3,0.4,0.4],[0.2,0.3,0.3,0.3]])
b = np. array([0.2,0.3,0.4,0.3]); n = a. shape[0]; N=[]
for e in a: N. append(1-sum(abs(e-b))/n)
print("贴近度为:",np. round(N,4))
```

14.4.3 模糊综合评价

在许多实际问题中,有时评价因素具有模糊性,有时评价对象具有模糊性,这时需要采用模糊评价方法进行评价。设 $I=\{x_1,x_2,\cdots,x_p\}$ 为研究对象的 p 种指标构成的指标集;$V=\{v_1,v_2,\cdots,v_s\}$ 为指标的 s 种评语构成的评语集;指标集的权重向量为

$$\boldsymbol{W}=[w_1,w_2,\cdots,w_p],\quad \sum_{k=1}^{p}w_k=1,\quad w_k\geqslant 0,\quad k=1,2,\cdots,p.$$

模糊综合评价的一般步骤如下:

(1) 确定指标集 $I=\{x_1,x_2,\cdots,x_p\}$ 及权重向量 $\boldsymbol{W}=[w_1,w_2,\cdots,w_p]$。权重是表示指标重要性的相对数值,通常通过收集公开的统计数据、问卷调查以及专家打分的方法获得

评价指标的权向量 $\boldsymbol{W}$。

（2）建立评语集 V。s 个评语构成的评语集，记作 $V=\{v_1,v_2,\cdots,v_s\}$。

（3）建立单指标评价向量，综合起来获得评价矩阵 $\boldsymbol{R}=(r_{ij})_{p\times s}$。

（4）合成模糊综合评价结果向量。利用合适的算子将 $\boldsymbol{W}$ 与评价矩阵 $\boldsymbol{R}$ 进行合成，得到被评事物的模糊综合评价结果向量 $\boldsymbol{A}$，即

$$\boldsymbol{A}=\boldsymbol{W}\circ\boldsymbol{R}=[w_1,w_2,\cdots,w_p]\circ\begin{bmatrix} r_{11} & r_{12} & \cdots & r_{1s} \\ r_{21} & r_{22} & \cdots & r_{2s} \\ \vdots & \vdots & & \vdots \\ r_{p1} & r_{p2} & \cdots & r_{ps} \end{bmatrix}$$

$$=[a_1,a_2,\cdots,a_s],$$

其中 a_i 是由 $\boldsymbol{W}$ 与 $\boldsymbol{R}$ 的第 i 列运算得到的，它表示被评价事物从整体上看对 v_i 等级模糊子集的隶属程度。对于 $\boldsymbol{W}$ 与 $\boldsymbol{R}$ 的合成算子"$\circ$"通常有以下 4 种定义。

（1）$M(\wedge,\vee)$ 算子

$$a_k=\bigvee_{j=1}^{p}(w_j\wedge r_{jk})=\max_{1\leqslant j\leqslant p}\{\min(w_j,r_{jk})\},\quad k=1,2,\cdots,s.$$

（2）$M(\cdot,\vee)$ 算子

$$a_k=\bigvee_{j=1}^{p}(w_j\cdot r_{jk})=\max_{1\leqslant j\leqslant p}\{w_j\cdot r_{jk}\},\quad k=1,2,\cdots,s.$$

（3）$M(\wedge,+)$ 算子

$$a_k=\sum_{j=1}^{p}\min(w_j,r_{jk}),\quad k=1,2,\cdots,s.$$

（4）$M(\cdot,+)$ 算子

$$a_k=\sum_{j=1}^{p}w_j r_{jk},\quad k=1,2,\cdots,s.$$

例 14.4 某矿有 5 个边坡设计方案，各项参数根据分析计算结果得到各方案的参数见表 14.8 所列。据勘察，该矿探明储量为 8800 万 t，开采总投资不超过 8000 万元，试作出各方案的优劣排序，选出最佳方案。

表 14.8 设计方案数据表

项　　目	方案 1	方案 2	方案 3	方案 4	方案 5
可采矿量/万 t	4700	6700	5900	8800	7600
基建投资/万元	5000	5500	5300	6800	6000
采矿成本/(元/t)	4	6.1	5.5	7	6.8
不稳定费用/万元	30	50	40	200	160
净利润/万元	1500	700	1000	50	100

解 建立各指标的隶属函数如下：

（1）由于勘察的地质储量为 8800 万 t，取可采矿量的隶属函数

$$\mu_1(x_1)=\frac{x_1}{8800},\quad 0\leqslant x_1\leqslant 8800.$$

(2) 由于开采总投资不超过 8000 万元,取基建投资的隶属函数

$$\mu_2(x_2)=1-\frac{x_2}{8000},\quad 0\leqslant x_2\leqslant 8000.$$

(3) 根据专家意见,采矿成本 5.5 元/t 为低成本,8.0 元/t 为高成本,因此取采矿成本的隶属函数

$$\mu_3(x_3)=\begin{cases}1,0\leqslant x_3\leqslant 5.5,\\ \dfrac{8-x_3}{8-5.5},5.5<x_3<8,\\ 0,x_3\geqslant 8.\end{cases}$$

(4) 不稳定费用的隶属函数

$$\mu_4(x_4)=1-\frac{x_4}{200},\quad 0\leqslant x_4\leqslant 200.$$

(5) 净利润上限 1500 万元,下限 50 万元,采用线性隶属函数

$$\mu_5(x_5)=\frac{1}{1500-50}(x_5-50),\quad 50\leqslant x_5\leqslant 1500.$$

根据以上隶属函数的定义,计算 5 个方案所对应的综合评价矩阵。

$$\boldsymbol{R}=\begin{bmatrix}0.5341 & 0.7614 & 0.6705 & 1 & 0.8636\\ 0.3750 & 0.3125 & 0.3375 & 0.15 & 0.25\\ 1 & 0.76 & 1 & 0.4 & 0.48\\ 0.85 & 0.75 & 0.8 & 0 & 0.2\\ 1 & 0.4480 & 0.6552 & 0 & 0.0345\end{bmatrix}.$$

根据专家意见,各指标在决策中的权重 $\boldsymbol{A}=[0.25,0.2,0.2,0.1,0.25]$,于是得到各方案综合评价值为

$$\boldsymbol{B}=\boldsymbol{AR}=[0.7435,0.5919,0.6789,0.36,0.3905],$$

由此可知,方案 1 最佳,方案 3 次之,方案 4 最差。

```
#程序文件 ex14_4.py
import numpy as np

a = np.loadtxt('data14_4.txt')
f1 = lambda x: x/8800
f2 = lambda x: 1-x/8000
f3 = lambda x: (x<=5.5)+(8-x)/(8-5.5)*((x>5.5) & (x<8))
f4 = lambda x: 1-x/200
f5 = lambda x: (x-50)/(1500-50)
R = []
for i in range(len(a)):
    s = 'f'+str(i+1)+'(a['+str(i)+'])'; R.append(eval(s))
R = np.array(R)
w = np.array([0.25, 0.2, 0.2, 0.1, 0.25])
B = w @ R    #计算综合评价值
```

```
print('评价值:', np.round(B,4))
```

14.5 数据包络分析

1978 年 A. Charnes, W. W. Cooper 和 E. Rhodes 给出了评价多个决策单元(Decision Making Units,DMU)相对有效性的数据包络分析方法(Data Envelopment Analysis,DEA)。

目前,数据包络分析是评价具有多指标输入和多指标输出系统的较为有效的方法。

14.5.1 数据包络分析的 C^2R 模型

数据包络分析有多种模型,其中 C^2R(由 Charnes、Cooper 和 Rhodes 三位作者的第一个英文字母命名)的建模思路清晰、模型形式简单、理论完善。

设有 m 个评价对象,每个评价对象都有 n 种投入和 s 种产出,设 $a_{ij}(i=1,\cdots,m,j=1,\cdots,n)$ 表示第 i 个评价对象的第 j 种投入量,$b_{ik}(i=1,\cdots,m,k=1,\cdots,s)$ 表示第 i 个评价对象的第 k 种产出量,$u_j(j=1,\cdots,n)$ 表示第 j 种投入的权值,$v_k(k=1,\cdots,s)$ 表示第 k 种产出的权值。

向量 $\boldsymbol{\alpha}_i,\boldsymbol{\beta}_i(i=1,\cdots,m)$ 分别表示评价对象 i 的输入和输出向量,$\boldsymbol{u}$ 和 $\boldsymbol{v}$ 分别表示输入、输出权值向量,则 $\boldsymbol{\alpha}_i=[a_{i1},a_{i2},\cdots,a_{in}]^{\mathrm{T}}$,$\boldsymbol{\beta}_i=[b_{i1},b_{i2},\cdots,b_{is}]^{\mathrm{T}}$,$\boldsymbol{u}=[u_1,u_2,\cdots,u_n]^{\mathrm{T}}$,$\boldsymbol{v}=[v_1,v_2,\cdots,v_s]^{\mathrm{T}}$。

定义评价对象 i 的效率评价指数为

$$h_i=(\boldsymbol{\beta}_i^{\mathrm{T}}\boldsymbol{v})/(\boldsymbol{\alpha}_i^{\mathrm{T}}\boldsymbol{u}),\quad i=1,2,\cdots,m.$$

评价对象 i_0 效率的数学模型为

$$\max \frac{\boldsymbol{\beta}_{i_0}^{\mathrm{T}}\boldsymbol{v}}{\boldsymbol{\alpha}_{i_0}^{\mathrm{T}}\boldsymbol{u}},$$

$$\text{s. t.}\begin{cases}\dfrac{\boldsymbol{\beta}_i^{\mathrm{T}}\boldsymbol{v}}{\boldsymbol{\alpha}_i^{\mathrm{T}}\boldsymbol{u}}\leqslant 1, i=1,2,\cdots,m,\\ \boldsymbol{u}\geqslant 0,\boldsymbol{v}\geqslant 0,\boldsymbol{u}\neq 0,\boldsymbol{v}\neq 0.\end{cases}\tag{14.8}$$

通过 Charnes-Cooper 变换:$\boldsymbol{\omega}=t\boldsymbol{u},\boldsymbol{\mu}=t\boldsymbol{v},t=\dfrac{1}{\boldsymbol{\alpha}_{i_0}^{\mathrm{T}}\boldsymbol{u}}$,可以将模型式(14.8)变换为等价的线性规划问题,即

$$\max V_{i_0}=\boldsymbol{\beta}_{i_0}^{\mathrm{T}}\boldsymbol{\mu},$$

$$\text{s. t.}\begin{cases}\boldsymbol{\alpha}_i^{\mathrm{T}}\boldsymbol{\omega}-\boldsymbol{\beta}_i^{\mathrm{T}}\boldsymbol{\mu}\geqslant 0, i=1,2,\cdots,m,\\ \boldsymbol{\alpha}_{i_0}^{\mathrm{T}}\boldsymbol{\omega}=1,\\ \boldsymbol{\omega}\geqslant 0,\boldsymbol{\mu}\geqslant 0.\end{cases}\tag{14.9}$$

可以证明,模型式(14.8)与模型式(14.9)是等价的。

对于 C^2R 模型式(14.9),有如下定义:

定义 14.5 若线性规划问题式(14.9)的最优目标值 $V_{i_0}=1$,则称评价对象 i_0 是弱 DEA 有效的。

定义 14.6 若线性规划问题式(14.9)存在最优解$\boldsymbol{\omega}^* > 0, \boldsymbol{\mu}^* > 0$,并且其最优目标值$V_{i_0} = 1$,则称评价对象 i_0 是 DEA 有效的。

从上述定义可以看出,DEA 有效,就是指那些评价对象,它们的投入产出比达到最大。因此,可以用 DEA 方法来对评价对象进行评价。

14.5.2 数据包络分析案例

1. 导言

数据包络分析(Data Envelopment Analysis,DEA)是 A. Charnes 和 W. W. Copper 等以“相对效率”概念为基础,根据多指标投入和多指标产出对相同类型的单位(部门)进行相对有效性或效益评价的一种系统分析方法,用于处理多目标决策问题,其应用数学规划模型计算比较决策单元之间的相对效率,对评价对象做出评价。

DEA 特别适用于具有多输入多输出的复杂系统,这主要体现在以下几点:

(1) DEA 以决策单位各输入输出的权重为变量,从最有利于决策单元的角度进行评价,从而避免了确定各指标在优先意义下的权重。

(2) 假设每个输入都关联到一个或者多个输出,而且输出输入之间确实存在某种关系,使用 DEA 方法则不必确定这种关系的显式表达式。

DEA 最突出的优点是无须任何权重假设,每一输入输出的权重不是根据评价者的主观认定,而是由决策单元的实际数据求得的最优权重。因此,DEA 方法排除了很多主观因素,具有很强的客观性。

DEA 是以相对效率概念为基础,以凸分析和线性规划为工具的一种评价方法。这种方法结构简单,使用比较方便。自从 1978 年提出第一个 DEA 模型——C^2R 模型并用于评价部门间的相对有效性以来,DEA 方法不断得到完善并在实际中被广泛应用,诸如被应用到技术进步、技术创新、资源配置、金融投资等各个领域,特别是在对非单纯营利的公共服务部门,如学校、医院,某些文化设施等的评价方面被认为是一个有效的方法。现在,有关的理论研究不断深入,应用领域日益广泛。应用 DEA 方法评价部门的相对有效性的优势地位,是其他方法所不能取代的。或者说,它对社会经济系统多投入和多产出相对有效性评价,是独具优势的。

我们把城市的可持续发展系统(某一时间或某一时段)视作 DEA 中的一个决策单元,它具有特定的输入输出,在将输入转化成输出的过程中,努力实现系统的可持续发展目标。

2. 案例

例 14.5 利用 DEA 方法对天津市的可持续发展进行评价。在这里选取较具代表性的指标,作为输入变量和输出变量,见表 14.9。

表 14.9 各决策单元输入、输出指标值

序号	决策单元	政府财政收入占 GDP 的比重/%	环保投资占 GDP 的比重/%	每千人科技人员数/人	人均 GDP/元	城市环境质量指数
1	1990	14.40	0.65	31.30	3621.00	0.00
2	1991	16.90	0.72	32.20	3943.00	0.09
3	1992	15.53	0.72	31.87	4086.67	0.07

（续）

序号	决策单元	政府财政收入占 GDP 的比重/%	环保投资占 GDP 的比重/%	每千人科技人员数/人	人均 GDP/元	城市环境质量指数
4	1993	15.40	0.76	32.23	4904.67	0.13
5	1994	14.17	0.76	32.40	6311.67	0.37
6	1995	13.33	0.69	30.77	8173.33	0.59
7	1996	12.83	0.61	29.23	10236.00	0.51
8	1997	13.00	0.63	28.20	12094.33	0.44
9	1998	13.40	0.75	28.80	13603.33	0.58
10	1999	14.00	0.84	29.10	14841.00	1.00

输入变量:政府财政收入占 GDP 的比重、环保投资占 GDP 的比重、每千人科技人员数;输出变量:经济发展(用人均 GDP 表示)、环境发展(用城市环境质量指数表示)。

计算结果如表 14.10 所列,最优目标值用 θ 表示。显而易见,该市在 20 世纪 90 年代的发展是朝着可持续方向前进的。

表 14.10　用 DEA 方法对天津市可持续发展的相对评价结果

年　份	θ	结　论
1990	0.2902	非 DEA 有效
1991	0.2854	非 DEA 有效,规模收益递减
1992	0.2968	非 DEA 有效,规模收益递增
1993	0.3425	非 DEA 有效,规模收益递增
1994	0.4595	非 DEA 有效,规模收益递增
1995	0.7183	非 DEA 有效,规模收益递增
1996	0.9069	非 DEA 有效,规模收益递增
1997	1	DEA 有效,规模收益递增
1998	1	DEA 有效,规模收益不变
1999	1	DEA 有效,规模收益不变

```
#程序文件 ex14_5.py
import numpy as np
import cvxpy as cp

d = np.loadtxt('data14_5.txt')
a = d[:,:3]; b = d[:,3:]
u = cp.Variable(3, pos=True); v = cp.Variable(2, pos=True)
for j in range(10):
    con = [ a @ u >= b @ v, a[j] @ u ==1]
    obj = cp.Maximize(b[j]@v)
    prob = cp.Problem(obj, con)
    prob.solve(solver='GLPK_MI')
```

```
print('第',str(j+1),'个对象最优值:',round(prob.value,4))
print('最优解:\n',np.round(u.value,4),'\n', np.round(v.value,4))
```

14.6 招聘公务员问题

招聘公务员问题是2004年全国大学生数学建模竞赛专科组的D题。在我国的公务员条例颁布实施以后,报考公务员已成为一个社会热点问题,针对招聘公务员的过程,提出了这个有实际意义的问题。

14.6.1 问题提出

现有某市直属单位因工作需要,拟向社会公开招聘8名公务员,具体的招聘办法和程序如下:

(1) 公开考试:凡是年龄不超过30周岁,大学专科以上学历,身体健康者均可报名参加考试,考试科目有:综合基础知识、专业知识和"行政职业能力测验"3个部分,每科满分为100分。根据考试总分的高低排序选出16人进入第二阶段的面试考核。

(2) 面试考核:面试考核主要考核应聘人员的知识面、对问题的理解能力、应变能力、表达能力等综合素质。按照一定的标准,面试专家组对每个应聘人员的各个方面都给出一个等级评分,从高到低分成A,B,C,D四个等级,具体结果如表14.11所列。

表14.11 招聘公务员笔试成绩,专家面试评分及个人志愿

应聘人员	笔试成绩	申报类别志愿		专家组对应聘者特长的等级评分			
				知识面	理解能力	应变能力	表达能力
1	290	(2)	(3)	A	A	B	B
2	288	(3)	(1)	A	B	A	C
3	288	(1)	(2)	B	A	D	C
4	285	(4)	(3)	A	B	B	B
5	283	(3)	(2)	B	A	B	C
6	283	(3)	(4)	B	D	A	B
7	280	(4)	(1)	A	B	C	B
8	280	(2)	(4)	B	A	A	C
9	280	(1)	(3)	B	B	A	B
10	280	(3)	(1)	D	B	A	C
11	278	(4)	(1)	D	C	B	A
12	277	(3)	(4)	A	B	C	A
13	275	(2)	(1)	B	C	D	A
14	275	(1)	(3)	D	B	A	B
15	274	(1)	(4)	A	B	C	B
16	273	(4)	(1)	B	A	B	C

(3) 由招聘领导小组综合专家组的意见、笔初试成绩以及各用人部门需求确定录用名单,并分配到各用人部门。

该单位拟将录用的 8 名公务员安排到所属的 7 个部门,并且要求每个部门至少安排一名公务员。这 7 个部门按工作性质可分为 4 类:(1)行政管理;(2)技术管理;(3)行政执法;(4)公共事业。如表 14.12 所列。

表 14.12　用人部门的基本情况及对公务员的期望要求

用人部门	工作类别	各用人部门的基本情况					各部门对公务员特长的期望要求			
		福利待遇	工作条件	劳动强度	晋升机会	深造机会	专业知识面	认识理解能力	灵活应变能力	表达能力
1	(1)	优	优	中	多	少	B	A	C	A
2	(2)	中	优	大	多	少	A	B	B	C
3	(2)	中	优	中	少	多	A	B	B	C
4	(3)	优	差	大	多	多	C	C	A	A
5	(3)	优	中	中	中	中	C	C	A	A
6	(4)	中	中	中	中	多	C	B	B	A
7	(4)	优	中	大	少	多	C	B	B	A

招聘领导小组在确定录用名单的过程中,本着公平、公开的原则,同时考虑录用人员的合理分配和使用,有利于发挥个人的特长和能力。招聘领导小组将 7 个用人单位的基本情况(包括福利待遇、工作条件、劳动强度、晋升机会和学习深造机会等)和 4 类工作对聘用公务员的具体条件的希望达到的要求都向所有应聘人员公布。每一位参加面试人员都可以申报两个自己的工作类别要求。

请研究下列问题:

(1) 如果不考虑应聘人员的意愿,择优按需录用,试帮助招聘领导小组设计一种录用分配方案。

(2) 在考虑应聘人员意愿和用人部门的希望要求的情况下,请你帮助招聘领导小组设计一种分配方案。

(3) 你的方法对于一般情况,即 N 个应聘人员 M 个用人单位时,是否可行?

14.6.2　问题分析

在招聘公务员的复试过程中,如何综合专家组的意见、应聘者的不同条件和用人部门的需求做出合理的录用分配方案,这是首先需要解决的问题。当然,"多数原则"是常用的一种方法,但是,在这个问题上"多数原则"未必一定是"最好"的,因为这里有一个共性和个性的关系问题,不同的人有不同的看法和选择,怎么选择,如何兼顾考虑各方面的意见是值得研究的问题。

对于问题(1):在不考虑应聘人员的个人意愿的情况下,择优按需录用 8 名公务员。"择优"就是综合考虑所有应聘者的初试和复试的成绩来选优;"按需"就是根据用人部门的需求,即各用人部门对应聘人员的要求和评价来选择录用。而这里复试成绩没有明确给定具体分数，仅仅是专家组给出的主观评价分，为此，首先应根据专家组的评价给出一个复试分数，然后，综合考虑初试、复试分数和用人部门的评价来确定录取名单，并按需分配给各用人部门。

对于问题(2)：在充分考虑应聘人员的个人意愿的情况下，择优录用 8 名公务员，并按需求分配给 7 个用人部门。公务员和用人部门的基本情况都是透明的，在双方都是相互了解的前提下为双方做出选择方案。事实上，每一个部门对所需人才都有一个期望要求，即可以认为每一个部门对每一个要聘用的公务员都有一个实际的“满意度”；同样的，每一个公务员根据自己意愿对各部门也都有一个期望的“满意度”，由此根据双方的“满意度”，来选取使双方“满意度”最大的录用分配方案。

对于问题(3)是把问题(1)和问题(2)的方法直接推广到一般情况就可以了。

14.6.3 模型假设与符号说明

1. 模型假设

(1) 专家组对应聘者的评价是公正的。

(2) 问题中所给各部门和应聘者的相关数据都是透明的，即双方都是知道的。

(3) 应聘者的 4 项特长指标在综合评价中的地位是等同的。

(4) 用人部门的 5 项基本条件对公务员的影响地位是同等的。

2. 符号说明

a_i 表示第 i 个应聘者的初试得分；b_i 表示第 i 个应聘者的复试得分；d_i 表示第 i 个应聘者的最后综合得分；s_{ij} 表示第 j 个部门对第 i 个应聘者的综合满意度；t_{ij} 表示第 i 个应聘者对第 j 个部门的综合满意度；r_{ij} 表示第 i 个应聘者与第 j 个部门的相互综合满意度；其中 $i=1,2,\cdots,16;j=1,2,\cdots,7$。

14.6.4 模型准备

1. 应聘者复试成绩量化

首先，对专家组所给出的每一个应聘者 4 项条件的评分进行量化处理，从而给出每个应聘者的复试得分。注意到，专家组对应聘者的 4 项条件评分为 A，B，C，D 四个等级，不妨设相应的评语集为{很好，好，一般，差}，对应的数值为 5，4，3，2。根据实际情况取近似的柯西分布隶属函数

$$f(x)=\begin{cases}[1+\alpha(x-\beta)^{-2}]^{-1}, 1\leqslant x\leqslant 3,\\ a\ln x+b, 3\leqslant x\leqslant 5,\end{cases} \tag{14.10}$$

其中，α,β,a,b 为待定常数。实际上，当评价为“很好”时，则隶属度为 1，即 $f(5)=1$；当评价为“一般”时，则隶属度为 0.8，即 $f(3)=0.8$；当评价为“很差”时（在这里没有此评价），则认为隶属度为 0.01，即 $f(1)=0.01$。于是，可以确定出 $\alpha=1.1086,\beta=0.8942,a=0.3915,b=0.3699$。将其代入式(14.10)可得隶属函数为

$$f(x)=\begin{cases}[1+1.1086(x-0.8942)^{-2}]^{-1}, 1\leqslant x\leqslant 3,\\ 0.3915\ln x+0.3699, 3\leqslant x\leqslant 5.\end{cases}$$

经计算得 $f(2)=0.5245, f(4)=0.9126$，则专家组对应聘者各单项指标的评价{A，B，C，D}={很好，好，一般，差}的量化值为(1，0.9126，0.8，0.5245)。根据表 14.11 的数据

可以得到专家组对每一个应聘者的4项条件的评价指标值。例如:专家组对第1个应聘者的评价为(A,A,B,B),则其指标量化值为(1,1,0.9126,0.9126)。专家组对于16个应聘者都有相应的评价量化值,即得到一个评价矩阵,记为$\boldsymbol{C}=(c_{ik})_{16\times 4}$。由假设(3),应聘者的4项条件在综合评价中的地位是同等的,则16个应聘者的综合复试得分可以表示为

$$b_i = \frac{1}{4}\sum_{k=1}^{4} c_{ik}, \quad i = 1,2,\cdots,16. \tag{14.11}$$

经计算,16名应聘者的复试分数如表14.13所列。

表14.13 应聘者的复试成绩

应聘者	1	2	3	4	5	6	7	8
复试分数	0.9563	0.9282	0.8093	0.9345	0.9063	0.8374	0.9063	0.9282
应聘者	9	10	11	12	13	14	15	16
复试分数	0.9345	0.8093	0.8093	0.9282	0.8093	0.8374	0.9063	0.9063

2. 初试分数与复试分数的规范化

为了便于将初试分数与复试分数做统一的比较,首先分别用极差规范化方法做相应的规范化处理。初试得分的规范化为

$$a_i' = \frac{a_i - \min\limits_{1\leqslant i\leqslant 16} a_i}{\max\limits_{1\leqslant i\leqslant 16} a_i - \min\limits_{1\leqslant i\leqslant 16} a_i} = \frac{a_i - 273}{290-273}, \quad i=1,2,\cdots,16.$$

复试得分的规范化为

$$b_i' = \frac{b_i - \min\limits_{1\leqslant i\leqslant 16} b_i}{\max\limits_{1\leqslant i\leqslant 16} b_i - \min\limits_{1\leqslant i\leqslant 16} b_i} = \frac{b_i - 0.8093}{0.9653-0.8093}, \quad i=1,2,\cdots,16.$$

经计算可以得到具体的结果。

3. 确定应聘人员的综合分数

不同的用人单位对待初试和复试成绩的重视程度可能会不同,在这里用参数$\gamma(0<\gamma<1)$表示用人单位对初试成绩的重视程度的差异,即取初试分数和复试分数的加权和作为应聘者的综合分数,则第j个应聘者的综合分数为

$$d_i = \gamma a_i' + (1-\gamma) b_i', \quad i=1,2,\cdots,16. \tag{14.12}$$

由实际数据,取适当的参数$\gamma(0<\gamma<1)$可以计算出每一个应聘者的最后综合得分,根据实际需要可以分别对$\gamma=0.4,0.5,0.6,0.7$来计算。在这里不妨取$\gamma=0.5$,则可以得到16名应聘人员的综合得分及排序如表14.14所列。

表14.14 应聘者的综合得分及排序

应聘者	1	2	3	4	5	6	7	8
综合分数	1	0.8454	0.4412	0.7787	0.6241	0.3899	0.5359	0.6101
排序	1	2	9	3	5	10	7	6
应聘者	9	10	11	12	13	14	15	16
综合分数	0.6316	0.2059	0.1471	0.5219	0.0588	0.1546	0.3594	0.3300
排序	4	13	15	8	16	14	11	12

```python
#程序文件 anli14_1_1
import numpy as np
from scipy.optimize import fsolve
import pylab as plt

f1 = lambda t: [1/(1+t[0]/(1-t[1])**2)-0.01,
               1/(1+t[0]/(3-t[1])**2)-0.8]
c1 = fsolve(f1, [0.5,0.5])                       #待定参数 alpha,beta
f2 = lambda t: [t[0]*np.log(3)+t[1]-0.8, t[0]*np.log(5)+t[1]-1]
c2 = fsolve(f2, [0.5, 0.5])                      #待定参数 a,b
fx = lambda x: (1/(1+c1[0]/(x-c1[1])**2) * ((x>=1)&(x<=3))+
             (c2[0]*np.log(x)+c2[1]) * ((x>3) & (x<=5)))
x0 = np.linspace(1, 5, 100); plt.plot(x0, fx(x0))
f2 =fx(2); f4 = fx(4)

d0 = np.loadtxt('anli14_1_1.txt')
d1 = d0[:,0]; d2 = d0[:,3:]
e20 = fx(d2); e21 = e20.mean(1)                  #逐行求均值得到综合复试成绩
e2 = (e21-min(e21))/(max(e21)-min(e21))  #复试成绩标准化
e1 = (d1-min(d1))/(max(d1)-min(d1))      #初始成绩标准化
f = (e1 + e2) /2                                 #计算综合得分
ind = np.argsort(-f)                             #从大到小排序的地址
ind[ind] = np.arange(1,len(ind)+1)               #综合得分排序
print('综合得分:\n', f); print('综合得分排序:\n', ind)
np.savetxt('anli14_1_2.txt',f); plt.show()
```

14.6.5 模型的建立与求解

1. 问题(1)的模型建立与求解

首先注意到,作为用人单位一般不会太看重应聘人员之间初试分数的少量差异,可能更注重应聘者的特长,因此,用人单位评价一个应聘者主要依据4个方面特长。根据每个用人部门的期望要求条件和每个应聘者的实际条件(专家组的评价)的差异,每个用人部门客观地对各个应聘者都存在一个相应的评价指标,或称为"满意度"。

从心理学的角度来分析,每一个用人部门对应聘者的每一项指标都有一个期望"满意度",即反映用人部门对某项指标的要求与应聘者实际水平差异的程度。通常认为用人部门对应聘者的某项指标的满意程度可以分为"很不满意、不满意、不太满意、基本满意、比较满意、满意、很满意"7个等级,即构成了评语集 $V=\{v_1,v_2,\cdots,v_7\}$,并赋予相应的数值1,2,3,4,5,6,7。

当应聘者的某项指标等级与用人部门相应的要求一致时,则认为用人部门为基本满意,即满意程度为 v_4;当应聘者的某项指标等级比用人部门相应的要求高一级时,则用人部门的满意度上升一级,即满意程度为 v_5;当应聘者的某项指标等级与用人部门相应的要求低一级时,则用人部门的满意度下降一级,即满意度为 v_3;依此类推,则可以得到

用人部门对应聘者的满意程度的关系如表 14.15 所列。由此可以计算出每一个用人部门对每一个应聘者各项指标的满意程度。例如：专家组对应聘者 1 的评价指标集为 {A,A,B,B}，部门 1 的期望要求指标集为 {B,A,C,A}，则部门 1 对应聘者 1 的满意程度为 (v_5, v_4, v_5, v_3)。

表 14.15　满意度关系表

要　求	应　聘　者			
	A	B	C	D
A	v_4	v_3	v_2	v_1
B	v_5	v_4	v_3	v_2
C	v_6	v_5	v_4	v_3
D	v_7	v_6	v_5	v_4

为了得到“满意度”的量化指标，注意到，人们对不满意程度的敏感远远大于对满意程度的敏感，即用人部门对应聘者的满意程度降低一级可能导致用人部门极大的抱怨，但对满意程度增加一级只能引起满意程度的少量增长。根据这样一个基本事实，则可以取近似的柯西分布隶属函数

$$f(x)=\begin{cases}[1+\alpha(x-\beta)^{-2}]^{-1}, 1\leqslant x\leqslant 4,\\ a\ln x+b, 4\leqslant x\leqslant 7,\end{cases}$$

其中 α,β,a,b 为待定常数。实际上，当“很满意”时，则“满意度”的量化值为 1，即 $f(7)=1$；当“基本满意”时，则“满意度”的量化值为 0.8，即 $f(4)=0.8$；当“很不满意”时，则“满意度”的量化值为 0.01，即 $f(1)=0.01$。于是，可以确定出 $\alpha=2.4944, \beta=0.8413, a=0.3574, b=0.3046$。故有

$$f(x)=\begin{cases}[1+2.4944(x-0.8413)^{-2}]^{-1}, 1\leqslant x\leqslant 4,\\ 0.3574\ln x+0.3046, 4\leqslant x\leqslant 7.\end{cases}$$

经计算得 $f(2)=0.3499, f(3)=0.6514, f(5)=0.8797, f(6)=0.9449$，则用人部门对应聘者各单项指标的评语集 $\{v_1, v_2, \cdots, v_7\}$ 的量化值为

$$(0.01, 0.3499, 0.6514, 0.8, 0.8797, 0.9449, 1).$$

根据专家组对 16 名应聘者 4 项特长评分和 7 个部门的期望要求(表 14.12)，则可以分别计算得到每一个部门对每一个应聘者的各单项指标的满意度的量化值，分别记为

$$(s_{ij}^{(1)}, s_{ij}^{(2)}, s_{ij}^{(3)}, s_{ij}^{(4)}),\quad i=1,2,\cdots,16; j=1,2,\cdots,7.$$

例如，用人部门 1 对应聘人员 1 的单项指标的满意程度为 (v_5, v_4, v_5, v_3)，其量化值为

$$(s_{11}^{(1)}, s_{11}^{(2)}, s_{11}^{(3)}, s_{11}^{(4)})=(0.8797, 0.8, 0.8797, 0.6514).$$

由假设(3)，应聘者的 4 项特长指标在用人部门对应聘者的综合评价中有同等的地位，为此可取第 j 个部门对第 i 个应聘者的综合评分为

$$s_{ij}=\frac{1}{4}\sum_{k=1}^{4} s_{ij}^{(k)},\quad i=1,2,\cdots,16; j=1,2,\cdots,7. \tag{14.13}$$

具体计算结果这里就不给出了。

根据“择优按需录用”的原则，来确定录用分配方案。“择优”就是选择综合分数较高者，“按需”就是录取分配方案使得用人单位的评分尽量高。为此，建立 0-1 整数规划模

型解决该问题。引进 0-1 决策变量

$$x_{ij}=\begin{cases}1,\text{录用第 } i \text{ 个应聘者到第 } j \text{ 个部门},\\0,\text{不录用第 } i \text{ 个应聘者到第 } j \text{ 个部门},\end{cases}\quad i=1,2,\cdots,16;j=1,2,\cdots,7,$$

于是问题就转化为求如下的 0-1 整数规划模型：

$$\max z=\sum_{i=1}^{16}\sum_{j=1}^{7}d_i x_{ij}+\sum_{i=1}^{16}\sum_{j=1}^{7}s_{ij}x_{ij},$$

$$\text{s.t.}\begin{cases}\sum_{i=1}^{16}\sum_{j=1}^{7}x_{ij}=8,\\\sum_{j=1}^{7}x_{ij}\leqslant 1,i=1,2,\cdots,16,\\1\leqslant\sum_{i=1}^{16}x_{ij}\leqslant 2,j=1,2,\cdots,7,\\x_{ij}=0\text{ 或 }1,i=1,2,\cdots,16;j=1,2,\cdots,7.\end{cases}\tag{14.14}$$

利用 Python 软件，求得目标函数的最优值为 11.9013，录用分配方案如表 14.16 所列。

表 14.16 录用及分配方案

部门	1	2	2	3	4	5	6	7
应聘者	1	2	5	8	4	9	12	7
综合分数	1	0.8454	0.6241	0.6101	0.7787	0.6316	0.5219	0.5359
部门评分	0.8027	0.8199	0.7828	0.8027	0.7818	0.8027	0.7991	0.7619

```
#程序文件 anli14_1_2
import numpy as np
from scipy.optimize import fsolve
import cvxpy as cp
import pandas as pd

f1 = lambda t: [1/(1+t[0]/(1-t[1])**2)-0.01,
                1/(1+t[0]/(4-t[1])**2)-0.8]
c1 = fsolve(f1, [0.5,0.5])                    #待定参数 alpha,beta
f2 = lambda t: [t[0]*np.log(4)+t[1]-0.8, t[0]*np.log(7)+t[1]-1]
c2 = fsolve(f2, [0.5, 0.5])                   #待定参数 a,b
f = lambda x: (1/(1+c1[0]/(x-c1[1])**2) * ((x>=1)&(x<=4))+
              (c2[0]*np.log(x)+c2[1]) * ((x>4) & (x<=7)))
f17 = f(np.arange(1,8))                       #计算对应的函数值
d1 = np.loadtxt('anli14_1_1.txt'); d2 = np.loadtxt('anli14_1_3.txt')
a = d1[:, 3:]; b = d2[:, 6:]
g = lambda x: (4*(x==0)+5*(x==-1)+6*(x==-2)+7*(x==-3)+
              3*(x==1)+2*(x==2)+(x>=3))
m = b.shape[0]; n = a.shape[0]; s = np.zeros((n, m))
```

```
for i in range(n):
    for j in range(m):
        t1 = g(b[j,:]-a[i,:]); t2 = f(t1)
        s[i,j] = t2.mean()                          #计算用人部门对应聘者的评分
d = np.loadtxt('anli14_1_2.txt')

x = cp.Variable((n, m), integer=True)
obj = cp.Maximize(sum(cp.multiply(d, cp.sum(x,axis=1)))
                 + cp.sum(cp.multiply(s, x)))
con = [cp.sum(x)==8, cp.sum(x,axis=1)<=1, cp.sum(x,axis=0)>=1,
       cp.sum(x,axis=0)<=2, x>=0, x<=1]
prob = cp.Problem(obj, con); prob.solve(solver='GLPK_MI')
print('最优值:', prob.value); print('最优解:\n', x.value)
i, j = np.nonzero(x.value)
pf0 = s * x.value; pf = pf0[np.nonzero(pf0)]  #提取非零评分
out = np.vstack([j+1, i+1, d[i], pf])
fid = pd.ExcelWriter('anli14_1_4.xlsx')
pd.DataFrame(s).to_excel(fid, index=None)
pd.DataFrame(out).to_excel(fid, 'Sheet2', index=None)
fid.save()
```

2. 问题(2)的模型建立与求解

在充分考虑应聘人员的意愿和用人部门的期望要求的情况下,寻求更好的录用分配方案。应聘人员的意愿有两个方面:对用人部门工作类别的选择意愿和对用人部门基本情况的看法,即可用应聘人员对用人部门的综合满意度来表示;用人部门对应聘人员的期望要求也用满意度来表示。一个好的录用分配方案应该是使得二者的满意度都尽量的高。

(1) 确定用人部门对应聘者的满意度。用人部门对所有应聘人员的满意度与问题(1)中的式(14.13)相同,即第 j 个部门对第 i 个应聘人员的 4 项条件的综合评价满意度为

$$s_{ij} = \frac{1}{4}\sum_{k=1}^{4} s_{ij}^{(k)}, \quad i = 1,2,\cdots,16; j = 1,2,\cdots,7.$$

(2) 确定应聘者对用人部门的满意度。应聘者对用人部门的满意度主要与用人部门的基本情况有关,同时考虑到应聘者所喜好的工作类别,在评价用人部门时一定会偏向于自己的喜好,即工作类别也是决定应聘者选择部门的一个因素。因此,影响应聘者对用人部门的满意度的有 5 项指标:福利待遇、工作条件、劳动强度、晋升机会和深造机会。

对工作类别来说,主要看是否符合自己想从事的工作,符合第一、二志愿的分别为"满意、基本满意",不符合志愿的为"不满意",即应聘者志愿满意程度分为{满意,基本满意,不满意}三个等级。实际中根据人们对待类别志愿的敏感程度的心理变化,在这里取隶属函数为 $f(x)=b\ln(a-x)$,并要求 $f(1)=1$,$f(3)=0$,即符合第一志愿时,满意度为 1,不符合任一个志愿时满意度为 0,简单计算解得 $a=4$,$b=0.9102$,即 $f(x)=0.9102\ln(4-x)$。

于是当用人部门的工作类别符合应聘者的第二志愿时的满意度为$f(2)=0.6309$,即得到评语集{满意,基本满意,不满意}的量化值为(1,0.6309,0)。这样每一个应聘者i对每一个用人部门j都有一个满意度权值$w_{ij}(i=1,2,\cdots,16;j=1,2,\cdots,7)$,即满足第一志愿取权值为1,满足第二志愿取权值为0.6309,不满足志愿取权值为0。

对于反映用人部门基本情况的5项指标都可分为"优中差,小中大或多中少"3个等级,应聘者对各部门的评语集也为3个等级,即{满意,基本满意,不满意},类似于上面确定用人部门对应聘者满意度的方法。

首先确定用人部门基本情况的客观指标值:应聘者对7个部门的5项指标中的"优、小、多"级别认为很满意,其隶属度为1;"中"级别认为满意,其隶属度为0.6;"差、大、少"级别认为不满意,其隶属度为0.1。由表14.12的实际数据可得应聘者对每个部门的各单项指标的满意度量化值,即用人部门的客观水平的评价值$\boldsymbol{T}_j=(T_{1j},T_{2j},T_{3j},T_{4j},T_{5j})^{\mathrm{T}}(j=1,2,\cdots,7)$,具体结果如表14.17所列。

表14.17 用人部门的基本情况的量化指标

部门 指标	部门1 T_1	部门2 T_2	部门3 T_3	部门4 T_4	部门5 T_5	部门6 T_6	部门7 T_7
1	1	0.6	0.6	1	1	0.6	1
2	1	1	1	0.1	0.6	0.6	0.6
3	0.6	0.1	0.6	0.1	0.6	0.6	0.1
4	1	1	0.1	1	0.6	0.6	0.1
5	0.1	0.1	1	1	0.6	1	1

于是,每一个应聘者对每一个部门的5个单项指标的满意度应为该部门的客观水平评价值与应聘者对该部门的满意度权值$w_{ij}(i=1,2,\cdots,16;j=1,2,\cdots,7)$的乘积,即

$$\widetilde{\boldsymbol{T}}_{ij}=w_{ij}(T_{1j},T_{2j},T_{3j},T_{4j},T_{5j})=(T_{ij}^{(1)},T_{ij}^{(2)},T_{ij}^{(3)},T_{ij}^{(4)},T_{ij}^{(5)}).$$

例如,应聘者1对部门5的单项指标的满意度为

$$\widetilde{\boldsymbol{T}}_{15}=(T_{15}^{(1)},T_{15}^{(2)},T_{15}^{(3)},T_{15}^{(4)},T_{15}^{(5)})=(0.6309,0.3786,0.3786,0.3786,0.3786).$$

由假设(3),用人部门的5项指标在应聘者对用人部门的综合评级中有同等的地位,为此可取第i个应聘者对第j个部门的综合评价满意度为

$$t_{ij}=\frac{1}{5}\sum_{k=1}^{5}T_{ij}^{(k)},\quad i=1,2,\cdots,16;j=1,2,\cdots,7. \tag{14.15}$$

(3) 确定双方的相互综合满意度。根据上面的讨论,每一个用人部门与每一个应聘者之间都有相应单方面的满意度,双方的相互满意度应由各自的满意度来确定,在此,取双方各自满意度的几何平均值为双方相互综合满意度,即

$$r_{ij}=\sqrt{s_{ij}\cdot t_{ij}},\quad i=1,2,\cdots,16;j=1,2,\cdots,7. \tag{14.16}$$

(4) 确定合理的录用分配方案。最优的录用分配方案应该是使得所有用人部门和录用的公务员之间的相互综合满意度之和最大。设决策变量

$$x_{ij}=\begin{cases}1,\text{录用第 } i \text{ 个应聘者到第 } j \text{ 个部门},\\0,\text{不录用第 } i \text{ 个应聘者到第 } j \text{ 个部门}.\end{cases}$$

于是问题可以归结为如下的0-1整数规划模型:

$$\max z = \sum_{i=1}^{16}\sum_{j=1}^{7} r_{ij}x_{ij},$$

$$\text{s. t.}\begin{cases}\sum_{i=1}^{16}\sum_{j=1}^{7} x_{ij} = 8,\\ \sum_{j=1}^{8} x_{ij} \leqslant 1, i = 1,2,\cdots,16,\\ 1 \leqslant \sum_{i=1}^{16} x_{ij} \leqslant 2, j = 1,2,\cdots,7,\\ x_{ij} = 0 \text{ 或 } 1, i = 1,2,\cdots,16; j = 1,2,\cdots,7.\end{cases} \tag{14.17}$$

利用 Python 软件,求得最终的录用分配方案如表 14.18 所列,总满意度为 $z=5.7009$。

表 14.18　最终的录用分配方案

部门	1	1	2	3	4	5	6	7
应聘者	9	15	8	1	12	6	4	7
综合满意度	0.7509	0.7428	0.6705	0.7445	0.6899	0.7121	0.7371	0.6532

```
#程序文件 anli14_1_3
import numpy as np
import cvxpy as cp
import pandas as pd

fx = lambda x: np.log(4-x)/np.log(3)
w = fx(np.arange(1,4))                    #计算权重向量
d1 = np.loadtxt('anli14_1_1.txt'); d2 = np.loadtxt('anli14_1_3.txt')
a = d1[:,[1,2]]                           #志愿类别数据
#下面匿名函数把工作类别映射到部门编号减 1
g = lambda x: (0*(x==1)+np.array([1,2])*(x==2)+
              np.array([3,4])*(x==3)+np.array([5,6])*(x==4))
wij = np.zeros((16,7))                    #权重矩阵初始化
for i in range(16):
    wij[i,g(a[i,0])]=1; wij[i,g(a[i,1])]=w[1]
tj = d2[:,1:6]                            #提出部门客观评分
t = wij * (tj.mean(axis=1))               #计算对部门的满意度
s = pd.read_excel('anli14_1_4.xlsx').values
r = np.sqrt(s*t)                          #计算相互满意度

x = cp.Variable((16, 7), integer=True)
obj = cp.Maximize(cp.sum(cp.multiply(r, x)))
con = [cp.sum(x)==8, cp.sum(x,axis=1)<=1, cp.sum(x,axis=0)>=1,
       cp.sum(x,axis=0)<=2, x>=0, x<=1]
prob = cp.Problem(obj, con); prob.solve(solver='GLPK_MI')
print('最优值:', prob.value); xx = x.value
```

```
print('最优解:\n', xx)
i, j = np.nonzero(xx)
fc0 = r * xx; fc = fc0[np.nonzero(fc0)]  #提取满意度数据
out = np.vstack([j+1, i+1, fc])
ind = np.argsort(j); out = out[:,ind]      #部门序号从小到大排序
pd.DataFrame(out).to_excel('anli14_1_5.xlsx', index=None)
```

3. 问题(3)的求解

对于 N 个应聘人员和 $M(<N)$ 个用人单位的情况,如上的方法都是适用的,只是两个优化模型式(14.14)和式(14.17)的规模将会增大,但对计算机软件求解影响不大。实际中用人单位的个数 M 不会太大,当应聘人员的个数 N 大到一定的程度时,可以分步处理:先根据应聘人的综合分数和用人部门的评价分数择优确定录用名单,然后再"按需"分配。

习　题　14

14.1　1989 年度西山矿务局 5 个生产矿井实际资料如表 14.19 所列,试对西山矿务局 5 个生产矿井 1989 年的企业经济效益进行综合评价。

表 14.19　1989 年度西山矿务局 5 个生产矿井技术经济指标实现值

指　　标	白家庄矿	杜尔坪矿	西铭矿	官地矿	西曲矿
原煤成本	99.89	103.69	97.42	101.11	97.21
原煤利润	96.91	124.78	66.44	143.96	88.36
原煤产量	102.63	101.85	104.39	100.94	100.64
原煤销售量	98.47	103.16	109.17	104.39	91.90
商品煤灰分	87.51	90.27	93.77	94.33	85.21
全员效率	108.35	106.39	142.35	121.91	158.61
流动资金周转天数	71.67	137.16	97.65	171.31	204.52
资源回收率	103.25	100	100	99.13	100.22
百万吨死亡率	171.2	51.35	15.90	53.72	20.78

14.2　某核心企业需要在 6 个待选的零部件供应商中选择一个合作伙伴,各待选供应商有关数据如表 14.20 所列,试从中选择一个最优供应商。

表 14.20　某核心企业待选供应商的评价指标有关数据

评价指标	待选供应商					
	1	2	3	4	5	6
产品质量	0.83	0.90	0.99	0.92	0.87	0.95
产品价格/元	326	295	340	287	310	303
地理位置/km	21	38	25	19	27	10
售后服务/h	3.2	2.4	2.2	2.0	0.9	1.7
技术水平	0.20	0.25	0.12	0.33	0.20	0.09

（续）

评价指标	待选供应商					
	1	2	3	4	5	6
经济效益	0.15	0.20	0.14	0.09	0.15	0.17
供应能力/件	250	180	300	200	150	175
市场影响度	0.23	0.15	0.27	0.30	0.18	0.26
交货情况	0.87	0.95	0.99	0.89	0.82	0.94

14.3　表 14.21 所列为我国 1984—2000 年宏观投资的一些数据，试对投资效益进行分析和排序。

表 14.21　1984—2000 年宏观投资效益主要指标

年　份	投资效果系数（无时滞）	投资效果系数（时滞一年）	全社会固定资产交付使用率	建设项目投产率	基建房屋竣工率
1984	0.71	0.49	0.41	0.51	0.46
1985	0.40	0.49	0.44	0.57	0.50
1986	0.55	0.56	0.48	0.53	0.49
1987	0.62	0.93	0.38	0.53	0.47
1988	0.45	0.42	0.41	0.54	0.47
1989	0.36	0.37	0.46	0.54	0.48
1990	0.55	0.68	0.42	0.54	0.46
1991	0.62	0.90	0.38	0.56	0.46
1992	0.61	0.99	0.33	0.57	0.43
1993	0.71	0.93	0.35	0.66	0.44
1994	0.59	0.69	0.36	0.57	0.48
1995	0.41	0.47	0.40	0.54	0.48
1996	0.26	0.29	0.43	0.57	0.48
1997	0.14	0.16	0.43	0.55	0.47
1998	0.12	0.13	0.45	0.59	0.54
1999	0.22	0.25	0.44	0.58	0.52
2000	0.71	0.49	0.41	0.51	0.46

14.4　已知经管、汽车、信息、材化、计算机、土建、机械学院 7 个学院学生 4 门基础课（数学、物理、英语、计算机）的平均成绩如表 14.22 所列，试用模糊聚类分析方法对学生成绩进行评价。

表 14.22　基础课平均成绩表

科　目	经管	汽车	信息	材化	计算机	土建	机械
数学	62.03	62.48	78.52	72.12	74.18	73.95	66.83
物理	59.47	63.70	72.38	73.28	67.07	68.32	76.04
英语	68.17	61.04	75.17	77.68	67.74	70.09	76.87
计算机	72.45	68.17	74.65	70.77	70.43	68.73	73.18

第 15 章　预 测 方 法

预测的方法种类繁多,从经典的单耗法、弹性系数法、统计分析法、微分方程法,到灰色预测法、专家系统法和模糊数学法,甚至神经网络法和小波分析等方法都可以用于预测。据有关资料统计,预测方法多达 200 余种。因此在使用这些方法建立预测模型时,往往难以正确地判断该用哪种方法,从而不能准确地建立模型,达到要求的效果。虽然预测的方法很多,但各种方法都有各自的优缺点和适用范围。

本章介绍灰色预测、马尔可夫预测和神经元网络。

15.1　灰色预测模型

灰色系统理论(grey system theory)的创立源于 20 世纪 80 年代。邓聚龙教授在 1981 年上海中-美控制系统学术会议上所作的“含未知数系统的控制问题”的学术报告中首次使用了“灰色系统”一词。1982 年,邓聚龙发表了“参数不完全系统的最小信息正定”“灰色系统的控制问题”等系列论文,奠定了灰色系统理论的基础。

灰色预测的主要特点是模型使用的不是原始数据序列,而是生成的数据序列。其核心体系是灰色模型(Grey Model,GM),即对原始数据做累加生成(或其他方法生成)得到近似的指数规律再进行建模的方法。优点是不需要很多的数据,一般只需要 4 个数据就可以,能解决历史数据少、序列的完整性及可靠性低的问题;能利用微分方程来充分挖掘系统的本质,精度高;能将无规律的原始数据进行生成得到规律性较强的生成序列,运算简便,易于检验,具有不考虑分布规律,不考虑变化趋势。缺点是只适用于中短期的预测,只适合指数增长的预测。

15.1.1　GM(1,1)预测模型

GM(1,1)表示模型是 1 阶微分方程,且只含 1 个变量的灰色模型。

1. GM(1,1)模型预测方法

定义 15.1　已知参考数列$\boldsymbol{x}^{(0)}=(x^{(0)}(1),x^{(0)}(2),\cdots,x^{(0)}(n))$,1 次累加生成序列(1-AGO)

$$\boldsymbol{x}^{(1)}=(x^{(1)}(1),x^{(1)}(2),\cdots,x^{(1)}(n))=(x^{(0)}(1),x^{(0)}(1)+x^{(0)}(2),\cdots,x^{(0)}(1)+\cdots+x^{(0)}(n)),$$

式中:$x^{(1)}(k)=\sum_{i=1}^{k}x^{(0)}(i)$, $k=1,2,\cdots,n$。$\boldsymbol{x}^{(1)}$的均值生成序列

$$\boldsymbol{z}^{(1)}=(z^{(1)}(2),z^{(1)}(3),\cdots,z^{(1)}(n)),$$

式中:$z^{(1)}(k)=0.5x^{(1)}(k)+0.5x^{(1)}(k-1)$, $k=2,3,\cdots,n$。

建立灰微分方程

$$x^{(0)}(k)+az^{(1)}(k)=b,\quad k=2,3,\cdots,n,$$

相应的白化微分方程为

$$\frac{\mathrm{d}x^{(1)}(t)}{\mathrm{d}t}+ax^{(1)}(t)=b, \tag{15.1}$$

记 $\boldsymbol{u}=[a,b]^{\mathrm{T}}$，$\boldsymbol{Y}=[x^{(0)}(2),x^{(0)}(3),\cdots,x^{(0)}(n)]^{\mathrm{T}}$，$\boldsymbol{B}=\begin{bmatrix}-z^{(1)}(2) & 1\\ -z^{(1)}(3) & 1\\ \vdots & \vdots\\ -z^{(1)}(n) & 1\end{bmatrix}$，则由最小二乘法，求得使 $J(\boldsymbol{u})=(\boldsymbol{Y}-\boldsymbol{B}\boldsymbol{u})^{\mathrm{T}}(\boldsymbol{Y}-\boldsymbol{B}\boldsymbol{u})$ 达到最小值的 $\boldsymbol{u}$ 的估计值为

$$\hat{\boldsymbol{u}}=[\hat{a},\hat{b}]^{\mathrm{T}}=(\boldsymbol{B}^{\mathrm{T}}\boldsymbol{B})^{-1}\boldsymbol{B}^{\mathrm{T}}\boldsymbol{Y},$$

于是求解方程式(15.1)，得

$$\hat{x}^{(1)}(k+1)=\left(x^{(0)}(1)-\frac{\hat{b}}{\hat{a}}\right)\mathrm{e}^{-\hat{a}k}+\frac{\hat{b}}{\hat{a}},\quad k=0,1,\cdots,n-1,\cdots.$$

2. GM(1,1)模型预测步骤

1）数据的检验与处理

首先，为了保证建模方法的可行性，需要对已知数据列作必要的检验处理。设参考数列为 $\boldsymbol{x}^{(0)}=(x^{(0)}(1),x^{(0)}(2),\cdots,x^{(0)}(n))$，计算序列的级比

$$\lambda(k)=\frac{x^{(0)}(k-1)}{x^{(0)}(k)},\quad k=2,3,\cdots,n.$$

如果所有的级比 $\lambda(k)$ 都落在可容覆盖 $\Theta=(\mathrm{e}^{-\frac{2}{n+1}},\mathrm{e}^{\frac{2}{n+1}})$ 内，则序列 $\boldsymbol{x}^{(0)}$ 可以作为模型 GM(1,1) 的数据进行灰色预测。否则，需要对序列 $\boldsymbol{x}^{(0)}$ 做必要的变换处理，使其落入可容覆盖内，即取充分大的正常数 c，做平移变换：

$$y^{(0)}(k)=x^{(0)}(k)+c,\quad k=1,2,\cdots,n,$$

使序列 $\boldsymbol{y}^{(0)}=(y^{(0)}(1),y^{(0)}(2),\cdots,y^{(0)}(n))$ 的级比

$$\lambda_y(k)=\frac{y^{(0)}(k-1)}{y^{(0)}(k)}\in\Theta,\quad k=2,3,\cdots,n.$$

2）建立模型

按式(15.1)建立 GM(1,1) 模型，则可以得到预测值

$$\hat{x}^{(1)}(k+1)=\left(x^{(0)}(1)-\frac{\hat{b}}{\hat{a}}\right)\mathrm{e}^{-\hat{a}k}+\frac{\hat{b}}{\hat{a}},\quad k=0,1,\cdots,n-1,\cdots,$$

而且 $\hat{x}^{(0)}(k+1)=\hat{x}^{(1)}(k+1)-\hat{x}^{(1)}(k)$，$k=1,2,\cdots,n-1,\cdots$。

3）检验预测值

（1）相对误差检验。计算相对误差

$$\delta(k)=\frac{|x^{(0)}(k)-\hat{x}^{(0)}(k)|}{x^{(0)}(k)},\quad k=1,2,\cdots,n,$$

这里 $\hat{x}^{(0)}(1)=x^{(0)}(1)$，如果 $\delta(k)<0.2$，则可认为达到一般要求；如果 $\delta(k)<0.1$，则认为达到较高的要求。

（2）级比偏差值检验。首先由参考数列计算出级比 $\lambda(k)$，再用发展系数 $\hat{a}$ 求出相应的级比偏差

$$\rho(k)=\left|1-\left(\frac{1-0.5\hat{a}}{1+0.5\hat{a}}\right)\lambda(k)\right|,$$

如果$\rho(k)<0.2$,则可认为达到一般要求;如果$\rho(k)<0.1$,则认为达到较高的要求。

4) 预测预报

由 GM(1,1) 模型得到指定点的预测值,根据实际问题的需要,给出相应的预测预报。

3. GM(1,1)模型预测实例

例 15.1 北方某城市 1986—1992 年道路交通噪声平均声级数据如表 15.1 所列,试求 1993 年的预测值。

表 15.1 城市交通噪声数据[dB(A)]

序号	年份	L_{eq}	序号	年份	L_{eq}
1	1986	71.1	5	1990	71.4
2	1987	72.4	6	1991	72.0
3	1988	72.4	7	1992	71.6
4	1989	72.1			

解 1. 级比检验

建立交通噪声平均声级数据时间序列如下

$$\boldsymbol{x}^{(0)}=(x^{(0)}(1),x^{(0)}(2),\cdots,x^{(0)}(7))=(71.1,72.4,72.4,72.1,71.4,72.0,71.6).$$

(1) 求级比 $\boldsymbol{\lambda}(k)$。

$$\lambda(k)=\frac{x^{(0)}(k-1)}{x^{(0)}(k)},\quad k=2,3,\cdots,7,$$

$$\boldsymbol{\lambda}=(\lambda(2),\lambda(3),\cdots,\lambda(7))=(0.982,1,1.0042,1.0098,0.9917,1.0056).$$

(2) 级比判断。由于所有的 $\lambda(k)\in[\mathrm{e}^{-\frac{2}{7+1}},\mathrm{e}^{\frac{2}{7+1}}]=[0.982,1.0098]$, $k=2,\cdots,7$,故可以用$\boldsymbol{x}^{(0)}$作满意的 GM(1,1) 建模。

2. GM(1,1)建模

(1) 对原始数列$\boldsymbol{x}^{(0)}$作一次累加,得

$$\boldsymbol{x}^{(1)}=(71.1,143.5,215.9,288,359.4,431.4,503).$$

(2) 构造数据矩阵 $\boldsymbol{B}$ 及数据向量 $\boldsymbol{Y}$。

$$\boldsymbol{B}=\begin{bmatrix}-\frac{1}{2}(x^{(1)}(1)+x^{(1)}(2)) & 1\\ -\frac{1}{2}(x^{(1)}(2)+x^{(1)}(3)) & 1\\ \vdots & \vdots\\ -\frac{1}{2}(x^{(1)}(6)+x^{(1)}(7)) & 1\end{bmatrix},\quad \boldsymbol{Y}=\begin{bmatrix}x^{(0)}(2)\\ x^{(0)}(3)\\ \vdots\\ x^{(0)}(7)\end{bmatrix}.$$

(3) 计算。

$$\hat{\boldsymbol{u}}=\begin{bmatrix}\hat{a}\\ \hat{b}\end{bmatrix}=(\boldsymbol{B}^{\mathrm{T}}\boldsymbol{B})^{-1}\boldsymbol{B}^{\mathrm{T}}\boldsymbol{Y}=\begin{bmatrix}0.0023\\ 72.6573\end{bmatrix},$$

于是得到$\hat{a}=0.0023,\hat{b}=72.6573$。

（4）建立模型。

$$\frac{\mathrm{d}x^{(1)}(t)}{\mathrm{d}t}+\hat{a}x^{(1)}(t)=\hat{b},$$

取初值 $x^{(1)}(1)=x^{(0)}(1)$，求解，得

$$\hat{x}^{(1)}(k+1)=\left(x^{(0)}(1)-\frac{\hat{b}}{\hat{a}}\right)\mathrm{e}^{-\hat{a}k}+\frac{\hat{b}}{\hat{a}}=-30928.8525\mathrm{e}^{-0.002344k}+30999.9525. \quad (15.2)$$

（5）求生成序列预测值 $\hat{\boldsymbol{x}}^{(1)}$ 及模型还原值 $\hat{\boldsymbol{x}}^{(0)}$。由式(15.2)的时间响应函数可算得 $\hat{\boldsymbol{x}}^{(1)}=(\hat{x}^{(1)}(1),\hat{x}^{(1)}(2),\cdots,\hat{x}(7))$，取$\hat{x}^{(0)}(1)=x^{(0)}(1)=71.1$，由$\hat{x}^{(0)}(k+1)=\hat{x}^{(1)}(k+1)-\hat{x}^{(1)}(k)$，$k=1,2,3,4,5,6$，得

$$\hat{\boldsymbol{x}}^{(0)}=(\hat{x}^{(0)}(1),\hat{x}^{(0)}(2),\cdots,\hat{x}^{(0)}(7))=(71.1,72.4,72.2,72.1,71.9,71.7,71.6).$$

3. 模型检验和预测

模型的各种检验指标值的计算结果如表 15.2 所列。

表 15.2　GM(1,1)模型检验表

序　号	年　份	原始值	预测值	残　差	相对误差	级比偏差
1	1986	71.1	71.1	0	0	
2	1987	72.4	72.4057	−0.0057	0.01%	0.0203
3	1988	72.4	72.2362	0.1638	0.23%	0.0023
4	1989	72.1	72.0671	0.0329	0.05%	0.0018
5	1990	71.4	71.8984	−0.4984	0.70%	0.0074
6	1991	72.0	71.7301	0.2699	0.37%	0.0107
7	1992	71.6	71.5622	0.0378	0.05%	0.0032

经验证，该模型的精度较高，可进行预测和预报。求得 1993 年的预测值为 71.3946。

```
#程序文件 ex15_1.py
import numpy as np
import sympy as sp

x0 = np.array([71.1, 72.4, 72.4, 72.1, 71.4, 72.0, 71.6])
n = len(x0); lamda = x0[:-1]/x0[1:]                     #计算级比
b1 = [min(lamda), max(lamda)]                            #计算级比取值范围
b2 = [np.exp(-2/(n+1)), np.exp(2/(n+1))]                 #计算级比容许范围
x1 = np.cumsum(x0)                                       #求累加序列
z = (x1[:-1]+x1[1:]) / 2                                 #求均值生成序列
B = np.vstack([-z, np.ones(n-1)]).T
u = np.linalg.pinv(B) @ x0[1:]                           #最小二乘法拟合参数
sp.var('t'); sp.var('x', cls=sp.Function)                #定义符号变量和函数
eq = x(t).diff(t)+u[0] * x(t)-u[1]                       #定义符号微分方程
xt0 = sp.dsolve(eq, ics={x(0):x0[0]})                    #求解符号微分方程
```

```
xt0 = xt0.args[1]                                          #提取方程中的符号解
xt = sp.lambdify(t, xt0, 'numpy')                          #转换为匿名函数
t = np.arange(n+1); xh = xt(t)                             #求预测值
x0h = np.hstack([x0[0], np.diff(xh)])                      #还原数据
x1993 = x0h[-1]                                            #提取 1993 年的预测值
cha = x0 - x0h[:-1]; delta = abs(cha/x0) * 100            #计算相对误差
rho = abs(1 - (1-0.5*u[0])/(1+0.5*u[0])*lamda)
print('1993 年预测值:', round(x1993,4))
```

15.1.2 GM(2,1)、DGM 和 Verhulst 模型

GM(1,1)模型适用于具有较强指数规律的序列,只能描述单调的变化过程,对于非单调的摆动发展序列或有饱和的 S 形序列,可以考虑建立 GM(2,1)、DGM 和 Verhulst 模型。

1. GM(2,1)模型

定义 15.2 设原始序列

$$\boldsymbol{x}^{(0)}=(x^{(0)}(1),x^{(0)}(2),\cdots,x^{(0)}(n)),$$

其 1 次累加生成序列(1-AGO)$\boldsymbol{x}^{(1)}$和 1 次累减生成序列(1-IAGO)$\boldsymbol{\alpha}^{(1)}\boldsymbol{x}^{(0)}$分别为

$$\boldsymbol{x}^{(1)}=(x^{(1)}(1),x^{(1)}(2),\cdots,x^{(1)}(n)),$$

和

$$\boldsymbol{\alpha}^{(1)}\boldsymbol{x}^{(0)}=(\alpha^{(1)}x^{(0)}(2),\cdots,\alpha^{(1)}x^{(0)}(n)),$$

其中

$$\alpha^{(1)}x^{(0)}(k)=x^{(0)}(k)-x^{(0)}(k-1),k=2,3,\cdots,n,$$

$\boldsymbol{x}^{(1)}$的均值生成序列为

$$\boldsymbol{z}^{(1)}=(z^{(1)}(2),z^{(1)}(3),\cdots,z^{(1)}(n)),$$

则称

$$\alpha^{(1)}x^{(0)}(k)+a_1x^{(0)}(k)+a_2z^{(1)}(k)=b \tag{15.3}$$

为 GM(2,1)模型。

定义 15.3 称

$$\frac{\mathrm{d}^2x^{(1)}(t)}{\mathrm{d}t^2}+a_1\frac{\mathrm{d}x^{(1)}(t)}{\mathrm{d}t}+a_2x^{(1)}(t)=b \tag{15.4}$$

为 GM(2,1)模型的白化方程。

定理 15.1 设$\boldsymbol{x}^{(0)}$,$\boldsymbol{x}^{(1)}$,$\boldsymbol{\alpha}^{(1)}\boldsymbol{x}^{(0)}$如定义 15.2 所述,且

$$\boldsymbol{B}=\begin{bmatrix}-x^{(0)}(2) & -z^{(1)}(2) & 1\\ -x^{(0)}(3) & -z^{(1)}(3) & 1\\ \vdots & \vdots & \vdots\\ -x^{(0)}(n) & -z^{(1)}(n) & 1\end{bmatrix},\quad \boldsymbol{Y}=\begin{bmatrix}\alpha^{(1)}x^{(0)}(2)\\ \alpha^{(1)}x^{(0)}(3)\\ \vdots\\ \alpha^{(1)}x^{(0)}(n)\end{bmatrix}=\begin{bmatrix}x^{(0)}(2)-x^{(0)}(1)\\ x^{(0)}(3)-x^{(0)}(2)\\ \vdots\\ x^{(0)}(n)-x^{(0)}(n-1)\end{bmatrix},$$

则 GM(2,1)模型参数序列 $\boldsymbol{u}=[a_1,a_2,b]^{\mathrm{T}}$ 的最小二乘估计为

$$\hat{\boldsymbol{u}}=(\boldsymbol{B}^{\mathrm{T}}\boldsymbol{B})^{-1}\boldsymbol{B}^{\mathrm{T}}\boldsymbol{Y}.$$

例 15.2 已知$\boldsymbol{x}^{(0)}=(41,49,61,78,96,104)$,试建立 GM(2,1)模型。

解 $\boldsymbol{x}^{(0)}$的 1-AGO 序列$\boldsymbol{x}^{(1)}$和 1-IAGO 序列$\boldsymbol{\alpha}^{(1)}\boldsymbol{x}^{(0)}$分别为

$$\boldsymbol{x}^{(1)}=(41,90,151,229,325,429),$$

$$\boldsymbol{\alpha}^{(1)}\boldsymbol{x}^{(0)}=(8,12,17,18,8),$$

$\boldsymbol{x}^{(1)}$的均值生成序列

$$z^{(1)}=(65.5,120.5,190,277,377),$$

$$\boldsymbol{B}=\begin{bmatrix}-x^{(0)}(2) & -z^{(1)}(2) & 1\\ -x^{(0)}(3) & -z^{(1)}(3) & 1\\ \vdots & \vdots & \vdots\\ -x^{(0)}(6) & -z^{(1)}(6) & 1\end{bmatrix}=\begin{bmatrix}-49 & -65.5 & 1\\ -61 & -120.5 & 1\\ -78 & -190 & 1\\ -96 & -277 & 1\\ -104 & -377 & 1\end{bmatrix},$$

$$\boldsymbol{Y}=[8,12,17,18,8]^{\mathrm{T}},$$

$$\hat{\boldsymbol{u}}=\begin{bmatrix}\hat{a}_1\\ \hat{a}_2\\ \hat{b}\end{bmatrix}=(\boldsymbol{B}^{\mathrm{T}}\boldsymbol{B})^{-1}\boldsymbol{B}^{\mathrm{T}}\boldsymbol{Y}=\begin{bmatrix}-1.0922\\ 0.1959\\ -31.7983\end{bmatrix},$$

故得 GM(2,1)白化模型

$$\frac{\mathrm{d}^2x^{(1)}(t)}{\mathrm{d}t^2}-1.0922\frac{\mathrm{d}x^{(1)}(t)}{\mathrm{d}t}+0.1959x^{(1)}(t)=-31.7983.$$

利用边界条件 $x^{(1)}(1)=41,x^{(1)}(6)=429$,得

$$x^{(1)}(t)=203.8490\mathrm{e}^{0.2262t}-0.5325\mathrm{e}^{0.8660t}-162.3165,$$

于是 GM(2,1)时间响应式

$$\hat{x}^{(1)}(k+1)=203.8490\mathrm{e}^{0.2262k}-0.5325\mathrm{e}^{0.8660k}-162.3165.$$

所以

$$\hat{\boldsymbol{x}}^{(1)}=(41,92,155,232,325,429)$$

做 IAGO 还原,有

$$\hat{x}^{(0)}(k+1)=\hat{x}^{(1)}(k+1)-\hat{x}^{(1)}(k),\quad k=1,2,\cdots,5,$$

$$\hat{x}^{(0)}=(41,51,63,77,92,104).$$

计算结果如表 15.3 所列。

表 15.3　误差检验表

序　号	实际数据 $x^{(0)}$	预测数据$\hat{x}^{(0)}$	残差 $x^{(0)}-\hat{x}^{(0)}$	相对误差 Δ_k
2	49	51.0148	−2.0148	4.11%
3	61	63.1412	−2.1412	3.51%
4	78	77.2111	0.7889	1.01%
5	96	92.1548	3.8452	4.01%
6	104	104.4780	−0.4780	0.46%

```
#程序文件 ex15_2.py
import numpy as np
import sympy as sp
```

```
x0 = np.array([41,49,61,78,96,104])                  #原始序列
n = len(x0); x1 = np.cumsum(x0)                      #计算1次累加序列
ax0 = np.diff(x0)                                    #计算1次累减序列
z = (x1[1:]+x1[:-1])/2                               #计算均值生成序列
B = np.vstack([-x0[1:], -z, np.ones(n-1)]).T
u = np.linalg.pinv(B) @ ax0
sp.var('t'); sp.var('x', cls=sp.Function)            #定义符号变量和函数
eq = x(t).diff(t,2)+u[0]*x(t).diff(t)+u[1]*x(t)-u[2]
s = sp.dsolve(eq, ics={x(0):x1[0], x(5):x1[-1]})     #求微分方程符号解
xt = s.args[1]                                       #提取解的符号表达式
x = sp.lambdify(t, xt, 'numpy')                      #转换为匿名函数
xh1 = x(np.arange(n))                                #求预测值
xh0 = np.hstack([x0[0], np.diff(xh1)])               #还原数据
ea = x0 - xh0                                        #计算预测的残差
er = abs(ea)/x0*100                                  #计算相对误差
print('参数u:', np.round(u,4))
```

2. DGM(2,1)模型

定义 15.4 设原始序列

$$\boldsymbol{x}^{(0)}=(x^{(0)}(1),x^{(0)}(2),\cdots,x^{(0)}(n)),$$

其1-AGO序列$\boldsymbol{x}^{(1)}$和1-IAGO序列$\boldsymbol{\alpha}^{(1)}\boldsymbol{x}^{(0)}$分别为

$$\boldsymbol{x}^{(1)}=(x^{(1)}(1),x^{(1)}(2),\cdots,x^{(1)}(n)),$$

和

$$\boldsymbol{\alpha}^{(1)}\boldsymbol{x}^{(0)}=(\alpha^{(1)}x^{(0)}(2),\cdots,\alpha^{(1)}x^{(0)}(n)),$$

则称

$$\alpha^{(1)}x^{(0)}(k)+ax^{(0)}(k)=b \tag{15.5}$$

为DGM(2,1)模型。

定义 15.5 称

$$\frac{\mathrm{d}^2x^{(1)}(t)}{\mathrm{d}t}+a\frac{\mathrm{d}x^{(1)}(t)}{\mathrm{d}t}=b \tag{15.6}$$

为DGM(2,1)模型的白化方程。

定理 15.2 若$\boldsymbol{u}=[a,b]^{\mathrm{T}}$为模型中的参数序列，而$\boldsymbol{x}^{(0)},\boldsymbol{x}^{(1)},\boldsymbol{\alpha}^{(1)}\boldsymbol{x}^{(0)}$如定义15.4所述，

$$\boldsymbol{B}=\begin{bmatrix}-x^{(0)}(2) & 1\\ -x^{(0)}(3) & 1\\ \vdots & \vdots\\ -x^{(0)}(n) & 1\end{bmatrix},\quad \boldsymbol{Y}=\begin{bmatrix}\alpha^{(1)}x^{(0)}(2)\\ \alpha^{(1)}x^{(0)}(3)\\ \vdots\\ \alpha^{(1)}x^{(0)}(n)\end{bmatrix}=\begin{bmatrix}x^{(0)}(2)-x^{(0)}(1)\\ x^{(0)}(3)-x^{(0)}(2)\\ \vdots\\ x^{(0)}(n)-x^{(0)}(n-1)\end{bmatrix},$$

则DGM(2,1)模型$\alpha^{(1)}x^{(0)}(k)+ax^{(0)}(k)=b$中参数的最小二乘估计满足

$$\hat{\boldsymbol{u}}=[\hat{a},\hat{b}]^{\mathrm{T}}=(\boldsymbol{B}^{\mathrm{T}}\boldsymbol{B})^{-1}\boldsymbol{B}^{\mathrm{T}}\boldsymbol{Y}.$$

定理 15.3 设$\boldsymbol{x}^{(0)}$为原始序列，$\boldsymbol{x}^{(1)}$为$\boldsymbol{x}^{(0)}$的1-AGO序列，$\boldsymbol{\alpha}^{(1)}\boldsymbol{x}^{(0)}$为$\boldsymbol{x}^{(0)}$的1-IAGO

序列，$\hat{a}$，$\hat{b}$如定理 15.2 所述，初值条件取为 $x^{(1)}(1)=x^{(0)}(1)$，$\frac{dx^{(1)}(1)}{dt}=x^{(0)}(1)$，则

（1）白化方程$\frac{d^2x^{(1)}(t)}{dt}+\hat{a}\frac{dx^{(1)}(t)}{dt}=\hat{b}$的解（时间响应函数）为

$$\hat{x}^{(1)}(t)=\left(\frac{\hat{b}}{\hat{a}^2}-\frac{x^{(0)}(1)}{\hat{a}}\right)e^{-\hat{a}t}+\frac{\hat{b}}{\hat{a}}t+\frac{1+\hat{a}}{\hat{a}}x^{(0)}(1)-\frac{\hat{b}}{\hat{a}^2}. \tag{15.7}$$

（2）DGM(2,1)模型 $\alpha^{(1)}x^{(0)}(k)+\hat{a}x^{(0)}(k)=\hat{b}$的时间响应序列为

$$\hat{x}^{(1)}(k+1)=\left(\frac{\hat{b}}{\hat{a}^2}-\frac{x^{(0)}(1)}{\hat{a}}\right)e^{-\hat{a}k}+\frac{\hat{b}}{\hat{a}}k+\frac{1+\hat{a}}{\hat{a}}x^{(0)}(1)-\frac{\hat{b}}{\hat{a}^2}. \tag{15.8}$$

（3）还原值为

$$\hat{x}^{(0)}(k+1)=\alpha^{(1)}\hat{x}^{(1)}(k+1)=\hat{x}^{(1)}(k+1)-\hat{x}^{(1)}(k). \tag{15.9}$$

例 15.3 试对序列

$$\boldsymbol{x}^{(0)}=(2.874,3.278,3.39,3.679,3.77,3.8)$$

建立 DGM(2,1)模型。

解 因为

$$\boldsymbol{B}=\begin{bmatrix}-3.284 & -3.39 & -3.679 & -3.77 & -3.8\\ 1 & 1 & 1 & 1 & 1\end{bmatrix}^{\mathrm{T}},$$

$$\boldsymbol{Y}=[0.404,\quad 0.112,\quad 0.289,\quad 0.091,\quad 0.03]^{\mathrm{T}},$$

$$\hat{\boldsymbol{u}}=\begin{bmatrix}a\\ b\end{bmatrix}=(\boldsymbol{B}^{\mathrm{T}}\boldsymbol{B})^{-1}\boldsymbol{B}^{\mathrm{T}}\boldsymbol{Y}=\begin{bmatrix}0.4240\\ 1.7046\end{bmatrix},$$

得 DGM 模型的时间响应序列为

$$\hat{x}^{(1)}(k+1)=2.7033e^{-0.4240k}+4.0202k+0.1707,$$

所以

$$\hat{\boldsymbol{x}}^{(1)}=(2.874,5.96,9.3688,12.9889,16.7473,20.5962)$$

作 1-IAGO 还原

$$\hat{x}^{(0)}(k)=\hat{x}^{(1)}(k)-\hat{x}^{(1)}(k-1),\quad k=2,3,\cdots,6,$$

得

$$\hat{\boldsymbol{x}}^{(0)}=(2.874,3.0860,3.4088,3.6201,3.7584,3.8488).$$

计算结果如表 15.4 所列。

表 15.4 误差检验表

序 号	原始数据 $\boldsymbol{x}^{(0)}$	预测数据$\hat{\boldsymbol{x}}^{(0)}$	残差 $\boldsymbol{x}^{(0)}-\hat{\boldsymbol{x}}^{(0)}$	相对误差 Δ_k
2	3.278	3.086	0.1920	5.85%
3	3.39	3.4088	-0.0188	0.56%
4	3.679	3.6201	0.0589	1.60%
5	3.77	3.7584	0.0116	0.31%
6	3.8	3.8488	-0.0488	1.29%

```python
#程序文件 ex15_3.py
import numpy as np
import sympy as sp

x0 = np.array([2.874,3.278,3.39,3.679,3.77,3.8])          #原始序列
n = len(x0); ax0 = np.diff(x0)                            #计算 1 次累减序列
B = np.vstack([-x0[1:], np.ones(n-1)]).T
u = np.linalg.pinv(B) @ ax0                                #最小二乘法拟合参数
sp.var('t'); sp.var('x', cls=sp.Function)                  #定义符号变量和函数
eq = x(t).diff(t,2)+u[0] * x(t).diff(t)-u[1]
s = sp.dsolve(eq, ics={x(0):x0[0], x(t).diff(t).subs(t,0):x0[0]})
xt = s.args[1]                                             #提取解的符号表达式
x = sp.lambdify(t, xt, 'numpy')                            #转换为匿名函数
xh1 = x(np.arange(n))                                      #求预测值
xh0 = np.hstack([x0[0], np.diff(xh1)])                     #还原数据
ea = x0 - xh0                                              #计算预测的残差
er = abs(ea)/x0 * 100                                      #计算相对误差
print('参数 u:', np.round(u,4))
```

3. 灰色 Verhulst 预测模型

Verhulst 模型主要用来描述具有饱和状态的过程,即 S 形过程,常用于人口预测、生物生长、繁殖预测及产品经济寿命预测等。

Verhulst 模型的基本原理和计算方法如下:

定义 15.6 设原始序列

$$\boldsymbol{x}^{(0)}=(x^{(0)}(1),x^{(0)}(2),\cdots,x^{(0)}(n)),$$

$\boldsymbol{x}^{(1)}$ 为 $\boldsymbol{x}^{(0)}$ 的一次累加生成(1-AGO)序列,

$$\boldsymbol{x}^{(1)}=(x^{(1)}(1),x^{(1)}(2),\cdots,x^{(1)}(n)),$$

$\boldsymbol{z}^{(1)}$ 为 $\boldsymbol{x}^{(1)}$ 的均值生成序列,有

$$\boldsymbol{z}^{(1)}=(z^{(1)}(2),z^{(1)}(3),\cdots,z^{(1)}(n)).$$

则称

$$x^{(0)}(k)+az^{(1)}(k)=b\left[z^{(1)}(k)\right]^2 \tag{15.10}$$

为灰色 Verhulst 模型,a 和 b 为参数。称

$$\frac{\mathrm{d}x^{(1)}(t)}{\mathrm{d}t}+ax^{(1)}(t)=b\left[x^{(1)}(t)\right]^2 \tag{15.11}$$

为灰色 Verhulst 模型的白化方程,其中 t 为时间。

定理 15.4 设灰色 Verhulst 模型如上所述,若

$$\boldsymbol{u}=[a,b]^{\mathrm{T}}$$

为参数序列,且

$$\boldsymbol{B}=\begin{bmatrix}-z^{(1)}(2) & (z^{(1)}(2))^2\\ -z^{(1)}(3) & (z^{(1)}(3))^2\\ \vdots & \vdots\\ -z^{(1)}(n) & (z^{(1)}(n))^2\end{bmatrix},\quad \boldsymbol{Y}=\begin{bmatrix}x^{(0)}(2)\\ x^{(0)}(3)\\ \vdots\\ x^{(0)}(n)\end{bmatrix},$$

则参数序列 $\boldsymbol{u}$ 的最小二乘估计满足

$$\hat{\boldsymbol{u}}=[\hat{a},\hat{b}]^{\mathrm{T}}=(\boldsymbol{B}^{\mathrm{T}}\boldsymbol{B})^{-1}\boldsymbol{B}^{\mathrm{T}}\boldsymbol{Y}.$$

定理 15.5 设灰色 Verhulst 模型如上所述，则白化方程的解为

$$x^{(1)}(t)=\frac{\hat{a}x^{(0)}(1)}{\hat{b}x^{(0)}(1)+(\hat{a}-\hat{b}x^{(0)}(1))\mathrm{e}^{\hat{a}t}}, \tag{15.12}$$

灰色 Verhulst 模型的时间响应序列为

$$\hat{x}^{(1)}(k+1)=\frac{\hat{a}x^{(0)}(1)}{\hat{b}x^{(0)}(1)+(\hat{a}-\hat{b}x^{(0)}(1))\mathrm{e}^{\hat{a}k}}, \tag{15.13}$$

累减还原式为

$$\hat{x}^{(0)}(k+1)=\hat{x}^{(1)}(k+1)-\hat{x}^{(1)}(k). \tag{15.14}$$

例 15.4 试对序列

$$\boldsymbol{x}^{(0)}=(4.93,2.33,3.87,4.35,6.63,7.15,5.37,6.39,7.81,8.35)$$

建立 Verhulst 模型。

解 计算得 1 次累加序列

$$\boldsymbol{x}^{(1)}=(4.93,7.26,11.13,15.48,22.11,29.26,34.63,41.02,48.83,57.18),$$

$\boldsymbol{x}^{(1)}$ 的均值生成序列

$$\begin{aligned}\boldsymbol{z}^{(1)}&=(z^{(1)}(2),\cdots,z^{(1)}(10))\\&=(6.095,9.195,13.305,18.795,25.685,31.945,37.825,44.925,53.005).\end{aligned}$$

于是

$$\boldsymbol{B}=\begin{bmatrix}-z^{(1)}(2) & (z^{(1)}(2))^2\\ -z^{(1)}(3) & (z^{(1)}(3))^2\\ \vdots & \vdots\\ -z^{(1)}(10) & (z^{(1)}(10))^2\end{bmatrix},\quad \boldsymbol{Y}=\begin{bmatrix}x^{(0)}(2)\\ x^{(0)}(3)\\ \vdots\\ x^{(0)}(10)\end{bmatrix}.$$

对参数序列 $\boldsymbol{u}=[a,b]^{\mathrm{T}}$ 进行最小二乘估计，得

$$\hat{\boldsymbol{u}}=(\boldsymbol{B}^{\mathrm{T}}\boldsymbol{B})^{-1}\boldsymbol{B}^{\mathrm{T}}\boldsymbol{Y}=\begin{bmatrix}-0.3576\\ -0.0041\end{bmatrix}.$$

Verhulst 模型为

$$\frac{\mathrm{d}x^{(1)}(t)}{\mathrm{d}t}-0.3576x^{(1)}(t)=-0.0041\,[x^{(1)}(t)]^2,$$

其时间响应为

$$\hat{x}^{(1)}(k+1)=\frac{\hat{a}x^{(0)}(1)}{\hat{b}x^{(0)}(1)+(\hat{a}-\hat{b}x^{(0)}(1))\mathrm{e}^{\hat{a}k}}=\frac{0.3576x^{(0)}(1)}{0.0041x^{(0)}(1)+(0.3576-0.0041x^{(0)}(1))\mathrm{e}^{-0.3576k}},$$

令 $k=0,1,\cdots,9$ 求得$\boldsymbol{x}^{(1)}$ 的预测值$\hat{\boldsymbol{x}}^{(1)}=(\hat{x}^{(1)}(1),\cdots,\hat{x}^{(1)}(10))$，最后求得$\boldsymbol{x}^{(0)}$ 的预测值及误差分析数据如表 15.5 的第 3,4,5 列。

表 15.5 原始数据、预测值及 Verhulst 模型误差

序号 k	原始数据$\boldsymbol{x}^{(0)}$	预测值$\hat{\boldsymbol{x}}^{(0)}$	残差$\boldsymbol{x}^{(0)}-\hat{\boldsymbol{x}}^{(0)}$	相对误差 Δ_k
1	4.93	4.93	0	0%
2	2.33	1.9522	0.3778	16.22%

（续）

序号 k	原始数据 $x^{(0)}$	预测值 $\hat{x}^{(0)}$	残差 $x^{(0)}-\hat{x}^{(0)}$	相对误差 Δ_k
3	3.87	2.6357	1.2343	31.89%
4	4.35	3.4816	0.8684	19.96%
5	6.63	4.4686	2.1614	32.60%
6	7.15	5.5283	1.62167	22.68%
7	5.37	6.5364	-1.1664	21.72%
8	6.39	7.3268	-0.9368	14.66%
9	7.81	7.7374	0.0726	0.93%
10	8.35	7.6734	0.6766	8.10%

```
#程序文件 ex15_4.py
import numpy as np

x0 = np.array([4.93, 2.33, 3.87, 4.35, 6.63, 7.15, 5.37, 6.39, 7.81, 8.35])  #原始序列
n = len(x0); x1 = np.cumsum(x0)              #求累加序列
z = (x1[1:]+x1[:-1]) / 2                     #求均值生成序列
B = np.vstack([-z, z**2]).T
u = np.linalg.pinv(B) @ x0[1:]               #最小二乘法拟合参数
print('参数 u:', np.round(u,4))
#下面直接利用解的表达式写出对应的匿名函数
x = lambda t: u[0]*x0[0]/(u[1]*x0[0]+(u[0]-u[1]*x0[0])*np.exp(u[0]*t))
xh1 = x(np.arange(n))                        #求预测值
xh0 = np.hstack([x0[0], np.diff(xh1)])       #还原数据
ea = x0 - xh0                                #计算预测的残差
er = abs(ea)/x0*100                          #计算相对误差
```

15.2 马尔可夫预测

15.2.1 马尔可夫链的定义

现实世界中有很多这样的现象，某一系统在已知现在情况的条件下，系统未来时刻的情况只与现在有关，而与过去的历史无直接关系。例如，研究一个商店的累计销售额，如果现在时刻的累计销售额已知，则未来某一时刻的累计销售额与现在时刻以前的任一时刻累计销售额无关。描述这类随机现象的数学模型称为马尔可夫模型，简称马氏模型。

定义 15.7 设 $\{\xi_n, n=1,2,\cdots\}$ 是一个随机序列，状态空间 E 为有限或可列集，对于任意的正整数 m,n，若 $i,j,i_k\in E(k=1,\cdots,n-1)$，有

$$P\{\xi_{n+m}=j\mid\xi_n=i,\xi_{n-1}=i_{n-1},\cdots,\xi_1=i_1\}=P\{\xi_{n+m}=j\mid\xi_n=i\},\qquad(15.15)$$

则称 $\{\xi_n, n=1,2,\cdots\}$ 为一个马尔可夫链（简称马氏链），式(15.15)称为马氏性。

事实上，可以证明若式(15.15)对于 $m=1$ 成立，则它对于任意的正整数 m 也成立。

因此,只要当 $m=1$ 时式(15.15)成立,就可以称随机序列 $\{\xi_n,n=1,2,\cdots\}$ 具有马氏性,即 $\{\xi_n,n=1,2,\cdots\}$ 是一个马尔可夫链。

定义 15.8 设 $\{\xi_n,n=1,2,\cdots\}$ 是一个马氏链。如果式(15.15)右边的条件概率与 n 无关,即

$$P\{\xi_{n+m}=j\mid\xi_n=i\}=p_{ij}(m),\tag{15.16}$$

则称 $\{\xi_n,n=1,2,\cdots\}$ 为时齐的马氏链。称 $p_{ij}(m)$ 为系统由状态 i 经过 m 个时间间隔(或 m 步)转移到状态 j 的转移概率。式(15.16)称为时齐性,它的含义是系统由状态 i 到状态 j 的转移概率只依赖于时间间隔的长短,与起始的时刻无关。本节介绍的马氏链假定都是时齐的,因此省略"时齐"二字。

15.2.2 转移概率矩阵及柯尔莫哥洛夫定理

对于一个马尔可夫链 $\{\xi_n,n=1,2,\cdots\}$,称以 m 步转移概率 $p_{ij}(m)$ 为元素的矩阵 $\boldsymbol{P}(m)=(p_{ij}(m))$ 为马尔可夫链的 m 步转移矩阵。当 $m=1$ 时,记 $\boldsymbol{P}(1)=\boldsymbol{P}$ 称为马尔可夫链的一步转移矩阵,或简称转移矩阵。它们具有下列 3 个基本性质:

(1) 对一切 $i,j\in E,0\leqslant p_{ij}(m)\leqslant 1$。

(2) 对一切 $i\in E$, $\sum\limits_{j\in E}p_{ij}(m)=1$。

(3) 对一切 $i,j\in E,p_{ij}(0)=\delta_{ij}=\begin{cases}1,当\ i=j\ 时,\\0,当\ i\neq j\ 时.\end{cases}$

当实际问题可以用马尔可夫链来描述时,首先要确定它的状态空间及参数集合,然后确定它的一步转移概率。关于这一概率的确定,可以由问题的内在规律得到,也可以由过去经验给出,还可以根据观测数据来估计。

例 15.5 某计算机机房的一台计算机经常出故障,研究者每隔 15min 观察一次计算机的运行状态,收集了 24 h 的数据(共作 97 次观察)。用 1 表示正常状态,用 0 表示不正常状态,所得的数据序列如下:

1110010011111110011110111111001111111110001101101

111011011010111101110111101111110011011111100111

解 设 $X_n(n=1,\cdots,97)$ 为第 n 个时段的计算机状态,可以认为它是一个时齐马氏链,状态空间 $E=\{0,1\}$。要分别统计各状态一步转移的次数,即 $0\to0,0\to1,1\to0,1\to1$ 的次数,也就是要统计数据字符串中'00','01','10','11'四个子串的个数。

利用 Python 软件,求得 96 次状态转移的情况如下:

$0\to0$,8 次; $0\to1$,18 次;

$1\to0$,18 次; $1\to1$,52 次.

因此,一步转移概率可用频率近似地表示为

$$p_{00}=P\{X_{n+1}=0\mid X_n=0\}\approx\frac{8}{8+18}=\frac{4}{13},$$

$$p_{01}=P\{X_{n+1}=1\mid X_n=0\}\approx\frac{18}{8+18}=\frac{9}{13},$$

$$p_{10}=P\{X_{n+1}=0\mid X_n=1\}\approx\frac{18}{18+52}=\frac{9}{35},$$

$$p_{11}=P\{X_{n+1}=1 \mid X_n=1\}\approx\frac{52}{18+52}=\frac{26}{35}.$$

```
#程序文件 ex15_5. py
import numpy as np

with open('data15_5. txt') as f:
    s = f. read(). replace('\n','')
a = np. zeros((2,2))        #统计数据初始化
mfind = lambda s,c: [x for x in range(s. find(c), len(s)) if s[x:x+2] == c]
for i in range(2):
    for j in range(2):
        a[i,j] = len(mfind(s,str(i)+str(j)))
print('统计数据矩阵 a:\n', a); print('a 的行和:',a. sum(axis=1))
```

例 15.6 设一随机系统状态空间 $E=\{1,2,3,4\}$,记录观测系统所处状态如下:

4 3 2 1 4 3 1 1 2 3

2 1 2 3 4 4 3 3 1 1

1 3 3 2 1 2 2 2 4 4

2 3 2 3 1 1 2 4 3 1

若该系统可用马氏模型描述,试估计转移概率 p_{ij}。

解 记 n_{ij}是由状态 i 到状态 j 的转移次数,行和 $n_i=\sum_{j=1}^{4}n_{ij}$ 是系统从状态 i 转移到其他状态的次数,n_{ij}和 n_i 的统计数据如表 15.6 所列。一步状态转移概率 p_{ij}的估计值$\hat{p}_{ij}=\frac{n_{ij}}{n_i}$,计算得一步状态转移矩阵的估计为

$$\hat{\boldsymbol{P}}=\begin{bmatrix}2/5 & 2/5 & 1/10 & 1/10\\ 3/11 & 2/11 & 4/11 & 2/11\\ 4/11 & 4/11 & 2/11 & 1/11\\ 0 & 1/7 & 4/7 & 2/7\end{bmatrix}.$$

表 15.6 $i\to j$ 转移数统计表

	1	2	3	4	行和 n_i
1	4	4	1	1	10
2	3	2	4	2	11
3	4	4	2	1	11
4	0	1	4	2	7

```
#程序文件 ex15_6. py
import numpy as np

with open('data15_6. txt') as f:
```

```
    s = f.read().replace(' ','').replace('\n','')
a = np.zeros((4,4))  #统计数据初始化
mfind = lambda s,c: [x for x in range(s.find(c), len(s)) if s[x:x+2] == c]
for i in range(1,5):
    for j in range(1,5):
        a[i-1,j-1] = len(mfind(s,str(i)+str(j)))
print('统计数据矩阵 a:\n', a); print('a 的行和:',a.sum(axis=1))
```

定理 15.6(柯尔莫哥洛夫–开普曼定理)　设$\{\xi_n, n=1,2,\cdots\}$是一个马尔可夫链,其状态空间$E=\{1,2,\cdots\}$,则对任意正整数m,n,有

$$p_{ij}(n+m)=\sum_{k\in E}p_{ik}(n)p_{kj}(m),$$

式中:$i,j\in E$。

定理 15.7　设$\boldsymbol{P}$是一步马尔可夫链转移矩阵($\boldsymbol{P}$的行向量是概率向量),$\boldsymbol{P}^{(0)}$是初始分布行向量,则第n步的概率分布为

$$\boldsymbol{P}^{(n)}=\boldsymbol{P}^{(0)}\boldsymbol{P}^{n}.$$

例 15.7　若顾客的购买是无记忆的,即已知现在顾客购买情况,未来顾客的购买情况不受过去购买历史的影响,而只与现在购买情况有关。现在市场上供应A、B、C三个不同厂家生产的 50 克袋装味精,用"$\xi_n=1$"、"$\xi_n=2$"、"$\xi_n=3$"分别表示"顾客第n次购买A、B、C厂的味精"。显然,$\{\xi_n, n=1,2,\cdots\}$是一个马尔可夫链。若已知第一次顾客购买 3 个厂味精的概率依次为 0.2,0.4,0.4。又知道一般顾客购买的倾向由表 15.7 给出。求顾客第四次购买各家味精的概率。

表 15.7　状态转移概率

		下次购买		
		A	B	C
上次购买	A	0.8	0.1	0.1
	B	0.5	0.1	0.4
	C	0.5	0.3	0.2

解　第一次购买的概率分布为

$$\boldsymbol{P}^{(1)}=[0.2,0.4,0.4],$$

一步状态转移矩阵

$$\boldsymbol{P}=\begin{bmatrix}0.8 & 0.1 & 0.1\\ 0.5 & 0.1 & 0.4\\ 0.5 & 0.3 & 0.2\end{bmatrix},$$

则顾客第四次购买各家味精的概率为

$$\boldsymbol{P}^{(4)}=\boldsymbol{P}^{(1)}\boldsymbol{P}^{3}=[0.7004,0.1360,0.1636].$$

```
#程序文件 ex15_7.py
import numpy as np
```

```
P1 = np.mat([0.2, 0.4, 0.4])
P = np.mat([[0.8, 0.1, 0.1],[0.5, 0.1, 0.4],[0.5, 0.3, 0.2]])
P4 = P1 @ P ** 3
print('P4:', P4)
```

15.2.3 转移概率的渐近性质——极限概率分布

现在考虑,随 n 的增大,$\boldsymbol{P}^n$ 是否会趋于某一固定矩阵?先考虑一个简单例子。

转移矩阵 $\boldsymbol{P}=\begin{bmatrix}0.5 & 0.5\\ 0.7 & 0.3\end{bmatrix}$,当 $n\to+\infty$ 时,有

$$\boldsymbol{P}^n\to\begin{bmatrix}\frac{7}{12} & \frac{5}{12}\\ \frac{7}{12} & \frac{5}{12}\end{bmatrix}.$$

又若取 $\boldsymbol{u}=\begin{bmatrix}\frac{7}{12} & \frac{5}{12}\end{bmatrix}$,则 $\boldsymbol{uP}=\boldsymbol{u}$,$\boldsymbol{u}^{\mathrm{T}}$ 为矩阵$\boldsymbol{P}^{\mathrm{T}}$ 的对应于特征值 $\lambda=1$ 的特征(概率)向量,$\boldsymbol{u}$ 也称为 $\boldsymbol{P}$ 的不动点向量。哪些转移矩阵具有不动点向量?为此给出正则矩阵的概念。

定义 15.9 一个马氏链的转移矩阵 $\boldsymbol{P}$ 是正则的,当且仅当存在正整数 k,使$\boldsymbol{P}^k$ 的每一元素都是正数。

定理 15.8 若 $\boldsymbol{P}$ 是一个马氏链的正则阵,则

(1) $\boldsymbol{P}$ 有唯一的不动点向量 $\boldsymbol{W}$,$\boldsymbol{W}$ 的每个分量为正。

(2) $\boldsymbol{P}$ 的 n 次幂$\boldsymbol{P}^n$(n 为正整数)随 n 的增加趋于矩阵$\overline{\boldsymbol{W}}$,$\overline{\boldsymbol{W}}$的每一行向量均等于不动点向量 $\boldsymbol{W}$。

一般地,设时齐马氏链的状态空间为 E,如果对于所有 $i,j\in E$,转移概率 $p_{ij}(n)$ 存在极限

$$\lim_{n\to\infty}p_{ij}(n)=\pi_j(\text{不依赖于 } i),$$

或

$$\boldsymbol{P}(n)=\boldsymbol{P}^n\underset{(n\to\infty)}{\longrightarrow}\begin{bmatrix}\pi_1 & \pi_2 & \cdots & \pi_j & \cdots\\ \pi_1 & \pi_2 & \cdots & \pi_j & \cdots\\ \cdots & \cdots & \cdots & \cdots & \cdots\\ \pi_1 & \pi_2 & \cdots & \pi_j & \cdots\\ \cdots & \cdots & \cdots & \cdots & \cdots\end{bmatrix},$$

则称此链具有遍历性。又若 $\sum_j \pi_j=1$,则同时称 $\boldsymbol{\pi}=[\pi_1,\pi_2,\cdots]$为链的极限分布。

下面就有限链的遍历性给出一个充分条件。

定理 15.9 设时齐马氏链$\{\xi_n,n=1,2,\cdots\}$的状态空间为 $E=\{a_1,\cdots,a_N\}$,$\boldsymbol{P}=(p_{ij})$是它的一步转移概率矩阵,如果存在正整数 m,使对任意的 $a_i,a_j\in E$,都有

$$p_{ij}(m)>0,\quad i,j=1,2,\cdots,N,$$

则此链具有遍历性;且有极限分布 $\boldsymbol{\pi}=[\pi_1,\cdots,\pi_N]$,它是方程组

$$\boldsymbol{\pi}=\boldsymbol{\pi P} \text{ 或 } \pi_j = \sum_{i=1}^{N} \pi_i p_{ij}, \quad j=1,\cdots,N$$

的满足条件

$$\pi_j>0, \quad \sum_{j=1}^{N} \pi_j = 1$$

的唯一解。

例 15.8 根据例 15.7 中给出的一般顾客购买 3 种味精倾向的转移矩阵，预测经过长期的多次购买之后，顾客的购买倾向如何？

解 这个马氏链的转移矩阵满足定理 15.9 的条件，可以求出其极限概率分布。为此，解下列方程组

$$\begin{cases} p_1=0.8p_1+0.5p_2+0.5p_3, \\ p_2=0.1p_1+0.1p_2+0.3p_3, \\ p_3=0.1p_1+0.4p_2+0.2p_3, \\ p_1+p_2+p_3=1. \end{cases}$$

求得 $p_1=0.7143, p_2=0.1310, p_3=0.1548$。这说明，无论第一次顾客购买的情况如何，经过长期多次购买以后，A 厂产的味精占有市场的 0.7143，B、C 两厂产品分别占有市场的 0.1310，0.1548。

```
#程序文件 ex15_8_1.py
import numpy as np

p = np.array([[0.8, 0.1, 0.1],[0.5, 0.1, 0.4],[0.5, 0.3, 0.2]])
a = np.vstack([p.T-np.eye(3), np.ones(3)])          #构造方程组系数矩阵
b = np.hstack([np.zeros(3),1])                      #构造方程组常数项列
x = np.linalg.pinv(a) @ b                           #求线性方程组的数值解
print('解为:', np.round(x,4))
```

或者利用求转移矩阵 $\boldsymbol{P}$ 的转置矩阵 $\boldsymbol{P}^{\mathrm{T}}$ 的特征值 1 对应的特征概率向量，求得极限概率。

```
#程序文件 ex15_8_2.py
import numpy as np

p = np.array([[0.8, 0.1, 0.1],[0.5, 0.1, 0.4],[0.5, 0.3, 0.2]])
val, vec = np.linalg.eig(p.T)
s = vec[:,0] / sum(vec[:,0])   #最大特征值对应的特征向量归一化
print('求得特征向量为:', np.round(s,4))
```

例 15.9 为适应日益扩大的旅游事业的需要，某城市的甲、乙、丙 3 个照相馆组成一个联营部，联合经营出租相机的业务。游客可由甲、乙、丙 3 处任何一处租出相机，用完后，还在 3 处中任意一处即可。估计其转移概率如表 15.8 所列。今欲选择其中之一附设相机维修点，问该点设在哪一个照相馆为最好？

表 15.8　状态转移概率

		还相机处		
		甲	乙	丙
租相机处	甲	0.2	0.8	0
	乙	0.8	0	0.2
	丙	0.1	0.3	0.6

解　由于旅客还相机的情况只与该次租机地点有关,而与相机以前所在的店址无关,所以可用 X_n 表示相机第 n 次被租时所在的店址;“$X_n=1$”“$X_n=2$”“$X_n=3$”分别表示相机第 n 次被租用时在甲、乙、丙馆。则 $\{X_n, n=1,2,\cdots\}$ 是一个马尔可夫链,其转移矩阵 $\boldsymbol{P}$ 由表 15.8 给出。考虑维修点的设置地点问题,实际上要计算这一马尔可夫链的极限概率分布。

状态转移矩阵是正则的,极限概率存在,解方程组

$$\begin{cases} p_1 = 0.2p_1 + 0.8p_2 + 0.1p_3, \\ p_2 = 0.8p_1 + 0.3p_3, \\ p_3 = 0.2p_2 + 0.6p_3, \\ p_1 + p_2 + p_3 = 1. \end{cases}$$

得极限概率 $p_1 = 0.4146, p_2 = 0.3902, p_3 = 0.1951$。

由计算看出,经过长期经营后,该联营部的每架照相机还到甲、乙、丙照相馆的概率分别为 0.4146、0.3902、0.1951。由于还到甲馆的照相机较多,因此维修点设在甲馆较好。但由于还到乙馆的相机与还到甲馆的相差不多,若是乙的其他因素更为有利的话,比如,交通较甲方便,便于零配件的运输,电力供应稳定等,也可考虑设在乙馆。

```
#程序文件 ex15_9. py
import numpy as np

p = np. array([[0. 2, 0. 8, 0],[0. 8, 0, 0. 2],[0. 1, 0. 3, 0. 6]])
a = np. vstack([p. T-np. eye(3), np. ones((1,3))])   #构造方程组系数矩阵
b = np. hstack([np. zeros(3),1])                     #构造方程组常数项列
x = np. linalg. pinv(a) @ b                          #求线性方程组的数值解
print('解为:', np. round(x,4))
```

15.3　神经元网络

15.3.1　人工神经网络概述

人工神经网络(artificial neural network, ANN)是人类在对大脑神经网络认识理解的基础上人工构造的能够实现某种功能的神经网络,已在模式识别、预测和控制系统等领域得到广泛的应用,它能够用来解决常规计算难以解决的问题。

人工神经元是人工神经网络的基本构成元素，如图 15.1 所示，$\boldsymbol{X}=[x_1,x_2,\cdots,x_m]^{\mathrm{T}}$，$\boldsymbol{W}=[w_1,w_2,\cdots,w_m]^{\mathrm{T}}$ 为连接权，于是网络输入 $u=\sum_{i=1}^{m} w_i x_i$，其向量形式为 $u=\boldsymbol{W}^{\mathrm{T}}\boldsymbol{X}$。

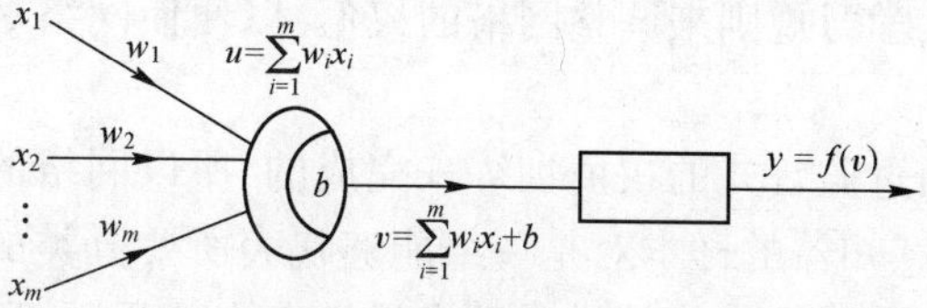

图 15.1　单层感知器模型

激活函数也称激励函数、活化函数，用来执行对神经元所获得的网络输入的变换，一般有以下 4 种：

（1）线性函数 $f(u)=ku+c$。

（2）非线性斜面函数

$$f(u)=\begin{cases}\gamma, u\geqslant\theta,\\ ku, |u|<\theta,\\ -\gamma, u\leqslant-\theta,\end{cases}$$

其中 $\theta,\gamma>0$ 为常数，γ 称为饱和值，即 γ 为神经元的最大输出。

（3）阈值函数/阶跃函数

$$f(u)=\begin{cases}\beta, u>\theta,\\ -\gamma, u\leqslant\theta,\end{cases}$$

其中 β,γ,θ 均为非负实数，θ 为阈值。阈值函数具有以下两种特殊形式：

$$\text{二值形式}\quad f(u)=\begin{cases}1, u>\theta,\\ 0, u\leqslant\theta;\end{cases}\qquad \text{双极形式}\quad f(u)=\begin{cases}1, u>\theta,\\ -1, u\leqslant\theta.\end{cases}$$

（4）sigmoid 函数

在 Logistic 回归中介绍过 sigmoid 函数，该函数将区间 $(-\infty,+\infty)$ 映射到 $(0,1)$，sigmoid 函数的公式为

$$f(u)=\frac{1}{1+\mathrm{e}^{-u}}.$$

（5）tanh 函数

tanh 函数相较于 sigmoid 函数要常见一些，该函数将区间 $(-\infty,+\infty)$ 映射到 $(-1,1)$，其公式为

$$f(u)=\frac{\mathrm{e}^{u}-\mathrm{e}^{-u}}{\mathrm{e}^{u}+\mathrm{e}^{-u}}.$$

15.3.2　神经网络的基本模型

1. 感知器

感知器是由 Rosenblatt 于 1957 年提出的，它是最早的人工神经网络。单层感知器是一个具有一层神经元、采用阈值激活函数的前向网络，通过对网络权值的训练，可以使感知器对一组输入向量的响应达到 0 或 1 的目标输出，从而实现对输入向量的分类。

图 15.1 是单层感知器神经元模型,其中 m 为输入神经元的个数。

$$v=\sum_{i=1}^{m} w_i x_i + b,\quad y=\begin{cases}1, v \geqslant 0,\\ 0, v<0.\end{cases} \tag{15.17}$$

感知器可以利用其学习规则来调整网络的权值,以便使网络对输入向量的响应达到 0 或 1 的目标输出。

感知器的设计是通过监督式的权值训练来完成的,所以网络的学习过程需要输入和输出样本对。实际上,感知器的样本对是一组能够代表所要分类的所有数据划分模式的判定边界。这些用来训练网络权值的样本是靠设计者来选择的,所以要特别进行选取以便获得正确的样本对。

感知器的学习规则使用梯度下降法,可以证明,如果解存在,则算法在有限次的循环迭代后可以收敛到正确的目标向量。

例 15.10 采用单一感知器神经元解决简单的分类问题:将 4 个输入向量分为两类,其中两个向量对应的目标值为 1,另外两个向量对应的目标值为 0,即输入向量构成矩阵

$$\boldsymbol{P}=\begin{bmatrix}-0.5 & -0.5 & 0.3 & 0.0\\ -0.5 & 0.5 & -0.5 & 1.0\end{bmatrix},$$

其中,每一列是一个输入的取值,且目标分类向量 $\boldsymbol{T}=[1,1,0,0]$。试预测新输入向量 $\boldsymbol{p}=[-0.5,0.2]^{\mathrm{T}}$ 的目标值。

记两个指标变量分别为 x_1,x_2,求得的分类函数为 $v=-1.3x_1-0.5x_2$。新输入向量 $\boldsymbol{p}$ 的目标值为 1。

```
#程序文件 ex15_10.py
from sklearn.linear_model import Perceptron
import numpy as np

x0=np.array([[-0.5,-0.5,0.3,0.0],[-0.5,0.5,-0.5,1.0]]).T
y0=np.array([1,1,0,0])
md = Perceptron().fit(x0,y0)          #构造并拟合模型
print('模型系数和常数项分别为:', md.coef_,',',md.intercept_)
print('模型精度:',md.score(x0,y0))   #模型检验
print('预测值为:',md.predict([[-0.5,0.2]]))
```

2. BP 神经网络

BP 神经网络是一种神经网络学习算法,由输入层、中间层和输出层组成,中间层可扩展为多层。相邻层之间各神经元进行全连接,而每层各神经元之间无连接,网络按有监督方式进行学习,当一对学习模式提供网络后,各神经元获得网络的输入响应产生连接权值。然后按减少希望输出与实际输出的误差的方向,从输出层经各中间层逐层修正各连接权值,回到输入层。此过程反复交替进行,直至网络的全局误差趋向给定的极小值,即完成学习过程。三层 BP 神经网络结构如图 15.2 所示。

BP 神经网络最大优点是具有极强的非线性映射能力,它主要用于以下 4 个方面。

(1) 函数逼近。用输入向量和相应的输出向量训练一个网络以逼近某个函数。

(2) 模式识别。

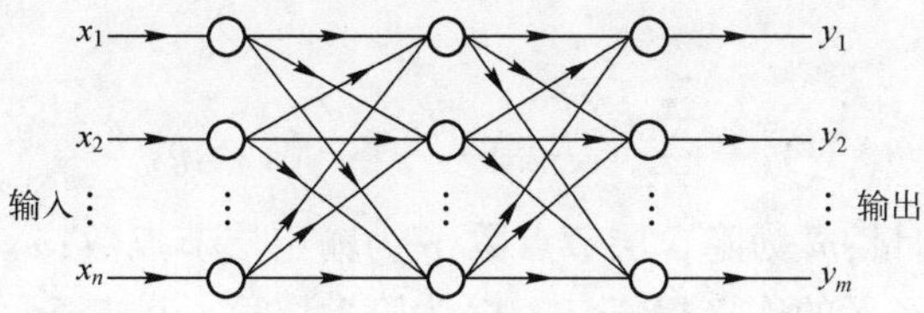

图 15.2　三层 BP 神经网络模型

(3) 预测。

(4) 数据压缩。减少输出向量维数以便传输或存储。

理论上,对于一个三层或三层以上的 BP 网络,只要隐层神经元数目足够多,该网络就能以任意精度逼近一个非线性函数。BP 神经网络同时具有对外界刺激和输入信息进行联想记忆能力,这种能力使其在图像复原、语音处理、模式识别等方面具有重要作用。BP 神经网络对外界输入样本有很强的识别与分类能力,解决了神经网络发展史上的非线性分类难题。BP 神经网络还具有优化计算能力,其本质上是一个非线性优化问题,它可以在已知约束条件下,寻找参数组合,使该组合确定的目标函数达到最小。

图 15.2 中,$x_1,x_2,\cdots,x_n$ 是神经网络输入值,$y_1,y_2,\cdots,y_m$ 是神经网络预测值,w_{ij}为神经网络的权值。BP 神经网络具体流程如下:

(1) 初始化,给各连接权 w_{ij}及阈值 θ_{ij}赋予$[-1,1]$的随机值。

(2) 随机选择一模式对$\boldsymbol{X}_0=[x_1^0,x_2^0,\cdots,x_n^0]$,$\boldsymbol{Y}_0=[y_1^0,y_2^0,\cdots,y_m^0]$提供给网络。

(3) 用输入模式$\boldsymbol{X}_0$、连接权 w_{ij}和阈值 θ_{ij}计算中间层各单元的输入 s_j,然后用 s_j 通过激活函数计算中间层各单元的输出 b_j。

(4) 用中间层的输出 b_j、连接权 w_{ij}和阈值 θ_{ij}计算输出层各单元的输入 c_j,然后用 c_j 通过激活函数计算输出层各单元的响应 d_j。

(5) 用希望输出模式 $\boldsymbol{Y}$、网络实际输出 d_j,计算输出层各单元一般化误差 e_j。

(6) 用连接权 w_{ij}、输出层一般化误差 e_j、中间层输出 b_j,计算中间层各单元一般化误差 f_j。

(7) 用输出层各单元一般化误差 e_j、中间层各单元输出 b_j 修正连接权 w_{ij}和阈值 θ_{ij}。

(8) 用中间层各单元一般化误差 f_j、输入层各单元输入$\boldsymbol{X}_0$ 修正连接权 w_{ij}和阈值 θ_{ij}。

(9) 随机选择下一个学习模式对,返回到步骤(3),直至全部 m 个模式对训练完毕。

(10) 重新从 m 个学习模式对中随机选取一个模式对,返回步骤(3),直至网络全局误差函数 E 小于预先设定的一个极小值,即网络收敛;或学习次数大于预先设定的值,即网络无法收敛。

3. RBF 神经网络

1) RBF 网络结构

RBF 神经网络有很强的逼近能力、分类能力和学习速度。其工作原理是把网络看成对未知函数的逼近,任何函数都可以表示成一组基函数的加权和,也即选择各隐层神经元的传输函数,使之构成一组基函数来逼近未知函数。RBF 人工神经网络由一个输入层、一个隐含层和一个输出层组成。RBF 神经网络的隐层基函数有多种形式,常用函数为高斯函数,设输入层的输入为 $\boldsymbol{X}=[x_1,x_2,\cdots,x_n]$,实际输出为 $\boldsymbol{Y}=[y_1,y_2,\cdots,y_p]$。输入层实现从 $\boldsymbol{X}\to R_i(\boldsymbol{X})$ 的非线性映射,输出层实现从 $R_i(\boldsymbol{X})\to y_k$ 的线性映射,输出层第 k 个神经

元输出为

$$\hat{y}_k = \sum_{i=1}^{m} w_{ik} R_i(\boldsymbol{X}), \quad k = 1, \cdots, p, \tag{15.18}$$

式中：$\boldsymbol{X}$ 为 n 维输入向量；m 为隐含层节点数；p 为输出层节点数；w_{ik} 为隐含层第 i 个神经元与输出层第 k 个神经元的连接权值；$R_i(\boldsymbol{X})$ 为隐含层第 i 个神经元的作用函数，即

$$R_i(\boldsymbol{X}) = \exp(-\|\boldsymbol{X}-\boldsymbol{C}_i\|^2/2\sigma_i^2), \quad i=1,\cdots,m, \tag{15.19}$$

式中：$\boldsymbol{C}_i$ 为第 i 个基函数的中心，与 $\boldsymbol{X}$ 具有相同维数的向量，$\boldsymbol{\sigma}_i$ 为第 i 个基函数的宽度；$\|\boldsymbol{X}-\boldsymbol{C}_i\|$ 为向量 $\boldsymbol{X}-\boldsymbol{C}_i$ 的范数，它通常表示 $\boldsymbol{X}$ 与 $\boldsymbol{C}_i$ 之间的距离；$R_i(\boldsymbol{X})$ 在 $\boldsymbol{C}_i$ 处有一个唯一的最大值，随着 $\|\boldsymbol{X}-\boldsymbol{C}_i\|$ 的增大，$R_i(\boldsymbol{X})$ 迅速衰减到零。对于给定的输入，只有一小部分靠近 $\boldsymbol{X}$ 的中心被激活。当确定了 RBF 网络的聚类中心 $\boldsymbol{C}_i$、权值 w_{ik} 及 $\boldsymbol{\sigma}_i$ 以后，就可求出给定某一输入时，网络对应的输出值。

2）RBF 网络学习算法

在 RBF 网络中，隐层执行的是一种固定不变的非线性变换，C_i，$\boldsymbol{\sigma}_i$，w_{ik} 需通过学习和训练来确定，一般分为 3 步进行。

（1）确定基函数的中心 $\boldsymbol{C}_i$。利用一组输入来计算 m 个 $\boldsymbol{C}_i$，$i=1,2,\cdots,m$，使 $\boldsymbol{C}_i$ 尽可能均匀地对数据抽样，在数据点密集处 $\boldsymbol{C}_i$ 也密集。一般采用"K 均值聚类法"确定 $\boldsymbol{C}_i$。

（2）确定基函数的宽度 $\boldsymbol{\sigma}_i$。基函数中心 $\boldsymbol{C}_i$ 训练完成后，可以求得归一化参数，即基函数的宽度 $\boldsymbol{\sigma}_i$，表示与每个中心相联系的子样本集中样本散布的一个测度。常用的是令其等于基函数中心与子样本集中样本模式之间的平均距离。

（3）确定从隐含层到输出层的连接权值 w_{ik}，RBF 连接权 w_{ik} 的修正可以采用最小均方差误差测度准则进行。

15.3.3 神经网络的应用

1. 数据预处理

由于神经网络输入数据的范围可能特别大，导致神经网络收敛慢、训练时间长。因此在训练神经网络前一般需要对数据进行预处理（不妨假设这里的指标都是效益型的），一种重要的预处理手段是归一化处理，就是将数据映射到[0,1]或[-1,1]区间。

第一种归一化的线性变换为

$$\tilde{x} = \frac{x - x_{\min}}{x_{\max} - x_{\min}}, \tag{15.20}$$

式中：x 为规格化前的变量（或数据）；$x_{\max}$，$x_{\min}$ 分别为 x 的最大值和最小值；$\tilde{x}$ 为规格化后的变量（或数据）。该归一化处理一般用于激活函数是 sigmoid 函数时。

第二种归一化的线性变换为

$$\tilde{x} = \frac{2(x - x_{\min})}{x_{\max} - x_{\min}} - 1, \tag{15.21}$$

上述公式将数据映射到区间[-1,1]上，一般用于激活函数是 tanh 函数时。

数据预处理也可以进行一般的标准化变换

$$\tilde{x} = \frac{x - \bar{x}}{s}, \tag{15.22}$$

其中：$\bar{x}$表示 x 取值的均值，s 表示 x 取值($x_i, i=1,2,\cdots,n$)的标准差，$s=\sqrt{\frac{1}{n}\sum_{i=1}^{n}(x_i-\bar{x})^2}$，或 $s=\sqrt{\frac{1}{n-1}\sum_{i=1}^{n}(x_i-\bar{x})^2}$，用 Python 计算标准差 s 时，一定要注意参数 ddof=0 或 1 的选择。

2. 应用举例

例 15.11 我国沪、深两市上市公司中有非 ST 公司和 ST 公司，一般而言非 ST 公司的信用等级较高，ST 公司的信用等级较差。为有效评价上市公司信用，建立了上市公司信用评价指标如下：流动比率 x_1，负债比率 x_2，存货周转率 x_3，总资产周转率 x_4，净资产收益率 x_5，每股收益率 x_6，总利润增长率 x_7，每股经营现金流量 x_8。已知训练样本和待判样本的数据如表 15.9 所列，其中类别中的值 1 表示是 ST 公司，0 表示不是 ST 公司。

表 15.9 上市公司信用分类数据

序号	x_1	x_2	x_3	x_4	x_5	x_6	x_7	x_8	类别
1	0.404	39.15	15.55	10.75	0.524	3.645	2.395	0.31	0
2	1.263	54.17	6.13	19.47	2.198	10.336	0.495	0.118	0
3	0.871	11.88	6.98	−18.22	0.481	16.146	6.385	0.624	0
4	1.317	20.38	13.13	57.79	0.299	19.396	1.937	0.673	0
5	0.722	9.33	10.09	10.22	0.444	2.515	17.564	0.3	0
6	−0.195	26.28	0.95	−7.59	0.292	0.596	4.78	0.015	1
7	0.329	22.76	1.74	−56.57	0.357	0.543	3.238	0.087	1
8	−0.001	269.39	−20.85	44.49	0.093	3.466	0.123	−0.329	1
9	−0.222	73.68	2.04	106.73	0.654	3.157	0.841	0.021	1
10	0.005	42.77	−4.15	−205.21	0.472	2.622	1.882	−0.048	1
11	1.564	59.86	−9.22	−313.31	0.284	1.565	1.444	−0.102	待判
12	0.74	13.27	6.14	−7.3	0.554	18.406	5.631	0.482	待判

解 对效益型指标 $x_1,x_3,x_4,x_5,x_6,x_7,x_8$，利用公式

$$\tilde{x}_i=\frac{x_i-x_i^{\min}}{x_i^{\max}-x_i^{\min}},\quad i=1,3,4,5,6,7,8$$

进行数据标准化处理，对成本型指标 x_2，利用公式

$$\tilde{x}_2=\frac{x_2^{\max}-x_2}{x_2^{\max}-x_2^{\min}}$$

进行数据标准化处理，这里 $x_i^{\max}$ 和 $x_i^{\min}$ 分别为 x_i 取值的最大值和最小值。

我们构造的 BP 神经元网络只有一个隐层，隐层神经元的个数为 30，激活函数取为 sigmoid 函数，利用 Python 程序，求得上市公司 11 判为 ST，上市公司 12 判为非 ST。

```
#程序文件 ex15_11.py
from sklearn.neural_network import MLPClassifier
import numpy as np
```

```
a = np.loadtxt('data15_11.txt')
x0 = a[:10,:]; x = a[10:,:]                         #提出训练样本和待判样本数据
m1 = x0.max(axis=0); m2 = x0.min(axis=0)            #计算逐列最大值和最小值
bx0 = (x0-m2)/(m1-m2)                               #数据标准化
bx0[:,1] = (m1[1]-x0[:,1])/(m1[1]-m2[1])            #x2 值特殊处理
y0 = np.hstack([np.zeros(5), np.ones(5)])           #标号值
#构造并拟合模型
md = MLPClassifier(solver='lbfgs',activation='logistic',
                   hidden_layer_sizes=30).fit(bx0, y0)
bx = (x-m2) / (m1-m2)                               #待判样本数据标准化
bx[:,1] = (m1[1]-x[:,1])/(m1[1]-m2[1])              #x2 值特殊处理
yh = md.predict(bx); print('待判样本类别:',yh)
print('属于各个类别的概率:\n', md.predict_proba(bx))
print('训练样本的回代准确率:', md.score(bx0, y0))
```

例 15.12 据研究,某地区的公路客运量主要与该地区的人数、机动车数量和公路面积有关,表 15.10 所列为该地区 1990—2009 年 20 年间公路客运量的相关数据。根据有关部门数据,该地区 2010 年和 2011 年的人数分别为 73.39 万人、75.55 万人,机动车数量分别为 3.9635 万辆、4.0975 万辆,公路面积分别为 0.9880 万 m^2、1.0268 万 m^2。请利用 BP 神经网络预测该地区 2010 年和 2011 年的公路客运量。

表 15.10 某地区公路客运量相关数据

年　份	人口数量/万人	机动车数量/万辆	公路面积/万 km^2	客运量/万人
1990	20.55	0.6	0.09	5126
1991	22.44	0.75	0.11	6217
1992	25.37	0.85	0.11	7730
1993	27.13	0.9	0.14	9145
1994	29.45	1.05	0.2	10460
1995	30.1	1.35	0.23	11387
1996	30.96	1.45	0.23	12353
1997	34.06	1.6	0.32	15750
1998	36.42	1.7	0.32	18304
1999	38.09	1.85	0.34	19836
2000	39.13	2.15	0.36	21024
2001	39.99	2.2	0.36	19490
2002	41.93	2.25	0.38	20433
2003	44.59	2.35	0.49	22598
2004	47.3	2.5	0.56	25107
2005	52.89	2.6	0.59	33442
2006	55.73	2.7	0.59	36836
2007	56.76	2.85	0.67	40548
2008	59.17	2.95	0.69	42927
2009	60.63	3.1	0.79	43462

解 用 x_1,x_2,x_3 分别表示人口数量、机动车数量和公路面积。利用公式

$$\tilde{x}_i=\frac{2(x_i-x_i^{\min})}{x_i^{\max}-x_i^{\min}}-1,\quad i=1,2,3$$

对数据进行标准化处理,这里 $x_i^{\max},x_i^{\min}$ 分别为 x_i 取值的最大值和最小值。

我们构造的 BP 神经元网络只有一个隐层,隐层神经元的个数为 10,激活函数取为线性函数,2010 年和 2011 年的公路客运量的预测值分别为 54449.6163 万人和 56573.6835 万人。

原始数据和神经网络预测值的对比如图 15.3 所示。

注 15.1 每次运行得到的预测值是不稳定的。

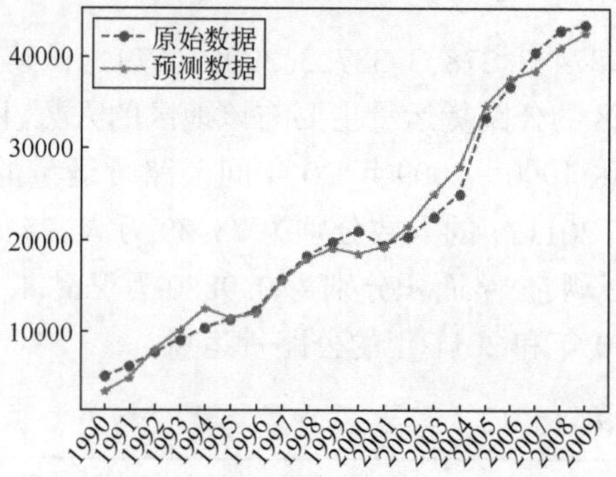

图 15.3 客运量原始数据和神经网络预测值对比图

```
#程序文件 ex15_12. py
from sklearn. neural_network import MLPRegressor
import numpy as np
import pylab as plt

a = np. loadtxt('data15_12. txt')
x0 = a[ :, :3]; y0 = a[ :,3]                #提出训练样本数据
m1 = x0. max(axis=0); m2 = x0. min(axis=0)    #计算逐列最大值和最小值
bx0 = 2 * (x0-m2)/(m1-m2)-1                 #数据标准化
#构造并拟合模型
md = MLPRegressor(solver='lbfgs',activation='identity',
    hidden_layer_sizes=10). fit(bx0, y0)
x = np. array([[73. 39,75. 55],[3. 9635,4. 0975],[0. 9880,1. 0268]]). T
bx = 2 * (x-m2) / (m1-m2)-1                  #数据标准化
yh = md. predict(bx); print('预测值为:,',np. round(yh,4))
yh0 = md. predict(bx0); delta = abs(yh0-y0)/y0 * 100
print('已知数据预测的相对误差:', np. round(delta,4))
t = np. arange(1990, 2010)
plt. rc('font', size=15); plt. rc('font', family='SimHei')
plt. plot(t, y0, '--o', label='原始数据')
plt. plot(t, yh0, '- *', label='预测数据')
plt. xticks(t, rotation=55); plt. legend(); plt. show()
```

习　题　15

15.1　某大型企业1997—2000年4年产值资料如表15.11所列，试建立GM(1,1)预测模型，预测该企业2001—2005年的产值。

表15.11　某大型企业1997—2000年4年产值资料

年　份	1997	1998	1999	2000
产值/万元	27260	29547	32411	35388

15.2　已知$\boldsymbol{x}^{(0)}=(2.874,3.278,3.337,3.390,3.679)$，试建立GM(2,1)模型。

15.3　据研究，某地区的公路货运量主要与该地区的人数、机动车数量和公路面积有关，表15.12所示为该地区1990—2009年20年间公路货运量的相关数据。根据有关部门数据，该地区2010年和2011年的人数分别为73.39万人、75.55万人，机动车数量分别为3.9635万辆、4.0975万辆，公路面积分别为0.9880万km^2、1.0268万km^2。请利用BP神经网络预测该地区2010年和2011年的公路货运量。

表15.12　某地区公路货运量相关数据

年　份	人口数量/万人	机动车数量/万辆	公路面积/万km^2	货运量/万t
1990	20.55	0.6	0.09	1237
1991	22.44	0.75	0.11	1379
1992	25.37	0.85	0.11	1385
1993	27.13	0.9	0.14	1399
1994	29.45	1.05	0.2	1663
1995	30.1	1.35	0.23	1714
1996	30.96	1.45	0.23	1834
1997	34.06	1.6	0.32	4322
1998	36.42	1.7	0.32	8132
1999	38.09	1.85	0.34	8936
2000	39.13	2.15	0.36	11099
2001	39.99	2.2	0.36	11203
2002	41.93	2.25	0.38	10524
2003	44.59	2.35	0.49	11115
2004	47.3	2.5	0.56	13320
2005	52.89	2.6	0.59	16762
2006	55.73	2.7	0.59	18673
2007	56.76	2.85	0.67	20724
2008	59.17	2.95	0.69	20803
2009	60.63	3.1	0.79	21804

第16章 博 弈 论

博弈论(game theory)又称为对策论,它是研究具有对抗或竞争性质现象的一种数学理论和方法,它是运筹学的一个重要分支。它所研究的典型问题是由两个或两个以上的参加者在某种对抗性或竞争性的场合下各自做出决策,使自己的一方得到最有利的结果。

博弈可以分为合作博弈和非合作博弈,其主要区别在于决策者的决策行为相互作用时,当事人能否达成一种有约束力的协议。如果有,就是合作博弈;如果没有,就是非合作博弈。对于合作博弈,决策者面临的主要问题是如何分享合作带来的成果。对于非合作博弈,参与者在利益相互影响的局势中如何选择策略使自己的收益最大。本章只介绍简单的非合作博弈。

在20世纪四五十年代,冯·诺依曼(Von Neumann)、摩根斯坦恩(Morgenstern)把博弈论引入经济学,几十年来,博弈论在经济学中发挥着越来越大的作用,1994年的诺贝尔经济学奖就授予3位博弈论专家:纳什(Nash)、泽尔腾(Selten)和海萨尼(Harsanyi),1996年诺贝尔经济学奖授予两位博弈论与信息经济学研究专家莫里斯(Mirrlees)、维克瑞(Vickrey),2001年诺贝尔经济学奖授予阿克尔洛夫(Akerlof)、斯宾塞(Spence)、斯蒂格利茨(Stiglitz),以表彰他们在柠檬市场、信号传递和信号甄别等非对称信息理论研究中的开创性贡献。2005年诺贝尔经济学奖授予有以色列和美国双重国籍的奥曼(Aumann)和美国人谢林(Schelling),以表彰他们在博弈论领域做出的贡献。2007年诺贝尔经济学奖授予里奥尼德·赫维茨(Leonid Hurwicz)、埃里克·马斯金(Eric Maskin)和罗杰·迈尔森(Roger Myerson)3名美国经济学家,他们因机制设计理论而获此殊荣,机制设计理论是博弈论研究的重要内容。博弈论广泛应用在经济、政治、军事、外交中,其中在经济学中的应用最广泛、最成功。

16.1 基 本 概 念

在日常生活中,经常可以看到一些具有相互斗争或竞争性质的行为,如下棋、打牌、体育比赛等;还有企业间的竞争、军队或国家间的战争、政治斗争等,都具有对抗的性质。这种具有竞争或对抗性质的行为称为博弈行为。在这类行为中,各方具有不同的目标和利益。为实现自己的目标和利益,各方必须考虑对手可能采取的行动方案,并力图选择对自己最为有利或最为合理的行动方案。

16.1.1 博弈论的定义

博弈论是描述、分析多人决策行为的一种决策理论,是多个主体在相互影响下的多元决策,决策的均衡结果取决于双方或多方的决策。如下棋,最后的结果就是由下棋双方你来我往轮流做出决策,决策又相互影响、相互作用而得出的结果。

博弈论对人的基本假设是：人是理性的(rational，或者说自私的)，理性的人是指他在具体策略选择时的目的是使自己的利益最大化，博弈论研究的是理性的人之间如何进行策略选择的。

下面介绍博弈论与优化理论的异同点。

(1) 相同点。博弈论与优化理论都是在给定的条件下，寻求最优决策的过程。

(2) 不同点。

① 优化理论可以看成是单人决策，而博弈理论可以看成是多人决策。在优化理论的决策过程中，影响结果的所有变量都控制在决策者自己手里；在博弈论的决策过程中，影响结果的变量是由多个决策者操纵的。如企业在追求成本最小化、产量最大化、利润最大化的过程中总是假设外部条件给定，这是一个优化问题，因为除了给定的外部条件外，剩下的因素都由决策者来控制，从而决策者自己就能控制决策的结果；如果外部条件不是给定的，而是有其他主体参与的过程，这时的决策过程就变成一个博弈过程，因为决策的最终结果不但取决于决策者本身，而且也取决于其他决策者的决策。

② 优化过程是一个确定的过程，而博弈过程是确定性和不确定性的统一。优化过程是一个确定的过程，因为做出决策后，确定的结果就出来了。说博弈过程有确定性，是因为决策各方的决策做出后，每一方的收益就确定了；说博弈过程有不确定性，在于一方做出决策后，影响结果的变量还有众多的其他决策者，在不知道其他主体行为的情况下，结果就不确定。例如，在一次具体的战斗中，一方是否发起进攻，是一个决策。如果发起进攻，对方肯定有所反应，客观上讲，必然会有一个确定的结果存在，这是确定性的表现。但是最后的结果如何，取决于对方如何应对，所以在发起进攻时，并不能知道结局是怎样的，这就是不确定性的表现。如果一方发起进攻后，另一方马上投降，则战斗结束；如果对方进行反攻，从理论上讲，结果取决于双方实力的大小。在现实生活中做出任何决策时，实际上都受到其他主体决策的影响并对我们做决策产生一定影响，决策的结果除了由我们自己决定外还要受到其他决策主体的影响，这实际上就是一个博弈过程。

16.1.2 博弈论中的经典案例

1. 囚徒困境

假设警察局抓住了两个合伙犯罪的嫌疑犯，但获得的证据并不十分确切，对于两者的量刑就可能取决于两者对犯罪事实的供认。警察局将这两名嫌疑犯分别关押以防他们串供。两名囚徒明白，如果他们都交代犯罪事实，则可能将各被判刑 3 年；如果他们都不交代，则有可能只会被以较轻的妨碍公务罪各判 1 年；如果一人交代，另一人不交代，交代者有可能会被立即释放，不交代者则将可能被重判 5 年。

对于两个囚徒总体而言，他们设想的最好的策略可能是都不交代。但任何一个囚徒在选择不交代的策略时，都要冒很大的风险，一旦自己不交代而另一囚徒交代了，自己就可能处于非常不利的境地。对于囚徒 A 而言，不管囚徒 B 采取何种策略，他的最佳策略都是交代。对于囚徒 B 而言也是如此。最后两人都会选择交代。因此，囚徒困境反映了个体理性行为与集体理性行为之间的矛盾、冲突。

在政治学中，两国之间的军备竞赛可以用囚徒困境来描述。两国都可以声称有两种选择：增加军备、或是达成削减武器协议。两国都无法肯定对方会遵守协议，因此两国最终会倾向增加军备。似乎自相矛盾的是,虽然增加军备会是两国的“理性”行为,但结果却显得“非理性”(如会影响经济的发展)。这可视作遏制理论的推论,就是以强大的军事力量来遏制对方的进攻,以达到和平。

2. 智猪博弈

假设猪圈里有一大一小两只猪,猪圈的一头有一个猪食槽,另一头有一个控制猪食供应的按钮,踩一下按钮会有10个单位的猪食进槽。若小猪去踩,大猪先吃,大猪可吃到9个单位,小猪踩好后奔过来,则只能吃到1个单位;若大猪去踩,小猪先吃,小猪可吃到6个单位,大猪吃到4个单位;若同时去踩,奔过来再同时吃,大猪可吃到7个单位,小猪吃到3个单位。在这种情况下,不论大猪采取何种策略,小猪的最佳策略是等待,即在食槽边等待大猪去踩按钮,然后坐享其成。而由于小猪总是会选择等待,大猪无奈之下只好去踩按钮。这种策略组合就是闻名遐迩的“纳什均衡”。它指的是,在给定一方采取某种策略的条件下,另一方所采取的最佳策略(此处为大猪踩按钮)。

智猪博弈现象在日常生活中也是司空见怪的。如大股东行使监督上市公司的职责,而小股东则坐享这种监督带来的利益,即所谓“搭便车”;爱清洁的人经常打扫公共楼道,其他人搭便车;山村中出外跑运输、做生意的人掏钱修路,其他村民走修好的路;等等。

3. 斗鸡博弈

两只公鸡面对面争斗,继续斗下去,两败俱伤,一方退却便意味着认输。在这样的博弈中,要想取胜,就要在气势上压倒对方,至少要显示出破釜沉舟、背水一战的决心来,以迫使对方退却。但到最后的关键时刻,必有一方要退下来,除非真正抱定鱼死网破的决心。

这类博弈也不胜枚举。如两人反向过同一独木桥,一般来说,必有一人选择后退。在该种博弈中,非理性、非理智的形象塑造往往是一种可选择的策略运用。如那种看上去不把自己的生命当回事的人,或者看上去有点醉醺醺、傻乎乎的人,往往能逼退独木桥上的另一人。还有夫妻争吵也常常是一个“斗鸡博弈”,吵到最后,通常,总有一方对于对方的唠叨、责骂装聋作哑,或者干脆妻子回娘家去冷却怒火。“冷战”期间,美苏两大军事集团的争斗也是一种“斗鸡博弈”。在企业经营方面,在市场容量有限的条件下,一家企业投资了某一项目,另一家企业便会放弃对该项目的觊觎。

16.1.3 博弈的一般概念

以下称具有博弈行为的模型为博弈模型,或博弈。

1. 局中人(Player)

一个博弈中有权决定自己行动方案的博弈参加者称为局中人,通常用I表示局中人的集合。如果有n个局中人,则$I=\{1,2,\cdots,n\}$。

一般要求一个博弈中至少要有两个局中人,局中人可以是具有自主决策行为的自然人,也可以是代表共同利益的集团,譬如可以是球队、公司、国家等。

博弈中关于局中人的概念是具有广义性的。在博弈中总是假设每一个局中人都是“理智的”决策者或竞争者。这里的“理智”定义为每个局中人都以当前个人利益最大化作为行动目标。

2. 策略集(Strategies)

博弈中,可供局中人选择的一个实际可行的完整行动方案称为一个策略。参加博弈的每一局中人 $i, i \in I$,都有自己的策略集 S_i。一般来说,每一局中人的策略集中至少应包括两个策略。

3. 赢得函数(支付函数)(Payoff Function)

一个博弈中,每一局中人所出策略形成的策略组称为一个局势,即若 s_i 是第 i 个局中人的一个策略,则 n 个局中人的策略形成的策略组 $s=(s_1,s_2,\cdots,s_n)$ 就是一个局势。若记 S 为全部局势的集合,则当一个局势 s 出现后,应该为每个局中人 i 规定一个赢得值(或所失值) $H_i(s)$。显然,$H_i(s)$ 是定义在 S 上的函数,称为局中人 i 的赢得函数。

由局中人、策略集和赢得函数也就完全确定了博弈模型。因此,局中人、策略集、赢得函数称为博弈的三要素。

4. 博弈问题的分类

博弈问题依据不同的原则可有不同的分类。根据策略与时间的关系可分为静态博弈和动态博弈;根据博弈的局中人的数目可分为二人博弈和多人博弈;多人博弈可分为合作博弈和非合作博弈;根据各局中人的赢得函数的代数和是否为零可分为零和博弈与非零和博弈;根据策略的概率特性分为纯策略博弈和混合策略博弈;根据局中人策略集中的策略数可分为有限策略博弈和无限策略博弈。

将博弈问题抽象为数学模型,可分矩阵博弈、连续博弈、微分博弈、阵地博弈、随机博弈等。本章重点介绍矩阵博弈模型。

16.2 零和博弈

零和博弈是一类特殊的博弈问题。在这类博弈中,只有两名局中人,每个局中人都只有有限个策略可供选择。在任一纯局势下,两个局中人的赢得之和总是等于零,即双方的利益是激烈对抗的。

设局中人Ⅰ、Ⅱ的策略集分别为

$$S_1=\{\alpha_1,\cdots,\alpha_m\},S_2=\{\beta_1,\cdots,\beta_n\}. \tag{16.1}$$

当局中人Ⅰ选定策略 α_i,局中人Ⅱ选定策略 β_j 后,就形成了一个局势 (α_i,β_j),可见这样的局势共有 mn 个。对任一局势 (α_i,β_j),记局中人Ⅰ的赢得值为 a_{ij},并称

$$\boldsymbol{A}=\begin{bmatrix} a_{11} & a_{12} & \cdots & a_{1n} \\ a_{21} & a_{22} & \cdots & a_{2n} \\ \vdots & \vdots & & \vdots \\ a_{m1} & a_{m2} & \cdots & a_{mn} \end{bmatrix} \tag{16.2}$$

为局中人Ⅰ的赢得矩阵(或为局中人Ⅱ的支付矩阵)。由于假设博弈为零和的,故局中人Ⅱ的赢得矩阵就是 $-\boldsymbol{A}$。

当局中人Ⅰ、Ⅱ和策略集 S_1、S_2 及局中人Ⅰ的赢得矩阵 $\boldsymbol{A}$ 确定后,一个零和博弈就给定了,零和博弈又可称为矩阵博弈并可简记成

$$G=\{S_1,S_2;\boldsymbol{A}\}.$$

例 16.1 设有一矩阵博弈 $G=\{S_1,S_2;A\}$，其中 $S_1=\{\alpha_1,\alpha_2,\alpha_3\}$，$S_2=\{\beta_1,\beta_2,\beta_3,\beta_4\}$，

$$A=\begin{bmatrix}12 & -6 & 30 & -22\\ 14 & 2 & 18 & 10\\ -6 & 0 & -10 & 16\end{bmatrix}.$$

从 A 中可以看出，若局中人Ⅰ希望获得最大赢利30，需采取策略 α_1，但此时若局中人Ⅱ采取策略 β_4，局中人Ⅰ非但得不到30，反而会失去22。为了稳妥，双方都应考虑到对方有使自己损失最大的动机，在最坏的可能中争取最好的结果，局中人Ⅰ采取策略 α_1、α_2、α_3 时，最坏的赢得结果分别为

$$\min\{12,-6,30,-22\}=-22,$$
$$\min\{14,2,18,10\}=2,$$
$$\min\{-6,0,-10,16\}=-10,$$

其中最好的可能为 $\max\{-22,2,-10\}=2$。如果局中人Ⅰ采取策略 α_2，无论局中人Ⅱ采取什么策略，局中人Ⅰ的赢得均不会少于2。

局中人Ⅱ采取各方案的最大损失为

$$\max\{12,14,-6\}=14,$$
$$\max\{-6,2,0\}=2,$$
$$\max\{30,18,-10\}=30,$$
$$\max\{-22,10,16\}=16,$$

当局中人Ⅱ采取策略 β_2 时，其损失不会超过2。注意到在赢得矩阵中，2既是所在行中的最小元素又是所在列中的最大元素。此时，只要对方不改变策略，任一局中人都不可能通过变换策略来增大赢得或减少损失，称这样的局势为博弈的一个稳定点或稳定解。

定义 16.1 设 $f(\boldsymbol{x},\boldsymbol{y})$ 为一个定义在 $\boldsymbol{x}\in\Omega_1$ 及 $\boldsymbol{y}\in\Omega_2$ 上的实值函数，如果存在 $\boldsymbol{x}^*\in\Omega_1$，$\boldsymbol{y}^*\in\Omega_2$，使得对一切 $\boldsymbol{x}\in\Omega_1$ 和 $\boldsymbol{y}\in\Omega_2$，有

$$f(\boldsymbol{x},\boldsymbol{y}^*)\leqslant f(\boldsymbol{x}^*,\boldsymbol{y}^*)\leqslant f(\boldsymbol{x}^*,\boldsymbol{y}),\tag{16.3}$$

则称 $(\boldsymbol{x}^*,\boldsymbol{y}^*)$ 为函数 f 的一个鞍点。

定义 16.2 设 $G=\{S_1,S_2;A\}$ 为矩阵博弈，其中 $S_1=\{\alpha_1,\alpha_2,\cdots,\alpha_m\}$，$S_2=\{\beta_1,\beta_2,\cdots,\beta_n\}$，$A=(a_{ij})_{m\times n}$。若等式

$$\max_i\min_j a_{ij}=\min_j\max_i a_{ij}=a_{i^*j^*}\tag{16.4}$$

成立，记 $V_G=a_{i^*j^*}$，则称 V_G 为博弈 G 的值，称使式(16.4)成立的纯局势 $(\alpha_{i^*},\beta_{j^*})$ 为博弈 G 的鞍点或稳定解，赢得矩阵中与 $(\alpha_{i^*},\beta_{j^*})$ 相对应的元素 $a_{i^*j^*}$ 称为赢得矩阵的鞍点，α_{i^*} 与 β_{j^*} 分别称为局中人Ⅰ与Ⅱ的最优纯策略。

给定一个博弈 G，如何判断它是否具有鞍点呢？为了回答这一问题，先引入下面的极大极小原理。

定理 16.1 设 $G=\{S_1,S_2;A\}$，记 $\mu=\max\limits_i\min\limits_j a_{ij}$，$\nu=-\min\limits_j\max\limits_i a_{ij}$，则必有 $\mu+\nu\leqslant 0$。

证明 $\nu=\max\limits_j\min\limits_i(-a_{ij})$，易见 μ 为Ⅰ的最小赢得，ν 为Ⅱ的最小赢得，由于 G 是零和博弈，故 $\mu+\nu\leqslant 0$ 必成立。

定理 16.2 零和博弈 G 具有稳定解的充要条件为 $\mu+\nu=0$。

证明 （充分性）由μ和ν的定义可知，存在一行例如p行，μ为p行中的最小元素，且存在一列例如q列，$-\nu$为q列中的最大元素。故有

$$a_{pq} \geqslant \mu \text{ 且 } a_{pq} \leqslant -\nu, \tag{16.5}$$

又因$\mu+\nu=0$，所以$\mu=-\nu$，从而得出$a_{pq}=\mu$，a_{pq}为赢得矩阵的鞍点，(α_p,β_q)为G的稳定解。

（必要性）若G具有稳定解(α_p,β_q)，则a_{pq}为赢得矩阵的鞍点，故有

$$\mu=\max_i \min_j a_{ij} \geqslant \min_j a_{pj}=a_{pq}, \tag{16.6}$$

$$-\nu=\min_j \max_i a_{ij} \leqslant \max_i a_{iq}=a_{pq}, \tag{16.7}$$

从而可得$\mu+\nu\geqslant 0$，但根据定理16.1，$\mu+\nu\leqslant 0$必成立，故必有$\mu+\nu=0$。

定理16.2给出了博弈问题有稳定解（简称为解）的充要条件。当博弈问题有解时，其解可以不唯一，当解不唯一时，解之间的关系具有下面两条性质：

性质16.1 无差别性。即若$(\alpha_{i_1},\beta_{j_1})$与$(\alpha_{i_2},\beta_{j_2})$是博弈$G$的两个解，则必有$a_{i_1j_1}=a_{i_2j_2}$。

性质16.2 可交换性。即若$(\alpha_{i_1},\beta_{j_1})$和$(\alpha_{i_2},\beta_{j_2})$是博弈$G$的两个解，则$(\alpha_{i_1},\beta_{j_2})$和$(\alpha_{i_2},\beta_{j_1})$也是解。

16.3 零和博弈的混合策略及解法

16.3.1 零和博弈的混合策略

具有稳定解的零和问题是一类特别简单的博弈问题，它所对应的赢得矩阵存在鞍点，任一局中人都不可能通过自己单方面的努力来改进结果。然而，在实际遇到的零和博弈中更典型的是$\mu+\nu\neq 0$的情况。由于赢得矩阵中不存在鞍点，此时在只使用纯策略的范围内，博弈问题无解。下面引进零和博弈的混合策略。

设局中人Ⅰ用概率x_i选用策略α_i，局中人Ⅱ用概率y_j选用策略β_j，$\sum_{i=1}^m x_i=\sum_{j=1}^n y_j=1$，记$\boldsymbol{x}=[x_1,\cdots,x_m]^{\mathrm{T}}$，$\boldsymbol{y}=[y_1,\cdots,y_n]^{\mathrm{T}}$，则局中人Ⅰ的期望赢得为$E(\boldsymbol{x},\boldsymbol{y})=\boldsymbol{x}^{\mathrm{T}}\boldsymbol{A}\boldsymbol{y}$。

记

S_1^*：策略	$\alpha_1,\cdots,\alpha_m$
概率	$x_1,\cdots,x_m$

S_2^*：策略	$\beta_1,\cdots,\beta_n$
概率	$y_1,\cdots,y_n$

分别称S_1^*与S_2^*为局中人Ⅰ和Ⅱ的混合策略。

下面简单地记

$$S_1^*=\left\{[x_1,\cdots,x_m]^{\mathrm{T}} \mid x_i\geqslant 0, i=1,\cdots,m;\ \sum_{i=1}^m x_i=1\right\}, \tag{16.8}$$

$$S_2^*=\left\{[y_1,\cdots,y_n]^{\mathrm{T}} \mid y_j\geqslant 0, j=1,\cdots,n;\ \sum_{j=1}^n y_j=1\right\}. \tag{16.9}$$

定义16.3 若存在m维概率向量$\bar{\boldsymbol{x}}$和n维概率向量$\bar{\boldsymbol{y}}$，使得对一切m维概率向量$\boldsymbol{x}$和n维概率向量$\boldsymbol{y}$有

$$\bar{\boldsymbol{x}}^{\mathrm{T}}\boldsymbol{A}\bar{\boldsymbol{y}}=\max_{\boldsymbol{x}} \boldsymbol{x}^{\mathrm{T}}\boldsymbol{A}\bar{\boldsymbol{y}}=\min_{\boldsymbol{y}} \bar{\boldsymbol{x}}^{\mathrm{T}}\boldsymbol{A}\boldsymbol{y}, \tag{16.10}$$

则称$(\bar{x},\bar{y})$为混合策略博弈问题的鞍点。

定理 16.3 设$\bar{x}\in S_1^*$,$\bar{y}\in S_2^*$,则$(\bar{x},\bar{y})$为$G=\{S_1,S_2;\boldsymbol{A}\}$的解的充要条件是

$$\begin{cases}\sum_{j=1}^{n} a_{ij}\bar{y}_j \leqslant \bar{\boldsymbol{x}}^{\mathrm{T}}\boldsymbol{A}\bar{\boldsymbol{y}}, & i=1,2,\cdots,m,\\ \sum_{i=1}^{m} a_{ij}\bar{x}_i \geqslant \bar{\boldsymbol{x}}^{\mathrm{T}}\boldsymbol{A}\bar{\boldsymbol{y}}, & j=1,2,\cdots,n.\end{cases} \tag{16.11}$$

定理 16.4 任意混合策略博弈问题必存在鞍点,即必存在概率向量$\bar{x}$和$\bar{y}$,使得

$$\bar{\boldsymbol{x}}^{\mathrm{T}}\boldsymbol{A}\bar{\boldsymbol{y}}=\max_{x}\min_{y}\boldsymbol{x}^{\mathrm{T}}\boldsymbol{A}\boldsymbol{y}=\min_{y}\max_{x}\boldsymbol{x}^{\mathrm{T}}\boldsymbol{A}\boldsymbol{y}. \tag{16.12}$$

使用纯策略的博弈问题(具有稳定解的博弈问题)可以看成使用混合策略博弈问题的特殊情况,相当于以概率 1 选取其中某一策略,以概率 0 选取其余策略。

例 16.2 A、B为作战双方,A方拟派两架轰炸机Ⅰ和Ⅱ去轰炸B方的指挥部,轰炸机Ⅰ在前面飞行,Ⅱ随后。两架轰炸机中只有一架带有炸弹,而另一架仅为护航。轰炸机飞至B方上空,受到B方战斗机的阻击。若战斗机阻击后面的轰炸机Ⅱ,它仅受Ⅱ的射击,被击中的概率为 0.3(Ⅰ来不及返回攻击它)。若战斗机阻击Ⅰ,它将同时受到两架轰炸机的射击,被击中的概率为 0.7。一旦战斗机未被击中,它将以 0.6 的概率击毁其选中的轰炸机。请为A、B双方各选择一个最优策略,即对于A方应选择哪一架轰炸机装载炸弹?对于B方战斗机应阻击哪一架轰炸机?

解 双方可选择的策略集分别是

$S_A=\{\alpha_1,\alpha_2\}$,$\alpha_1$:轰炸机Ⅰ装炸弹,Ⅱ护航;

α_2:轰炸机Ⅱ装炸弹,Ⅰ护航;

$S_B=\{\beta_1,\beta_2\}$,β_1:阻击轰炸机Ⅰ;

β_2:阻击轰炸机Ⅱ;

赢得矩阵$\boldsymbol{R}=(a_{ij})_{2\times2}$,$a_{ij}$为$A$方采取策略$\alpha_i$而$B$方采取策略$\beta_j$时,轰炸机轰炸$B$方指挥部的概率,由题意可计算出:

$$a_{11}=0.7+0.3(1-0.6)=0.82,$$
$$a_{12}=1,a_{21}=1,$$
$$a_{22}=0.3+0.7(1-0.6)=0.58,$$

即赢得矩阵

$$\boldsymbol{R}=\begin{bmatrix}0.82 & 1\\ 1 & 0.58\end{bmatrix}.$$

易求得$\mu=\max\limits_{i}\min\limits_{j}a_{ij}=0.82$,$\nu=-\min\limits_{j}\max\limits_{i}a_{ij}=-1$。由于$\mu+\nu\neq0$,矩阵$\boldsymbol{R}$不存在鞍点,应当求最佳混合策略。

现设A以概率x_1取策略α_1、以概率x_2取策略α_2;B以概率y_1取策略β_1、以概率y_2取策略β_2。

先从B方来考虑问题。B采用β_1时,A方轰炸机攻击指挥部的概率期望值为$E(\beta_1)=0.82x_1+x_2$,而B采用β_2时,A方轰炸机攻击指挥部的概率期望值为$E(\beta_2)=x_1+0.58x_2$。若$E(\beta_1)\neq E(\beta_2)$,不妨设$E(\beta_1)<E(\beta_2)$,则$B$方必采用$\beta_1$以减少指挥部被轰炸的概率。故对$A$方选取的最佳概率$x_1$和$x_2$,必满足:

$$\begin{cases}0.82x_1+x_2=x_1+0.58x_2,\\x_1+x_2=1.\end{cases}$$

由此解得 $x_1=0.7, x_2=0.3$。

同样,可从 A 方考虑问题,得

$$\begin{cases}0.82y_1+y_2=y_1+0.58y_2,\\y_1+y_2=1.\end{cases}$$

并解得 $y_1=0.7, y_2=0.3$。B 方指挥部被轰炸的概率的期望值 $V_G=0.874$。

16.3.2 零和博弈的解法

1. 线性方程组方法

假设最优策略中的 x_i^* 和 y_j^* 均不为零,则把博弈问题的求解问题转化成下面两个方程组的问题:

$$\begin{cases}\sum_{i=1}^{m} a_{ij}x_i = u, j=1,2,\cdots,n,\\ \sum_{i=1}^{m} x_i = 1.\end{cases} \tag{16.13}$$

$$\begin{cases}\sum_{j=1}^{n} a_{ij}y_j = v, i=1,2,\cdots,m,\\ \sum_{j=1}^{n} y_j = 1.\end{cases} \tag{16.14}$$

如果上述方程组存在非负解 $\boldsymbol{x}^*$ 和 $\boldsymbol{y}^*$,便求得博弈的一个解,式(16.13)中的 u 是局中人Ⅰ的赢得值,式(16.14)中的 v 是局中人Ⅱ的支付值。这种方法由于事先假设 x_i^* 和 y_j^* 均不为零,故当最优策略的某些分量实际为零时,上述方程组可能无解,因此,这种方法在实际应用中有一定的局限性。但对于 2×2 的矩阵,当局中人Ⅰ的赢得矩阵

$$\boldsymbol{A}=\begin{bmatrix}a_{11} & a_{12}\\a_{21} & a_{22}\end{bmatrix} \tag{16.15}$$

不存在鞍点时,容易证明各局中人的最优混合策略中的 x_i^*, y_j^* 均大于零,可以使用方程组解法进行求解。

例 16.3(“田忌赛马”) 战国时期,有一天齐王提出要与田忌赛马,双方约定从各自的上、中、下 3 个等级的马中各选一匹参赛,每匹马均只能参赛一次,每一次比赛双方各出一匹马,负者要付胜者千金。已经知道,在同等级的马中,田忌的马不如齐王的马,而如果田忌的马比齐王的马高一等级,则田忌的马可取胜。

“田忌赛马”就是“零和博弈”,齐王所失就是田忌所赢,又由于只有两个局中人,策略集是有限的,故属于“两人有限零和博弈”,试求解该矩阵博弈。

解 由于齐王和田忌可能的出马策略为“上中下”“上下中”“中上下”“中下上”“下中上”“下上中”。

记齐王的策略集为 $S_1=\{\alpha_1,\alpha_2,\alpha_3,\alpha_4,\alpha_5,\alpha_6\}$,田忌的策略集为 $S_2=\{\beta_1,\beta_2,\beta_3,\beta_4,$

$\beta_5,\beta_6\}$，则齐王的赢得矩阵为

$$A=\begin{bmatrix}3&1&1&1&1&-1\\1&3&1&1&-1&1\\1&-1&3&1&1&1\\-1&1&1&3&1&1\\1&1&-1&1&3&1\\1&1&1&-1&1&3\end{bmatrix},$$

并设齐王和田忌的最优混合策略分别为$\boldsymbol{x}^*=[x_1^*,\cdots,x_6^*]^{\mathrm{T}}$和$\boldsymbol{y}^*=[y_1^*,\cdots,y_6^*]^{\mathrm{T}}$。求$\boldsymbol{x}^*$和$\boldsymbol{y}^*$归结为求解如下的两个方程组：

$$\begin{cases}\boldsymbol{A}^{\mathrm{T}}\boldsymbol{x}=\boldsymbol{U}_{6\times1},\\ \sum\limits_{i=1}^{6}x_i=1,\\ x_i\geqslant 0,i=1,2,\cdots,6.\end{cases}\tag{16.16}$$

和

$$\begin{cases}\boldsymbol{A}\boldsymbol{y}=\boldsymbol{V}_{6\times1},\\ \sum\limits_{i=1}^{6}y_i=1,\\ y_i\geqslant 0,i=1,2,\cdots,6.\end{cases}\tag{16.17}$$

式中

$$\boldsymbol{x}=[x_1,\cdots,x_6]^{\mathrm{T}};\boldsymbol{U}_{6\times1}=[u,u,u,u,u,u]^{\mathrm{T}};\boldsymbol{y}=[y_1,\cdots,y_6]^{\mathrm{T}};\boldsymbol{V}_{6\times1}=[v,v,v,v,v,v]^{\mathrm{T}}.$$

实际上式(16.16)或式(16.17)都有无穷多组解，式(16.16)的解为

$$\begin{bmatrix}x_1\\x_2\\x_3\\x_3\\x_5\\x_6\end{bmatrix}=\begin{bmatrix}0\\1/3\\1/3\\0\\1/3\\0\end{bmatrix}+c\begin{bmatrix}1\\-1\\-1\\1\\-1\\1\end{bmatrix},\text{其中 } c\in[0,1/3],$$

对策值$V_G=u=1$。类似地，可以给出$\boldsymbol{y}$的解。

因为方程组有无穷多组解，其中的最小范数解为

$$x_i=1/6,i=1,\cdots,6;\quad y_j=1/6,j=1,\cdots,6,\quad V_G=u=v=1,$$

即双方都以 1/6 的概率选取每个纯策略。或者说在 6 个纯策略中随机地选取一个即为最优策略。总的结局也是齐王赢得的期望值是 1 千金。

从上面的结果可以看出，在公平的比赛情况下，双方同时提交出马顺序策略，齐王可以有多种可能的策略，齐王都能赢得田忌一千两黄金。之前之所以田忌能赢齐王一千两黄金，其原因在于他事先知道了齐王的出马顺序，而后才做出对自己有利的决策。因此在这类对策问题中，在正式比赛之前，对策双方都应该对自己的策略保密，否则不保密的一方将会处于不利的地位。

用 Python 求解时，把线性方程组式(16.16)看成是 7 个变量$x_1,x_2,\cdots,x_6,u$的方程组。

```
#程序文件 ex16_3.py
import numpy as np
import sympy as sp

A = np.array([[3,1,1,1,1,-1],[1,3,1,1,-1,1],[1,-1,3,1,1,1],
     [-1,1,1,3,1,1],[1,1,-1,1,3,1],[1,1,1,-1,1,3]],dtype=int)
Az1 = np.hstack([A.T, -np.ones((6,1))])
Az2 = np.vstack([Az1, [1,1,1,1,1,1,0]])      #构造完整的系数矩阵
B = np.array([[0,0,0,0,0,0,1]]).T            #非线性方程组的常数项列
Az3 = np.hstack([Az2,B])                     #构造增广矩阵
Az4 = sp.Matrix(Az3.astype(int))             #转换为符号矩阵
s1 = Az4.rref()                              #把增广矩阵化成行最简形
s2 = np.linalg.pinv(Az2) @ B                 #求最小范数解
print('行最简形为:\n',s1[0]); print('最小范数解为:\n',s2)
np.savetxt('data15_3.txt',A,fmt='%.0f')
```

2. 零和博弈的线性规划解法

当 $m>2$ 且 $n>2$ 时,通常采用线性规划方法求解零和博弈问题。局中人Ⅰ选择混合策略 $\bar{\boldsymbol{x}}$ 的目的是使得

$$\bar{\boldsymbol{x}}^{\mathrm{T}}\boldsymbol{A}\bar{\boldsymbol{y}} = \max_{\boldsymbol{x}} \min_{\boldsymbol{y}} \boldsymbol{x}^{\mathrm{T}}\boldsymbol{A}\boldsymbol{y} = \max_{\boldsymbol{x}} \min_{\boldsymbol{y}} \boldsymbol{x}^{\mathrm{T}}\boldsymbol{A}\Big(\sum_{j=1}^{n} y_j \boldsymbol{e}_j\Big) = \max_{\boldsymbol{x}} \min_{\boldsymbol{y}} \sum_{j=1}^{n} E_j y_j, \tag{16.18}$$

式中:$\boldsymbol{e}_j$ 为只有第 j 个分量为1而其余分量均为零的单位向量,$E_j=\boldsymbol{x}^{\mathrm{T}}\boldsymbol{A}\boldsymbol{e}_j$。记 $u\equiv E_k=\min\limits_j E_j$,由于 $\sum\limits_{j=1}^{n} y_j = 1,\min\limits_{\boldsymbol{y}}\sum\limits_{j=1}^{n} E_j y_j$ 在 $y_k=1,y_j=0(j\neq k)$ 时达到最小值 u,故 $\bar{\boldsymbol{x}}$ 应为线性规划问题

$$\Rightarrow \max \quad u,$$

$$\text{s.t.}\begin{cases} \sum\limits_{i=1}^{m} a_{ij}x_i \geqslant u, j=1,2,\cdots,n(\text{即 } E_j \geqslant E_k), \\ \sum\limits_{i=1}^{m} x_i = 1, \\ x_i \geqslant 0, i=1,2,\cdots,m \end{cases} \tag{16.19}$$

的解。

同理,$\bar{\boldsymbol{y}}$ 应为线性规划

$$\Rightarrow \min v,$$

$$\text{s.t.}\begin{cases} \sum\limits_{j=1}^{n} a_{ij}y_j \leqslant v, i=1,2,\cdots,m, \\ \sum\limits_{j=1}^{n} y_j = 1, \\ y_j \geqslant 0, j=1,2,\cdots,n \end{cases} \tag{16.20}$$

的解。由线性规划知识,式(16.19)与式(16.20)互为对偶线性规划,它们具有相同的最优目标函数值。

例 16.4(续例 16.3) 用线性规划解法求解“田忌赛马”问题。

解 利用 Python 软件求得的最优解为

$$\boldsymbol{x}=\boldsymbol{y}=[0.3333 \quad 0 \quad 0 \quad 0.3333 \quad 0 \quad 0.3333]^{\mathrm{T}},$$

博弈值 $V_G=u=v=1$。

```
#程序文件 ex16_4.py
import numpy as np
import cvxpy as cp

A = np.loadtxt('data16_3.txt')
x = cp.Variable(6, pos=True); y = cp.Variable(6, pos=True)
u = cp.Variable(); v = cp.Variable()
ob1 = cp.Maximize(u); con1 = [A.T @ x >=u, sum(x)==1]
prob1 = cp.Problem(ob1, con1)          #构造第 1 个线性规划问题
prob1.solve(solver='GLPK_MI'); print('最优值 u:', prob1.value)
print('最优解 x:\n', x.value)
ob2 = cp.Minimize(v); con2 = [A@ y<=v, sum(y)==1]
prob2 = cp.Problem(ob2, con2)          #构造第 2 个线性规划问题
prob2.solve(solver='GLPK_MI'); print('最优值 v:', prob2.value)
print('最优解 y:\n', y.value)
```

例 16.5 在一场敌对的军事行动中,甲方拥有 3 种进攻性武器 A_1,A_2,A_3,可分别用于摧毁乙方工事;而乙方有 3 种防御性武器 B_1,B_2,B_3 来对付甲方。据平时演习得到的数据,各种武器间对抗时,相互取胜的可能如下:

A_1 对 B_1 2:1;A_1 对 B_2 3:1;A_1 对 B_3 1:2;

A_2 对 B_1 3:7;A_2 对 B_2 3:2;A_2 对 B_3 1:3;

A_3 对 B_1 3:1;A_3 对 B_2 1:4;A_3 对 B_3 2:1.

解 先分别列出甲、乙双方赢得的可能性矩阵,将甲方矩阵减去乙方矩阵的对应元素,得零和博弈时甲方的赢得矩阵如下:

$$\boldsymbol{A}=\begin{bmatrix} 1/3 & 1/2 & -1/3 \\ -2/5 & 1/5 & -1/2 \\ 1/2 & -3/5 & 1/3 \end{bmatrix}.$$

利用线性规划模型式(16.19)和式(16.20),解得

$$\bar{\boldsymbol{x}}=[0.5283, \quad 0, \quad 0.4717]^{\mathrm{T}}, \quad \bar{\boldsymbol{y}}=[0, \quad 0.3774, \quad 0.6226],$$

$u=-0.0189, v=-0.0189$,因而军事行动中乙方稍微处于有利位置。

```
#程序文件 ex16_5.py
import numpy as np
import cvxpy as cp

A = np.array([[1/3,1/2,-1/3],[-2/5,1/5,-1/2],[1/2,-3/5,1/3]])
```

```
x = cp.Variable(3, pos=True); y = cp.Variable(3, pos=True)
u = cp.Variable(); v = cp.Variable()
ob1 = cp.Maximize(u); con1 = [A.T @ x >=u, sum(x)==1]
prob1 = cp.Problem(ob1, con1)          #构造第1个线性规划问题
prob1.solve(solver='GLPK_MI'); print('最优值 u:', prob1.value)
print('最优解 x:\n', np.round(x.value,4))
ob2 = cp.Minimize(v); con2 = [A@ y<=v, sum(y)==1]
prob2 = cp.Problem(ob2, con2)          #构造第2个线性规划问题
prob2.solve(solver='GLPK_MI'); print('最优值 v:', prob2.value)
print('最优解 y:\n', np.round(y.value,4))
```

16.4 双矩阵博弈模型

在矩阵博弈中,局中人Ⅰ的所得就是局中人Ⅱ的所失,博弈结果可用一个矩阵表示。而在非零和的博弈中就不同了,若局中人Ⅰ选择策略 $\alpha_i \in S_1$,而局中人Ⅱ选择策略 $\beta_j \in S_2$,则博弈局势为 $(\alpha_i,\beta_j) \in S$,相应的局中人Ⅰ的赢得为 a_{ij},局中人Ⅱ的赢得不再是 $-a_{ij}$,而是 b_{ij},即博弈结果为 (a_{ij},b_{ij})。这种博弈通常记为 $G=\{S_1,S_2;\boldsymbol{A},\boldsymbol{B}\}$,其中 $\boldsymbol{A}=(a_{ij})_{m\times n}$,$\boldsymbol{B}=(b_{ij})_{m\times n}$,分别是局中人Ⅰ和Ⅱ的赢得矩阵,故称为二人有限非零和博弈,或双矩阵博弈。

在非零和矩阵博弈中,二局中人并不是完全对立的,即局中人Ⅰ的所得不再是局中人Ⅱ的所失,因此二局中人既可以合作,也可以不合作。在不合作时,假设二局中人之间不能互通信息,也没有任何形式的联合或协商,即双方是直接对抗的。在合作的时候,博弈双方可能有共同的认识,例如,双方都认为某种结果比其他的结果对自己有利。下面只讨论非合作的双矩阵博弈。

16.4.1 非合作的双矩阵博弈的纯策略解

早在20世纪50年代由数学家德雷歇(Dresher)和弗拉德(Flood)提出了囚徒困境问题,该问题当时被称为数学难题。下面我们详细地讨论囚徒困境的例子。

例16.6 设有两人因藏有被盗物品而被捕,现分别关押受审。二人都明白,如果都拒不承认,现有的证据不足以证明他们偷盗,而只能以窝赃罪判处一年监禁;两人如果都承认了将各判3年;但如果一人招认而另一人拒不承认,那么坦白者将会从宽处理获得释放,而抗拒者从严被判5年。这两个囚犯该选择什么策略?是坦白交代,还是拒不承认呢?

假设囚犯Ⅰ与Ⅱ的第一个策略都是坦白认罪,第二个策略则是拒不交代,以对他们判处监禁年数的相反数表示他们的赢得,则他们的赢得矩阵数据如表16.1所列。

表16.1 囚徒困境博弈的赢得矩阵数据

		Ⅱ	
		β_1	β_2
Ⅰ	α_1	(-3,-3)	(0,-5)
	α_2	(-5,0)	(-1,-1)

在此博弈中，二囚犯是隔离受审，因此，他们不能合作，只能各自为自己的前途考虑，总是被监禁的年数越少越好，故他们的最优策略均为坦白交代，且博弈值对各自来讲都为 $v=-3$，但实际上$(-3,-3)$对二人来说都不是最好的，相比之下结果$(-1,-1)$更好。这个问题之所以称为难题，主要体现在两方面。

难题(一)：二局中人应该选什么作为目标？他们作为独立的个体，同时又是集体中的一员，应该怎样做最好？即个体的合理性和集体的合理性之间有冲突。

难题(二)：把这个问题看成一次性博弈，还是可以重复进行下去的多次博弈？即是一次审讯还是多次审讯？若是一次审讯，当然是坦白好，因为没有理由相信另一个囚犯会为你着想。但是，若可重复审讯下去，结果就会不同了。

这个问题也用于模拟各类带有冲突性的问题，例如裁军、谈判、价格大战等问题。

按照上面的论述，对于一般纯策略问题，局中人Ⅰ、Ⅱ的赢得矩阵如表 16.2 所示。其中局中人Ⅰ有 m 个策略 $\alpha_1,\cdots,\alpha_m$，局中人Ⅱ有 n 个策略 $\beta_1,\cdots,\beta_n$，分别记为 $S_1=\{\alpha_1,\cdots,\alpha_m\}$，$S_2=\{\beta_1,\cdots,\beta_n\}$，$\boldsymbol{A}=(a_{ij})_{m\times n}$ 为局中人Ⅰ的赢得矩阵，$\boldsymbol{B}=(b_{ij})_{m\times n}$ 为局中人Ⅱ的赢得矩阵，双矩阵博弈记为 $G=\{S_1,S_2;\boldsymbol{A},\boldsymbol{B}\}$。

表 16.2　双矩阵博弈的赢得矩阵数据

	β_1	β_2	$\cdots$	β_n
α_1	(a_{11},b_{11})	(a_{12},b_{12})	$\cdots$	(a_{1n},b_{1n})
α_2	(a_{21},b_{21})	(a_{22},b_{22})	$\cdots$	(a_{2n},b_{2n})
$\vdots$	$\vdots$	$\vdots$		$\vdots$
α_m	(a_{m1},b_{m1})	(a_{m2},b_{m2})	$\cdots$	(a_{mn},b_{mn})

定义 16.4　设 $G=\{S_1,S_2;\boldsymbol{A},\boldsymbol{B}\}$ 是一双矩阵博弈，若等式

$$a_{i^*j^*}=\max_i\min_j a_{ij},\quad b_{i^*j^*}=\max_j\min_i b_{ij} \tag{16.21}$$

成立，则记 $v_1=a_{i^*j^*}$，并称 v_1 为局中人Ⅰ的赢得值，记 $v_2=b_{i^*j^*}$，并称 v_2 为局中人Ⅱ的赢得值，称$(\alpha_{i^*},\beta_{j^*})$为 G 在纯策略下的解(或纳什平衡点)，称 α_{i^*}，β_{j^*} 分别为局中人Ⅰ、Ⅱ的最优纯策略。

实际上，定义 16.4 也同时给出了纯策略解的求法。因此，对于例 16.6，$([1,0],[1,0])$是纳什平衡点，这里$[1,0]$表示以概率 1 取第一个策略，也就是说，坦白是他们的最佳策略。

16.4.2　非合作的双矩阵博弈的混合策略解

如果不存在使式(16.21)成立的博弈，则需要求混合策略意义下的解。类似于二人零和博弈情况，需要给出混合策略解的定义。

1. 混合策略解的基本概念

在非零和博弈 $G=\{S_1,S_2;\boldsymbol{A},\boldsymbol{B}\}$ 中，对任意的 $\boldsymbol{x}=[x_1,x_2,\cdots,x_m]^{\mathrm T}\in S_1^*$，$\boldsymbol{y}=[y_1,y_2,\cdots,y_n]^{\mathrm T}\in S_2^*$，定义

$$E_1(\boldsymbol{x},\boldsymbol{y})=\boldsymbol{x}^{\mathrm T}\boldsymbol{A}\boldsymbol{y}=\sum_{i=1}^m\sum_{j=1}^n a_{ij}x_iy_j \quad 和 \quad E_2(\boldsymbol{x},\boldsymbol{y})=\boldsymbol{x}^{\mathrm T}\boldsymbol{B}\boldsymbol{y}=\sum_{i=1}^m\sum_{j=1}^n b_{ij}x_iy_j,$$

分别表示局中人Ⅰ和Ⅱ的赢得函数,则有下面的平衡点的定义:

定义 16.5 在博弈 $G=\{S_1,S_2;\boldsymbol{A},\boldsymbol{B}\}$ 中,若存在策略对 $\bar{\boldsymbol{x}}\in S_1^*$, $\bar{\boldsymbol{y}}\in S_2^*$,使得

$$\begin{cases}E_1(\boldsymbol{x},\bar{\boldsymbol{y}})\leqslant E_1(\bar{\boldsymbol{x}},\bar{\boldsymbol{y}}), & \forall \boldsymbol{x}\in S_1^*,\\ E_2(\bar{\boldsymbol{x}},\boldsymbol{y})\leqslant E_2(\bar{\boldsymbol{x}},\bar{\boldsymbol{y}}), & \forall \boldsymbol{y}\in S_2^*.\end{cases}\tag{16.22}$$

则称策略对 $(\bar{\boldsymbol{x}},\bar{\boldsymbol{y}})$ 为 G 的一个平衡点(或称纳什平衡点)。

纳什平衡点的意义在于任何局中人都不能通过改变自己的策略来获取更大的赢得,否则改变策略的一方将会有更大的损失。

纳什于 1951 年证明了平衡点的存在性定理。

定理 16.5 任何具有有限个纯策略的二人对策(包括零和对策与非零和对策)至少存在一个平衡点。

定理 16.6 混合策略 $(\bar{\boldsymbol{x}},\bar{\boldsymbol{y}})$ 为博弈 $G=\{S_1,S_2;\boldsymbol{A},\boldsymbol{B}\}$ 的平衡点的充分必要条件是

$$\begin{cases}\displaystyle\sum_{j=1}^{n} a_{ij}\bar{y}_j \leqslant \bar{\boldsymbol{x}}^{\mathrm{T}}\boldsymbol{A}\bar{\boldsymbol{y}}, i=1,2,\cdots,m,\\ \displaystyle\sum_{i=1}^{m} b_{ij}\bar{x}_i \leqslant \bar{\boldsymbol{x}}^{\mathrm{T}}\boldsymbol{B}\bar{\boldsymbol{y}}, j=1,2,\cdots,n.\end{cases}\tag{16.23}$$

2. 混合策略解的求法举例

由定义 16.5 可知,求解混合博弈就是求非合作博弈的平衡点,进一步由定理 16.6 得到,求解非合作博弈的平衡点,就是求解满足不等式约束式(16.23)的可行解。因此,混合博弈问题的求解问题就转化为求不等式约束式(16.23)的可行解,加上一个虚拟的目标函数,就可以使用优化库 cvxpy 求解。

例 16.7 有甲、乙两支游泳队举行包括 3 个项目的对抗赛。这两支游泳队各有一名健将级运动员(甲队为李,乙队为王),在 3 个项目中成绩都很突出,但规则准许他们每人只能参加两项比赛,每队的其他两名运动员可参加全部三项比赛。已知各运动员平时成绩(s)如表 16.3 所列。

表 16.3 运动员成绩

	甲队			乙队		
	赵	钱	李	王	张	孙
100m 蝶泳	59.7	63.2	57.1	58.6	61.4	64.8
100m 仰泳	67.2	68.4	63.2	61.5	64.7	66.5
100m 蛙泳	74.1	75.5	70.3	72.6	73.4	76.9

假设各运动员在比赛中都发挥正常水平,又比赛第一名得 5 分,第二名得 3 分,第三名得 1 分,问教练员应决定让自己队健将参加哪两项比赛,使本队得分最多?(各队参加比赛名单互相保密,定下来后不准变动。)

解 分别用 α_1、α_2 和 α_3 表示甲队中李姓健将不参加蝶泳、仰泳、蛙泳比赛的策略,分别用 β_1、β_2 和 β_3 表示乙队中王姓健将不参加蝶泳、仰泳、蛙泳比赛的策略。当甲队采用策略 α_1,乙队采用策略 β_1 时,在 100m 蝶泳中,甲队中赵获第一、钱获第三得 6 分,乙队中张获第二得 3 分;在 100m 仰泳中,甲队中李获第二得 3 分,乙队中王获第一、张获第三得

6 分；在 100m 蛙泳中，甲队中李获第一得 5 分，乙队中王获第二、张获第三得 4 分。也就是说，对应于局势(α_1,β_1)，甲、乙两队各自的得分为(14,13)，类似地，可以计算出在其他局势下甲乙两队的得分，表 16.4 所列为在全部策略下各队的得分。

表 16.4　赢得矩阵的计算结果

	β_1	β_2	β_3
α_1	(14,13)	(13,14)	(12,15)
α_2	(13,14)	(12,15)	(12,15)
α_3	(12,15)	(12,15)	(13,14)

按照定理 16.6，求最优混合策略，就是求不等式约束式(16.23)的可行解。记甲队的赢得矩阵 $\boldsymbol{A}=(a_{ij})_{3\times3}$，乙队的赢得矩阵 $\boldsymbol{B}=(b_{ij})_{3\times3}$，甲队的混合策略为 $\boldsymbol{x}=[x_1,x_2,x_3]^{\mathrm{T}}$，乙队的混合策略为 $\boldsymbol{y}=[y_1,y_2,y_3]^{\mathrm{T}}$。则问题的求解归结为求如下约束条件的可行解：

$$\begin{cases}\sum\limits_{j=1}^{3} a_{ij}y_j \leqslant \boldsymbol{x}^{\mathrm{T}}\boldsymbol{A}\boldsymbol{y}, i=1,2,3,\\ \sum\limits_{i=1}^{3} b_{ij}x_i \leqslant \boldsymbol{x}^{\mathrm{T}}\boldsymbol{B}\boldsymbol{y}, j=1,2,3,\\ \sum\limits_{i=1}^{3} x_i = 1,\\ \sum\limits_{i=1}^{3} y_i = 1,\\ x_i, y_i \geqslant 0, i=1,2,3.\end{cases}$$

利用 Python 软件求解时，加上虚拟的目标函数 $\min\sum\limits_{i=1}^{3}(x_i+y_i)$（显然目标函数的取值为 2），求得甲队采用的策略是 α_1、α_3 方案各占 50%，乙队采用的策略是 β_2、β_3 方案各占 50%，甲队的平均得分为 12.5 分，乙队的平均得分为 14.5。

```
#程序文件 ex16_7.py
import numpy as np
from scipy.optimize import minimize

a = np.array([[14,13,12],[13,12,12],[12,12,13]])
b = np.array([[13,14,15],[14,15,15],[15,15,14]])
obj = lambda z: sum(z)          #定义虚拟的目标函数
con1 = {'type':'ineq','fun':lambda z:z[:3]@a@z[3:]-a@z[3:]}
con2 = {'type':'ineq','fun':lambda z:z[:3]@b@z[3:]-b.T@z[:3]}
con3 = {'type':'eq', 'fun':lambda z:sum(z[:3])-1}
con4 = {'type':'eq', 'fun':lambda z:sum(z[3:])-1}
con = [con1, con2, con3, con4]
bd = [(0, 1) for i in range(6)]
s = minimize(obj, np.ones(6), constraints=con, bounds=bd)
```

```
print('解的详细信息如下:\n', s)
x = s.x[:3]; y = s.x[3:]
print('x 的解为:',x); print('y 的解为:',y)
print('甲队平均得分:',x@ a@ y); print('乙队平均得分:',x@ b@ y)
```

习　题　16

16.1　现设有两个人在玩猜拳游戏,要求两人同时出拳。每个人可以从“石头”“剪子”和“布”中任选取一个,游戏规则是“石头”赢“剪子”,“剪子”赢“布”,“布”赢“石头”,每次游戏后赢方可以赢得 1 元钱。问题是哪一种出拳策略是最佳的?

16.2　在点球大战中,罚球队员有两个策略:踢向左侧和踢向右侧,分别记为 α_1 和 α_2,守门队员也有两个策略:扑向左侧和扑向右侧,分别记作 β_1 和 β_2,在局势(α_i,β_j)下,罚球队员进球的期望值为 $a_{ij}(i=1,2;j=1,2)$,根据历史数据得到罚球队员的赢得矩阵

$$\boldsymbol{A}=(a_{ij})_{2\times 2}=\begin{bmatrix}0.58 & 0.95\\ 0.93 & 0.70\end{bmatrix},$$

求罚球队员和守门队员的最佳策略。

16.3　假设有国家Ⅰ和国家Ⅱ因历史原因发生争端,从而引发军备竞赛。两国都有两种策略可选择:扩军(策略 1)和裁军(策略 2)。由于两国的经济状况和技术水平的差异,无论是选择扩军,还是选择裁军,对双方所获得的利益都是不同的。根据评估预测,双方军备竞赛的赢得矩阵为

$$\begin{bmatrix}(2,2) & (5,0)\\ (0,5) & (4,4)\end{bmatrix}$$

其中括号(a,b)表示国家Ⅰ和国家Ⅱ的赢得值分别为 a 和 b。现在的问题是Ⅰ和Ⅱ两个国家军备发展的最佳策略是什么?

16.4(玫瑰有约)　目前,在许多城市大龄青年的婚姻问题已引起了妇联和社会团体组织的关注。某单位现有 20 对大龄青年男女,每个人的基本条件都不相同,如外貌、性格、气质、事业、财富等。每项条件通常可以分为 5 个等级 A、B、C、D、E,如外貌,性格,气质,事业可分为很好、好、较好、一般、差,财富可分为很多、多、较多、一般、少。每个人的择偶条件也不尽相同,即对每项基本条件的要求是不同的。该单位的妇联组织拟根据他(她)们的年龄、基本条件和要求条件进行牵线搭桥。表 16.5 所列为 20 对大龄青年男女的年龄、基本条件和要求条件。一般认为,男青年至多比女青年大 5 岁,或女青年至多比男青年大 2 岁,并且要至少满足个人要求 5 项条件中的 2 项,才有可能配对成功。请你根据每个人的情况和要求,建立数学模型帮助妇联解决如下问题:

(1) 给出可能的配对方案,使得在尽量满足个人要求的条件下,使配对成功率尽可能的高。

(2) 给出一种 20 对男女青年可同时配对的最佳方案,使得全部配对成功的可能性最大。

(3) 假设男女双方都相互了解了对方的条件和要求,让每个人出一次选择,只有当男女双方相互选中对方时才认为配对成功,每人只有一次选择机会。请你告诉 20 对男女青

年都应该如何做出选择,使得自己的成功的可能性最大？按你的选择方案最多能配对成功多少对？

表 16.5　男女青年的基本条件及要求条件

男青年	基本条件						要求条件				
	外貌	性格	气质	事业	财富	年龄	外貌	性格	气质	事业	财富
B_1	A	C	B	C	A	29	A	A	C	B	D
B_2	C	A	B	A	D	29	B	A	B	B	C
B_3	B	B	A	B	B	28	B	A	A	B	C
B_4	C	A	B	B	D	28	C	A	B	C	D
B_5	D	B	C	A	A	30	C	B	B	B	E
B_6	C	B	C	B	B	28	B	B	C	D	C
B_7	A	B	B	D	C	30	C	B	B	D	C
B_8	B	A	B	C	D	30	A	B	C	C	D
B_9	A	D	C	E	B	28	A	A	A	C	C
B_{10}	D	B	A	A	A	28	A	B	A	D	E
B_{11}	B	A	C	D	A	32	A	B	C	D	B
B_{12}	A	B	C	A	B	29	B	A	B	B	C
B_{13}	B	A	D	E	C	28	A	C	B	B	C
B_{14}	A	A	B	B	D	30	A	C	C	D	C
B_{15}	A	B	B	C	C	28	A	A	B	C	D
B_{16}	D	E	B	A	A	30	A	A	A	E	E
B_{17}	C	A	B	A	D	28	B	A	B	B	C
B_{18}	A	B	A	C	B	31	B	B	A	C	C
B_{19}	C	D	A	A	A	29	A	B	A	E	D
B_{20}	A	B	C	D	E	27	B	C	B	D	B
女青年	基本条件						要求条件				
	外貌	性格	气质	事业	财富	年龄	外貌	性格	气质	事业	财富
G_1	A	C	C	D	A	28	B	A	B	A	D
G_2	B	A	B	A	D	25	C	B	B	A	B
G_3	C	B	A	E	A	26	B	A	C	B	C
G_4	A	B	B	C	D	27	A	A	B	B	A
G_5	B	D	C	E	C	25	A	B	C	B	B
G_6	A	C	B	C	A	26	B	A	B	B	C
G_7	D	C	B	A	B	30	C	B	A	A	C
G_8	A	B	A	E	C	31	B	A	B	A	B
G_9	A	A	A	C	E	26	C	B	B	B	A
G_{10}	B	C	D	B	B	27	B	B	A	A	C
G_{11}	A	B	B	C	B	28	C	B	A	B	C

（续）

女青年	基本条件						要求条件				
	外貌	性格	气质	事业	财富	年龄	外貌	性格	气质	事业	财富
G_{12}	B	E	C	E	A	26	A	A	B	B	E
G_{13}	E	A	C	B	B	26	C	A	B	C	C
G_{14}	B	B	C	A	A	25	B	A	A	B	D
G_{15}	C	B	A	A	C	29	B	A	B	B	B
G_{16}	B	A	C	D	C	28	B	A	B	B	A
G_{17}	A	E	E	D	A	25	A	A	D	A	C
G_{18}	A	A	B	B	C	28	C	A	B	A	C
G_{19}	B	A	C	C	E	25	B	B	B	A	A
G_{20}	D	B	A	C	D	29	B	B	A	B	B

注 16.1　表 16.5 中的要求条件一般是指不低于所给的条件。

第 17 章 偏微分方程

自然科学与工程技术中种种运动发展过程与平衡现象各自遵守一定的规律,这些规律的定量表述一般地呈现为关于含有未知函数及其导数的方程。将含有多元未知函数及其偏导数的方程,称为偏微分方程。

方程中出现的未知函数偏导数的最高阶数称为偏微分方程的阶。如果方程中对于未知函数和它的所有偏导数都是线性的,这样的方程称为线性偏微分方程,否则称为非线性偏微分方程。

初始条件和边界条件称为定解条件,未附加定解条件的偏微分方程称为泛定方程。对于一个具体的问题,定解条件与泛定方程总是同时提出。定解条件与泛定方程作为一个整体,称为定解问题。

17.1 3 类偏微分方程的定解问题

1. 椭圆型偏微分方程

各种物理性质的定常(不随时间变化)过程,都可用椭圆型方程来描述。其最典型、最简单的形式是 Poisson(泊松)方程

$$\Delta u=\frac{\partial^2 u}{\partial x^2}+\frac{\partial^2 u}{\partial y^2}=f(x,y). \tag{17.1}$$

特别地,当 $f(x,y)\equiv 0$ 时,即为 Laplace(拉普拉斯)方程,又称为调和方程

$$\Delta u=\frac{\partial^2 u}{\partial x^2}+\frac{\partial^2 u}{\partial y^2}=0. \tag{17.2}$$

带有稳定热源或内部无热源的稳定温度场的温度分布、不可压缩流体的稳定无旋流动及静电场的电势等均满足这类方程。

泊松方程的第一边值问题为

$$\begin{cases}\dfrac{\partial^2 u}{\partial x^2}+\dfrac{\partial^2 u}{\partial y^2}=f(x,y),(x,y)\in\Omega,\\ u(x,y)\big|_{(x,y)\in\Gamma}=\phi(x,y),\Gamma=\partial\Omega,\end{cases} \tag{17.3}$$

式中:Ω 为以 Γ 为边界的有界区域;Γ 为分段光滑曲线;$\Omega\cup\Gamma$ 为定解区域;$f(x,y)$,$\phi(x,y)$分别为 Ω、Γ 上的已知连续函数。

第二类和第三类边界条件可统一表示为

$$\left(\frac{\partial u}{\partial n}+\alpha u\right)\Bigg|_{(x,y)\in\Gamma}=\phi(x,y), \tag{17.4}$$

式中:n 为边界 Γ 的外法线方向。当 $\alpha=0$ 时为第二类边界条件,$\alpha\neq 0$ 时为第三类边界条件。

2. 抛物型偏微分方程

在研究热传导过程、气体扩散现象及电磁场的传播等随时间变化的非定常物理问题时,常常会遇到抛物型方程。其最简单的形式为一维热传导方程

$$\frac{\partial u}{\partial t}-a\frac{\partial^2 u}{\partial x^2}=0,\quad a>0. \tag{17.5}$$

方程(17.5)可以有两种不同类型的定解问题:

初值问题(也称为 Cauchy 问题)

$$\begin{cases}\dfrac{\partial u}{\partial t}-a\dfrac{\partial^2 u}{\partial x^2}=0,t>0,-\infty<x<+\infty,\\ u(x,0)=\phi(x),-\infty<x<+\infty.\end{cases} \tag{17.6}$$

初边值问题

$$\begin{cases}\dfrac{\partial u}{\partial t}-a\dfrac{\partial^2 u}{\partial x^2}=0,0<t<T,0<x<l,\\ u(x,0)=\phi(x),0\leqslant x\leqslant l,\\ u(0,t)=g_1(t),u(l,t)=g_2(t),0\leqslant t\leqslant T,\end{cases} \tag{17.7}$$

式中:$\phi(x)$,$g_1(t)$,$g_2(t)$为已知函数,且满足连接条件

$$\phi(0)=g_1(0),\quad \phi(l)=g_2(0).$$

式(17.7)中的边界条件 $u(0,t)=g_1(t)$,$u(l,t)=g_2(t)$称为第一类边界条件。第二类和第三类边界条件为

$$\begin{aligned}&\left[\frac{\partial u}{\partial x}-\lambda_1(t)u\right]\bigg|_{x=0}=g_1(t),0\leqslant t\leqslant T,\\ &\left[\frac{\partial u}{\partial x}+\lambda_2(t)u\right]\bigg|_{x=l}=g_2(t),0\leqslant t\leqslant T,\end{aligned} \tag{17.8}$$

其中,当 $\lambda_1(t)=\lambda_2(t)\equiv 0$ 时,为第二类边界条件,否则,$\lambda_1(t)\geqslant 0$,$\lambda_2(t)\geqslant 0$ 时,称为第三类边界条件。

3. 双曲型偏微分方程

双曲型方程的最简单形式为一阶双曲型方程

$$\frac{\partial u}{\partial t}+a\frac{\partial u}{\partial x}=0. \tag{17.9}$$

物理中常见的一维振动与波动问题可用二阶波动方程

$$\frac{\partial^2 u}{\partial t^2}=a^2\frac{\partial^2 u}{\partial x^2} \tag{17.10}$$

描述,它是双曲型方程的典型形式。方程(17.10)的初值问题为

$$\begin{cases}\dfrac{\partial^2 u}{\partial t^2}=a^2\dfrac{\partial^2 u}{\partial x^2},t>0,-\infty<x<+\infty,\\ u(x,0)=\phi(x),-\infty<x<+\infty,\\ \dfrac{\partial u}{\partial t}\bigg|_{t=0}=\varphi(x),-\infty<x<+\infty.\end{cases} \tag{17.11}$$

边界条件一般也有 3 类,最简单的初边值问题为

$$
\begin{cases}
\dfrac{\partial^2 u}{\partial t^2}=a^2\dfrac{\partial^2 u}{\partial x^2}, t>0, 0<x<l, \\
u(x,0)=\phi(x), \quad \left.\dfrac{\partial u}{\partial t}\right|_{t=0}=\varphi(x), 0\leqslant x\leqslant l, \\
u(0,t)=g_1(t), \quad u(l,t)=g_2(t), 0\leqslant t\leqslant T.
\end{cases}
$$

如果偏微分方程定解问题的解存在、唯一且连续依赖于定解数据(出现在方程和定解条件中的已知函数),则此定解问题是适定的。可以证明,上面所举各种定解问题都是适定的。

17.2 简单偏微分方程的符号解

例 17.1 求一阶常系数齐次偏微分方程

$$
a\frac{\partial f(x,y)}{\partial x}+b\frac{\partial f(x,y)}{\partial y}+cf(x,y)=0
$$

的通解,其中 a,b,c 为常数。

解 利用 Python 软件求得通解为

$$
f(x,y)=F(-ay+bx)\mathrm{e}^{-\frac{c(ax+by)}{a^2+b^2}},
$$

式中:$F(\cdot)$为任意函数。

```
#程序文件 ex17_1. py
import sympy as sp

f = sp. Function('f')          #定义符号函数
sp. var('x,y,a,b,c')           #定义符号变量
u = f(x,y); ux = u. diff(x); uy = u. diff(y)
eq = a * ux + b * uy + c * u
sp. pprint(eq)                 #显示方程
s = sp. pdsolve(eq)            #求通解
sp. pprint(s)                  #显示通解
```

例 17.2 求一阶常系数非齐次偏微分方程

$$
a\frac{\partial f(x,y)}{\partial x}+b\frac{\partial f(x,y)}{\partial y}+cf(x,y)=G(x,y)
$$

的通解,其中 a,b,c 为常数。

解 利用 Python 软件求得通解为

$$
f(x,y)=\left.\left[F(\eta)+\frac{1}{a^2+b^2}\int_0^{ax+by}G\left(\frac{a\xi+b\eta}{a^2+b^2},\frac{-a\eta+b\xi}{a^2+b^2}\right)\mathrm{e}^{\frac{c\xi}{a^2+b^2}}\mathrm{d}\xi\right]\mathrm{e}^{-\frac{c\xi}{a^2+b^2}}\right|_{\substack{\eta=-ay+bx\\ \xi=ax+by}},
$$

式中:$F(\cdot)$为任意函数。

```
#程序文件 ex17_2. py
import sympy as sp
```

```
sp.var('f,G', cls=sp.Function)          #定义符号函数
sp.var('x,y,a,b,c')                     #定义符号变量
u = f(x,y); ux = u.diff(x); uy = u.diff(y)
eq = a * ux + b * uy + c * u - G(x,y)
sp.pprint(eq)                           #显示方程
s = sp.pdsolve(eq)                      #求通解
sp.pprint(s)                            #显示通解
```

例 17.3 求一阶线性偏微分方程

$$x\frac{\partial f(x,y)}{\partial x}-y\frac{\partial f(x,y)}{\partial y}+y^2 f(x,y)=y^2$$

的通解。

解 利用 Python 软件求得的通解为

$$f(x,y)=F(xy)\mathrm{e}^{\frac{y^2}{2}}+1,$$

式中:$F(\cdot)$为任意函数。

```
#程序文件 ex17_3.py
import sympy as sp

sp.var('x,y')                   #定义符号变量
f = sp.Function('f')            #定义符号函数
u = f(x,y); ux = u.diff(x); uy = u.diff(y)
eq = x * ux - y * uy + y ** 2 * u - y ** 2
sp.pprint(eq)                   #显示方程
s = sp.pdsolve(eq)              #求通解
sp.pprint(s)                    #显示通解
```

17.3 偏微分方程的差分解法

差分方法又称为有限差分方法或网格法,是求偏微分方程定解问题的数值解中应用最广泛的方法之一。它的基本思想是:先对求解区域作网格剖分,将自变量的连续变化区域用有限离散点(网格点)集代替;将问题中出现的连续变量的函数用定义在网格点上离散变量的函数代替;通过用网格点上函数的差商代替导数,将含连续变量的偏微分方程定解问题化成只含有限个未知数的代数方程组(称为差分格式)。如果差分格式有解,且当网格无限变小时其解收敛于原偏微分方程定解问题的解,则差分格式的解就作为原问题的近似解(数值解)。因此,用差分方法求偏微分方程定解问题一般需要解决以下问题:

(1) 选取网格。

(2) 对偏微分方程及定解条件选择差分近似,列出差分格式。

(3) 求解差分格式。

(4) 讨论差分格式解对于偏微分方程解的收敛性及误差估计。

下面对偏微分方程的差分解法作一简要的介绍。

17.3.1 椭圆型方程第一边值问题的差分解法

以泊松方程(17.1)为基本模型讨论第一边值问题的差分方法。

考虑泊松方程的第一边值问题(17.3)

$$\begin{cases}\dfrac{\partial^2 u}{\partial x^2}+\dfrac{\partial^2 u}{\partial y^2}=f(x,y),(x,y)\in\Omega,\\ u(x,y)\mid_{(x,y)\in\Gamma}=\phi(x,y),\Gamma=\partial\Omega,\end{cases}$$

取 h,τ 分别为 x 方向和 y 方向的步长,以两簇平行线 $x=x_k=kh,y=y_j=j\tau(k,j=0,\pm1,\pm2,\cdots)$ 将定解区域剖分成矩形网格。节点的全体记为 $R=\{(x_k,y_j)\mid x_k=kh,y_j=j\tau,i,j$ 为整数$\}$。定解区域内部的节点称为内点,记内点集 $R\cap\Omega$ 为 $\Omega_{h\tau}$。边界 Γ 与网格线的交点称为边界点,边界点全体记为 $\Gamma_{h\tau}$。与节点(x_k,y_j)沿 x 方向或 y 方向只差一个步长的点$(x_{k\pm1},y_j)$和$(x_k,y_{j\pm1})$称为节点(x_k,y_j)的相邻节点。如果一个内点的 4 个相邻节点均属于 $\Omega\cup\Gamma$,称为正则内点,正则内点的全体记为 $\Omega^{(1)}$,至少有一个相邻节点不属于 $\Omega\cup\Gamma$ 的内点称为非正则内点,非正则内点的全体记为 $\Omega^{(2)}$。要解决的问题是求出问题(17.3)在全体内点上的数值解。

为简便记,记$(k,j)=(x_k,y_j),u_{(k,j)}=u(x_k,y_j),f_{k,j}=f(x_k,y_j)$。对正则内点$(k,j)\in\Omega^{(1)}$,由二阶中心差商公式

$$\left.\frac{\partial^2 u}{\partial x^2}\right|_{(k,j)}=\frac{u_{(k+1,j)}-2u_{(k,j)}+u_{(k-1,j)}}{h^2}+O(h^2),$$

$$\left.\frac{\partial^2 u}{\partial y^2}\right|_{(k,j)}=\frac{u_{(k,j+1)}-2u_{(k,j)}+u_{(k,j-1)}}{\tau^2}+O(\tau^2).$$

泊松方程(17.1)在点(k,j)处可表示为近似的差分方程

$$\frac{u_{k+1,j}-2u_{k,j}+u_{k-1,j}}{h^2}+\frac{u_{k,j+1}-2u_{k,j}+u_{k,j-1}}{\tau^2}=f_{k,j}. \tag{17.12}$$

式(17.12)中方程的个数等于正则内点的个数,而未知数 $u_{k,j}$ 则除了包含正则内点处解 u 的近似值,还包含一些非正则内点处 u 的近似值,因而方程个数少于未知数个数。在非正则内点处泊松方程的差分近似不能按式(17.12)给出,需要利用边界条件得到。

边界条件的处理可以有各种方案,下面介绍较简单的两种。

(1)直接转移。用最接近非正则内点的边界点上的 u 值作为该点上 u 值的近似,这就是边界条件的直接转移。例如,点 $P(k,j)$ 为非正则内点,其最接近的边界点为 Q 点,则有

$$u_{k,j}=u(Q)=\phi(Q),\quad (k,j)\in\Omega^{(2)}.$$

(2) 线性插值。这种方案是通过用同一条网格线上与点 P 相邻的边界点 R 与内点 T 作线性插值得到非正则内点 $P(k,j)$ 处 u 值的近似。由点 R 与 T 的线性插值确定 $u(P)$ 的近似值为

$$u_{k,j}=\frac{h}{h+d}\phi(R)+\frac{d}{h+d}u(T),$$

式中:$d=|RP|,h=|PT|$,其截断误差为 $O(h^2)$。

由式(17.12)所给出的差分格式称为五点菱形格式,实际计算时经常取 $h=\tau$,此时五

点菱形格式可化为

$$\frac{1}{h^2}(u_{k+1,j}+u_{k-1,j}+u_{k,j+1}+u_{k,j-1}-4u_{k,j})=f_{k,j}, \tag{17.13}$$

简记为

$$\frac{1}{h^2}\Diamond u_{k,j}=f_{k,j}, \tag{17.14}$$

式中：$\Diamond u_{k,j}=u_{k+1,j}+u_{k-1,j}+u_{k,j+1}+u_{k,j-1}-4u_{k,j}$。

求解差分方程组最常用的方法是同步迭代法，同步迭代法是最简单的迭代方式。除边界节点外，区域内节点的初始值是任意取定的。

例 17.4 用五点菱形格式求解拉普拉斯方程第一边值问题

$$\begin{cases}\dfrac{\partial^2 u}{\partial x^2}+\dfrac{\partial^2 u}{\partial y^2}=0,(x,y)\in\Omega,\\ u(x,y)\mid_{(x,y)\in\Gamma}=\lg[(1+x)^2+y^2],\Gamma=\partial\Omega,\end{cases}$$

式中：$\Omega=\{(x,y)\mid 0\leqslant x,y\leqslant 1\}$，取 $h=\tau=\dfrac{1}{3}$。

解 节点编号为(k,j)，$k=0,1,2,3$，$j=0,1,2,3$。网格中有 4 个内点，均为正则内点，由五点菱形格式，得方程组：

$$\begin{cases}\dfrac{1}{h^2}(u_{1,2}+u_{2,1}+u_{1,0}+u_{0,1}-4u_{1,1})=0,\\ \dfrac{1}{h^2}(u_{2,2}+u_{3,1}+u_{2,0}+u_{1,1}-4u_{2,1})=0,\\ \dfrac{1}{h^2}(u_{1,3}+u_{2,2}+u_{1,1}+u_{0,2}-4u_{1,2})=0,\\ \dfrac{1}{h^2}(u_{2,3}+u_{3,2}+u_{2,1}+u_{1,2}-u_{2,2})=0.\end{cases} \tag{17.15}$$

代入边界条件 $u_{1,0},u_{2,0},u_{0,1},u_{0,2},u_{1,3},u_{2,3},u_{3,1},u_{3,2}$ 的值，式(17.15)可以化成

$$\begin{bmatrix}-4 & 1 & 1 & 0\\ 1 & -4 & 0 & 1\\ 1 & 0 & -4 & 1\\ 0 & 1 & 1 & -4\end{bmatrix}\begin{bmatrix}u_{1,1}\\ u_{1,2}\\ u_{2,1}\\ u_{2,2}\end{bmatrix}=-\begin{bmatrix}u_{1,0}+u_{0,1}\\ u_{3,1}+u_{2,0}\\ u_{1,3}+u_{0,2}\\ u_{2,3}+u_{3,2}\end{bmatrix}. \tag{17.16}$$

解非齐次线性方程组求得

$$u_{1,1}=0.6348,\quad u_{2,1}=1.0600,\quad u_{1,2}=0.7985,\quad u_{2,2}=1.1698.$$

计算的 Python 程序如下：

```
#程序文件 ex17_4.py
import numpy as np

f = lambda x,y: np.log((1+x)**2+y**2)
u = np.zeros((4,4)); m = 4; n = 4; h = 1/3
```

```
u[0,:] = f(0,np.arange(m) * h)
u[-1,:] = f(1, np.arange(m) * h)
u[:,0] = f(np.arange(n) * h,0)
u[:,-1] = f(np.arange(n) * h,1)
b = -np.array([u[1,0]+u[0,1],u[3,1]+u[2,0],u[1,3]+u[0,2],u[2,3]+u[3,2]])
a = np.array([[-4,1,1,0],[1,-4,0,1],[1,0,-4,1],[0,1,1,-4]])
x = np.linalg.inv(a) @ b
print('解 x:', np.round(x,4))
```

实际上,可以使用同步迭代法、异步迭代法、逐次超松弛迭代法等方法求式(17.15)的解。

同步迭代法的迭代格式为

$$u_{k,j}^{(i+1)}=\frac{1}{4}[u_{k-1,j}^{(i)}+u_{k+1,j}^{(i)}+u_{k,j-1}^{(i)}+u_{k,j+1}^{(i)}].$$

异步迭代法的迭代格式为

$$u_{k,j}^{(i+1)}=\frac{1}{4}[u_{k-1,j}^{(i+1)}+u_{k+1,j}^{(i)}+u_{k,j-1}^{(i+1)}+u_{k,j+1}^{(i)}].$$

由于在异步迭代法中有一半是用了迭代的新值,所以可以预料异步迭代法的收敛速度比同步迭代法的收敛速度要快一倍左右。同步迭代法是显式差分格式,异步迭代法是隐式差分格式,一般地说,隐式差分格式收敛速度快。

17.3.2 抛物型方程的差分解法

以一维热传导方程(17.5)

$$\frac{\partial u}{\partial t}-a\frac{\partial^2 u}{\partial t^2}=0\quad(a>0)$$

为基本模型讨论适用于抛物型方程定解问题的几种差分格式。

首先对 xt 平面进行网格剖分。分别取 h,τ 为 x 方向与 t 方向的步长,用两簇平行直线 $x=x_k=kh(k=0,\pm1,\pm2,\cdots)$,$t=t_j=j\tau(j=0,1,2,\cdots)$,将 xt 平面剖分成矩形网格,节点为 $(x_k,t_j)(k=0,\pm1,\pm2,\cdots,j=0,1,2,\cdots)$。为简便起见,记 $(k,j)=(x_k,t_j)$,$u_{(k,j)}=u(x_k,t_j)$,$\phi_k=\phi(x_k)$,$g_{1j}=g_1(t_j)$,$g_{2j}=g_2(t_j)$,$\lambda_{1j}=\lambda_1(t_j)$,$\lambda_{2j}=\lambda_2(t_j)$。

1. 偏微分方程的差分近似

在网格内点 (k,j) 处,对 $\frac{\partial u}{\partial t}$ 分别采用向前、向后及中心差商公式,对 $\frac{\partial^2 u}{\partial x^2}$ 采用二阶中心差商公式,一维热传导方程(17.5)可分别表示为

$$\frac{u_{(k,j+1)}-u_{(k,j)}}{\tau}-a\frac{u_{(k+1,j)}-2u_{(k,j)}+u_{(k-1,j)}}{h^2}=O(\tau+h^2),$$

$$\frac{u_{(k,j)}-u_{(k,j-1)}}{\tau}-a\frac{u_{(k+1,j)}-2u_{(k,j)}+u_{(k-1,j)}}{h^2}=O(\tau+h^2),$$

$$\frac{u_{(k,j+1)}-u_{(k,j-1)}}{2\tau}-a\frac{u_{(k+1,j)}-2u_{(k,j)}+u_{(k-1,j)}}{h^2}=O(\tau+h^2).$$

由此得到一维热传导方程的不同的差分近似:

$$\frac{u_{k,j+1}-u_{k,j}}{\tau}-a\frac{u_{k+1,j}-2u_{k,j}+u_{k-1,j}}{h^2}=0, \tag{17.17}$$

$$\frac{u_{k,j}-u_{k,j-1}}{\tau}-a\frac{u_{k+1,j}-2u_{k,j}+u_{k-1,j}}{h^2}=0, \tag{17.18}$$

$$\frac{u_{k,j+1}-u_{k,j-1}}{2\tau}-a\frac{u_{k+1,j}-2u_{k,j}+u_{k-1,j}}{h^2}=0. \tag{17.19}$$

2. 初、边值条件的处理

为用差分方程求解定解问题(17.6)、(17.7)等,还需对定解条件进行离散化。

对初始条件及第一类边界条件,可直接得到

$$u_{k,0}=u(x_k,0)=\phi_k,\quad k=0,\pm1,\cdots,\text{或 } k=0,1,\cdots,n, \tag{17.20}$$

$$\left.\begin{aligned} u_{0,j}&=u(0,t_j)=g_{1j},\\ u_{n,j}&=u(l,t_j)=g_{2j},\end{aligned}\right\}\quad j=0,1,\cdots,m-1, \tag{17.21}$$

式中:$n=\dfrac{l}{h}, m=\dfrac{T}{\tau}$。

对第二、三类边界条件则需用差商近似,下面介绍两种较简单的处理方法。

(1) 在左边界($x=0$)处用向前差商近似偏导数$\dfrac{\partial u}{\partial x}$,在右边界($x=l$)处用向后差商近似偏导数$\dfrac{\partial u}{\partial x}$,即

$$\left.\begin{aligned} \left.\frac{\partial u}{\partial x}\right|_{(0,j)}&=\frac{u_{(1,j)}-u_{(0,j)}}{h}+O(h),\\ \left.\frac{\partial u}{\partial x}\right|_{(n,j)}&=\frac{u_{(n,j)}-u_{(n-1,j)}}{h}+O(h),\end{aligned}\right.\quad j=0,1,\cdots,m.$$

即得边界条件(17.8)的差分近似为

$$\begin{cases}\dfrac{u_{1,j}-u_{0,j}}{h}-\lambda_{1j}u_{0,j}=g_{1j},\\ \dfrac{u_{n,j}-u_{n-1,j}}{h}+\lambda_{2j}u_{n,j}=g_{2j},\end{cases}\quad j=0,1,\cdots,m. \tag{17.22}$$

(2) 用中心差商近似$\dfrac{\partial u}{\partial x}$,即

$$\left.\begin{aligned} \left.\frac{\partial u}{\partial x}\right|_{(0,j)}&=\frac{u_{(1,j)}-u_{(-1,j)}}{2h}+O(h^2),\\ \left.\frac{\partial u}{\partial x}\right|_{(n,j)}&=\frac{u_{(n+1,j)}-u_{(n-1,j)}}{2h}+O(h^2),\end{aligned}\right.\quad j=0,1,\cdots,m.$$

则得边界条件的差分近似为

$$\begin{cases}\dfrac{u_{1,j}-u_{-1,j}}{2h}-\lambda_{1j}u_{0,j}=g_{1j},\\ \dfrac{u_{n+1,j}-u_{n-1,j}}{2h}+\lambda_{2j}u_{n,j}=g_{2j},\end{cases}\quad j=0,1,\cdots,m. \tag{17.23}$$

这样处理边界条件,误差的阶数提高了,但式(17.23)中出现定解区域外的节点$(-1,j)$和$(n+1,j)$,这就需要将解拓展到定解区域外。可以通过用内节点上的u值插值求出$u_{-1,j}$和$u_{n+1,j}$,也可以假设热传导方程(17.5)在边界上也成立,将差分方程扩展到边界节点上,由此消去$u_{-1,j}$和$u_{n+1,j}$。

下面以热传导方程的初边值问题(17.7)为例给出几种常用的差分格式。

3. 热传导方程的古典显式差分格式

为便于计算,令$r=\dfrac{a\tau}{h^2}$,式(17.17)改写为

$$u_{k,j+1}=ru_{k+1,j}+(1-2r)u_{k,j}+ru_{k-1,j}.$$

将式(17.17)与式(17.20)、式(17.21)结合,得到求解问题(17.7)的一种差分格式

$$\begin{cases}u_{k,j+1}=ru_{k+1,j}+(1-2r)u_{k,j}+ru_{k-1,j},k=1,2,\cdots,n-1,j=0,1,\cdots,m-1,\\ u_{k,0}=\phi_k,k=1,2,\cdots,n,\\ u_{0,j}=g_{1j},u_{n,j}=g_{2j},\quad j=1,2,\cdots,m.\end{cases}\tag{17.24}$$

由于第0层$(j=0)$上节点处的u值已知$(u_{k,0}=\phi_k)$,由式(17.24)即可算出u在第一层$(j=1)$上节点处的近似值$u_{k,1}$。重复使用式(17.24),可以逐层计算出各层节点的近似值,因此此差分格式称为古典显式差分格式。又因式中只出现相邻两个时间层的节点,故此式是二层显式格式。

4. 热传导方程的古典隐式差分格式

整理式(17.18)并与式(17.20)、式(17.21)联立,得差分格式如下:

$$\begin{cases}u_{k,j+1}=u_{k,j}+r(u_{k+1,j+1}-2u_{k,j+1}+u_{k-1,j+1}),k=1,\cdots,n-1,j=0,\cdots,m-1,\\ u_{k,0}=\phi_k,k=0,1,\cdots,n,\\ u_{0,j}=g_{1j},u_{n,j}=g_{2j},\quad j=0,1,\cdots,m,\end{cases}\tag{17.25}$$

其中$r=\dfrac{a\tau}{h^2}$。虽然第0层上的u值仍为已知,但不能由式(17.25)直接计算以上各层节点上的值$u_{k,j}$,必须通过解下列线性方程组:

$$\begin{bmatrix}1+2r & -r & & & \\ -r & 1+2r & -r & & \\ & \ddots & \ddots & \ddots & \\ & & -r & 1+2r & -r \\ & & & -r & 1+2r\end{bmatrix}\begin{bmatrix}u_{1,j+1}\\ u_{2,j+1}\\ \vdots\\ u_{n-2,j+1}\\ u_{n-1,j+1}\end{bmatrix}=\begin{bmatrix}u_{1,j}+rg_{1,j+1}\\ u_{2,j}\\ \vdots\\ u_{n-2,j}\\ u_{n-1,j}+rg_{2,j+1}\end{bmatrix},$$

才能由$u_{k,j}$计算$u_{k,j+1}$,故此差分方程称为古典隐式差分格式。此方程组是三对角方程组,且系数矩阵严格对角占优,故解存在唯一。

5. 热传导方程的DoFort-Frankel(杜福特-弗兰克尔)差分格式

DoFort-Frankel格式是三层显式格式,它是由式

$$\frac{u_{k,j+1}-u_{k,j-1}}{2\tau}-a\frac{u_{k+1,j}-u_{k,j+1}-u_{k,j-1}+u_{k-1,j}}{h^2}=0$$

与初始条件及第一类边界条件结合得到的,具体形式如下:

$$\begin{cases} u_{k,j+1}=\dfrac{2r}{1+2r}(u_{k+1,j}+u_{k-1,j})+\dfrac{1-2r}{1+2r}u_{k,j-1}, k=1,\cdots,n-1, j=1,\cdots,m-1, \\ u_{k,0}=\phi_k, k=0,1,\cdots,n, \\ u_{0,j}=g_{1j}, \quad u_{n,j}=g_{2j}, j=0,1,\cdots,m. \end{cases} \tag{17.26}$$

用这种格式求解时,除了第 0 层上的值 $u_{k,0}$ 由初值条件得到,必须先用二层格式求出第 1 层上的值 $u_{k,1}$,然后再按格式(17.26)逐层计算 $u_{k,j}(j=2,3,\cdots,m)$。

17.3.3 双曲型方程的差分解法

1. 一阶双曲型方程的差分格式

考虑一阶双曲型方程的初值问题:

$$\begin{cases} \dfrac{\partial u}{\partial t}+a\dfrac{\partial u}{\partial x}=0, t>0, -\infty<x<+\infty, \\ u(x,0)=\phi(x), -\infty<x<+\infty. \end{cases} \tag{17.27}$$

将 $x-t$ 平面剖分成矩形网格,取 x 方向步长为 h,t 方向步长为 τ,网格线为

$$x=x_k=kh(k=0,\pm1,\pm2,\cdots),\ t=t_j=j\tau(j=0,1,2,\cdots).$$

为简便,记

$$(k,j)=(x_k,t_j),\ u_{(k,j)}=u(x_k,t_j), \phi_k=\phi(x_k).$$

以不同的差商近似偏导数,可以得到方程的不同的差分近似。

$$\frac{u_{k,j+1}-u_{k,j}}{\tau}+a\frac{u_{k+1,j}-u_{k,j}}{h}=0, \tag{17.28}$$

$$\frac{u_{k,j+1}-u_{k,j}}{\tau}+a\frac{u_{k,j}-u_{k-1,j}}{h}=0, \tag{17.29}$$

$$\frac{u_{k,j+1}-u_{k,j}}{\tau}+a\frac{u_{k+1,j}-u_{k-1,j}}{2h}=0. \tag{17.30}$$

截断误差分别为 $O(\tau+h)$,$O(\tau+h)$ 与 $O(\tau+h^2)$。结合离散化的初始条件,可以得到几种简单的差分格式

$$\begin{cases} u_{k,j+1}=u_{k,j}-ar(u_{k+1,j}-u_{k,j}), \\ u_{k,0}=\phi_k, \end{cases} \quad k=0,\pm1,\pm2,\cdots; j=0,1,2,\cdots, \tag{17.31}$$

$$\begin{cases} u_{k,j+1}=u_{k,j}-ar(u_{k,j}-u_{k-1,j}), \\ u_{k,0}=\phi_k, \end{cases} \quad k=0,\pm1,\pm2,\cdots; j=0,1,2,\cdots, \tag{17.32}$$

$$\begin{cases} u_{k,j+1}=u_{k,j}-\dfrac{ar}{2}(u_{k+1,j}-u_{k-1,j}), \\ u_{k,0}=\phi_k \end{cases} \quad k=0,\pm1,\pm2,\cdots; j=0,1,2,\cdots, \tag{17.33}$$

式中:$r=\dfrac{\tau}{h}$。如果已知第 j 层节点上的值 $u_{k,j}$,按上面 3 种格式就可求出第 $j+1$ 层上的值 $u_{k,j+1}$。因此,这 3 种格式都是显式格式。

如果对$\dfrac{\partial u}{\partial t}$采用向后差商,$\dfrac{\partial u}{\partial x}$采用向前差商,则方程可化为

$$\frac{u_{(k,j)}-u_{(k,j-1)}}{\tau}+a\frac{u_{(k+1,j)}-u_{(k,j)}}{h}+O(\tau+h)=0, \tag{17.34}$$

相应的差分格式为

$$\begin{cases}u_{k,j+1}=u_{k,j}-ar(u_{k+1,j+1}-u_{k,j+1}),\\ u_{k,0}=\phi_k,\end{cases}\quad k=0,\pm1,\pm2,\cdots;j=0,1,2,\cdots, \tag{17.35}$$

此差分格式是一种隐式格式,必须通过解方程组才能由第 j 层节点上的值 $u_{k,j}$,求出第 $j+1$ 层节点上的值 $u_{k,j+1}$。

2. 波动方程的差分格式

对二阶波动方程(17.10)

$$\frac{\partial^2 u}{\partial t^2}=a^2\frac{\partial^2 u}{\partial x^2}.$$

如果令 $v_1=\frac{\partial u}{\partial t}, v_2=\frac{\partial u}{\partial x}$,则式(17.10)可化成一阶线性双曲型方程组

$$\begin{cases}\frac{\partial v_1}{\partial t}=a^2\frac{\partial v_2}{\partial x},\\ \frac{\partial v_2}{\partial t}=\frac{\partial v_1}{\partial x}.\end{cases} \tag{17.36}$$

记 $\boldsymbol{v}=[v_1,v_2]^{\mathrm{T}}$,则方程组(17.36)可表成矩阵形式

$$\frac{\partial \boldsymbol{v}}{\partial t}=\begin{bmatrix}0 & a^2\\ 1 & 0\end{bmatrix}\frac{\partial \boldsymbol{v}}{\partial x}=\boldsymbol{A}\frac{\partial \boldsymbol{v}}{\partial x}. \tag{17.37}$$

矩阵 $\boldsymbol{A}$ 有两个不同的特征值 $\lambda=\pm a$,故存在非奇异矩阵 $\boldsymbol{P}$,使

$$\boldsymbol{PAP}^{-1}=\begin{bmatrix}a & 0\\ 0 & -a\end{bmatrix}=\boldsymbol{\Lambda}.$$

作变换 $\boldsymbol{w}=\boldsymbol{Pv}=[w_1,w_2]^{\mathrm{T}}$,方程组(17.37)可化成

$$\frac{\partial \boldsymbol{w}}{\partial t}=\boldsymbol{\Lambda}\frac{\partial \boldsymbol{w}}{\partial x}. \tag{17.38}$$

方程组(17.38)由两个独立的一阶双曲型方程联立而成。因此可以把二阶波动方程化成一阶方程组进行求解。

下面给出如下波动方程和边界条件的差分格式。

$$u_{tt}(x,t)=c^2u_{xx}(x,y),\quad 0<x<a,0<t<b, \tag{17.39}$$

$$\begin{cases}u(0,t)=0,u(a,t)=0,0\leqslant t\leqslant b,\\ u(x,0)=f(t),0\leqslant x\leqslant a,\\ u_t(x,0)=g(x),0\leqslant x\leqslant a.\end{cases} \tag{17.40}$$

将矩形 $R=\{(x,t):0\leqslant x\leqslant a,0\leqslant t\leqslant b\}$ 划分成 $(n-1)\times(m-1)$ 个小矩形,长宽步长分别为 $\Delta x=h,\Delta t=\tau$,形成一个网格。

把方程(17.39)离散化成差分方程

$$\frac{u_{i,j+1}-2u_{i,j}+u_{i,j-1}}{\tau^2}=c^2\frac{u_{i+1,j}-2u_{i,j}+u_{i-1,j}}{h^2}. \tag{17.41}$$

为方便起见,将 $r=c\tau/h$ 代入上式,得

$$u_{i,j+1}-2u_{i,j}+u_{i,j-1}=r^2(u_{i+1,j}-2u_{i,j}+u_{i-1,j}). \tag{17.42}$$

设行 j 和 $j-1$ 的近似值已知,可用上式求网格的行 $j+1$ 的值

$$u_{i,j+1}=(2-2r^2)u_{i,j}+r^2(u_{i+1,j}+u_{i-1,j})-u_{i,j-1}. \tag{17.43}$$

用式(17.43)时,必须注意,如果计算的某个阶段带来的误差最终会越来越小,则方法是稳定的。为了保证上式的稳定性,必须使 $r=c\tau/h\leqslant 1$。还存在其他一些差分方程方法,称为隐式差分格式,它们更难实现,但对 r 无限制。

17.4 Python 求偏微分方程数值解举例

求偏微分方程的数值解可以使用 Python 的一些第三方库,例如 FiPy 是利用有限体积方法求偏微分方程数值解的 Python 库,有限体积方法可以看作是一种特殊的有限元方法。下面给出使用差分格式求偏微分方程的例子。虽然上一节简单介绍了偏微分方程的差分解法,但具体实现时还是比较困难的,难点在于把数学上多维变量的线性方程组化成一维向量的线性方程组,具体细节可以参看偏微分方程数值解的教科书。

例 17.5 求泊松方程

$$\begin{cases}-\left(\dfrac{\partial^2 u}{\partial x^2}+\dfrac{\partial^2 u}{\partial y^2}\right)=20\cos(3\pi x)\sin(2\pi y),0<x<1;0<y<1,\\ u(0,y)=y^2,u(1,y)=1,0\leqslant y\leqslant 1,\\ u(x,0)=x^3,u(x,1)=1,0\leqslant x\leqslant 1\end{cases} \tag{17.44}$$

的数值解。

解 所求数值解的图形如图 17.1 所示。

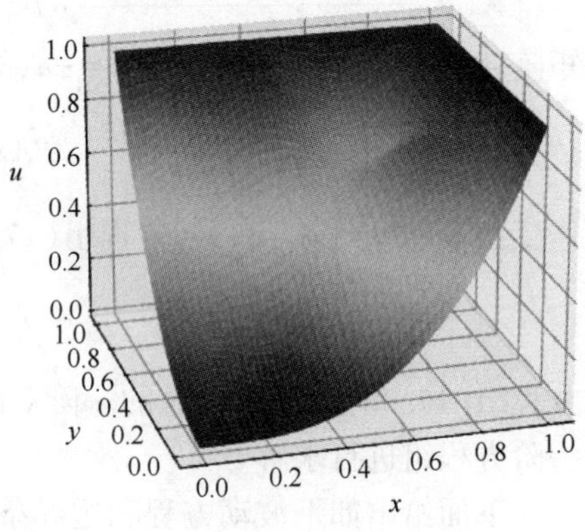

图 17.1 泊松方程数值解

```
#程序文件 ex17_5. py
from scipy import sparse
from scipy. sparse. linalg import spsolve
import numpy as np
import pylab as plt

def rhs_func(x, y, M):      #定义右端项
    g = (20 * np. cos(3 * np. pi * X[1:-1,1:-1]) *
        np. sin(2 * np. pi * Y[1:-1,1:-1])). flatten()
    f = [g[i::M-2] for i in range(M-2)]      #抽取内部值
    f = np. array(f). flatten() # 展开成((M-2) ** 2, )数组
    return f

def bc_dirichlet(x, y, M):                    #定义 Dirichlet 边界条件
    lBC = y[:,0] ** 2; leftBC = lBC[1:M-1]
    rBC = np. ones(M); rightBC = rBC[1:M-1]
    tBC = x[0,:] ** 3; topBC = tBC[1:M-1]
    bBC = np. ones(M); bottomBC = bBC[1:M-1]
    g1 = np. zeros((M-2) ** 2)
```

```
    for i in range(M-2): g1[(M-2)*i] = topBC[i]
    for j in range(M-2): g1[(M-2)*(j+1)-1] = bottomBC[j]
    k1 = np.zeros((len(leftBC),1)); k1[0] = 1.0
    leftBCk = sparse.kron(k1,leftBC).toarray().flatten()
    k2 = np.zeros((len(rightBC),1)); k2[-1] = 1.0
    rightBCk = sparse.kron(k2,rightBC).toarray().flatten()
    g = g1 + leftBCk + rightBCk
    return [g, lBC, tBC, rBC, bBC]

def generate_lhs_matrix(M, hx, hy):                    #定义线性方程组系数矩阵
    alpha = hx**2/hy**2; n = M - 2
    main_diag = 2 * (1 + alpha) * np.ones(n)
    off_diag = -1 * np.ones(n)
    diagonals = [main_diag, off_diag, off_diag]
    B = sparse.diags(diagonals, [0, -1, 1], shape=(n,n)).toarray()
    C = sparse.diags([-1*np.ones(M)], [0],shape=(n,n)).toarray()
    e1 =np.eye(n)
    A1 = sparse.kron(e1,B).toarray()
    e2 = sparse.diags([np.ones(M),np.ones(M)],[-1,1],shape=(n,n)).toarray()
    A2 = sparse.kron(e2,C).toarray()
    mat = A1 + A2
    return mat

M = 50; (x0, xf) = (0.0, 1.0); (y0, yf) = (0.0, 1.0)
hx = (xf - x0)/(M-1); hy = (yf - y0)/(M-1)
x1 = np.linspace(x0, xf, M); y1 = np.linspace(y0, yf, M)
X, Y = np.meshgrid(x1, y1)                              #生成网格数据
frhs = rhs_func(X, Y, M)                                #右端项的值
fbc = bc_dirichlet(X, Y, M)                             #边界条件值
rhs = frhs*(hx**2) + fbc[0]
A = generate_lhs_matrix(M, hx, hy)
V = np.linalg.solve(A,rhs)                              #解线性方程组
V = V.reshape((M-2, M-2)).T
U = np.zeros((M,M))                                     #初始化
U[1:M-1, 1:M-1] = V
U[:,0] = fbc[1]; U[0,:] = fbc[2]
U[:,M-1] = fbc[3]; U[M-1,:] = fbc[4]
print('所求的数值解为:\n',U)

plt.rc('text', usetex=True); plt.rc('font', size=15)
ax = plt.axes(projection='3d')
ax.plot_surface(X, Y, U, cmap=plt.cm.coolwarm)
ax.set_xlabel('$x$'); ax.set_ylabel('$y$')
```

```
ax.set_zlabel('$u$'); plt.tight_layout()
ax.view_init(20, -106); plt.show()
```

例 17.6 求反应扩散方程

$$\begin{cases}\dfrac{\partial u(x,t)}{\partial t}=0.1\dfrac{\partial^2 u(x,t)}{\partial x^2}-3u(x,t),0<x<1;t>0,\\ u(0,t)=0,u(1,t)=0,\quad t\geqslant 0,\\ u(x,0)=4x-4x^2,0\leqslant x\leqslant 1\end{cases}$$

的数值解。

解 所求数值解的图形如图 17.2 所示。

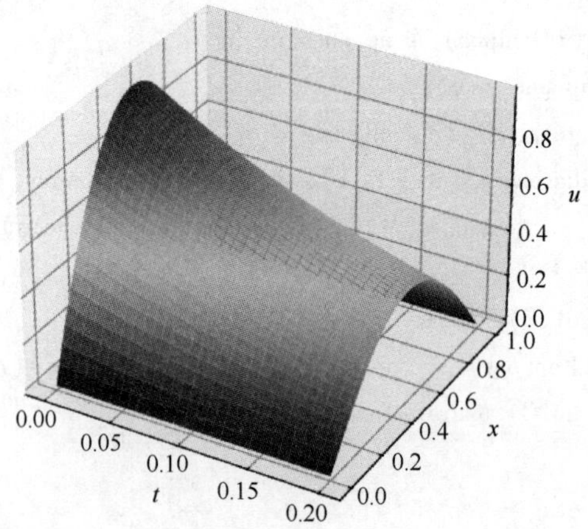

图 17.2 反应扩散方程数值解

```
#程序文件 ex17_6.py
import numpy as np
from scipy import sparse
import pylab as plt

M = 50; N = 60                              #空间和时间的点数
x0 = 0; xL = 1; dx = (xL - x0)/(M - 1)      #空间步长
t0 = 0; tF = 0.2; dt = (tF - t0)/(N - 1)    #时间步长
D = 0.1; alpha = -3                         #扩散系数和反应率
r = dt * D/dx ** 2; s = dt * alpha;
xspan = np.linspace(x0, xL, M)
tspan = np.linspace(t0, tF, N)
main_diag = (1 + 2 * r - s) * np.ones(M-2)
off_diag = -r * np.ones(M-3); n = M-2
diagonals = [main_diag, off_diag, off_diag]
A = sparse.diags(diagonals, [0,-1,1], shape=(n,n)).toarray()

U = np.zeros((M, N))                        #解的初始化
U[:,0] = 4 * xspan - 4 * xspan ** 2         #初值条件
```

```
U[0,:] = 0.0; U[-1,:] = 0.0              #边界条件
for k in range(1, N):
    c = np.zeros(M-4)
    b1 = np.array([r * U[0,k], r * U[-1,k]])
    b1 = np.insert(b1, 1, c); b2 = U[1:M-1, k-1]
    b = b1 + b2                          #线性方程组常数项
    U[1:M-1, k] = np.linalg.solve(A,b)   #解线性方程组

plt.rc('text', usetex=True); plt.rc('font', size=15)
X, T = np.meshgrid(tspan, xspan)
ax = plt.axes(projection='3d')
ax.plot_surface(X, T, U, linewidth=0, cmap=plt.cm.coolwarm)
ax.set_xticks([0, 0.05, 0.1, 0.15, 0.2])
ax.set_xlabel('$t$'); ax.set_ylabel('$x$')
ax.set_zlabel('$u$'); plt.tight_layout(); plt.show()
```

习　题　17

17.1　求泊松方程

$$\begin{cases} -\left(\dfrac{\partial^2 u}{\partial x^2}+\dfrac{\partial^2 u}{\partial y^2}\right)=20\cos(3\pi x)\sin(2\pi y),0<x<1;0<y<1, \\ u_x(0,y)=0,u_x(1,y)=0, \quad 0\leqslant y\leqslant 1, \\ u_y(x,0)=0,u_y(x,1)=0, \quad 0\leqslant x\leqslant 1 \end{cases}$$

的数值解。

17.2　求反应扩散方程

$$\begin{cases} \dfrac{\partial u(x,t)}{\partial t}=0.5\dfrac{\partial^2 u(x,t)}{\partial x^2}-5u(x,t),0<x<1;t>0, \\ u_x(0,t)=\sin\dfrac{\pi t}{2},u_x(1,t)=\sin\dfrac{3\pi t}{4}, \quad t\geqslant 0, \\ u(x,0)=4x-4x^2,0\leqslant x\leqslant 1 \end{cases}$$

的数值解。

17.3　求二维波动方程

$$\begin{cases} \dfrac{\partial^2 u}{\partial t^2}=0.25\left(\dfrac{\partial^2 u}{\partial x^2}+\dfrac{\partial^2 u}{\partial y^2}\right),0<x<2;0<y<2, \\ u(0,y,t)=u(2,y,t)=u(x,0,t)=u(x,2,t)=0, \\ u(x,y,0)=0.1\sin(\pi x)\sin\left(\dfrac{\pi y}{2}\right),\dfrac{\partial u(x,y,0)}{\partial t}=0 \end{cases}$$

的数值解。

参考文献

[1] 司守奎,孙兆亮．数学建模算法与应用[M]．3版．北京:国防工业出版社,2021.

[2] 司守奎,孙玺菁．Python数学实验与建模[M]．北京:科学出版社,2020.

[3] 姜启源,谢金星,叶俊．数学模型[M]．5版．北京:高等教育出版社,2019.

[4] 张雨萌．机器学习线性代数基础——Python语言描述[M]．北京:北京大学出版社,2019.

[5] 邹庭荣,胡动刚,李燕．线性代数基础[M]．北京:科学出版社,2018.

[6] 司宛灵,孙玺菁．数学建模简明教程[M]．北京:国防工业出版社,2019.

[7] 刘保东,宿洁,陈建良．数学建模基础教程[M]．北京:高等教育出版社,2015.

[8] 谭忠．数学建模——问题、方法与案例分析(基础篇)[M]．北京:高等教育出版社,2018.

[9] [新西兰]MEERSCHAERT M M. 数学建模方法与分析[M]．刘来福,黄海洋,杨淳,等译．北京:机械工业出版社,2015.

[10] 汪晓银,周保平．数学建模与数学实验[M]．2版．北京:科学出版社,2010.

[11] 赵静,但琦,严尚安,等．数学建模与数学实验[M]．4版．北京:高等教育出版社,2018.

[12] 胡运权,郭耀煌．运筹学教程[M]．4版．北京:清华大学出版社,2012.

[13] 盛骤,谢式千,潘承毅．概率论与数理统计[M]．4版．北京:高等教育出版社,2012.

[14] 何晓群,刘文卿．应用回归分析[M]．5版．北京:中国人民大学出版社,2019.

[15] 吕薇,王新峰,孙智信．基于核主成分分析的高校科技创新能力评价研究[J]．国防科技大学学报,2008,30(3):81-85.

[16] 王有文,周志海,李瑞军,等．基于因子分析和聚类分析的高中学生成绩评价的数学模型[J]．成都师范学院学报,2017,33(2):46-51。

[17] 戴明强,宋业新．数学模型及其应用[M]．2版．北京:科学出版社,2015.

[18] 韩中庚,陆宜清,周素静．数学建模实用教程[M]．北京:高等教育出版社,2013.

[19] 刘法贵,张愿章．数学实践与建模[M]．北京:科学出版社,2018.